Adobe Illustrator CC
图形设计与制作案例教程

邓强　编著

清华大学出版社
北　京

内 容 简 介

本书共分 8 章，内容包括插画设计——Illustrator CC 的基本操作，卡片设计——基本绘图工具，画册设计——复合路径与图形变形，数据表设计——符号与图表，广告设计——文本的创建与编辑，海报设计——效果和滤镜，杂志设计——外观、图形样式和图层，DM 单设计——图像的打印与导出。

本书由浅入深、循序渐进地介绍 Illustrator CC 软件的使用方法和操作技巧，并且每一章都围绕综合实例来介绍，便于提高和拓宽读者对 Illustrator CC 软件基本功能的掌握与应用。

本书内容翔实，结构清晰，语言流畅，实例分析透彻，操作步骤简洁实用，适合广大初学 Illustrator CC 的用户使用，也可作为各类高等院校相关专业的教材。

图书在版编目(CIP)数据

Adobe Illustrator CC图形设计与制作案例教程/邓强编著. —北京：清华大学出版社，2019.12（2023.9重印）

ISBN 978-7-302-54180-6

Ⅰ. ①A… Ⅱ. ①邓… Ⅲ. ①图形软件—教材 Ⅳ. ①TP391.412

中国版本图书馆CIP数据核字(2019)第256658号

责任编辑：韩宜波
封面设计：杨玉兰
责任校对：李玉茹
责任印制：曹婉颖
出版发行：清华大学出版社
网　　址：http://www.tup.com.cn，http://www.wqbook.com
地　　址：北京清华大学学研大厦A座　　**邮　　编：**100084
社 总 机：010-83470000　　**邮　　购：**010-62786544
投稿与读者服务：010-62776969，c-service@tup.tsinghua.edu.cn
质量反馈：010-62772015，zhiliang@tup.tsinghua.edu.cn
印 装 者：三河市铭诚印务有限公司
经　　销：全国新华书店
开　　本：185mm × 260mm　　**印　　张：**20　　**字　　数：**480千字
版　　次：2019年12月第1版　　**印　　次：**2023年 9 月第5 次印刷
定　　价：79.80元

产品编号：084427-01

前 言 PREFACE

伴随着计算机的快速发展，越来越多的人习惯用计算机进行美术创作和作品设计，但经常困扰广大初学者的一个问题是：如何快速掌握软件的使用方法和创作技巧？本书就是在这样的目的下构思的。作者对这个方面的学习过程有着深刻的体会，所以本书会有较强的针对性和目标性，使读者在学习的过程中事半功倍。

1. 本书内容

全书共分 8 章，内容包括插画设计——Illustrator CC 的基本操作，卡片设计——基本绘图工具，画册设计——复合路径与图形变形，数据表设计——符号与图表，广告设计——文本的创建与编辑，海报设计——效果和滤镜，杂志设计——外观，图形样式和图层，DM 单设计——图像的打印与导出。

2. 本书特色

本书面向 Illustrator 的初、中级用户，采用由浅入深、循序渐进的讲解方法，内容丰富。

◎ 本书案例丰富，每章都有不同类型的案例，适合上机操作教学。

◎ 每个案例都是经过作者精心挑选，可以引导读者发挥想象力，调动学习的积极性。

◎ 案例实用，技术含量高，与实践紧密结合。

◎ 配套资源丰富，方便院校老师教学。

3. 海量的电子学习资源和素材

本书附带大量的学习资料和视频教程，下面截图给出部分概览。

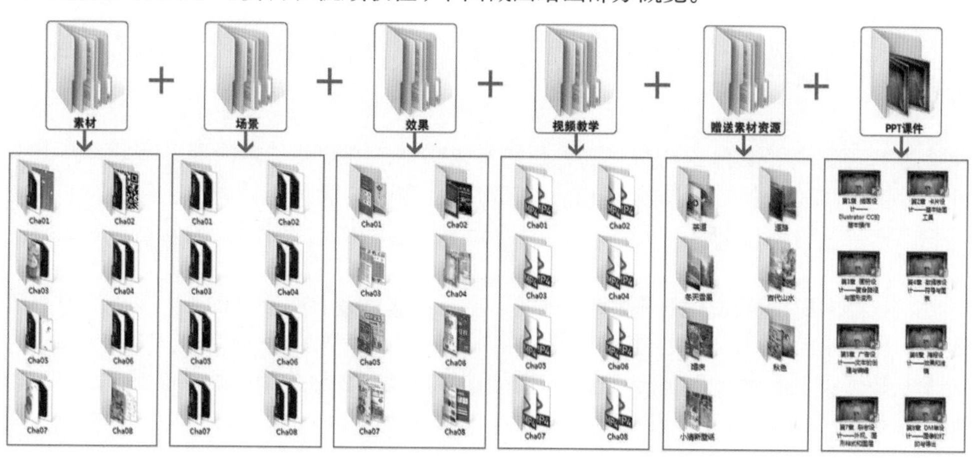

本书附带所有的素材文件、场景文件、效果文件、多媒体有声视频教学录像，读者在读完本书内容以后，可以调用这些资源进行深入学习。

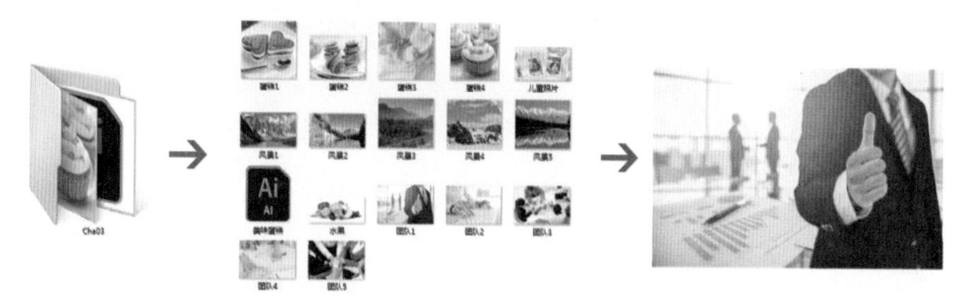

本书视频教学贴近实际，几乎手把手教学。

上机练习——绘制时尚插画类促销海报
制作抽奖转盘——对象的对齐与编组
制作端午龙舟——图像的显示比例
制作中国风红包——对象的显示与隐藏
制作餐饮优惠券——基本绘图工具
制作抽奖券
制作会员积分卡——为图形添加描边与填充
制作名片——色板的使用
制作售后服务保障卡
制作蛋糕店画册目录
制作旅游攻略画册内页——图形的变换与变形
制作商务公司画册——创建复合形状、路径
制作营养膳食样式画册
上机练习——制作月度收支报表
制作家电月度销售表——符号与图表工具的使用
制作家具月销售对比表——编辑图表
上机练习——制作招聘宣传广告
制作年货节宣传广告——设置文本格式
制作影院宣传广告——设置段落格式
制作招商广告——文本的基本操作
制作公益海报
制作汽车宣传海报——Illustrator 效果
制作新店开业宣传海报——滤镜
制作元旦宣传海报
上机练习——制作旅游杂志
制作美食杂志——外观与图形样式
制作戏曲杂志——图层的创建与管理
上机练习——制作打印招生DM单
制作酒店宣传单页——输出文件
制作旅游宣传DM单——打印设置

4. 本书约定

为便于阅读理解，本书的写作风格遵从如下约定。

◎ 本书中出现的中文菜单和命令将用“【】”括起来，以示区分。此外，为了使语句更简洁易懂，本书中所有的菜单和命令之间以竖线（|）分隔，例如，单击【编辑】菜单，再选择【移动】命令，就用【编辑】|【移动】来表示。

◎ 用加号（+）连接的两个或 3 个键表示快捷键，在操作时表示同时按下这两个或三个键。例如，Ctrl+V 是指在按下 Ctrl 键的同时，按下 V 字母键；Ctrl+Alt+F10 是指在按下 Ctrl 键和 Alt 键的同时，按下功能键 F10。

◎ 在没有特殊指定时，单击、双击和拖动是指用鼠标左键单击、双击和拖动，右击是指用鼠标右键单击。

5. 读者对象

（1）Illustrator 初学者。

（2）大中专院校和社会培训班平面设计及其相关专业的学生。

（3）平面设计从业人员。

6. 致谢

本书由邓强编著，其他参与编写的人员还有朱晓文、刘蒙蒙、封建朋、冯景涛、李少勇、刘希望、孙艳军、时林水、李志虹、冯景海、张泽会、曹丽、刘峥、陈月娟、陈月霞、刘希林、黄健、刘雪敏、李然、刘婷婷、刘月、刘晶、刘德生、刘云争、张桂芳、刘景君、耿子涵、李玉霞、田冰、田磊。

本书的出版可以说凝结了许多优秀教师的心血，在这里衷心感谢对本书出版过程给予帮助的编辑老师、视频测试老师，感谢你们！

本书提供了案例的素材、场景、效果、PPT 课件、视频教学并赠送素材资源，扫一扫下面的二维码，推送到自己的邮箱后下载获取。

素材、场景、效果

PPT课件、视频

由于作者水平有限，疏漏在所难免，希望广大读者批评指正。

编　者

目　录 CONTENTS

北京万豪购物中心
VIP
会员积分卡
NO.000001
持卡人签名

王诺文
Design Director
上海广盛有限公司
上海广盛有限公司

SERVICE CARD
售后服务保障卡
希望我们的真诚服务 能够让您满意
您的信赖是我们进步的最大动力

抽奖券
副券
副券

视频讲解：4 个

嘉丰商务咨询有限公司
2019
JIA FENG
SHANG WU

第4章 数据表设计——符号与图表 ······················ 99

视频讲解：3个

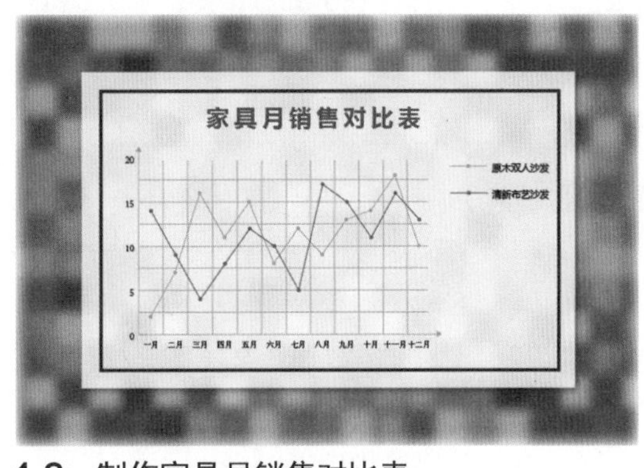

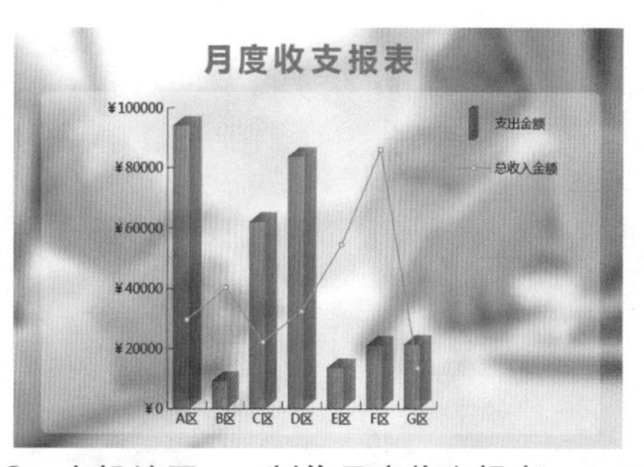

第5章　广告设计——文本的创建与编辑 ·························135

视频讲解：4 个

第6章　海报设计——效果和滤镜 ··························185

视频讲解：4 个

第7章 杂志设计——外观、图形样式和图层 ······ 245

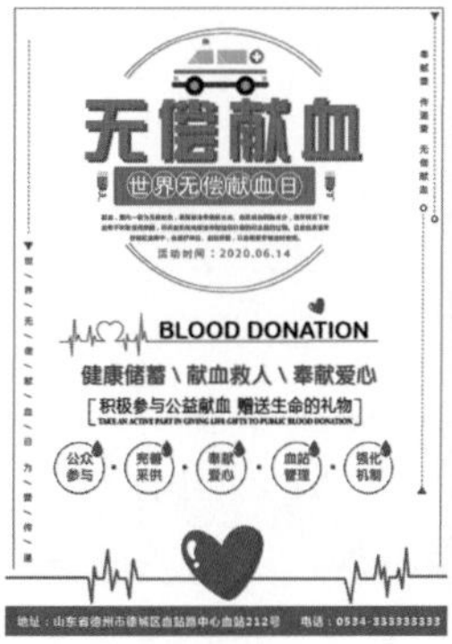

视频讲解：3个

日本三月樱花节
3月22日—3月31日
旅游指南
TRAVEL GUIDE

视频讲解：3 个

海南
旅游
天涯海角一日游
大小洞天一日游
兴隆热带植物园一日游
超值优惠，4999元起
畅游海南美景，放松心情，享受人生
景点概况
相约2019.10.03-2019.10.06，不见不散

华山世纪大酒店
JiangDuCentury Hotel
多功能餐厅
酒店大堂吧

第 1 章 插画设计——Illustrator CC的基本操作

为了顺利地完成工作，在使用Illustrator之前，首先要了解Illustrator的基本操作。本章将介绍原稿的获取与管理、文档的基本操作、图形的基本操作、辅助工具的使用以及对象的选择与编辑等。

基础知识

- 文档的基本操作
- 图形窗口的显示操作

重点知识

- 对象的显示与隐藏
- 对象的对齐与分布

提高知识

- 图形的显示模式
- 辅助工具的使用

插画在我国被人们俗称为插图。今天通行于国外市场的商业插画包括出版物配图、卡通吉祥物、影视海报、游戏人物设定及游戏内置的美术场景设计、广告、漫画、绘本、贺卡、挂历、装饰画、包装等多种形式，延伸到现在的网络及手机平台上的虚拟物品及相关视觉应用等。

1.1 制作端午龙舟——图像的显示比例

赛龙舟是中国端午节的习俗之一，也是端午节最重要的节日民俗活动之一，在我国南方地区普遍存在，在北方靠近河湖的城市也有赛龙舟的习俗，大部分是划旱龙舟、舞龙船的形式，制作的端午龙舟效果如图 1-1 所示。

图1-1　端午龙舟

素材	素材\Cha01\端午龙舟.ai
场景	无
视频	视频教学\Cha01\制作端午龙舟——图像的显示比例.mp4

01 打开“素材 \ Cha01\ 端午龙舟 .ai”文件，如图 1-2 所示。

图1-2　打开素材文件

02 使用【缩放工具】，移动鼠标指向图形，此时指针变为状态，单击鼠标则按一定比例放大图形对象。按住 Alt 键不放，则指针变为状态，此时将鼠标指向图形并单击就会缩小对象，如图 1-3 所示。

提　示

按 Ctrl+ + 组合键可以放大对象。

按 Ctrl+ − 组合键可以缩小对象。

03 在菜单栏中选择【视图】|【放大】命令，可以放大对象。选择菜单栏中的【视图】|【缩小】命令，可以缩小对象，如图 1-4 所示。

图1-3　用鼠标缩放图形

图1-4　用命令缩放图形

04 在菜单栏中选择【视图】|【画板适合窗口大小】命令，此时对象会最大限度地显示在工作区中并保持其完整性，如图 1-5 所示。

图1-5　将画板适合窗口大小

提　示

按 Ctrl+0 组合键，可快速将画板适合窗口大小。

知识链接：工作区概览

熟悉 Illustrator 的操作界面、工具箱、面板是深入学习后面知识的重要基础。本节主要讲解工作区概览，让设计师快速掌握 Illustrator 的工作环境。

Illustrator CC 的自定义工作区，可以让设计师随心所欲地对其调整以符合自己的工作习惯。它与

Photoshop CS6 有着相似的界面，可以让设计师更快地掌握界面操作，避免产生对软件的生疏感。

默认情况下，Illustrator 工作区包含菜单栏、控制面板、画板、工具箱、状态栏和面板，如图 1-6 所示。

图1-6 Illustrator CC的工作区

- 菜单栏：包含用于执行任务的命令。单击菜单栏中的各种命令，是实现 Illustrator 主要功能的最基本的操作方式。Illustrator CC 中文版的菜单栏中包括【文件】、【编辑】、【对象】、【文字】、【选择】、【滤镜】、【效果】、【视图】、【窗口】和【帮助】等几大类功能各异的菜单。单击菜单栏中的各个命令会出现相应的下拉菜单。
- 画板：可以绘制和设计图稿。
- 工具箱：用于绘制和编辑图稿的工具。
- 面板：可帮助监控和修改图稿及菜单。
- 状态栏：显示当前缩放级别和关于下列主题之一的信息，包括当前使用的工具、日期和时间、可用的还原和重做次数、文档颜色配置文件或被管理文件的状态。
- 控制面板：可以快捷访问与选择对象相关的选项。默认情况下，控制面板停放在工作区域的顶部。

Illustrator 把最常用的工具都放置在工具箱中，将功能近似的工具归类组合在一起，使操作更加灵活方便。把鼠标指针放在工具箱内的工具上停留几秒会显示工具的快捷键。熟记这些快捷键会减少鼠标在工具箱和文档窗口间来回移动的次数，帮助设计师提高工作效率。

工具图标右下角的小三角形表示有隐藏工具。单击右下角有小三角形的工具图标并按住左键不放，隐藏的工具便会弹出来，如图 1-7 所示。

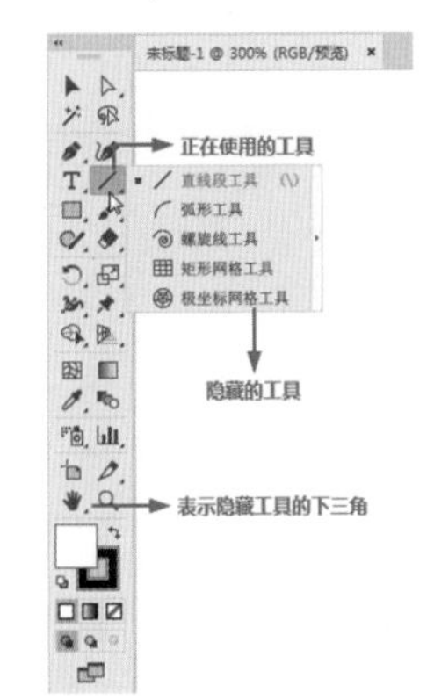

图1-7 隐藏的工具

面板有 3 种视图显示模式，可以形象地称之为折叠视图、简化视图和普通视图，反复双击选项卡可完成 3 种视图的切换操作，如图 1-8 所示。

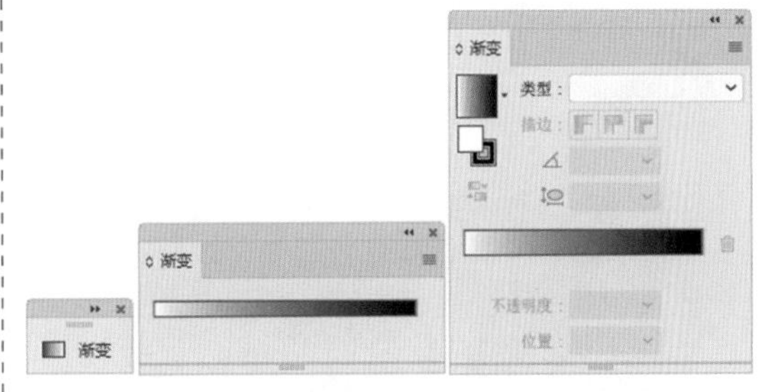

图1-8 折叠视图、简化视图和普通视图

使用鼠标向外拖曳选项卡可以将多个组合的面板分为单独的面板，如图 1-9 所示。

将一个面板拖到另一个面板底部，当出现黑色粗线框时释放鼠标左键，可以将两个或多个面板首尾相连，如图 1-10 所示。

使用鼠标单击面板右上角的黑色按钮≡，可以打开隐藏菜单，如图 1-11 所示。

图1-9 单独面板 图1-10 首尾相连面板

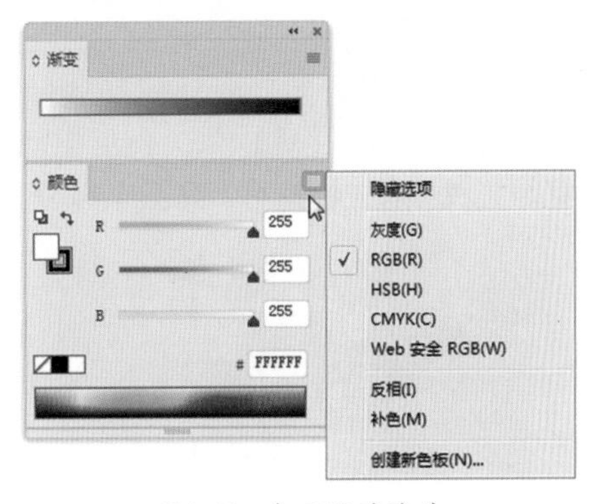

图1-11 打开隐藏菜单

05 在菜单栏中选择【视图】|【实际大小】命令，可将对象按 100% 的比例显示，如图 1-12 所示。

06 在菜单栏中选择【视图】|【全部适合窗口大小】命令，可将对象按全部适合窗口大小显示，如图 1-13 所示。

图1-12　按【实际大小】比例显示效果

图1-13　按全部适合窗口大小显示效果

提　示

按 Ctrl+1 组合键，可快速执行【视图】|【实际大小】命令。

按 Ctrl+Alt+0 组合键，可快速执行【视图】|【全部适合窗口大小】命令。

07 如果想要对图形的局部区域进行放大，可以使用【缩放工具】，然后在需要放大的区域拖曳鼠标左键即可，如图 1-14 所示。

图1-14　选择要放大的区域

08 释放鼠标左键后，被框选的区域就会放大显示并填满整个窗口，如图 1-15 所示。

09 使用【导航器】面板也可以控制图像的显示比例，包括在左下角输入数值，单击【缩小】按钮或【放大】按钮，都可按一定比例缩小或放大对象，如图 1-16 所示。

图1-15　放大区域

图1-16　【导航器】面板

1.1.1　文档的基本操作

在 Illustrator CC 的【文件】菜单中包含【新建】、【从模板新建】等用于创建文档的各种命令。下面就向大家介绍如何使用这些命令来创建新文档。

1. 新建 Illustrator 文档

在菜单栏中选择【文件】|【新建】命令（或按 Ctrl+N 组合键），弹出【新建文档】对话框，如图 1-17 所示。在该对话框中可以设置文件的名称、大小和颜色模式等选项，设置完成后单击【创建】按钮，即可新建一个空白文件。

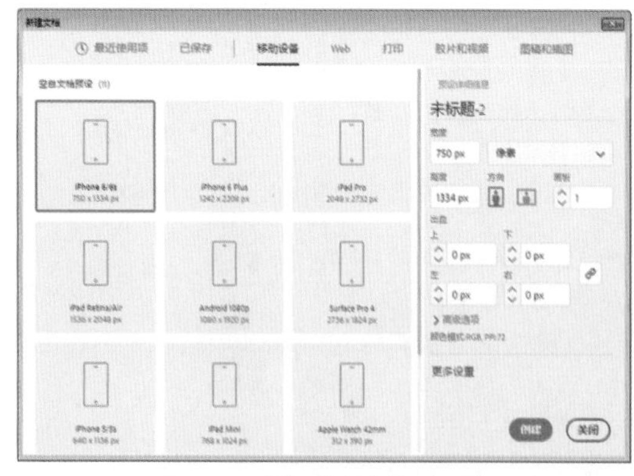

图1-17　【新建文档】对话框

- 【预设详细信息】：在该文本框中可以

输入文件的名称，也可以使用默认的文件名称。创建文件后，文件名称会显示在文档窗口的标题栏中。在保存文件时，文档的名称也会自动显示在存储文件的对话框中。

- 【画板】：用户可以通过该选项设置画板的数量。
- 【宽度/高度/单位/方向】：可以输入文档的宽度、高度和单位，以创建自定义大小的文档。单击【方向】选项组中的图标，可以切换文档的方向。
- 【高级选项】：单击【高级选项】选项前面的图标按钮可以显示扩展选项，包括【颜色模式】、【栅格效果】和【预览模式】。在【颜色模式】选项中可以为文档指定颜色模式，在【栅格效果】选项中可以为文档指定分辨率，在【预览模式】选项中可以为文档设置默认的预览模式。

2. 保存Illustrator文档

新建文件或者对文件进行处理后，需要及时将文件保存，以免因断电或者死机等造成所制作的文件丢失。在Illustrator中可以使用不同的命令保存文件，包括【存储】、【存储为】、【存储为模板】等。下面就向大家介绍Illustrator中保存文件的命令。

1)【存储】命令

在菜单栏中选择【文件】|【存储】命令(或按Ctrl+S组合键)，即可将文件以原有格式进行存储。如果当前保存的文件是新建的文档，则在菜单栏中选择【文件】|【存储】命令时，会弹出【存储为】对话框。

2)【存储为】命令

在菜单栏中选择【文件】|【存储为】命令，弹出【存储为】对话框，如图1-18所示，可以为文件设置名称和格式，以及存储的位置，设置好选项后，单击【保存】按钮，即可存储文件。

- 【文件名】：在该文本框中输入保存文件的名称，默认情况下显示为当前文件的名称，在此处可以修改文件的名称。

图1-18 【存储为】对话框

- 【保存类型】：在该下拉列表框中可以选择文件保存的格式，包括AI、PDF、EPS、AIT、SVG和SVGZ等。

3)【存储副本】命令

在菜单栏中选择【文件】|【存储副本】命令，可以基于当前文件保存一个同样的副本，副本文件名称的后面会添加“复制”两个字。例如，当你不想保存对当前文件所做的修改时，则可以通过该命令创建文件的副本，再将当前文件关闭即可。

4)【存储为模板】命令

在菜单栏中选择【文件】|【存储为模板】命令，可以将当前文件保存为一个模板文件。在菜单栏中选择该命令时将弹出【存储为】对话框，在该对话框中选择文件的保存位置，输入文件名，然后单击【保存】按钮，即可保存文件。Illustrator会将文件存储为AIT格式。

5)【存储为Web所用格式(旧版)】命令

在菜单栏中选择【文件】|【导出】|【存储为Web所用格式(旧版)】命令，弹出【存储为Web所用格式】对话框，如图1-19所示。在该对话框中可以设置【颜色】、【透明度】、【文件大小】等，然后单击【存储】按钮，弹出【将优化结果存储为】对话框，在该对话框中可以设置文件的保存位置，输入文件名，单击【保存】按钮，即可保存文件。

3. 打开Illustrator文档

在菜单栏中选择【文件】|【打开】命令(或按Ctrl+O组合键)，在弹出的【打开】对话框中选中一个文件后，可以在【文件类型】的下拉列表框中选择一种特定的文件格式，默认状

态下为【所有格式】，如图 1-20 所示。选中文件类型后，单击【打开】按钮，即可将文件打开。

图1-19 【存储为Web所用格式】对话框

图1-20 【打开】对话框

提 示

在菜单栏的【文件】|【最近打开的文档】下拉菜单中，包含用户最近在 Illustrator CC 中打开的 10 个文件，单击一个文件的名称，即可快速打开该文件。

4. 置入和导出文档

【置入】命令是导入文件的主要方式，该命令提供了有关文件的格式、置入选项和颜色的最高级别的支持。在置入文件后，可以使用【链接】面板来识别、选择、监控和更新文件。

在菜单栏中选择【文件】|【置入】命令，弹出【置入】对话框，如图 1-21 所示。在该对话框中选择需要置入的文件或图像，单击【置入】按钮，可将其置入 Illustrator 中。

- 【文件名】：选择置入的文件后，可以在该文本框中显示文件的名称。
- 【文件类型】：在该选项的下拉列表中可以选择需要置入的文件类型，默认为【所有格式】。
- 【链接】：选择该复选框后，置入的图稿同源文件保持链接关系。此时如果源文件的存储位置发生变化，或者被删除了，则置入的图稿也会发生变化或消失。取消选中该复选框时，可以将图稿嵌入文档中。

图1-21 【置入】对话框

- 【模板】：选择该复选框后，置入的文件将成为模板文件。
- 【替换】：如果当前文档中已经包含一个置入的对象，并且处于选中状态，勾选【替换】复选框，新置入的对象会替换当前文档中选中的对象。
- 【显示导入选项】：勾选该复选框后，在置入文件时将会弹出相应的对话框。

在 Illustrator 中创建的文件可以使用【导出】命令导出为其他软件的文件格式，以便被其他软件使用。在菜单栏中选择【文件】|【导出】命令，弹出【导出】对话框，选择文件的保存位置并输入文件名称，在【保存类型】下拉列表中可以选择导出文件的格式，如图 1-22 所示。然后单击【保存】按钮，即可导出文件。

图1-22 【导出】对话框

5. 关闭 Illustrator 文档

在菜单栏中选择【文件】|【关闭】命令（或按 Ctrl+W 组合键），或者单击文档窗口右上角的按钮，即可关闭当前文件。如果需要退出 Illustrator CC 程序，则可以在菜单栏中选择【文件】|【退出】命令，或者单击程序窗口右上角的【关闭】按钮。如果有文件没有保存，将会弹出提示对话框，提示用户是否保存文件。

1.1.2 图形窗口的显示操作

在 Illustrator 中编辑图稿时，经常需要放大或缩小窗口的显示比例，以便更好地观察和处理对象。Illustrator 提供了缩放工具图标、【导航器】面板和各种缩放命令，用户可以根据需要选择其中的一种查看图稿的方式。

1. 图稿的缩放

在 Illustrator 中的【视图】菜单中提供了多个用于调整视图显示比例的命令，包括【放大】、【缩小】、【画板适合窗口大小】、【全部适合窗口大小】和【实际大小】等。

- 【放大】/【缩小】:【放大】命令和【缩小】命令与【缩放工具】的作用相同。在菜单栏中选择【视图】|【放大】命令（或按 Ctrl+ + 组合键），可以放大窗口的显示比例。在菜单栏中选择【视图】|【缩小】命令（或按 Ctrl+ – 组合键），则可以缩小窗口的显示比例。
- 【画板适合窗口大小】：在菜单栏中选择【视图】|【画板适合窗口大小】命令（或按 Ctrl+0 组合键），可以自动调整视图，以适合文档窗口的大小。
- 【全部适合窗口大小】：在菜单栏中选择【视图】|【全部适合窗口大小】命令（或按 Alt+Ctrl+0 组合键），可以自动调整视图，以适合文档窗口的大小。
- 【实际大小】:在菜单栏中选择【视图】|【实际大小】命令（或按 Ctrl+1 组合键），将以 100% 的比例显示文件，也可以通过双击工具箱中的【缩放工具】按钮来进行此操作。

在操作界面中打开“汽车网页宣传图 .tif”图像素材，如图 1-23 所示。单击工具箱中的【缩放工具】按钮，将光标移至视图上，光标显示为形状，单击即可整体放大对象的显示比例，如图 1-24 所示。

图1-23 打开素材文件

图1-24 放大后的效果

使用【缩放工具】，还可以查看某一范围内的对象。在图像上按住鼠标左键不放并拖动鼠标，拖出一个矩形框，如图 1-25 所示。释放鼠标左键，即可将矩形框中的对象放大至整个窗口，如图 1-26 所示。

图1-25 选择放大的矩形范围

在编辑图稿的过程中，如果图像较大，或者因窗口的显示比例被放大而不能在画面中完整显示图稿，则可以使用【抓手工具】移动画面，以便查看对象的不同区域。选择【抓手工具】后，在画面中单击并拖动鼠标即可移动画面，如图 1-27 所示。

图1-26　放大矩形范围中的图形

图1-27　使用【抓手工具】拖动视图画面

如果需要缩小窗口的显示比例，可以单击工具箱中的【缩放工具】按钮，再按住 Alt 键，单击鼠标左键即可缩小图像，如图 1-28 所示。

图1-28　缩小图像

> **提　示**
>
> 在 Illustrator 中放大窗口的显示比例后，按住空格键，即可快速切换到【抓手工具】；按住空格键不放并拖动鼠标即可移动视图画面。

2. 切换屏幕模式

Illustrator 允许切换不同的屏幕模式，从而改变工作区域中工具箱和面板的显示状态。单击工具箱底部的【更改屏幕模式】按钮，弹出下拉菜单，选择合适的屏幕模式，如图 1-29 所示。

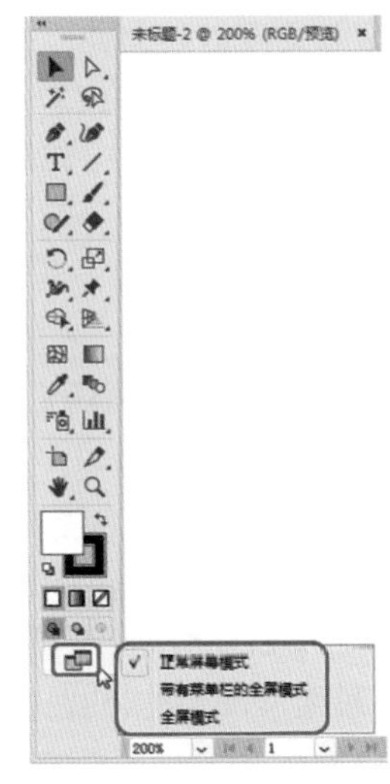

图1-29　更改屏幕模式下拉菜单

- 【正常屏幕横式】：默认的屏幕模式。在这种模式下，窗口中会显示菜单栏、标题栏、滚动条和其他屏幕元素，如图 1-30 所示。

图1-30　正常屏幕模式

- 【带有菜单栏的全屏模式】：显示带有菜单栏，但没有标题栏或滚动条的全屏窗口，如图 1-31 所示。
- 【全屏模式】：显示没有标题栏、菜单栏和滚动条的全屏窗口，如图 1-32 所示。

> **提　示**
>
> 按 F 键可以在各个屏幕模式之间进行切换。另外，不论在哪一种模式下，按 Tab 键都可以在 Illustrator 中将工具箱、面板和控制面板隐藏，再次按 Tab 键则可以显示。

图1-31 带有菜单栏的全屏模式

图1-32 全屏模式

3. 新建与编辑视图

在绘制与编辑图形的过程中，有时会经常缩放对象的某一部分内容，如果使用【缩放工具】来操作，就会造成许多重复性的工作。Illustrator CC 允许将当前文档的视图状态存储，在需要使用这一视图时，便可以将它调出，这样可以有效地避免频繁使用【缩放工具】缩放窗口而带来的麻烦。

在菜单栏中选择【视图】|【新建视图】命令，弹出【新建视图】对话框，在【名称】文本框中可以输入视图的名称，如图 1-33 所示。单击【确定】按钮，便可以存储当前的视图状态。新建的视图会随文件一同保存。需要调用存储的视图状态时，只需要在【视图】菜单底部选择该视图的名称即可，如图 1-34 所示。

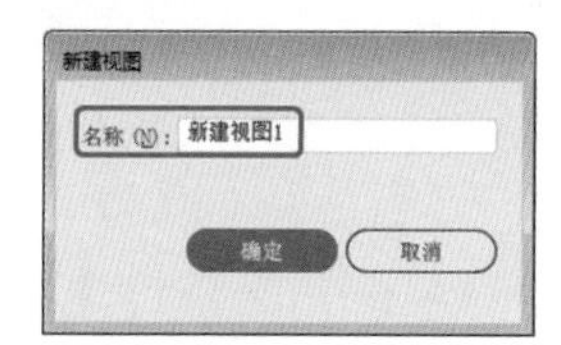

图1-33 【新建视图】对话框

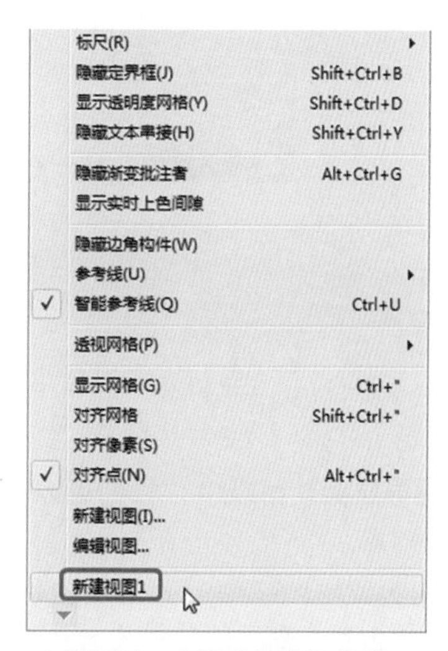

图1-34 选择【新建视图1】

> **提 示**
>
> 在 Illustrator 中每个文档最多可以新建和存储 25 个视图。

如果需要重命名或删除已经保存的视图，可以在菜单栏中选择【视图】|【编辑视图】命令，弹出【编辑视图】对话框，如图 1-35 所示。在【编辑视图】对话框中选中需要修改或删除的视图，在【名称】文本框中可以对该视图的名称进行重命名，可以单击【删除】按钮，将该视图进行删除。

图1-35 【编辑视图】对话框

4. 查看图稿

使用【导航器】面板可以快速缩放窗口的显示比例，也可以移动画面。在菜单栏中选择【窗口】|【导航器】命令，打开【导航器】面板，如图 1-36 所示。该面板中的红色框为预览区域，红色框内的区域表示文档窗口中正在查看的区域。

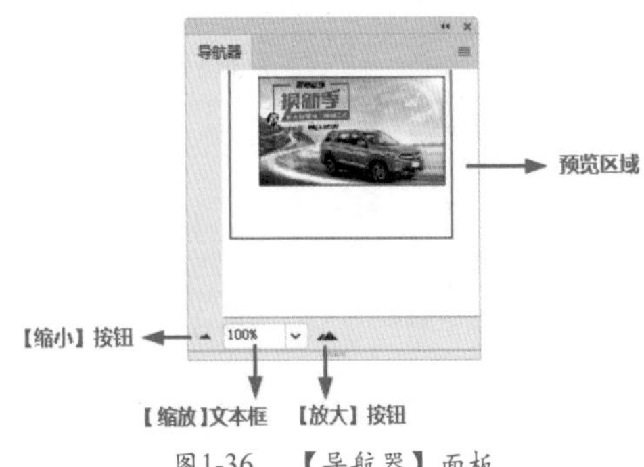

图1-36 【导航器】面板

在【导航器】面板中，我们可以通过以下方法查看对象。

- 通过按钮缩放：单击【放大】按钮，可以放大窗口的显示比例；单击【缩小】按钮，可以缩小对象的显示比例。
- 通过数值缩放：在【导航器】面板的【缩放】文本框中显示了文档窗口的显示比例，在文本框中输入数值可以改变窗口的显示比例，如图 1-37 所示。
- 移动画面：放大窗口的显示比例后，将光标移至预览区域，光标会显示为形状，单击并拖动鼠标可以移动预览区域，移动后的效果如图 1-38 所示。

图1-37 改变窗口的显示比例

图1-38 移动画面

1.2 制作中国风红包——对象的显示与隐藏

传统意义上的红包也叫压岁钱，是过农历新年时长辈给小孩儿用红纸包裹的钱。据传明清时，压岁钱大多数是用红绳串着赐给孩子。民国以后，则演变为用红纸包裹。现在泛指包着钱的红纸包；用于喜庆时馈赠的礼金；也指奖金、贿赂他人的钱。在中国粤语区红包被称为利市（俗作利是、利事、励事），是将金钱放置红色封套内做成的一种礼品。中国风红包效果如图 1-39 所示。

图1-39 中国风红包

素材	素材\Cha01\中国风红包.ai
场景	无
视频	视频教学\Cha01\制作中国风红包——对象的显示与隐藏.mp4

01 在 IIlustrator CC 软件中，选择菜单栏中的【文件】|【打开】命令，选择“素材\Cha01\中国风红包 .ai”文件，单击【打开】按钮，如图 1-40 所示。

图1-40 打开素材文件

02 使用选择工具按住 Shift 键的同时选择两个中国结对象，如图 1-41 所示。

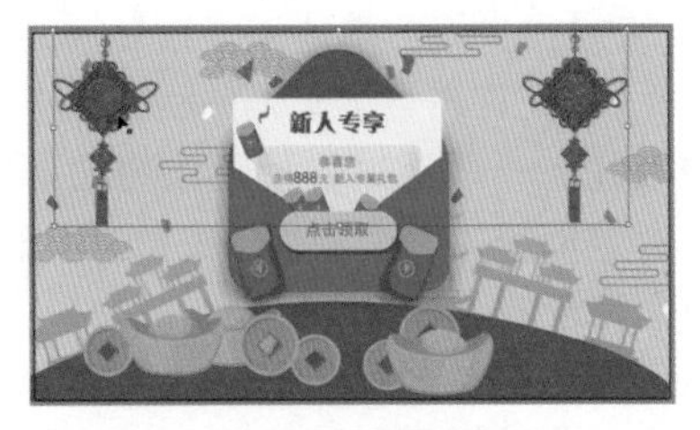

图1-41 选择对象

03 选择菜单栏中的【对象】|【隐藏】|【所选对象】命令，将所选对象暂时隐藏，如图 1-42 所示。

04 继续使用选择工具选择如图 1-43 所示的红包对象。

05 选择菜单栏中的【对象】|【隐藏】|【所选对象】命令，隐藏所选的对象，如图 1-44 所示。

06 选择菜单栏中的【对象】|【显示全部】命令，先前隐藏的图形对象都将被显示出来，

如图 1-45 所示。

图1-42 隐藏所选对象

图1-43 选择对象

图1-44 将所选对象隐藏

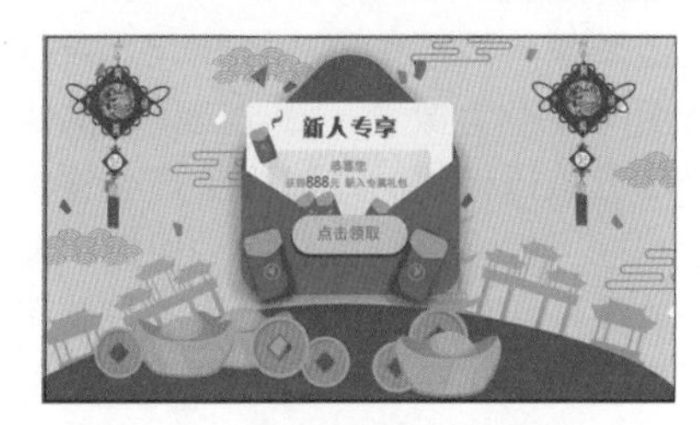

图1-45 显示被隐藏的对象

知识链接：Illustrator应用领域

Illustrator 广泛应用于广告平面设计、CI 策划、网页设计、插图创作、产品包装设计等领域。下面简单介绍 Illustrator 在这几方面的应用。

1. 广告平面设计

在广告平面设计中，Illustrator 起着非常重要的作用，无论是我们正在阅读的图书封面，还是大街上看到的招贴海报，这些具有丰富图像的平面印刷品，都需要 Illustrator 的参与，如图 1-46 所示。

2. CI 策划

Illustrator 在 CI 设计领域应用广泛。CI，也称 CIS，是英文 Corporate Identity System 的缩写，目前一般译为“企业视觉形象识别系统”。CI 设计，即有关企业视觉形象识别的设计，包括企业名称、标志、标准字体、色彩、象征图案、标语、吉祥物等方面的设计。运用 Illustrator 设计出的作品能够满足高品质的 CI 设计要求，如图 1-47 所示。

图1-46 海报

图1-47 企业标志

3. 网页设计

随着互联网技术的发展，各种企业和机构在网络上的竞争也日趋激烈，为了吸引眼球，企业和机构都想方设法在网站的形象上来包装自己，以使自己在同行业的竞争中脱颖而出。Illustrator 在网页设计中主要辅助设计 LOGO、网标以及视觉上的排版，如图 1-48 所示。

图1-48 网页活动宣传图

4. 插图创作

在现代设计领域中，插画设计可以说是最具有表现意味的，插画是运用图案的表现形式，本着审美与实用相统一的原则，尽量使线条、形态清晰明快，制作方便。绘画插图多少带有作者主观意识，它具有自由表现的个性，无论是幻想的、夸张的、幽默的，还是象征化的情绪，都能自由表现处理，使用 Illustrator 可以运用分割、直线与色彩创造出平面与单纯化效果，如图 1-49 所示。

图1-49　端午龙舟插画

5. 产品包装设计

产品包装设计即指选用合适的包装材料，针对产品本身的特性以及受众的喜好等相关因素，运用巧妙的工艺制作手段，对产品的容器结构造型和包装进行美化装饰设计。Illustrator 在出版、图像处理上有很强的精度和控制能力，可以将图像转换成可编辑的矢量图案，使设计师在应用的过程中得心应手。而且在颜色取样上非常精确，对于客户高要求的色差，能够轻易满足，如图 1-50 所示。

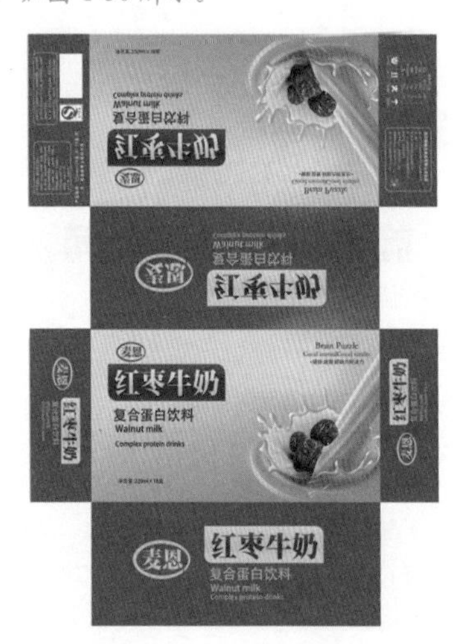

图1-50　产品包装设计

1.2.1　图像的显示模式

图像的显示模式主要包括轮廓模式、预览模式和像素预览模式。下面进行相应的介绍。

1. 轮廓模式与预览模式

在默认情况下，对象显示为彩色的预览模式，此时可以查看对象的实际效果，包括颜色、渐变、图案和样式等，如图 1-51 所示。

处理复杂的图像时，在预览模式下操作会令屏幕的刷新速度变得很慢。可以在菜单栏中选择【视图】|【轮廓】命令（或按 Ctrl+Y 组合键），以轮廓模式查看设计图稿。在轮廓模式下，只显示对象的轮廓框，效果如图 1-52 所示。

图1-51　预览模式

图1-52　轮廓模式

提　示

在菜单栏中选择【视图】|【轮廓】命令时，文档中所有的对象都显示为轮廓模式，而实际操作中往往只需要切换某个对象的显示模式，在这种情况下，可以通过【图层】面板来进行切换。

2. 像素预览模式

大多数 Illustrator 的作品都是矢量格式的。要使用位图格式，如 GIF、JPEG 或 PNG 格式保存矢量图像，必须先将它栅格化。就是说，把矢量图形转换为像素，自动应用消除锯齿。在矢量图像被栅格化时，边缘会产生锯齿，消除锯齿功能可以平滑锯齿边缘，但这可能会产生纤细的线条和模糊的文字。为了控制消除锯齿的程度和范围，在将作品保存为适合网络传输的格式之前，先栅格化图像，使用像素预览模式可以看到 Illustrator 是如何将矢量图像转换为像素的。

01 在 Illustrator CC 软件中，在菜单栏中选择【文件】|【打开】命令，在弹出的【打开】对话框中选择一个矢量图素材文件，将其打开，如图 1-53 所示。

图1-53　打开素材文件

02 在工具箱中选择【选择工具】，选中矢量图形后，在菜单栏中选择【视图】|【像素预览】命令，Illustrator 将以像素显示矢量图像。放大图像的某些部分，直到能够清晰地看到线条、文字和被栅格化的其他对象，如图 1-54 所示。

图1-54 像素模式下的图形

像素预览模式显示了对象被栅格化以后的效果，如果需要将矢量作品保存为位图格式，如 GIF、JPEG 或 PNG，用户可以在像素预览模式而实际是矢量图像的情况下修改作品。

1.2.2 图像的清除和恢复

本节主要学习图像的处理，其处理的方法有图像的复制、粘贴、清除以及文件的还原与恢复，学会这些方法可以在以后的创作中随意删除以及恢复一些图像。

1. 图像的复制、粘贴与清除

01 选择对象后，在菜单栏中选择【编辑】|【复制】命令，可以将对象复制到剪贴板中，画板中的对象保持不变。

02 在菜单栏中选择【编辑】|【剪切】命令，则可以将对象从画板中剪切到剪贴板中。

03 复制或剪切对象后，在菜单栏中选择【编辑】|【粘贴】命令，可以将对象粘贴到文档窗口中，对象会自动位于文档窗口的中心位置。

提 示

在菜单栏中选择【剪切】或【复制】命令后，在 Photoshop 中执行【编辑】|【粘贴】命令，可以将剪贴板中的图稿粘贴到 Photoshop 文件中。

04 复制对象后，可以在菜单栏中选择【编辑】|【贴在前面】或【编辑】|【贴在后面】命令，将对象粘贴到指定的位置。

05 如果当前没有选择任何对象，则执行【贴在前面】命令时，粘贴的对象将位于被复制对象的上面，并且与该对象重合。如果在执行【贴在前面】命令前选择了一个对象，则执行该命令时，粘贴的对象与被复制的对象仍处于相同的位置，但它位于被选择对象的上面。

06【贴在后面】命令与【贴在前面】命令的效果相反。执行【贴在后面】命令时，如果没有选择任何对象，粘贴的对象将位于被复制对象的下面。如果在执行该命令前选择了对象，则粘贴的对象位于被选择对象的下面。

07 如果需要删除对象，可以选中需要删除的对象，然后在菜单栏中选择【编辑】|【清除】命令 (或按 Delete 键)，即可将选中的对象删除。

2. 还原与恢复文件

在使用 Illustrator CC 绘制图稿的过程中，难免会出现错误，这时可以在菜单栏中选择【编辑】|【还原】命令 (或按 Ctrl+Z 组合键) 来更正错误。即使执行了【文件】|【存储】命令，也可以进行还原操作，但是如果关闭了文件又重新打开，则无法再还原。当【还原】命令显示为灰色时，表示【还原】命令不可用，也就是操作无法还原。

提 示

在 Illustrator CC 中的还原操作是不限次数的，只受内存大小的限制。

还原之后，还可以在菜单栏中选择【编辑】|【重做】命令 (或按 Shift+Ctrl+Z 组合键) 撤销还原，恢复到还原操作之前的状态。而如果在菜单栏中选择【文件】|【恢复】命令 (或按 F12 键)，则可以将文件恢复到上一次存储的版本。需要注意的是，这时再在菜单栏中选择【文件】|【恢复】命令，将无法还原。

1.2.3 辅助工具的使用

在 Illustrator CC 中，标尺、参考线和网格等都属于辅助工具，它们不能编辑对象，但可以帮助用户更好地完成编辑任务。下面详细介绍 Illustrator CC 中各种辅助工具的使用方法和技巧。

1. 标尺与零点

标尺可以帮助设计者在画板中精确地放置和度量对象。启用标尺后，当移动光标时，标尺会显示光标的精确位置。

01 在操作界面中打开一个图像素材，如图 1-55 所示。默认情况下，标尺是隐藏的，在菜单栏中选择【视图】|【标尺】|【显示标尺】命令 (或按 Ctrl+R 组合键)，标尺会显示在画板的顶部和左侧，如图 1-56 所示。

图1-55　打开素材文件

图1-56　显示标尺

02 标尺上显示 0 的位置为标尺原点，即零点，默认标尺原点位于画板的左下角。如果要设置新的原点位置，可以将光标放在窗口的左上角，然后按住鼠标左键不放并拖动鼠标，画面中会显示出一个十字线，如图 1-57 所示。释放鼠标左键，该处便成为原点的新位置，如图 1-58 所示。

03 如果需要将原点恢复为默认的位置，可以在标尺左上角位置处双击鼠标左键。

04 如果需要隐藏标尺，可以在菜单栏中选择【视图】|【标尺】|【隐藏标尺】命令 (或按 Ctrl+R 组合键)。

> **提　示**
>
> 在标尺上单击鼠标右键，在弹出的快捷菜单中可以选择不同的度量单位。

图1-57　拖动原点

图1-58　原点新位置

2. 参考线

在绘制图形或制作卡片时，拖出的参考线可以辅助设计师完成精确的绘制。

01 打开素材文件，如图 1-59 所示。在菜单栏中选择【视图】|【标尺】|【显示标尺】命令，显示标尺，如图 1-60 所示。

图1-59　打开素材文件

图1-60　显示标尺

02 将光标移至顶部的水平标尺上，按住鼠标左键不放并向下拖动，可以拖出水平参考线，拖至合适的位置后释放鼠标左键，如图 1-61 所示。使用同样的方法，在左边的垂直标尺上拖出垂直参考线，如图 1-62 所示。

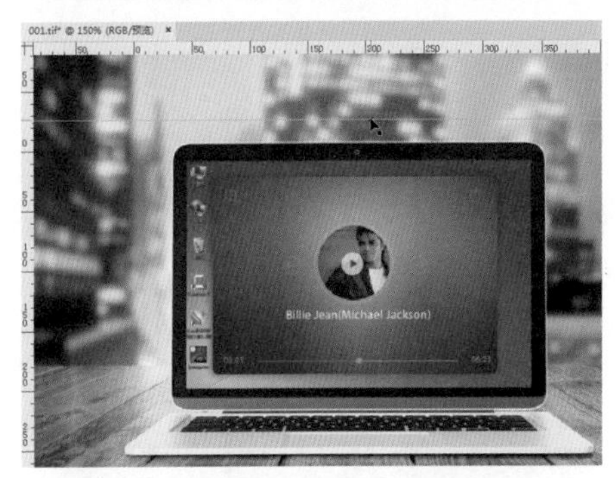

图1-61 拖出水平参考线

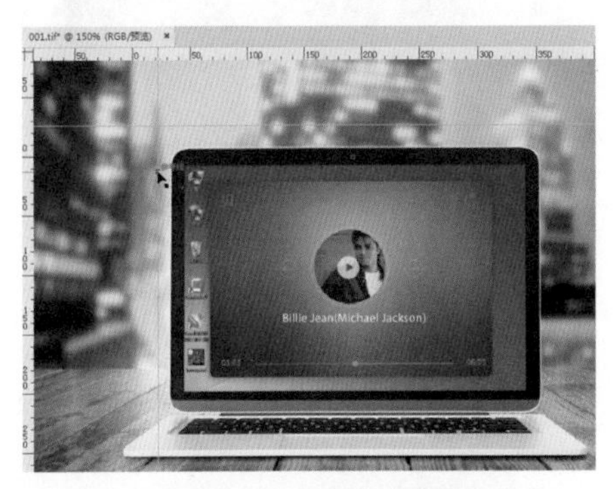

图1-62 拖出垂直参考线

提 示

如果在拖动参考线时按住 Shift 键，则可以使拖出的参考线与标尺上的刻度对齐。

03 创建参考线后，在菜单栏中选择【视图】|【参考线】|【锁定参考线】命令，可以锁定参考线。锁定参考线是为了防止参考线被意外移动。如果要取消锁定，则可以再次执行该命令。

04 如果需要移动参考线，可以先取消参考线的锁定，然后将光标移至需要移动的参考线上，光标会显示为图标形状，按住鼠标左键并拖动即可移动参考线。

05 如果需要删除参考线，可以单击选中需要删除的参考线，按 Delete 键。如果需要删除所有参考线，可以在菜单栏中选择【视图】|【参考线】|【清除参考线】命令。

3. 网格

网格显示在画板的后面，不会被打印出来，但可以帮助对象对齐。

01 在操作界面中打开一个图像素材，如图 1-63 所示。在菜单栏中选择【视图】|【显示网格】命令，可以在图稿的后面显示网格，如图 1-64 所示。

图1-63 打开素材

图1-64 显示网格

提 示

在使用【度量工具】测量任意两点之间的距离时，如果按住 Shift 键，可以将工具限制为水平或垂直或 45° 的倍数。

02 如果需要隐藏网格，可以在菜单栏中选择【视图】|【隐藏网格】命令。显示和隐藏网格的快捷键为 Ctrl+"。

03 在菜单栏中选择【视图】|【显示透明度网格】命令，可以显示透明度网格，如图 1-65 所示。

图1-65 显示透明度网格

04 如果需要隐藏透明度网格，可以在菜单栏中选择【视图】|【隐藏透明度网格】命令。

提 示

显示网格后，在菜单栏中选择【视图】|【对齐网格】命令，则移动对象时，对象就会自动对齐网格。

1.2.4 选择对象

在 Illustrator CC 中可以选择对象框架或框架中的内容，如图形与文本。下面将详细介绍选择工具、直接选择工具、编组选择工具、套索工具与魔棒工具的使用方法与技巧。

1. 选择工具

【选择工具】是最常用的工具，可以选择、移动或调整整个对象。其在默认状态下处于激活状态，按 V 键可以选择【选择工具】，执行下列操作之一。

- 单击对象可以选取单个对象并激活其定界框，此时对象上会出现 8 个白色控制手柄，可以对其作整体变形，如缩放等，如图 1-66 所示。

图1-66 缩放对象

- 按住 Shift 键，逐个单击对象可选取多个对象并激活其定界框。在屏幕上单击拖出矩形框可以圈选多个对象并激活其定界框。
- 按住 Ctrl 键，依次单击可以选取不同前后次序的对象。
- 按住 Alt 键，单击并拖动对象可复制对象，如图 1-67 所示。
- 若多个对象重叠在一起，按 Ctrl+Alt+] 组合键，可以选择当前对象的下一对象；按 Ctrl+Alt+[组合键，可以选择当前对象的上一对象。

图1-67 复制对象

2. 直接选择工具

使用【直接选择工具】可以选择对象上的锚点。按 A 键，选择【直接选择工具】，可以执行下列操作之一。

- 单击对象可以选择锚点或群组中的对象，如图 1-68 所示。

图1-68 选择锚点

- 选中对象时，将激活该对象中的锚点，按住 Shift 键，可以选中多个锚点或对象。选中锚点后，可以改变锚点的位置或类型。
- 选取锚点后，按 Delete 键，可以删除锚点。
- 选取锚点后，拖曳鼠标左键或按键盘上的箭头键，可以移动单个、多个锚点。

3. 编组选择工具

【编组选择工具】可用来选择组内的对象或组对象，包括选取混合对象、图表对象等。要使用【编组选择工具】，可以执行下列操作之一。

- 在群组中的某个对象或组对象上单击可以选择该对象或该组对象。
- 按住 Shift 键，可以选中群组中的多个对象，如图 1-69 所示。
- 在选中组对象时，在某个对象或组对象上单击可以选择下一层中的对象或组对象。

图1-69　选择群组中的多个对象

4. 套索工具

【套索工具】可以圈选不规则范围内的多个对象，也可以同时选择多个锚点或路径。选择【套索工具】，可以执行下列操作之一。

- 拖动绘制出不规则形状，将圈选不规则范围内的多个对象，如图 1-70 所示。

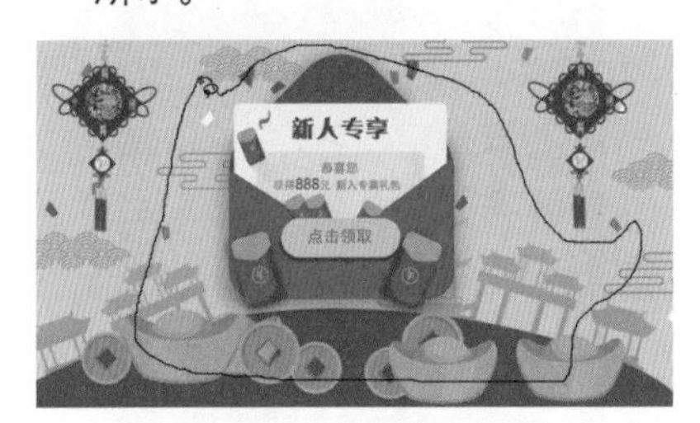

图1-70　圈选对象

- 在群组中的某个对象或组对象上单击可以选择该对象或组对象。
- 在要选取的对象上圈选，可圈选对象中的锚点或路径，如图 1-71 所示。

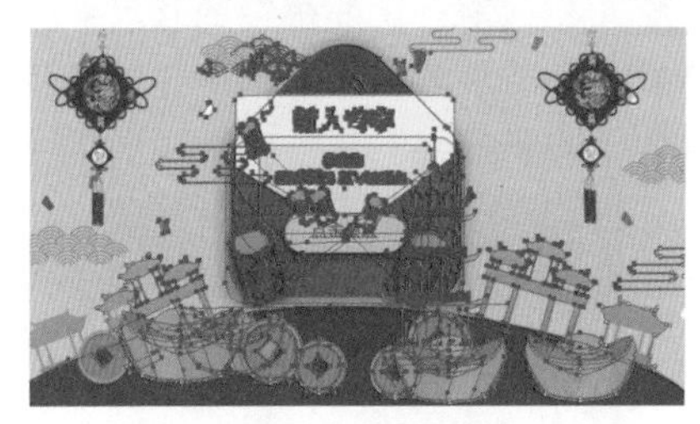

图1-71　圈选效果

5. 魔棒工具

【魔棒工具】可用来选择具有相似属性的对象，相似属性如填充、轮廓、不透明度等。双击【魔棒工具】，打开【魔棒】面板，设置好容差值，若勾选【填充】复选框，则选择的相似属性将包含填充属性。按 Y 键，选择【魔棒工具】，在要选择的对象上单击将选取图稿中具有相似属性的对象，如图 1-72 所示。

图1-72　选择对象效果

6. 使用命令选择对象

除了使用【选择工具】选取对象外，还可以使用菜单命令选择对象。要使用菜单命令选取对象，可以执行下列操作之一。

- 若选取重叠的某一对象，在菜单栏中选择【选择】|【下方的下一个对象】命令或按 Alt+Ctrl+[组合键，将选择下一个对象。
- 若选取重叠的某一对象，在菜单栏中选择【选择】|【上方的下一个对象】命令或按 Alt+Ctrl+] 组合键，将选择上一个对象。
- 若在菜单栏中选择【选择】|【全部】命令或按 Ctrl+A 组合键，将选择所有的对象。
- 若在菜单栏中选择【选择】|【相同】命令，则在打开的下级菜单中可以选择【混合模式】、【填充和描边】、【填充颜色】、【描边颜色】等命令，该命令可选取具有相同属性的对象。

1.3 制作抽奖转盘——对象的对齐与编组

转盘，也有一种说法叫抽奖转盘。大体上是在一块圆形的面板上设置很多的奖项，在圆形面板的前面，还会有一根固定的指针。效果如图 1-73 所示。

素材	素材\Cha01\抽奖素材.ai
场景	场景\Cha01\制作抽奖转盘——对象的对齐与编组.ai
视频	视频教学\Cha01\制作抽奖转盘——对象的对齐与编组.mp4

01 在 IIlustrator CC 软件中选择菜单栏中的【文件】|【打开】命令，打开“素材\Cha01\ 抽奖素材 .ai”文件，如图 1-74 所示。

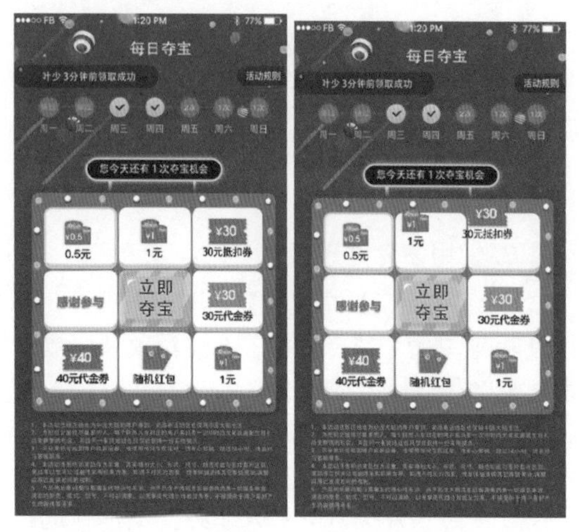

图1-73　抽奖转盘　　　图1-74　打开文件

02 如果没有显示【对齐】面板，可以选择菜单栏中的【窗口】|【对齐】命令，打开【对齐】面板，如图 1-75 所示。

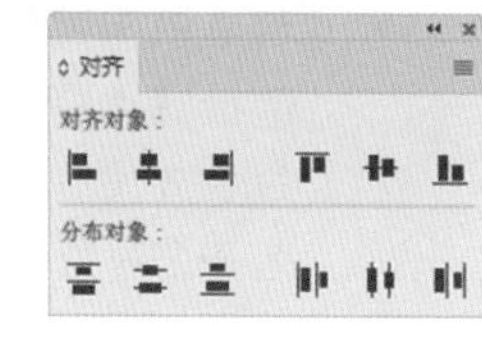

图1-75　【对齐】面板

03 使用【选择工具】选择如图 1-76 所示的对象。

04 拖动鼠标将对象移动到如图 1-77 所示的位置。

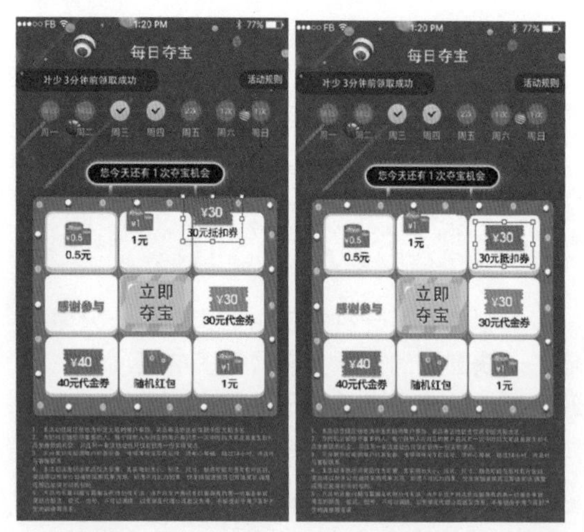

图1-76　选择对象　　图1-77　拖动对象至相应位置

05 使用【选择工具】选择如图 1-78 所示的对象。

06 在【对齐】面板中单击【垂直底对齐】按钮，所有选取的对象都将向下对齐，如图 1-79 所示。

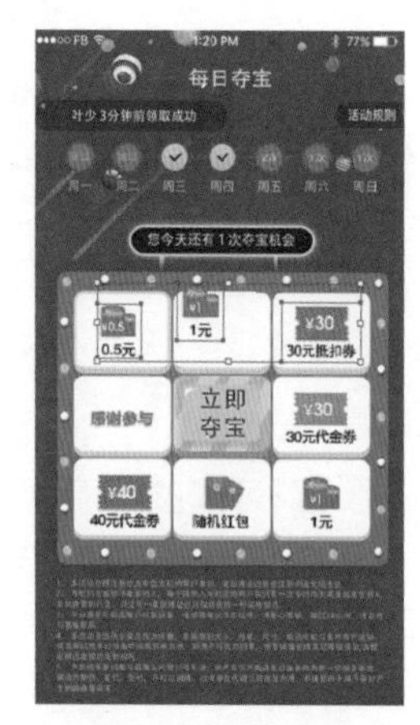

图1-78　选择对象

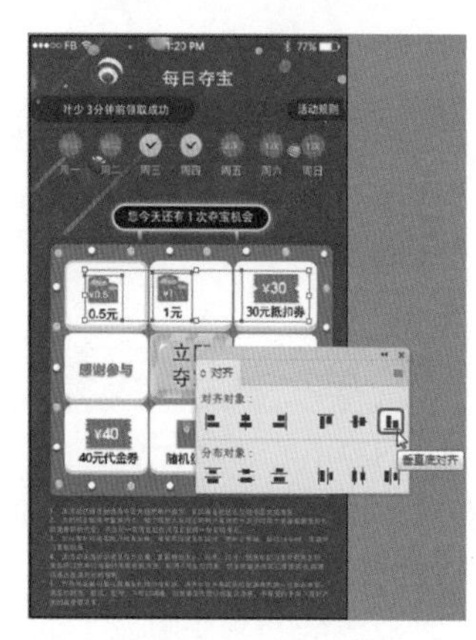

图1-79　垂直底对齐

07 单击【对齐】面板中的【水平居中分布】按钮，则所有选取的对象都将水平居中分布，如图 1-80 所示。

图1-80　水平居中分布

08 按 Ctrl+A 组合键选择所有的对象，选择菜单栏中的【对象】|【编组】命令，将所选对象组合为一个整体，如图 1-81 所示。

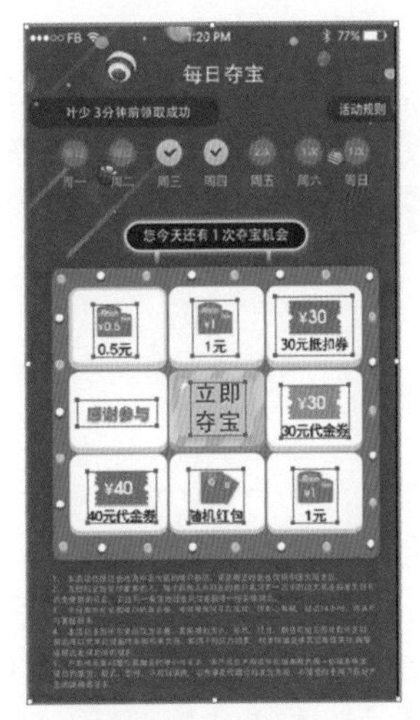

图1-81　将所选对象组合为一个整体

1.3.1　对象编组

在 Illustrator CC 中，可以将多个对象编组，编组对象可以作为一个单元处理，可以对其移动或变换。例如，可以将图稿中的某些对象编成一组，以便将其作为一个单元进行移动和缩放。

编组对象将被连续堆叠在图稿的同一图层上。因此，编组可能会改变对象的图层分布及其在网层中的堆叠顺序。若选择位于不同图层中的对象编组，则其所在图层中的最靠前图层，即是这些对象将被编入的图层。编组对象可以嵌套，也就是说编组对象中可以包含编组对象。使用【选择工具】和【直接选择工具】可以选择嵌套编组层次结构中的不同级别的对象。在【图层】面板中显示编组项目，可以在编组中移入或移出项目，如图 1-82 所示。

1. 对象编组

选择【对象】|【编组】命令（或按 Ctrl+G 组合键），如图 1-83 所示，可以将选取的对象进行编组。

> **提　示**
>
> 若选择的是对象的一部分，如一个锚点，编组时将选取整个对象。

图1-82　打开的编组对象

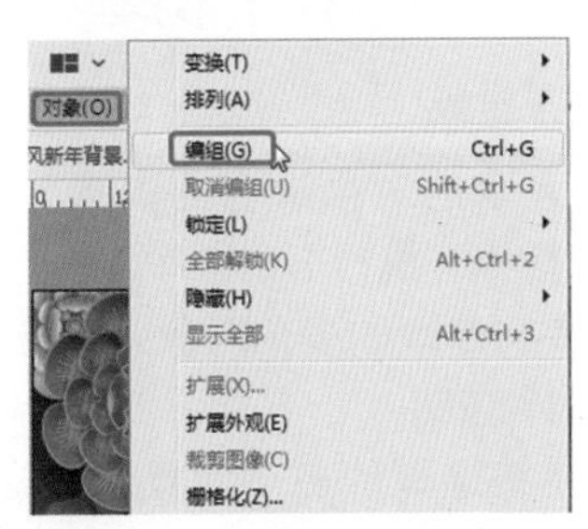

图1-83　选择【编组】命令

2. 取消对象编组

若要取消编组对象，可以在菜单栏中选择【对象】|【取消编组】命令（或按 Shift+Ctrl+G 组合键），如图 1-84 所示。

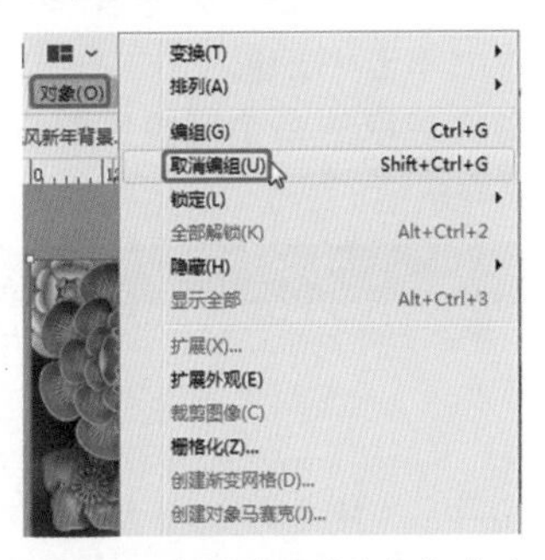

图1-84　选择【取消编组】命令

> **提　示**
>
> 若不能确定某个对象是否属于编组，可以先选择该对象，然后查看【对象】|【取消编组】命令是否可用，如可用表示该对象已被编组。

1.3.2　对象对齐和分布

在 Illustrator CC 中，增强了对象分布与对齐功能，新增了分布间距功能，可以使用对齐面板，对选择的多个对象进行对齐或分布，如图 1-85 所示。

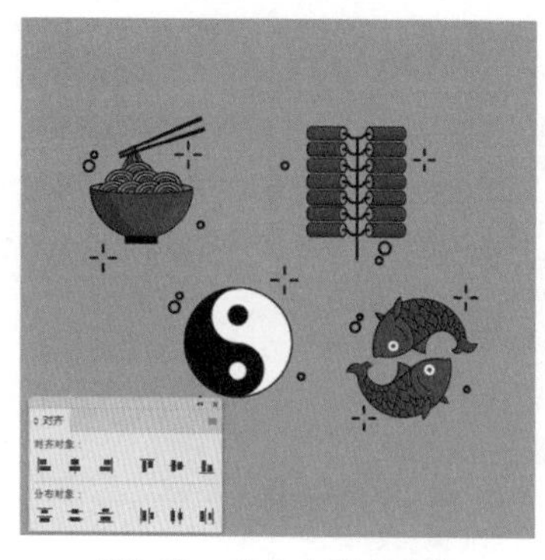

图1-85　对象分布与对齐

1. 对齐对象

要对选取的对象进行对齐操作，可以在【对齐】面板中，执行下列操作之一。

- 要将选取的多个对象左对齐，可以单击按钮。
- 要将选取的多个对象水平居中对齐，可以单击按钮。
- 要将选取的多个对象右对齐，可以单击按钮。
- 要将选取的多个对象顶对齐，可以单击按钮。
- 要将选取的多个对象垂直居中对齐，可以单击按钮。
- 要将选取的多个对象底对齐，可以单击按钮。

> **提　示**
>
> 要对齐对象上的锚点，可使用【直接选择工具】选择相应的锚点；要相对于所选对象之一对齐或分布，请再次单击该对象，此次单击时无须按住Shift键，然后单击所需类型的对齐按钮或分布按钮。在【画板】面板中，若选择【对齐到画板】选项，将以画板作为对齐参考点，否则将以剪裁区域作为参考点。

2. 分布对象

要对选取的对象进行分布操作，可以执行下列操作之一。

- 要将选取的多个对象按垂直顶分布，可以单击按钮。
- 要将选取的多个对象垂直居中分布，可以单击按钮。
- 要将选取的多个对象按垂直底分布，可以单击按钮。
- 要将选取的多个对象按水平左分布，可以单击按钮。
- 要将选取的多个对象水平居中分布，可以单击按钮。
- 要将选取的多个对象按水平右分布，可以单击按钮。

> **提　示**
>
> 使用分布选项时，若指定一个负值的间距，则表示对象沿着水平轴向左移动，或者沿着垂直轴向上移动。正值表示对象沿着水平轴向右移动，或者沿着垂直轴向下移动。指定正值表示增加对象间的间距，指定负值表示减少对象间的间距。

3. 分布间距

在 Illustrator CC 中，单击【对齐】面板右上角的按钮，在弹出的下拉菜单中选择【显示选项】命令，如图 1-86 所示。进行对象分布与对齐时，可以设置分布间距。若单击按钮，将垂直分布间距；若单击按钮，将水平分布间距。若勾选【自动】复选框，将自动分布间距值，否则可手动设置分布间距值，如图 1-87 所示。

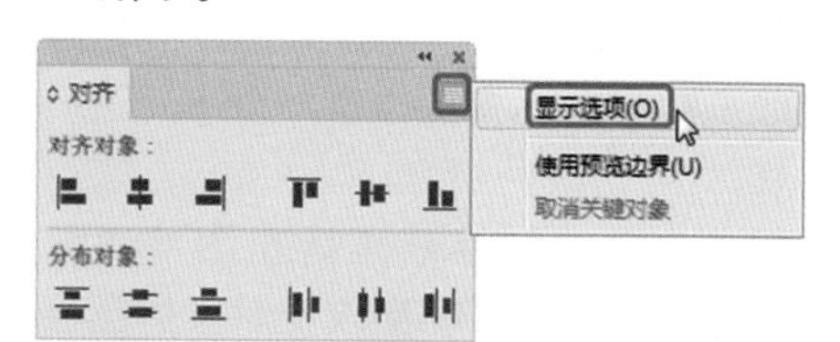

图1-86　选择【显示选项】命令

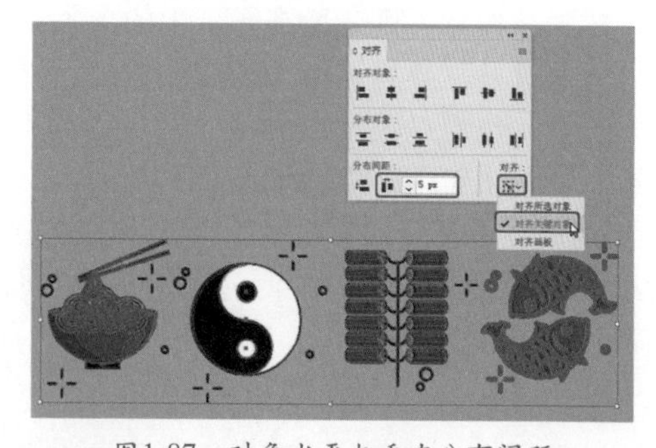

图1-87　对象水平与垂直分布间距

1.4 上机练习——绘制时尚插画类促销海报

以“双 12”为契机，通过策划一系列活动，最大限度地提高人流量、提升人气、扩大专卖店的销售业绩，绘制完成后的效果如图 1-88 所示。

图1-88　商场促销海报

素材	素材\Cha01\促销海报.jpg
场景	场景\Cha01\上机练习——绘制时尚插画类促销海报.ai
视频	视频教学\Cha01\上机练习——绘制时尚插画类促销海报.mp4

01 按 Ctrl+N 组合键，弹出【新建文档】对话框，将【单位】设置为【厘米】，将【宽度】、【高度】分别设置为 28.44、43.27，单击【创建】按钮，如图 1-89 所示。

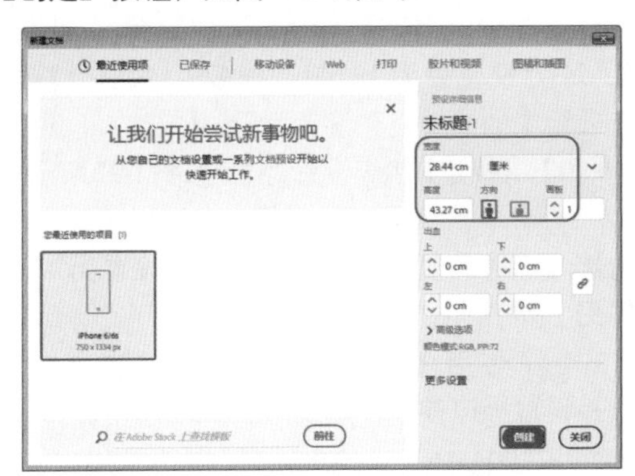

图1-89　【新建文档】对话框

02 在菜单栏中选择【文件】|【置入】命令，如图 1-90 所示。

03 在弹出的【置入】对话框中选择“素材 \ Cha01\ 促销海报 .jpg”素材文件，单击【置入】按钮，如图 1-91 所示。

04 在工作区中单击鼠标左键，将素材文件置入，调整图片位置。在菜单栏中选择【窗口】|【属性】命令，如图 1-92 所示。

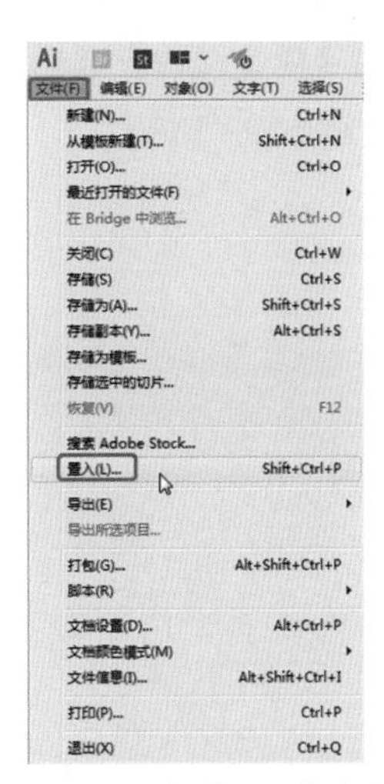

图1-90　选择【置入】命令

图1-91　选择置入的素材文件

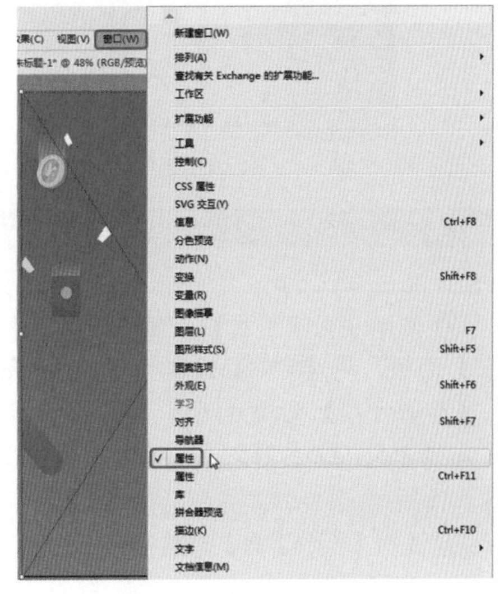

图1-92　选择【属性】命令

05 确定选择置入的素材图片，打开【属

性】面板，在【快速操作】选项组中单击【嵌入】按钮，如图 1-93 所示。

图1-93　嵌入素材图片

06 使用【文字工具】T输入文本。打开【字符】面板，将【字体】设置为【方正大黑简体】，【字体大小】设置为 90，文本颜色 RGB 值设置为 255、255、255，调整文本的位置，如图 1-94 所示。

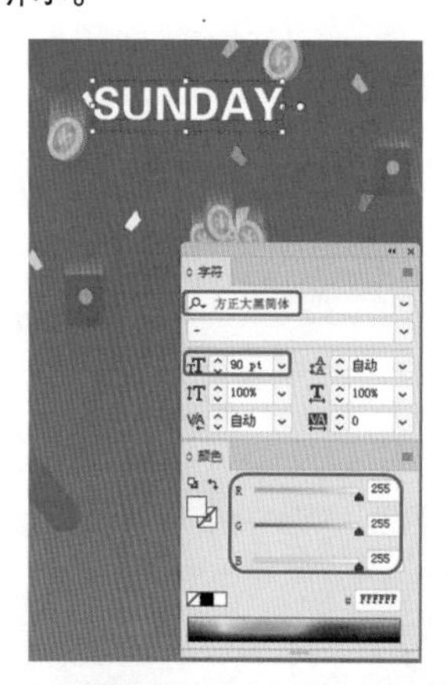

图1-94　设置文本

提　示

按 Ctrl+T 组合键，可快速打开【字符】面板。

07 使用【文字工具】T输入文本。打开【字符】面板，将【字体】设置为【方正大黑简体】，【字体大小】设置为 65，文本颜色 RGB 值设置为 255、255、255，调整文本的位置，如图 1-95 所示。

08 使用【矩形工具】绘制矩形。在【属性】面板中将【宽】和【高】均设置为 20.3，X、Y 分别设置为 14.569、19.551，将【外观】选项组中的【填色】设置为白色，【描边】设置为无，如图 1-96 所示。

图1-95　设置文本

图1-96　设置矩形参数

09 使用【矩形工具】绘制矩形。在【属性】面板中将【宽】和【高】均设置为 18.7，X、Y 分别设置为 14.631、19.429，将【外观】选项组中的【填色】设置为无，【描边】设置为 #e60012，【描边】粗细设置为 3，如图 1-97 所示。

10 单击【描边】选项，在弹出的面板中勾选【虚线】复选框，将【虚线】设置为 12，如图 1-98 所示。

11 使用【直线段工具】绘制其他的线段并设置描边参数，效果如图 1-99 所示。

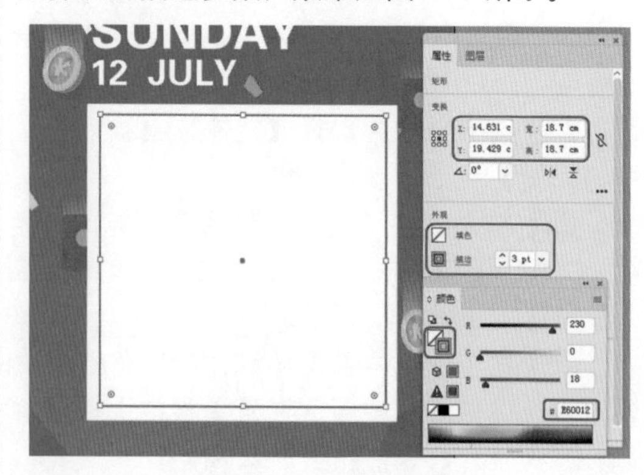

图1-97　设置矩形参数

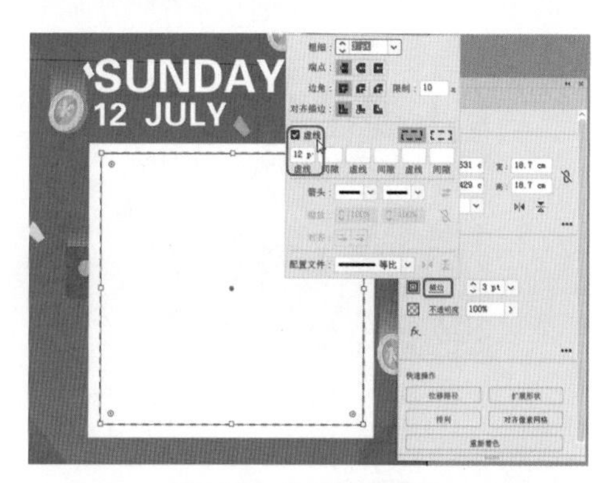

图1-98　设置描边参数

图1-99　制作完成后的效果

12 使用【矩形工具】绘制矩形。将【宽】和【高】分别设置为 18.7、3.25，将【填充颜色】设置为 #e60012，【描边颜色】设置为无，如图 1-100 所示。

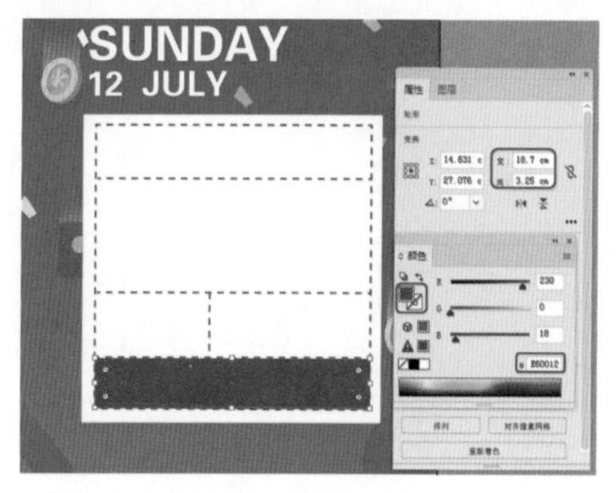

图1-100　设置矩形参数

13 使用【文字工具】输入文本，将【字体】设置为【创艺简老宋】，【字体大小】设置为 77，将“五折”的字体颜色设置为 #e60012，“促销”的【字体颜色】设置为 #000000，如图 1-101 所示。

图1-101　设置文本字符

14 使用【文字工具】输入其他文本，并设置大小及颜色，效果如图 1-102 所示。

图1-102　输入完成后的效果

15 使用【圆角矩形工具】绘制圆角矩形。在【变换】面板中将【宽】、【高】分别设置为 19.2、2.4，X、Y 分别设置为 14.7、35.1，【圆角半径】设置为 1.2，如图 1-103 所示。

图1-103　设置圆角矩形参数

16 选中绘制的图形，打开【渐变】面板，将【填充颜色】的【类型】设置为【线性】，将左侧色标颜色设置为 #ff004f，右侧色标颜色设置为 #d300ae，【描边颜色】设置为无，如

图 1-104 所示。

图1-104　设置圆角矩形的颜色

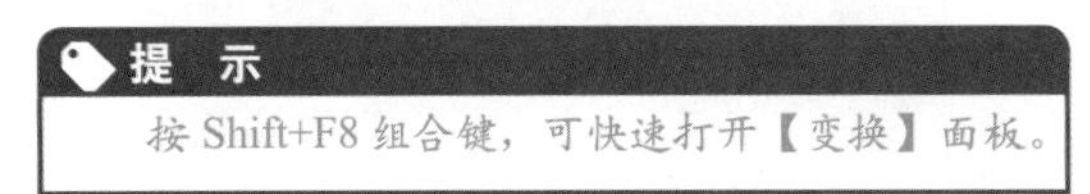

提　示

按 Shift+F8 组合键，可快速打开【变换】面板。

17 使用【文字工具】输入文本，将【字符】面板中的【字体】设置为【创艺简老宋】，【字体大小】设置为 53，【字体颜色】设置为白色，如图 1-105 所示。

图1-105　设置文本字符

18 使用【文字工具】输入文本，将【字符】面板中的【字体】设置为【Adobe 黑体 Std R】，【字体大小】设置为 42，【字体颜色】设置为白色，如图 1-106 所示。

图1-106　设置文本字符

19 使用【圆角矩形工具】和【文字工具】制作如图 1-107 所示的内容。

20 制作完成后，按 Ctrl+S 组合键，弹出【存储为】对话框，设置保存路径和保存类型，将【文件名】设置为“上机练习——绘制时尚插画类促销海报”，单击【保存】按钮，如图 1-108 所示。

图1-107　制作完成后的效果

图1-108　设置存储路径

21 接着在弹出的【Illustrator 选项】对话框中保持默认设置，单击【确定】按钮，如图 1-109 所示。

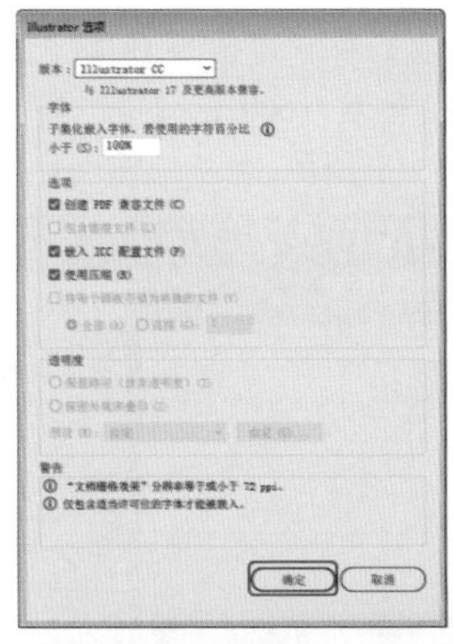

图1-109　保持默认设置

1.5 思考与练习

1. 在 Illustrator 中可以通过哪几种工具选择图形对象？

2. 图形的显示模式包括几种，分别是什么？

第2章 卡片设计——基本绘图工具

使用Illustrator中的基本绘图工具和变形工具能够绘制各式各样的图形，通过这些图形能够构造出梦幻般的设计作品。本章将介绍基本绘图工具、为图形添加描边与填充、画笔以及变形工具的应用等相关内容。

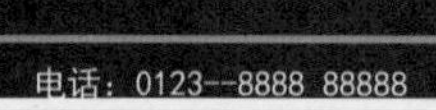

基础知识

- 基本绘图工具
- 图形填充和描边

重点知识

- 餐饮优惠券
- 名片

提高知识

- 画笔的使用
- 色板的使用

卡片是承载信息或娱乐用的物品，名片、电话卡、会员卡、吊牌、贺卡等均属此类，可以用PVC、透明塑料、金属以及纸质材料等制作。本章将介绍卡片的设计。

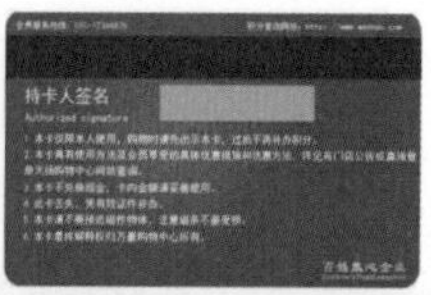

2.1 制作餐饮优惠券——基本绘图工具

优惠券是一种常见的营业推广工具。优惠券可以印在杂志的插页上，或夹在报纸中随报附送，或附在产品的包装上，或放置在商店中让人索取，有时甚至可以让人在街上派送。本实例讲解餐饮优惠券的制作方法，效果如图 2-1 所示。

图2-1　餐饮优惠券

素材	素材\Cha02\火锅1.jpg、火锅2.jpg、LOGO.png、货币.png
场景	场景\Cha02\制作餐饮优惠券——基本绘图工具.ai
视频	视频教学\Cha02\制作餐饮优惠券——基本绘图工具.mp4

01 按 Ctrl+N 组合键，弹出【新建文档】对话框，将【单位】设置为【像素】，【宽度】和【高度】分别设置为 705、610，单击【创建】按钮，如图 2-2 所示。

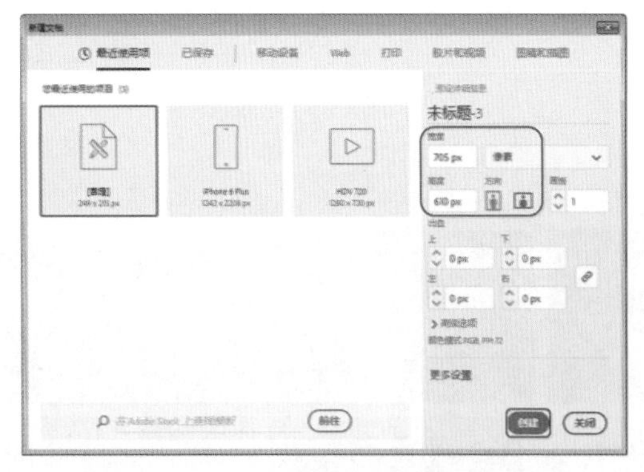

图2-2　【新建文档】对话框

02 使用【钢笔工具】绘制图形，将【填充颜色】的 RGB 值设置为 0、0、0，【描边颜色】设置为无，如图 2-3 所示。

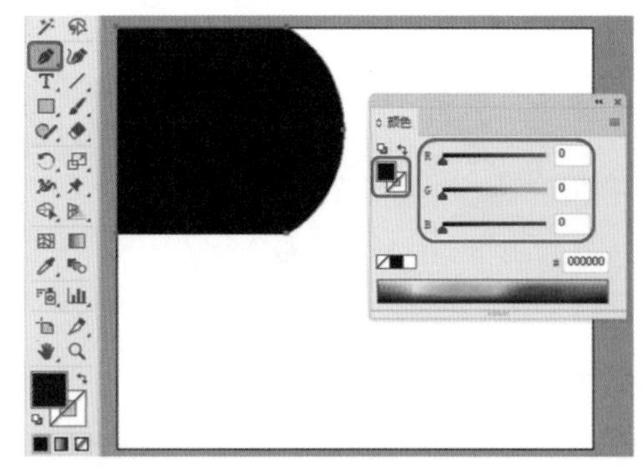

图2-3　设置图形颜色

03 使用【钢笔工具】绘制图形，将【填充颜色】的 RGB 值设置为 23、28、37，【描边颜色】设置为无，如图 2-4 所示。

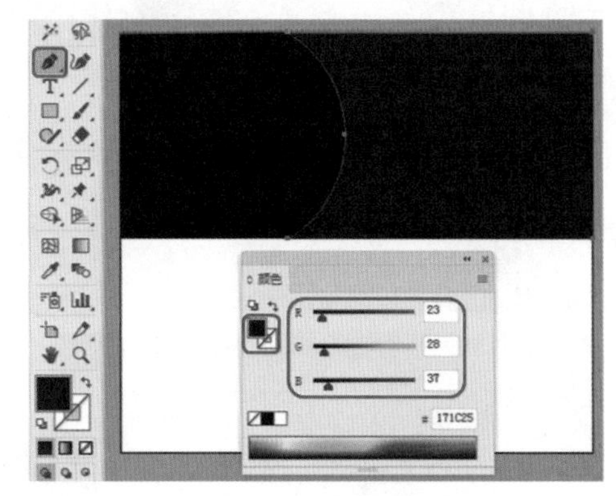

图2-4　设置图形颜色

04 在菜单栏中选择【文件】|【置入】命令，弹出【置入】对话框，选择“素材\Cha02\火锅 1.jpg”素材文件，单击【置入】按钮，如图 2-5 所示。

图2-5　选择置入素材

05 将素材图片置入并调整对象的大小及位置，在【属性】面板中单击【嵌入】按钮，如图 2-6 所示。

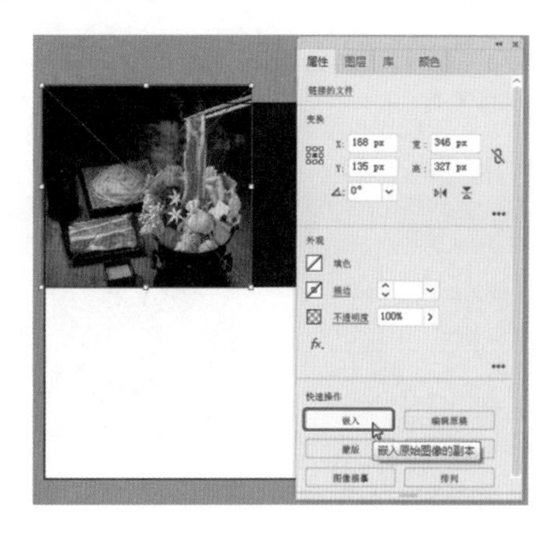

图2-6 嵌入对象

06 在素材图片上单击鼠标右键，在弹出的快捷菜单中选择【排列】|【置于底层】命令，如图 2-7 所示。

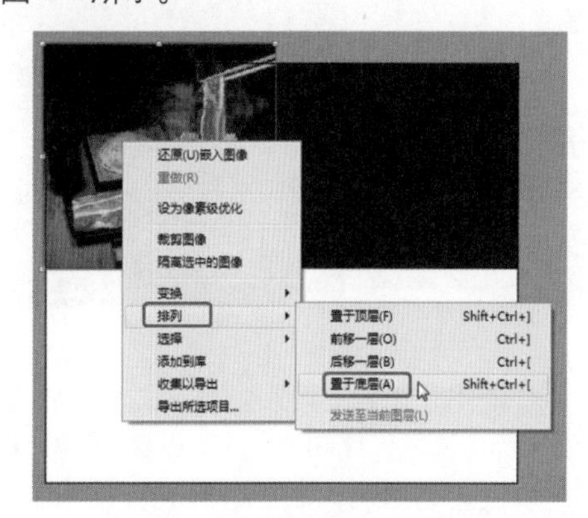

图2-7 选择【置于底层】命令

提 示

按 Shift+Ctrl+] 组合键将对象置于底层；按 Shift+Ctrl+[组合键将对象置于顶层，按 Ctrl+] 组合键将对象向上移动一层；按 Ctrl+[组合键将对象向下移动一层。

07 选中绘制的图形和图片，按 Ctrl+7 组合键，建立剪切蒙版，如图 2-8 所示。

08 使用【钢笔工具】绘制图形，将【填充颜色】的 RGB 值设置为 36、42、53，【描边颜色】设置为无，如图 2-9 所示。

09 使用【钢笔工具】绘制图形，在【颜色】面板中将【填充颜色】的 RGB 值设置为 15、17、22，【描边颜色】设置为无。打开【透明度】面板，将【混合模式】设置为【正片叠底】，【不透明度】设置为 30%，如图 2-10 所示。

图2-8 建立剪切蒙版

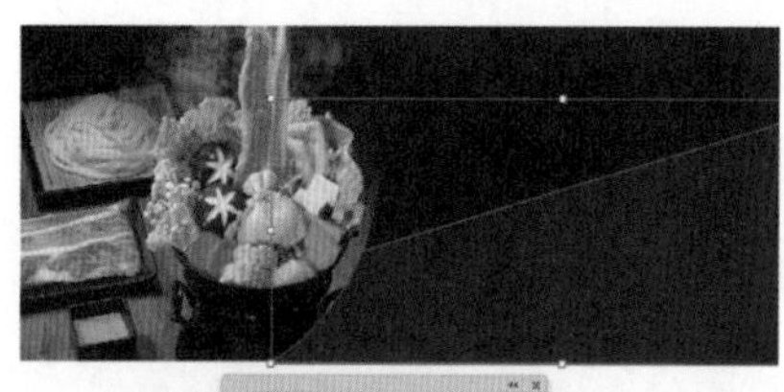

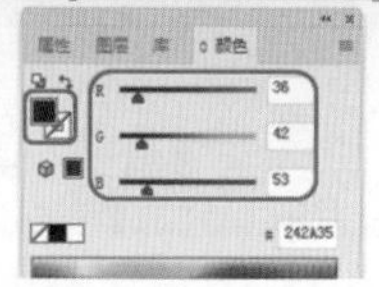

图2-9 设置图形的填充和描边

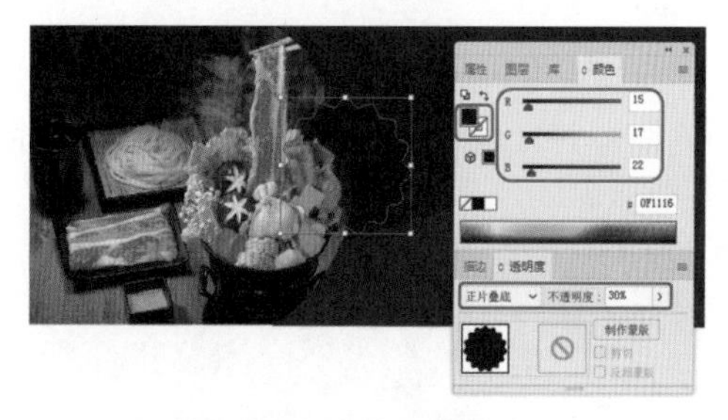

图2-10 设置图形颜色和透明度参数

10 使用【钢笔工具】绘制图形，将【填充颜色】设置为白色，【描边颜色】设置为无，如图 2-11 所示。

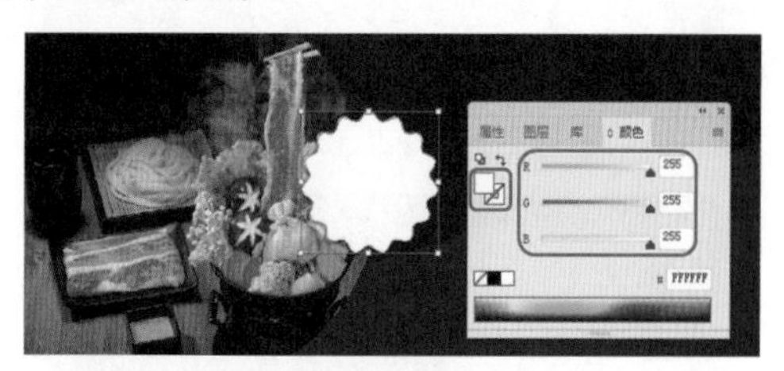

图2-11 设置图形的填充和描边

11 使用【文字工具】输入文本“50”，将【字体】设置为【黑体】，【颜色】的 RGB 值设置为 88、41、23，将【字体大小】设置为

48；将“货币 .png”素材文件导入画板中，并调整其位置与大小，如图 2-12 所示。

图2-12 输入文本并设置参数

12 使用【矩形工具】绘制【宽】、【高】分别为 280、118 的矩形，将【填充颜色】设置为无，【描边颜色】的 RGB 值设置为 247、147、30，【描边粗细】设置为 3，如图 2-13 所示。

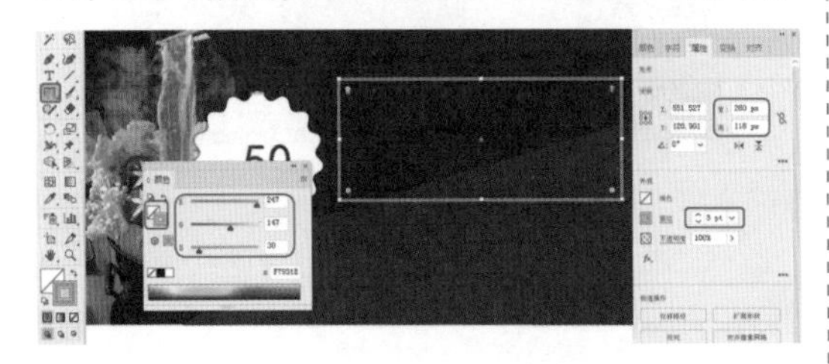

图2-13 设置矩形参数

13 使用【矩形工具】绘制【宽】、【高】分别为 235、35 的矩形，【填充颜色】的 RGB 值设置为 241、90、36，【描边颜色】设置为无，如图 2-14 所示。

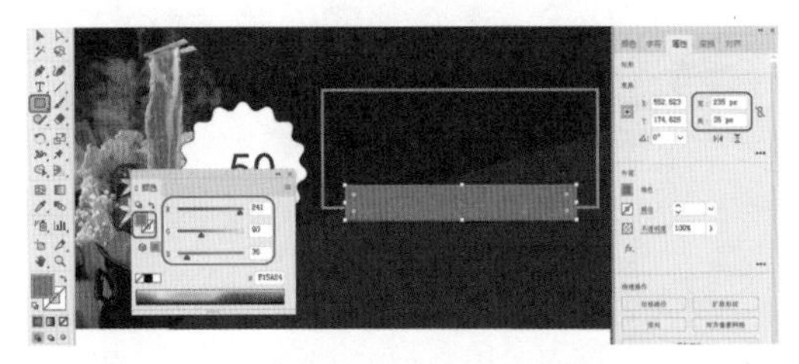

图2-14 设置矩形参数

14 使用【文字工具】输入文本，将【字体】设置为【黑体】，【字体大小】设置为 20，文本颜色设置为白色，如图 2-15 所示。

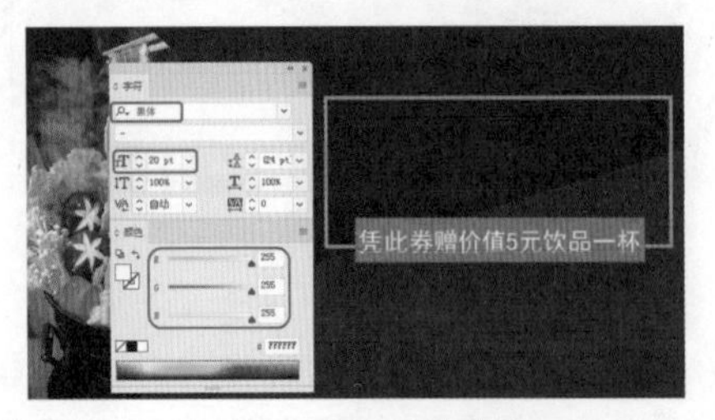

图2-15 设置文本参数

疑难解答 如何绘制精确尺寸的矩形？

在工具箱中选择【矩形工具】。在画板中单击鼠标左键，即鼠标的落点是要绘制矩形的左上角点，弹出【矩形】对话框，将【宽度】设置为100，将【高度】设置为100，如图2-16所示。单击【确定】按钮，可以看到画板中出现了设置好尺寸的矩形，如图2-17所示。

图2-16 【矩形】对话框

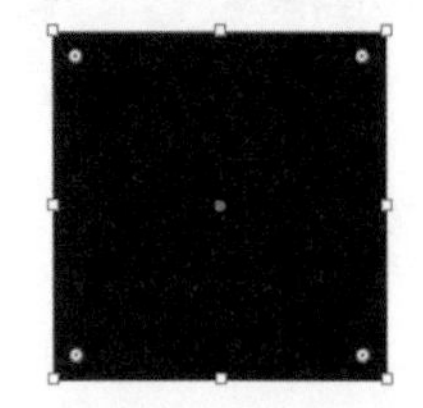

图2-17 创建的矩形

15 使用【文字工具】输入文本，将【字体】设置为【黑体】，【字体大小】设置为 72，【字体颜色】设置为白色，如图 2-18 所示。

图2-18 设置文本参数

16 使用【文字工具】输入文本，将【字体】设置为【黑体】，【字体大小】设置为 14，【字体颜色】设置为白色，如图 2-19 所示。

图2-19 设置文本参数

17 使用【文字工具】输入文本，将【字体】设置为【方正大黑简体】，【字体大小】设置为 17，【字体颜色】设置为白色，如图 2-20 所示。

18 使用【钢笔工具】绘制图形，将【填充颜色】的 RGB 值设置为 23、28、37，【描边颜色】设置为无，如图 2-21 所示。

图2-20 设置文本参数

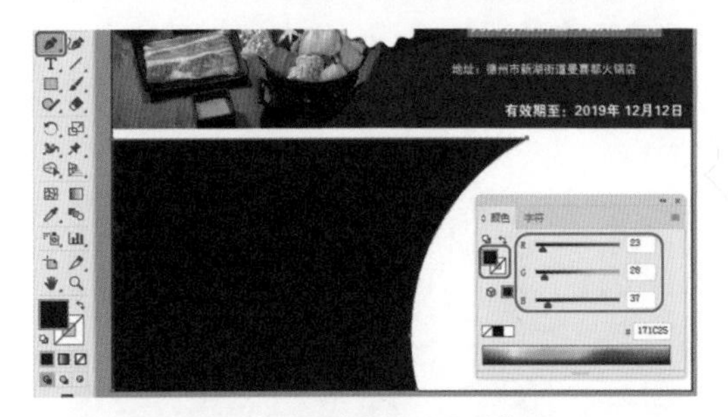

图2-21 绘制图形并设置颜色

19 使用【钢笔工具】绘制图形，将【填充颜色】的 RGB 值设置为 0、0、0，【描边颜色】设置为无，如图 2-22 所示。

图2-22 设置图形颜色

20 在菜单栏中选择【文件】|【置入】命令，弹出【置入】对话框，选择“素材 \Cha02\火锅 2.jpg”素材文件，单击【置入】按钮，如图 2-23 所示。

图2-23 选择置入素材

21 将素材图片置入文档中，并调整大小及位置，在【属性】面板中单击【嵌入】按钮，如图 2-24 所示。

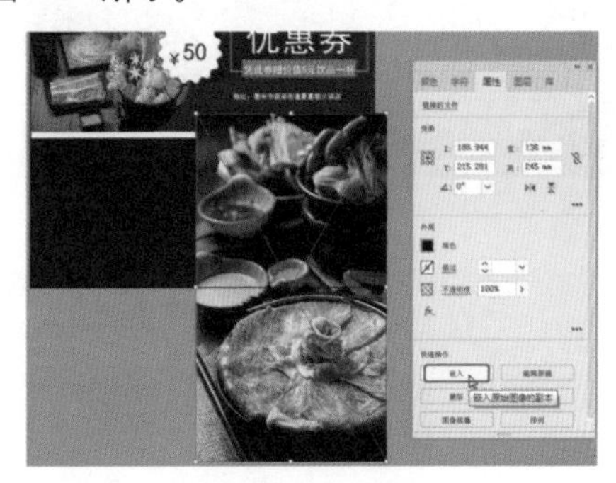

图2-24 嵌入对象

22 在素材图片上单击鼠标右键，在弹出的快捷菜单中选择【排列】|【置于底层】命令，如图 2-25 所示。

图2-25 选择【置于底层】命令

23 选择绘制的图形和图片，单击鼠标右键，在弹出的快捷菜单中选择【建立剪切蒙版】命令，如图 2-26 所示。

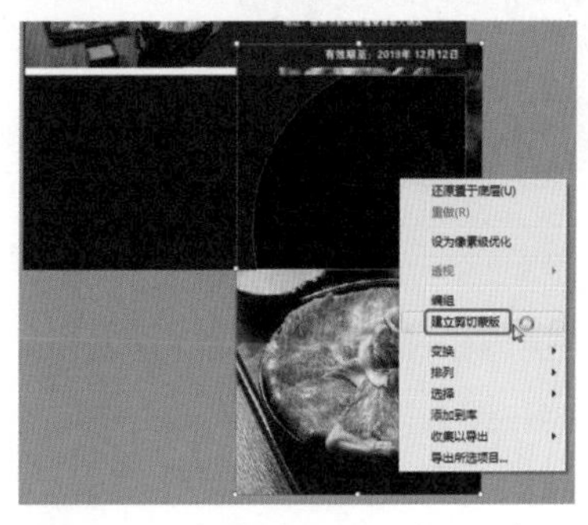

图2-26 选择【建立剪切蒙版】命令

24 使用【矩形工具】和【文字工具】制作其他内容，如图 2-27 所示。

25 在菜单栏中选择【文件】|【置入】命令，弹出【置入】对话框，选择“素材 \Cha02\LOGO.png ”素材文件，单击【置入】按钮，

如图 2-28 所示。

图2-27　制作其他内容

图2-28　选择置入素材

26 置入二维码，调整其大小和位置，在【属性】面板中单击【嵌入】按钮，如图 2-29 所示。

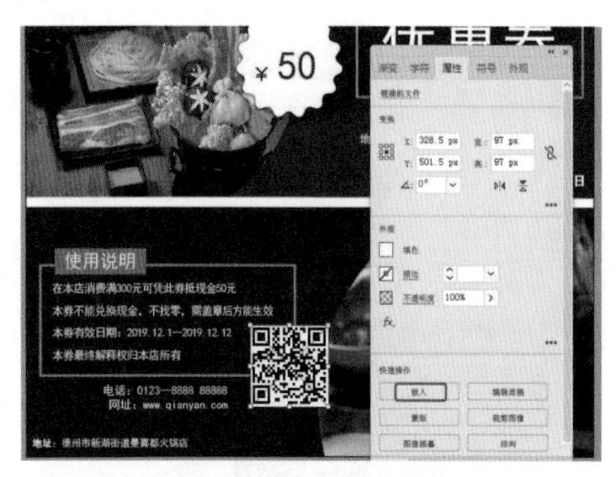

图2-29　嵌入对象

知识链接：基本绘图工具

在 Illustrator 的工具箱中，为设计师提供了两组绘制基本图形的工具，如图 2-30 和图 2-31 所示。

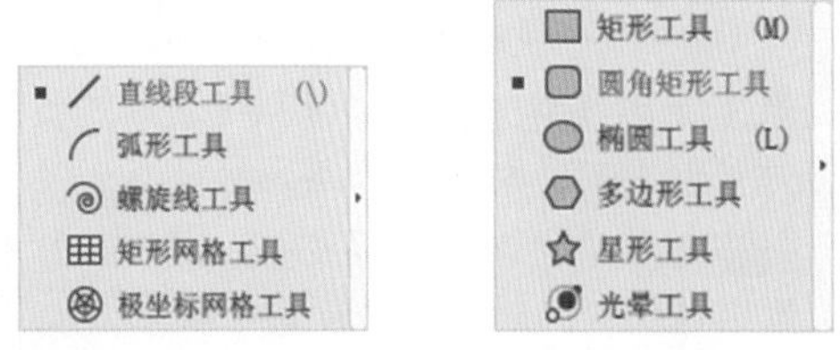

图2-30　第一组绘图工具　图2-31　第二组绘图工具

设计师可以使用这些工具绘制各种规则图形，所绘制的图形可以通过【变形工具】进行旋转、缩放等。

2.1.1 直线段工具

【直线段工具】的使用非常简单，可以直接绘制各种方向的直线。

选择工具箱中的【直线段工具】，在画板空白处当指针变为状态时，单击鼠标左键，确定直线段的起点，拖曳鼠标至终点位置时释放鼠标，即可绘制一条直线段，如图 2-32 所示。

图2-32　绘制直线段

提　示

确认起点后，如果觉得起点不是很适合，可拖曳鼠标（未松开）的同时按住空格键，直线便可随鼠标的拖曳移动位置。

拖动鼠标可绘制直线段，按住 Shift 键可以绘制出 0°、45° 或者 90° 方向的直线，如图 2-33～图 2-35 所示。

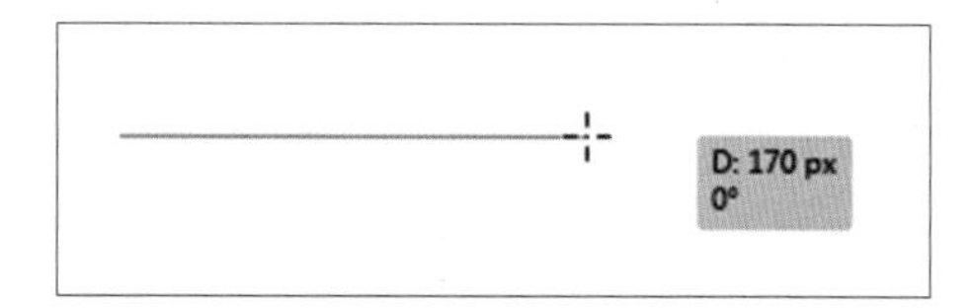

图2-33　绘制0° 直线段

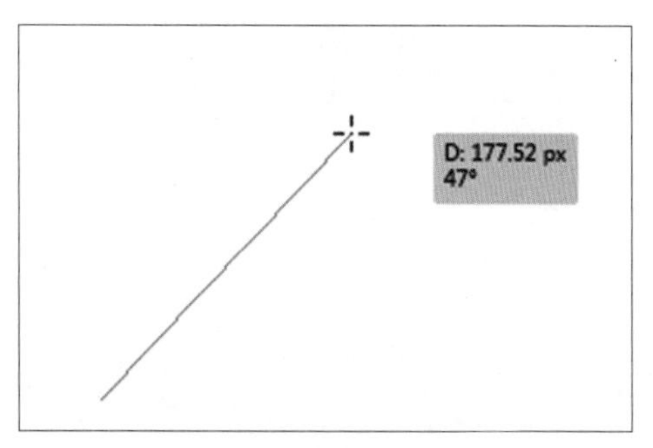

图2-34　绘制45° 直线段

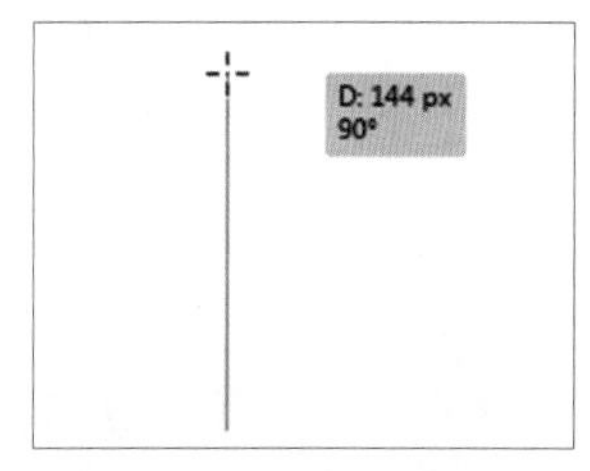

图2-35　绘制90°直线段

选择工具箱中的【直线段工具】，在画板空白处单击鼠标左键确认直线段的起点，弹出【直线段工具选项】对话框，如图 2-36 所示。设置参数后，单击【确定】按钮，可创建精确方向和长度的直线，效果如图 2-37 所示。【直线段工具选项】对话框中的各选项介绍如下。

- 【长度】：可用来设置直线的长度。
- 【角度】：可用来设置直线和水平轴的夹角。
- 【线段填色】：勾选该复选框后，可为绘制的直线段填充颜色（可在工具栏中设置填充颜色）。

图2-36　【直线段工具选项】对话框

图2-37　创建直线

2.1.2 弧线工具

【弧线工具】用来绘制各种曲率和长度的弧线。

选择工具箱中的【弧线工具】，在画板中可以看到指针变为+形态。在起点处单击并拖曳鼠标，拖曳至适当的长度后松开鼠标，可以看到绘制了一条弧线，如图 2-38 所示。

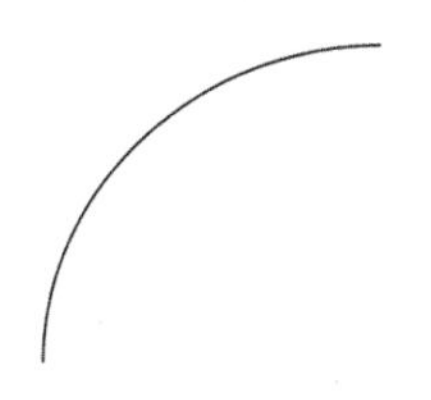

图2-38　绘制弧形

拖曳鼠标的同时执行如下操作，可实现不同的效果。

- 按住 Shift 键，可得到 X 轴、Y 轴长度相等的弧线。
- 按↑或↓箭头键可增加或减少弧线的曲率半径；按 C 键可改变弧线类型，即在开放路径和闭合路径间切换；按 F 键可改变弧线的方向；按 X 键可令弧线在【凹】和【凸】曲线之间切换；按住空格键，可随鼠标移动弧线的位置。

绘制精确方向和长度的直线，具体的操作步骤如下。

01 选择工具箱中的【弧线工具】。

02 在画板空白处单击鼠标确认直线的起点，弹出【弧线段工具选项】对话框，如图 2-39 所示。

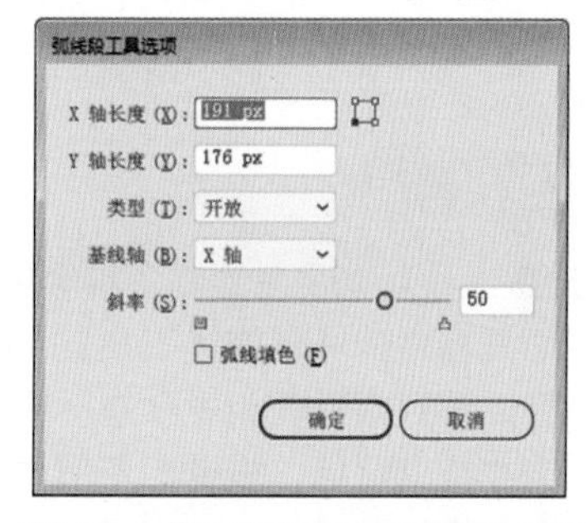

图2-39　【弧线段工具选项】对话框

【弧线段工具选项】对话框中的各选项介绍如下。

- 【X 轴长度】、【Y 轴长度】：指弧线基于 X 轴、Y 轴的长度，可以通过右侧的图标选择基准点的位置。
- 【类型】：分别为开放和闭合。选择【开放】选项，所绘制的弧线为开放式的。相反，如果选择【闭合】选项，则所绘制的弧线为封闭式的。
- 【基线轴】：分别为 X 轴和 Y 轴，单击右侧的下拉按钮，可设置弧线的轴向。

- 【斜率】：可设置绘制弧线的弧度大小。
- 【弧线填色】：设置弧线的填充色。

03 在对话框中设置【X 轴长度】为 100，【Y 轴长度】为 70，【中心点】设置为左上角，【类型】为【闭合】，【基线轴】设置为【Y 轴】，【斜率】设置为 60，如图 2-40 所示。

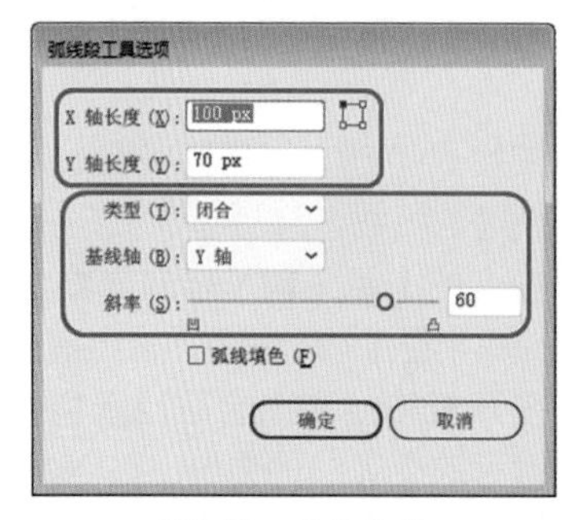

图2-40 设置弧线

04 单击【确定】按钮，画板上就出现了如图 2-41 所示的弧线。

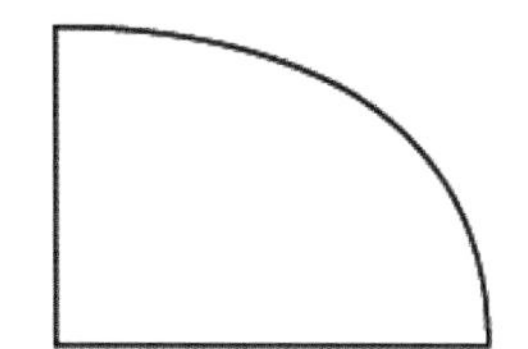

图2-41 创建的封闭式弧线

2.1.3 螺旋线工具

【螺旋线工具】用来绘制各种螺旋线。

选择工具箱中的【螺旋线工具】，在画板空白处可以看到指针变为 + 形态。在螺旋线起点处单击并拖曳鼠标。拖曳出所需的螺旋线后松开鼠标，螺旋线就绘制完成了，如图 2-42 所示。

图2-42 绘制螺旋线

接下来，我们将利用一个实例来讲解螺旋线的精确绘制方法及步骤。

01 打开“蜗牛.ai”素材文件，在工具箱中选择【螺旋线工具】，如图 2-43 所示。

图2-43 选择【螺旋线工具】

02 在画板中单击鼠标左键，在弹出的【螺旋线】对话框中设置【半径】为 50，设置【衰减】为 80，设置【段数】为 10，设置【样式】如图 2-44 所示。

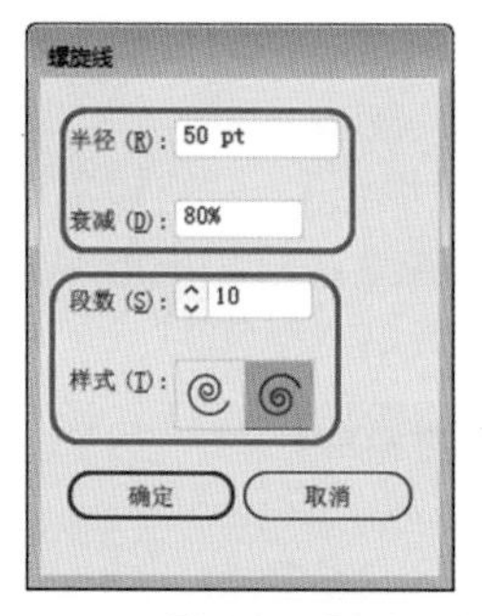

图2-44 【螺旋线】对话框

03 单击【确定】按钮，即可绘制一个螺旋线。然后使用移动工具将创建的螺旋线移动至合适的位置，完成后的效果如图 2-45 所示。

图2-45 完成后的效果

【螺旋线】对话框中各选项介绍如下。

- 【半径】：表示中心到外侧最后一点的距离。
- 【衰减】：用来控制螺旋线之间相差的比例，百分比越小，螺旋线之间的差距就越小。

- 【段数】：可以调节螺旋内路径片段的数量。
- 【样式】：可选择顺时针或逆时针的螺旋线样式。

2.1.4 矩形网格工具

【矩形网格工具】▦用于制作矩形内部的网格。

选择工具箱中的【矩形网格工具】▦，在画板空白处可以看到指针变为 ┼ 形态，在画板上单击，确认矩形网格的起点，然后拖曳鼠标，如图 2-46 所示。松开鼠标后即可看到绘制的矩形网格，如图 2-47 所示。

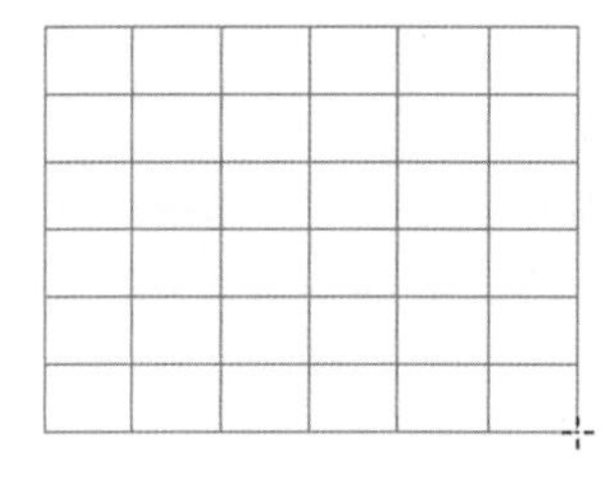

图2-46 拖曳鼠标

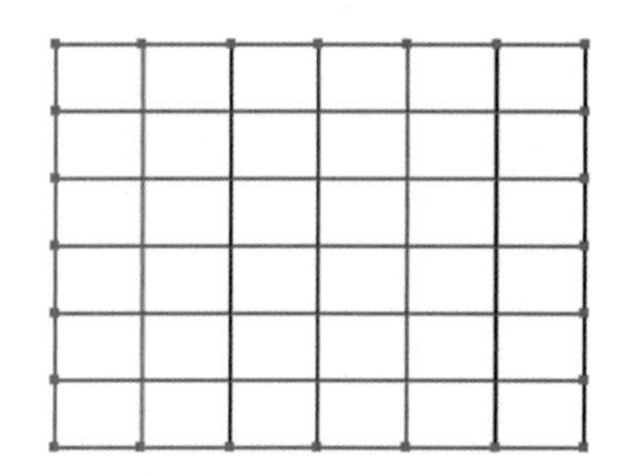

图2-47 创建矩形网格

创建精确矩形网格的具体操作步骤如下。

01 选择工具箱中的【矩形网格工具】▦，在画板中单击鼠标左键，打开【矩形网格工具选项】对话框，在【默认大小】选项组下将【宽度】、【高度】均设置为 180，在【水平分隔线】选项组下将【数量】设置为 7，同样将【垂直分隔线】选项组下的【数量】设置为 7，勾选【填色网格】复选框，如图 2-48 所示。

02 单击【确定】按钮，即可创建一个矩形网格，如图 2-49 所示。

【矩形网格工具选项】对话框中各选项介绍如下。

- 【宽度】、【高度】：指矩形网格的宽度和高度。

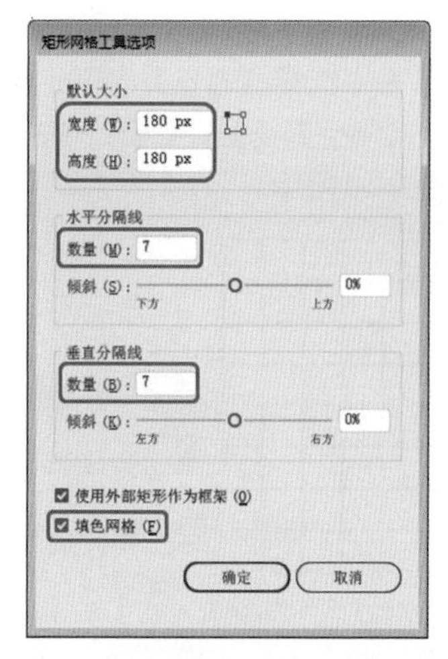

图2-48 【矩形网格工具选项】对话框

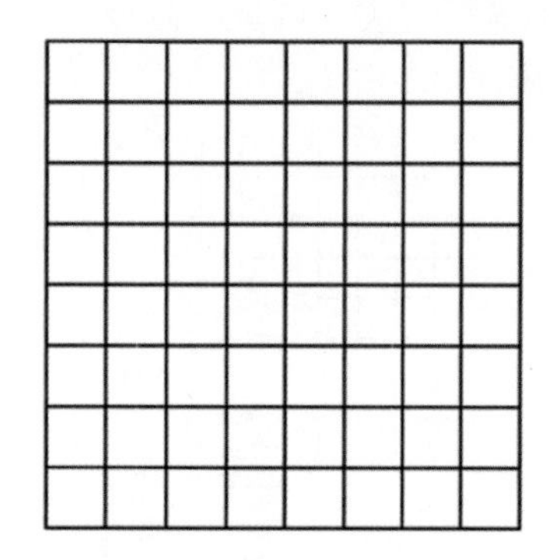

图2-49 创建的矩形网格

- 【水平分隔线】：用户可以在该选项组中设置水平分隔线的参数。
  - 【数量】：表示矩形网格内横线的数量，即行数。
  - 【倾斜】:指行的位置，数值为 0 时，线与线距离均等；数值大于 0 时，网格向上的行间距逐渐变窄；数值小于 0 时，网格向下的行间距逐渐变窄。
- 【垂直分隔线】：用户可以在该选项组中设置垂直分隔线的参数。
  - 【数量】：指矩形网格内竖线的数量，即列数。
  - 【倾斜】：表示列的位置，数值为 0 时，线与线距离均等；数值大于 0 时，网格 向右的列间距逐渐变窄；

数值小于 0 时，网格向左的列间距逐渐变窄。

03 确认创建的矩形网格处于选择状态下，在菜单栏中选择【窗口】|【路径查找器】命令，打开【路径查找器】面板，单击【分割】按钮，如图 2-50 所示。

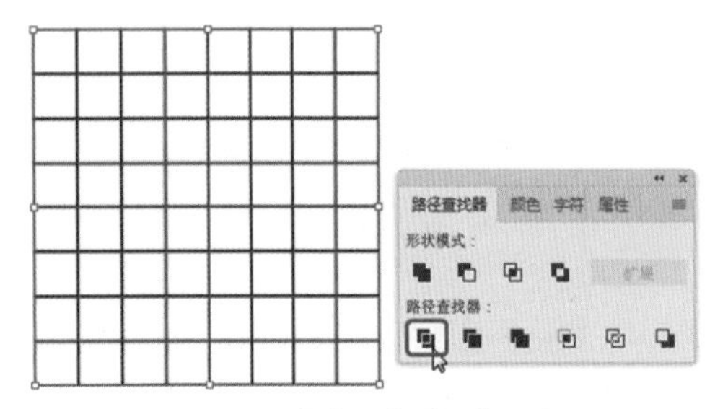

图2-50 【路径查找器】面板

04 在图形上单击鼠标右键，在弹出的快捷菜单中选择【取消编组】命令，如图 2-51 所示。

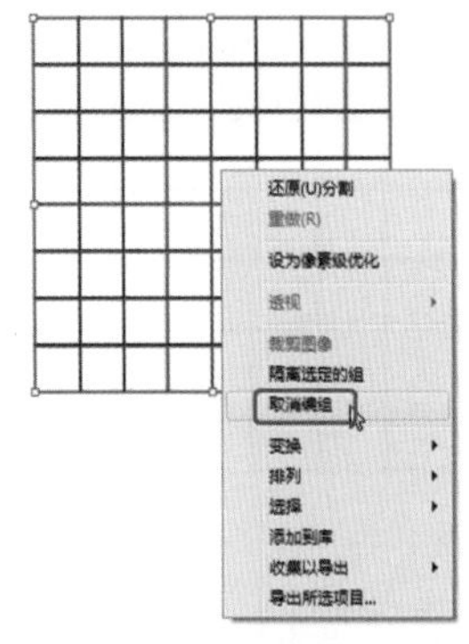

图2-51 选择【取消编组】命令

05 选择工具箱中的【选择工具】，在每个小矩形上单击鼠标左键，可以看到矩形网格中每个小矩形都成为独立的图形，可以被【选择工具】选中，然后将其填充颜色设置为黑色，如图 2-52 所示。

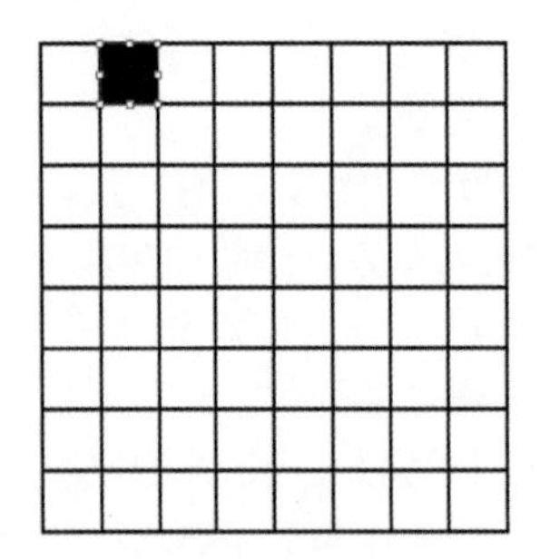

图2-52 填充颜色

06 使用同样的方法，填充其他的网格，完成后的最终效果如图 2-53 所示。

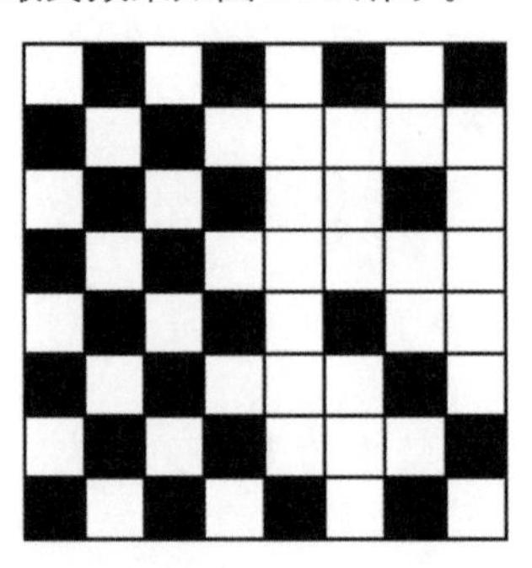

图2-53 完成后的效果

2.1.5 极坐标网格工具

【极坐标网格工具】可以用来绘制同心圆和确定参数的放射线段。

选择工具箱中的【极坐标网格工具】，在画板的空白处单击确认极坐标的起点，拖曳鼠标如图 2-54 所示。松开鼠标后就可以看到绘制的极坐标网格，如图 2-55 所示。

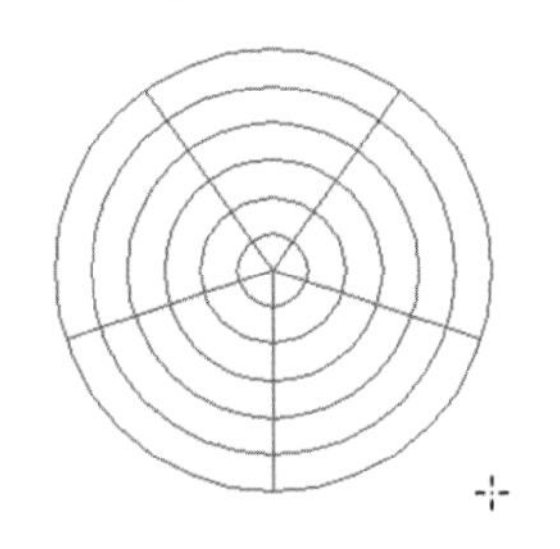

图2-54 拖曳鼠标

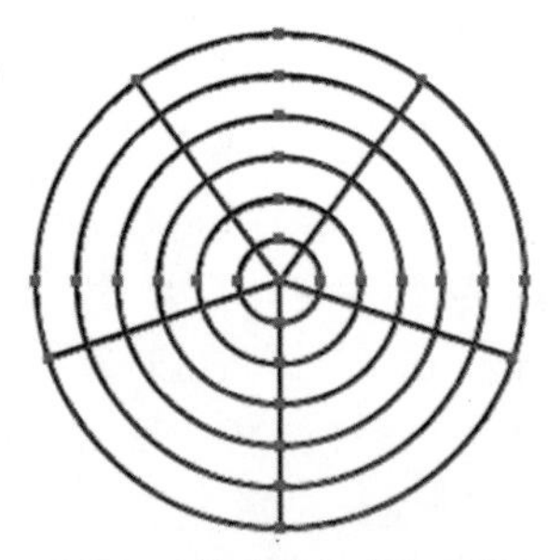

图2-55 创建的极坐标网格

选择工具箱中的【极坐标网格工具】，在画板的空白处单击鼠标左键，弹出【极坐标网格工具选项】对话框，将【宽度】和【高度】均设置为 150，将【径向分隔线】选项组下的【数量】设置为 5，如图 2-56 所示。

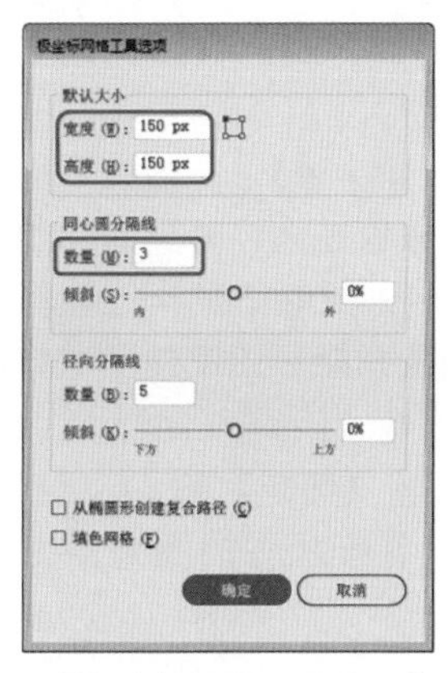

图2-56 【极坐标网格工具选项】对话框

单击【确定】按钮，画板上即可出现一个精确极坐标网格，如图 2-57 所示。

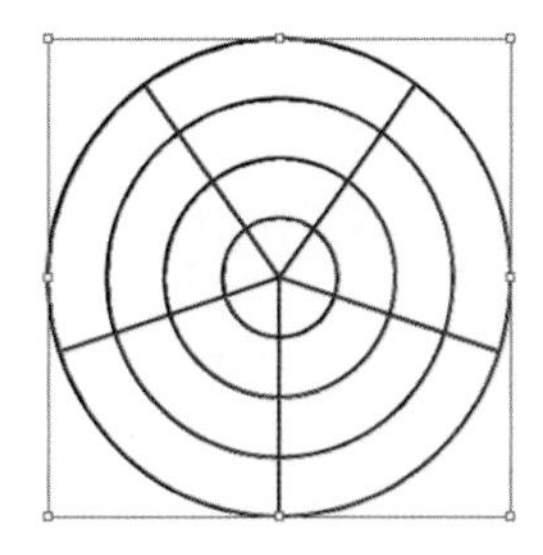

图2-57 创建精确极坐标网格

【极坐标网格工具选项】对话框中各选项介绍如下。

- 【宽度】、【高度】：指极坐标网格的水平直径和垂直直径，可据此选择基准点的位置。
- 【同心圆分隔线】：用户可以在该选项组中设置同心圆的参数。
  - 【数量】：表示极坐标网格内圆的数量。
  - 【倾斜】：指圆形之间的径向距离。数值为 0 时，线与线之间距离均等；数值大于 0 时，网格向外的间距逐渐变窄；数值小于 0 时，网格向内的间距逐渐变窄。
- 【径向分隔线】：用户可以在该选项组中设置径向射线的参数。
  - 【数量】：指极坐标网格内放射线的数量。
  - 【倾斜】：表示放射线的分布。数值为 0 时，线与线之间距离均等；数值大于 0 时，网格顺时针方向逐渐变窄；数值小于 0 时，网格逆时针方向逐渐变窄。
- 【从椭圆形创建复合路径】：勾选该复选框，颜色模式中的填色和描边会应用到圆形和放射线上。如同执行复合命令，圆和圆重叠的部分会被挖空，多个同心圆环构成一个极坐标网络。
- 【填色网格】：勾选该复选框，填色和描边只应用到网格部分，即颜色只应用到线上。

2.1.6 矩形工具

【矩形工具】的作用是绘制矩形或正方形。

选择工具箱中的【矩形工具】，在画板中按住鼠标左键以对角线的方向向外拖曳，如图 2-58 所示。直至理想的大小后松开鼠标，如图 2-59 所示，矩形就绘制完成了。拖曳鼠标的距离、方向不同，所绘制的矩形也各不相同。

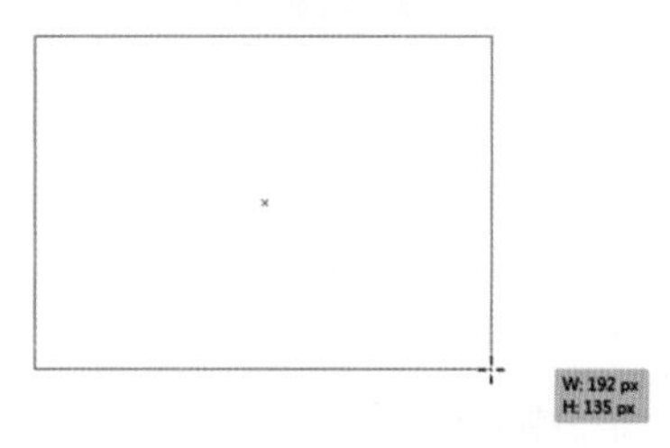

图2-58 拖曳矩形

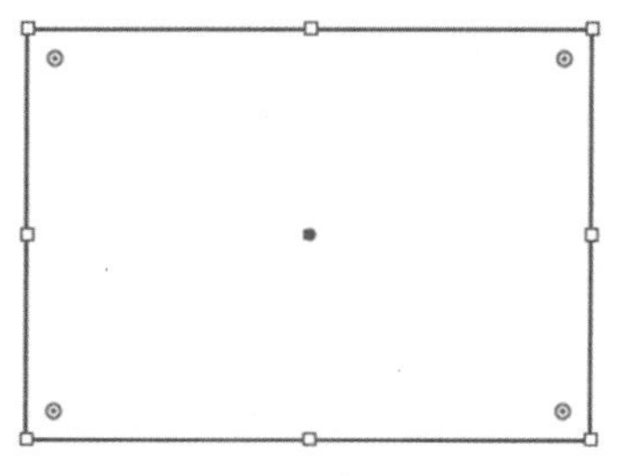

图2-59 创建的矩形

2.1.7 圆角矩形工具

【圆角矩形工具】用来绘制圆角的矩形，与绘制矩形的方法基本相同。

选择工具箱中的【圆角矩形工具】，在画板中按住鼠标左键以对角线的方向向外拖曳，如图 2-60 所示。直至理想的大小后松开鼠标，圆角矩形就绘制完成了，如图 2-61 所示。依据拖曳鼠标的距离、方向不同，所绘制的圆角矩形也各不相同。

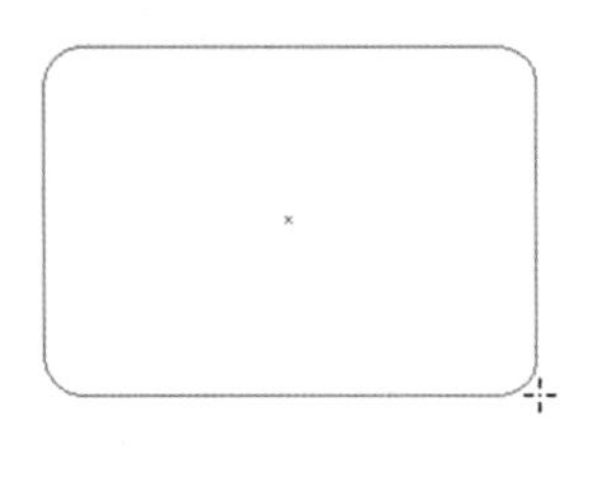

图2-60　拖曳圆角矩形

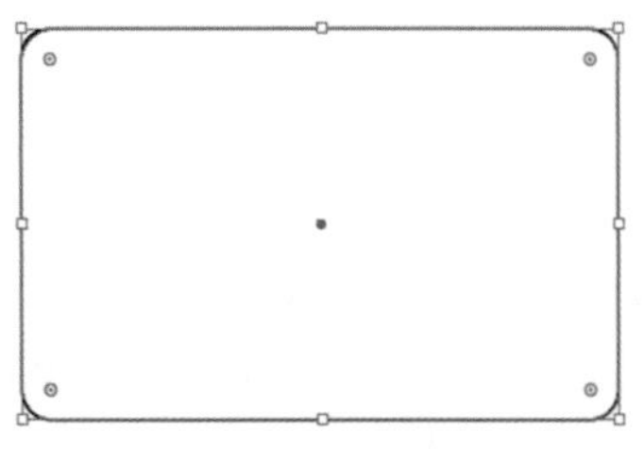

图2-61　创建矩形

提　示

按住←或→键拖曳鼠标，可以设置是否绘制圆角矩形；按住 Shift 键拖曳鼠标，可以绘制圆角正方形；按住 Alt 键拖曳鼠标可以绘制以鼠标落点为中心点向四周延伸的圆角矩形；同时按住 Shift 键和 Alt 键拖曳鼠标，可以绘制以鼠标落点为中心点向四周延伸的圆角正方形。

绘制精确圆角尺寸矩形的操作步骤如下。

01 选择工具箱中的【圆角矩形工具】。

02 在画板中单击鼠标左键，即鼠标的落点是要绘制圆角矩形的左上角点，弹出【圆角矩形】对话框，将【宽度】设置为 200，将【高度】设置为 230，将【圆角半径】设置为 10，如图 2-62 所示。

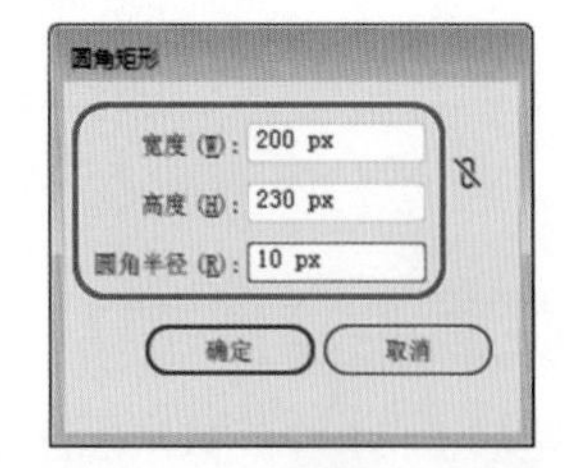

图2-62　【圆角矩形】对话框

【圆角矩形】对话框中各选项介绍如下。

- 【宽度】和【高度】：在文本框中输入所需的数值，即可按照定义的大小绘制。
- 【圆角半径】：在该文本框中输入的半径数值越大，得到的圆角矩形弧度越大；反之输入的半径数值越小，得到的圆角矩形弧度越小；输入的数值为零时，得到的是矩形。

03 单击【确定】按钮，可以看到画板中出现了设置好尺寸的圆角矩形，如图 2-63 所示。

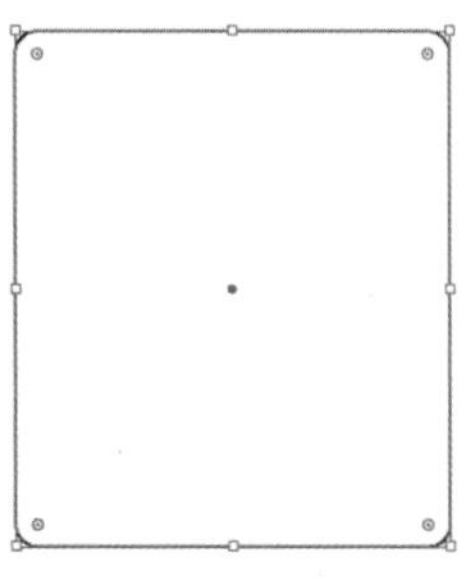

图2-63　创建圆角矩形

2.1.8　椭圆工具

【椭圆工具】用来绘制椭圆形和圆形，与绘制矩形和圆角矩形的方法相同。

选择工具箱中的【椭圆工具】，在画板中按住鼠标左键以对角线的方向向外拖曳，如图 2-64 所示。直至适当的大小后松开鼠标，椭圆就绘制完成了，如图 2-65 所示。根据拖曳鼠标的距离、方向不同，所绘制的椭圆也各不相同。

W: 189 px
H: 129 px

图2-64　拖曳椭圆

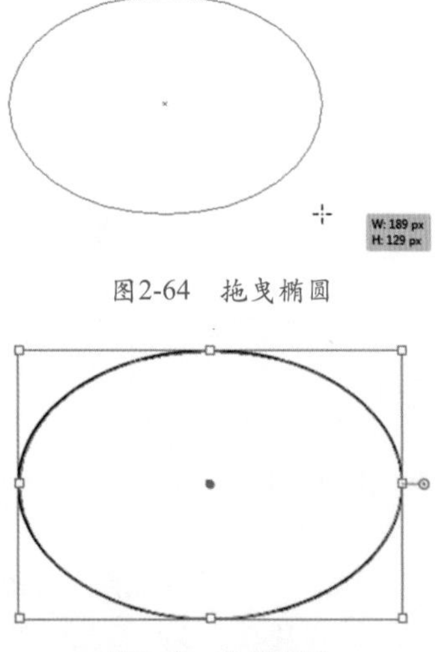

图2-65　绘制椭圆

> **提 示**
>
> 按住 Shift 键拖曳鼠标，可以绘制正圆形；按住 Alt 键拖曳鼠标，可以绘制由鼠标落点为中心点向四周延伸的椭圆；同时按住 Shift 键和 Alt 键拖曳鼠标，可以绘制以鼠标落点为中心点向四周延伸的正圆形。

绘制精确尺寸椭圆的操作步骤如下。

01 选择工具箱中的【椭圆工具】。

02 在画板中单击鼠标左键，即鼠标的落点是要绘制椭圆的左上角点，弹出【椭圆】对话框，将【宽度】设置为 150，将【高度】设置为 200，如图 2-66 所示。

图2-66 【椭圆】对话框

03 单击【确定】按钮，可以看到画板中出现了设置好尺寸的椭圆形，如图 2-67 所示。

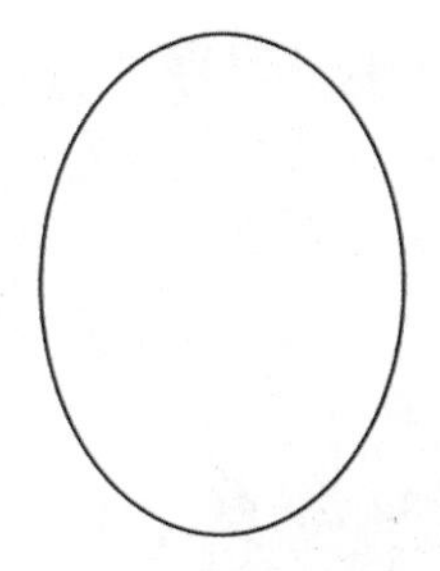

图2-67 创建椭圆

2.1.9 多边形工具

【多边形工具】用来绘制任意边数的多边形。

选择工具箱中的【多边形工具】，在画板中单击并按住鼠标左键向外拖曳，如图 2-68 所示。

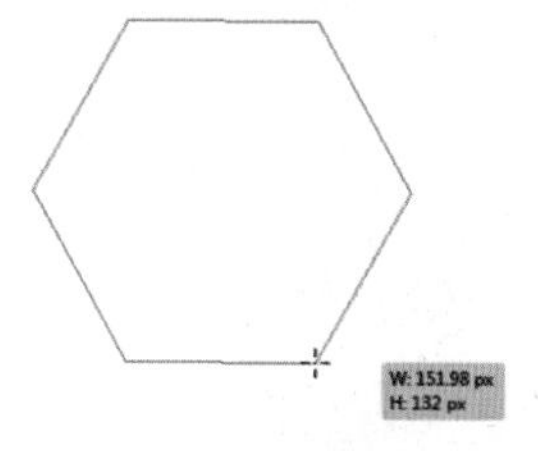

图2-68 拖曳多边形

直至理想的大小后松开鼠标，多边形就绘制完成了，如图 2-69 所示。

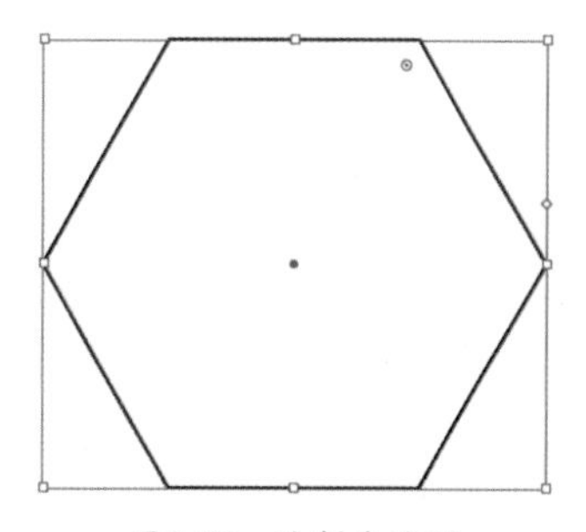

图2-69 绘制多边形

绘制精确多边形的操作步骤如下。

01 选择工具箱中的【多边形工具】。

02 在画板中单击鼠标左键，即鼠标的落点是要绘制多边形的中心点，弹出【多边形】对话框，在【半径】文本框中输入 120，在【边数】文本框中输入 8，如图 2-70 所示。

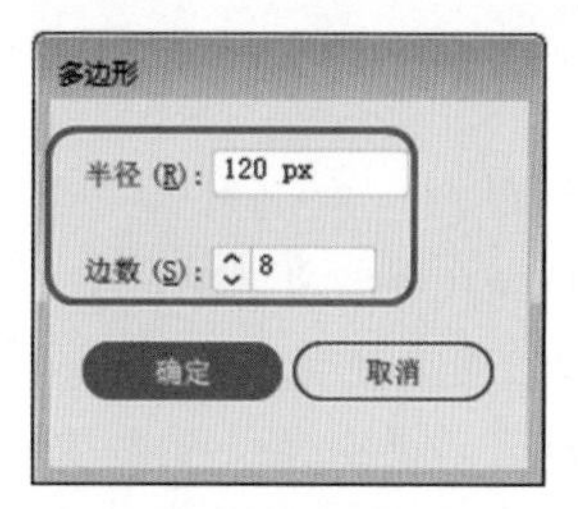

图2-70 【多边形】对话框

03 单击【确定】按钮，画板上就会出现如图 2-71 所示的八边形。

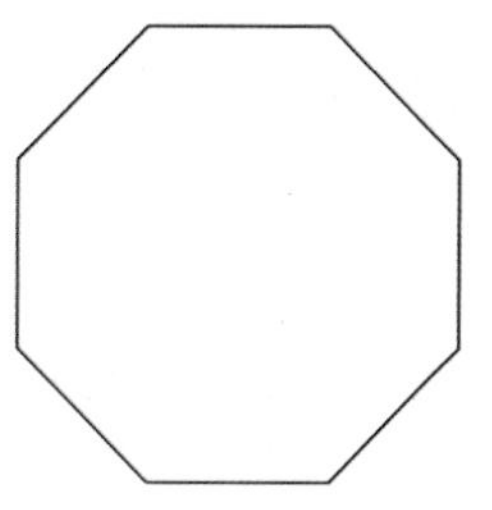

图2-71 绘制的八边形

【多边形】对话框中各选项介绍如下。

- 【半径】：可以设置绘制多边形的半径。
- 【边数】：可以设置绘制多边形的边数。边数越多，生成的多边形越接近于圆形。

2.1.10 星形工具

【星形工具】用来绘制各种星形，与【多

边形工具】的使用方法相同。

选择工具箱中的【星形工具】，在画板中单击并按住鼠标左键向外拖曳，如图 2-72 所示。直至适当的大小后松开鼠标，星形就绘制完成了，如图 2-73 所示。

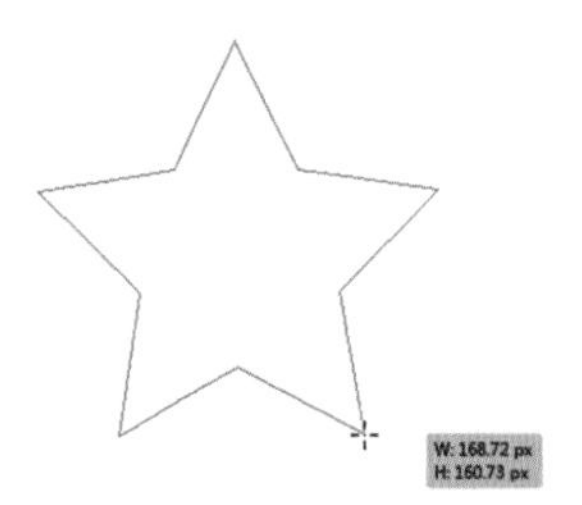

图2-72　拖曳星形

图2-73　绘制星形

绘制精确尺寸的星形和月亮，需要与前面的【椭圆工具】配合使用。其具体操作步骤如下。

01 打开“星空.ai”素材文件，选择工具箱中的【椭圆工具】，并将其填充颜色设置为黄色，在画板中单击鼠标左键，在弹出的【椭圆】对话框中将【宽度】和【高度】均设置为 10，如图 2-74 所示。

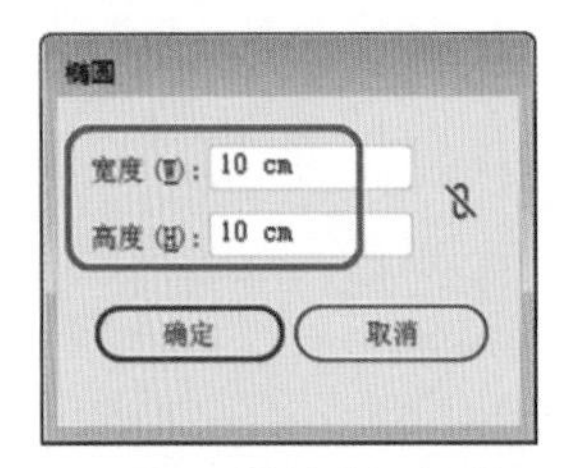

图2-74　【椭圆】对话框

02 单击【确定】按钮，即可创建一个正圆形，并将其调整至合适的位置，如图 2-75 所示。

03 使用同样的方法，再次创建一个 10×10 的正圆形，并将其调整至合适的位置，效果如图 2-76 所示。

04 按住 Shift 键的同时选择两个正圆形，按 Ctrl+Shift+F9 组合键，打开【路径查找器】面板，在【形状模式】选项组下单击【减去顶层】按钮，完成后的效果如图 2-77 所示。

图2-75　创建正圆形

图2-76　再次创建正圆形

图2-77　完成后的效果

05 选择工具箱中的【星形工具】，在画板中单击鼠标左键，在弹出的【星形】对话框中设置星形的参数，如图 2-78 所示。设置完成后，单击【确定】按钮即可。

图2-78　创建的星形

【星形】对话框中各选项介绍如下。

- 【半径 1】：可以定义所绘制的星形内侧点（凹处）到星形中心的距离。
- 【半径 2】：可以定义所绘制的星形外侧点（顶端）到星形中心的距离。
- 【角点数】：可以定义所绘制星形图形的角点数。

> **提 示**
>
> 【半径 1】与【半径 2】的数值相等时，所绘制的图形为多边形，且边数为【角点数】的两倍。

2.1.11 光晕工具

使用【光晕工具】可以创建带有光环的阳光灯。

选择工具箱中的【光晕工具】，当指针变为形态时，在画板中按住鼠标左键向外拖曳，即鼠标的落点为闪光的中心点，拖曳的长度就是放射光的半径，然后松开鼠标，再在画板中第二次单击鼠标并进行拖动，以确定闪光的长度和方向，如图 2-79 所示。

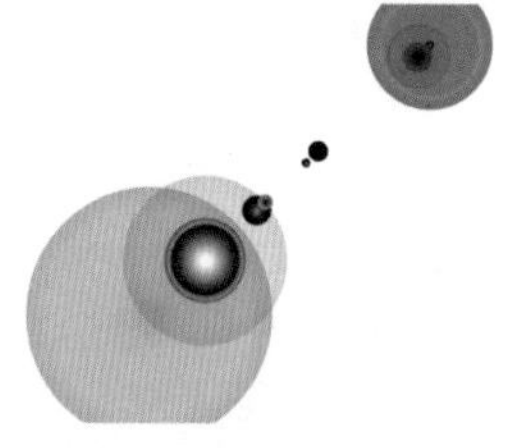

图2-79　绘制光晕

绘制精确的光晕效果的操作步骤如下。

01 选择工具箱中的【光晕工具】。

02 在画板中单击鼠标左键，鼠标的落点是要绘制光晕的中心点，弹出【光晕工具选项】对话框，如图 2-80 所示。

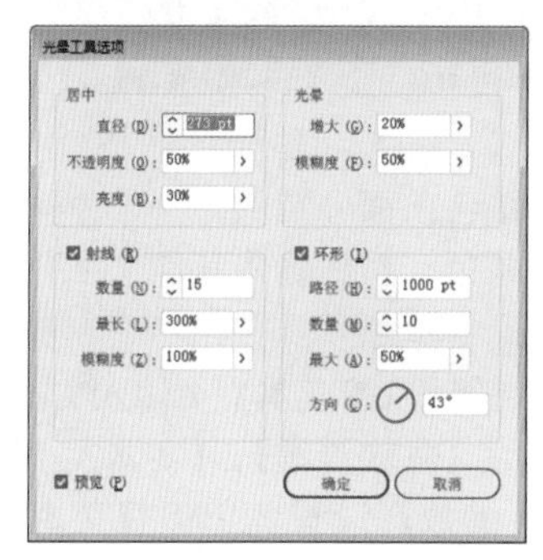

图2-80　【光晕工具选项】对话框

03 在该对话框中进行相应的设置，单击【确定】按钮，画板上就会出现设置好的发光效果，如图 2-81 所示。

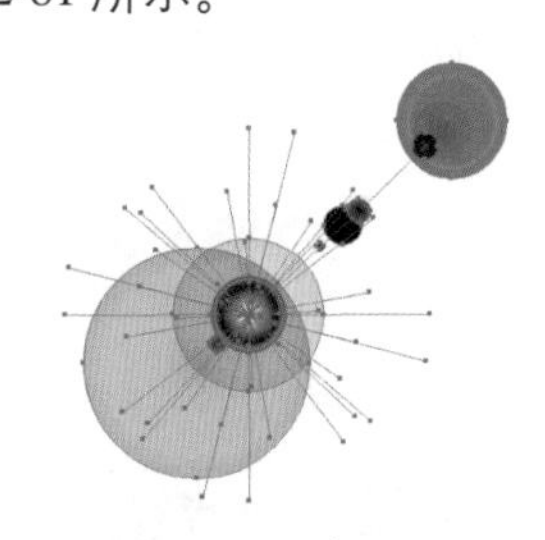

图2-81　创建的光源

【光晕工具选项】对话框中的选项介绍如下。

- 【居中】选项组
  - 【直径】：指发光中心圆的半径。
  - 【不透明度】：用来设置中心圆的不透明程度。
  - 【亮度】：设置中心圆的亮度。
- 【光晕】选项组
  - 【增大】：表示光晕散发的程度。
  - 【模糊度】：指余光的模糊程度。
- 【射线】选项组
  - 【数量】与【最长】：用于设置多个光环中最大光环的大小。
  - 【模糊度】：设置光线的模糊程度。
- 【环形】选项组
  - 【路径】：设置光环的轨迹长度。
  - 【数量】：设置第二次单击时产生的光环。
  - 【最大】：设置多个光环中最大光环的大小。
  - 【方向】：用来设定光环的方向。

2.2 制作会员积分卡——为图形添加描边与填充

积分卡是一种消费服务卡，采用 PVC 材质制作，常用于商场、超市、卖场、娱乐、餐饮、服务等行业。本实例讲解会员积分卡的制作方法，效果如图 2-82 所示。

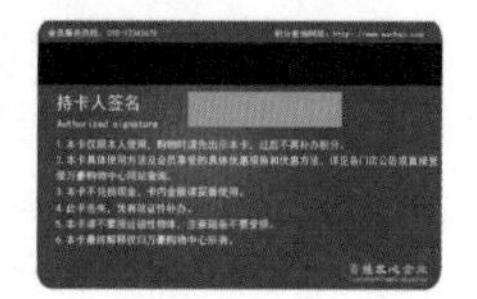

图2-82　会员积分卡

素材	素材\Cha02\会员积分卡-素材.ai
场景	场景\Cha02\制作会员积分卡——为图形添加描边与填充.ai
视频	视频教学\Cha02\制作会员积分卡——为图形添加描边与填充.mp4

01 打开“素材\Cha02\会员积分卡-素材.ai”素材文件，如图 2-83 所示。

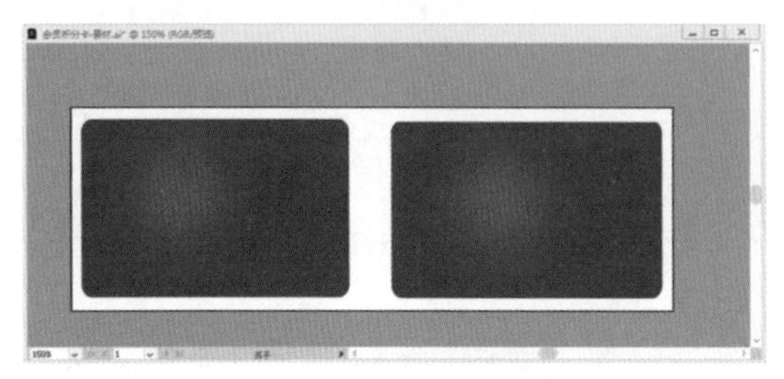

图2-83　打开素材文件

02 使用【文字工具】T输入文本，在【字符】面板中将【字体】设置为【汉仪大隶书简】，【字体大小】设置为 17.5，【水平缩放】设置为 75。打开【渐变】面板，将【类型】设置为【线性】，将 0 位置处的色标设置为 #d9b766，将 50% 位置处的色标设置为 #faeeb2，将 100% 位置处的色标设置为 #d9b766，如图 2-84 所示。

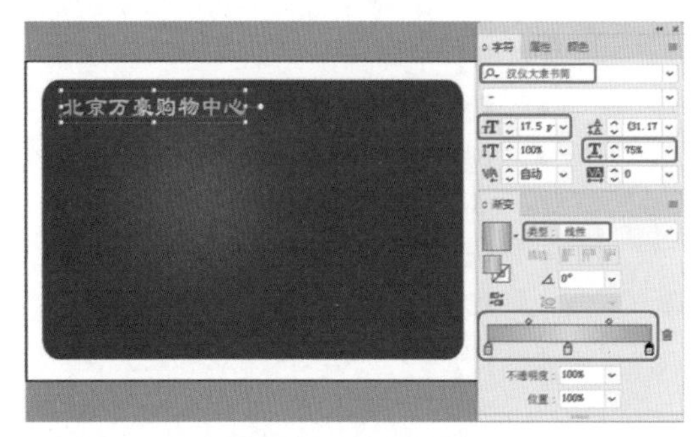

图2-84　设置文本参数

03 使用【直线段工具】绘制【高】为 3.5 的直线，将【填色】设置为无，【描边】的 RGB 值设置为 217、183、102，【描边】粗细设置为 0.75，如图 2-85 所示。

04 使用【文字工具】T输入文本，在【字符】面板中将【字体】设置为【汉仪大隶书简】，【字体大小】设置为 10，【水平缩放】设置为 75，打开【渐变】面板，将【类型】设置为【线性】，将 0 位置处的色标设置为 #d9b766，将 50% 位置处的色标设置为 #faeeb2，将 100% 位置处的色标设置为 #d9b766，如图 2-86 所示。

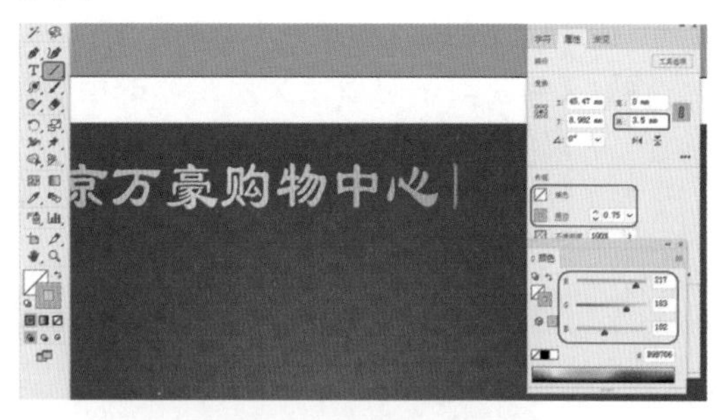

图2-85　设置直线段参数

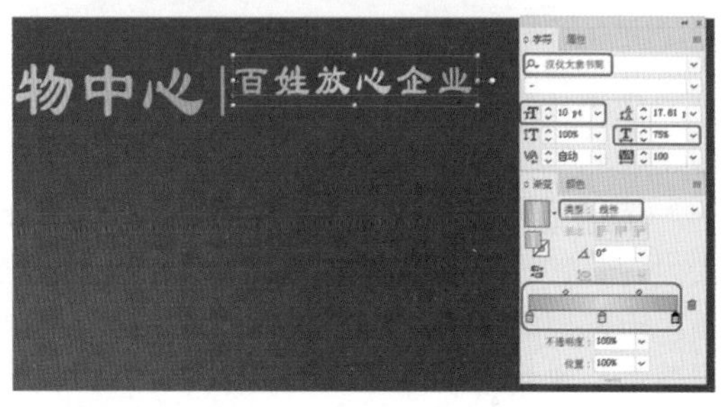

图2-86　设置文本参数

05 使用【文字工具】T输入文本，在【字符】面板中将【字体】设置为 Arial，【字体样式】设置为 Bold，【字体大小】设置为 4，【水平缩放】设置为 75。打开【渐变】面板，将【类型】设置为【线性】，将 0 位置处的色标设置为 #d9b766，将 50% 位置处的色标设置为 #faeeb2，将 100% 位置处的色标设置为 #d9b766，如图 2-87 所示。

图2-87　设置文本参数

06 结合前面介绍的方法，为输入的文字填充渐变颜色，然后输入其他文字并设置倾斜角度，如图 2-88 所示。

07 使用【文字工具】T输入文本，将【字体】设置为【微软雅黑】，【字体大小】设置为 10，【水平缩放】设置为 100，【文本颜色】的 RGB 值设置为 255、240、0，如图 2-89 所示。

图2-88 输入文本

图2-89 设置文本参数

08 使用【文字工具】输入文本，将【字体】设置为【黑体】，【字体大小】设置为5，【文本颜色】设置为白色，如图2-90所示。

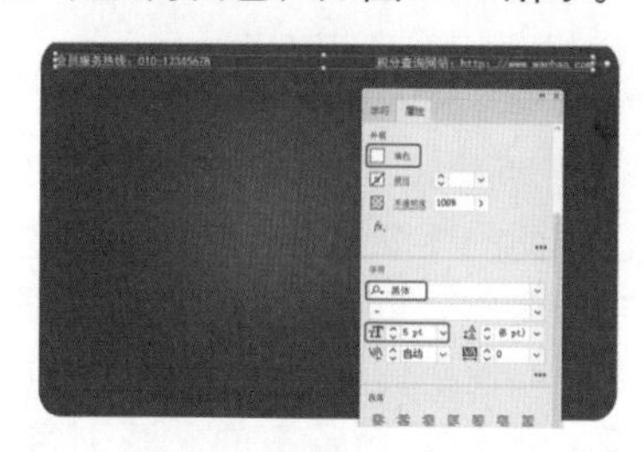

图2-90 设置文本参数

疑难解答 如何设置字体?

按Ctrl+T组合键打开【字符】面板，在【设置字体系列】下拉列表中选择一种字体。也可以在菜单栏中选择【文字】|【字体】命令，在弹出的子菜单中对文字字体进行设置。

09 使用【矩形工具】绘制【宽】、【高】分别为85、8.395的矩形，将【填充颜色】设置为黑色，【描边颜色】设置为无，如图2-91所示。

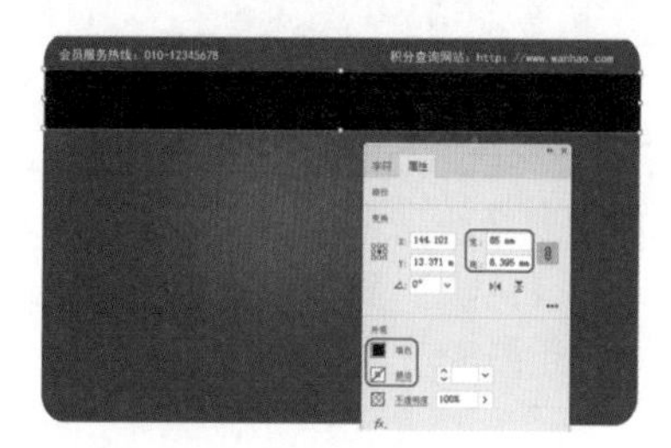

图2-91 绘制矩形并设置参数

10 使用【矩形工具】绘制【宽】、【高】分别为32、7的矩形，将【填充颜色】的RGB值设置为219、168、44，【描边颜色】设置为无，如图2-92所示。

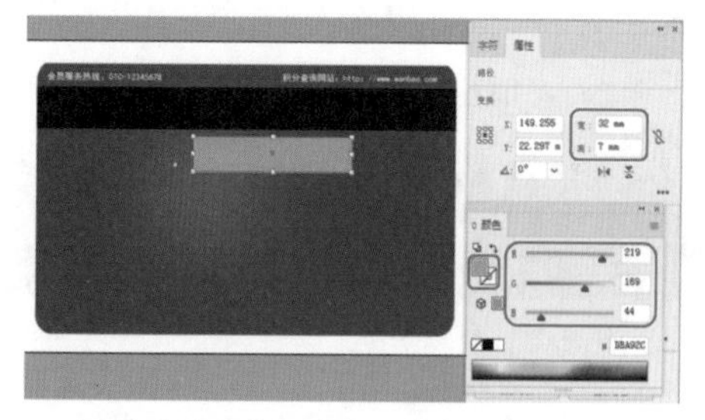

图2-92 绘制矩形并设置颜色

11 使用【文字工具】输入文本，将【字体】设置为【黑体】，【字体大小】设置为10，【文本颜色】设置为白色，如图2-93所示。

图2-93 设置文本参数

12 使用【文字工具】输入文本，将【字体】设置为【黑体】，【字体大小】设置为6，【文本颜色】设置为白色，如图2-94所示。

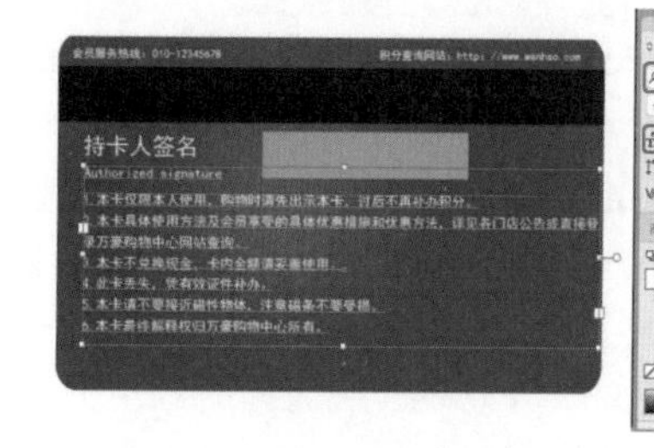

图2-94 设置文本参数

13 使用【文字工具】输入如图2-95所示文本，并设置渐变颜色。

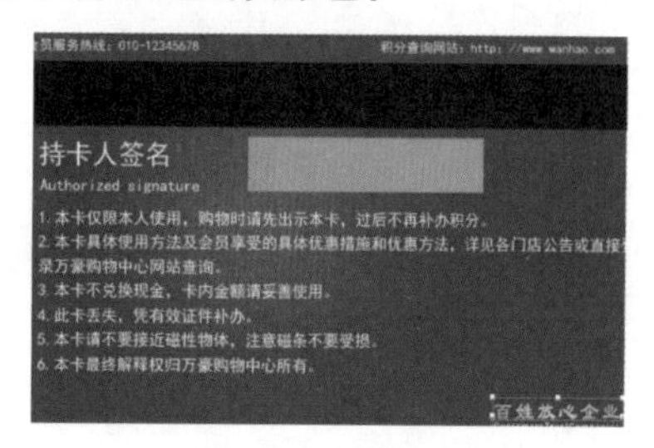

图2-95 制作文本

知识链接：显示最近使用的颜色

在工具箱下方的图标显示最近应用过的颜色或渐变色块。

单击【颜色】图标，将应用最近在【色板】或【颜色】面板中选择的纯色。单击【渐变】图标，将应用最近在【色板】或【颜色】面板中选择的渐变。单击【无】图标，将移去对该对象的填色或描边效果。

提 示

选取文本框或文本时，在工具箱、【颜色】面板或【色板】面板中，若单击【文字工具】按钮，此时将颜色应用于文本；若单击图标，则格式针对容器，此时将颜色应用于文本框。

2.2.1 使用【拾色器】对话框选择颜色

使用【拾色器】对话框，可以通过数字方式指定颜色，也可以通过设置 RGB、Lab 或 CMYK 颜色模式来定义颜色。在工具箱、【颜色】面板或【色板】面板中，双击【填色】或【描边】图标，弹出【拾色器】对话框，如图 2-96 所示。

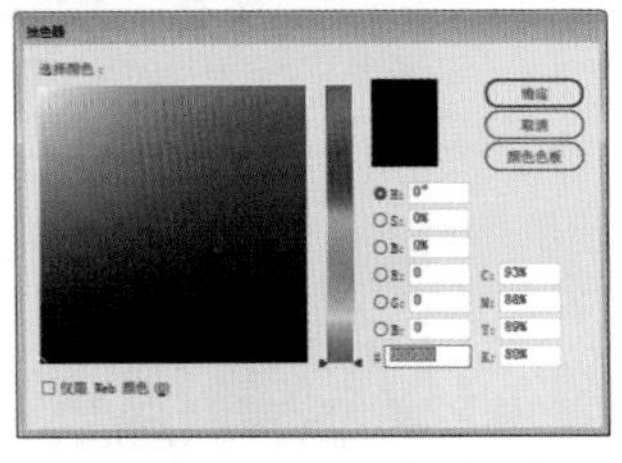

图2-96 【拾色器】对话框

要定义颜色，可执行下列操作之一。

- 在 RGB 色彩条中，单击或拖动其右方的滑块选择颜色。
- 在 HSB、RGB、CMYK 右侧的文本框中输入相应颜色的值，即可选择需要的颜色。
- 在 # 文本框中根据所选择的颜色分量选择颜色。
- 单击【颜色色板】按钮后，将会弹出【颜色色板】对话框，然后在其中选择颜色，如图 2-97 所示。

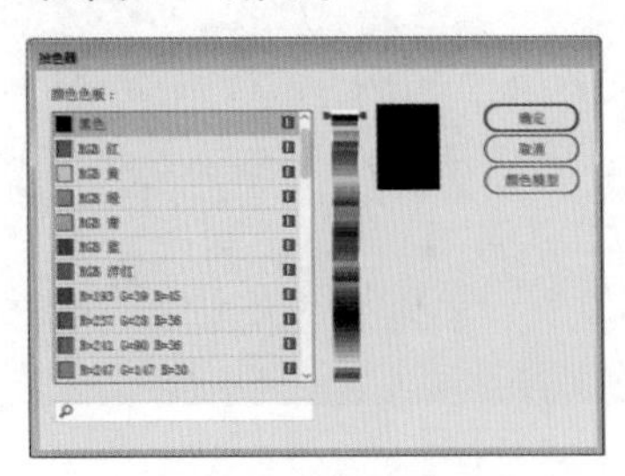

图2-97 【颜色色板】对话框

2.2.2 通过拖动应用颜色

应用颜色或渐变的简单方法是将其颜色源拖动到对象或面板中，其具体操作如下。

- 要对路径进行填色、描边或渐变，可将填色、描边或渐变拖动到路径上，再释放鼠标。
- 将填色、描边或渐变拖动到【色板】面板中，可以将其创建为色板。
- 将【色板】面板中的一个或多个色板拖动到另一个 Illustrator 文档窗口中，系统将把这些色板添加到该文档的【色板】面板中。

提 示

应用颜色时最好使用【色板】面板，但也可以使用【颜色】面板以应用或混合颜色，可以随时将【颜色】面板中的颜色添加到【色板】面板中。

2.2.3 应用渐变填充对象

渐变是两种或多种颜色混合或同一颜色的两个色调间的逐渐混合。使用不同的输出设备将影响渐变的分色方式。渐变包括纸色、印刷色、专色或使用任何颜色模式的混合油墨颜色。渐变是通过渐变条中的一系列色标定义的，色标为渐变中心的一点，也就是以色标为中心，向相反的方向延伸，而延伸的点就是两个颜色的交叉点，即这个颜色过渡到另一种颜色上。

默认情况下，渐变为两种颜色，中点在 50%处。可以将【色板】面板或【库】面板中的渐变应用于对象，也可以使用【渐变】面板创建命名渐变，并将其应用于当前选取的对象。

提 示

若所选对象使用的是已命名渐变，则使用【渐变】面板编辑渐变时可以更改该对象的颜色。

选取渐变滑块，可以执行下列操作之一。

- 在【色板】面板中拖动一个色板将其置于渐变滑块上。
- 按下 Alt 键，拖动渐变滑块可以对其进行复制。
- 选中渐变滑块后，在【颜色】面板中设置一种颜色。

2.2.4 使用渐变工具调整渐变

对选择的对象应用渐变填充后，可以使用【渐变工具】在填充完渐变的对象上单击，然后对其进行调整，如图 2-98 所示。为填充区重新上色，可以更改渐变的方向、渐变的起始点和结束点，还可以跨多个对象应用渐变。使用渐变羽化工具可以沿拖动的方向柔化渐变，如图 2-99 所示。

图2-98　绘制渐变　　图2-99　添加渐变颜色

> **提　示**
>
> 若要跨越多个对象应用渐变，可以先选取多个对象，再应用渐变。

2.2.5 使用网格工具产生渐变

使用【网格工具】，可以产生对象的网格填充效果。网格工具可以方便地处理复杂形状图形中的细微颜色变化，适合控制水果、花瓣、叶子等复杂形状的色彩过渡，从而制作出逼真的效果。

要产生对象网格，可以执行下列操作之一。

- 选择要创建网格的对象，选择【对象】|【创建渐变网格】命令，打开如图 2-100 所示的【创建渐变网格】对话框，设置网格的行数和列数；在【外观】下拉列表中，可以设置高光的 3 种不同方式；在【高光】文本框中可以输入白色高光的百分比。

图2-100　【创建渐变网格】对话框

- 选择【网格工具】，在对象需要创建或增加网格点处单击，将增加网格点与通过该点的网格线。继续单击可增加其他网格点，按住 Shift 键并单击可添加网格点而不改变当前的填充颜色。
- 使用【直接选择工具】选取一个或多个网格点后，拖曳鼠标或按上、下、左或右箭头键，可以移动单个、多个或全部网格节点。
- 使用【直接选择工具】选取一个或多个网格点后，按 Delete 键可删除网格点和网格线。
- 使用【直接选择工具】选取网格点后，可通过方向线调整网格线的曲率。

要编辑网格渐变颜色，可以执行下列操作之一。

- 使用【直接选择工具】选取一个或多个网格点后，可在【颜色】面板中选取一种颜色作为网格点的颜色，也可以在【色板】面板中选取，如图 2-101 所示。

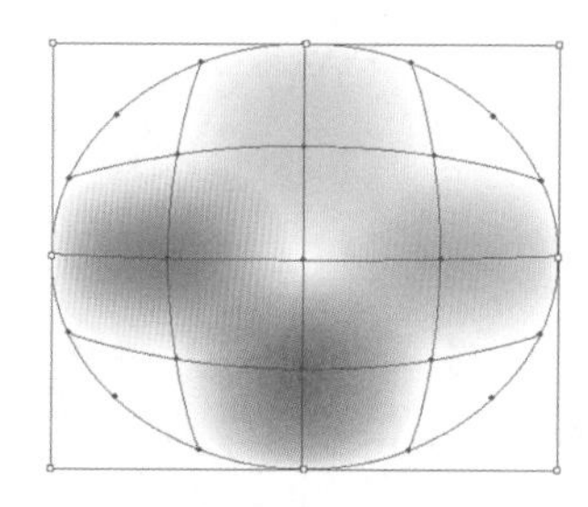

图2-101　利用网格工具产生的渐变

- 在【颜色】面板或【色板】面板中选取一种色彩，将其拖曳到网格内，将改变该网格的颜色。若将其拖曳到网格点上，将改变网格点周围的网格颜色。

2.3 制作名片——色板的使用

名片是新朋友互相认识、自我介绍的最快捷有效的方法。名片需要让人能在最短的时间内获得所需要的信息。因此，制作名片必须做到文字简明扼要，强调设计意识，艺术风格要给人耳目一新的感觉。本实例讲解名片的制作方法，效果如图 2-102 所示。

图2-102　名片

素材	素材\Cha02\二维码.png
场景	场景\Cha02\制作名片——色板的使用.ai
视频	视频教学\Cha02\制作名片——色板的使用.mp4

01 按 Ctrl+N 组合键，弹出【新建文档】对话框，将【单位】设置为【像素】，【宽度】和【高度】都设置为 800，单击【创建】按钮，如图 2-103 所示。

图2-103　【新建文档】对话框

02 使用【矩形工具】绘制【宽】、【高】均为 800 的矩形，将【填充颜色】的 RGB 值设置为 226、227、228，【描边颜色】设置为无，如图 2-104 所示。

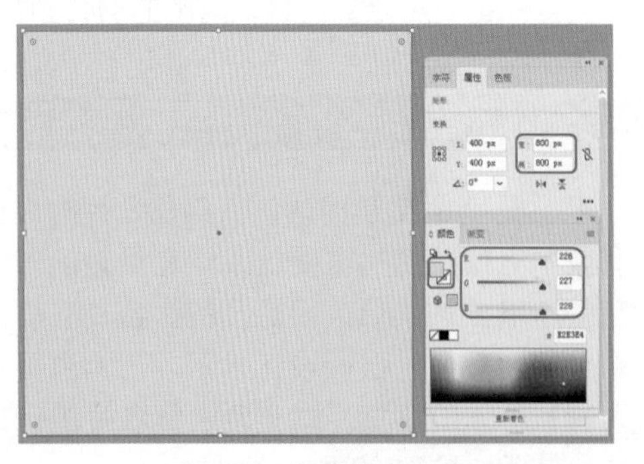

图2-104　设置矩形参数

03 使用【钢笔工具】绘制图形，将【填充颜色】的 RGB 值设置为 190、192、194，【描边颜色】设置为无，打开【透明度】面板，将【不透明度】设置为 50%，如图 2-105 所示。

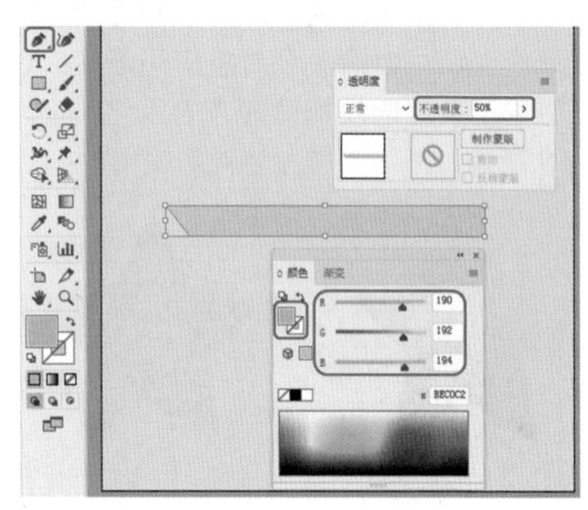

图2-105　设置图形颜色和透明度

04 使用【矩形工具】绘制【宽】、【高】分别为 505、287 的矩形，将【填色】设置为白色，【描边】设置为无，如图 2-106 所示。

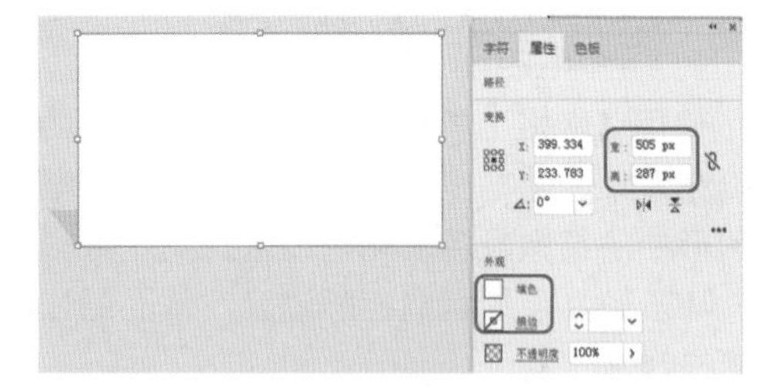

图2-106　设置矩形参数

05 使用【钢笔工具】绘制图形，将【填充颜色】的 RGB 值设置为 214、37、55，【描边颜色】设置为无，如图 2-107 所示。

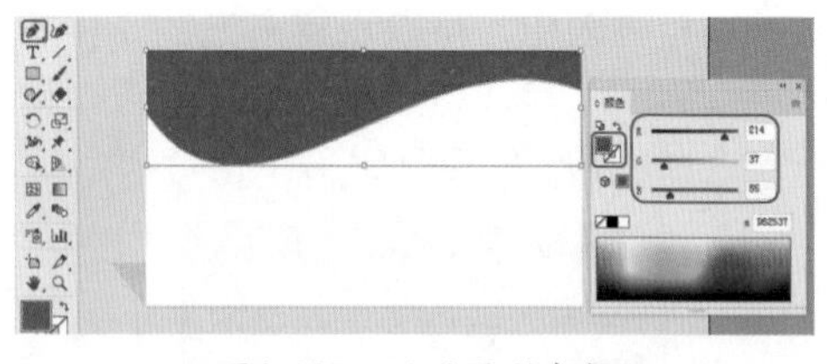

图2-107　设置图形参数

06 使用【钢笔工具】绘制图形，将【填充颜色】的 RGB 值设置为 255、166、0，【描边颜色】设置为无，如图 2-108 示。

07 使用【文字工具】输入文本，将【字体】设置为【方正魏碑简体】，【字体大小】设置为 35，【字体颜色】设置为白色，如图 2-109 所示。

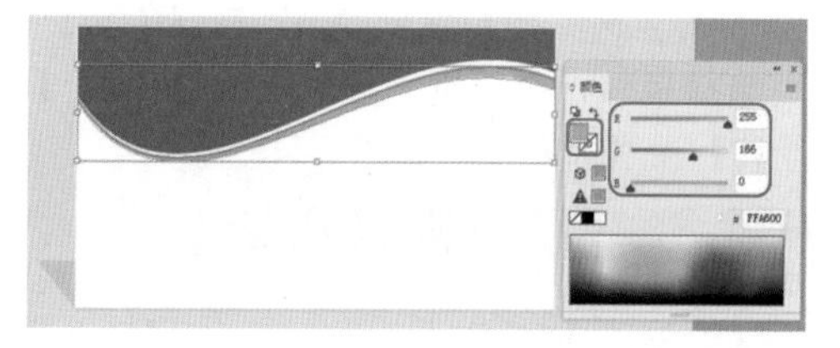

图2-108 设置图形参数

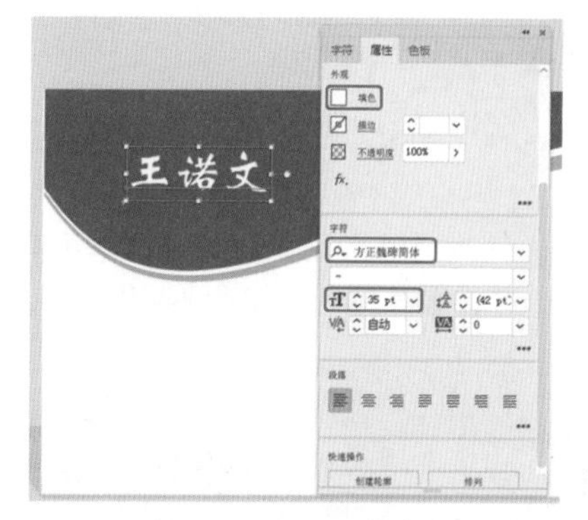

图2-109 设置文本参数

08 使用【文字工具】T 输入文本，将【字体】设置为【微软雅黑】，【字体大小】设置为 13，【字体颜色】设置为白色，如图 2-110 所示。

图2-110 设置文本参数

09 使用【钢笔工具】绘制图形，在【色板】面板中选择色块，如图 2-111 所示。

10 使用【钢笔工具】绘制图形，在【色板】面板中选择色块，如图 2-112 所示。

11 使用【文字工具】T 输入文本，将【字体】设置为【长城新艺体】，【字体大小】设置为 14.5，【字符间距】设置为 100，如图 2-113 所示。

12 使用【文字工具】T 输入文本，将【字体】设置为【黑体】，【字体大小】设置为 6.2，【字符间距】设置为 200，如图 2-114 所示。

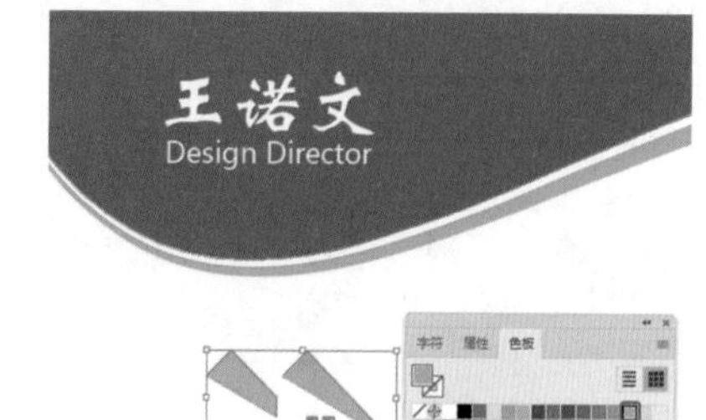

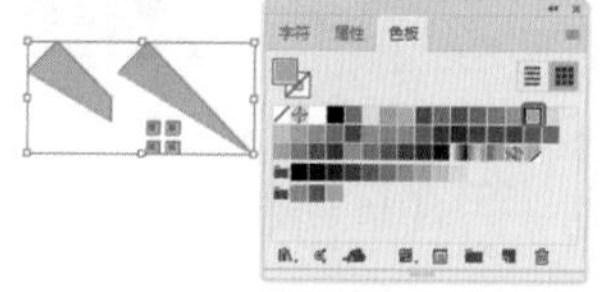

图2-111 设置图形色块颜色

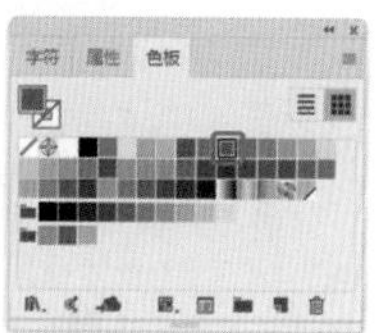

图2-112 设置图形色块颜色

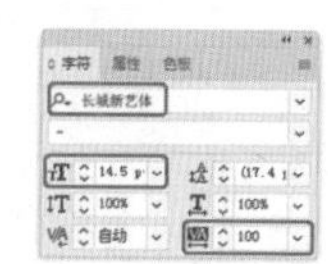

图2-113 设置文本参数

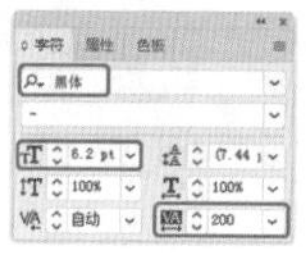

图2-114 设置文本参数

13 在【色板】面板中设置文本的色块，如图 2-115 所示。

14 选择制作的 LOGO 和文本，单击鼠标右键，在弹出的快捷菜单中选择【编组】命令，如图 2-116 所示。

图2-115　设置文本色块颜色

图2-116　选择【编组】命令

疑难解答　编组的作用是什么？

可以将多个对象编组，编组对象可以作为一个单元被处理。可以对其移动或变换，这将会影响对象各自的位置或属性。

15 使用【矩形工具】和【钢笔工具】绘制图形，然后通过【色板】面板设置色块颜色，如图 2-117 所示。

图2-117　绘制其他图形

16 使用【文字工具】T输入文本，将【字体】设置为【方正美黑简体】，【字体大小】设置为 9，【字符间距】设置为 0，在【色板】面板中选择色块，在【透明度】面板中，将【不透明度】设置为 64%，如图 2-118 所示。

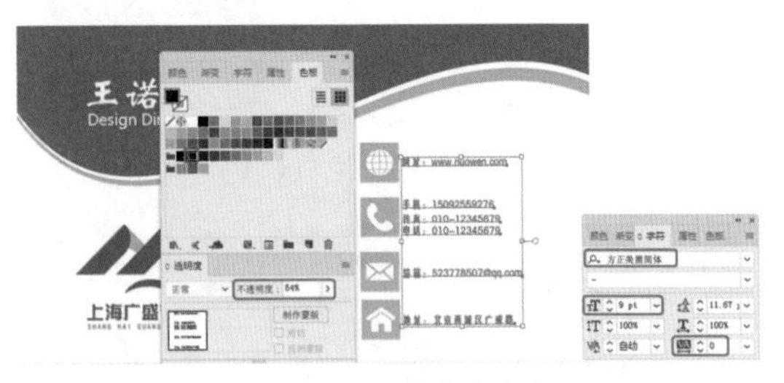

图2-118　设置文本参数

17 使用【矩形工具】和【钢笔工具】绘制图形，并设置其颜色，如图 2-119 所示。

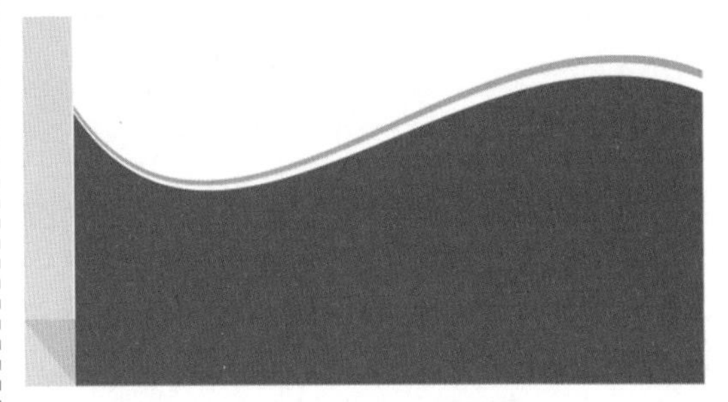

图2-119　设置图形颜色

18 将名片正面的 LOGO 进行复制，在【色板】面板中选择白色色块，如图 2-120 所示。

图2-120　更改LOGO颜色

19 在菜单栏中选择【文件】|【置入】命令，在弹出的【置入】对话框中，选择“素材\Cha02\二维码 .png”素材文件，单击【置入】按钮，如图 2-121 所示。

20 置入素材后将二维码的【宽】和【高】均设置为 87，单击【嵌入】按钮，如图 2-122 所示。

图2-121 选择素材文件

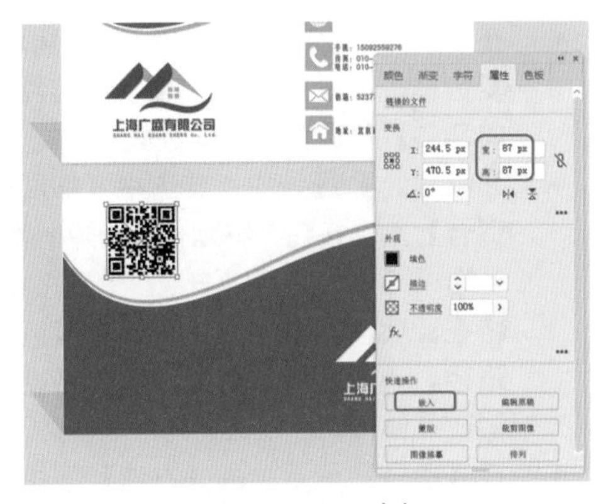

图2-122 嵌入对象

2.3.1 书法画笔

书法画笔是一种可变化粗细和角度的画笔，可以模拟书法效果，如图 2-123 所示。单击【画笔】面板右上角的≡按钮，在弹出的下拉菜单中选择【画笔选项】命令，打开如图 2-124 所示的【书法画笔选项】对话框。若勾选【预览】复选框，可以预览到设置选项后的效果。

图2-123 书法画笔应用效果

- 【角度】：在该文本框中设置旋转的角度，在右侧下拉列表中可以选取控制画笔角度的变化方式，如固定、随机等，在右方的变量框中设置可变化的值。

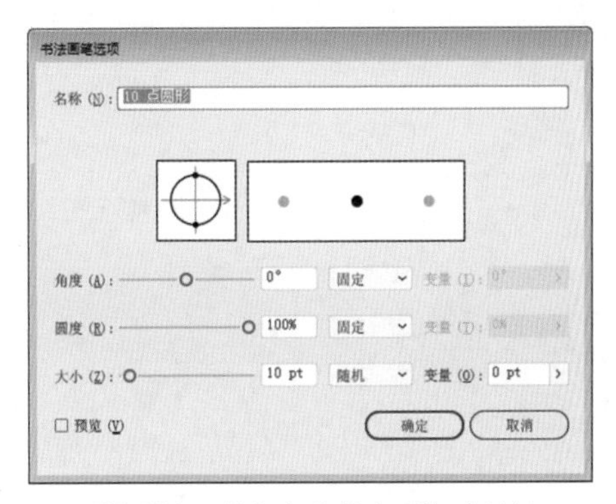

图2-124 【书法画笔选项】对话框

- 【圆度】：在该文本框中设置画笔的圆度，在右侧下拉列表中可以选取控制画笔圆度的变化方式，如固定，随机等，在右方的变量框中设置可交化的值。
- 【大小】：在该文本框中可设置画笔的大小，在右侧下拉列表框中可以选取控制画笔大小的变化方式，如固定、随机等，在右方的变量框中设置可变化的值。

2.3.2 散点画笔

散点画笔是一种将矢量图形沿路径分布的画笔，如图 2-125 所示。选取一种散点画笔的描边路径后，单击【画笔】面板右上角的≡按钮，在弹出的下拉菜单中选择【画板选项】命令，打开如图 2-126 所示的【散点画笔选项】对话框，若勾选【预览】复选框，可以预览到设置选项后的效果。

- 【大小】：设置画笔绘制的矢量图形的最大与最小值。在右侧下拉列表中可以选取矢量图形大小的变化方式，如固定、随机等。

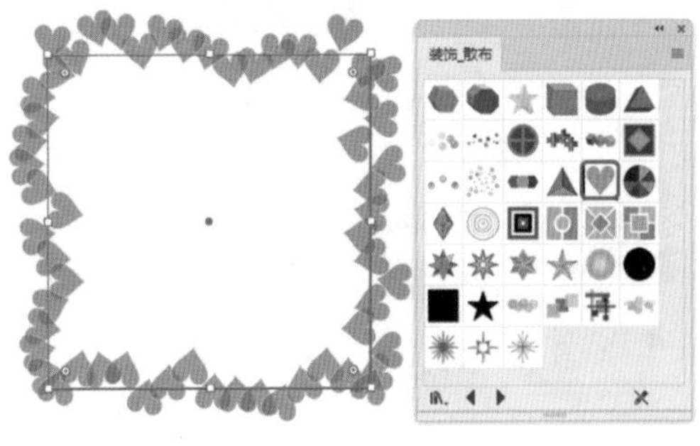

图2-125 散点画笔应用效果

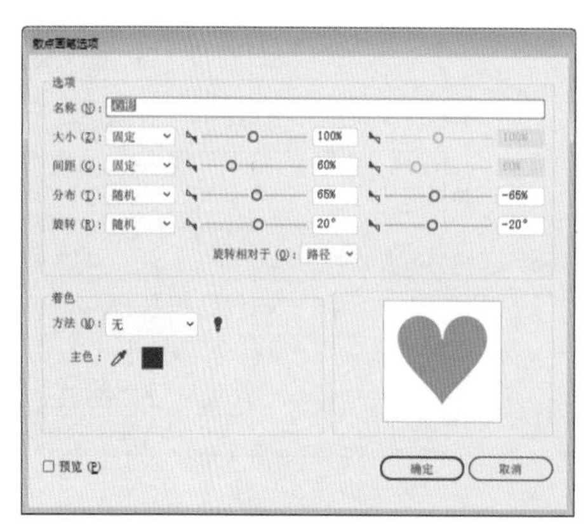

图2-126 【散点画笔选项】对话框

- 【间距】：设置矢量图形的间距。在右侧下拉列表中可以选取控制矢量图形间距的变化方式，如固定、随机等。
- 【分布】：设置矢量图形的分布值。在右侧下拉列表中可以选取控制矢量图形分布的方式，如固定、随机等。
- 【旋转】：设置画笔绘制的矢量图形旋转的最大值与最小值。在右侧下拉列表中可以选取控制画笔形状的变化方式，如固定、随机等。

2.3.3 图案画笔

图案画笔是一种将图案沿路径重复拼贴的画笔，如图 2-127 所示。选取一种图案画笔的描边路径后，单击【画笔】面板右上角的☰按钮，在弹出的下拉菜单中选择【画板选项】命令，打开如图 2-128 所示的【图案画笔选项】对话框。若勾选【预览】复选框，可以预览设置选项后的效果。

- 在【选项】区域的【缩放】文本框中设置图案的缩放百分比值；在【间距】文本框中输入图案间距。

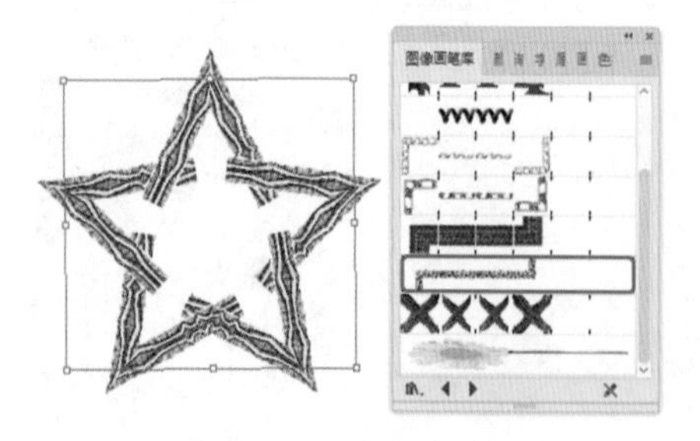

图2-127 图案画笔应用效果

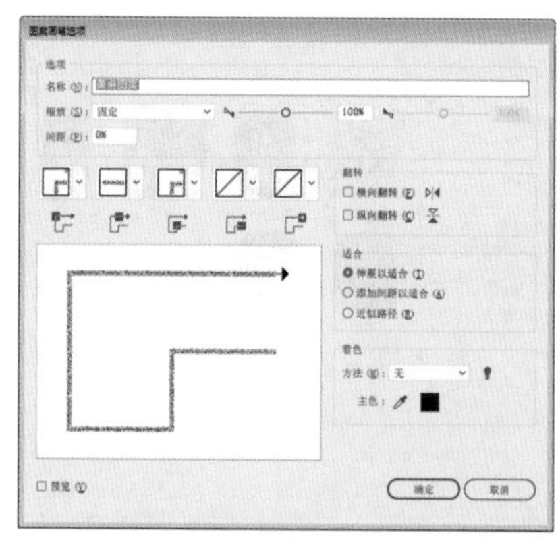

图2-128 【图案画笔选项】对话框

- 在【翻转】区域中，若勾选【横向翻转】复选框，图案将水平翻转；若勾选【纵向翻转】复选框，图案将垂直翻转。
- 在【适合】区域中，若选中【伸展以适合】单选按钮，将延长或缩短图案；若选中【添加间距以适合】单选按钮，将在图案间添加空白；若选中【近似路径】单选按钮，将把图案向路径内侧或外侧移动，以保持均匀地拼贴。
- 在【着色】区域中的【方法】下拉列表框中，可以选取着色方式为无、淡色和暗色或色相转换。

2.3.4 艺术画笔

艺术画笔是一种可以模拟水彩、画笔等艺术效果的画笔，使用艺术画笔可绘制头发、眉毛等。如图 2-129 所示，选取一种图案画笔作为描边路径后，单击【画笔】面板右上角的☰按钮，在弹出的下拉菜单中选择【画板选项】命令，打开如图 2-130 的【艺术画笔选项】对话框。若勾选【预览】复选框，可以预览设置选项后的效果。

图2-129 艺术画笔应用效果

图2-130 【艺术画笔选项】对话框

- 在【宽度】选项中可以设置描边宽度的百分比值。如果选中【伸展以适合描边长度】单选按钮，在画笔缩放时将以适合描边长度进行伸展。
- 在【着色】下拉列表框中，可以选取着色方式为无、淡色和暗色或者是色相转换。
- 在【选项】选项组中，若勾选【横向翻转】复选框，图案将水平翻转；若勾选【纵向翻转】复选框，图案将垂直翻转。

知识链接：画笔种类

在 Illustrator CC 中，有 4 种画笔，即书法画笔、散点画笔、图案画笔和艺术画笔。书法画笔将创建类似于使用钢笔带拐角的尖绘制的描边或沿路径中心绘制的描边；散布画笔可以将一个对象，如一片树叶的许多副本沿其路径分布各处；艺术画笔可以沿路径长度均匀地拉伸画笔的形状或对象形状；图案画笔可以绘制一种图案，该图案由沿路径排列的各个拼贴组成（图案画笔最多可以包括 5 种拼贴，即图案的边线、内角、外角、起点和终点）。

2.3.5 修改笔刷

使用鼠标双击【画笔】面板中需要修改的画笔笔刷，即可打开相应的画笔选项对话框，如图 2-131 所示。在该对话框中可以改变笔刷的【宽度】、【画笔缩放选项】、【方向】、【着色】、【选项】等，设置完成后单击【确定】按钮即可。

图2-131 【艺术画笔选项】对话框

如果在页面中有使用此笔刷的路径，会弹出一个提示对话框，如图 2-132 所示。单击【应用于描边】按钮，可以将修改后的笔刷应用于路径中，单击【保留描边】按钮，所修改的笔刷对其路径描边没有任何改变。

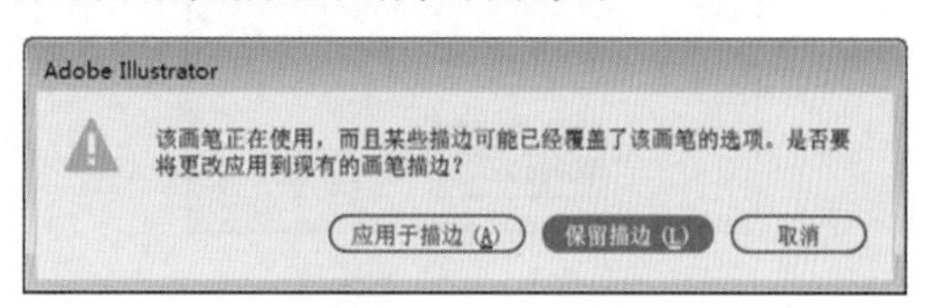

图2-132 提示对话框

2.3.6 删除笔刷

用户可以将用不到的笔刷删除，操作步骤如下。

01 单击【画笔】面板右上角的 ≡ 按钮，在弹出的下拉菜单中选择【选择所有未使用的画笔】命令，如图 2-133 所示。

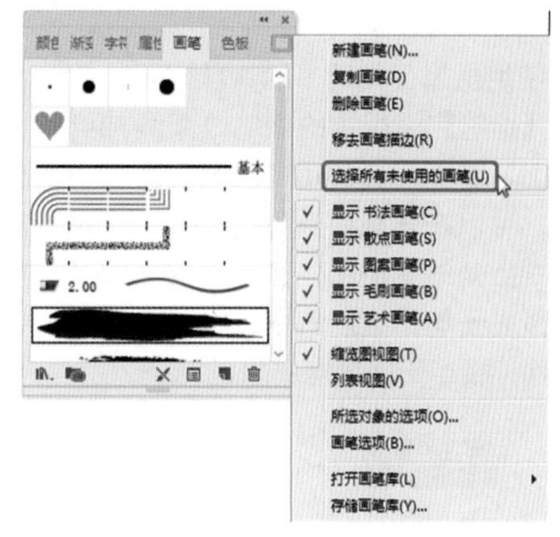

图2-133 选择【选择所有未使用的画笔】命令

02 执行该命令后，未使用的画笔将会被选择，单击【画笔】面板底部的【删除画笔】按钮，如图 2-134 所示。弹出提示对话框，如图 2-135 所示。单击【是】按钮，就可以将未使用的画笔删除。

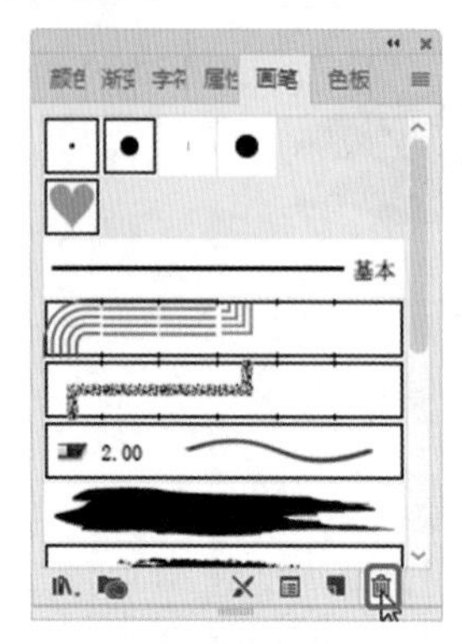

图2-134 【画笔】面板

图2-135 提示对话框

> **提 示**
>
> 按住 Shift 键，可以在【画笔】面板中连续选择几个画笔；也可以按住 Ctrl 键的同时单击画笔，将其逐一选中。选中画笔后，单击【画笔】面板右下角的【删除画笔】按钮，即可将选中的画笔删除。

03 如果将正在使用的笔刷删除，会弹出一个警告对话框。

2.3.7 移去画笔

使用画笔工具时，默认状态下，软件会自动将【画笔】面板中的画笔效果添加到绘制的路径上，若不需要使用【画笔】面板中的任何效果，可以在画板中选择对象，单击【画笔】面板右上角的按钮，在弹出的下拉菜单中选择【移去画笔描边】命令，将路径上的画笔效果移除，相当于间接地删除。

2.3.8 应用色板

色板可以将颜色、渐变或调色板快速应用于文字或图形对象。色板类似于样式，对色板所做的任何更改都将影响应用该色板的所有对象。使用色板无须定位或调节每个单独的对象，从而使得修改颜色方案变得更加容易。创建的色板只与当前文档相关联，每个文档可以在其【色板】面板中存储一组不同的色板。并且，使用色板可以清晰地识别专色。

1. 创建或编辑色板

色板包括专色或印刷色、混合油墨、RGB 或 LAB 颜色、渐变或色调。

- 【颜色】色板：用以标识专色、印刷色等颜色类型，LAB、RGB、CMYK 颜色模式与对应的颜色值。
- 【渐变】色板：面板中的图标，用以指示径向渐变或线性渐变，可根据自己的需求设置渐变的颜色与数值以及渐变类型。

在 Illustrator 中置入包含专色的图形时，这些颜色将会作为色板自动添加到【色板】面板中。可以将这些色板应用到文档对象中，但不能重新定义或删除这些色板。

要创建新的颜色色板，可以执行下列操作之一。

操作一：

01 单击【色板】面板右上方的按钮，在弹出的菜单中选择【新建色板】命令，打开【新建色板】对话框，如图 2-136 所示。

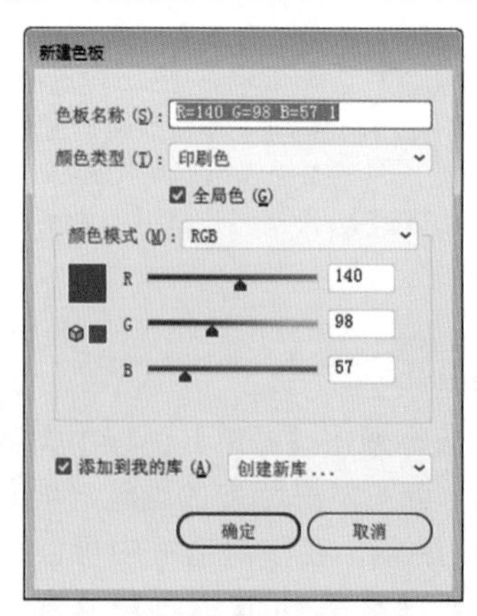

图2-136 【新建色板】对话框

02 在【颜色类型】下拉列表框中选择【印刷色】选项，将产生印刷色，如果选择专色，则产生的便是专色。

03 如果勾选【全局色】复选框，则应用色板的对象的颜色与色板本身将产生链接关系，若色板颜色发生变化，所应用对象的颜色也会随之改变。

04 在【颜色模式】下拉列表框中选择要使用的颜色模式，如RGB、HSB、CMYK、Lab等。请勿在定义颜色后更改模式。

05 拖动颜色滑块或在该颜色右侧的文本框中输入相应颜色的CMYK值。

06 在【色板名称】文本框中，将以颜色值命名色板名称，也可输入自定义的字符作为色板名称。

07 单击【确定】按钮，即可新建色板。

提 示

要将当前渐变添加到【色板】面板中，单击【色板】面板右上方的☰按钮，在打开的菜单中选择【新建色板】命令，然后在打开的【新建色板】对话框中单击【确定】按钮。

操作二：在打开的【色板】面板中单击【新建色板】按钮，如图2-137所示。

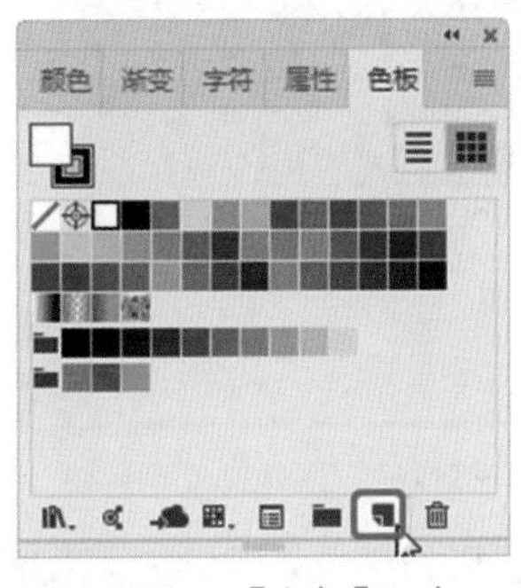

图2-137 【色板】面板

2. 存储色板

要将颜色色板与其他文件共享，可以将色板存储到Adobe色板交换文件(.ase)中，在Illustrator、InDesign、Photoshop与Go Live便可以导入存储的色板。

要存储色板以用于其他文档，可单击【色板】面板右上方的☰按钮，在弹出的菜单中选择【将色板库存储为ASE】或【将色板库存储为AI】命令，如图2-138所示。在打开的【另存为】对话框中设置正确的存储路径与名称，单击【保存】按钮，如图2-139所示。

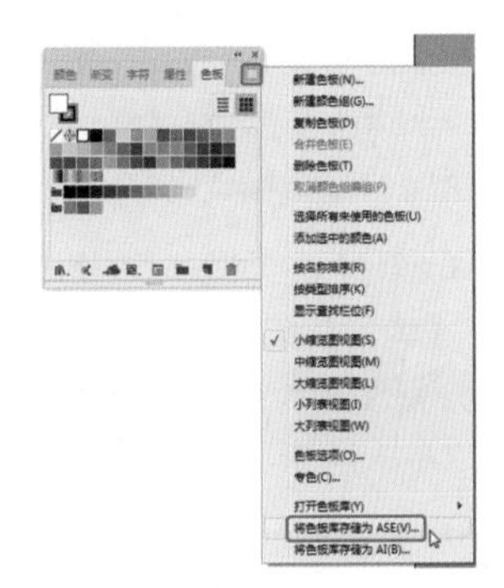
图2-138 选择【将色板库存储为ASE】或【将色板库存储为AI】命令

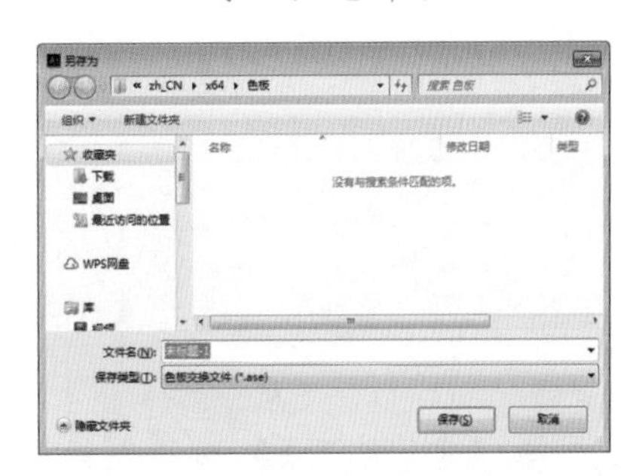

图2-139 【另存为】对话框

2.4 上机练习

下面通过实例来巩固本章所学习的基础知识。

2.4.1 制作售后服务保障卡

随着互联网的快速发展，网上购物已逐渐成为一种普遍的购物形式。随之而来的就是各式各样的售后服务保障卡，它们与产品一起快递到消费者手中，通过该卡可以方便买家退换货物。本实例讲解售后服务保障卡的制作方法，效果如图2-140所示。

图2-140 售后服务保障卡

素材	素材\Cha02\好评.ai
场景	场景\Cha02\制作售后服务保障卡.ai
视频	视频教学\Cha02\制作售后服务保障卡.mp4

01 按 Ctrl+N 组合键，弹出【新建文档】对话框，将【单位】设置为【毫米】，【宽度】和【高度】分别设置为 210、170，单击【创建】按钮，如图 2-141 所示。

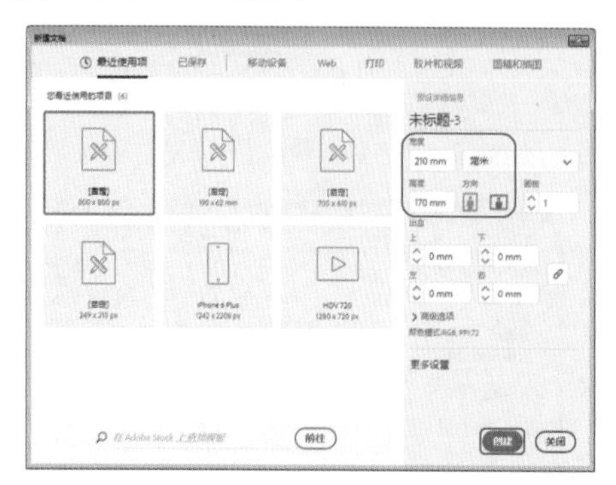

图2-141　新建文档

02 使用【矩形工具】绘制矩形，将【宽】和【高】分别设置为 210、92，将【填充颜色】的 RGB 值设置为 158、31、36，【描边颜色】设置为无，如图 2-142 所示。

图2-142　设置矩形参数

03 使用【文字工具】输入文本，将【字体】设置为【方正康体简体】，【字体大小】设置为 35，【字符间距】设置为 0，【文本颜色】设置为白色，如图 2-143 所示。

04 使用【文字工具】输入文本，将【字体】设置为【黑体】，【字体大小】设置为 49，【文本颜色】设置为白色，如图 2-144 所示。

05 使用【文字工具】输入文本，将【字体】设置为【黑体】，【字体大小】设置为 20，【文本颜色】设置为白色，如图 2-145 所示。

06 使用【文字工具】和【矩形工具】制作如图 2-146 所示的内容，并设置相应的颜色。

图2-143　设置文本参数

图2-144　设置文本参数

图2-145　设置文本参数

图2-146　制作其他内容

07 使用【矩形工具】绘制【填色】为黑色、【描边】为无的矩形，将【宽】、【高】设置为 4.4、43.77，如图 2-147 所示。

08 使用【矩形工具】绘制矩形，将【宽】、【高】设置为 77.8、43.77，将【填充颜色】的 RGB 值设置为 158、31、36，【描边颜色】设置为无，如图 2-148 所示。

图2-147　设置矩形参数

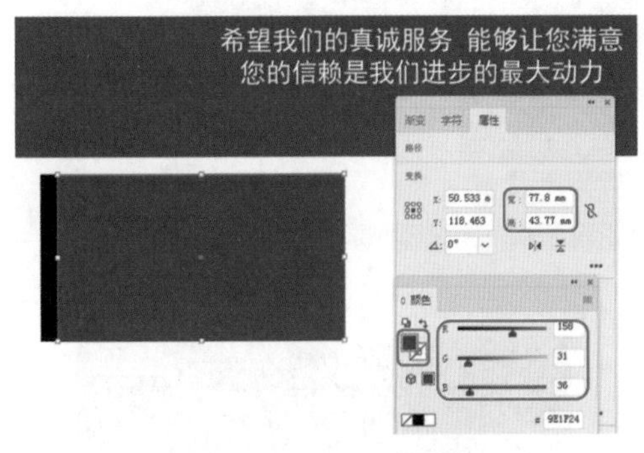

图2-148　设置矩形参数

09 使用【文字工具】输入文本，将【字体】设置为【方正康体简体】，【字体大小】设置为 10，【文本颜色】设置为白色，如图 2-149 所示。

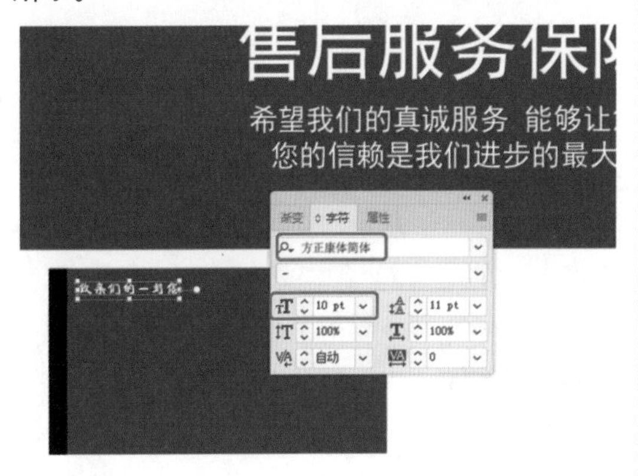

图2-149　设置文本颜色

10 使用【文字工具】输入段落文本，将【字体】设置为【黑体】，【字体大小】设置为 8，【行距】设置为 11，【文本颜色】设置为白色，如图 2-150 所示。

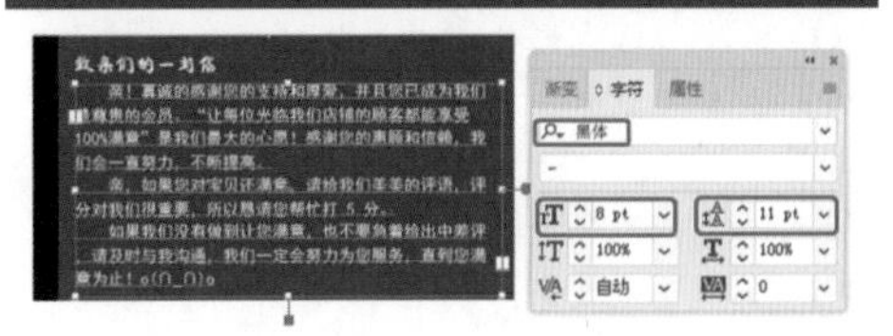

图2-150　设置文本参数

11 使用【圆角矩形工具】绘制矩形，在【属性】面板中将【宽】、【高】分别设置为 58.5、5.5；在【渐变】面板中将【类型】设置为【线性】，将左侧色标的 RGB 值设置为 154、0、0，右侧色标的 RGB 值设置为 229、0、18，【描边颜色】设置为无，如图 2-151 所示。

疑难解答　【圆角矩形】对话框中各选项的功能

在【宽度】和【高度】文本框中输入所需的数值，即可按照定义的大小绘制。

在【圆角半径】文本框中输入的半径数值越大，得到的圆角矩形弧度越大；反之，输入的半径数值越小，得到的圆角矩形弧度越小；输入的数值为零时，得到的是矩形。

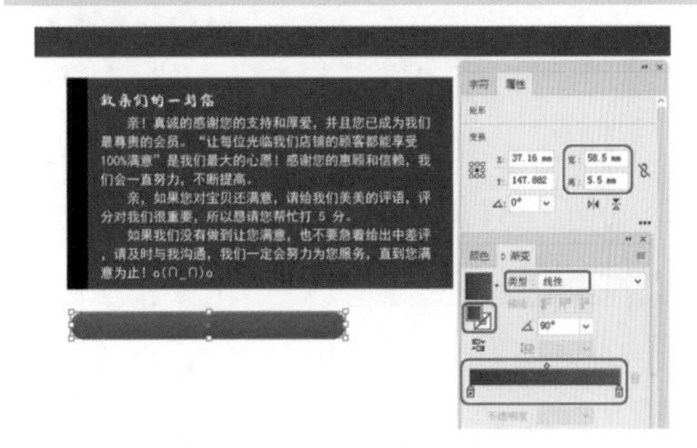

图2-151　设置圆角矩形参数

12 使用【文字工具】输入文本，将【字体】设置为【方正粗倩简体】，【字体大小】设置为 12、【文本颜色】设置为白色，如图 2-152 所示。

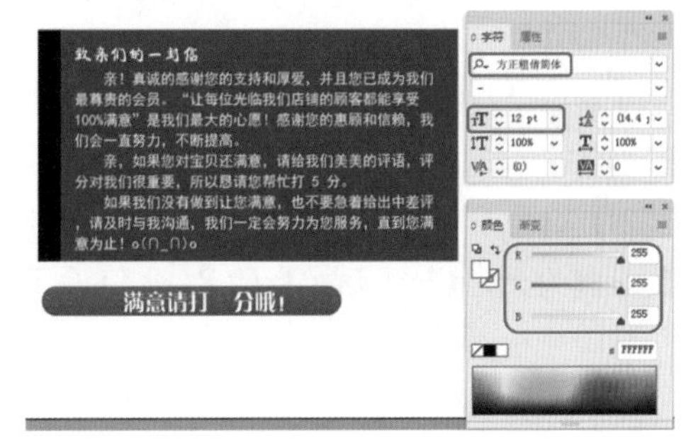

图2-152　设置文本参数

提 示

绘制圆角矩形时，在拖曳鼠标时按住←或→键，可以设置是否绘制圆角矩形；按住 Shift 键拖曳鼠标，可以绘制圆角正方形；按住 Alt 键拖曳鼠标可以绘制以鼠标落点为中心点向四周延伸的圆角矩形；同时按住 Shift 键和 Alt 键拖曳鼠标，可以绘制以鼠标落点为中心点向四周延伸的圆角正方形。同理，按住 Alt 键单击鼠标，以对话框的方式制作圆角矩形时，鼠标的落点即为所绘制圆角矩形的中心点。

13 使用【文字工具】 输入文本，将【字体】设置为【方正小标宋简体】，【字体大小】设置为 21，将【文本颜色】的 RGB 值设置为 255、240、0，如图 2-153 所示。

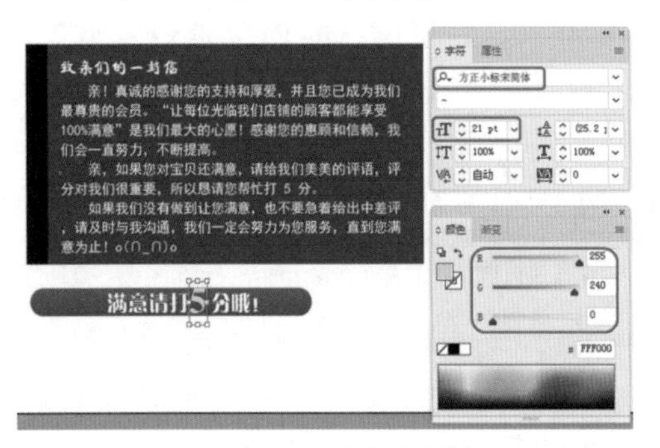

图2-153　设置文本参数

14 打开“素材\Cha02\好评.ai”素材文件，如图 2-154 所示。

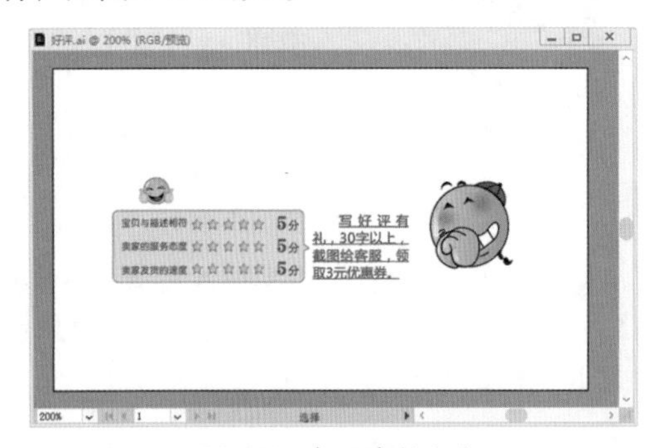

图2-154　打开素材文件

15 选择所有对象，将其复制到当前文档中，调整对象的位置，如图 2-155 所示。

16 使用【矩形工具】 绘制矩形，将【宽】、【高】设置为 210、79，将【填充颜色】设置为无，【描边颜色】的 RGB 值设置为 158、31、36，如图 2-156 所示。

17 使用【矩形工具】 绘制如图 2-157 所示的线段和图形，并设置填充和描边颜色。

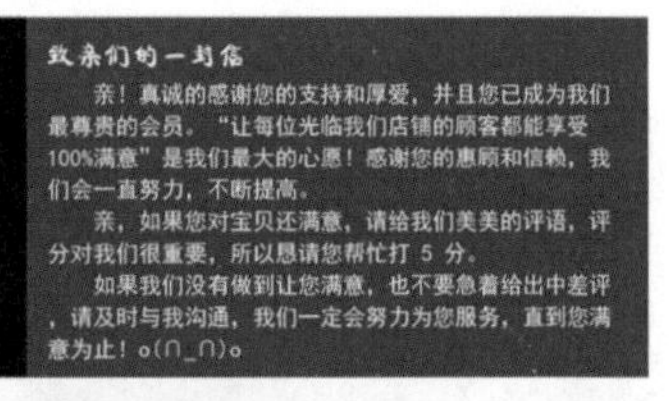

图2-155　调整对象位置

图2-156　设置矩形参数

图2-157　制作线段和图形

18 使用【文字工具】 输入文本，将【字体】设置为【黑体】，【字体大小】设置为 9，将“请以‘√’表示”文本的【字体大小】设置为 12，如图 2-158 所示。

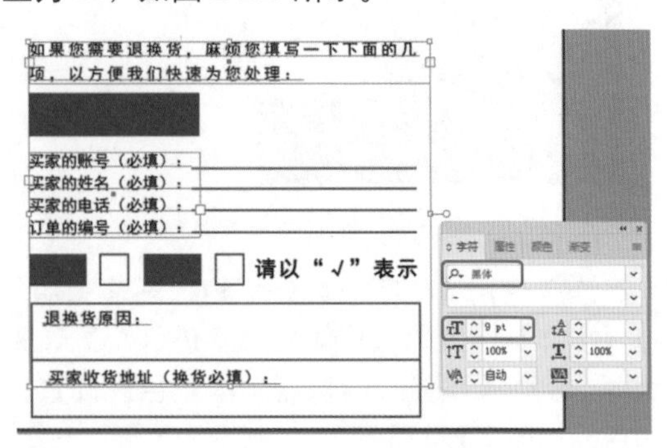

图2-158　设置文本参数

19 使用【文字工具】输入文本，将【字体】设置为【方正行楷简体】，【字体大小】设置为14，【文本颜色】设置为白色，如图2-159所示。

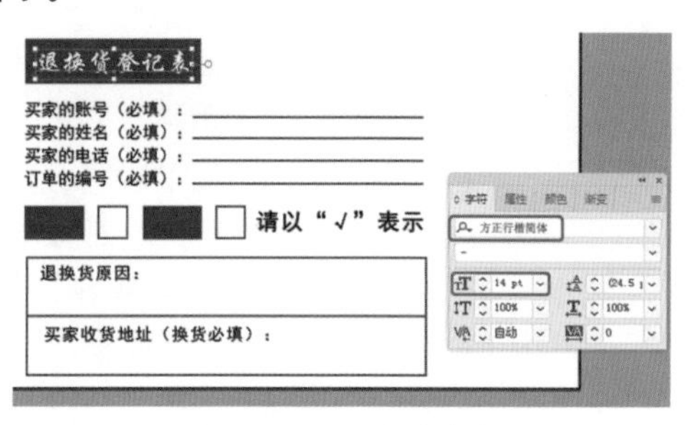

图2-159 设置文本参数

20 使用【文字工具】输入文本，将【字体】设置为【方正行楷简体】，【字体大小】设置为12，【文本颜色】设置为白色，如图2-160所示。

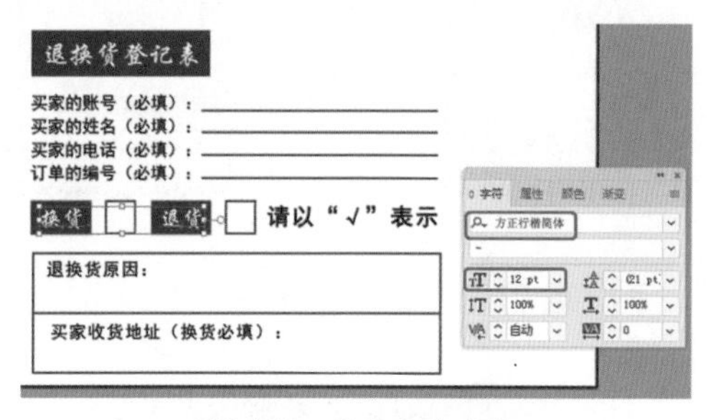

图2-160 设置文本参数

2.4.2 制作抽奖券

抽奖券，也称奖券、刮奖券、彩券、名义券等，可用于各种活动，使用权限没有特定限制，个人、组织、企业、商家等都可，抽奖券是举办某个活动时为做相关推广赠送给用户的一种卡片或纸张。本实例讲解抽奖券的制作方法，效果如图2-161所示。

图2-161 抽奖券

素材	素材\Cha02\LOGO.ai
场景	场景\Cha02\制作抽奖券.ai
视频	视频教学\Cha02\制作抽奖券.mp4

01 按Ctrl+N组合键，弹出【新建文档】对话框，将【单位】设置为【像素】，【宽度】和【高度】分别设置为700、570，单击【创建】按钮，如图2-162所示。

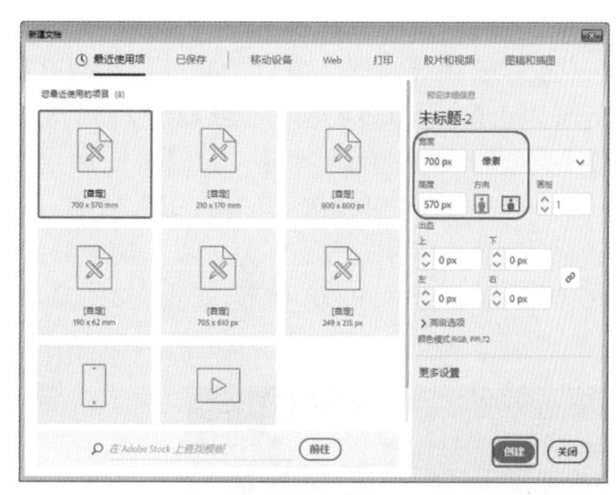

图2-162 新建文档

02 使用【矩形工具】绘制【宽】、【高】分别为700、570的矩形，【填充颜色】的RGB值设置为62、58、57，【描边颜色】设置为无，如图2-163所示。

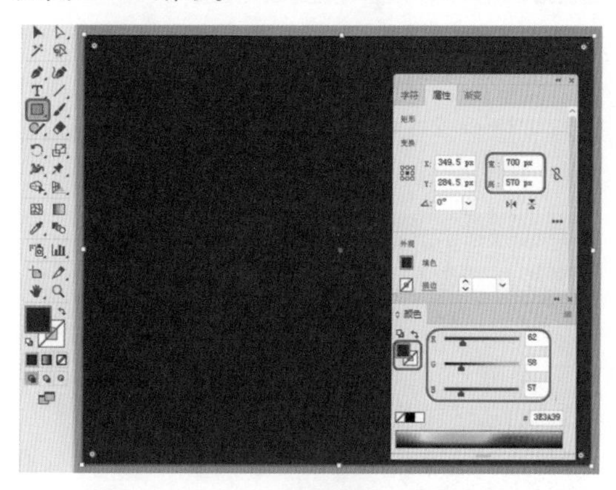

图2-163 绘制矩形并设置颜色

03 使用【矩形工具】绘制【宽】、【高】分别为595、200的矩形，在【渐变】面板中将【类型】设置为【径向】，将【填充颜色】40%位置处的RGB值设置为209、23、26，将100%位置处的RGB值设置为49、3、4，【长宽比】设置为88.2，【描边颜色】设置为无，如图2-164所示。

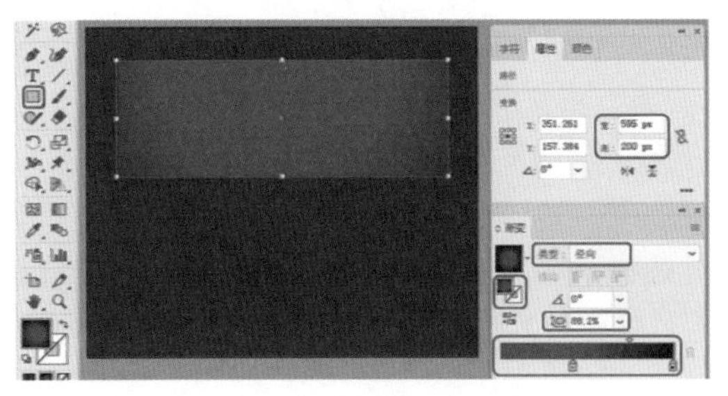

图2-164　设置矩形的渐变颜色

04 使用【矩形工具】绘制【宽】、【高】分别为456、25的矩形，在【渐变】面板中将【类型】设置为【线性】，将【填充颜色】0位置处的RGB值设置为251、214、160，将50%位置处的RGB值设置为234、205、118，将100%位置处的RGB值设置为251、214、160，【描边颜色】设置为无，如图2-165所示。

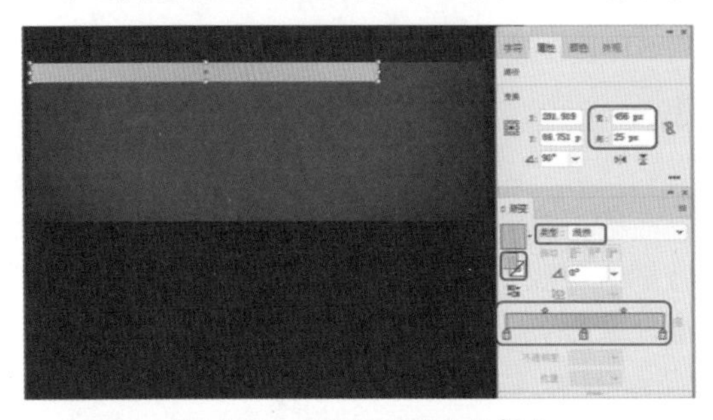

图2-165　设置矩形的渐变颜色

05 打开【外观】面板，单击【添加新效果】按钮，在弹出的下拉菜单中选择【风格化】|【外发光】命令，如图2-166所示。

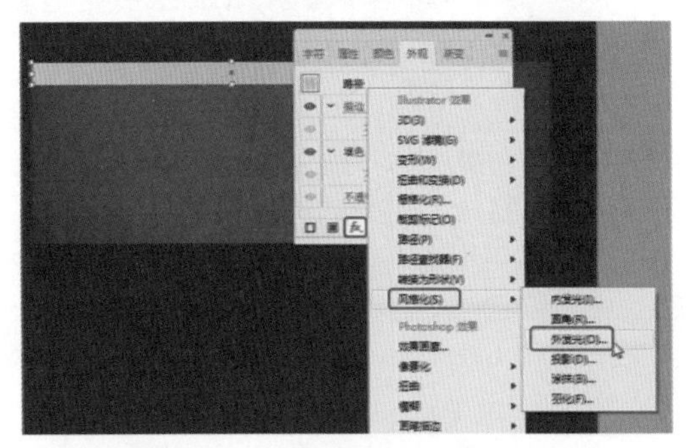

图2-166　选择【外发光】命令

06 弹出【外发光】对话框，将【模式】设置为【正常】，【不透明度】设置为75%，【模糊】设置为2.83，单击【确定】按钮，如图2-167所示。

图2-167　设置外发光参数

07 使用【矩形工具】绘制【宽】、【高】分别为456、21的矩形，在【渐变】面板中将【类型】设置为【线性】，将【填充颜色】0位置处的RGB值设置为229、0、18，将50%位置处的RGB值设置为172、0、3，将100%位置处的RGB值设置为229、0、18，【描边颜色】设置为无，如图2-168所示。

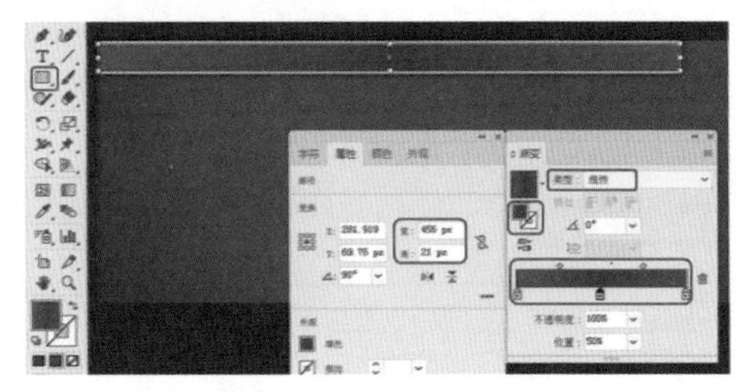

图2-168　设置矩形的渐变颜色

08 使用同样的方法制作如图2-169所示的内容。

图2-169　制作完成后的效果

09 使用【文字工具】输入文本，将【字符】面板中的【字体】设置为【方正行楷简体】，【字体大小】设置为72，【填充颜色】的RGB值设置为248、211、133，【描边颜色】设置为无，如图2-170所示。

图2-170　设置文本参数

提 示

使用【文字工具】和【直排文字工具】时，不要在现有的图形上单击，这样会将文字转换成区域文字或路径文字。

10 打开【外观】面板，单击【添加新效果】按钮，在弹出的下拉菜单中选择【风格化】|【投影】命令，弹出【投影】对话框。将【模式】设置为【强光】，【不透明度】设置为75%，【X位移】、【Y位移】均设置为0，【模糊】设置为9，【颜色】的RGB值设置为22、22、22，单击【确定】按钮，如图2-171所示。

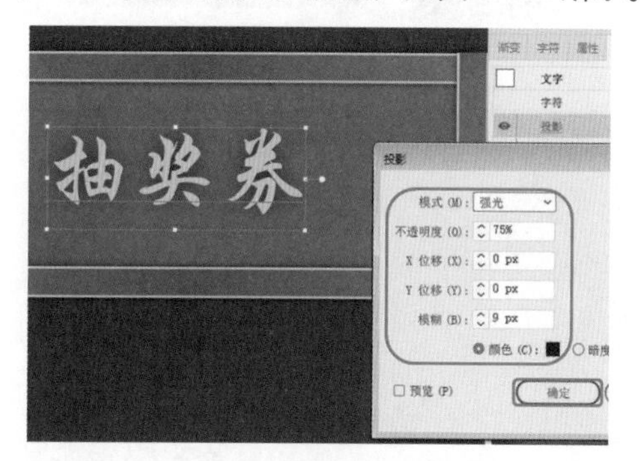

图2-171 设置投影参数

11 使用【文字工具】输入文本，将【字体】设置为【方正黑体简体】，【字体大小】设置为14，【文本颜色】的RGB值设置为248、211、133，如图2-172所示。

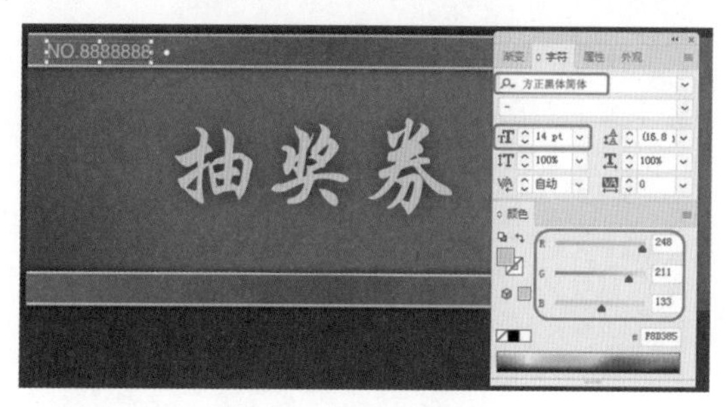

图2-172 设置文本参数

12 使用【文字工具】输入文本，将【字体】设置为【黑体】，【字体大小】设置为10，【文本颜色】的RGB值设置为255、255、255，如图2-173所示。

13 使用【文字工具】输入文本，将【字体】设置为【方正黑体简体】，【字体大小】设置为25，【文本颜色】的RGB值设置为248、211、133，如图2-174所示。

图2-173 设置文本参数

图2-174 设置文本参数

14 使用【文字工具】输入文本，将【字体】设置为【方正黑体简体】，【字体大小】设置为10，【文本颜色】的RGB值设置为248、211、133，如图2-175所示。

图2-175 设置文本参数

15 使用【矩形工具】绘制【宽】和【高】分别为135、200的矩形，将【填充颜色】的RGB值设置为193、39、45，【描边颜色】设置为无，如图2-176所示。

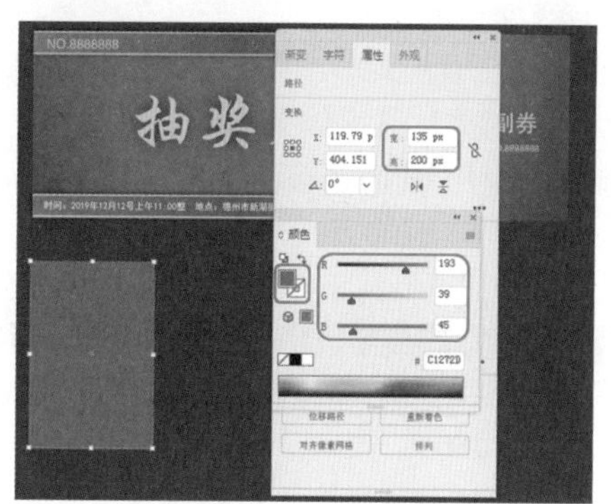

图2-176 设置矩形大小和颜色

16 使用【矩形工具】绘制【宽】和【高】分别为460、200的矩形，将【填充颜色】的RGB值设置为241、227、187，【描边颜色】设置为无，如图2-177所示。

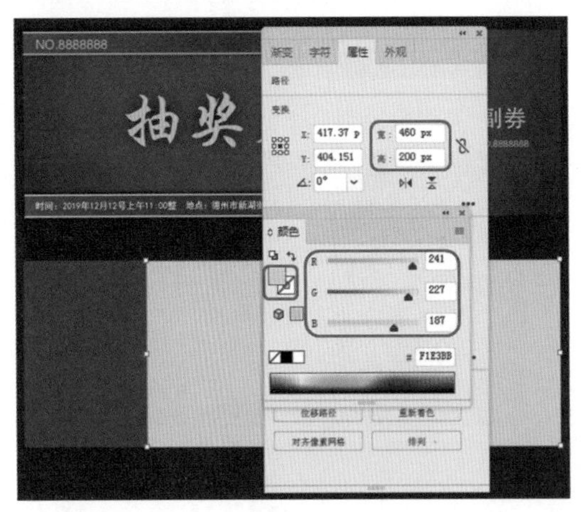

图2-177　设置矩形大小和颜色

17 打开“素材\Cha02\LOGO.ai”素材文件，如图2-178所示。

图2-178　打开素材文件

18 将素材文件复制到当前文档中，使用【文字工具】输入文本，将【字体】设置为【方正大标宋简体】，【字体大小】设置为40，【文本颜色】的RGB值设置为248、211、133，如图2-179所示。

19 使用【椭圆工具】绘制4个【宽】、【高】均为10的圆形，将【填充颜色】的RGB值设置为188、28、33，【描边颜色】设置为无，如图2-180所示。

20 使用【文字工具】输入文本，将【字体】设置为【方正宋黑简体】，【字体大小】设置为9，【文本颜色】设置为白色，如图2-181所示。

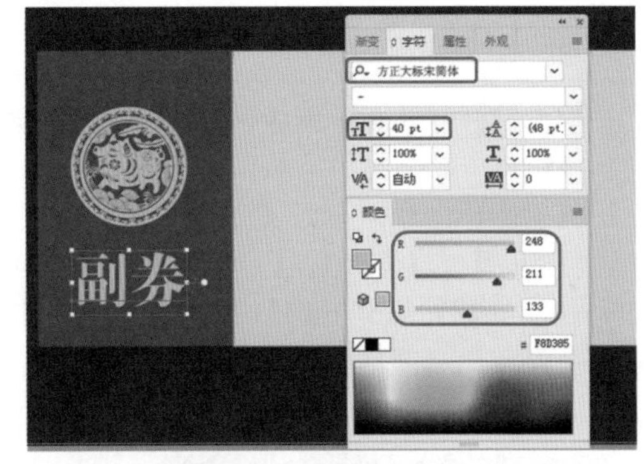

图2-179　设置文本参数

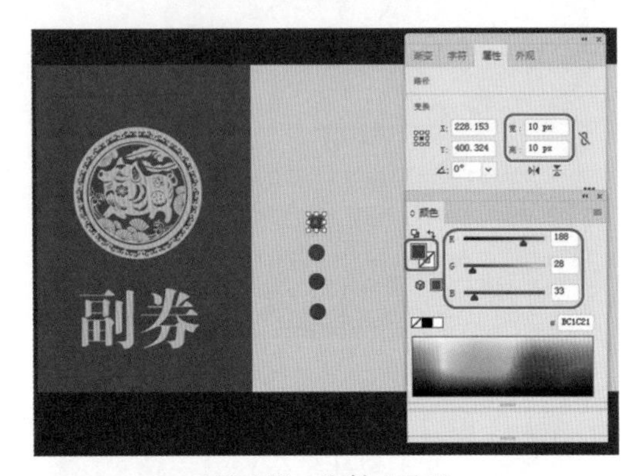

图2-180　绘制正圆形

图2-181　设置文本参数

21 使用【文字工具】输入文本，将【字体】设置为【方正宋黑简体】，【字体大小】设置为9，【行距】设置为18，【文本颜色】的RGB值设置为188、28、33，如图2-182所示。

22 使用【文字工具】输入文本，将【字体】设置为【方正宋黑简体】，【字体大小】设置为12，【文本颜色】的RGB值设置为190、27、32，如图2-183所示。

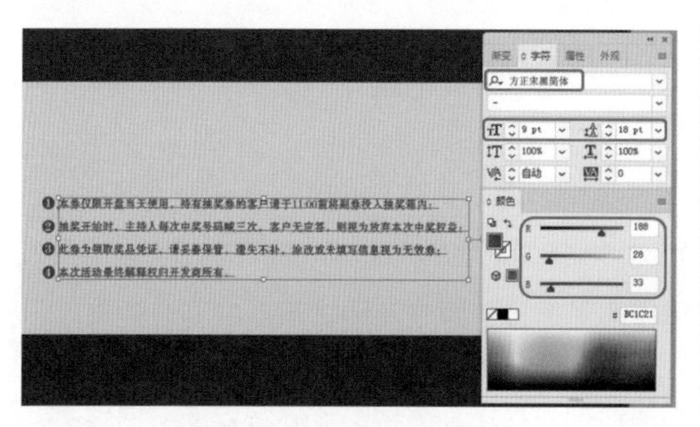

图2-182　设置文本参数

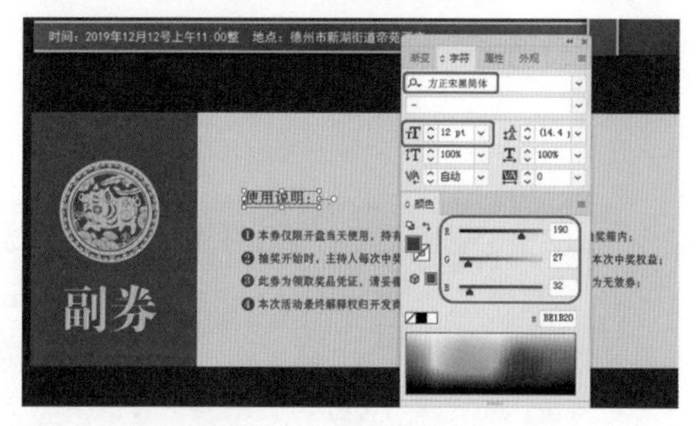

图2-183　设置文本参数

2.5 思考与练习

1. 基本绘图工具有几种，分别是什么？
2. 画笔分为几类？并分别进行相应的介绍。

第 3 章 画册设计——复合路径与图形变形

为了让图形之间的过渡变得自然平滑，可以调整图形的排列顺序和编辑图形的混合效果。在需要创建特殊的图形效果时，可以通过创建复合图形、编辑图形路径、运用【变换】面板以及设置封套扭曲来实现。本章将介绍使用命令调整图形排列顺序、编辑图形混合效果、创建复合形状、运用【变换】面板变换图形以及封套扭曲等内容。

画册是一个展示平台，画册设计可以用流畅的线条，有个人及企业的风貌、理念、和谐的图片或优美文字，富有创意，有可赏性，组合成一本具有宣传产品、品牌形象的精美画册。

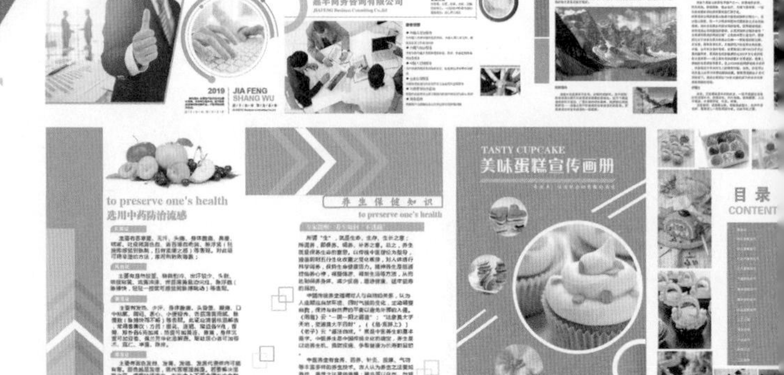

3.1 制作商务公司画册——创建复合形状、路径

企业画册的策划制作过程，实质上是一个企业理念的提炼和实质展现的过程，而非简单的图片文字的叠加。一本优秀的企业画册，应该能给人以艺术的感染、实力的展现、精神的呈现，而不是枯燥的文字和呆板的图片，效果如图 3-1 所示。

图3-1 商务公司画册

素材	素材\Cha03\团队1.jpg～团队5.jpg
场景	场景\Cha03\制作商务公司画册——创建复合形状、路径.ai
视频	视频教学\Cha03\制作商务公司画册——创建复合形状、路径.mp4

01 按 Ctrl+N 组合键，在弹出的【新建文档】对话框中将【单位】设置为【毫米】，将【宽度】、【高度】分别设置为 420、285，将【画板】设置为 2，将【颜色模式】设置为【RGB 颜色】，将【光栅效果】设置为【屏幕 (72ppi)】，单击【创建】按钮，如图 3-2 所示。

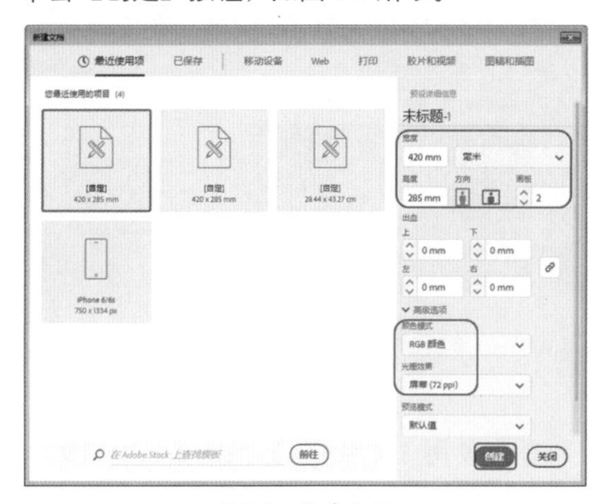

图3-2 新建文档

02 使用【钢笔工具】绘制图形，将【填充颜色】的 RGB 值设置为 135、192、37，【描边颜色】设置为无，如图 3-3 所示。

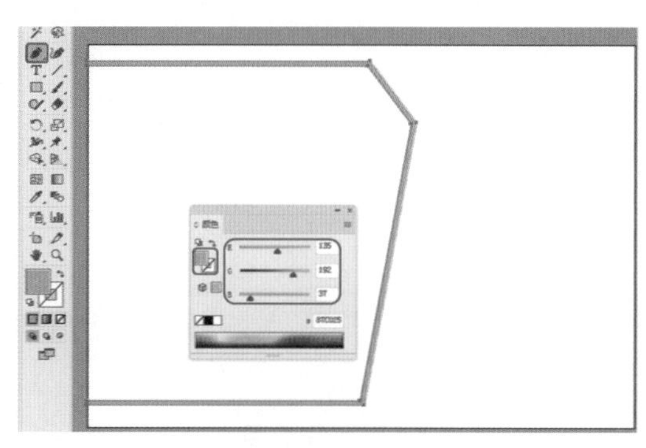

图3-3 设置图形的填充和描边颜色

03 使用【钢笔工具】绘制图形，将【填充颜色】设置为黑色，【描边颜色】设置为无，如图 3-4 所示。

图3-4 设置图形的填充和描边颜色

04 在菜单栏中选择【文件】|【置入】命令，选择“素材 \Cha03\ 团队 1.jpg”素材文件，单击【置入】按钮，如图 3-5 所示。

图3-5 选择置入图片

05 将图片置入新建文档中，打开【属性】面板，将【宽】和【高】分别设置为309.562、206.375，X、Y设置为103.276、161.396，在【快速操作】选项组中单击【嵌入】按钮，如图3-6所示。

图3-6 设置图片大小

06 在素材上单击鼠标右键，在弹出的快捷菜单中选择【排列】|【置于底层】命令，如图3-7所示。

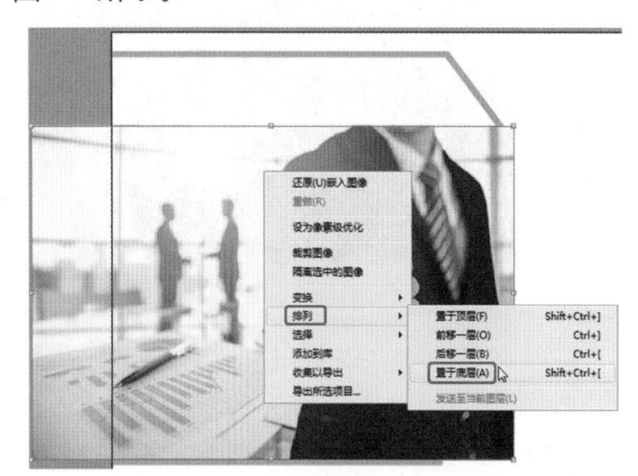

图3-7 选择【置于底层】命令

07 选择图片和黑色的图形对象，单击鼠标右键，在弹出的快捷菜单中选择【建立剪切蒙版】命令，如图3-8所示。

图3-8 选择【建立剪切蒙版】命令

08 使用【钢笔工具】绘制图形，将【填充颜色】的RGB值设置为135、192、37，【描边颜色】设置为无，如图3-9所示。

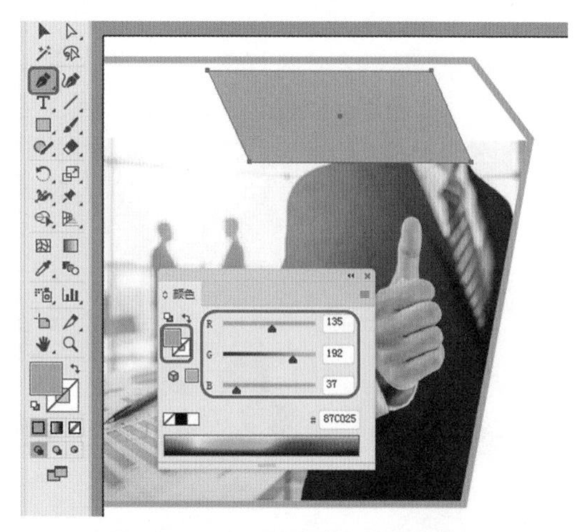

图3-9 设置图形的填充和描边颜色

提 示

剪切蒙版是一个可以用其形状遮盖其他图稿的对象，因此使用剪切蒙版，只能看到蒙版形状内的区域，从效果上来说，就是将图稿裁剪为蒙版的形状。剪切蒙版和遮盖的对象称为剪切组合。可以通过选择的两个或多个对象或者一个组或图层中的所有对象来建立剪切组合。

09 使用【文字工具】输入文本，在【字符】面板中将【字体】设置为【微软雅黑】，将【字体大小】设置为25，将【填充颜色】设为白色，如图3-10所示。

图3-10 设置文本参数

10 使用【文字工具】拖曳鼠标绘制文本段落框，输入文本，将【填充颜色】设为白色，如图3-11所示。

11 使用【钢笔工具】绘制图形，将【填充颜色】的RGB值设置为57、181、74，【描边颜色】设置为无，如图3-12所示。

图3-11 设置文本参数

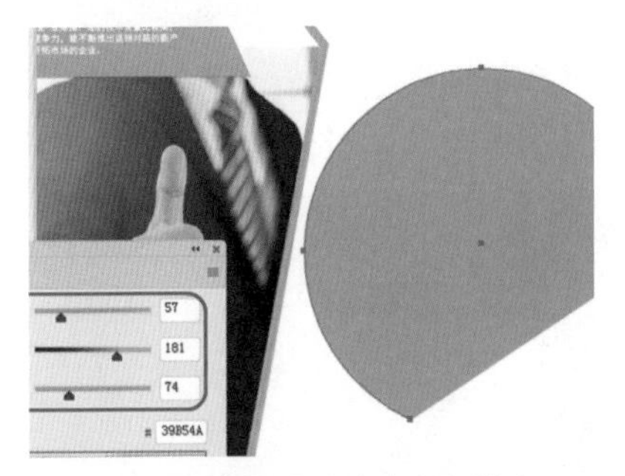

图3-12 设置图形的填充和描边

12 使用【椭圆工具】绘制【填充颜色】为白色、【描边颜色】为无的正圆形，并调整其位置，如图 3-13 所示。

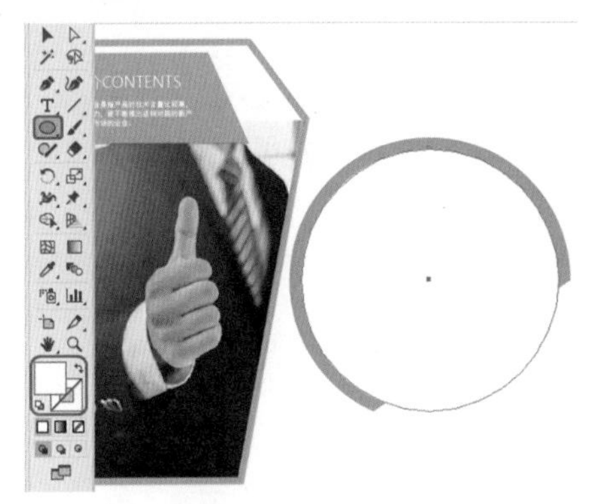

图3-13 绘制正圆形

13 使用【钢笔工具】和【椭圆工具】绘制其他图形，如图 3-14 所示。

图3-14 绘制其他图形

14 在菜单栏中选择【文件】|【置入】命令，在弹出的【置入】对话框中选择“素材\Cha03\团队 2.jpg”素材文件，单击【置入】按钮，如图 3-15 所示。

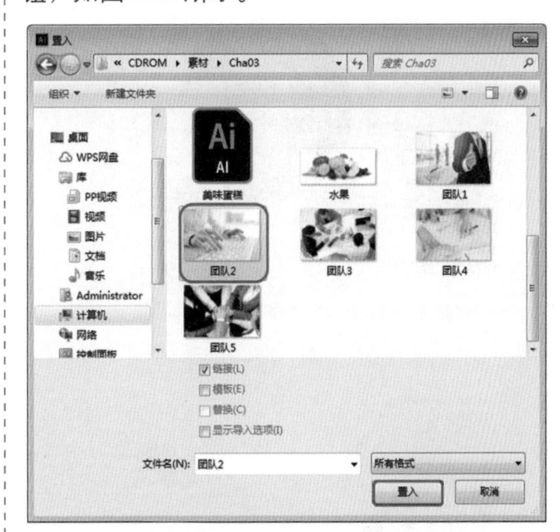

图3-15 选择素材文件

15 在文档中置入图片，在【属性】面板中将【宽】和【高】分别设置为 210、140，X、Y 分别设置为 333、147，在【快速操作】选项组中单击【嵌入】按钮，如图 3-16 所示。

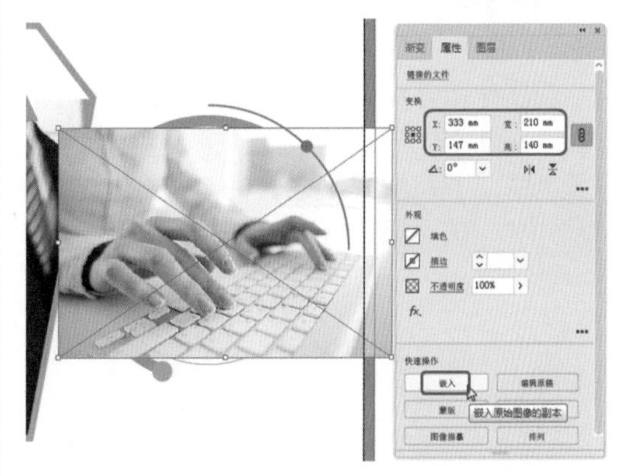

图3-16 设置图片大小

16 选择素材图片，在菜单栏中选择【对象】|【排列】|【置于底层】命令，按住 Shift 键的同时选中素材图片和黑色椭圆形，单击鼠标右键，在弹出的快捷菜单中选择【建立剪切蒙版】命令，如图 3-17 所示。

17 使用【矩形工具】绘制 3 个矩形，将【填充颜色】设置为 #87C025，打开【透明度】面板，分别将 3 个矩形的【不透明度】设置为

100%、80%、50%，如图 3-18 所示。

图3-17　建立剪切蒙版

图3-18　设置矩形不透明度

18 使用【文字工具】输入文本，将【字体】设置为【方正大黑简体】，将【字体大小】设置为 22，将【填充颜色】的 RGB 值设置为 140、198、63，如图 3-19 所示。

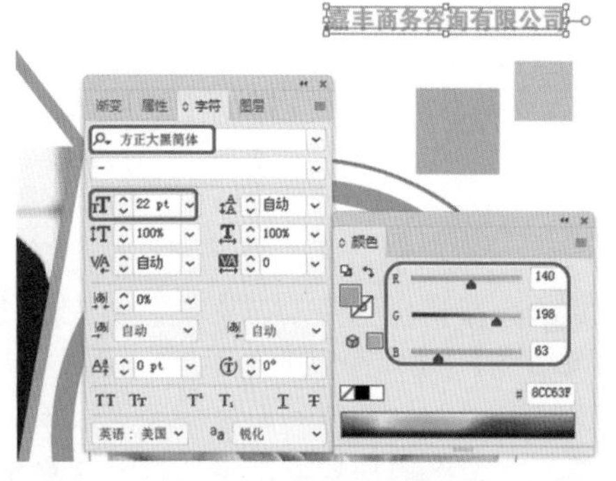

图3-19　设置文本参数

19 使用【文字工具】输入文本，将【字体】设置为【方正小标宋简体】，【字体大小】设置为 13.5，将【填充颜色】的 RGB 值设置为 140、198、63，如图 3-20 所示。

图3-20　设置文本参数

20 继续使用【文字工具】输入其他文本，并设置字符和颜色，如图 3-21 所示。

图3-21　设置字符和颜色

21 使用【直线段工具】绘制 3 条直线，将【填充颜色】设置为无，【填充颜色】的 RGB 值设置为 107、183、45，如图 3-22 所示。

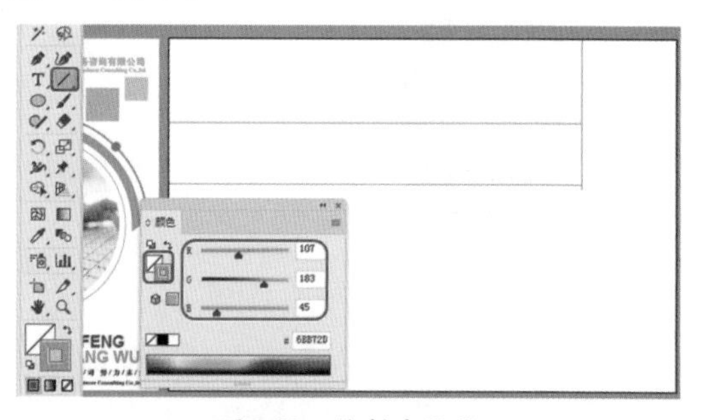

图3-22　绘制直线段

22 使用【文字工具】输入文本，将【字体】设置为【方正大黑简体】，将【字体大小】设置为 46，将【填充颜色】的 RGB 值设置为 57、181、74，如图 3-23 所示。

23 使用【文字工具】输入文本，将【字体】设置为【方正小标宋简体】，将【字体大小】设置为 23，将【填充颜色】的 RGB 值设置为 57、181、74，如图 3-24 所示。

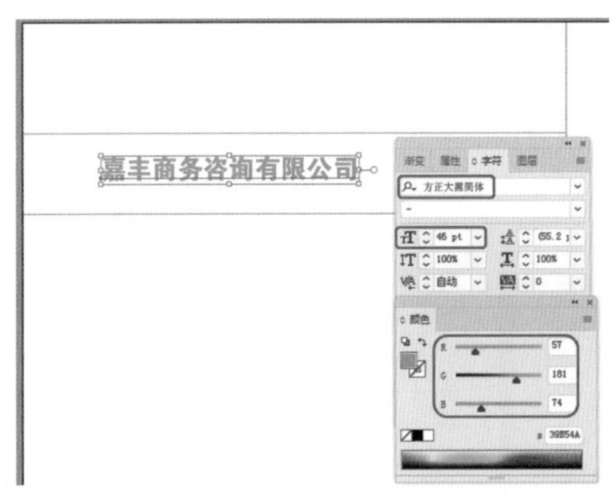

图3-23 输入文本并设置参数

图3-24 输入文本并设置参数

24 使用【文字工具】输入文本，将【字体】设置为【黑体】，将【字体大小】设置为18，将【填充颜色】的RGB值设置为3、0、0，如图3-25所示。

图3-25 输入文本并设置参数

25 使用【文字工具】输入文本，将【字体】设置为【方正报宋简体】，将【字体大小】设置为14，将【填充颜色】的RGB值设置为35、24、21，如图3-26所示。

26 使用【文字工具】输入其他文本，并进行字符设置，如图3-27所示。

27 在菜单栏中选择【文件】|【置入】命令，弹出【置入】对话框，选择“素材\Cha03\团队3.jpg”素材文件，单击【置入】按钮，如图3-28所示。

图3-26 输入文本并设置参数

图3-27 输入文本并设置参数

图3-28 选择素材文件

28 将图片置入文档中，在【属性】面板中将【宽】和【高】分别设置为209.903、160.396，单击【快速操作】选项组中的【嵌入】按钮，如图3-29所示。

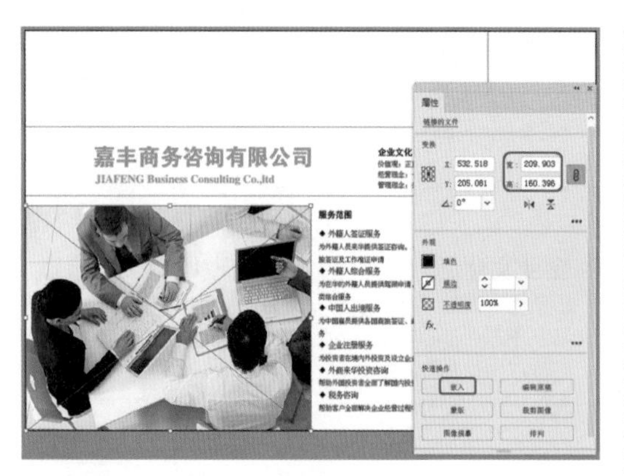

图3-29　设置图片大小

29 将“团队 5.jpg”图片置入文档中，在【属性】面板中将【宽】和【高】分别设置为 70.908、47.272，单击【快速操作】选项组中的【嵌入】按钮，如图 3-30 所示。

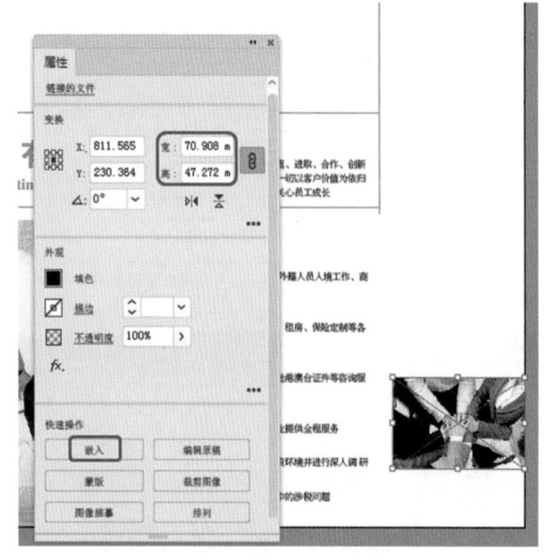

图3-30　设置图片大小

30 使用【矩形工具】绘制矩形，将【填充颜色】的 RGB 值设置为 139、194、38，【描边颜色】设置为无，如图 3-31 所示。

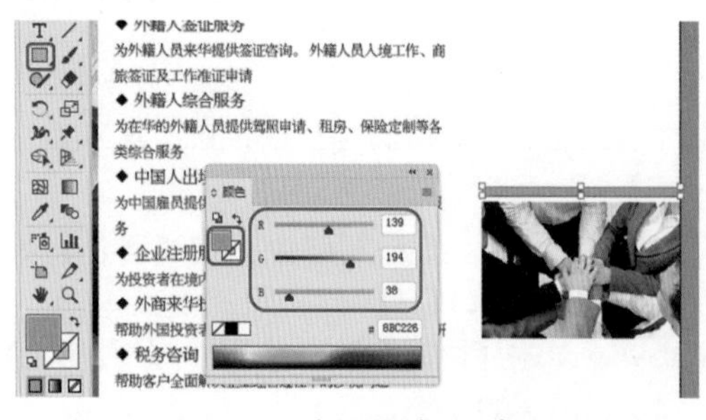

图3-31　绘制矩形并设置颜色

31 使用【矩形工具】绘制多个矩形，将【填充颜色】的 RGB 值设置为 139、194、38，【描边颜色】设置为无，并调整矩形的位置，如图 3-32 所示。

图3-32　绘制多个矩形

32 选择【椭圆工具】，按住 Shift 键在画板上绘制正圆形，在【属性】面板中将【宽】、【高】均设置为 95。然后继续使用【椭圆工具】绘制正圆形，将【宽】、【高】均设置为 70，将圆形的【填充颜色】的 RGB 值设置为 139、194、38，【描边颜色】设置为无，完成后的效果如图 3-33 所示。

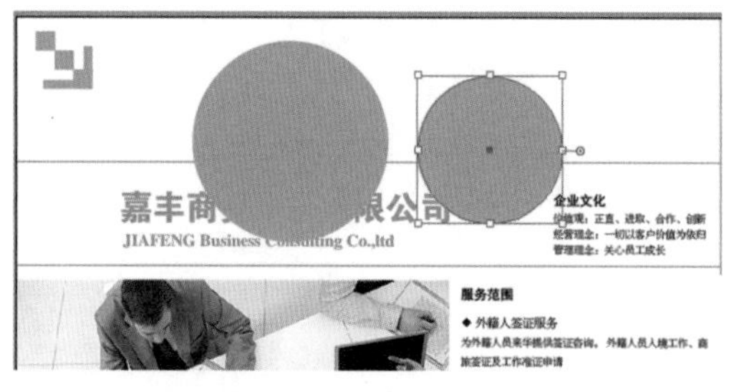

图3-33　绘制正圆形

33 选择两个圆形，在【对齐】面板中单击【水平居中对齐】按钮和【垂直居中对齐】按钮，效果如图 3-34 所示。

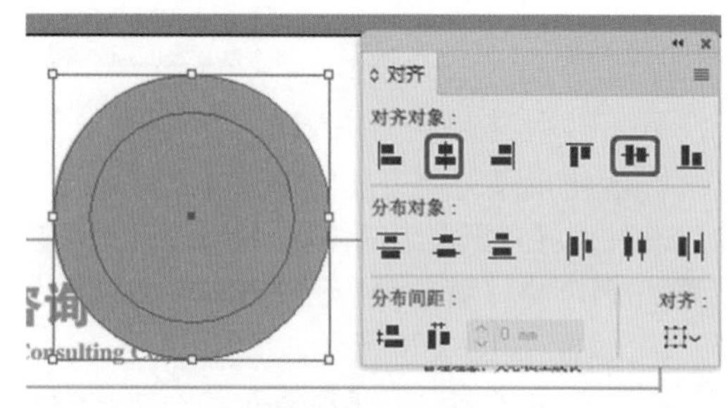

图3-34　对齐对象

34 打开【路径查找器】面板，单击【形

状模式】下的【减去顶层】按钮，然后调整对齐后对象的位置，完成后的效果如图3-35所示。

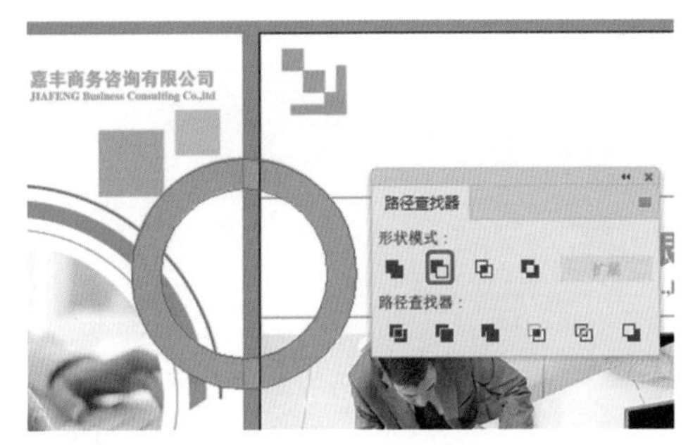

图3-35　减去顶层后的效果

35 使用【矩形工具】绘制如图3-36所示的黑色矩形。

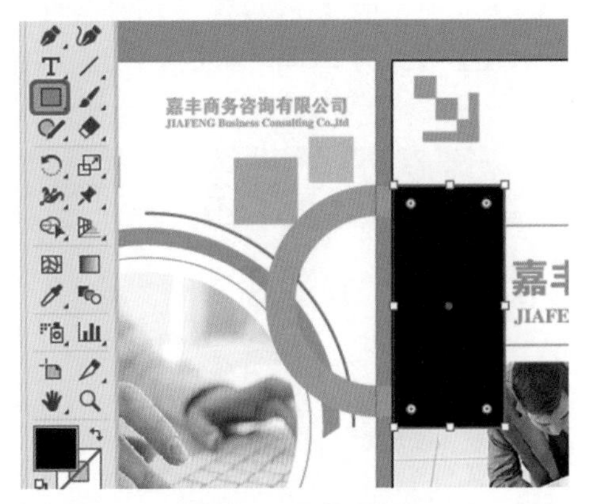

图3-36　绘制矩形

36 选择绘制的矩形和圆环对象，单击鼠标右键，在弹出的快捷菜单中选择【建立剪切蒙版】命令，如图3-37所示。

图3-37　选择【建立剪切蒙版】命令

37 选择对象，打开【透明度】面板，将【不透明度】设置为65%，完成后的效果如图3-38所示。

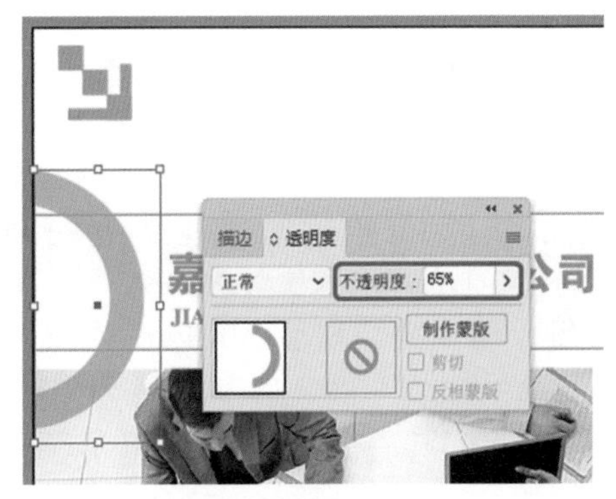

图3-38　设置不透明度

38 使用同样的方法绘制如图3-39所示的对象。

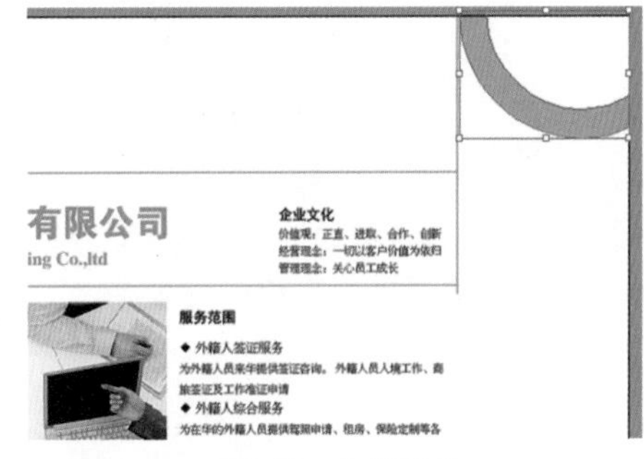

图3-39　绘制图形

39 使用【椭圆工具】绘制正圆形，将【宽】、【高】均设置为70。打开【渐变】面板，将【类型】设置为【线性】，将左侧滑块的RGB值设置为221、68、23，将右侧滑块的RGB值设置为111、20、24，完成后的效果如图3-40所示。

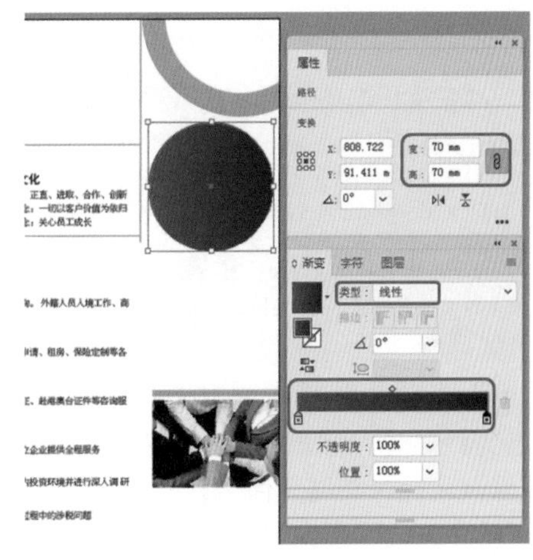

图3-40　创建正圆形并填充渐变颜色

40 使用【椭圆工具】绘制正圆形，将【宽】、【高】均设置为55。在菜单栏中选择【文件】|【置入】命令，在打开的对话框中选择“素材\Cha03\团队4.jpg”素材文件，单击【置入】按钮，然后调整图片的大小和位置。选择置入的图片，按Ctrl+[组合键，将图片后移一层，然后选择绘制的小圆和置入的图片，按Ctrl+7组合键，建立剪切蒙版，完成后的效果如图3-41所示。

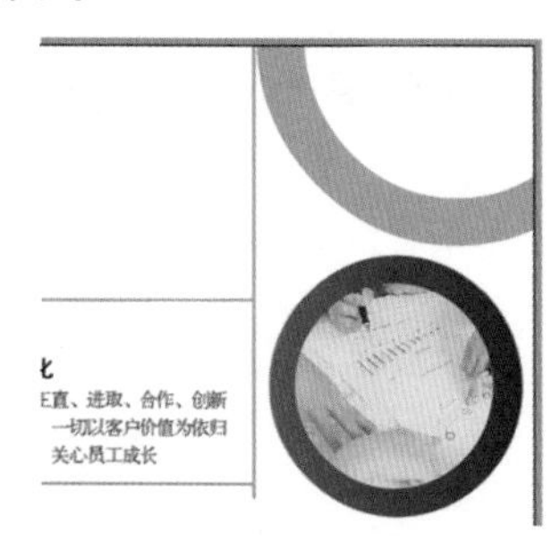

图3-41　建立剪切蒙版

41 选择建立的剪切蒙版，将【描边颜色】设置为白色，将【描边】粗细设置为8，完成后的效果如图3-42所示。

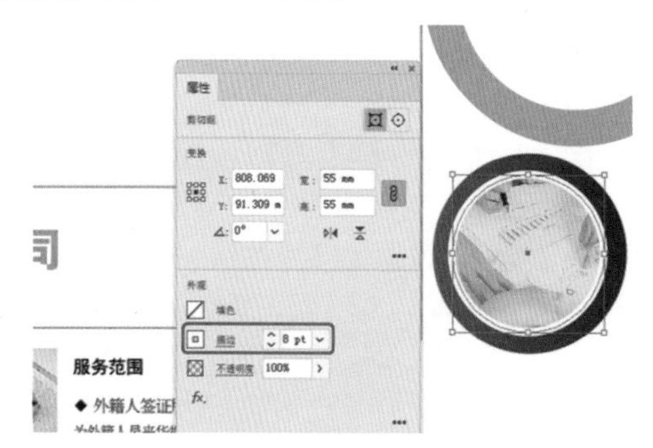

图3-42　设置描边

疑难解答　如何释放剪切蒙版?

要在被蒙版的图稿中添加或删除对象，可在【图层】面板中，将对象拖入或拖出包含剪切路径的组或图层。要从剪切蒙版中释放对象，可以执行下列操作之一：选择包含剪切蒙版的组，在菜单栏中选择【对象】|【剪切蒙版】|【释放】命令；单击位于【图层】面板底部的【建立/释放剪切蒙版】按钮，或单击【图层】面板右上角的按钮，在弹出的下拉菜单中选择【释放剪切蒙版】命令。

42 在菜单栏中选择【文件】|【导出】|【导出为】命令，弹出【导出】对话框，设置文件保存路径，将【文件名】设置为“商务公司画册”，将【保存类型】设置为JPEG，勾选【使用画板】复选框，单击【导出】按钮，如图3-43所示。

图3-43　设置完成后的效果

43 在弹出的【JPEG选项】对话框中将【颜色模型】设置为RGB，单击【确定】按钮，如图3-44所示。

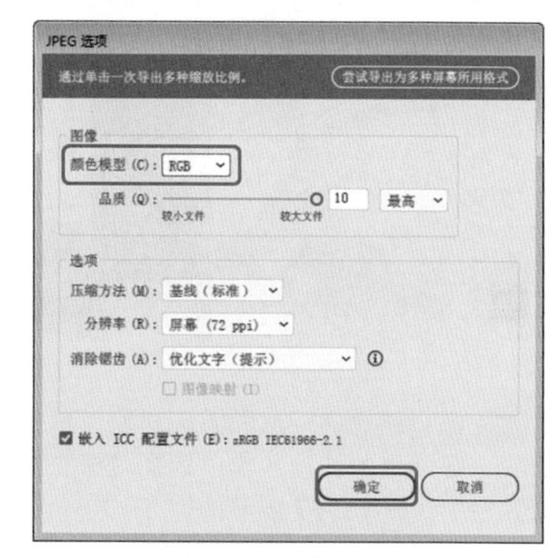

图3-44　【JPEG选项】对话框

44 导出效果如图3-45和图3-46所示。

图3-45　商务公司画册1

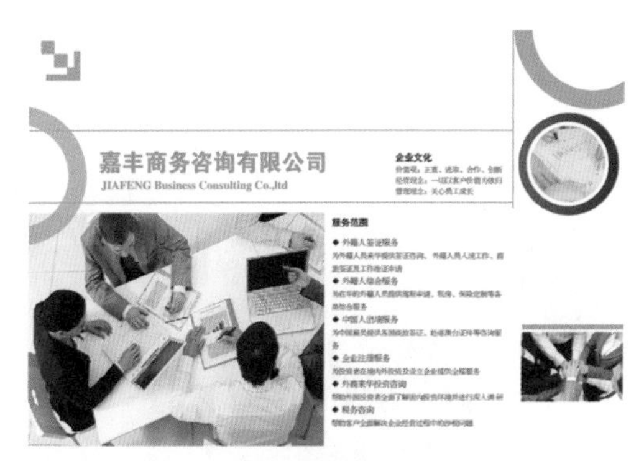

图3-46　商务公司画册2

知识链接：调整图形排列顺序

在 Illustrator 中绘制图形时，新绘制的图形总是位于先绘制的图形的上面，对象的这种堆叠方式决定了其重叠部分如何显示，调整对象的堆叠顺序，将会影响对象的最终显示效果。

要调整对象的堆叠顺序，可以选择对象，然后选择【对象】|【排列】子菜单中的命令。具体的操作如下。

01 在画板中选择需要调整位置的对象，如图 3-47 所示。

图3-47　选择对象

02 选择菜单栏中的【对象】|【排列】|【置于顶层】命令，如图 3-48 所示。此时会发现选中的对象已经置于所有对象的上面，效果如图 3-49 所示。

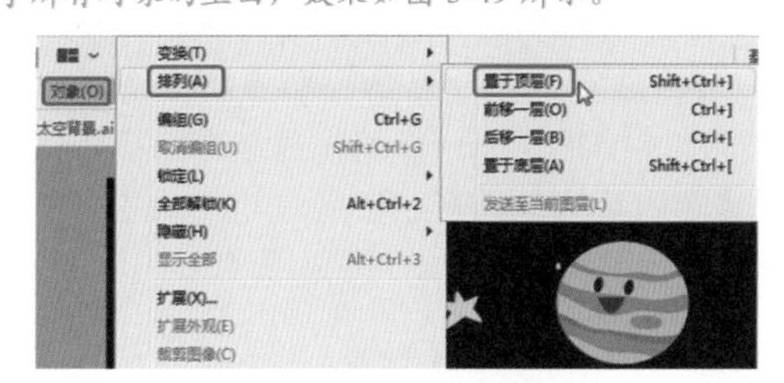

图3-48　选择【置于顶层】命令

【排列】子菜单中的命令介绍如下。

- 【置于顶层】：将该对象移至当前图层或当前组中所有对象的最顶层，或按 Shift+Ctrl+] 组合键。

图3-49　置于顶层后的效果

- 【前移一层】：将当前选中对象向前移动一层，或按 Ctrl+] 组合键，如图 3-50 所示。

图3-50　前移一层

- 【后移一层】：将当前选中对象向后移动一层，或按 Ctr+[组合键，如图 3-51 所示。

图3-51　后移一层

- 【置于底层】：将当前选中对象移至当前图层或当前组中所有对象的最底层，或按 Shift+Ctrl+[组合键，如图 3-52 所示。

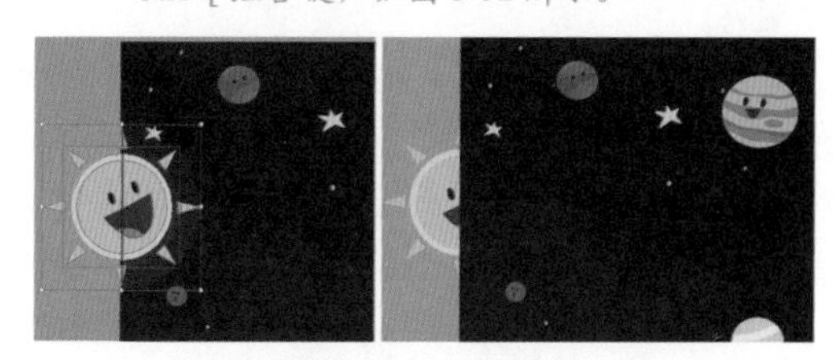
图3-52　置于底层

- 【发送至当前图层】：将当前选中对象移动到指定的图层中。

3.1.1 创建与编辑复合形状

要为选取对象创建复合形状，可通过在【路径查找器】面板中单击【联集】、【减去顶层】、【交集】、【差集】、【分割】、【修边】、【合并】、【裁剪】、【轮廓】和【减去后方对象】按钮来实现。

在画板中选择需要进行复合的形状，如图3-53所示。

图3-53　选择对象

打开【路径查找器】面板，在【形状模式】选项组中单击【差集】按钮，效果如图3-54所示。

图3-54　选择差集后的效果

要编辑复合形状，可以使用【直接选择工具】或者在【图层】面板中选择复合形状的单个组件。

在【路径查找器】面板中查找突出显示的形状模式按钮，以确定当前应用于选定组件的模式；在【路径查找器】面板中，单击需要的复合形状模式按钮以确定形状，如【分割】。

3.1.2 释放与扩展复合形状

【释放复合形状】命令可将复合对象拆分成单独的对象。

在画板中选择复合后的形状，如图3-55所示。打开【路径查找器】面板，单击面板右上方的按钮，在弹出的菜单中选择【释放复合形状】命令，如图3-56所示，此时会发现画板中复合的形状已经恢复成原来的形状，如图3-57所示。

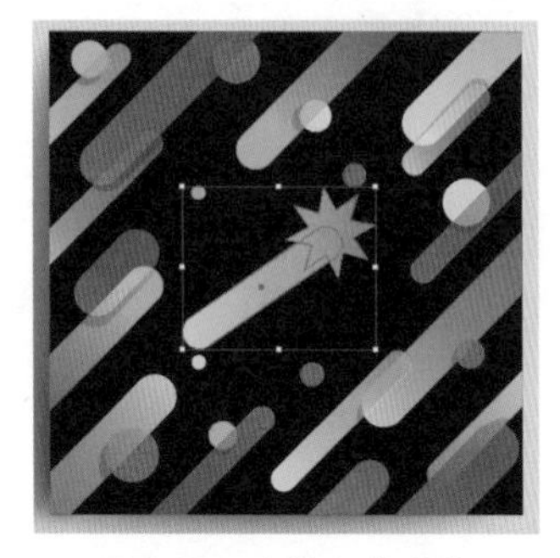

图3-55　选择复合形状

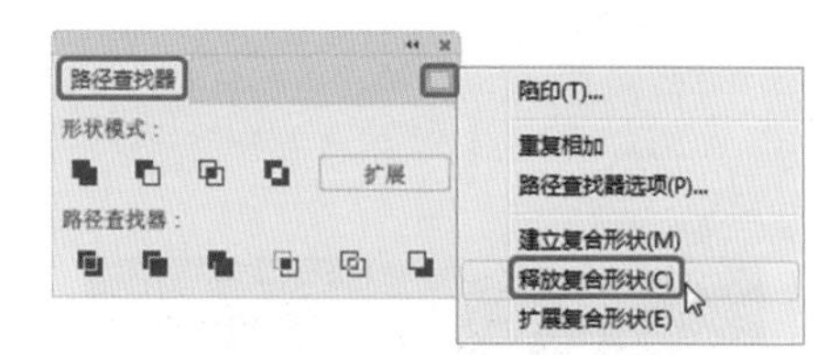

图3-56　选择【释放复合形状】命令

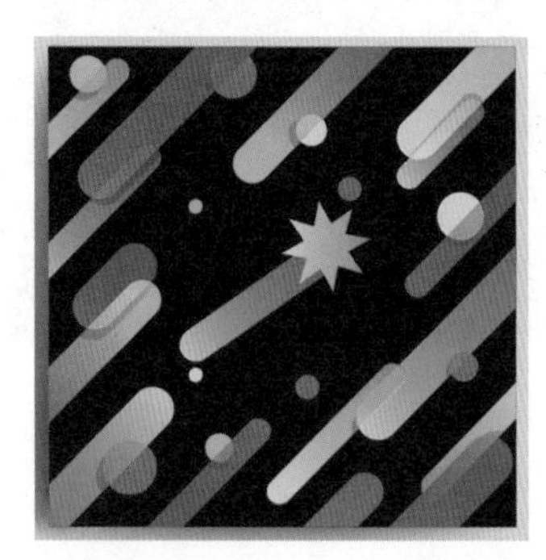

图3-57　释放复合形状后的效果

【扩展复合形状】命令会保持复合对象的形状，并使其成为一般路径或复合路径，以便对其应用某些复合形状不能应用的功能，扩展复合形状后，其单个组件将不再存在。

3.1.3 路径查找器选项

打开【路径查找器】面板，单击右上角的按钮，在弹出的下拉菜单中选择【路径查找器选项】命令，如图3-58所示。弹出【路径查找器选项】对话框，如图3-59所示。

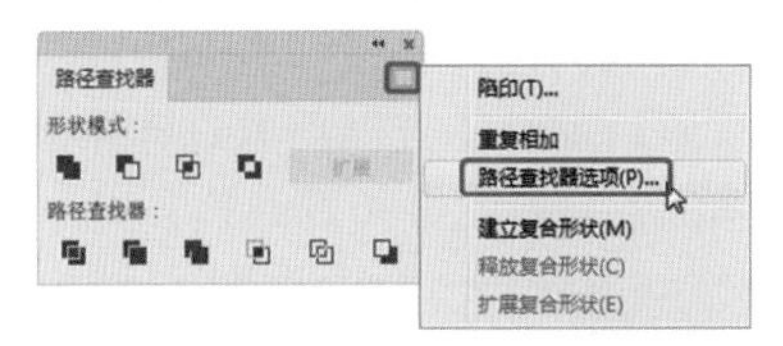

图3-58 选择【路径查找器选项】命令

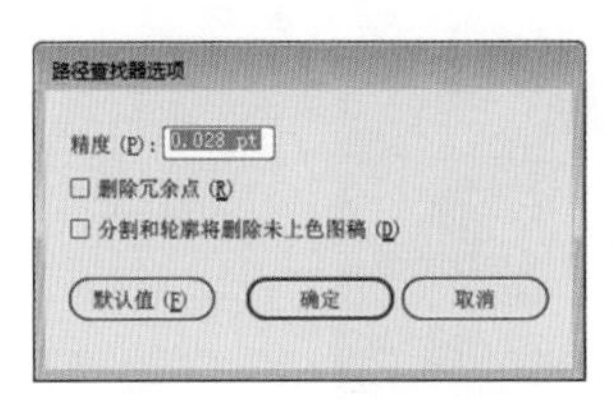

图3-59 【路径查找器选项】对话框

【路径查找器选项】对话框中的选项介绍如下。

- 【精度】：可设置滤镜计算对象路径时的精确程度，精确程度越高，生成结果路径所需的时间就越长。
- 【删除冗余点】：选中该复选框，将删除不必要的点。
- 【分割和轮廓将删除未上色图稿】：选中该复选框，单击【分割】或【轮廓】，将删除选定图稿中的所有未填充对象。
- 【默认值】：选择该选项，系统将使用其默认设置。

3.1.4 复合路径

复合路径是指包含两个或多个已经填充完颜色的开放或闭合的路径，在路径重叠处将呈现孔洞。将对象定义为复合路径后，复合路径中的所有对象都将使用堆栈对象中最下层对象上的填充颜色和样式属性。

将文字创建为轮廓时，文字将自动转换为复合路径。复合路径用作编组对象时，在【图层】面板中将显示为【复合路径】选项，使用【直接选择工具】或【编组选择工具】可以选择复合路径的一部分，可以处理复合路径的各个组件的形状。但无法更改各个组件的外观属性、图形样式或效果；并且无法单独处理这些组件。

1. 创建复合路径

创建复合路径的具体操作步骤如下。

01 打开“素材\Cha03\儿童照片.jpg”素材文件，如图3-60所示。

图3-60 打开素材文件

02 选择工具箱中的【钢笔工具】，在画板中沿着左边照片绘制一个轮廓，如图3-61所示。

图3-61 绘制轮廓

03 在画板中通过【矩形工具】创建一个白色的矩形，将其打开的图片覆盖住，如图3-62所示。

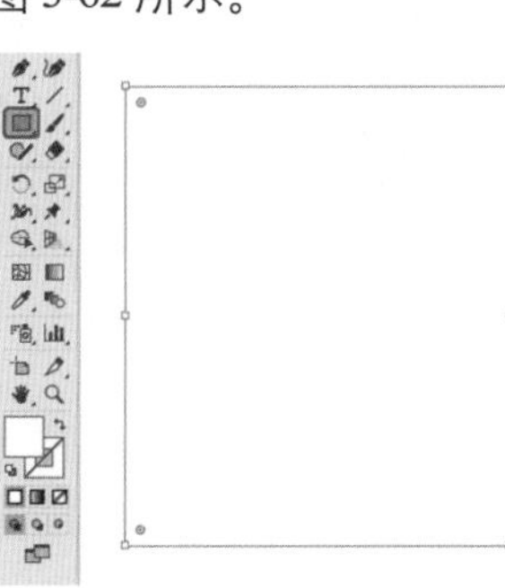

图3-62 创建矩形

04 确认该矩形处于被选中状态，单击鼠标右键，在弹出的快捷菜单中选择【排列】|【后移一层】命令，如图3-63所示。

05 将刚刚创建的照片轮廓与矩形选中，单击鼠标右键，在弹出的快捷菜单中选择【建立复合路径】命令，如图3-64所示。执行完该命令之后，可以发现图像在绘制的照片轮廓的形状中显示出来，如图3-65所示。

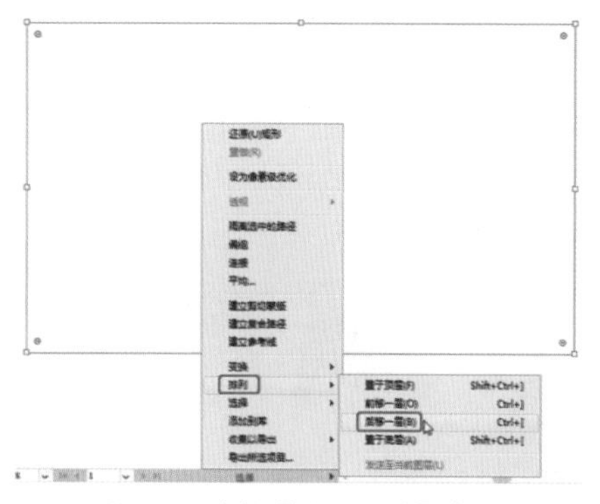

图3-63　选择【后移一层】命令

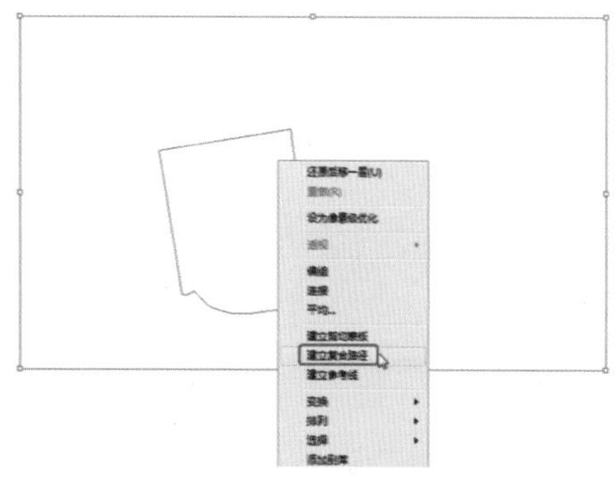

图3-64　选择【建立复合路径】命令

图3-65　创建复合路径后的效果

2. 释放复合路径

在画板中选择创建好的复合路径，在菜单栏中选择【对象】|【复合路径】|【释放】命令，可以取消已经创建的复合路径。

3.2 制作旅游攻略画册内页——图形的变换与变形

一本画册是否符合视觉美感的评定依据，包括图形构成、色彩构成和空间构成。三大构成的完美表现能够提升画册的设计品质和企业内涵，案例效果如图 3-66 所示。

图3-66　加拿大旅游攻略画册内页

素材	素材\Cha03\风景1.jpg~风景5.jpg
场景	场景\Cha03\制作旅游攻略画册内页——图形的变换与变形.ai
视频	视频教学\Cha03\制作旅游攻略画册内页——图形的变换与变形.mp4

01 按 Ctrl+N 组合键，弹出【新建文档】对话框，将【宽度】和【高度】分别设置为 420mm、227mm，将【单位】设置为【毫米】，将【画板】设置为 1，将【颜色模式】设置为【RGB 颜色】，将【光栅效果】设置为【屏幕(72ppi)】，单击【创建】按钮，如图 3-67 所示。

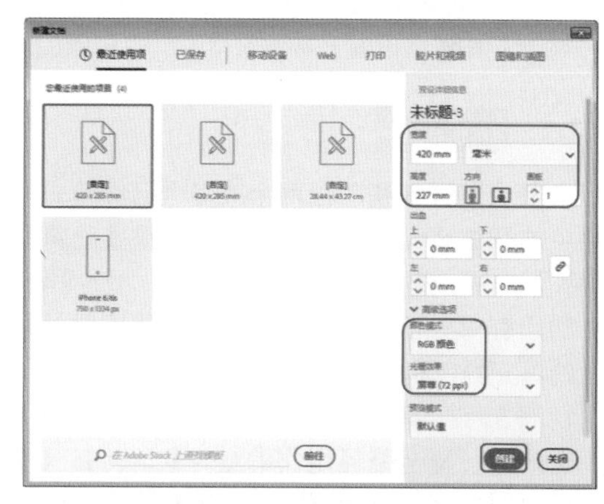

图3-67　新建文档

02 使用【矩形工具】绘制【宽】、【高】分别为 420、5 的矩形。打开【颜色】面板，将【填充颜色】的 RGB 值设置为 225、106、65，将【描边颜色】设置为无，如图 3-68 所示。

03 使用【钢笔工具】绘制图形，将【填充颜色】的 RGB 值设置为 225、106、65，将【描边颜色】设置为无，如图 3-69 所示。

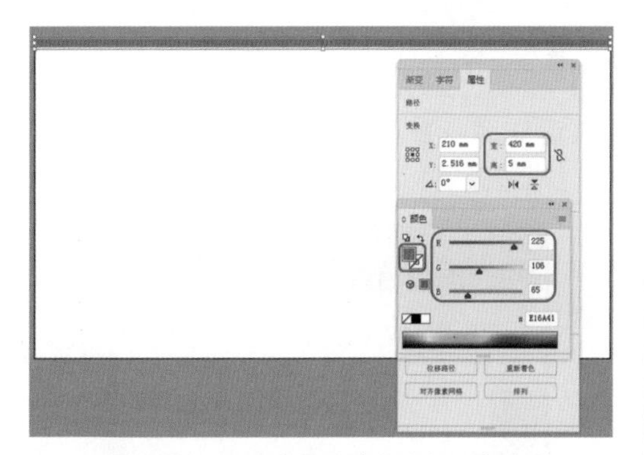
图3-68 设置矩形的填充和描边颜色

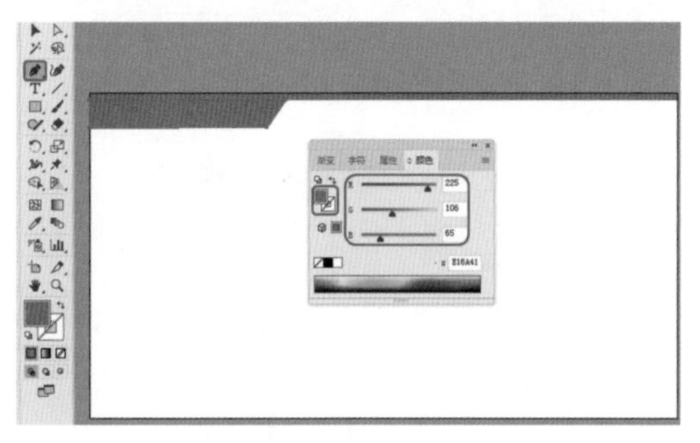
图3-69 设置图形的填充和描边

04 在绘制的图形上单击鼠标右键，在弹出的快捷菜单中选择【变换】|【对称】命令，弹出【镜像】对话框，选中【垂直】单选按钮，将【角度】设置为90°，单击【复制】按钮，如图3-70所示。

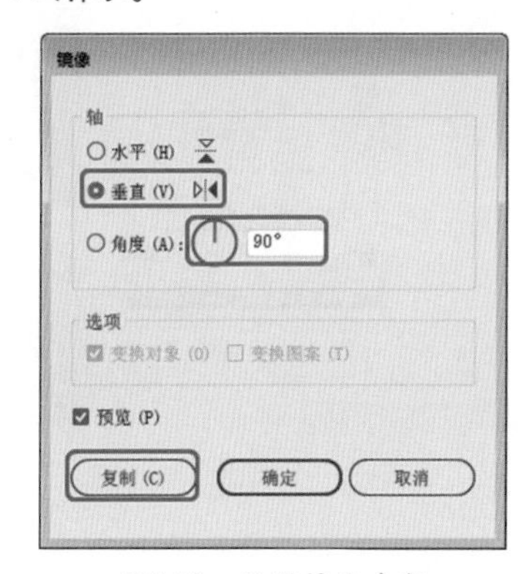

图3-70 设置镜像参数

05 调整复制后图形对象的位置，效果如图3-71所示。

提 示

在工具箱中双击【镜像工具】，可快速弹出【镜像】对话框，如图3-72所示。

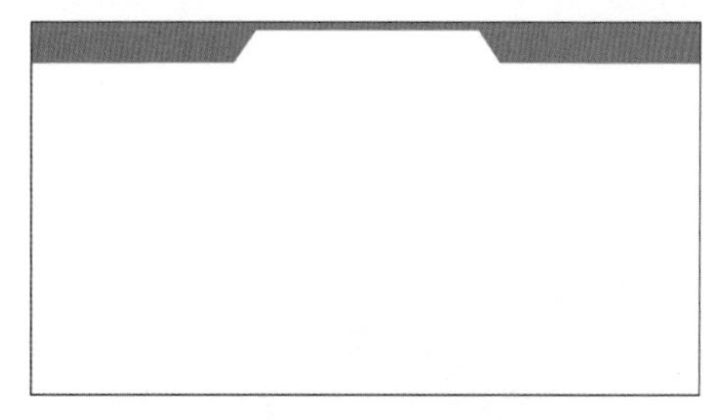
图3-71 调整镜像后的图形位置

图3-72 【镜像】对话框

疑难解答 什么是镜像对象?

镜像对象就是以指定的不可见线为轴来翻转对象。使用【自由变换工具】、【镜像工具】或【镜像】命令都可以将对象进行镜像。

06 使用【文字工具】输入文本，将【字体】设置为【方正黑体简体】，【字体大小】设置为42，【字符间距】设置为75，文本颜色的RGB值设置为234、159、31，如图3-73所示。

图3-73 设置文本参数

07 选择“篇”文本，在【字符】面板中将【字体】设置为【方正黑体简体】，将【字体大小】设置为35，将文本颜色的RGB值设置为30、81、163，如图3-74所示。

图3-74　设置文本参数

08 继续使用【文字工具】输入如图3-75所示的文本，并设置相应的参数。

图3-75　设置文本参数

09 使用【矩形工具】绘制【宽】、【高】分别为20、60的矩形，将【颜色】面板中【填充颜色】的RGB值设置为225、106、65，【描边颜色】设置为无，如图3-76所示。

图3-76　设置矩形参数

10 继续使用【矩形工具】绘制【宽】、【高】分别为20、60的矩形，将【颜色】面板中【填充颜色】的RGB值设置为234、159、31，【描边颜色】设置为无，如图3-77所示。

图3-77　绘制矩形并设置填充颜色

11 对绘制的两个矩形进行复制，并调整对象的位置。选择如图3-78所示的矩形，将【填充颜色】的RGB值设置为186、186、186。

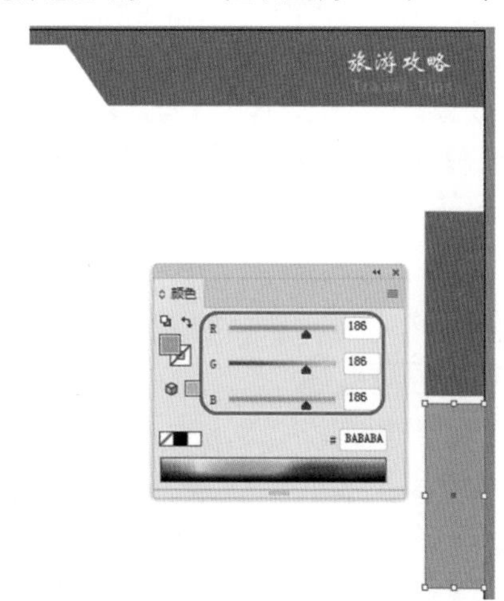

图3-78　更改矩形颜色

12 使用【文字工具】输入文本，在【字符】面板中，将【字体】设置为【方正黑体简体】，【字体大小】设置为12，【行距】设置为18，【字符间距】设置为0，如图3-79所示。

13 在菜单栏中选择【文件】|【置入】命令，弹出【置入】对话框，选择“素材\Cha03\风景1.jpg～风景5.jpg”素材文件，单击【置入】按钮，如图3-80所示。

图3-79 输入文本并设置字符

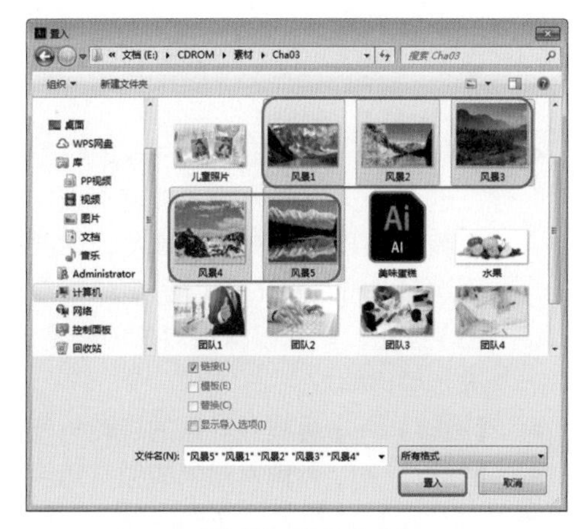

图3-80 置入文件

疑难解答 置入命令的作用是什么？

【置入】命令是导入文件的主要方式，该命令提供了有关文件的格式、置入选项和颜色的最高级别的支持。在置入文件后，可以使用【链接】面板来识别、选择、监控和更新文件。

14 在文档中单击鼠标置入风景图片，并调整对象的位置，然后将图片进行嵌入，如图3-81所示。

图3-81 调整对象的位置

15 使用【文字工具】T输入文本，将【字符】面板中的【字体】设置为【微软雅黑】，【字体样式】设置为Bold，【字体大小】设置为12，【字符间距】设置为0，文本颜色的RGB值设置为74、128、55，如图3-82所示。

16 继续使用【文字工具】输入文本，将【字体颜色】分别设置为#ea5514、#c7000b，如图3-83所示。

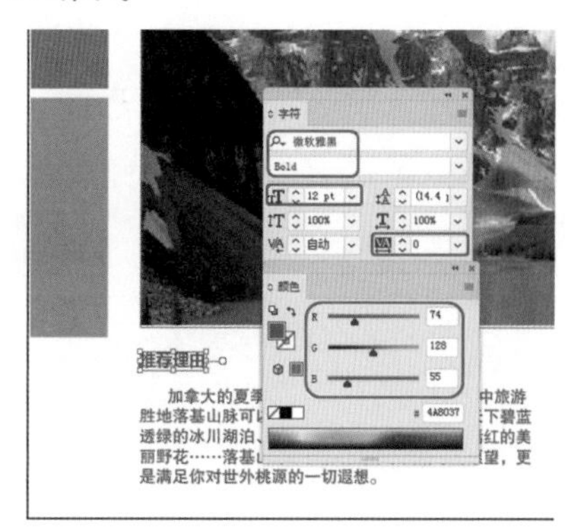

图3-82 输入文本并设置参数

图3-83 输入文本并设置颜色

17 在菜单栏中选择【文件】|【导出】|【导出为】命令，弹出【导出】对话框，设置文件的保存路径，将【文件名】设置为“旅游攻略画册内页”，【保存类型】设置为JPEG格式，取消勾选【使用画板】复选框，单击【导出】按钮，如图3-84所示。

图3-84 导出文件

18 在弹出的【JPEG 选项】对话框中保持默认设置，单击【确定】按钮，如图 3-85 所示。

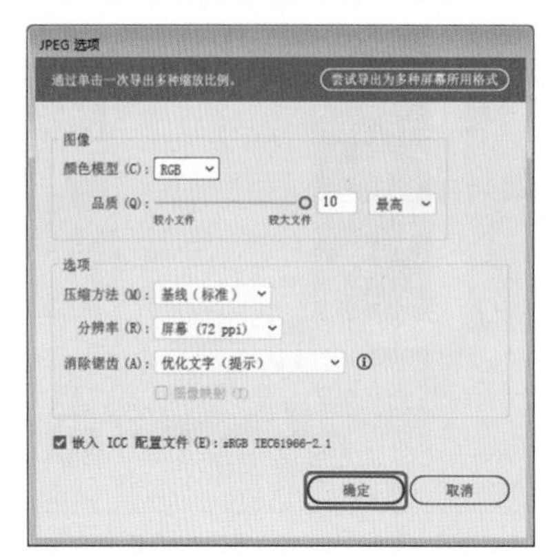

图3-85 【JPEG选项】对话框

19 导出后的效果如图 3-86 所示。

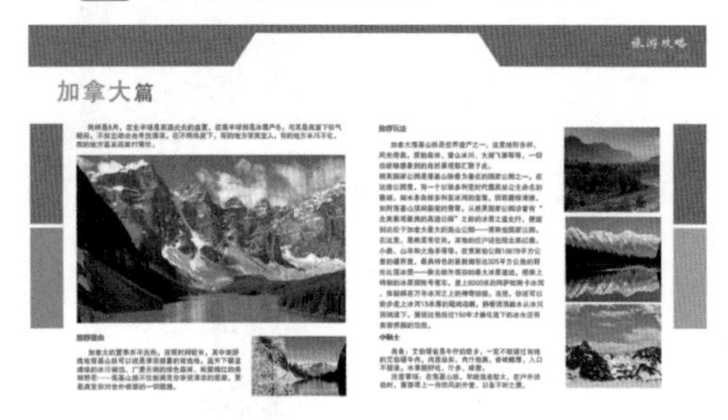

图3-86 导出后的效果

3.2.1 【变换】面板

使用【选择工具】选择一个或多个需要进行设置的对象，在菜单栏中选择【窗口】|【变换】命令，打开【变换】面板，如图 3-87 所示。在【变换】面板中显示了当前所选对象的位置、大小、方向等信息。通过输入数值，可以对所选对象进行倾斜、旋转等变换操作；还可以改变参考点的位置，以及锁定对象的比例。

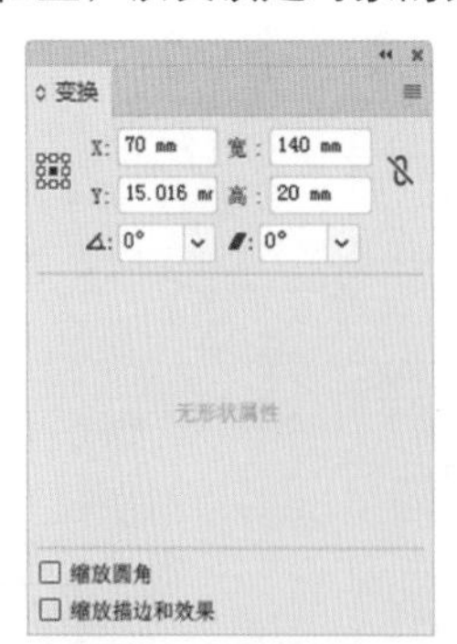

图3-87 【变换】面板

- 【参考点】：用来设置参考点的位置，在移动、旋转或缩放对象时，对象将以参考点为基准进行变换。默认情况下，参考点位于对象的中心，如果要改变位置，可单击参考点上的空心小方块。
- X/Y：分别代表对象在水平和垂直方向上的位置，在这两个文本框内输入数值可以精确地定位对象在画板上的位置。
- 【宽/高】：分别代表对象的宽度和高度。在这两个文本框内输入数值可以将对象缩放到指定的宽度和高度，如果按下选项右侧的（约束宽度和高度比例）按钮，则可以保持对象的长宽比，进行等比缩放。
- 【旋转】：可输入对象的旋转角度。
- 【倾斜】：可输入对象的倾斜角度。

单击【变换】面板右上角的按钮，可以打开下拉菜单，如图 3-88 所示。其中也包含用于变换的命令。

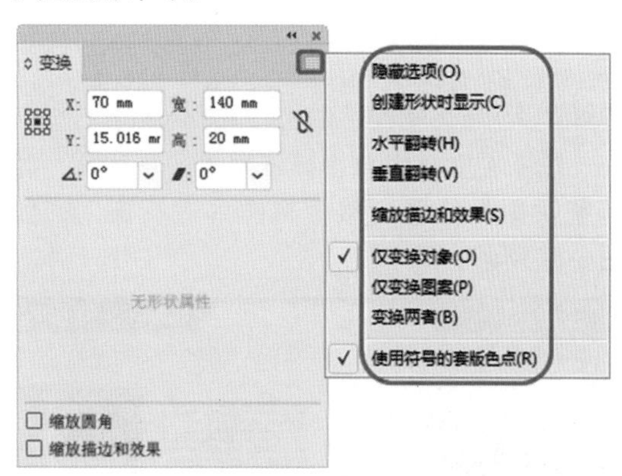

图3-88 下拉菜单

- 【水平翻转】：可以水平翻转对象。
- 【垂直翻转】：可以垂直移转对象。
- 【缩放描边和效果】：选择该命令后，在使用【变换】面板进行变换操作时，如果对象设置了描边和效果，则描边和效果会与对象一同变换；取消选择时，仅变换对象，其描边不会变换。
- 【仅变换对象】：选择该命令后，如果对象填充了图案，则仅变换对象，图案保持不变。

- 【仅变换图案】：选择该命令后，如果对象填充了图案，则仅变换图案，对象保持不变。
- 【变换两者】：选择该命令后，如果对象填充了图案，则在变换对象时，对象和图案会同时变换。

3.2.2 封套扭曲

封套扭曲是 Illustrator 中最灵活、最具可控性的变形功能。封套扭曲可以将所选对象按照封套的形状变形。封套是对所选对象进行扭曲的对象，被扭曲的对象则是封套内容。在用了封套扭曲之后，可继续编辑封套形状或封套内容，还可以删除或扩展封套。

1. 运用菜单命令建立封套扭曲

运用菜单命令建立封套扭曲的具体操作如下。

01 使用【圆角矩形工具】在画板中创建一个圆角矩形并设置渐变颜色，如图 3-89 所示。

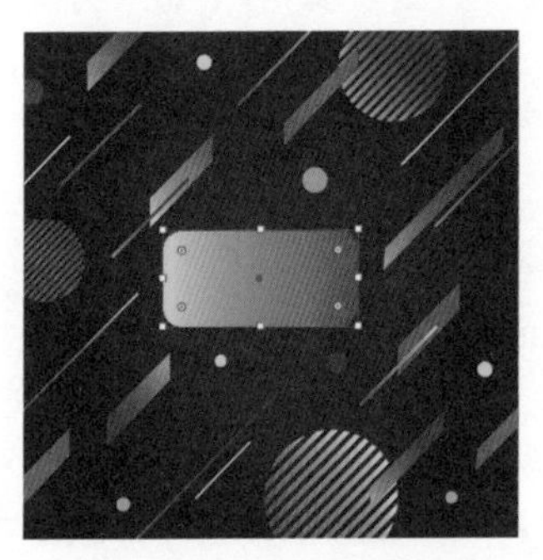

图3-89　绘制圆角矩形

02 使用【选择工具】将圆角矩形选中，选择菜单栏中的【对象】|【封套扭曲】|【用变形建立】命令，弹出【变形选项】对话框，如图 3-90 所示。设置后单击【确定】按钮，弧形效果如图 3-91 所示。

在【变形选项】对话框中各选项的介绍如下。

- 【样式】：该下拉列表框中包含系统提供的 15 种预设的变形样式，如图 3-92 所示。
- 【弯曲】：用来设置弯曲的程度。该值越高，变形效果越明显。

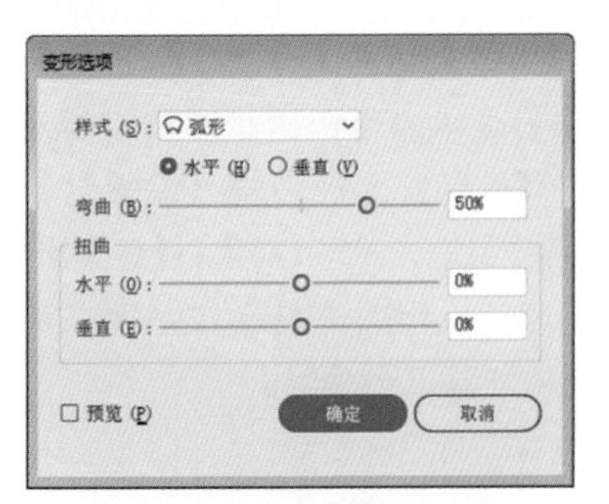

图3-90　【变形选项】对话框

图3-91　弧形效果

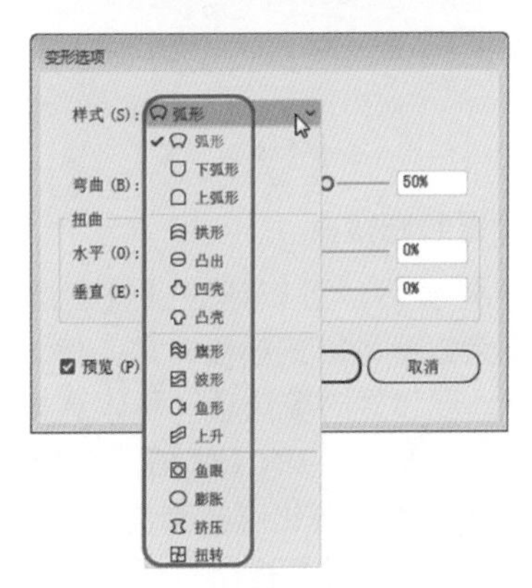

图3-92　15种预设变形样式

- 【扭曲】：包括【水平】和【垂直】两个参数。设置扭曲后，可以使对象产生透视效果，如图 3-93 所示。

图3-93　扭曲效果

2. 编辑封套扭曲

创建封套扭曲后，如果要编辑封套内容，可以单击【控制】面板中的【编辑封套】按钮，或者选择菜单栏中的【对象】|【封套扭曲】|【编辑内容】命令，如图 3-94 所示，便会调出封套内容，然后对其进行编辑。

图3-94　选择【编辑内容】命令

3. 设置封套扭曲

创建封套后，可以通过【封套选项】对话框来决定以哪种形式扭曲对象，使之符合封套的形状。要设置封套选项，可以选择封套对象，然后选择菜单栏中的【对象】|【封套扭曲】|【封套选项】命令，弹出【封套选项】对话框，然后进行设置，如图 3-95 所示。

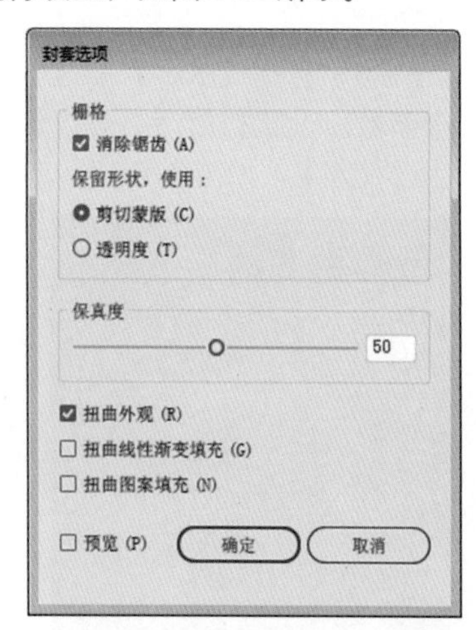

图3-95　【封套选项】对话框

- 【消除锯齿】：可在扭曲对象时平滑栅格，使对象的边缘平滑，但会增加处理时间。
- 【保留形状，使用】：当使用非矩形封套扭曲对象时，可在该选项中制定栅格以怎样的形式保留形状。选中【剪切蒙版】单选按钮，可在栅格上使用剪切蒙版；选中【透明度】单选按钮，则对栅格应用 Alpha 通道。
- 【保真度】：用来设置封套内容在变形时适合封套图形的精确程度。该值越高，套索内容的扭曲效果越接近于封套的形状，但会产生更多的锚点，同时也会增加处理时间。
- 【扭曲外观】：如果封套内容添加了效果或图形样式等外观属性，则外观属性将与对象一同扭曲。
- 【扭曲线性渐变填充】：如果封套内容填充了线性渐变，则选择该选项后，渐变与对象一同扭曲。
- 【扭曲图案填充】：如果封套内容填充了图案，则选择该选项后，图案与对象一同扭曲。

3.2.3　变形工具

在 Illustrator CC 中，变形工具包括【旋转工具】、【镜像工具】、【比例缩放工具】、【倾斜工具】、【整形工具】和【自由变换工具】，变形工具在图形软件中的使用率非常高，它不仅可以大大地提高工作效率，还可以实现一些看似简单却又极为复杂的图像效果。

1. 旋转工具

使用【旋转工具】可以对对象进行旋转操作。在操作时，如果按住 Shift 键，对象以 45° 增量角旋转。

1)　改变旋转基准点的位置

01 使用【选择工具】选中对象，然后选择工具箱中的【旋转工具】，在图像中单击，创建新的基准点，如图 3-96 所示。

图3-96 显示基准点

02 在图形上拖曳鼠标，如图 3-97 所示，即沿基准点旋转图形，如图 3-98 所示。

图3-97 拖曳鼠标

图3-98 旋转后的效果

提 示

拖曳鼠标的同时，按住 Alt 键，可在保留原图形的同时，旋转复制一个新的图形，如图 3-99 所示。

图3-99 旋转并复制

2) 精确控制旋转的角度

01 使用【选择工具】选中图形，如图 3-100 所示。双击工具箱中的【旋转工具】，弹出【旋转】对话框，将【角度】设置为 60°，如图 3-101 所示。

图3-100 选择对象

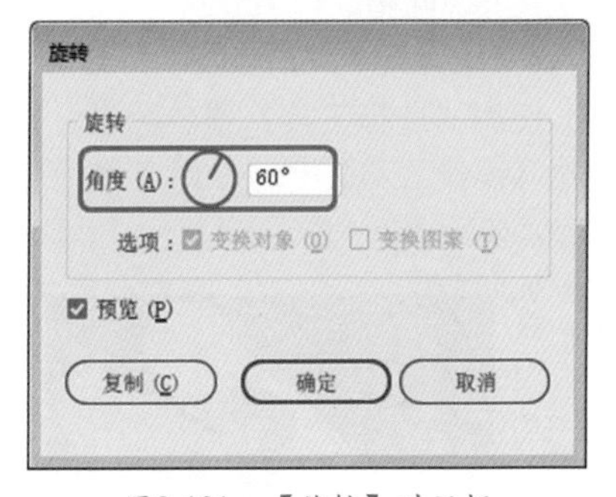

图3-101 【旋转】对话框

02 单击【确定】按钮，图形就可以按照所设置的数值旋转，如图 3-102 所示。

03 单击【复制】按钮，保留原来的图形并按照设定的角度旋转复制一个，如图 3-103 所示。

图3-102 旋转后的效果

图3-103 复制后的效果

2. 镜像工具

使用【镜像工具】可以按照镜向轴旋转物体。首先使用【选择工具】选择对象，然后在工具箱中选择【镜像工具】，即可在对象的中心点出现一个基准点，再在图形上拖曳鼠标就可以沿镜向轴旋转图形。

1) 改变镜像基准点的位置

01 使用【选择工具】选中图形，在工具箱中选择【镜像工具】，此时基准点位于图形的中心，如图 3-104 所示。

图3-104 显示基准点

02 在页面中单击鼠标左键，指针落点即为新的基准点，如图 3-105 所示。

图3-105 新建基准点

03 旋转镜像后的效果如图 3-106 所示。

图3-106 旋转镜像后的效果

2) 精确控制镜像的角度

01 使用【选择工具】选中图形，在工具箱中选择【镜像工具】，按住 Alt 键在图形的右侧单击鼠标左键，指针的落点就是镜像旋转对称轴的轴心。此时便可弹出【镜像】对话框。

02 在【镜像】对话框的【轴】选项组中包括【水平】、【垂直】和【角度】3 个选项。可自行设置其旋转的轴向和旋转的角度，如图 3-107 所示。

图3-107 【镜像】对话框

03 单击【确定】按钮，图形按照确定好的轴心垂直镜像旋转，如图 3-108 所示。单击【复制】按钮，图形按照确定好的轴心进行镜像复制，如图 3-109 所示。

图3-108　旋转后的对象

图3-109　旋转并复制

3. 比例缩放工具

使用【比例缩放工具】可以对图形进行任意缩放。与【旋转工具】的用法基本相同。

1) 改变缩放基准点的位置

01 使用【选择工具】选择对象，在工具箱中选择【比例缩放工具】，可看到图形的中心位置出现缩放的基准点，如图 3-110 所示。

图3-110　显示基准点

02 在图形上拖曳鼠标，如图 3-111 所示，释放鼠标后，就可以沿中心位置的基准点缩放图形，如图 3-112 所示。

图3-111　拖曳鼠标

图3-112　缩放后的效果

提　示

拖曳鼠标的同时，按住 Shift 键，图形可以成比例缩放；按住 Alt 键，可在保留原图形的同时，缩放复制一个新的图形。

2) 精确控制缩放的程度

01 使用【选择工具】选择对象，如图 3-113 所示。

图3-113　选择对象

02 双击工具箱中的【比例缩放工具】，弹出【比例缩放】对话框，在【比例缩放】选项组中选中【等比】单选按钮，图形会成比例缩放，如图 3-114 所示。勾选【比例缩放描边和效果】复选框，边线也同时缩放。选中【不等比】单选按钮时，要在【水平】和【垂直】文本框中分别输入缩放比例。

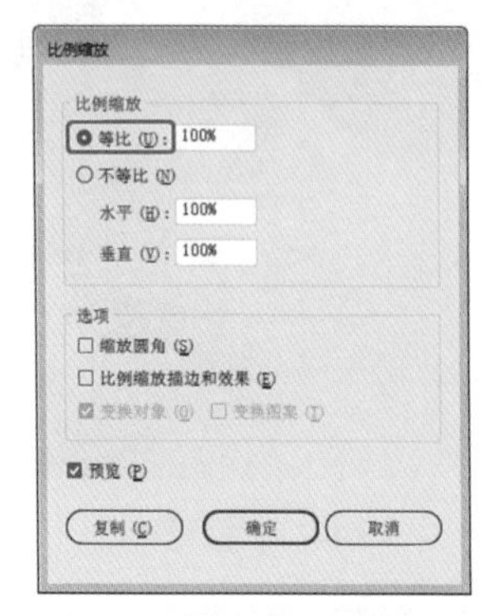

图3-114 【比例缩放】对话框

03 单击【确定】按钮，图形可按照输入的数值缩放。单击【复制】按钮，保留原来的图形并按照设定比例缩放复制。

4. 倾斜工具

使用【倾斜工具】可以使选择的对象倾斜一定的角度。

1) 改变倾斜基准点的位置

01 使用【选择工具】选择要倾斜的对象，在工具箱中选择【倾斜工具】，可看到图形的中心位置出现倾斜的基准点，如图 3-115 所示。

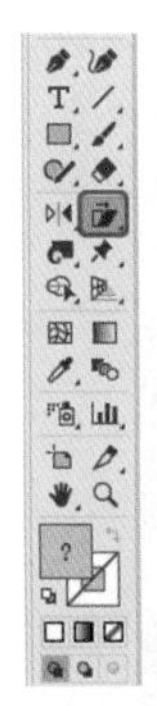

图3-115 显示基准点

02 再在图形上拖曳鼠标，就可以根据基准点倾斜对象，倾斜后的效果如图 3-116 所示。

改变图形倾斜基准点的方法与【旋转工具】和【镜像工具】相同，在图形被选中的状态下选择【倾斜工具】，在页面中单击鼠标左键，指针落点即为新的基准点。

图3-116 倾斜后的效果

提 示

拖曳鼠标的同时，按住 Alt 键，可在保留原图形的同时，复制出新的倾斜图形。基准点不同，倾斜的效果也不同。

2) 精确定义倾斜的角度

01 使用【选择工具】选择需要倾斜的对象，如图 3-117 所示。

图3-117 选择对象

02 双击工具箱中的【倾斜工具】，弹出【倾斜】对话框，如图 3-118 所示。按住 Alt 键在页面中单击鼠标左键，指针的落点就是倾斜的基准点。

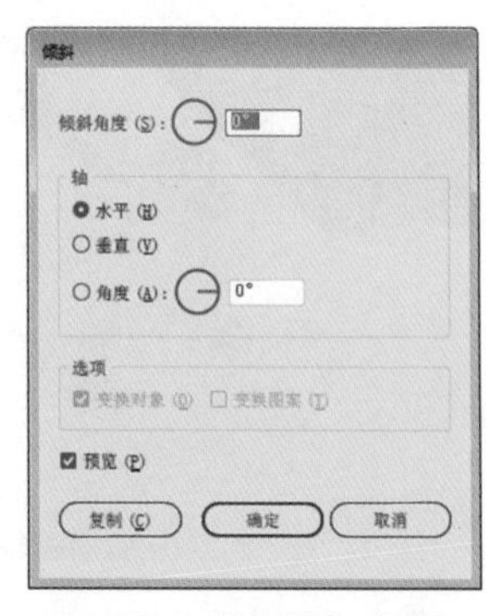

图3-118 【倾斜】对话框

03 在【倾斜】对话框中设置【倾斜角度】为 30°，选中【垂直】单选按钮，如图 3-119 所示。

图3-119 设置参数

04 单击【确定】按钮，可以看到图形沿垂直倾斜轴倾斜 30°，如图 3-120 所示。

图3-120 垂直倾斜后的效果

05 在【倾斜】对话框中设置【倾斜角度】为 30°，选中【水平】单选按钮，如图 3-121 所示。单击【确定】按钮，可以看到图形沿水平倾斜轴倾斜 30°，如图 3-122 所示。

图3-121 设置水平倾斜

图3-122 水平倾斜后的效果

06 在【倾斜】对话框中设置【倾斜角度】为 30°，轴的【角度】为 30°，如图 3-123 所示。单击【复制】按钮，可以看到图形沿倾斜轴倾斜 30°，如图 3-124 所示。

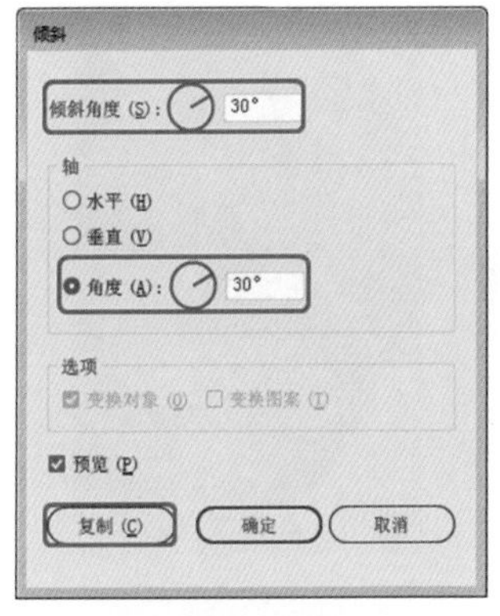

图3-123 【倾斜】对话框

图3-124 复制倾斜后的效果

5. 整形工具和自由变换工具

使用【整形工具】可以改变路径上锚点的位置，但不会影响整个路径的形状。

01 使用【选择工具】选择对象，如图 3-125 所示。

02 选择工具箱中的【整形工具】，在要改变位置的锚点上拖曳鼠标，将其拖至合适的位置，如图 3-126 所示。释放鼠标后，即可得到相应的效果，如图 3-127 所示。

图3-125 选择对象

图3-126 拖曳锚点

图3-127 完成后的效果

提 示

使用变形工具在路径上单击，会出现新的曲线锚点，可以进一步调节变形。

【自由变换工具】也有类似上述改变路径上的锚点位置的作用。

01 使用【选择工具】选择对象，如图 3-128 所示。

图3-128 选择对象

02 选择工具箱中的【自由变换工具】，单击【透视扭曲】按钮，将指针放在右下角的定界框上，按住鼠标将边框向内拖曳，如图 3-129 所示。拖至合适的形状后，释放鼠标左键，完成后的效果如图 3-130 所示。

图3-129 拖曳边框

图3-130 完成后的效果

【自由变换工具】也可以移动、缩放和旋转图形。

3.2.4 即时变形工具的应用

Illustrator CC 中的即时变形工具如图 3-131 所示。

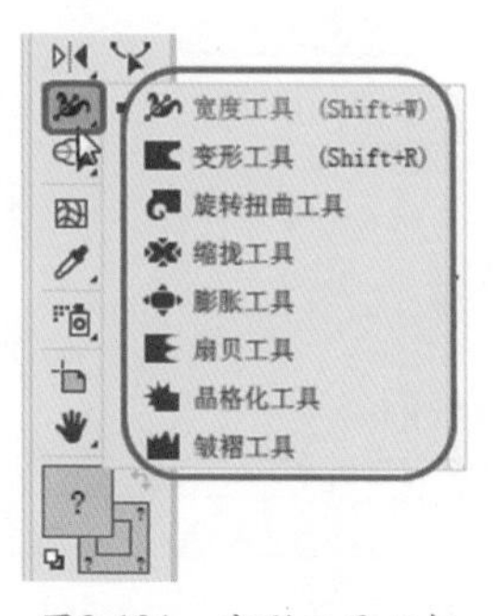

图3-131 变形工具面板

1. 宽度工具

使用【宽度工具】可以对加宽绘制的路径描边，并调整为各种多变的形状效果，此工具可创建并保存自定义宽度配置文件，并可将文件重新应用于任何笔触。

01 选择工具箱中的【宽度工具】，在画板中选择描边路径，单击并拖曳鼠标，如图3-132所示。

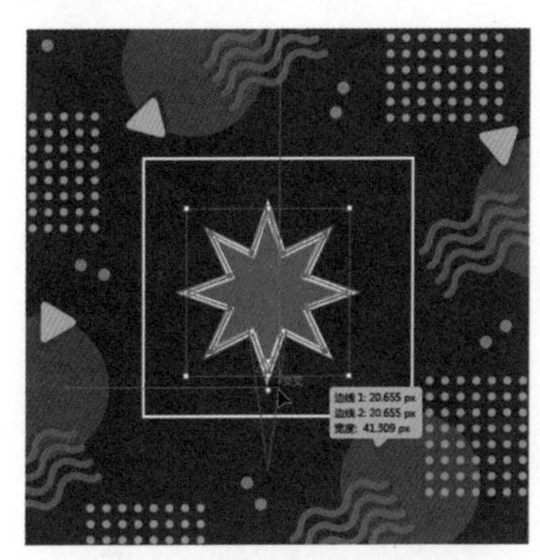

图3-132 拖曳路径

02 当拖至合适的位置后释放鼠标，完成后的效果如图3-133所示。

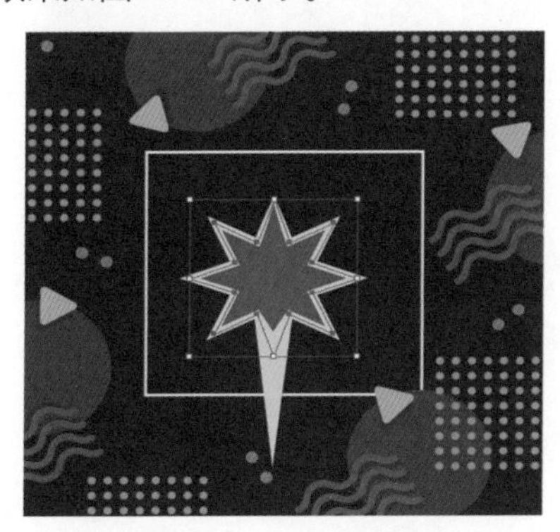

图3-133 完成后的效果

2. 变形工具

使用【变形工具】可以随光标的移动塑造对象形状，能够使对象的形状按照鼠标拖拉的方向产生自然的变形。

选择工具箱中的【变形工具】，在图形上单击并拖曳鼠标，如图3-134所示，可以看到图形沿鼠标拖曳的方向发生了变形，如图3-135所示。

双击工具箱中的【变形工具】，弹出【变形工具选项】对话框，如图3-136所示。

图3-134 拖曳鼠标

图3-135 释放鼠标后的效果

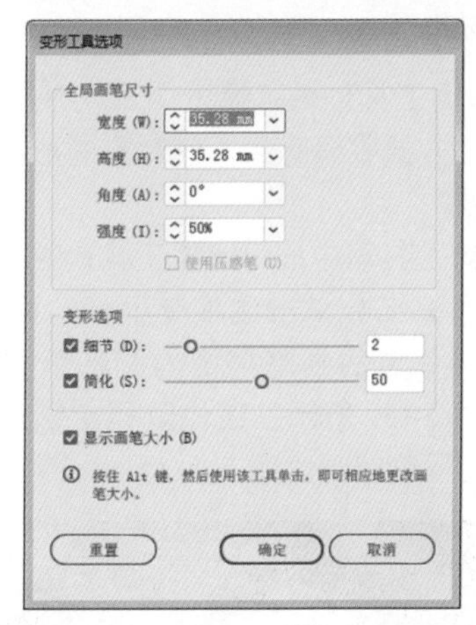

图3-136 【变形工具选项】对话框

该对话框中各选项介绍如下。

- 【宽度】、【高度】：表示变形工具画笔水平、垂直方向的直径。
- 【角度】：指变形工具画笔的角度。
- 【强度】：指变形工具画笔按压的力度。
- 【细节】：表示即时变形工具应用的精确程度，数值越高则表现得越细致。设置范围是1～15。
- 【简化】：设置即时变形工具应用的简单程度，设置范围是0.2～100。
- 【显示画笔大小】：显示变形工具画笔的尺寸。

3. 旋转扭曲工具

使用【旋转扭曲工具】可以在对象中创建旋转扭曲，使对象的形状卷曲形成旋涡状。

选择工具箱中的【旋转扭曲工具】，在图形需要变形的部分单击，在单击的画笔范围内就会产生旋涡，如图3-137所示。按住鼠标左键的时间越长，卷曲程度就越大。

图3-137　产生的旋涡

【旋转扭曲工具】属性的设置方法与【变形工具】相同。

4. 缩拢工具

【缩拢工具】可通过向十字线方向移动控制点的方式收缩对象，使对象的形状产生收缩的效果。

选择工具箱中的【缩拢工具】，在需要收缩变形的部分单击或拖曳鼠标，如图3-138所示，在单击的画笔范围内图形就会收缩变形，如图3-139所示。按住鼠标左键的时间越长，收缩程度就越大。

图3-138　拖曳鼠标

图3-139　释放鼠标后的效果

【缩拢工具】也可以通过对话框来设置属性。

5. 膨胀工具

【膨胀工具】则可通过向远离十字线方向移动控制点的方式扩展对象，使对象的形状产生膨胀的效果，与【缩拢工具】相反。

选择工具箱中的【膨胀工具】，在需要变形的部分单击鼠标左键并向外拖曳，如图3-140所示。释放鼠标后，在单击的画笔范围内图形就会膨胀变形，如图3-141所示。如果持续按住鼠标，时间越长，膨胀的程度就越大。

图3-140　拖曳鼠标

图3-141　释放鼠标后的效果

【膨胀工具】同样可以通过对话框来设置属性。

6. 扇贝工具

使用【扇贝工具】可以向对象的轮廓添加随机弯曲的细节，使对象的形状产生类似贝壳般起伏的效果。

首先使用【选择工具】选择对象，然后选择工具箱中的【扇贝工具】，在需要变形的部分单击并拖曳鼠标，如图3-142所示。释放鼠标后，在单击的范围内图形就会产生起伏的波纹效果，如图 3-143 所示。按住鼠标左键的时间越长，起伏的效果越明显。

图3-142 拖曳鼠标

图3-143 释放鼠标后的效果

双击工具箱中的【扇贝工具】，弹出【扇贝工具选项】对话框，如图 3-144 所示。

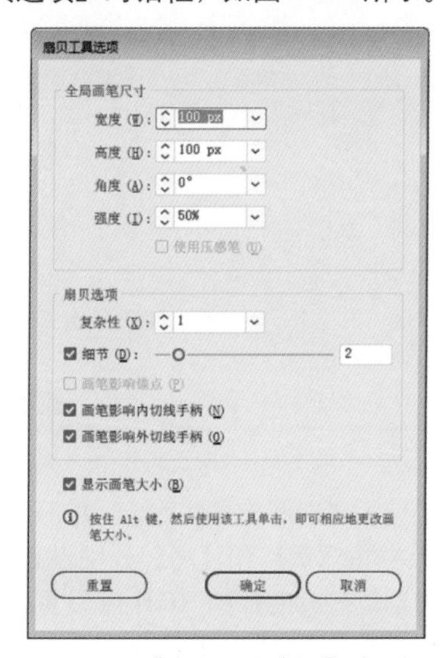

图3-144 【扇贝工具选项】对话框

【扇贝工具选项】对话框中各选项介绍如下。

- 【复杂性】：表示扇贝工具应用于对象的复杂程度。
- 【细节】：表示扇贝工具应用于对象的精确程度。
- 【画笔影响锚点】：在锚点上施加笔刷效果。
- 【画笔影响内切线手柄】：在锚点方向手柄的内侧施加笔刷效果。
- 【画笔影响外切线手柄】：在锚点方向手柄的外侧施加笔刷效果。
- 【显示画笔大小】：勾选该复选框后，将会显示画笔的大小。

7. 晶格化工具

【晶格化工具】可以为对象的轮廓添加随机锥化的细节，使对象表面产生尖锐凸起的效果。

选择工具箱中的【晶格化工具】，在需要添加晶格化效果的部分单击并拖曳鼠标，如图 3-145 所示。释放鼠标后，在单击的画笔范围内图形就会产生向外尖锐凸起的效果，如图 3-146 所示。按住鼠标左键的时间越长，凸起的程度越明显。

图3-145 拖曳鼠标

图3-146 拖曳鼠标后的效果

【晶格化工具】属性的设置方法与【扇

贝工具】相同。

8. 皱褶工具

【皱褶工具】可以为对象的轮廓添加类似于皱褶的细节，使对象表面产生皱褶效果。

选择工具箱中的【褶皱工具】，在需要变形的部分单击鼠标左键，如图 3-147 所示。释放鼠标后，在单击的画笔范围内图形会产生皱褶的变形，如图 3-148 所示。

按住鼠标左键的时间越长，波动的程度越明显。

【皱褶工具】属性的设置方法与【扇贝工具】相同。

图3-147 拖曳鼠标

图3-148 释放鼠标后的效果

3.3 上机练习

下面通过两个实例来巩固本章所学习的基础知识。

3.3.1 制作营养膳食样式画册

画册是图文并茂的一种理想表达，相对于单一的文字或图册，画册都有着绝对优势。因为画册够醒目，能让人一目了然，而且也足够明了，因为其有相对精简的文字说明。实例效果如图 3-149 所示。

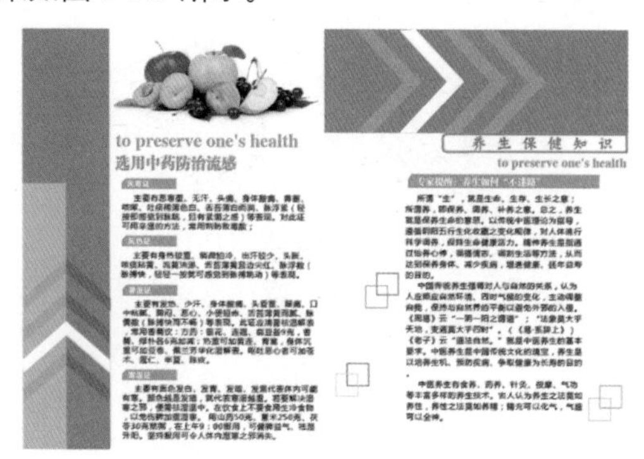

图3-149 营养膳食样式画册

素材	素材\Cha03\水果.jpg
场景	场景\Cha03\制作营养膳食样式画册.ai
视频	视频教学\Cha03\制作营养膳食样式画册.mp4

01 按 Ctrl+N 组合键，弹出【新建文档】对话框，将【宽度】和【高度】分别设置为 420、285，【单位】设置为【毫米】，【画板】设置为 1，将【颜色模式】设置为【RGB 颜色】，【光栅效果】设置为【屏幕 (72ppi)】，单击【创建】按钮，如图 3-150 所示。

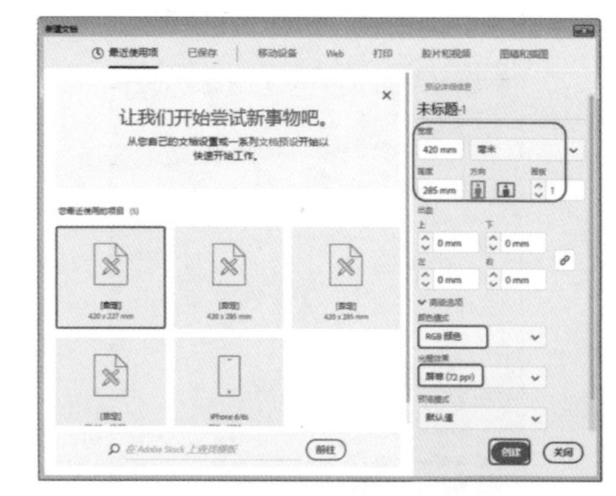

图3-150 新建文档

02 使用【矩形工具】绘制矩形，在【属性】面板中将【宽】和【高】分别设置为 60、285，将【填充颜色】的 RGB 值设置为 231、149、75，【描边颜色】设置为无，如图 3-151 所示。

03 使用【钢笔工具】绘制图形，将【填充颜色】的 RGB 值设置为 219、119、52，【描边颜色】设置为无，如图 3-152 所示。

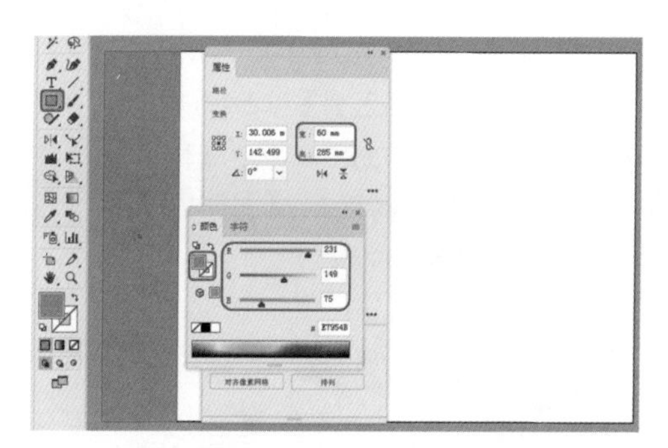
图3-151 绘制矩形并设置参数

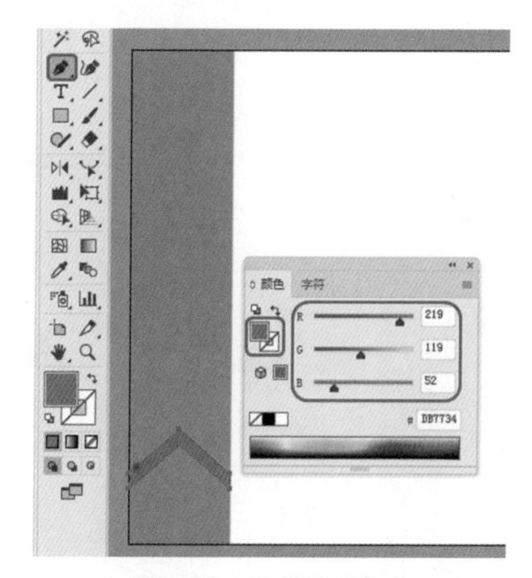
图3-152 设置图形颜色

04 将图形进行复制，并将复制图形的【填充颜色】设置为白色，【描边颜色】设置为无，如图 3-153 所示。

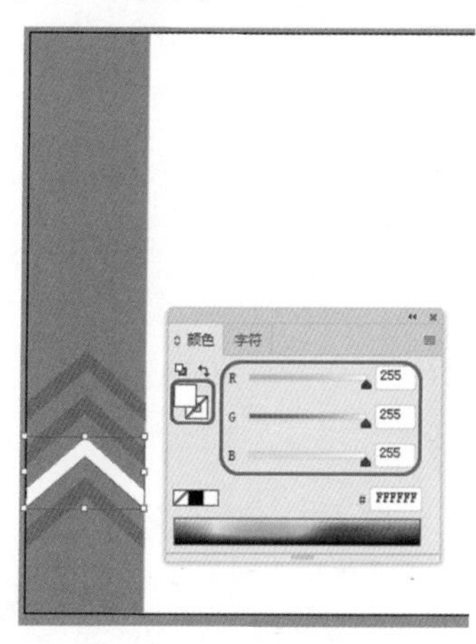
图3-153 更改图形颜色

05 使用【矩形工具】绘制矩形，在【属性】面板中将【宽】、【高】分别设置为 30、180，在【外观】选项组中将【填色】设置为白色，【描边】设置为无，【不透明度】设置为 50%，如图 3-154 所示。

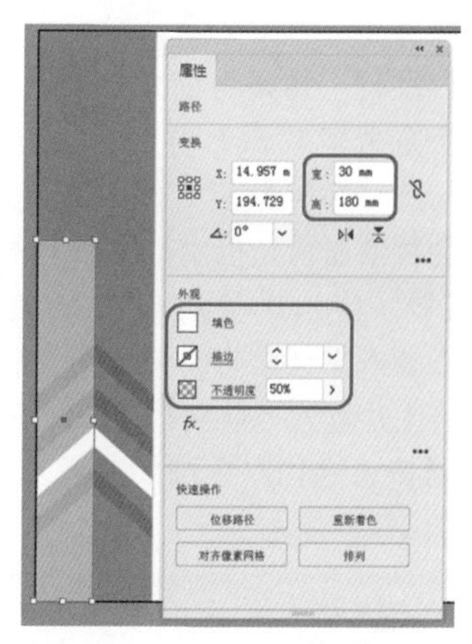
图3-154 设置矩形不透明度

06 在菜单栏中选择【文件】|【置入】命令，弹出【置入】对话框，选择“素材\Cha03\水果.jpg”素材文件，单击【置入】按钮，如图 3-155 所示。

图3-155 选择素材文件

在【置入】对话框中各选项的功能如下。

- 【文件名】：选择置入的文件后，可以在该文本框中显示文件的名称。
- 【文件类型】：在该下拉列表框中可以选择需要置入的文件的类型，默认为【所有格式】。
- 【链接】：选中该复选框后，置入的图稿同源文件保持链接关系。此时如果源文件的存储位置发生变化，或者被删除了，则置入的图稿也会在 Illustrator 文件中发生变化或消失。取消选择时，可以将图稿嵌入文档中。

- 【模板】：选中该复选框后，置入的文件将成为模板文件。
- 【替换】：如果当前文档中已经包含一个置入的对象，并且处于选中状态，勾选【替换】复选框，新置入的对象会替换当前文档中被选中的对象。
- 【显示导入选项】：选中该复选框后，在置入文件时将会弹出相应的对话框。

07 将图片置入当前文档中，打开【属性】面板，在【快速操作】选项组中单击【嵌入】按钮，如图 3-156 所示。

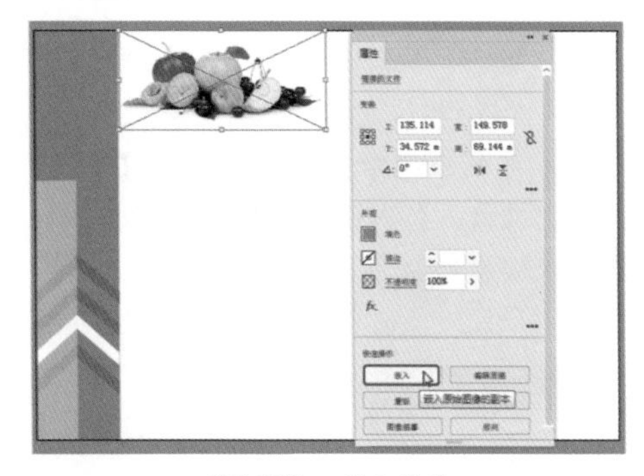

图3-156　嵌入图片

08 使用【文字工具】T输入文本，将【字体】设置为【创艺简老宋】，【字体大小】设置为 36，【填充颜色】的 RGB 值设置为 145、195、29，如图 3-157 所示。

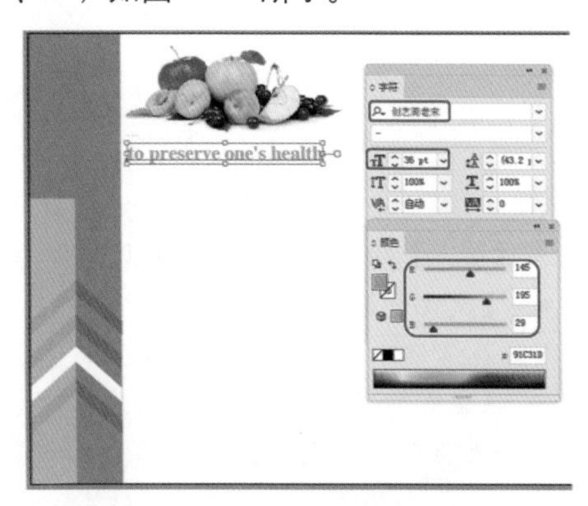

图3-157　设置文本参数

09 使用【文字工具】T输入文本，将【字体】设置为【方正粗宋简体】，【字体大小】设置为 30，【填充颜色】的 RGB 值设置为 231、149、75，如图 3-158 所示。

10 使用【钢笔工具】绘制图形，将【填充颜色】的 RGB 值设置为 145、195、29，【描边颜色】设置为无，如图 3-159 所示。

11 使用【文字工具】T输入文本，在【属性】面板中将【填色】设置为白色，【字体】设置为【方正大黑简体】，【字体大小】设置为 15，如图 3-160 所示。

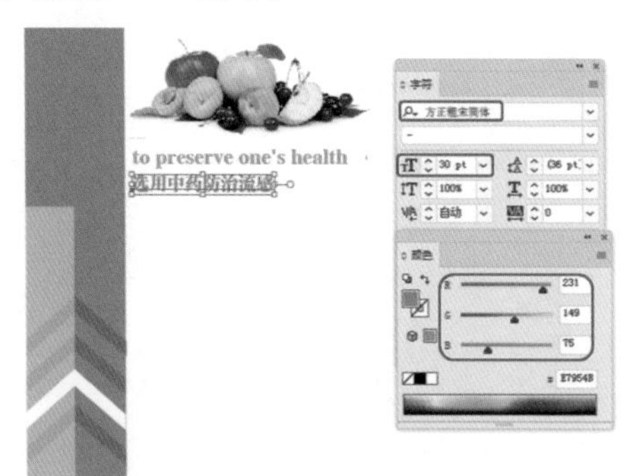

图3-158　设置文本参数

图3-159　设置图形的填充和描边

图3-160　设置文本参数

12 使用【文字工具】T输入文本，在【属性】面板中将【填色】设置为黑色，【字体】设置为【微软雅黑】，【字体大小】设置为 15，【字符间距】设置为 100，如图 3-161 所示。

13 使用【钢笔工具】和【文字工具】T制作如图 3-162 所示的内容。

14 使用【矩形工具】绘制矩形，将

【宽】和【高】分别设置为210、70，打开【颜色】面板，将【填充颜色】的RGB值设置为124、177、81，【描边颜色】设置为无，如图3-163所示。

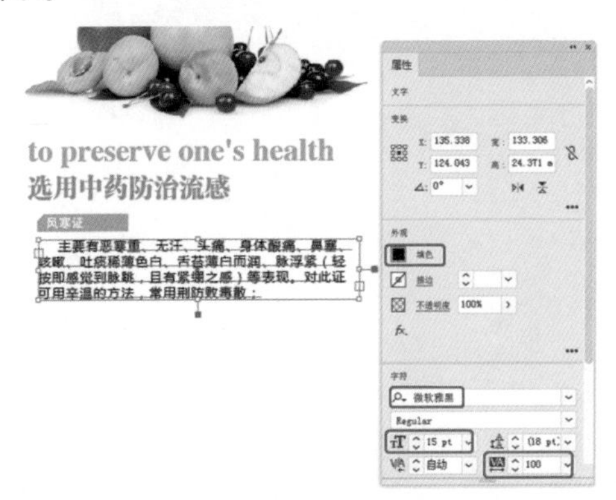

图3-161 设置文本参数

图3-162 制作完成后的效果

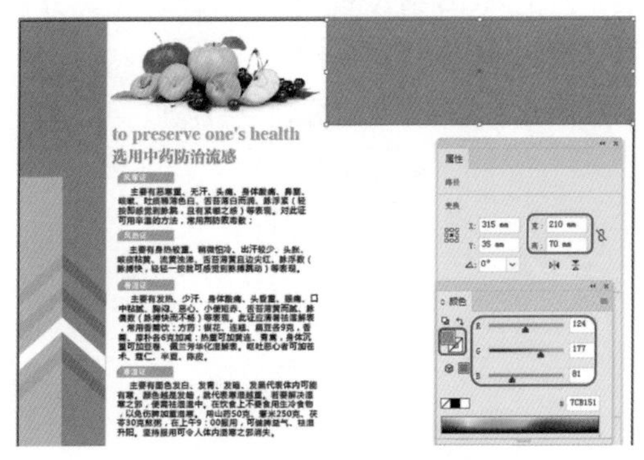

图3-163 绘制矩形并设置颜色

15 使用【钢笔工具】绘制图形，将【填充颜色】的RGB值设置为150、196、36，【描边颜色】设置为无，如图3-164所示。

16 对图形进行复制，并将复制图形的【填充颜色】设置为白色，如图3-165所示。

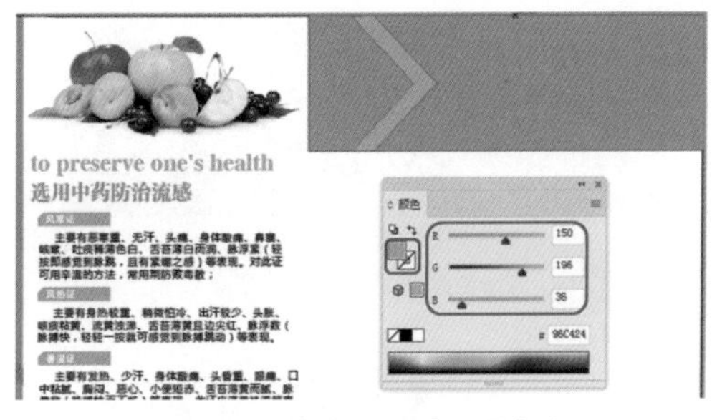

图3-164 绘制图形并设置颜色

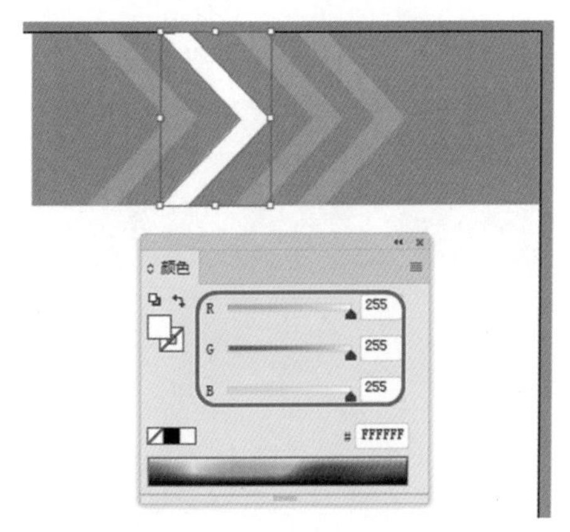

图3-165 更改填充颜色

17 使用【矩形工具】绘制矩形，将【宽】、【高】分别设置为123、12，将【填充颜色】设置为无，将【描边颜色】的RGB值设置为232、150、75，将【描边粗细】设置为4，如图3-166所示。

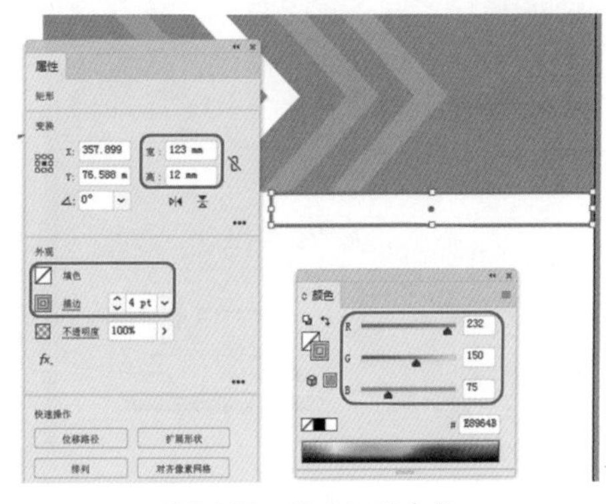

图3-166 设置矩形参数

18 使用【圆角矩形工具】绘制【宽度】、【高度】分别为20、12的圆角矩形，然后调整其位置，如图3-167所示。

19 选择绘制的圆角矩形和矩形，打开【路径查找器】面板，单击【联集】按钮，即可将圆角矩形和矩形联集，如图 3-168 所示。

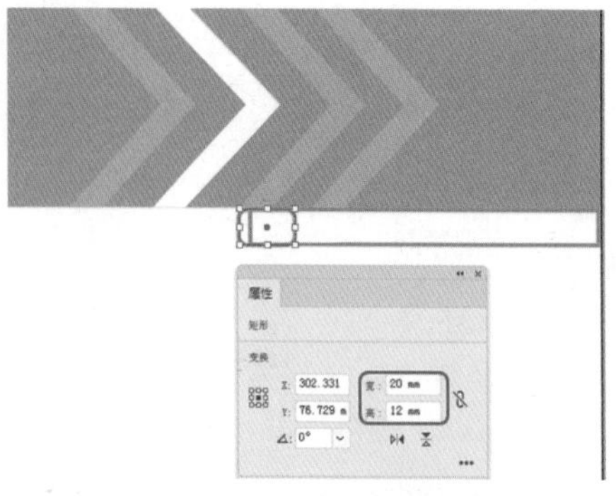

图3-167　设置圆角矩形参数

图3-168　联集对象

20 使用【文字工具】输入文本，将【字体】设置为【汉仪书魂体简】，【字体大小】设置为 30，【字符间距】设置为 650，【文本颜色】的 RGB 值设置为 101、166、51，如图 3-169 所示。

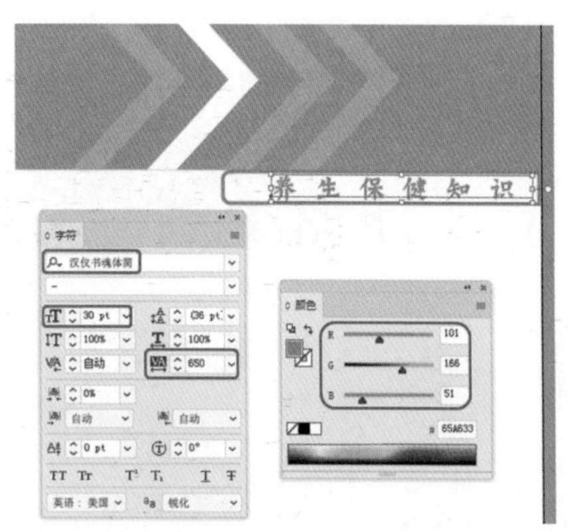

图3-169　设置文本参数

21 使用【文字工具】输入文本，将【字体】设置为【创艺简老宋】，【字体大小】设置为 25，【字符间距】设置为 0，文本颜色的 RGB 值设置为 231、149、75，如图 3-170 所示。

22 使用【钢笔工具】和【文字工具】制作如图 3-171 所示的内容。

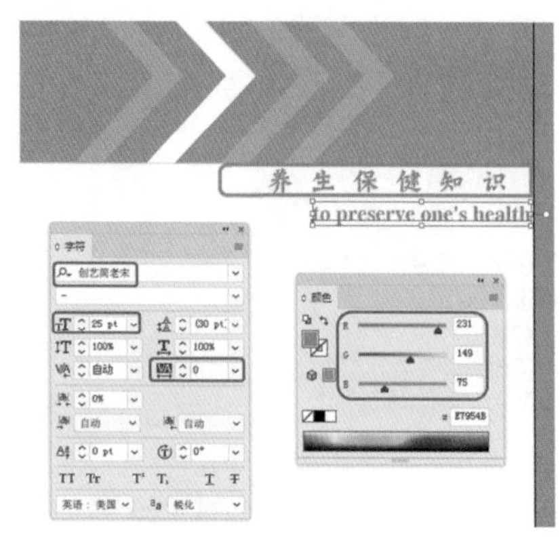

图3-170　设置文本参数

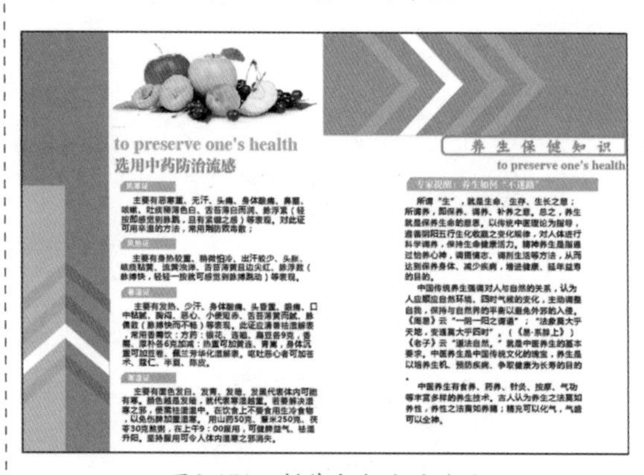

图3-171　制作完成后的效果

23 使用【矩形工具】绘制矩形，在【属性】面板中将【宽】、【高】分别设置为 15、15，在【外观】选项组中将【填色】设置为无，【描边】的 RGB 值设置为 153、202、112，【描边】粗细设置为 2，如图 3-172 所示。

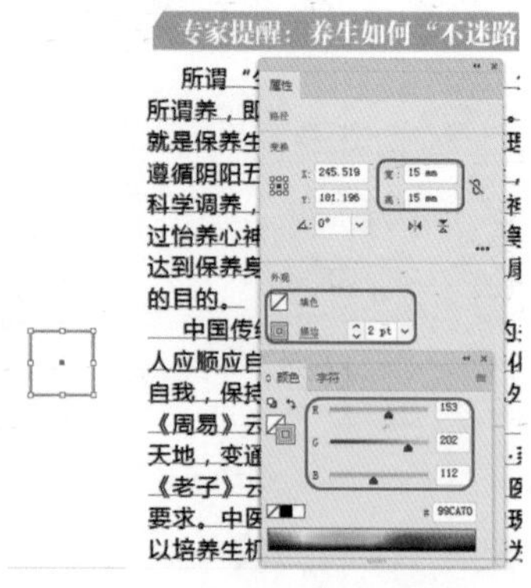

图3-172　设置矩形参数

24 继续使用【矩形工具】绘制其他矩形，

并分别设置其颜色，如图3-173所示。

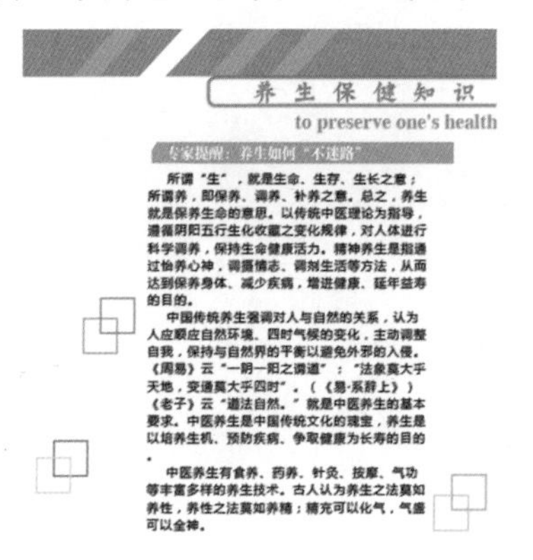

图3-173　绘制其他矩形并设置颜色

3.3.2 制作蛋糕店画册目录

可以用流畅的线条、和谐的图片及优美的文字，组合成一本富有创意，又具有可读、可赏性的精美画册，以全方位立体展示企业或个人的风貌、理念，宣传产品、品牌形象。实例效果如图3-174所示。

图3-174　蛋糕店画册目录

素材	素材\Cha03\美味蛋糕.ai、蛋糕1.jpg~蛋糕4.jpg
场景	场景\Cha03\制作蛋糕店画册目录.ai
视频	视频教学\Cha03\制作蛋糕店画册目录.mp4

01 按Ctrl+N组合键，弹出【新建文档】对话框，将【宽度】和【高度】分别设置为420、297，【单位】设置为【毫米】，单击【创建】按钮，如图3-175所示。

02 使用【矩形工具】绘制矩形，在【属性】面板中将【宽】和【高】分别设置为208、297，在【颜色】面板中将【填充颜色】的RGB值设置为225、129、171，【描边颜色】设置为无，如图3-176所示。

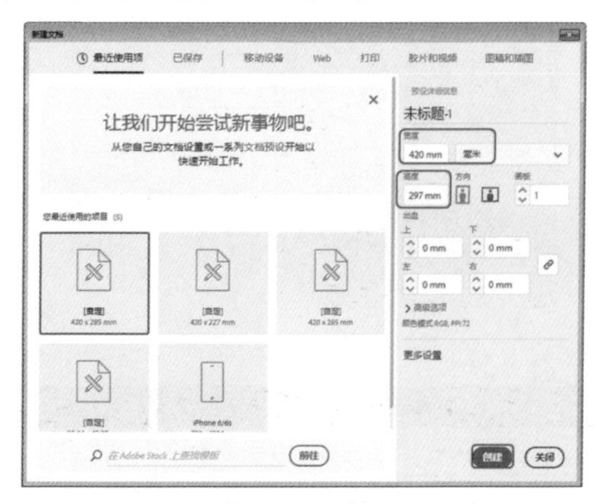

图3-175　新建文档

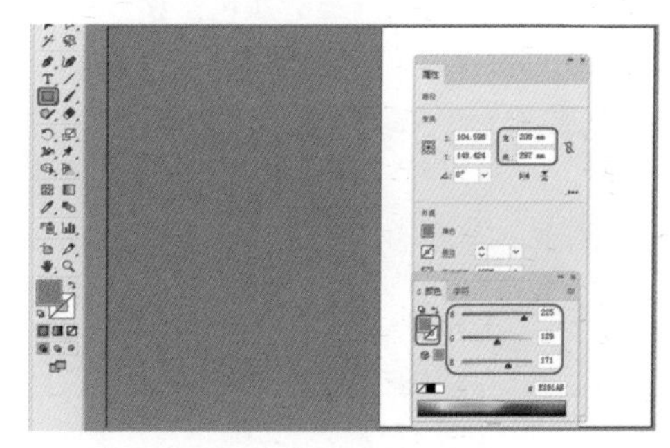

图3-176　设置矩形参数

03 使用的【文字工具】T输入文本，将【属性】面板中的【填色】设置为白色，【字体】设置为【方正粗活意简体】，【字体大小】设置为30，【字符间距】设置为0，如图3-177所示。

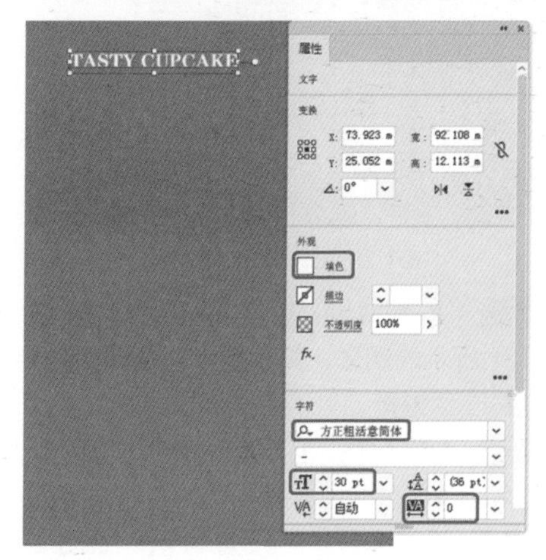

图3-177　设置文本参数

04 使用【文字工具】T输入文本，【字体】设置为【方正粗活意简体】，【字体大小】设置为53，如图3-178所示。

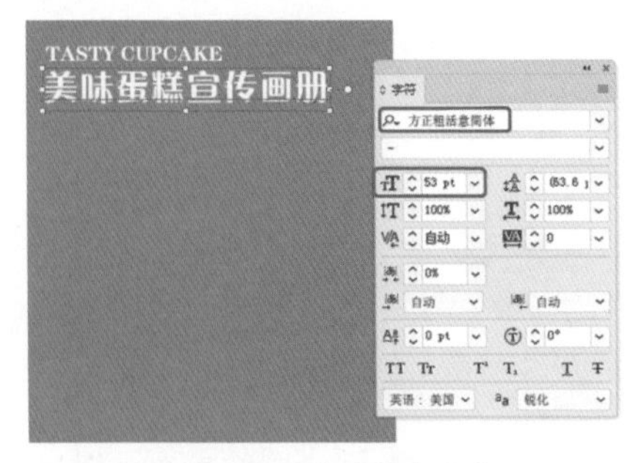
图3-178 设置文本参数

提 示

系统默认的填色和描边分别为白色和黑色。

05 使用【钢笔工具】绘制多个线段，将【填色】设置为无，【描边颜色】设置白色，【描边】粗细设置为1.8，如图3-179所示。

图3-179 绘制线段

06 使用【文字工具】输入文本，将【字体】设置为【华文新魏】，【字体大小】设置为17，【字符间距】设置为100，如图3-180所示。

图3-180 设置文本参数

07 使用【钢笔工具】绘制如图3-181所示的图形，将【填色】设置为白色，【描边】设置为无。

08 使用【椭圆工具】绘制正圆形，将【宽】和【高】均设置为143，将【填色】设置为白色，【描边颜色】设置为无，如图3-182所示。

09 使用【椭圆工具】绘制正圆形，将【宽】和【高】均设置为135，【填色】设置为黑色，【描边颜色】设置为无，如图3-183所示。

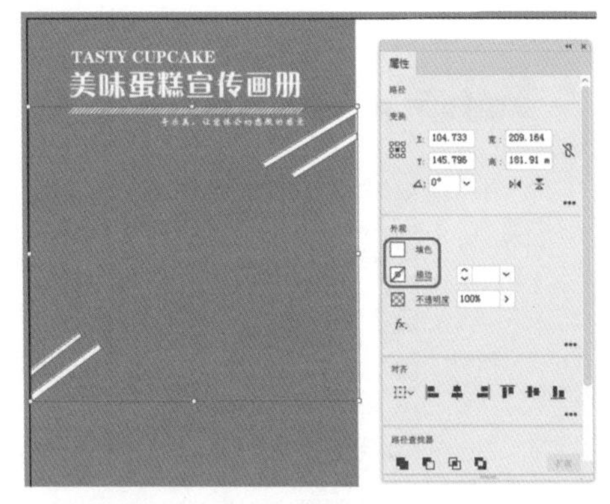
图3-181 绘制图形并设置其颜色

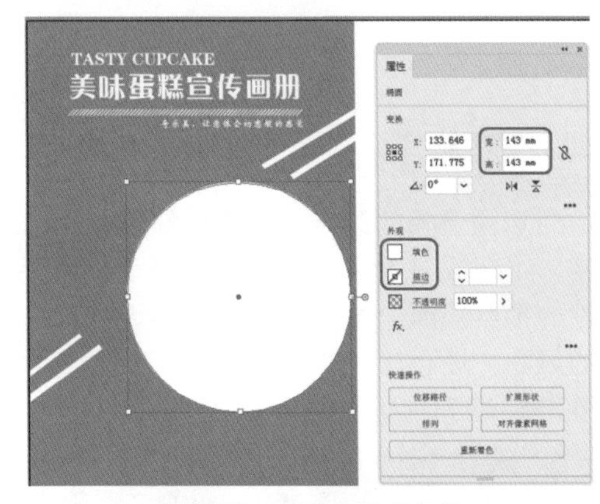
图3-182 设置正圆形参数

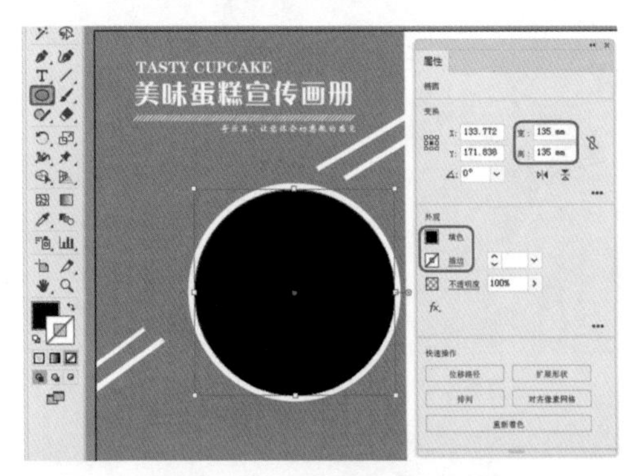
图3-183 设置正圆形参数

10 在菜单栏中选择【文件】|【置入】命令，弹出【置入】对话框，选择“素材\Cha03\蛋糕4.jpg”素材文件，单击【置入】按钮，如图3-184所示。

11 将图片置入当前文档中，按Ctrl+[组合键将其后移一层，选择素材图片，在【属性】面板中单击【嵌入】按钮，如图3-185所示。

12 选择黑色的圆和图片对象，单击鼠标右键，在弹出的快捷菜单中选择【建立剪切蒙版】命令，效果如图3-186所示。

图3-184 选择素材文件

图3-185 嵌入图片

图3-186 建立剪切蒙版

疑难解答 剪切蒙版的原理是什么？

剪切蒙版可以用其形状遮盖其他图稿的对象，因此使用剪切蒙版，只能看到蒙版形状内的区域，从效果上来说，就是将图稿裁剪为蒙版的形状。

13 通过建立剪切蒙版制作如图3-187所示的内容。

图3-187 制作完成后的效果

14 使用【椭圆工具】绘制【宽】、【高】均为63的白色正圆形，如图3-188所示。

图3-188 绘制正圆形

15 使用【椭圆工具】绘制【宽】、【高】均为53的正圆形，打开【渐变】面板，将【填充颜色】的【类型】设置为【线性】，将左侧色标颜色设置为#E89DB0，右侧色标颜色设置为#D42876，【描边颜色】设置为无，如图3-189所示。

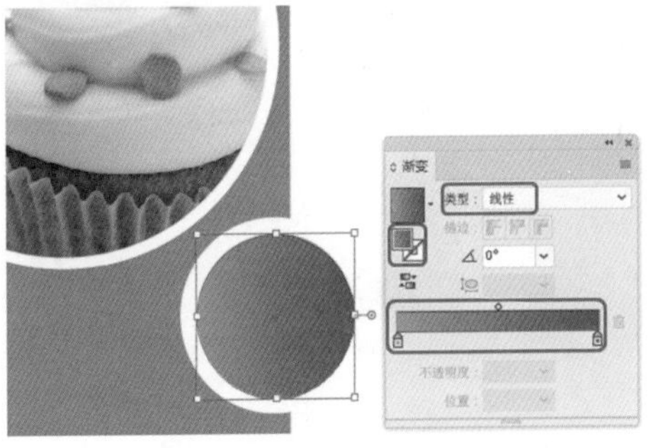

图3-189 绘制渐变正圆形

16 使用【矩形工具】绘制【宽】、【高】分别为45、70的黑色矩形，【描边颜色】设置为无，如图3-190所示。

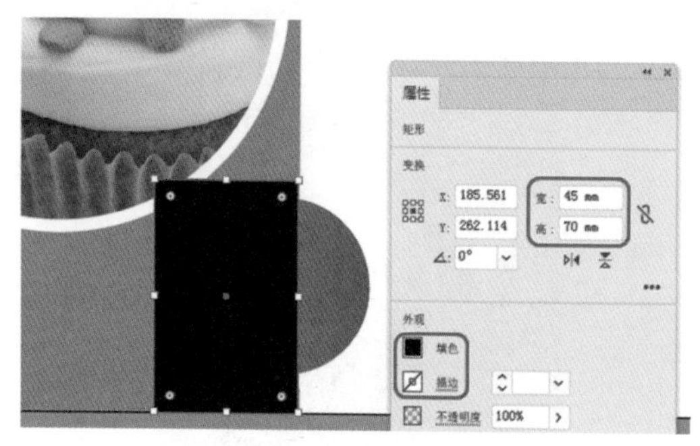

图3-190 绘制黑色矩形

17 选择绘制的两个正圆形和矩形对象，按Ctrl+7组合键建立剪切蒙版，如图3-191所示。

图3-191 建立剪切蒙版

18 打开"素材\Cha03\美味蛋糕.ai"文件，如图3-192所示。

图3-192 打开素材文件

19 将文档中的图片按Ctrl+C组合键进行复制，然后返回到当前文档中，按Ctrl+V组合键进行粘贴，并调整图片位置。使用【文字工具】输入文本，【字体】设置为【方正大黑简体】，【字体大小】设置为52，【字符间距】设置为350，文本颜色的RGB值设置为225、129、171，如图3-193所示。

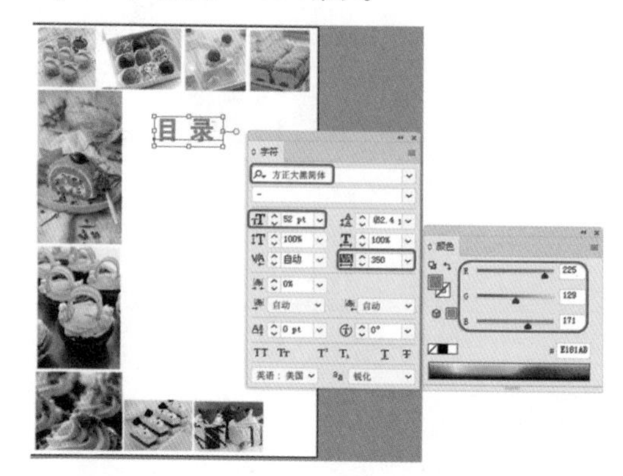

图3-193 设置文本参数

20 使用【文字工具】输入文本，【字体】设置为【方正大黑简体】，【字体大小】设置为32，【字符间距】设置为0，文本颜色的RGB值设置为186、214、108，如图3-194所示。

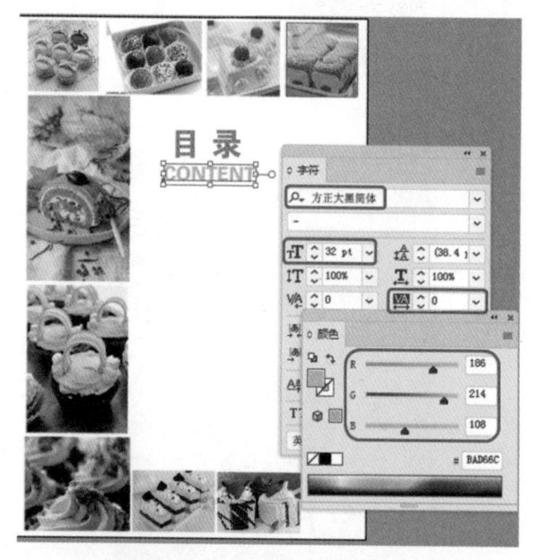

图3-194 设置文本参数

提 示

按住Shift键的同时单击属性栏中的填色色块或描边色块，可以在打开的【颜色】面板中设置颜色参数。

21 使用【钢笔工具】绘制如图3-195所示的蛋糕图形，将【填充颜色】的RGB值设置为 237、151、187，【描边颜色】设置为无。

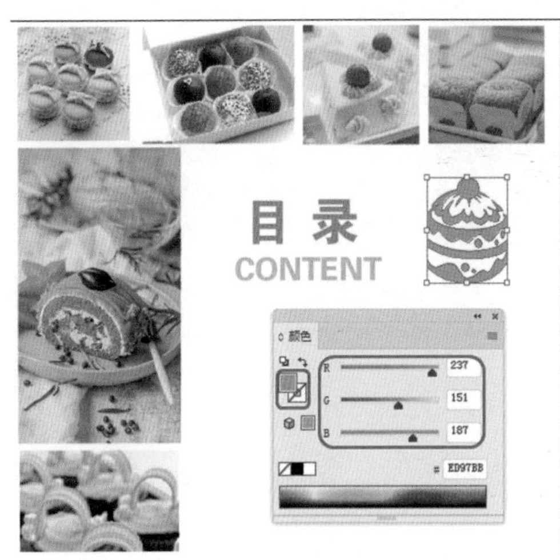

图3-195 绘制蛋糕图形

22 使用【矩形工具】绘制矩形，将【宽】和【高】分别设置为 110、153，将【填充颜色】的 RGB 值设置为 237、134、179，【描边颜色】设置为无，如图 3-196 所示。

图3-196 设置矩形参数

23 使用【文字工具】输入文本，将【字体】设置为【汉仪书宋二简】，【字体大小】设置为 10，【字符间距】设置为 0，文本颜色设置为白色，如图 3-197 所示。

24 使用【钢笔工具】绘制多条直线段，将颜色设置为白色，如图 3-198 所示。

25 使用【钢笔工具】绘制图形，将【填充颜色】的 RGB 值设置为 232、93、156，【描边颜色】设置为无，如图 3-199 所示。

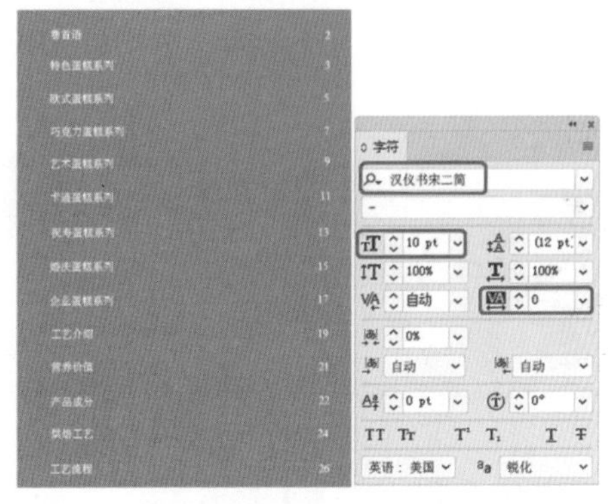

图3-197 设置文本参数

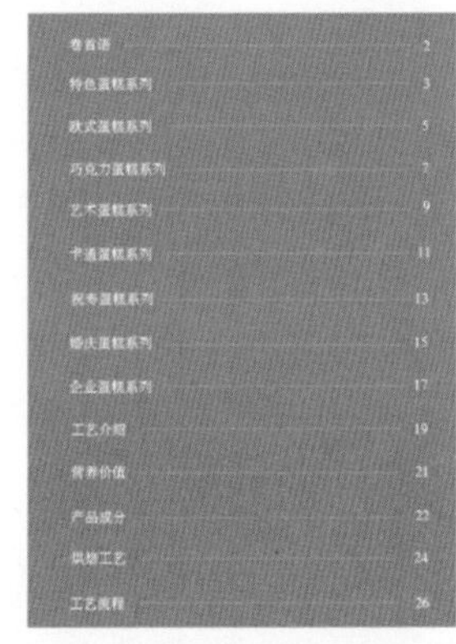

图3-198 绘制直线段

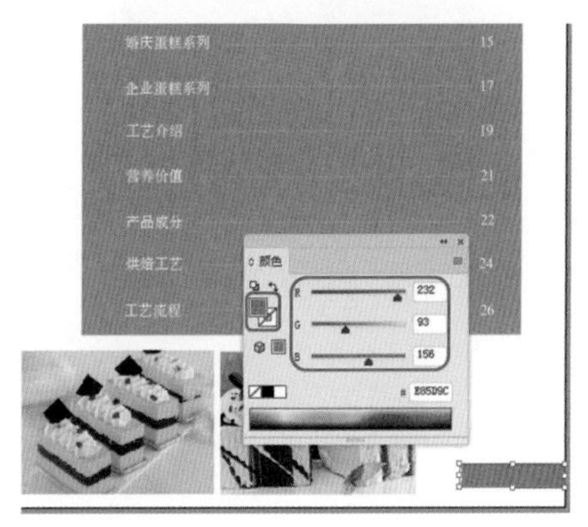

图3-199 设置图形颜色

26 使用【椭圆工具】绘制【宽】、【高】均为 8.8 的正圆形，将【填充颜色】的 RGB 值设置为 232、93、156，【描边颜色】设置为无，如图 3-200 所示。

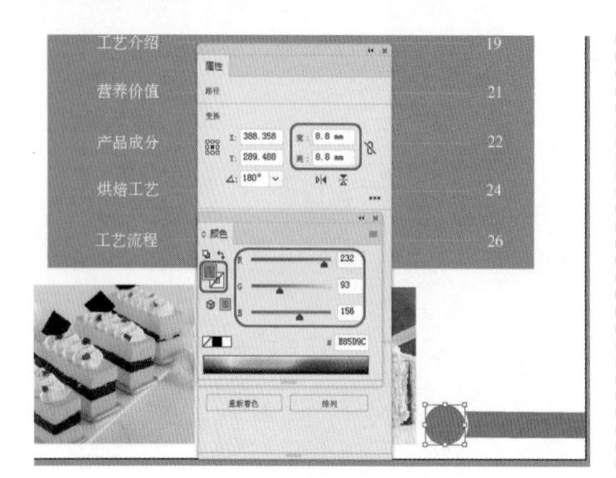

图3-200　绘制正圆形

27 使用【文字工具】T输入文本，将【字体】设置为【方正粗活意简体】，【字体大小】设置为12，文本颜色设置为白色，如图3-201所示。

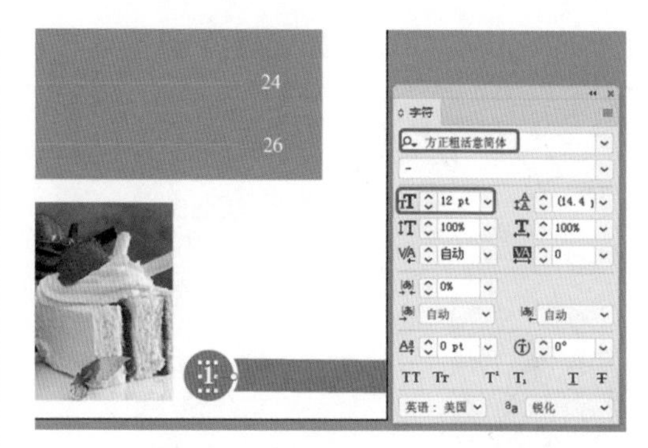

图3-201　输入文本并设置字符

3.4 思考与练习

1. 复合形状是由什么组成的？
2. 如何释放复合路径？
3. 【路径查找器】按钮组中包括哪几种按钮？

第4章 数据表设计——符号与图表

图表作为一种比较形象、直观的表达形式，不仅可以表示各种数据数量的多少，还可以表示数量增减变化的情况以及部分数量同总数之间的关系等信息。通过图表，用户能较容易理解枯燥的数据，更容易发现隐藏在数据背后的趋势和规律。通过使用符号工具和图表工具，可以绘制各种符号和创建多种图表，能够明显地提高工作效率。本章将介绍符号、图表工具以及修改图表数据及类型等内容。

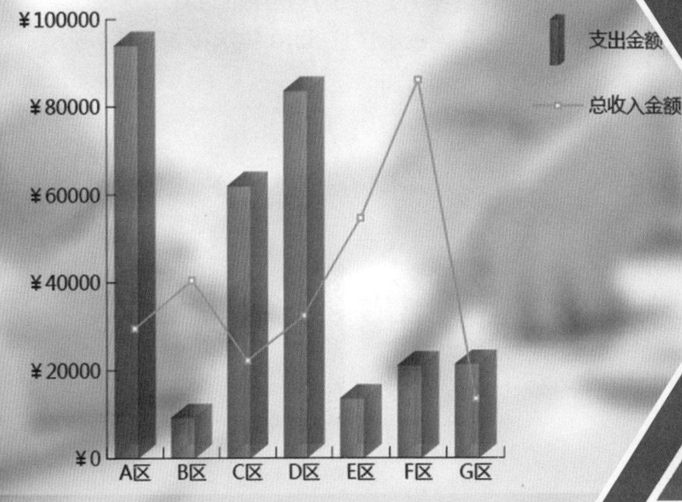

基础知识

- 符号工具
- 柱形图工具

重点知识

- 条形图工具
- 折线图工具

提高知识

- 修改图表类型
- 在同一图表显示不同类型图表

图表泛指在屏幕中显示的，可直观展示统计信息属性(时间性、数量等)，是一种很好的将对象属性数据直观、形象地“可视化”的手段。数据图表可以查看数据的差异和预测趋势，使数据比较或数据变化趋势变得一目了然，有助于快速、有效地表达数据关系。

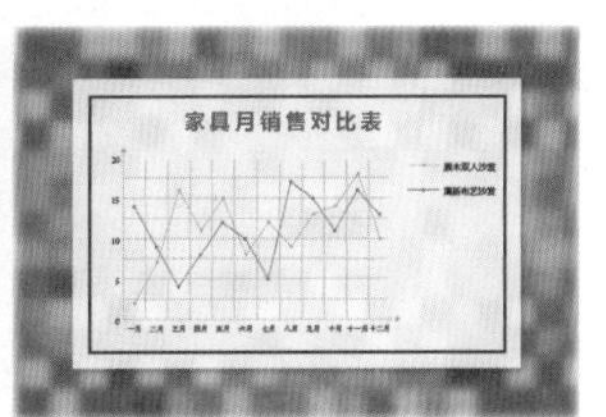

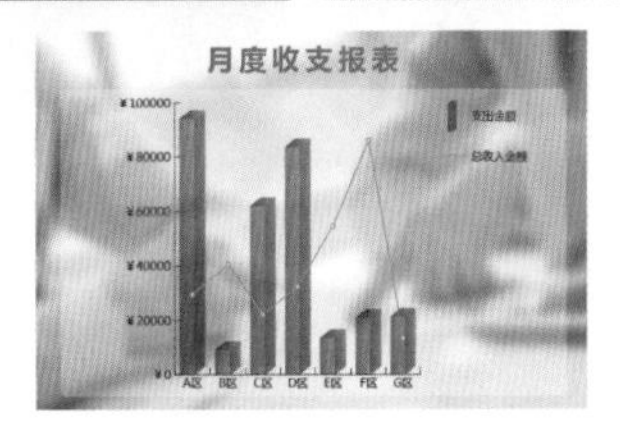

4.1 制作家电月度销售表——符号与图表工具的使用

销售报表是从事销售工作的人员需要定期制作的一种报表。因销售范围很广，所以不同行业、不同企业、同企业不同工作级别的销售人员的报表内容都不尽相同。其主要内容是对所做的事情的总结，找出问题，分析原因，并为今后的工作提供资料和经验支持。销售人员或者领导可以通过报表了解近期的销售情况，总结规律，以此制订更好的长期销售规划和短期销售计划。本节将介绍如何制作家电月度销售表，效果如图 4-1 所示。

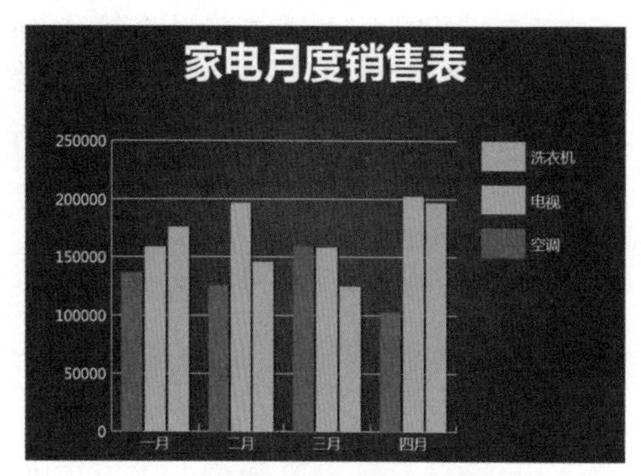

图4-1　家电月度销售表

素材	无
场景	场景\Cha04\制作家电月度销售表——符号与图表工具的使用.ai
视频	视频教学\Cha04\制作家电月度销售表——符号与图表工具的使用.mp4

01 启动 Illustrator CC 软件，按 Ctrl+N 组合键，在弹出的对话框中将单位设置为【毫米】，将【宽度】、【高度】分别设置为 310、218，将【颜色模式】设置为【RGB 颜色】，如图 4-2 所示。

图4-2　设置新建文档参数

02 设置完成后，单击【创建】按钮。选择工具箱中的【柱形图工具】，在画板中按住鼠标左键并拖动，绘制一个柱形图，在弹出的对话框中输入数据，如图 4-3 所示。

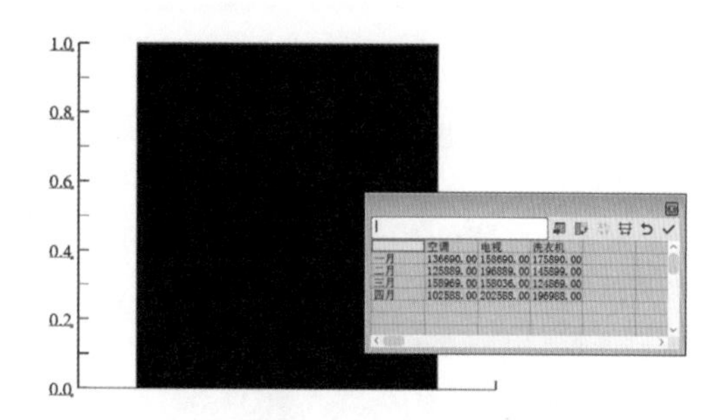

图4-3　输入数据

03 输入完成后，单击【应用】按钮，关闭该对话框，选择工具箱中的【直接选择工具】，在画板中按住 Shift 键选择如图 4-4 所示的对象。

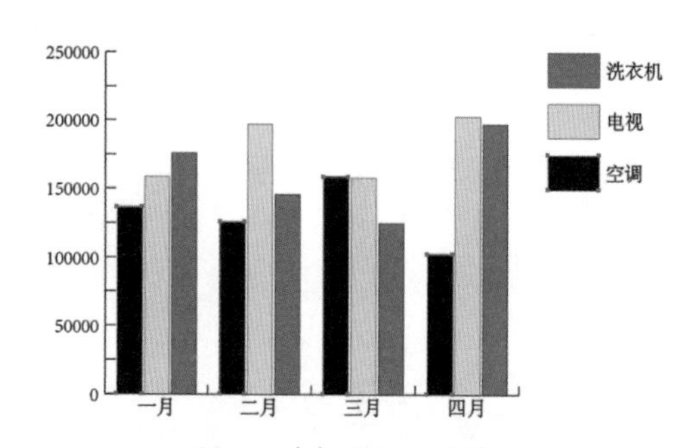

图4-4　选择要设置的对象

04 在【颜色】面板中将【填色】设置为 #0070c0，将【描边】设置为无，效果如图 4-5 所示。

疑难解答 为什么设置选中的柱形图颜色时只能设置黑灰色与白色？

柱形图创建完成后，通过观察可以发现柱形图为黑灰色，因为柱形图的默认颜色为灰度模式。若需要对颜色进行更改，应选中对象，在【颜色】面板中单击按钮，在弹出的下拉菜单中选择RGB、HSB、CMYK等选项，通过调整参数，即可将选中的对象设置为彩色效果。

05 继续使用【直接选择工具】在画板中按住 Shift 键选择如图 4-6 所示的对象，在【颜色】面板中将【填色】设置为 #ffc000，将【描边】设置为无。

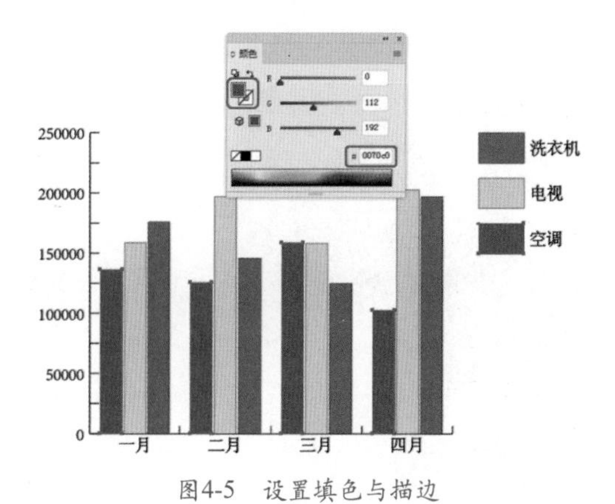

图4-5 设置填色与描边

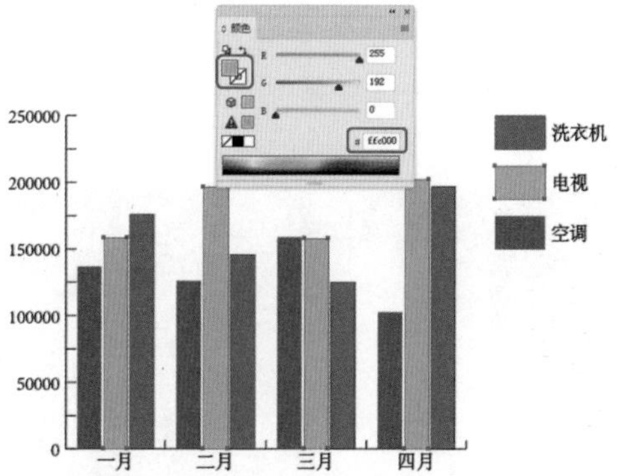

图4-6 选中对象并设置颜色与描边

06 使用【直接选择工具】在画板中按住 Shift 键选择如图 4-7 所示的对象，在【颜色】面板中将【填色】设置为 #92d050，将【描边】设置为无。

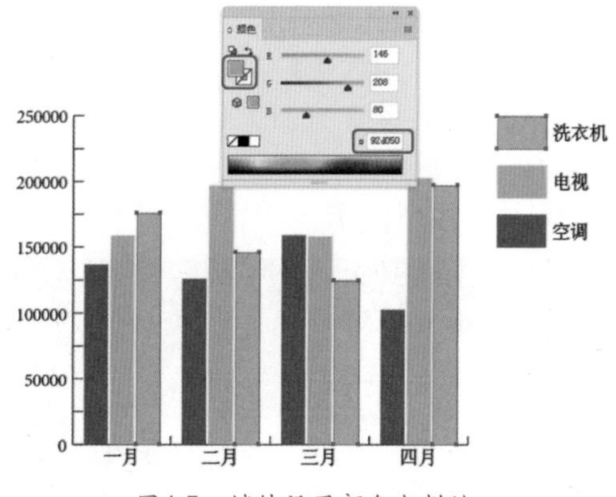

图4-7 继续设置颜色与描边

07 选择工具箱中的【选择工具】，在画板中选择绘制的柱形图对象，单击鼠标右键，在弹出的快捷菜单中选择【类型】命令，如图 4-8 所示。

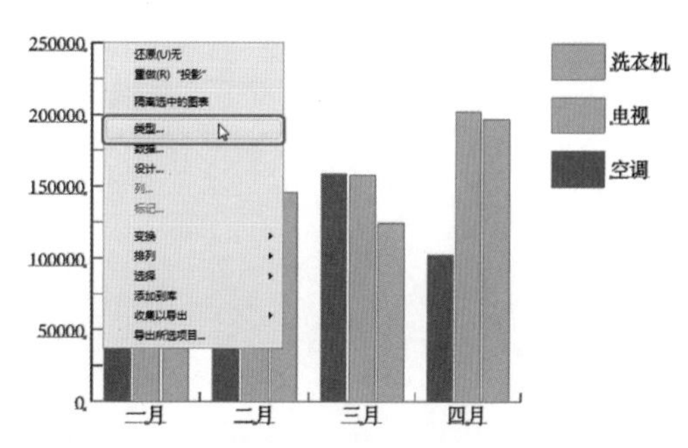

图4-8 选择【类型】命令

08 在弹出的对话框中选择【数值轴】，将【长度】设置为【全宽】，将【绘制】设置为 0，如图 4-9 所示。

图4-9 设置图表参数

09 设置完成后，单击【确定】按钮。使用【直接选择工具】在画板中按住 Shift 键选择如图 4-10 所示的多个对象。

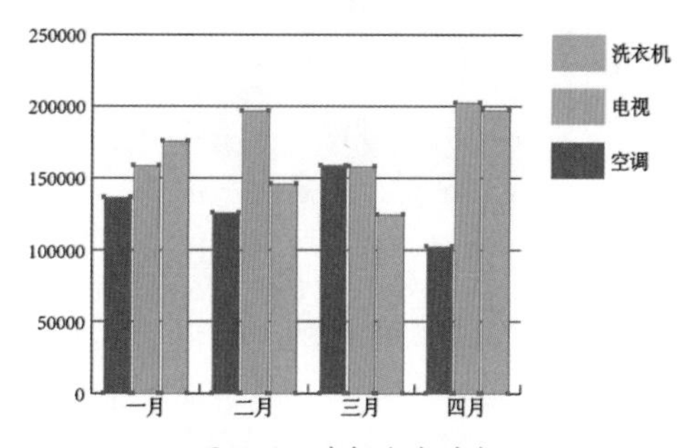

图4-10 选择多个对象

10 在【外观】面板中单击【添加新效果】按钮，在弹出的菜单中选择【风格化】|【投影】命令，如图 4-11 所示。

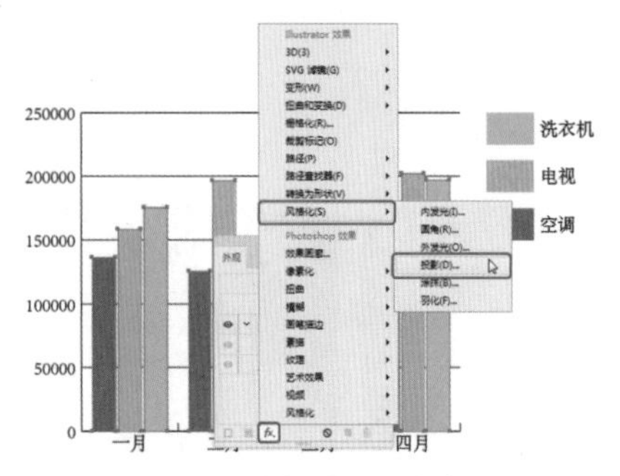

图4-11　选择【投影】命令

11 在弹出的对话框中将【模式】设置为【正片叠底】，将【不透明度】、【X位移】、【Y位移】、【模糊】分别设置为75%、1、0、0，将【颜色】值设置为#628093，如图4-12所示。

图4-12　设置【投影】参数

12 设置完成后，单击【确定】按钮，即可为选中的对象添加投影效果，如图4-13所示。

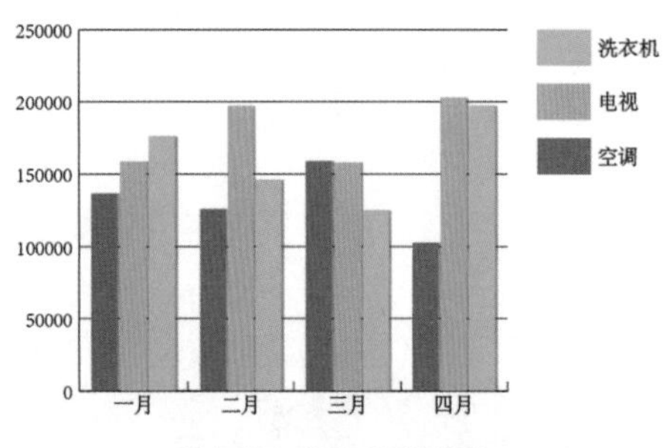

图4-13　添加投影效果

13 选择工具箱中的【矩形工具】，在画板中绘制一个矩形，选中绘制的矩形，在【属性】面板中将【宽】、【高】分别设置为310、218，将【描边】设置为无。在【渐变】面板中将【填色】的【类型】设置为【径向】，将【长宽比】设置为97.2，将左侧色标的颜色值设置为#595959，将右侧色标的颜色值设置为#3c3c3c，效果如图4-14所示。

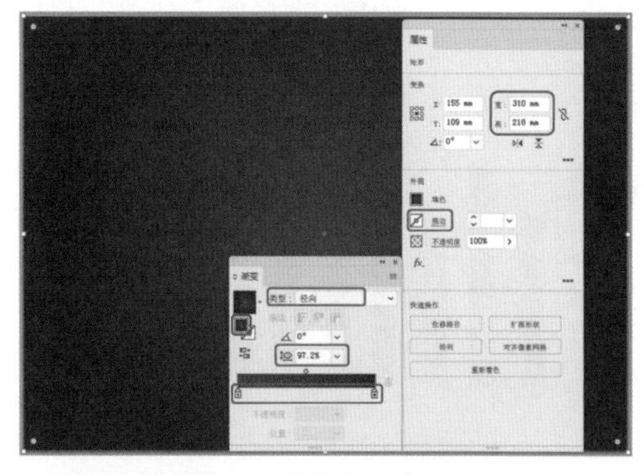
图4-14　绘制并设置矩形

14 在画板中选择绘制的矩形，右击鼠标，在弹出的快捷菜单中选择【排列】|【置于底层】命令，如图4-15所示。

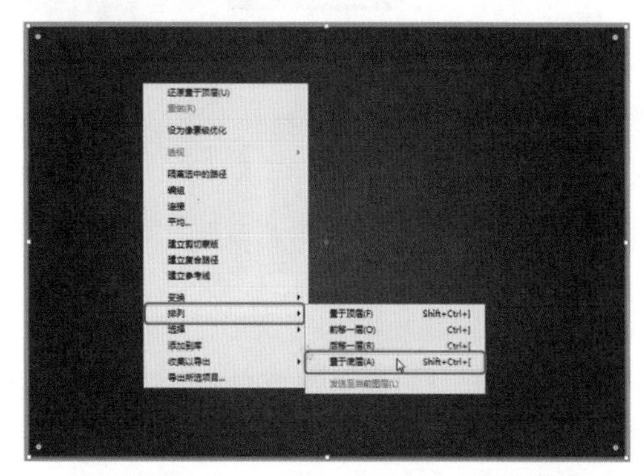
图4-15　选择【置于底层】命令

15 选择工具箱中的【直接选择工具】，在画板中按住Shift键选择所有黑色文字，在【字符】面板中将【字体】设置为【微软雅黑】，将【字体大小】设置为21，将【字符间距】设置为0，在【颜色】面板中将【填色】设置为#ffffff，如图4-16所示。

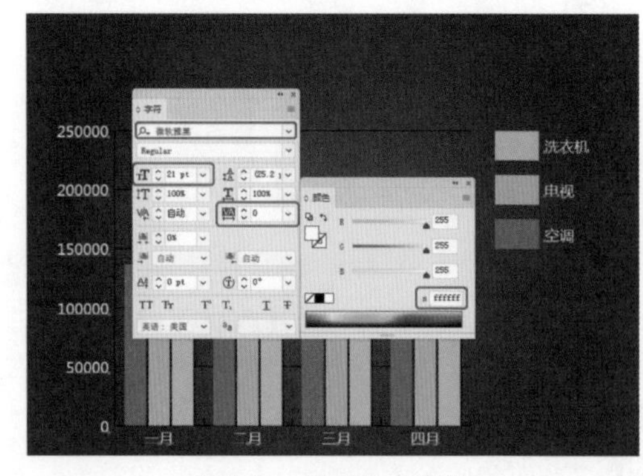

图4-16　设置文字参数

16 使用【直接选择工具】在画板中按住Shift键选择所有直线对象，在【描边】面板中将【描边】粗细设置为1.2，在【颜色】面板中将【描边颜色】设置为#ffffff，如图4-17所示。

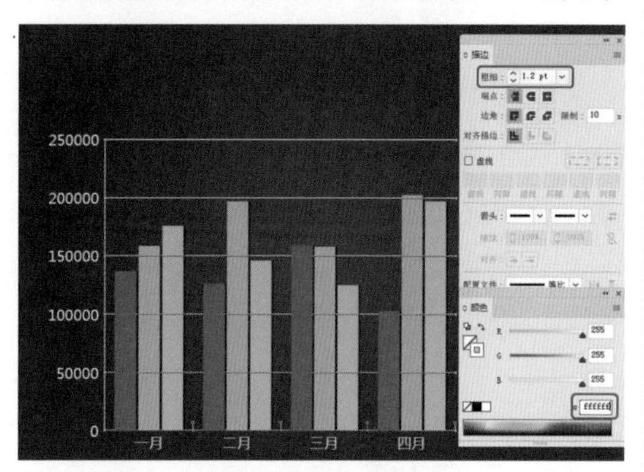

图4-17 设置直线参数

17 选择工具箱中的【文字工具】T，在画板中单击鼠标，输入文本。选中输入的文本，在【属性】面板中将【填色】设置为#ffffff，将【字体】设置为【微软雅黑】，将【字体类型】设置为Bold，将【字体大小】设置为60，将【字符间距】设置为0，如图4-18所示。

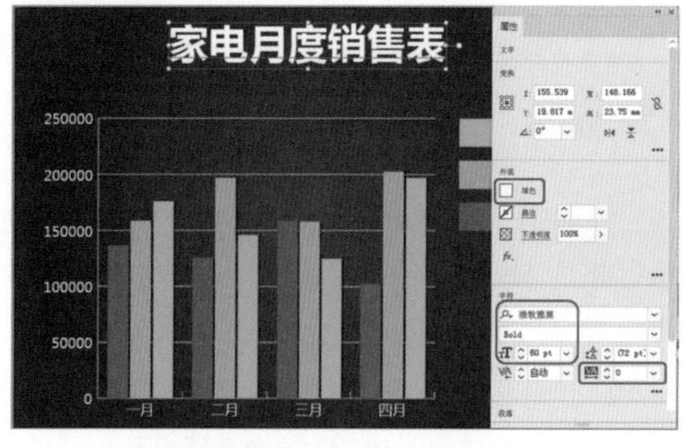

图4-18 输入文字并进行设置

4.1.1 【符号】面板

在Illustrator CC中创建的任何作品，无论是绘制的元素，还是文本、图像等，都可以保存成一个符号，在文档中可重复使用。定义和使用符号都非常简单，通过【符号】面板，就可以实现对符号的所有控制。每个符号实例都与【符号】面板或符号库中的符号链接，这不仅容易对变化进行管理，而且可以显著缩小文件，重新定义一个符号时，所有用到这个符号的案例都可以自动更新成新符号。图4-19所示为使用符号工具创建的符号效果。

图4-19 创建的符号

如果用户需要在Illustrator CC中创建符号，可通过【符号】面板来创建。在菜单栏中选择【窗口】|【符号】命令，如图4-20所示，或按Shift+Ctrl+F11组合键，即可打开【符号】面板，如图4-21所示。

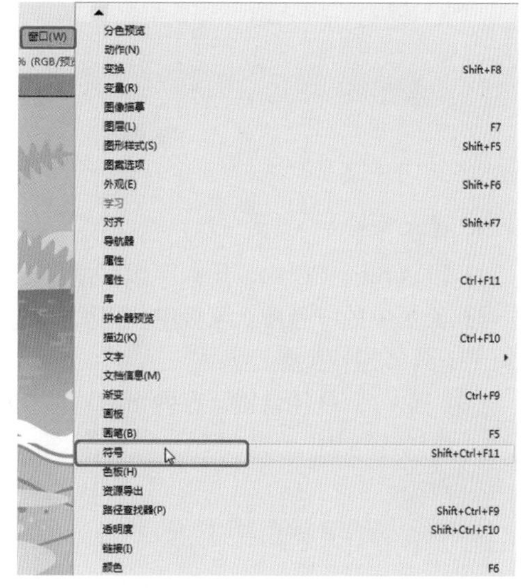

图4-20 选择【符号】命令

图4-21 【符号】面板

1. 改变显示方式

在【符号】面板中单击右上角的≡按钮，在弹出的下拉菜单中可以选择视图的显示方式，包括【缩览图视图】、【小列表视图】、【大列表视图】3 种显示方式。其中，【缩览图视图】是指只显示缩览图，【小列表视图】是指显示带有小缩览图及名称的列表，【大列表视图】是指显示带有大缩览图及名称的列表，各种显示方式的效果如图 4-22 所示。

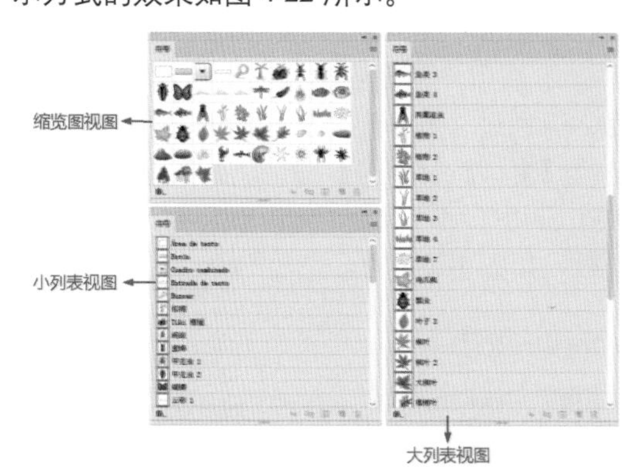

图4-22　3种不同的显示方式

2. 置入符号

在 Illustrator CC 中，用户可以根据需要将【符号】面板中的符号置入画板中。下面介绍置入符号的具体操作步骤。

01 按 Ctrl+O 组合键，在弹出的对话框中选择“素材\Cha04\素材 01.ai”素材文件，如图 4-23 所示。

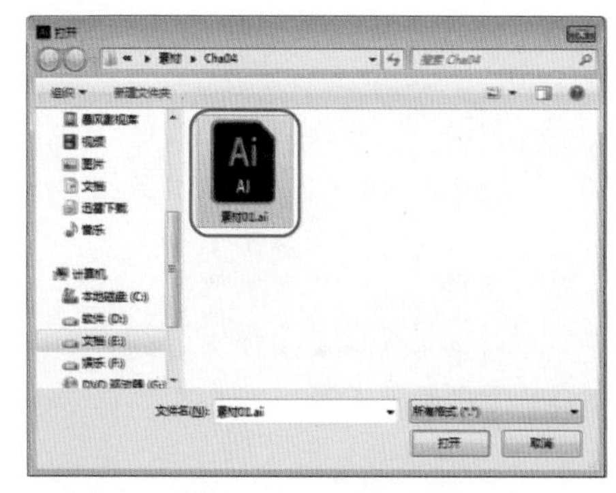

图4-23　选择素材文件

02 单击【打开】按钮，即可将选中的素材文件打开，效果如图 4-24 所示。

03 按 Shift+Ctrl+F11 组合键打开【符号】面板，单击该面板右上角的≡按钮，在弹出的下拉菜单中选择【打开符号库】|【提基】命令，如图 4-25 所示。

图4-24　打开的素材文件

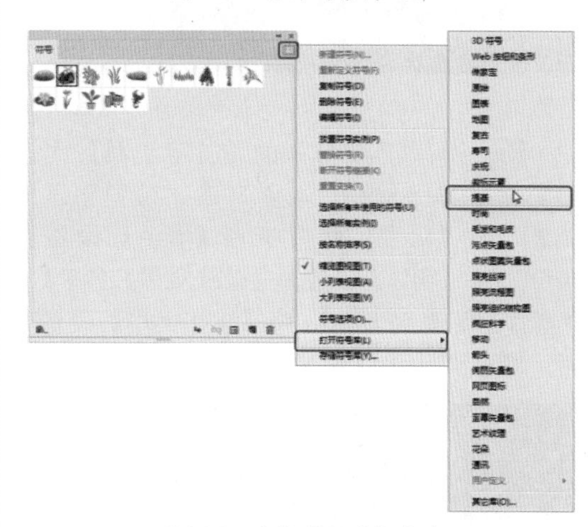

图4-25　选择【提基】命令

04 执行该命令后，即可打开【提基】面板，按住 Shift 键选中所有对象，按住鼠标将其拖曳至【符号】面板中，如图 4-26 所示。

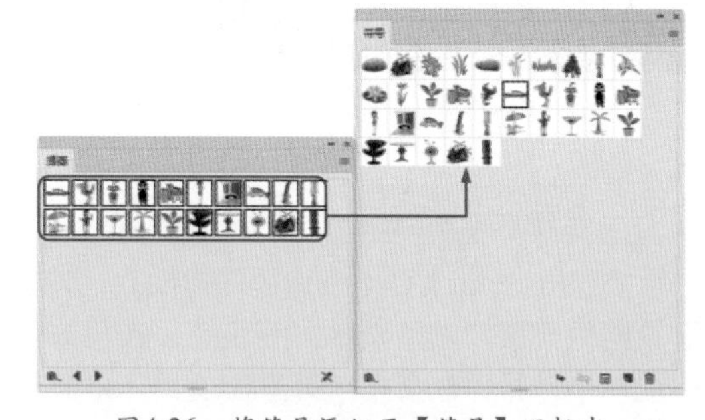

图4-26　将符号添加至【符号】面板中

05 在【符号】面板中选择【TiKi 棚屋】符号对象，单击【置入符号实例】按钮，使用【选择工具】在画板中选择符号对象，在画板中调整符号的大小与位置，效果如图 4-27

所示。

图4-27 置入符号对象

06 单击【符号】面板右上角的≡按钮，在弹出的下拉菜单中选择【打开符号库】|【自然】命令，如图 4-28 所示。

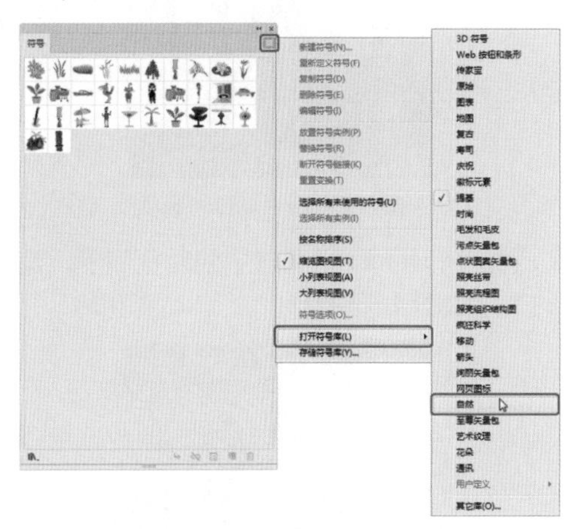

图4-28 选择【自然】命令

07 在打开的【自然】面板中按住 Shift 键选择所有对象，按住鼠标将其拖曳至【符号】面板中，效果如图 4-29 所示。

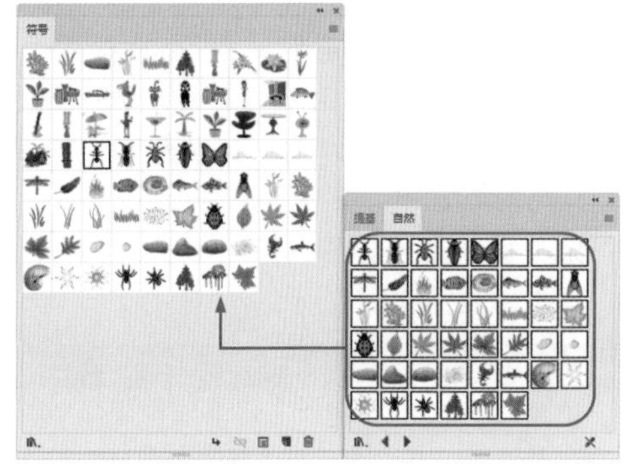

图4-29 将符号添加至【符号】面板中

08 在【符号】面板中选择【蝎子】符号对象，单击【置入符号实例】按钮，使用【选择工具】在画板中选择符号对象，在画板中调整符号的大小与位置，效果如图 4-30 所示。

图4-30 置入符号对象

3. 替换符号

在 Illustrator CC 中，可以根据需要将置入的符号进行替换，具体操作步骤如下：

01 继续上面的操作，在画板中选择要替换的符号，在【符号】中选择一个新的符号，如图 4-31 所示。

图4-31 选择新的符号

02 单击【符号】面板右上角的≡按钮，在弹出的下拉菜单中选择【替换符号】命令，如图 4-32 所示。

03 执行该操作后，即可将选中的符号进行替换，在画板中对替换的符号进行调整，效果如图 4-33 所示。

图4-32 选择【替换符号】命令

图4-33 替换符号并调整后的效果

4. 修改符号

在 Illustrator CC 中，用户可以对置入画板中的符号进行修改，例如缩放比例、旋转等，还可以重新定义该符号。下面将介绍修改符号的具体操作步骤。

01 在画板中选择要修改的符号，如图 4-34 所示。

图4-34 选择要进行修改的符号

02 在【符号】面板单击【断开符号链接】按钮，断开页面上的符号与【符号】面板中对应符号的链接，如图 4-35 所示。

03 选择工具箱中的【选择工具】，在画板中选择如图 4-36 所示的对象。

图4-35 单击【断开符号链接】按钮

图4-36 选择要操作的对象

04 按 Delete 键将选中的对象删除，删除后的效果如图 4-37 所示。

图4-37 删除对象后的效果

05 按住 Shift 键选择剩余的符号，按 Ctrl+G 组合键将其编组，单击【符号】面板右上角的按钮，在弹出的下拉菜单中选择【重新定义符号】命令，如图 4-38 所示。

06 执行该操作后，即可完成对符号的修改，其效果如图 4-39 所示。

提 示

按住 Alt 键，将修改的符号拖曳到【符号】面板中旧符号的顶部，也可将该符号在【符号】面板重新定义并在当前文件中更新。

图4-38 选择【重新定义符号】命令

图4-39 修改符号后的效果

5. 复制符号

在 Illustrator CC 中，用户可以对【符号】面板中的符号进行复制。下面将介绍复制符号的具体操作步骤。

01 在【符号】面板中选择要进行复制的符号，单击【符号】面板右上角的≡按钮，在弹出的下拉菜单中选择【复制符号】命令，如图 4-40 所示。

图4-40 选择【复制符号】命令

02 执行该操作后，即可复制选中的符号，如图 4-41 所示。

图4-41 复制符号后的效果

6. 新建符号

在 Illustrator CC 中，用户可以根据需要创建一个新的符号，具体操作步骤如下。

01 按 Ctrl+O 组合键，在弹出的对话框中选择“素材 \Cha04\ 素材 02.ai”素材文件，单击【打开】按钮，效果如图 4-42 所示。

图4-42 打开的素材文件

02 选择工具箱中的【选择工具】▶，在画板中选择如图 4-43 所示的对象。

图4-43 选择对象

03 打开【符号】面板，单击【符号】面板右上角的≡按钮，在弹出的下拉菜单中选择【新建符号】命令，如图 4-44 所示。

04 在弹出的对话框中将【名称】设置为“水桶”，将【符号类型】设置为【动态符号】，如图 4-45 所示。

05 设置完成后，单击【确定】按钮，即可新建符号，效果如图 4-46 所示。

图4-44　选择【新建符号】命令

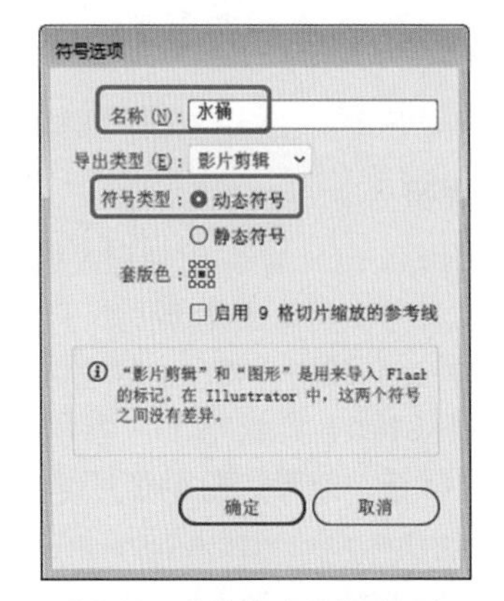

图4-45　【符号选项】对话框

图4-46　新建符号后的效果

4.1.2　符号工具

本节将介绍Illustrator CC 中符号工具的相关操作。选择工具箱中的【符号喷枪工具】，并按住鼠标不放，即可显示所有符号工具，如图 4-47 所示。

图4-47　符号工具

当在工具箱中双击任意一个符号工具时，都会弹出【符号工具选项】对话框，如图 4-48 所示。用户可以在该对话框中设置【直径】、【强度】等参数，【直径】、【强度】和【符号组密度】作为常规选项出现在对话框顶部，与所选的符号工具无关。特定于工具的选项则出现在对话框底部。单击对话框中的工具图标，可以切换到另外一个工具的选项。该对话框中各个选项的功能如下。

- 【直径】：用于设置喷射工具的直径。
- 【强度】：用来调整喷射工具的喷射量，数值越大，单位时间内喷射的符号数量就越大。
- 【符号组密度】：是指页面上的符号堆积密度，数值越大，符号的堆积密度也就越大。

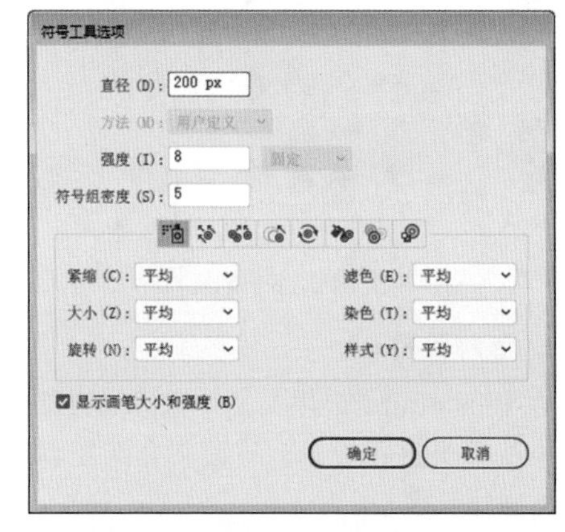

图4-48　【符号工具选项】对话框

- 【方法】：包括平均、用户定义和随机 3 种。选择【用户定义】后，将根据光标位置逐步调整符号。选择【随机】后，将在光标下的区域随机修改符号。选择【平均】后，将逐步平滑符号值。
- 【符号喷枪选项】：仅选择【符号喷枪】工具时，符号喷枪选项(【紧缩】、【大小】、【旋转】、【滤色】、【染色】和【样式】)才会显示在【符号工具选项】对话框中的常规选项下，并控制新符号实例添加到符号集的方式。每个选项都有【平均】和【用户定义】供选择。
- 【显示画笔大小和强度】：选中该复选框，使用工具时可显示大小。

1. 符号喷枪工具

下面介绍使用【符号喷枪工具】，的具体操作步骤。

01 按Ctrl+O组合键，在弹出的对话框中选择“素材\Cha04\素材03.ai”素材文件，单击【打开】按钮，效果如图4-49所示。

图4-49 打开的素材文件

02 按Shift+Ctrl+F11组合键打开【符号】面板，单击【符号】面板右上角的按钮，在弹出的下拉菜单中选择【打开符号库】|【自然】命令，如图4-50所示。

图4-50 选择【自然】命令

03 执行上一步操作后，即可打开【自然】面板，在该面板中选择【瓢虫】符号，如图4-51所示。

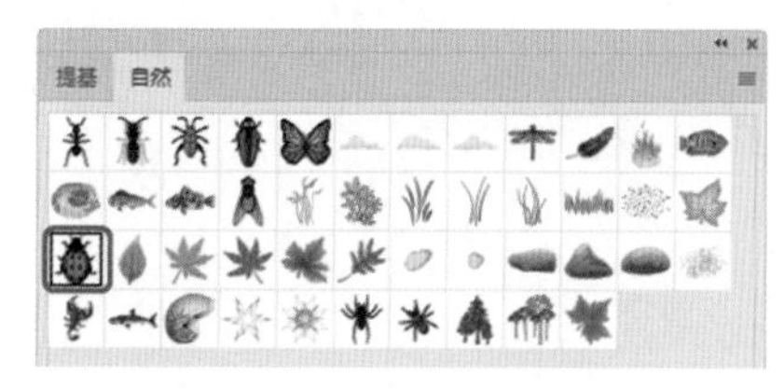

图4-51 选择【瓢虫】符号

04 使用【符号喷枪工具】在画板中单击鼠标创建符号，创建完成后的效果如图4-52所示。

图4-52 创建符号后的效果

提 示

使用【符号喷枪工具】时，可以多次单击鼠标，创建多个符号对象。

05 在【符号】面板中单击右上角的按钮，在弹出的下拉菜单中选择【打开符号库】|【花朵】命令，如图4-53所示。

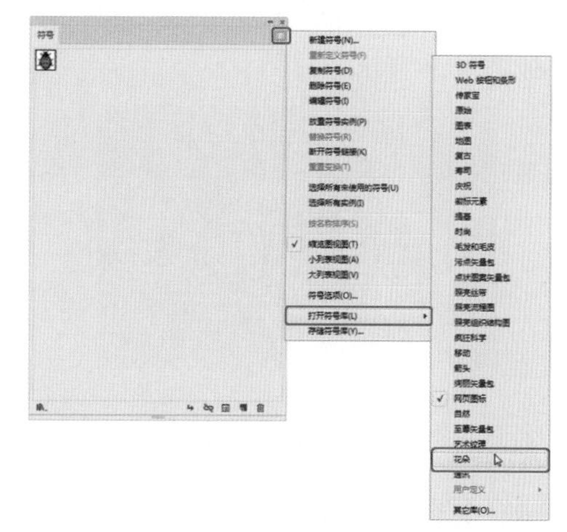

图4-53 选择【花朵】命令

06 在【花朵】面板中选择【雏菊】符号，使用【符号喷枪工具】在画板中创建符号，创建后的效果如图4-54所示。

图4-54 创建符号后的效果

2. 符号移位器工具

在Illustrator CC中，用户可以使用【符号位移器工具】对符号进行移动，具体操作步骤如下。

01 继续上面的操作。选择工具箱中的【选择工具】，在画板中选择要移动的符号，再选择工具箱中的【符号移位器工具】，将光标移动至符号上，如图 4-55 所示。

图4-55　将光标移动至符号上

02 按住鼠标拖动符号，将其拖曳至合适位置，然后释放鼠标即可移动该符号的位置，效果如图 4-56 所示。

图4-56　调整符号位置后的效果

3. 符号紧缩器工具

【符号紧缩器工具】可以将多个符号进行收缩或扩展。下面介绍【符号紧缩器工具】的具体操作步骤。

01 继续上面的操作。选择工具箱中的【选择工具】，在画板中选择要紧缩的符号对象，如图 4-57 所示。

图4-57　选择符号对象

02 选择工具箱中的【符号紧缩器工具】，在画板中按住 Alt 键单击鼠标向外拖动，即可完成符号的紧缩，如图 4-58 所示。

图4-58　紧缩符号后的效果

4. 符号缩放器工具

在 Illustrator CC 中，可以使用【符号缩放器工具】在页面中调整符号的大小，具体操作步骤如下。

01 继续上面的操作。在工具箱中双击【符号缩放器工具】，在弹出的【符号工具选项】对话框中选中【等比缩放】复选框，如图 4-59 所示。

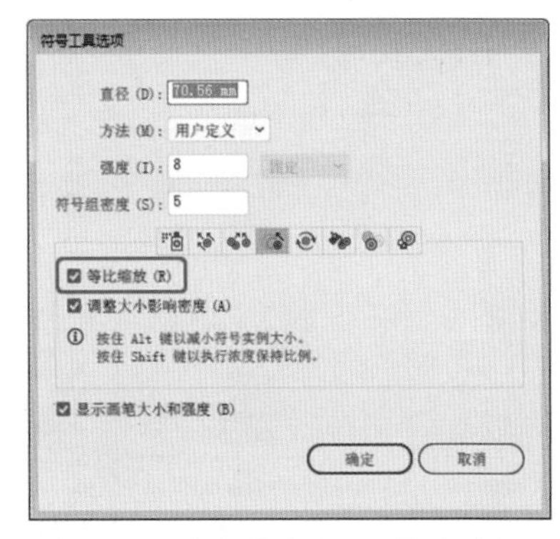

图4-59　选中【等比缩放】复选框

02 设置完成后，单击【确定】按钮，在需要放大的符号上按住鼠标左键不放，可以将符号放大，如图 4-60 所示。若持续地按住鼠标，时间越长，符号就会放得越大。

图4-60　放大符号后的效果

03 按住 Alt 键并单击鼠标左键可以使符号缩小。按照需要调整符号的大小，效果如图 4-61 所示。

图4-61　缩放符号后的效果

5. 符号旋转器工具

在 Illustrator CC 中，用户可以使用【符号旋转器工具】对符号进行旋转，具体操作步骤如下。

01 继续上面的操作。选择工具箱中的【选择工具】，在画板中选择要进行旋转的符号对象，如图 4-62 所示。

图4-62　选择要旋转的符号

02 选择工具箱中的【符号旋转器工具】，在符号上单击并按住鼠标进行拖动，可以看到符号上出现箭头形的方向线，随鼠标的移动而改变，如图 4-63 所示。

图4-63　旋转符号后的效果

03 使用同样的方法对其他符号进行旋转，旋转后的效果如图 4-64 所示。

04 选择工具箱中的【符号位移器工具】，在画板中对符号进行移动，效果如图 4-65 所示。

图4-64　其他符号旋转后的效果

图4-65　移动符号后的效果

6. 符号着色器工具

在 Illustrator CC 中，用户不但可以添加符号，还可以为符号改变颜色。下面介绍如何为符号改变颜色，具体操作步骤如下。

01 继续上面的操作。在画板中选择要进行着色的符号对象，在【颜色】面板中将【填色】设置为 #ffd100，如图 4-66 所示。

图4-66　设置填色参数

02 选择工具箱中的【符号着色器工具】，将光标移动至要着色的符号上，如图 4-67 所示。

图4-67　符号着色后的效果

7. 符号滤色器工具

下面介绍如何使用【符号滤色器工具】改变符号的透明度，具体操作步骤如下。

01 继续上面的操作。选择工具箱中的【选择工具】，在画板中选择要进行操作的符号对象，如图4-68所示。

图4-68 选择符号对象

02 选择工具箱中的【符号滤色器工具】，在选中的符号上单击鼠标，可以看到符号变透明了，如图4-69所示，持续按住鼠标，符号的透明度会增大。

图4-69 改变符号透明度后的效果

8. 符号样式器工具

下面介绍如何使用【符号样式器工具】为符号添加图形样式效果，具体操作步骤如下。

01 继续上面的操作。在菜单栏中选择【窗口】|【图形样式】命令，如图4-70所示。

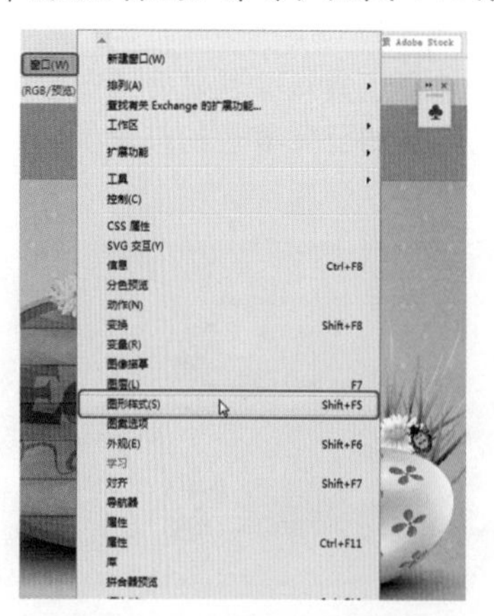

图4-70 选择【图形样式】命令

02 执行【图形样式】命令后，即可打开【图形样式】面板，单击右上角的≡按钮，在弹出的下拉菜单中选择【打开图形样式库】|【附属品】命令，如图4-71所示。

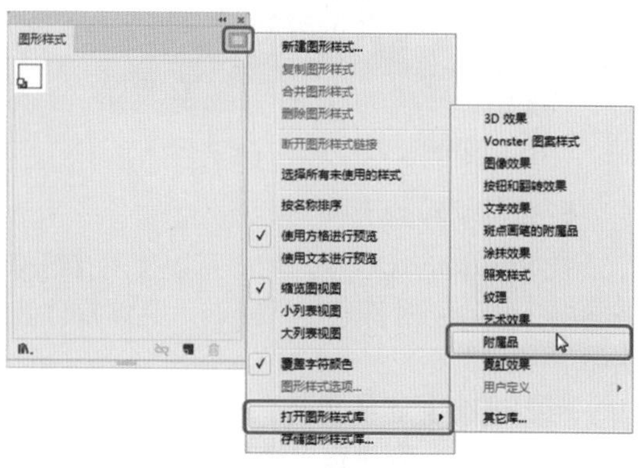

图4-71 选择【附属品】命令

03 在【附属品】面板中按住Shift键选择所有对象，按住鼠标将其拖曳至【图形样式】面板中，并在该面板中选择【实时对称X】图形样式，如图4-72所示。

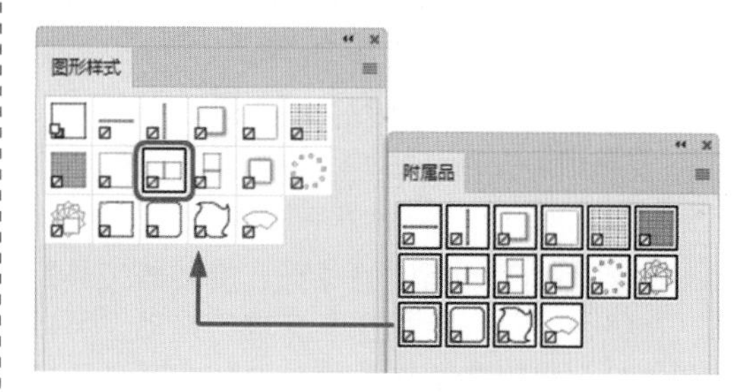

图4-72 选择图形样式

04 选择工具箱中的【符号样式器工具】，将光标移至要添加样式的符号上，单击鼠标，即可为该符号添加样式，如图4-73所示。

图4-73 添加图形样式后的效果

4.1.3 柱形图工具

在Illustrator CC中，创建的图表用柱形来表示，可以直观地观察不同形式的数值。创建柱形图之前，首先要选择工具箱中的【柱形图工具】，在画板中按住鼠标进行拖动，释放鼠标后，将会弹出一个对话框，如图4-74所示。该对话框中各个选项的功能如下。

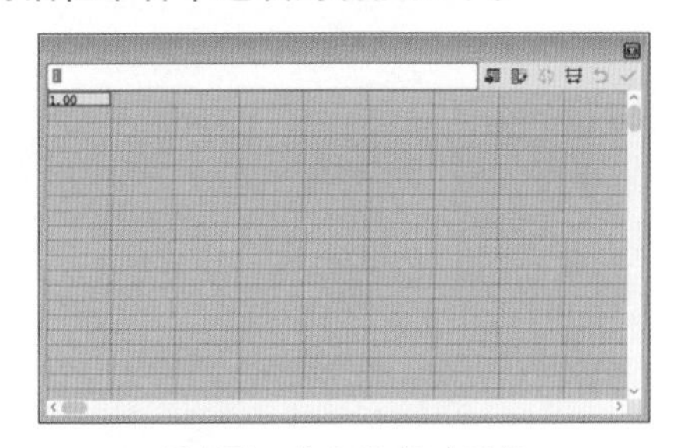

图4-74　输入数据对话框

- 【导入数据】按钮：单击该按钮，可以弹出【导入图表数据】对话框，导入其他软件创建的数据作为图表的数据。
- 【换位行/列】按钮：单击该按钮，可以转换行与列中的数据。
- 【切换 X/Y】按钮：该按钮只有在创建散点图表时才可用，单击该按钮，可以对调 X 轴和 Y 轴的位置。
- 【单元格样式】按钮：单击该按钮，可以弹出【单元格样式】对话框，可以在该对话框中设置小数位数和列宽度。
- 【恢复】按钮：单击该按钮，可将修改的数据恢复到初始状态。
- 【应用】按钮：输入完数据后，单击该按钮，即可创建图表。

下面介绍如何使用柱形图工具，具体操作步骤如下。

01 在菜单栏中选择【文件】|【新建】命令，在弹出的【新建文档】对话框中将【宽度】和【高度】分别设置为310、218，如图4-75所示。

02 设置完成后，单击【创建】按钮。选择工具箱中的【柱形图工具】，在画板中按住鼠标左键进行拖动，选择第1行第1个单元格的数据，按Delete键将其删除。然后单击第1行第2个单元格，输入“第一季度”，按Tab键到该行下一个单元格，继续输入“第二季度”“第三季度”“第四季度”，如图4-76所示。

图4-75　【新建文档】对话框

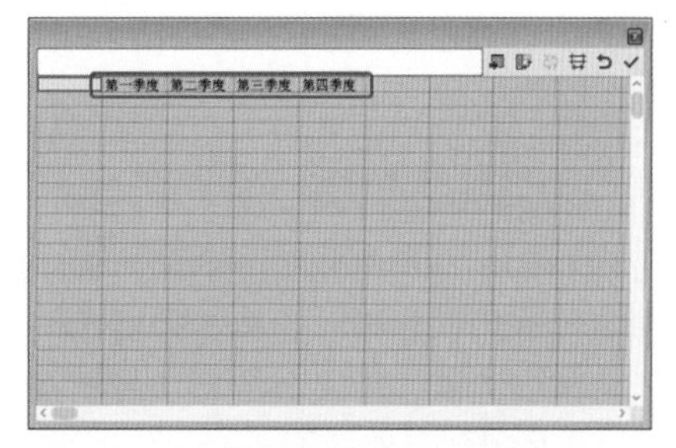

图4-76　输入文字

03 在第2行第1个单元格中输入“电脑”，接着在第2行第2列输入数据，将第2行的数据全部输完，如图4-77所示。

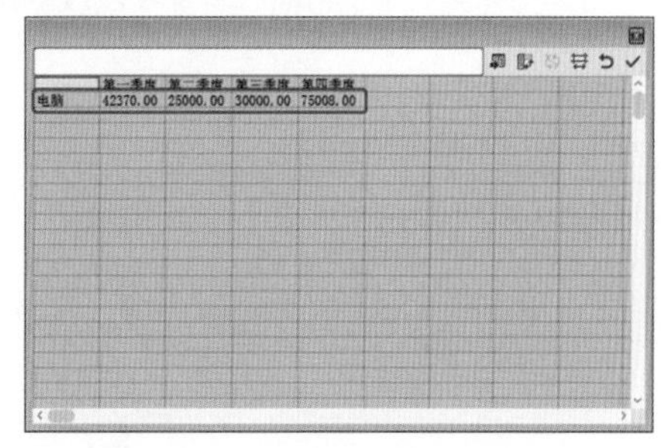

图4-77　在第2行中输入数据

04 按Enter键转到第3行第1个单元格，用同样的方法将全部数据输完，如图4-78所示。

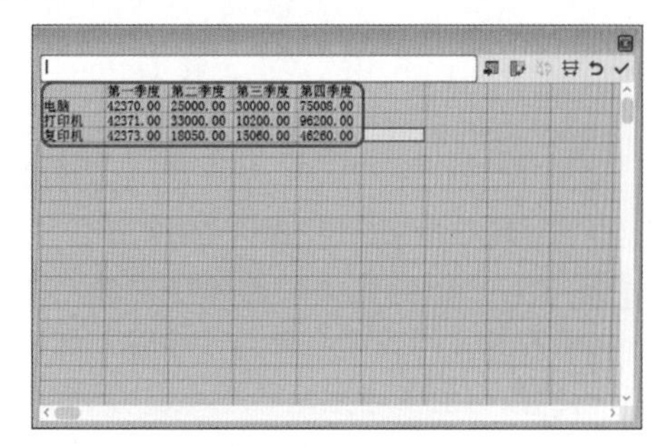

图4-78　输入其他数据

05 输入完成后，在该对话框中单击【应用】按钮☑，即可完成柱形图的创建，其效果如图 4-79 所示。

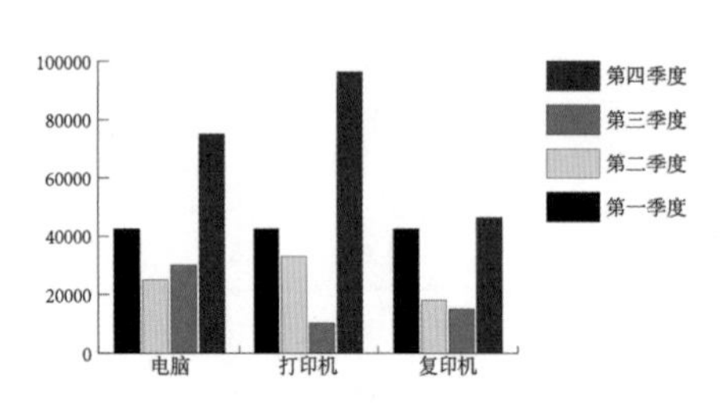

图4-79 完成后的效果

4.1.4 堆积柱形图工具

堆积柱形图与柱形图有些类似，堆积柱形图是指将柱形堆积起来，这种图表适用于表示部分和总体的关系。下面介绍堆积柱形图的创建方法，具体操作步骤如下。

01 启动 Illustrator CC 软件，按 Ctrl+N 组合键，在弹出的对话框中将【宽度】和【高度】分别设置为 360、253，如图 4-80 所示。

图4-80 设置新建文档参数

02 设置完成后，单击【创建】按钮。选择工具箱中的【堆积柱形图工具】📊，在画板中按住鼠标进行拖动，在弹出的对话框中选择第 1 行第 1 个单元格中的数据，按 Delete 键删除。然后单击第 1 行第 2 个单元格，输入“男服”，按 Tab 键到该行下一个单元格，继续输入“女服”“男裤”“女裤”，如图 4-81 所示。

03 在第 2 行的第 1 个单元格中输入“一月”，接着在第 2 行第 2 个单元格中输入数据，将第 2 行的数据全部输完，如图 4-82 所示。

04 按 Enter 键转到第 3 行第 1 个单元格。使用同样的方法输入其他数据，如图 4-83 所示。

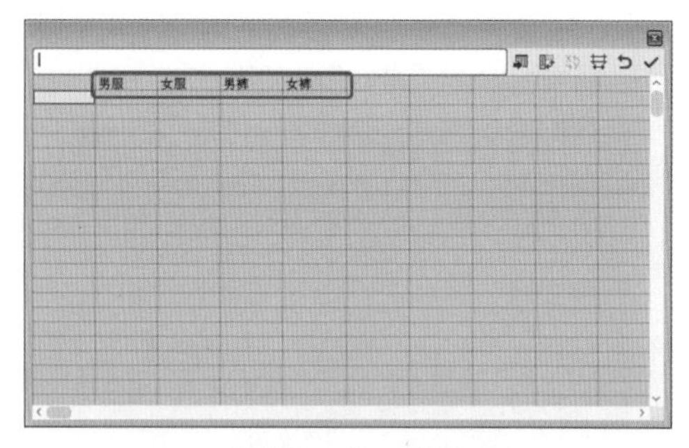

图4-81 输入文字

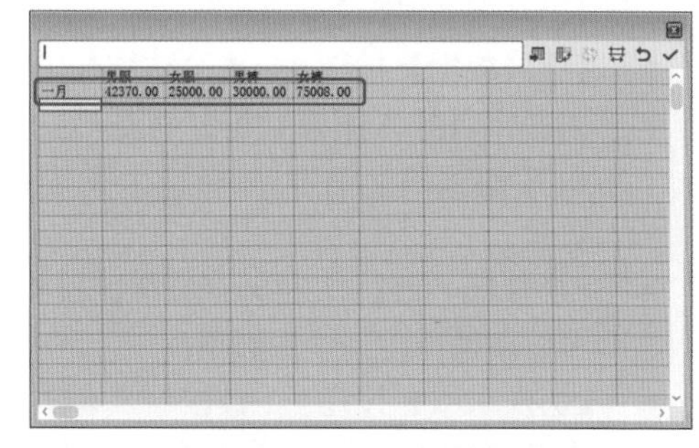

图4-82 输入第2行数据

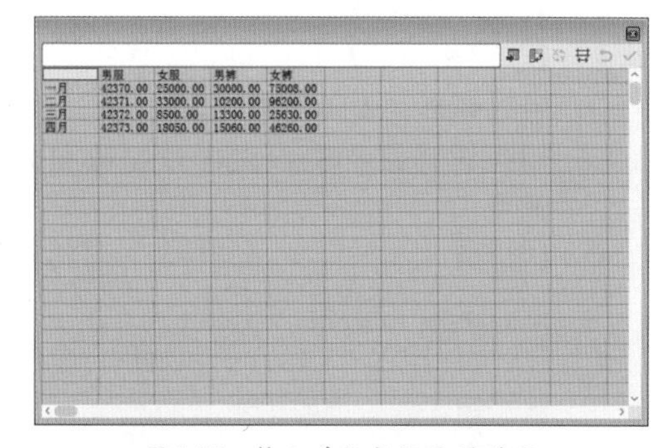

图4-83 输入其他数据后的效果

05 输入完成后，在该对话框中单击【应用】按钮，即可完成堆积柱形图的创建，效果如图 4-84 所示。

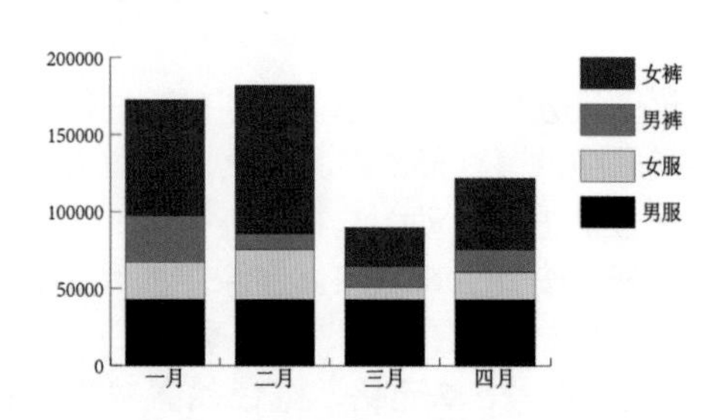

图4-84 创建堆积柱形图后的效果

4.1.5 条形图工具

在 Illustrator CC 中，条形图与柱形图有些相似，唯一不同的是，条形图是水平放置的，而柱形图是垂直放置的，本节将对其进行简单介绍。

1. 创建条形图

下面将介绍如何创建条形图，具体操作步骤如下。

01 在菜单栏中选择【文件】|【新建】命令，新建一个文件，然后选择工具箱中的【条形图工具】，在画板中按住鼠标左键拖动出一个矩形。

02 在弹出的对话框中选择第 1 行第 1 个单元格中的数据，按 Delete 键删除。然后单击第 1 行第 2 个单元格，输入“语文”，按 Tab 键到该行下一个单元格，继续输入“数学”“英语”“政治”，如图 4-85 所示。

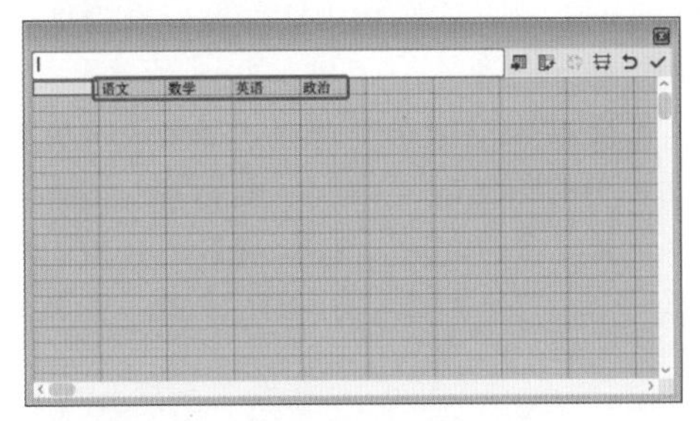

图4-85 输入文字

03 在第 2 行的第 1 个单元格中输入“刘雪”，接着在第 2 行第 2 列输入数据，依次将第 2 行的数据全部输完，然后按 Enter 键转到第 3 行第 1 个单元格，使用同样的方法输入其他数据，如图 4-86 所示。

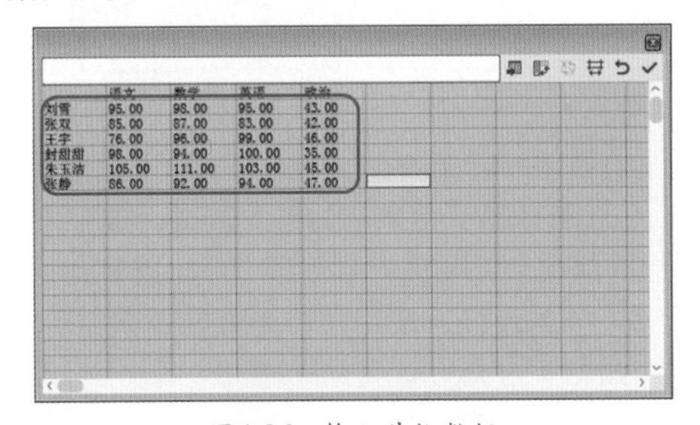

	语文	数学	英语	政治
刘雪	95.00	98.00	95.00	43.00
张双	85.00	87.00	83.00	42.00
王宇	76.00	96.00	99.00	46.00
封甜甜	98.00	94.00	100.00	35.00
朱玉洁	105.00	111.00	103.00	45.00
张静	86.00	92.00	94.00	47.00

图4-86 输入其他数据

04 输入完成后，在该对话框中单击【应用】按钮，即可完成条形图的创建，效果如图 4-87 所示。

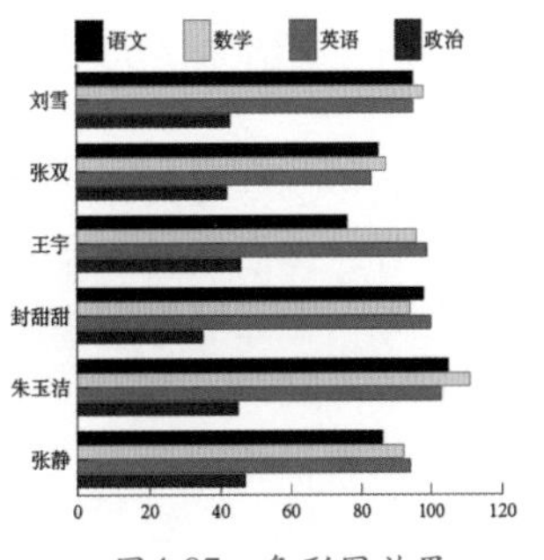

图4-87 条形图效果

2. 调整数值轴的位置

下面介绍如何调整数值轴的位置，具体操作步骤如下。

01 继续上面的操作。在工具箱中双击【条形图工具】，在弹出的【图表类型】对话框中将【数值轴】设置为【位于上侧】，取消选中【在顶部添加图例】复选框，如图 4-88 所示。

图4-88 【图表类型】对话框

02 设置完成后，单击【确定】按钮，即可调整数值轴的位置，效果如图 4-89 所示。

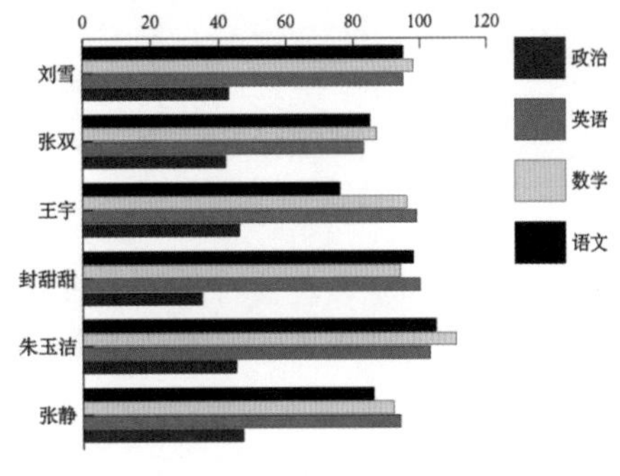

图4-89 调整后的效果

4.1.6 堆积条形图工具

下面介绍如何创建堆积条形图，具体操作步骤如下。

01 在菜单栏中选择【文件】|【新建】命令，新建一个文件。然后选择工具箱中的【堆积条形图工具】，在画板中按住鼠标左键拖动出一个矩形。

02 在弹出的对话框中选择第 1 行第 1 个单元格中的数据，按 Delete 键删除。然后单击第 1 行第 2 个单元格，输入“月销售量”，按 Tab 键到该行下一个单元格，再依次输入“月采购量”“最高存量”“平均存量”，如图 4-90 所示。

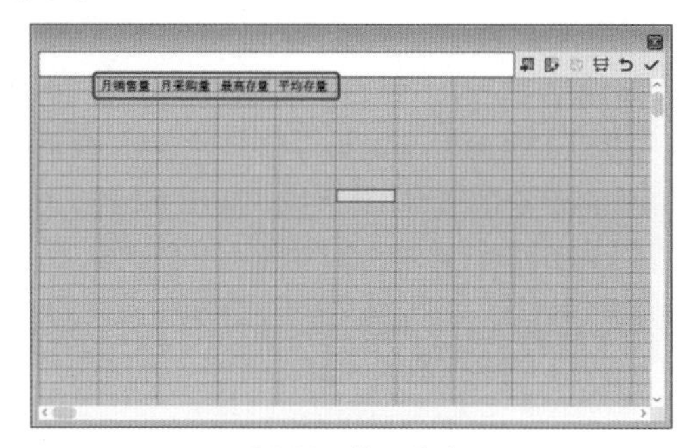

图4-90　输入文字

03 在第 2 行的第 1 个单元格中输入“机械件 01”，接着在第 2 行第 2 列输入数据，依次将第 2 行的数据全部输完，然后按 Enter 键转到第 3 行第 1 个单元格，使用同样的方法输入其他数据，如图 4-91 所示。

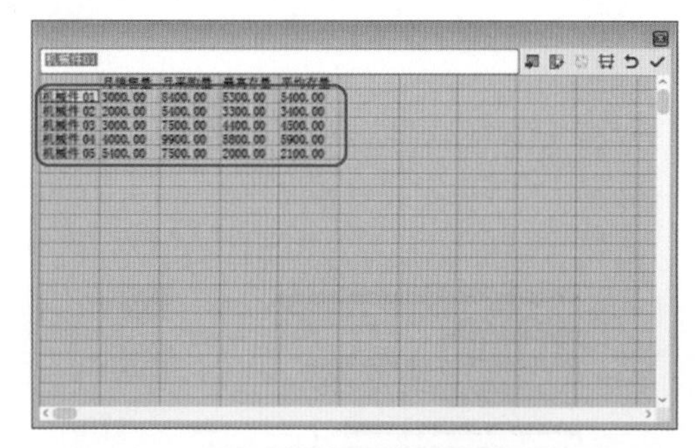

图4-91　输入其他数据

04 输入完成后，在该对话框中单击【应用】按钮，即可完成堆积条形图的创建，效果如图 4-92 所示。

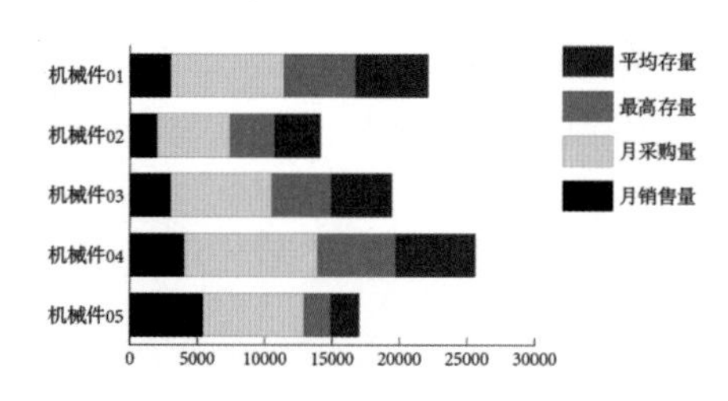

图4-92　堆积条形图

4.1.7 折线图工具

在 Illustrator CC 中，【折线图工具】用于创建折线图，折线图使用点来表示一组或多组数据，并且将每组中的点用不同的线段连接起来。这种图表类型常用于表示一段时间内一个或多个事物的变化趋势，例如可以用来制作股市行情图等，具体操作步骤如下。

01 在菜单栏中选择【文件】|【新建】命令，新建一个文件。然后选择工具箱中的【折线图工具】，在画板中按住鼠标左键拖动出一个矩形。

02 在弹出的对话框中选择第 1 行第 1 个单元格中的数据，按 Delete 键删除。然后单击第 1 行第 2 个单元格，输入“橙汁”，按 Tab 键到该行下一个单元格，输入其他数据，如图 4-93 所示。

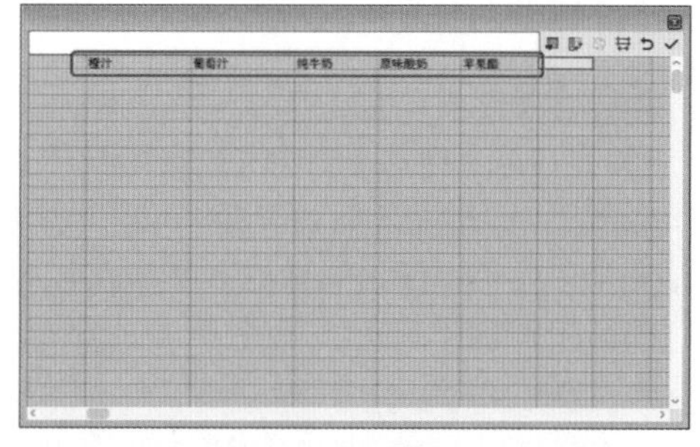

图4-93　输入文字

03 在第 2 行的第 1 个单元格中输入“五月”，接着在第 2 行第 2 列输入数据，依次将第 2 行的数据全部输完，然后按 Enter 键转到第 3 行第 1 个单元格，使用同样的方法输入其他数据，如图 4-94 所示。

04 输入完成后，在该对话框中单击【应用】按钮，即可完成折线图的创建，效果如图 4-95 所示。

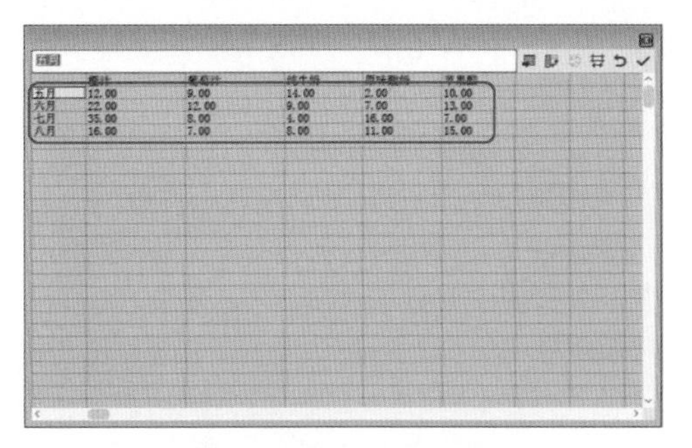

图4-94 输入其他数据

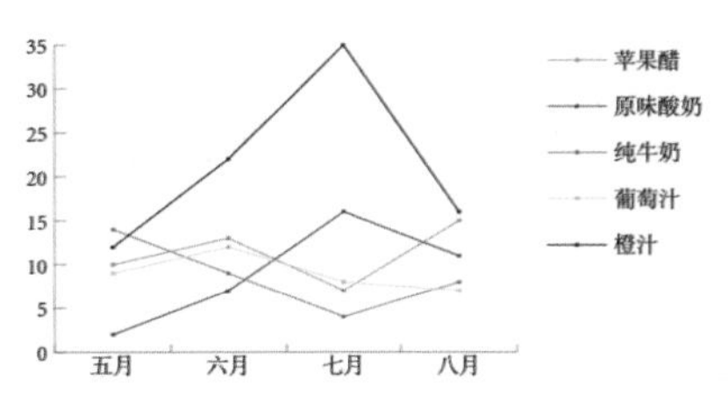

图4-95 折线图效果

4.1.8 面积图工具

【面积图工具】用于创建面积图。面积图主要强调数值的整体和变化情况。下面介绍如何创建面积图，其具体操作步骤如下。

01 按 Ctrl+N 组合键新建一个空白文档。选择工具箱中的【面积图工具】，在画板中按住鼠标左键拖动出一个矩形。

02 在弹出的对话框中选择第 1 行第 1 个单元格中的数据，按 Delete 键删除。然后单击第 1 行第 2 个单元格，输入“五月”，如图 4-96 所示。

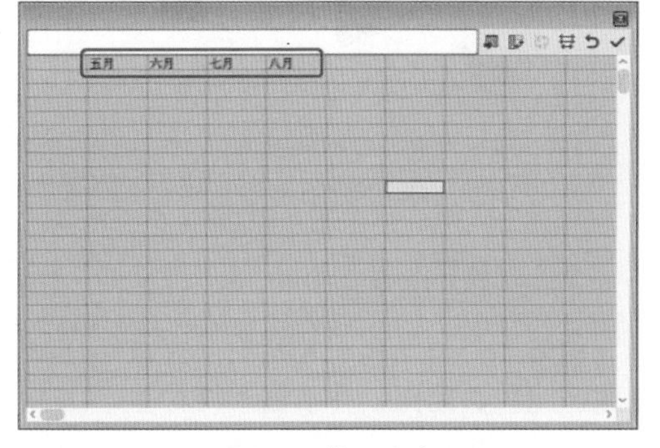

图4-96 输入文字

03 在第 2 行的第 1 个单元格中输入“电费”，接着在第 2 行第 2 列输入数据，依次将第 2 行的数据全部输完，然后按 Enter 键转到第 3 行第 1 个单元格，使用同样的方法输入其他数据，如图 4-97 所示。

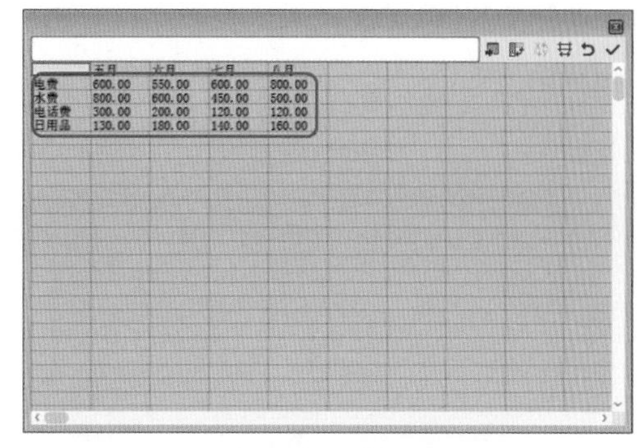

图4-97 输入其他数据

04 输入完成后，在该对话框中单击【应用】按钮，即可完成面积图的创建，效果如图 4-98 所示。

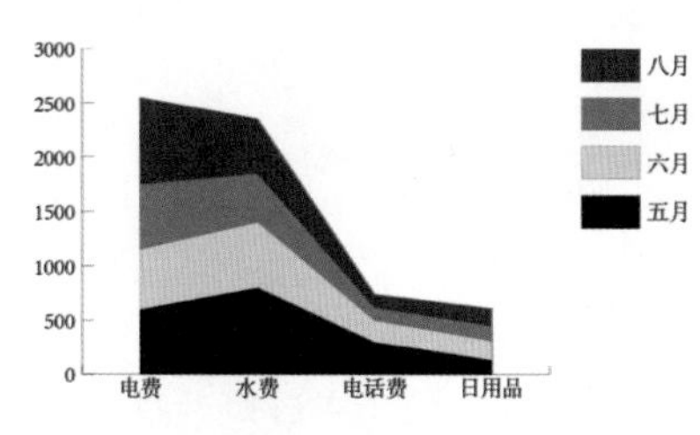

图4-98 面积图效果

4.1.9 散点图工具

【散点图工具】用于创建散点图。散点图沿 X 轴和 Y 轴将数据点作为成对的坐标组进行绘制，可用于识别数据中的图案和趋势，还可以表示变量是否互相影响。如果散点图是一个圆，则表示数据之间的随机性比较强；如果散点图接近直线，则表示数据之间有较强的相关关系。创建散点图的具体操作步骤如下。

01 按 Ctrl+N 组合键新建一个空白文档。选择工具箱中的【散点图工具】，在画板中按住鼠标左键拖动出一个矩形。

02 在弹出的对话框中选择第 1 行第 1 个单元格中的数据，按 Delete 键删除。然后单击第 1 行第 2 个单元格，输入“总销售数量”，按 Tab 键到该行下一个单元格，输入“售出总计”，如图 4-99 所示。

03 在第 2 行的第 1 个单元格中输入“男服”，接着在第 2 行第 2 列输入数据，依次将第

2 行的数据全部输完，然后按 Enter 键转到第 3 行第 1 个单元格，使用同样的方法输入其他数据，如图 4-100 所示。

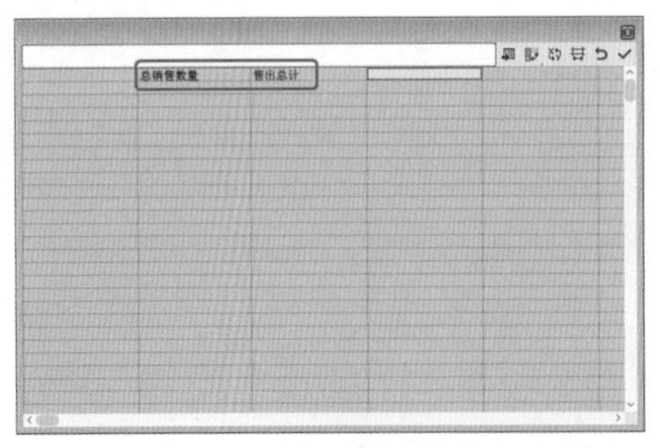

图4-99　输入文字

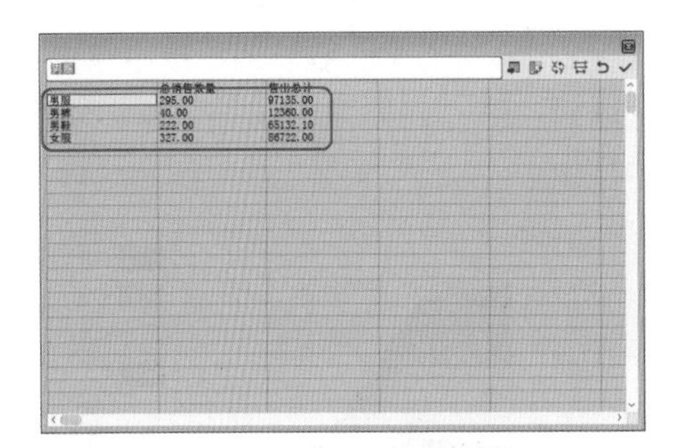

图4-100　输入参数

04 输入完成后，在该对话框中单击【应用】按钮，即可完成散点图的创建，其效果如图 4-101 所示。

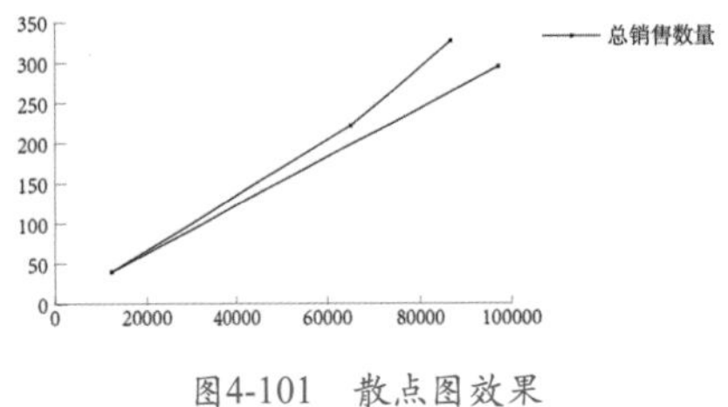

图4-101　散点图效果

4.1.10　饼图工具

饼图是把一个圆划分为若干个扇形面，每个扇形面代表一项数据值，不同颜色的扇形表示所比较的数据的相对比例。创建饼图的具体操作步骤如下。

01 选择工具箱中【饼图工具】，在画板中按住鼠标左键拖动出一个矩形。

02 在弹出的对话框中选择第 1 行第 1 个单元格中的数据，按 Delete 键删除。然后单击第 1 行第 2 个单元格，输入“东区”，按 Tab 键到该行下一个单元格，再依次输入其他文字，输入后的效果如图 4-102 所示。

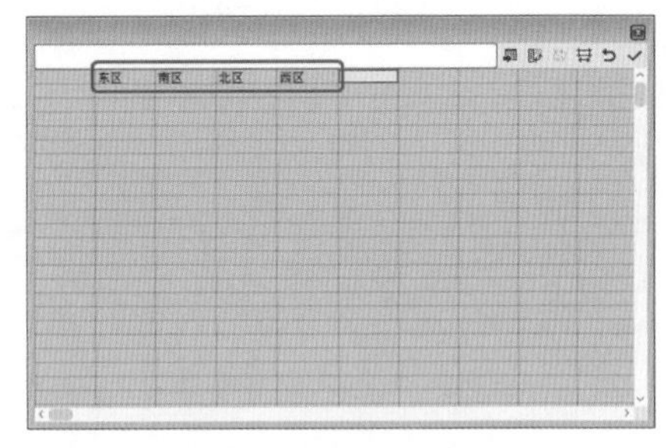

图4-102　输入其他文字

03 在第 2 行的第 1 个单元格中输入“一月份”，接着在第 2 行第 2 列输入数据，依次将第 2 行的数据全部输完，如图 4-103 所示。

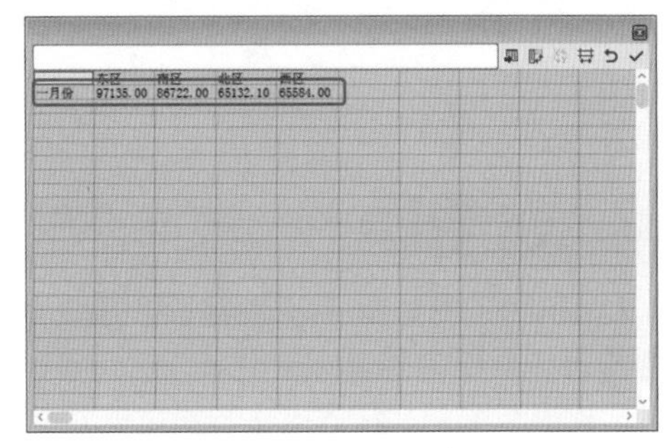

图4-103　输入月份及其他数据

04 输入完成后，在该对话框中单击【应用】按钮，即可完成饼图的创建，效果如图 4-104 所示。

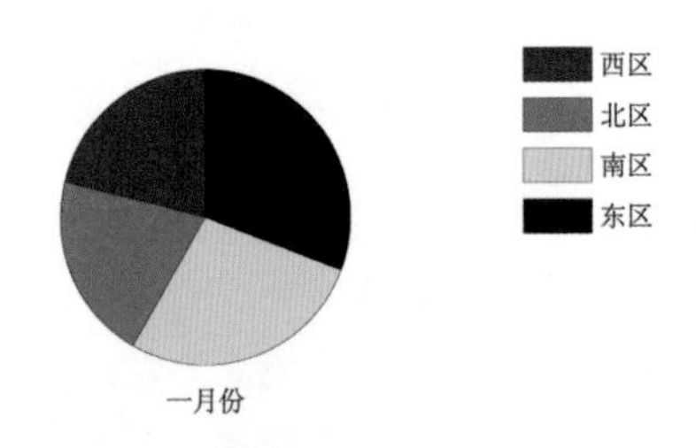

图4-104　饼图效果

4.1.11　雷达图工具

雷达图可以在某一特定时间点或特定数据类型上比较数值组，并以圆形格式显示出来，这种图表也称为“网状图”。本节将介绍如何创建雷达图，具体操作步骤如下。

01 按 Ctrl+N 组合键新建一个空白文档。选择工具箱中的【雷达图工具】，在画板中按住鼠标左键拖动出一个矩形。

02 在弹出的对话框中选择第 1 行第 1 个单元格中的数据，按 Delete 键删除。然后单击第 1 行第 2 个单元格，输入“第一季度”，按 Tab 键到该行下一个单元格，依次输入其他文字，如图 4-105 所示。

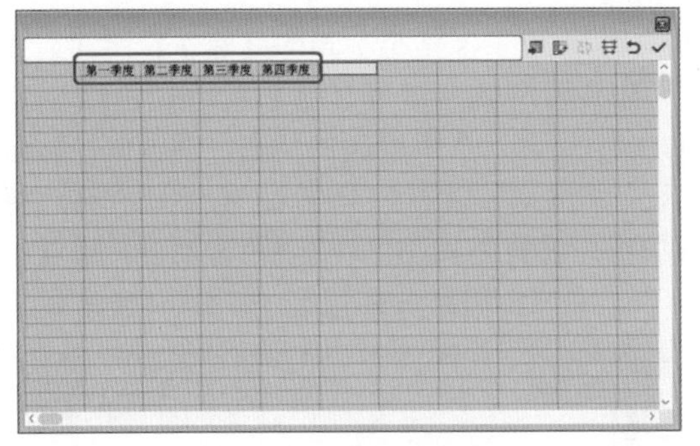

图4-105 输入文字

03 在第 2 行的第 1 个单元格中输入“面粉”，接着在第 2 行第 2 列输入数据，依次将第 2 行的数据全部输完，然后按 Enter 键转到第 3 行第 1 个单元格，使用同样的方法输入其他数据，如图 4-106 所示。

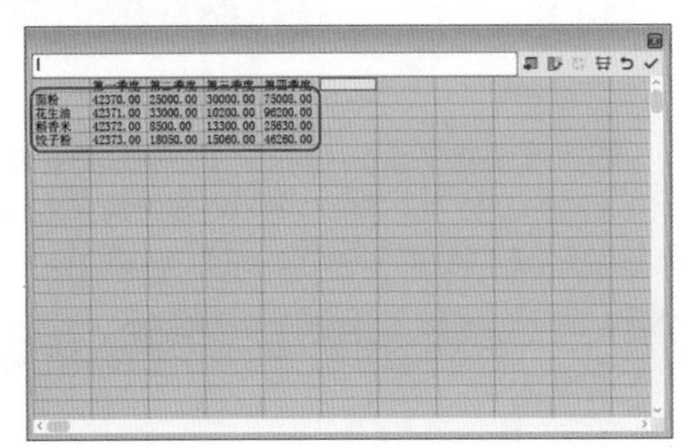

图4-106 输入其他数据

04 输入完成后，在该对话框中单击【应用】按钮，即可完成雷达图的创建，其效果如图 4-107 所示。

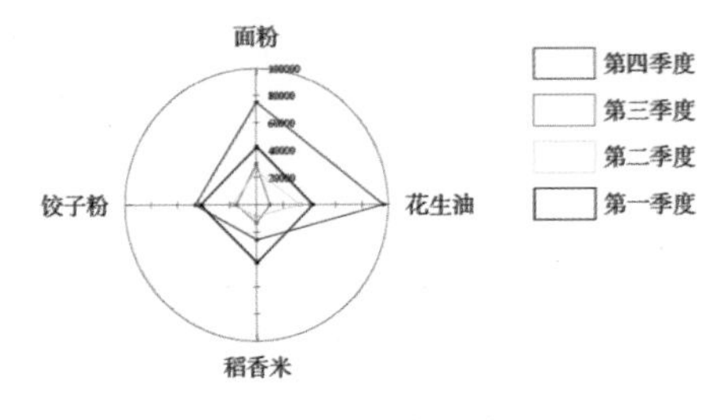

图4-107 雷达图效果

4.2 制作家具月销售对比表——编辑图表

本节将通过制作家具月销售对比表来讲解如何编辑图表，效果如图 4-108 所示。

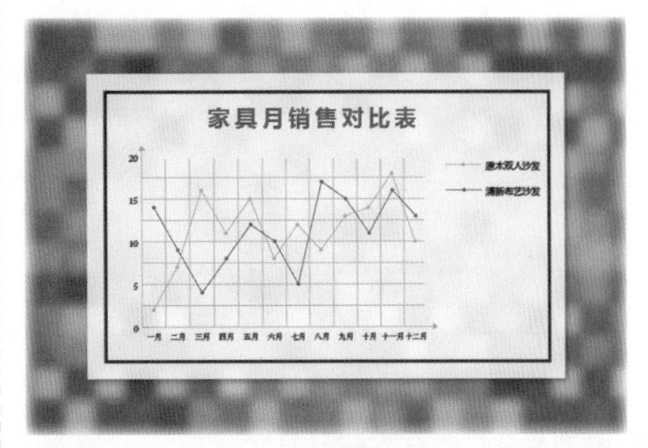

图4-108 家具月销售对比表

素材	素材\Cha04\家具月销售背景.ai
场景	场景\Cha04\制作家具月销售对比表——编辑图表.ai
视频	视频教学\Cha04\制作家具月销售对比表——编辑图表.mp4

01 启动 Illustrator CC 软件，按 Ctrl+N 组合键，在弹出的【新建文档】对话框中将单位设置为【厘米】，将【宽度】、【高度】分别设置为 69.3、46.5，如图 4-109 所示。

图4-109 设置新建文档参数

02 单击【创建】按钮，按 Shift+Ctrl+P 组合键，在弹出的【置入】对话框中选择“素材 \Cha04\ 家具月销售背景 .ai”素材文件，如图 4-110 所示。

03 在画板中单击鼠标左键，指定素材文件的位置，选中置入的素材文件，在【属性】面板中单击【嵌入】按钮，如图 4-111 所示。

图4-110　选择素材文件

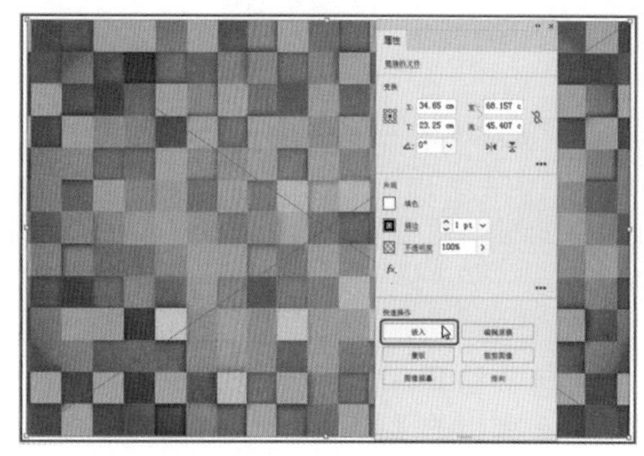

图4-111　置入素材文件

04 继续选中该素材文件，在菜单栏中选择【效果】|【模糊】|【高斯模糊】命令，如图4-112所示。

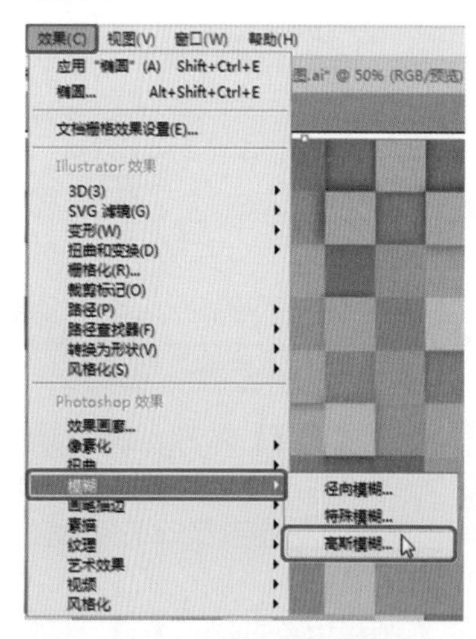

图4-112　选择【高斯模糊】命令

05 在弹出的【高斯模糊】对话框中将【半径】设置为13，如图4-113所示。

图4-113　设置高斯模糊参数

06 设置完成后，单击【确定】按钮。选择工具箱中的【矩形工具】，在画板中绘制一个矩形。选中绘制的矩形，在【属性】面板中将【宽】、【高】分别设置为55、34，将【填色】设置为#ffffff，将【不透明度】设置为90%，将【描边】设置为无，如图4-114所示。

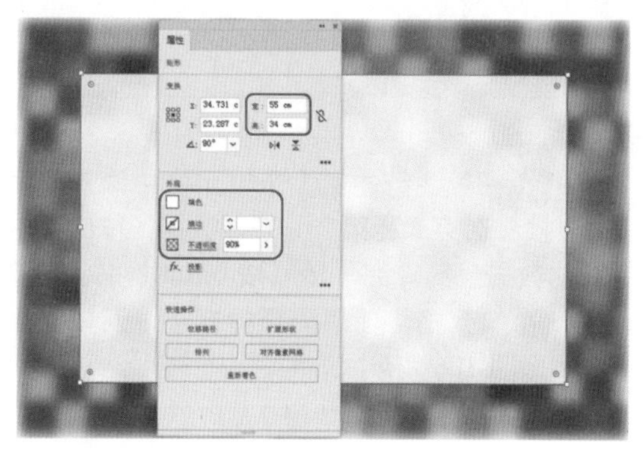

图4-114　绘制矩形并进行设置

07 继续选中该矩形，在【外观】面板中单击【添加新效果】按钮，在弹出的菜单中选择【风格化】|【投影】命令，如图4-115所示。

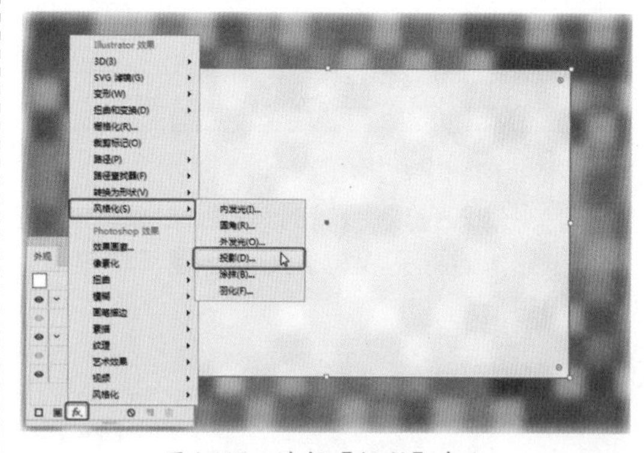

图4-115　选择【投影】命令

08 在弹出的【投影】对话框中将【模式】设置为【正片叠底】，将【不透明度】、【X位移】、【Y位移】、【模糊】分别设置为45%、0.25、0.25、0.3，将【颜色】设置为#000000，如图4-116所示。

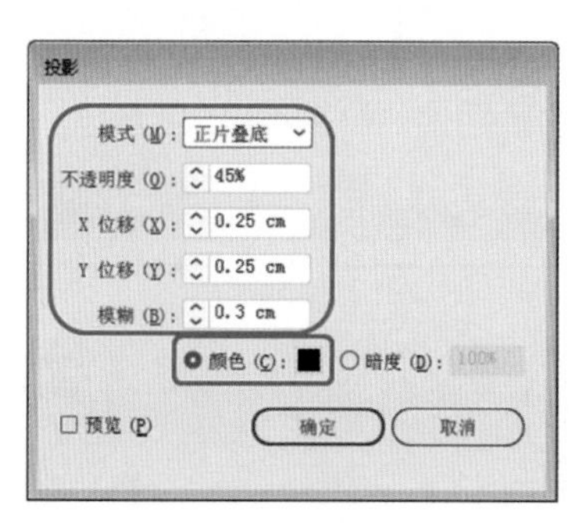

图4-116　设置投影参数

09 设置完成后，单击【确定】按钮。选择工具箱中的【矩形工具】，在画板中绘制一个矩形。选中绘制的矩形，在【属性】面板中将【宽】、【高】分别设置为51、30，将【填色】设置为无，将【描边】设置为#213559，将【描边】粗细设置为10，将【不透明度】设置为100%，如图4-117所示。

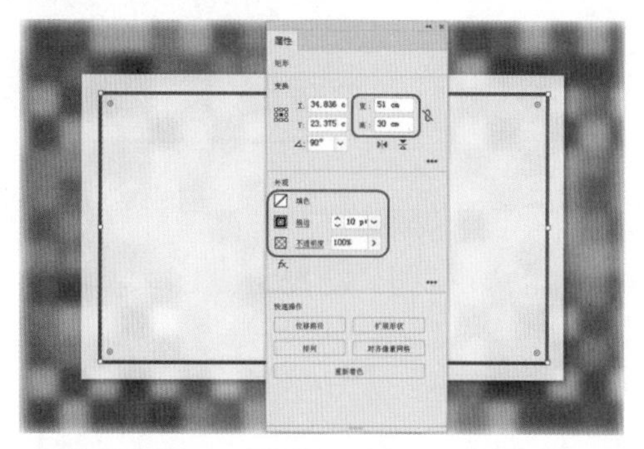

图4-117　绘制矩形并进行设置

10 选择工具箱中的【折线图工具】，在画板中按住鼠标拖动绘制一个矩形，释放鼠标后，在弹出的对话框中输入数据，如图4-118所示。

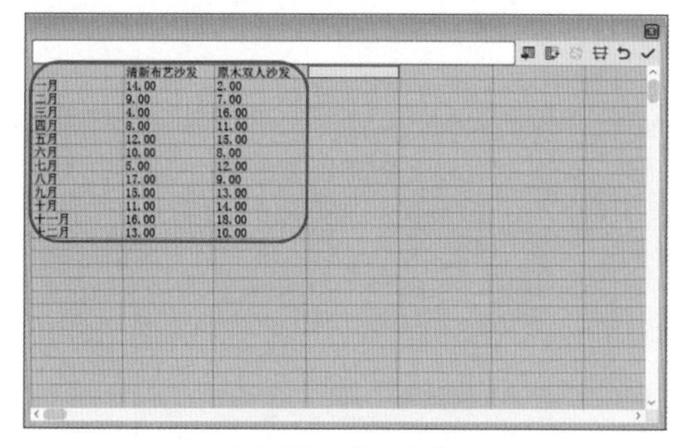

	清新布艺沙发	原木双人沙发
一月	14.00	2.00
二月	9.00	7.00
三月	4.00	16.00
四月	8.00	11.00
五月	12.00	15.00
六月	10.00	8.00
七月	5.00	12.00
八月	17.00	9.00
九月	15.00	13.00
十月	11.00	14.00
十一月	16.00	18.00
十二月	13.00	10.00

图4-118　输入数据

11 输入完成后，单击【应用】按钮，将该对话框关闭。选中折线图对象，单击鼠标右键，在弹出的快捷菜单中选择【类型】命令，如图4-119所示。

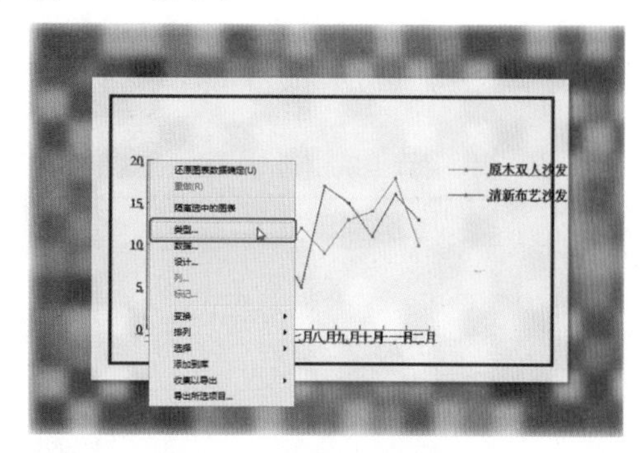

图4-119　选择【类型】命令

12 在弹出的【图表类型】对话框中取消勾选【在顶部添加图例】复选框，勾选【标记数据点】复选框，如图4-120所示。

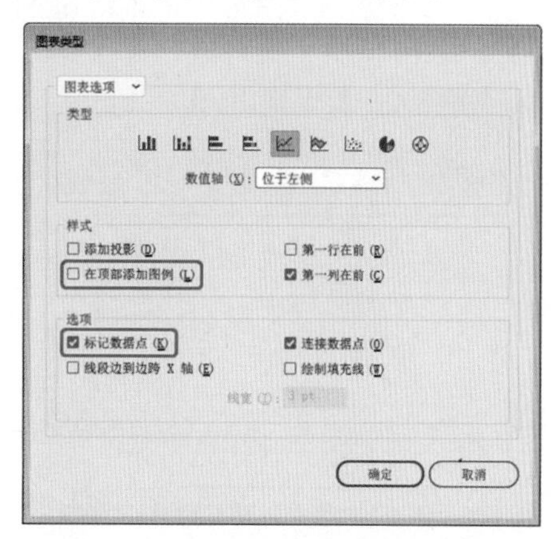

图4-120　设置图表选项

13 再在该对话框中选择【数值轴】，将【刻度线】选项组中的【绘制】设置为2，如图4-121所示。

图4-121　设置数值轴

14 设置完成后，单击【确定】按钮。选择工具箱中的【直接选择工具】，在画板中选择如图 4-122 所示的对象，在【字符】面板中将【字体大小】设置为 30，如图 4-122 所示。

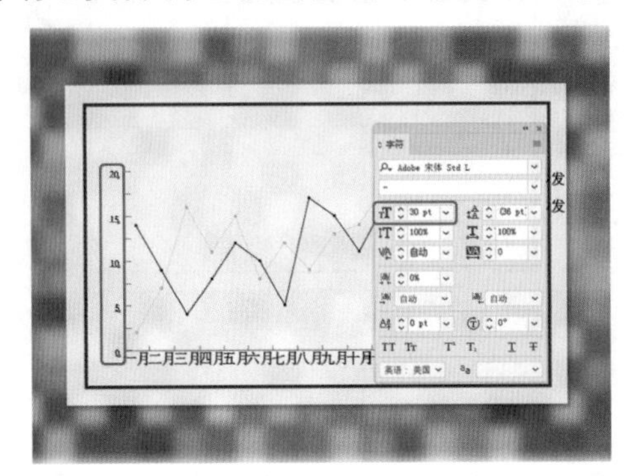

图4-122　设置文字大小

15 继续使用【直接选择工具】在画板中选择如图 4-123 所示的对象，在【字符】面板中将【字体大小】设置为 24。

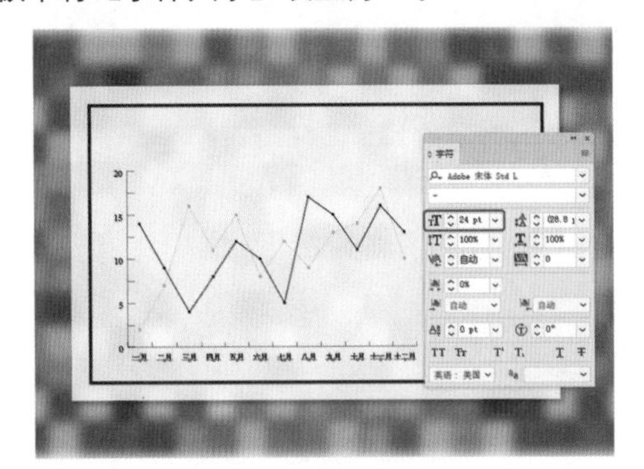

图4-123　设置字体大小

16 使用【直接选择工具】在画板中选择如图 4-124 所示的文本，在【字符】面板中将【字体】设置为【微软雅黑】，将【字体大小】设置为 30。

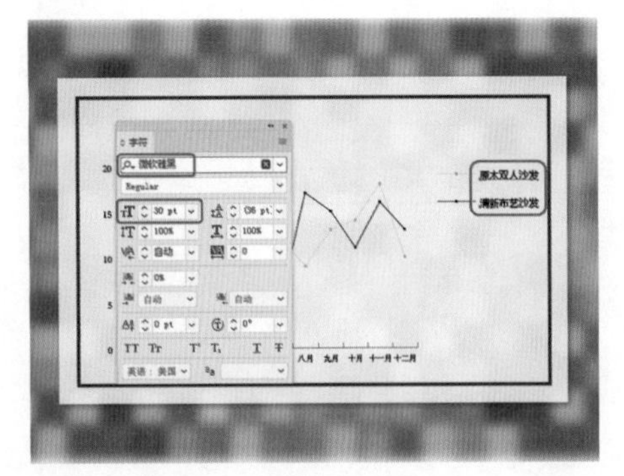

图4-124　设置字体及其大小

17 使用【直接选择工具】在画板中选择所有的数据点，如图 4-125 所示。

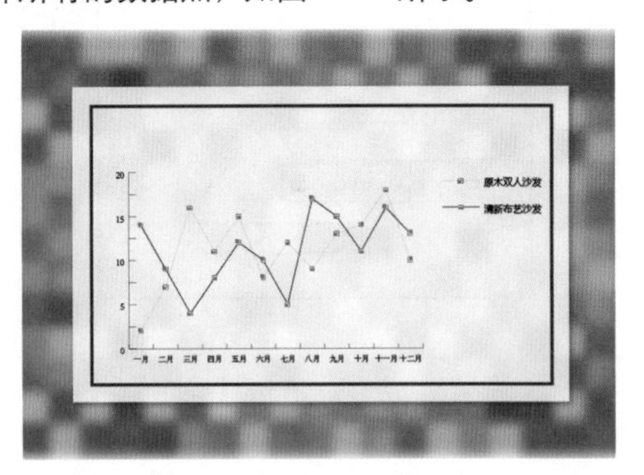

图4-125　选择数据点

18 在菜单栏中选择【效果】|【转换为形状】|【椭圆】命令，如图 4-126 所示。

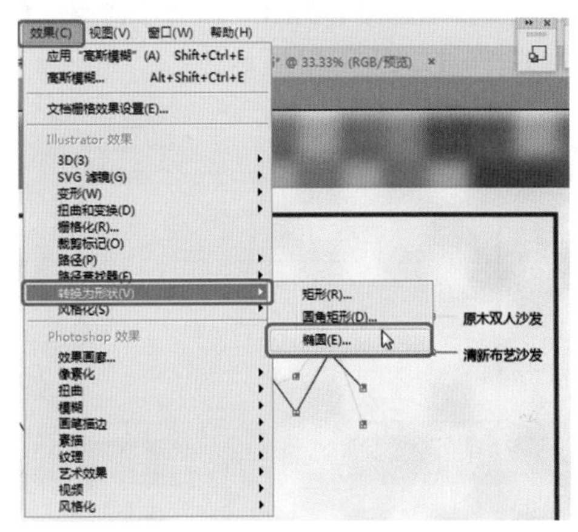

图4-126　选择【椭圆】命令

19 在弹出的【形状选项】对话框中选中【绝对】单选按钮，将【宽度】、【高度】均设置为 0.4，如图 4-127 所示。

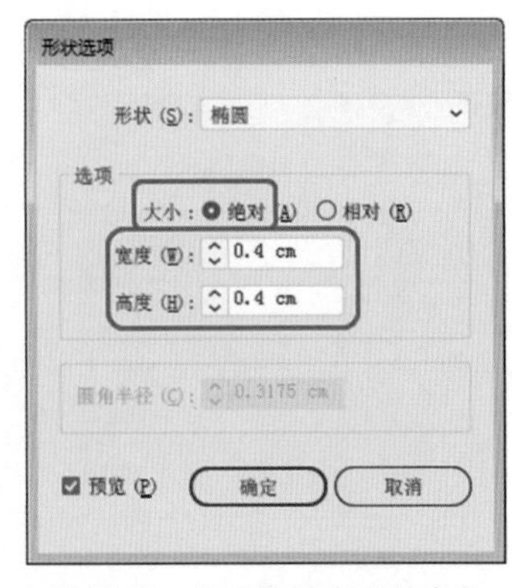

图4-127　设置转换为形状参数

20 设置完成后，单击【确定】按钮。在

画板中选择如图 4-128 所示的对象，在【颜色】面板中将【填色】设置为 #ff3c38，将【描边】设置为无。

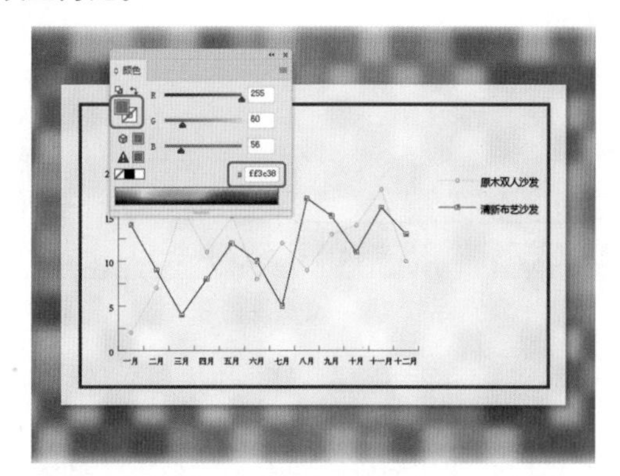

图4-128 设置对象颜色

疑难解答 怎样快速选择相同颜色的颜色条与图例？

在对图表进行操作时，若需要快速选择同一颜色的颜色条与图例，可以选择工具箱中的【编组选择工具】，在需要选择的颜色条上单击三次鼠标，即可选择颜色相同的颜色条与图例。

21 在画板中选择如图 4-129 所示的对象，在【颜色】面板中将【描边】设置为 #ff3c38，在【描边】面板中将【粗细】设置为 3。

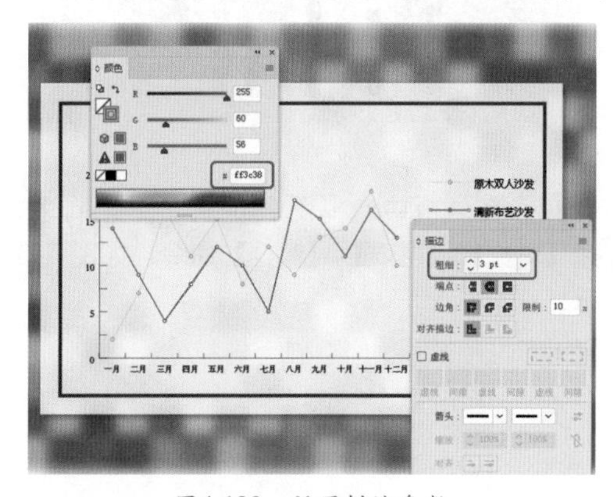

图4-129 设置描边参数

22 在画板中选择如图 4-130 所示的数据点，在【颜色】面板中将【填色】设置为 #7cc7c6，将【描边】设置为无。

23 在画板中选择如图 4-131 所示的对象，在【颜色】面板中将【描边】设置为 #7cc7c6，在【描边】面板中将【粗细】设置为 3。

24 使用【直接选择工具】在画板中对数据表的刻度线进行调整，调整后的效果如图 4-132 所示。

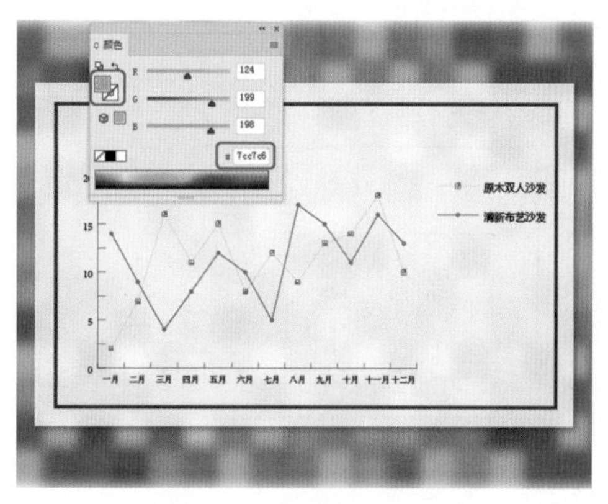

图4-130 设置数据点填色

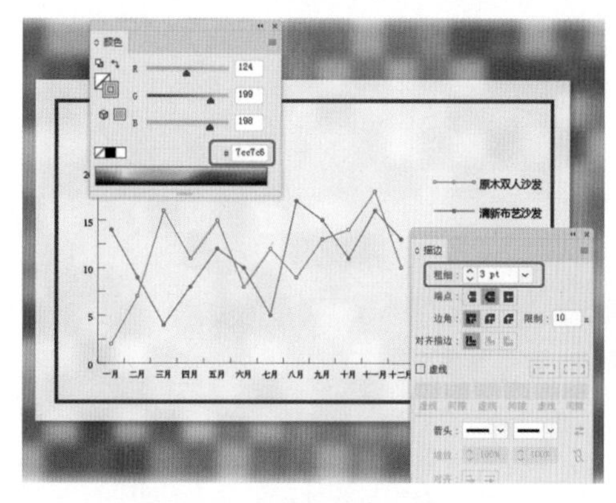

图4-131 设置描边颜色与粗细

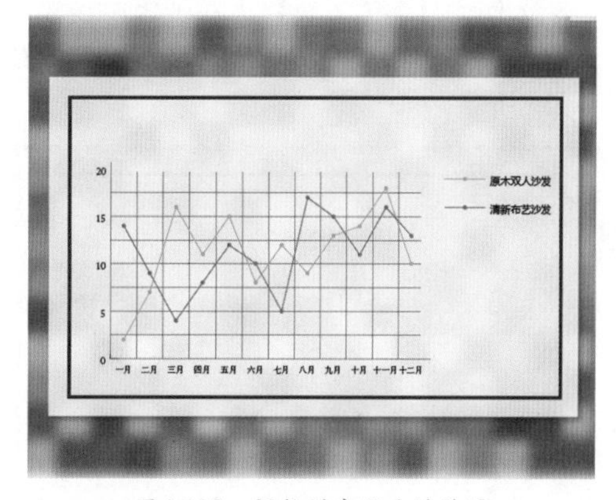

图4-132 调整刻度线后的效果

25 使用【直接选择工具】在画板中选择所有的刻度线，在【颜色】面板中将【描边】设置为 #c6b298，在【描边】面板中将【粗细】设置为 2，如图 4-133 所示。

26 选择工具箱中的【钢笔工具】，在画板中绘制一个三角形，选中绘制的图形，在【属性】面板中将【填色】设置为 #c6b298，将【描边】设置为无，并在画板中调整该图形的位置，如图 4-134 所示。

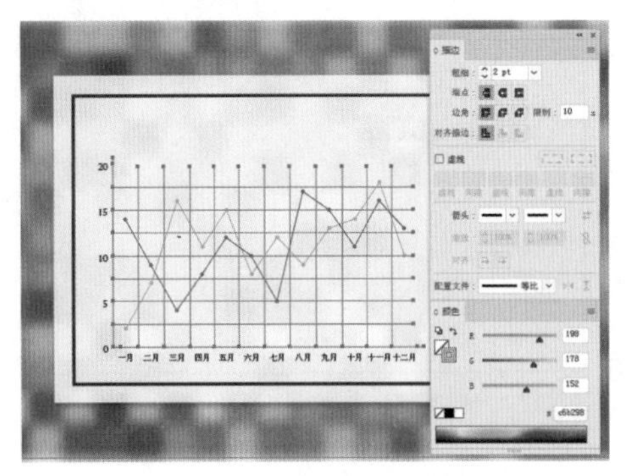

图4-133　设置刻度线的描边参数

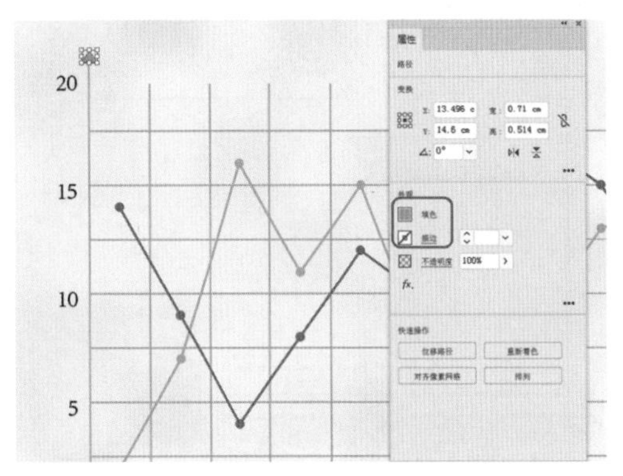

图4-134　绘制图形并进行设置

27 使用【钢笔工具】再在画板中绘制一个三角形，并对绘制的图形进行设置，效果如图 4-135 所示。

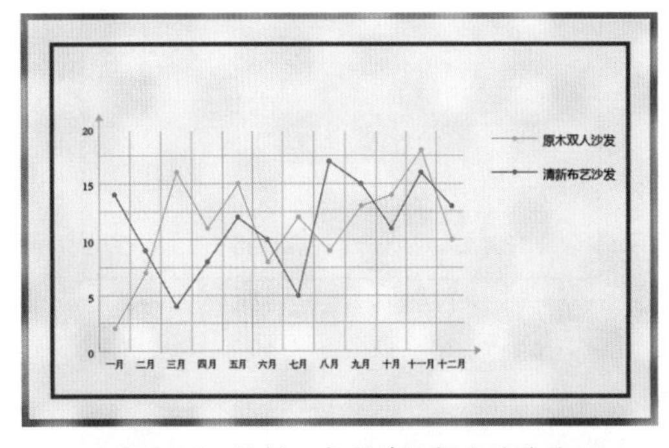

图4-135　绘制三角形并调整后的效果

28 选择工具箱中的【文字工具】T，在画板中单击输入文本并将其选中，在【属性】面板中将【字体】设置为【微软雅黑】，将字体类型设置为 Bold，将【字体大小】设置为 72，将【字符间距】设置为 200，将【填色】设置为 #006ab2，将【描边】设置为无，并在画板中调整该文字的位置，效果如图 4-136 所示。

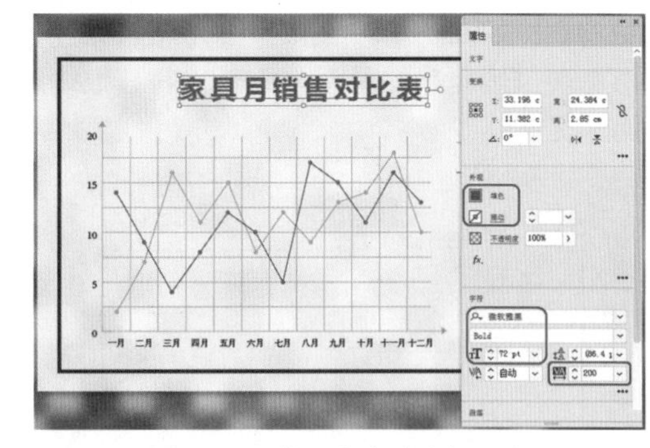

图4-136　输入文本并进行设置

4.2.1　修改图表数据

下面介绍如何修改图表中的数据，具体操作步骤如下。

01 按 Ctrl+O 组合键，在弹出的对话框中选择“素材 \Cha04\ 素材 04.ai”素材文件，单击【打开】按钮，如图 4-137 所示。

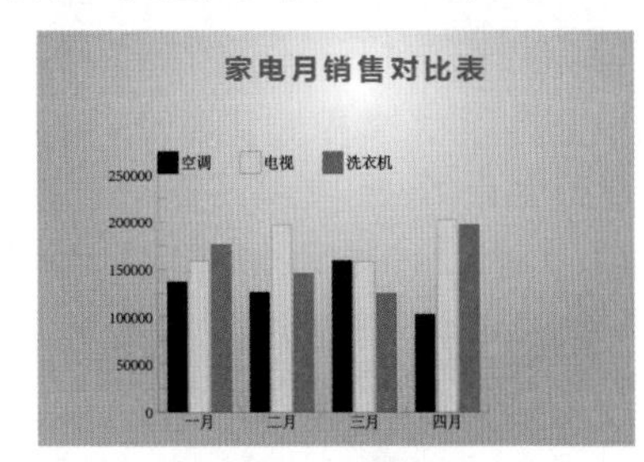

图4-137　打开的素材文件

02 在画板中选择图表对象，在菜单栏中选择【对象】|【图表】|【数据】命令，如图 4-138 所示。

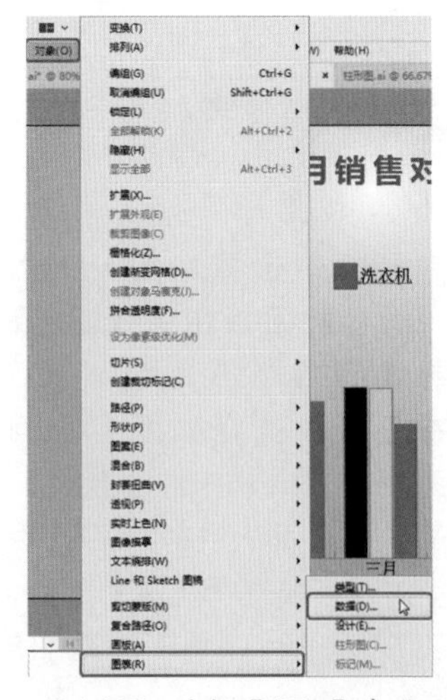

图4-138　选择【数据】命令

03 在弹出的对话框中选中要修改的数据单元格，然后在文本框中输入修改的数据，如图 4-139 所示。

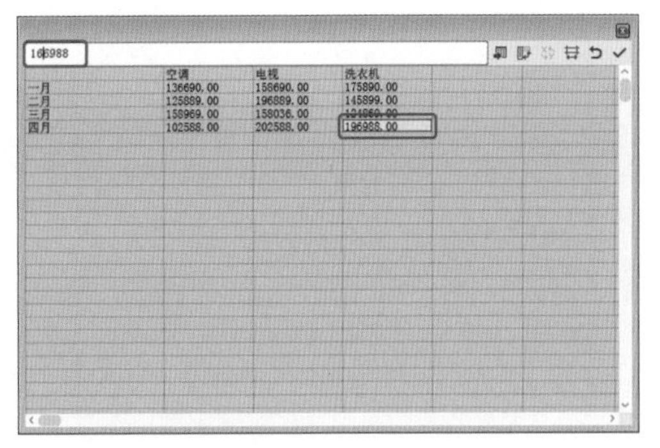

图4-139 修改数据

04 输入完成后，单击【应用】按钮，即可对选中的图表进行修改，修改后的效果如图 4-140 所示。

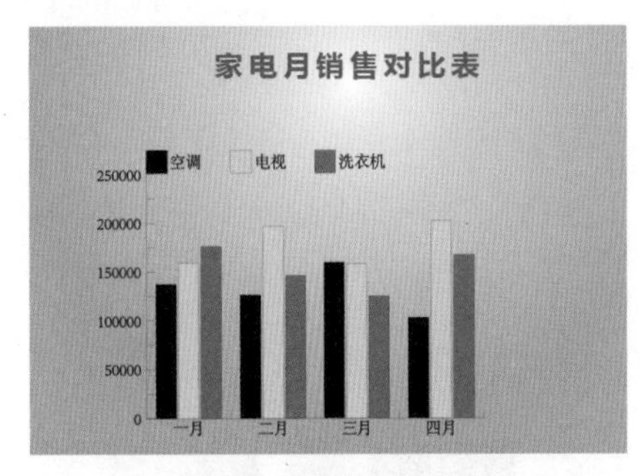

图4-140 修改后的效果

提 示

除了上述方法之外，用户还可以在选中要修改的图表后右击鼠标，在弹出的快捷菜单中选择【数据】命令，如图 4-141 所示。

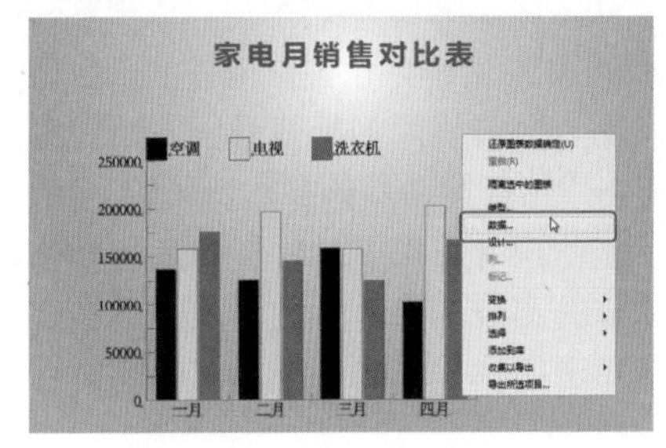

图4-141 选择【数据】命令

4.2.2 修改图表类型

下面介绍如何修改图表的类型，具体操作步骤如下。

01 继续上面的操作。在画板中选择要进行修改的图表，在菜单栏中选择【对象】|【图表】|【类型】命令，如图 4-142 所示。

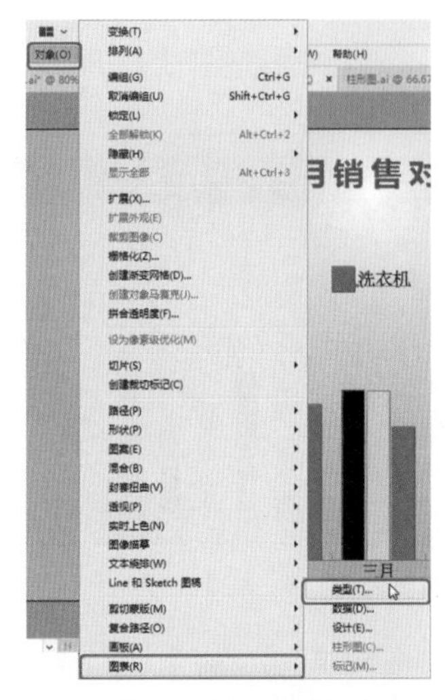

图4-142 选择【类型】命令

02 在弹出的对话框中单击【堆积柱形图】按钮，如图 4-143 所示。

图4-143 单击【堆积柱形图】按钮

03 单击【确定】按钮，即可修改选中图表的类型，修改后的效果如图 4-144 所示。

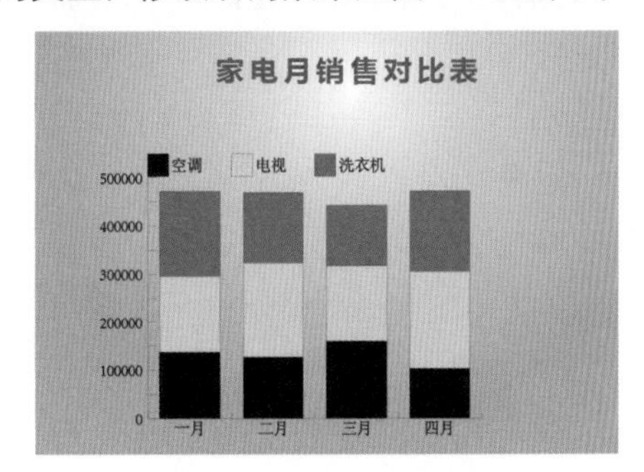

图4-144 修改后的效果

提 示

除了上述方法之外，用户也可以在工具箱中双击图表工具按钮，在弹出的对话框中选择相应的类型。另外，用户还可以在选中要修改类型的图表后右击鼠标，在弹出的快捷菜单中选择【类型】命令，如图 4-145 所示。

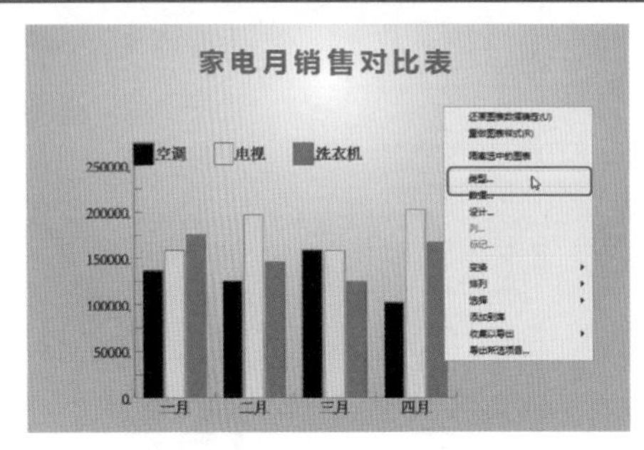

图4-145　选择【类型】命令

4.2.3　调整图例的位置

下面介绍如何调整图例的位置，具体操作步骤如下。

01 继续上面的操作。选择工具箱中的【选择工具】，在画板中选择要调整图例的图表，如图 4-146 所示。

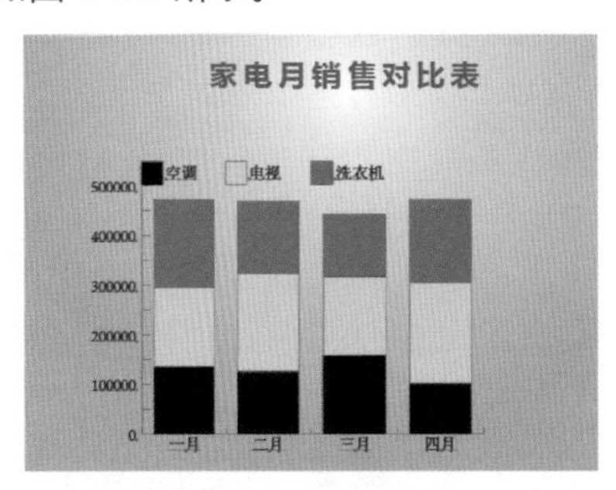

图4-146　选择图表

02 在画板中单击鼠标右键，在弹出的快捷菜单中选择【类型】命令，如图 4-147 所示。

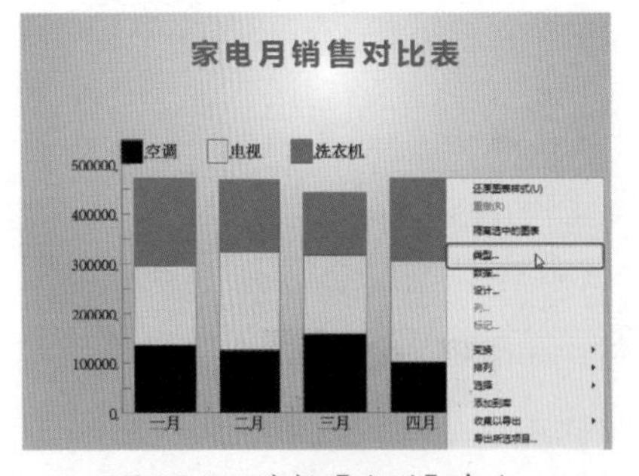

图4-147　选择【类型】命令

03 执行上一步操作后，即可打开【图表类型】对话框，在该对话框中取消勾选【在顶部添加图例】复选框，如图 4-148 所示。

图4-148　取消勾选【在顶部添加图例】复选框

04 设置完成后，单击【确定】按钮，即可改变图例的位置，效果如图 4-149 所示。

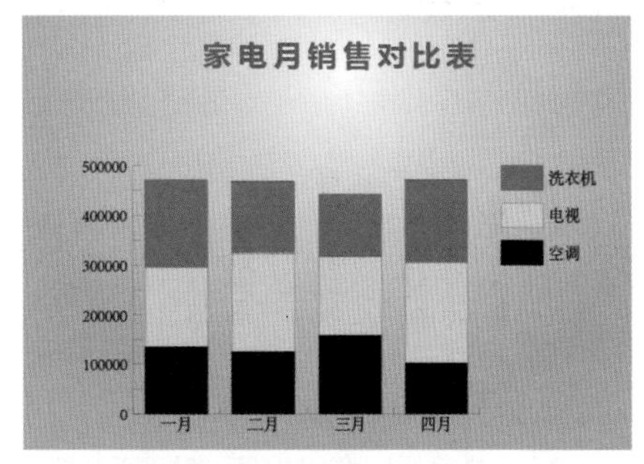

图4-149　改变图例的位置

4.2.4　为数值轴添加标签

在 Illustrator CC 中，用户可以根据需要在【图表类型】对话框中设置数值轴的刻度值、刻度线以及为数值轴添加标签等。下面介绍如何为数值轴添加标签，具体操作步骤如下。

01 使用【选择工具】在画板中选择要进行设置的图表，在选中的图表上单击鼠标右键，在弹出的快捷菜单中选择【类型】命令，如图 4-150 所示。

02 执行该操作后，即可打开【图表类型】对话框，在该对话框左上角的下拉列表中选择【数值轴】选项，如图 4-151 所示。

03 在【添加标签】选项组中的【前缀】文本框中输入 $，如图 4-152 所示。

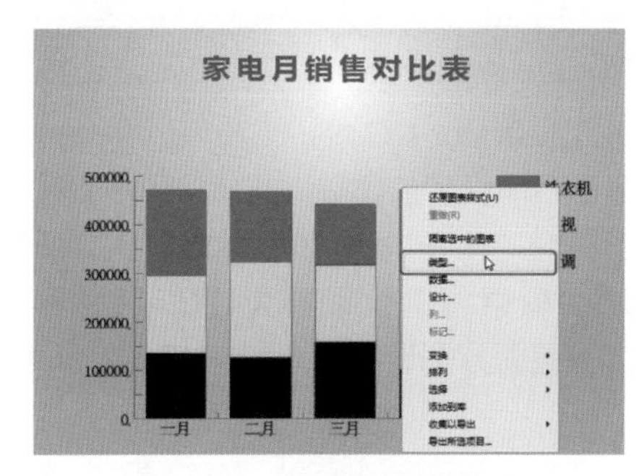

图4-150 选择【类型】命令

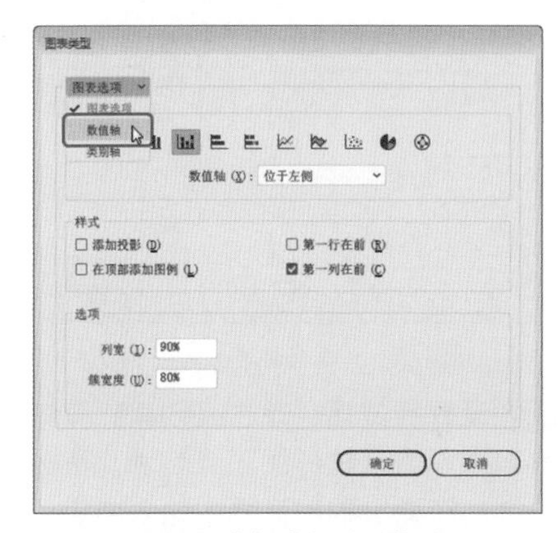

图4-151 选择【数值轴】选项

图4-152 输入前缀

04 设置完成后，单击【确定】按钮，完成后的效果如图 4-153 所示。

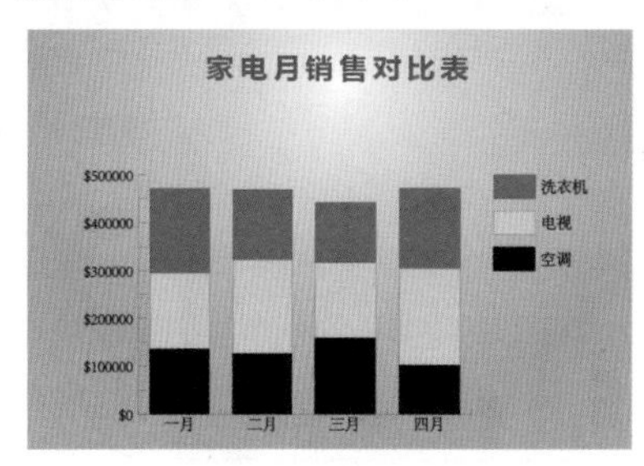

图4-153 添加后的效果

4.2.5 改变图表的颜色及字体

下面将介绍如何改变图表的颜色及文字的字体，具体操作步骤如下。

01 继续上一操作。选择工具箱中的【直接选择工具】，在画板中选择如图 4-154 所示的对象，在【颜色】面板中将【填色】设置为 #ed7d31，将【描边】设置为无。

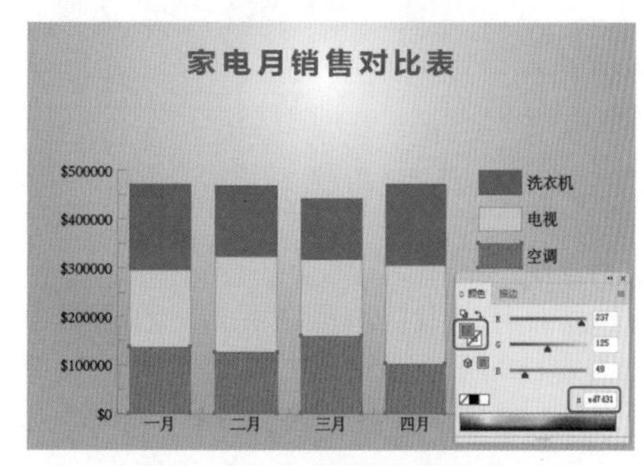

图4-154 设置空调图例颜色

02 使用【直接选择工具】在画板中选择如图 4-155 所示的对象，在【颜色】面板中将【填色】设置为 #ffc000，将【描边】设置为无。

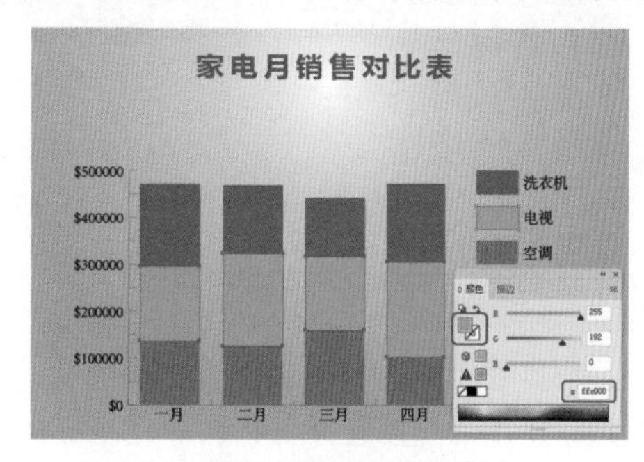

图4-155 设置电视图例颜色

03 使用【直接选择工具】在画板中选择如图 4-156 所示的对象，在【颜色】面板中将【填色】设置为 #70ad47，将【描边】设置为无。

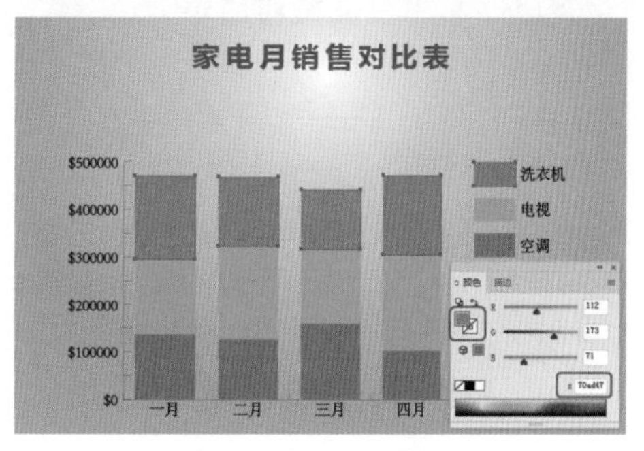

图4-156 设置洗衣机图例颜色

04 使用【直接选择工具】▷在画板中选择所有的图例对象，在【透明度】面板中将【不透明度】设置为85%，如图4-157所示。

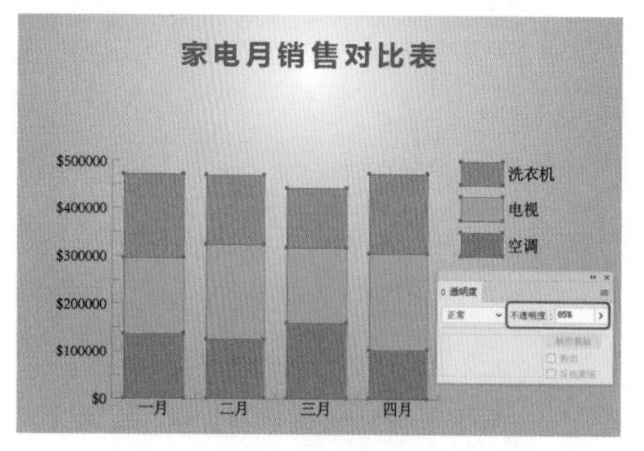

图4-157 设置【不透明度】参数

05 使用【直接选择工具】▷在画板中选择如图4-158所示的文本，在【字符】面板中将【字体】设置为【长城粗圆体】，将【字体大小】设置为60，将【字符间距】设置为100。

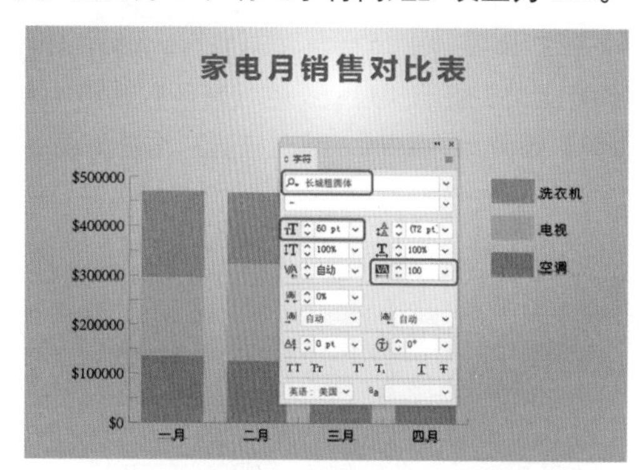

图4-158 设置字体与大小

06 使用【直接选择工具】▷在画板中选择如图4-159所示的文字对象，在【字符】面板中将【字体】设置为【微软雅黑】，将【字体大小】设置为55，将【字符间距】设置为0。

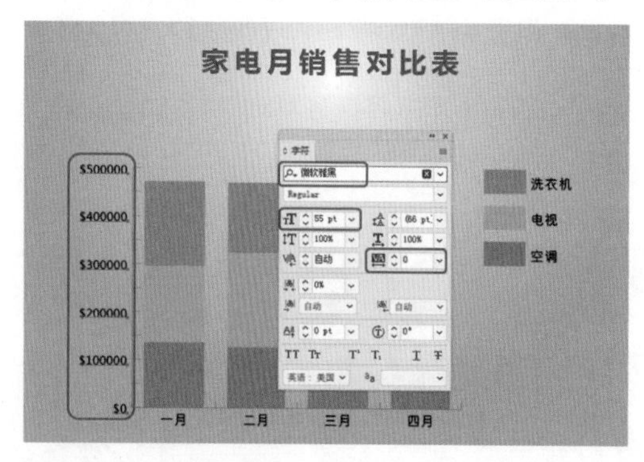

图4-159 再次设置文字

4.2.6 在同一图表中显示不同类型的图表

在Illustrator CC中，用户可以在同一个图表中显示不同类型的图表，具体操作步骤如下。

01 按Ctrl+N组合键，在弹出的【新建文档】对话框中将单位设置为【毫米】，将【宽度】、【高度】分别设置为898、465，如图4-160所示。

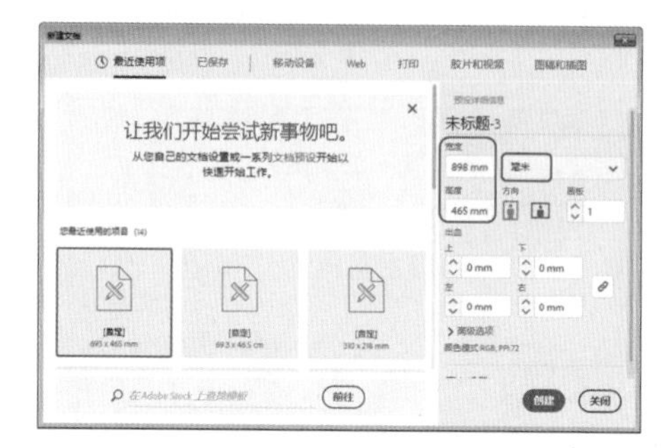

图4-160 设置新建文档参数

02 设置完成后，单击【创建】按钮。选择工具箱中单击【柱形图工具】，在画板中进行绘制，在弹出的对话框中输入内容，效果如图4-161所示。

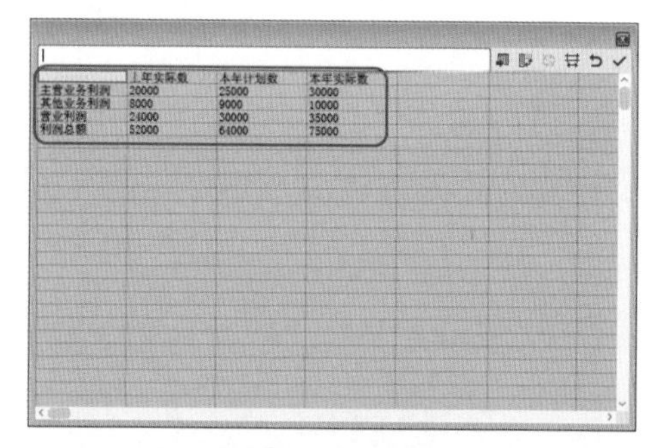

	上年实际数	本年计划数	本年实际数
主营业务利润	20000	25000	30000
其他业务利润	8000	9000	10000
营业利润	24000	30000	35000
利润总额	52000	64000	75000

图4-161 输入内容

03 输入完成后，单击【应用】按钮，关闭该对话框。选择工具箱中的【直接选择工具】▷，在画板中选择如图4-162所示的文字，在【属性】面板中将【字体大小】设置为55。

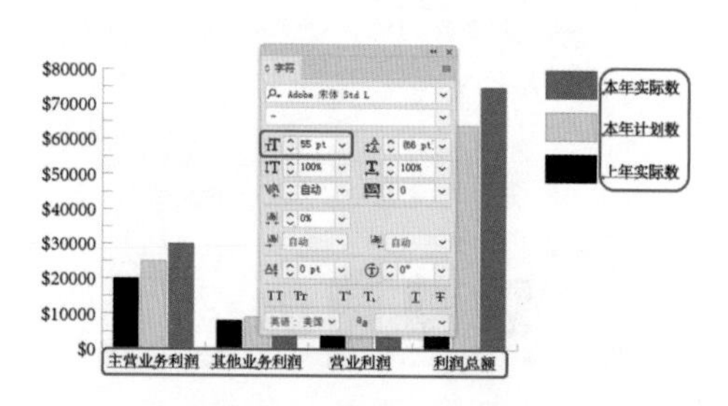

图4-162 设置字体大小

04 使用【直接选择工具】在画板中选择如图 4-163 所示的对象。

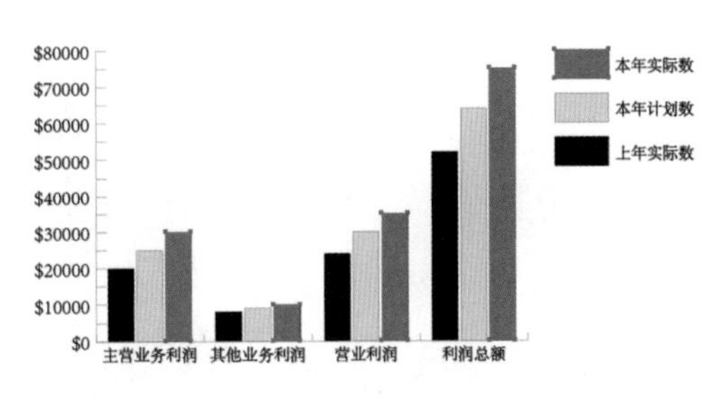

图4-163　选择要操作的对象

05 在菜单栏中选择【对象】|【图表】|【类型】命令，如图 4-164 所示。

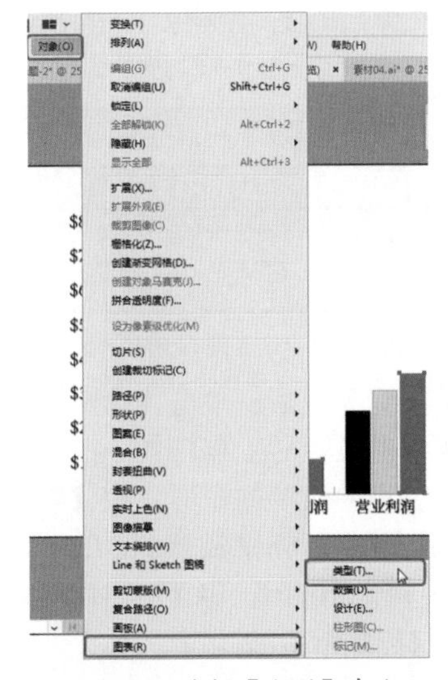

图4-164　选择【类型】命令

06 在弹出的【图表类型】对话框中单击【折线图】按钮，如图 4-165 所示。

图4-165　单击【折线图】按钮

07 设置完成后，单击【确定】按钮，即可为同一图表设置两种不同类型的图表，效果如图 4-166 所示。

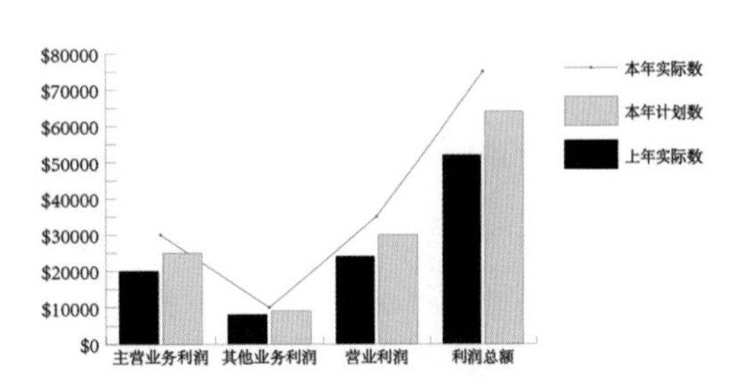

图4-166　创建后的效果

4.3 上机练习——制作月度收支报表

制作月度收支表是家庭理财的重要一环。在收支表内，“月收入”栏记载每月各种形式的货币收入和实物收入；“月支出”栏则反映该月的正常开支和预算外开支的情况。收入减支出，即可发现该月的节余水平或赤字状况。本节将介绍如何制作月度收支报表，实例效果如图 4-167 所示。

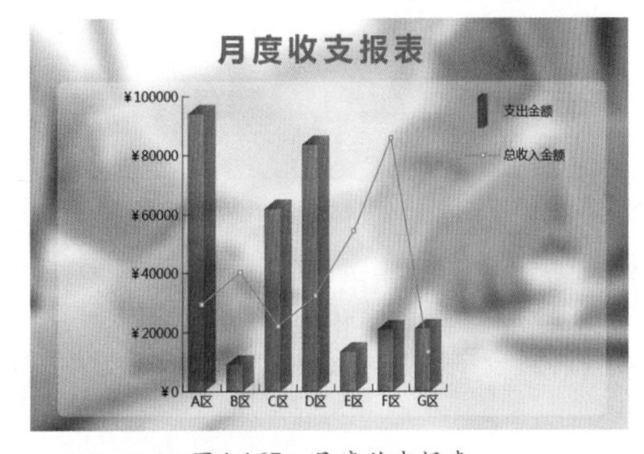

图4-167　月度收支报表

素材	素材\Cha04\月度收支报表素材01.jpg、月度收支报表素材02.ai
场景	场景\Cha04\上机练习——制作月度收支报表.ai
视频	视频教学\Cha04\上机练习——制作月度收支报表.mp4

01 启动 Illustrator CC 软件，按 Ctrl+N 组合键，在弹出的【新建文档】对话框中将单位设置为【毫米】，将【宽度】、【高度】分别设

置为 342、228，如图 4-168 所示。

图4-168　设置新建文档参数

02 设置完成后，单击【创建】按钮。按 Shift+Ctrl+P 组合键，在弹出的【置入】对话框中选择"素材\Cha04\月度收支报表素材01.jpg"素材文件，如图 4-169 所示。

图4-169　选择素材文件

03 在画板中单击鼠标，指定素材文件的位置，在画板中调整该素材文件的位置，在【属性】面板中单击【嵌入】按钮，如图 4-170 所示。

图4-170　置入素材文件

04 继续选中该素材文件，在【外观】面板中单击【添加新效果】按钮，在弹出的菜单中选择【模糊】|【高斯模糊】命令，如图 4-171 所示。

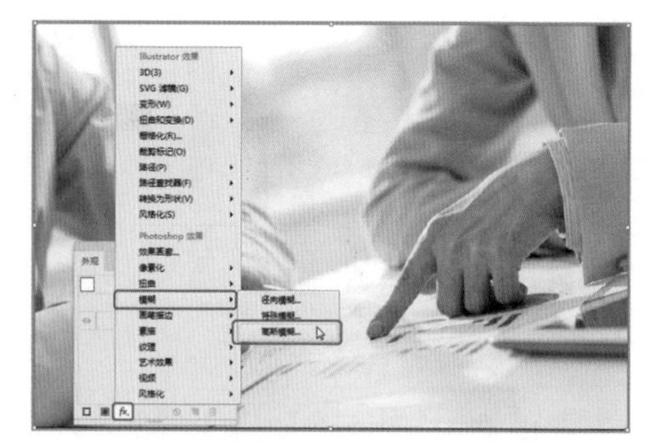

图4-171　选择【高斯模糊】命令

05 在弹出的【高斯模糊】对话框中将【半径】设置为 8.4，如图 4-172 所示。

图4-172　设置高斯模糊参数

06 设置完成后，单击【确定】按钮。选择工具箱中的【矩形工具】，在画板中绘制一个矩形。选中绘制的矩形，在【属性】面板中将【宽】、【高】分别设置为 313.5、185，将【填色】设置为 #ffffff，将【不透明度】设置为 40%，将【描边】设置为无，在【变换】面板中将【圆角半径】设置为 4，如图 4-173 所示。

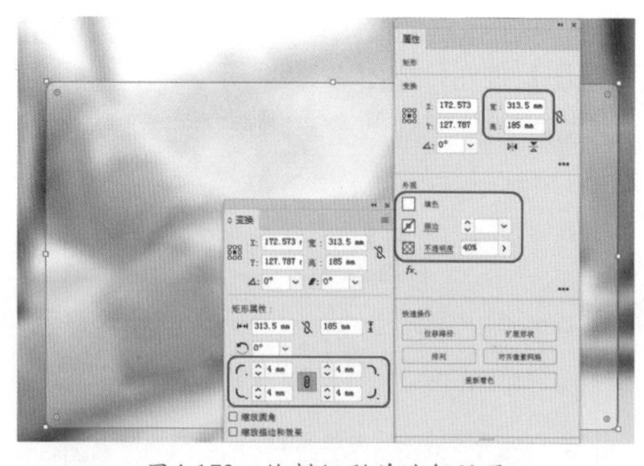

图4-173　绘制矩形并进行设置

07 选择工具箱中的【柱形图工具】，在画板中按住鼠标进行绘制，释放鼠标后，在弹出的对话框中输入内容，效果如图 4-174 所示。

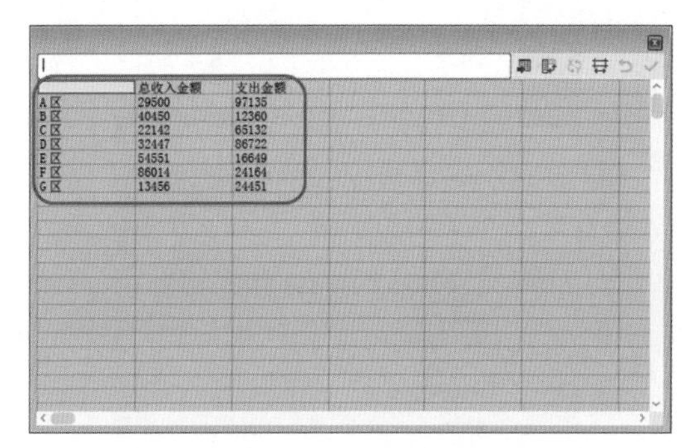

	总收入金额	支出金额
A区	29500	97135
B区	40450	12360
C区	22142	65132
D区	32447	86722
E区	54551	16649
F区	86014	24164
G区	13456	24451

图4-174　输入内容

08 输入完成后，单击【应用】按钮，将对话框关闭。在画板中选择创建的图表，单击鼠标右键，在弹出的快捷菜单中选择【类型】命令，如图 4-175 所示。

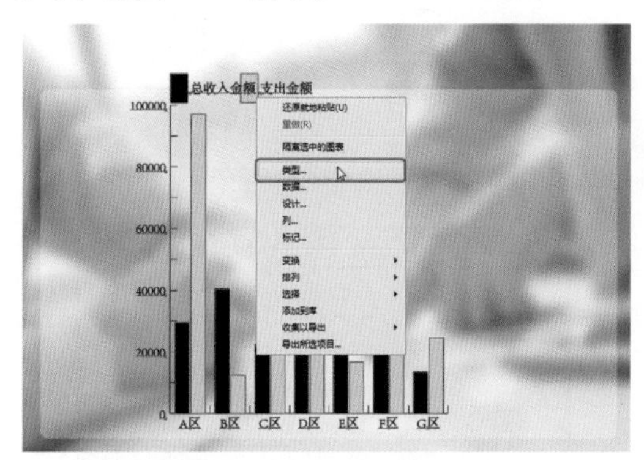

图4-175　选择【类型】命令

09 在弹出的【图表类型】对话框中取消勾选【在顶部添加图例】复选框，如图 4-176 所示。

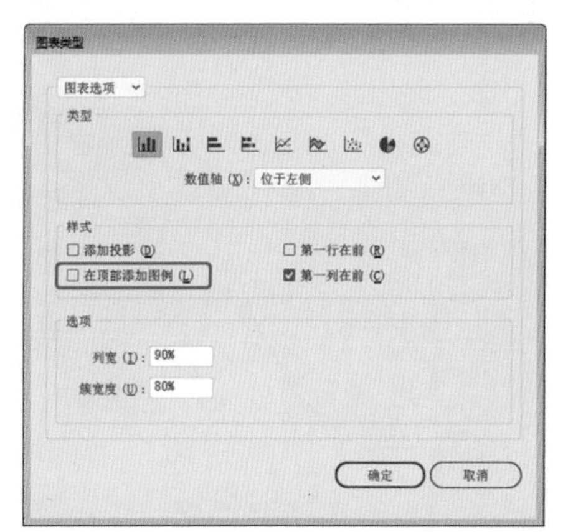

图4-176　取消勾选【在顶部添加图例】复选框

10 在【图表类型】对话框中选择【数值轴】，将【绘制】设置为 0，在【前缀】文本框中输入符号，如图 4-177 所示。

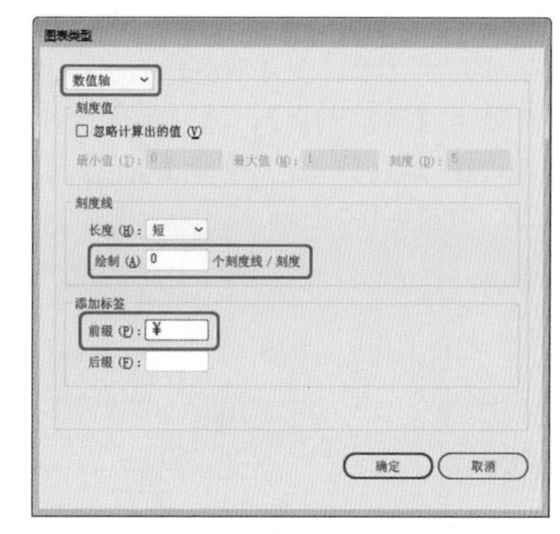

图4-177　设置数值轴参数

11 设置完成后，单击【确定】按钮。选择工具箱中的【编组选择工具】，在画板中单击 3 次黑色的颜色条，选中所有黑色颜色条，如图 4-178 所示。

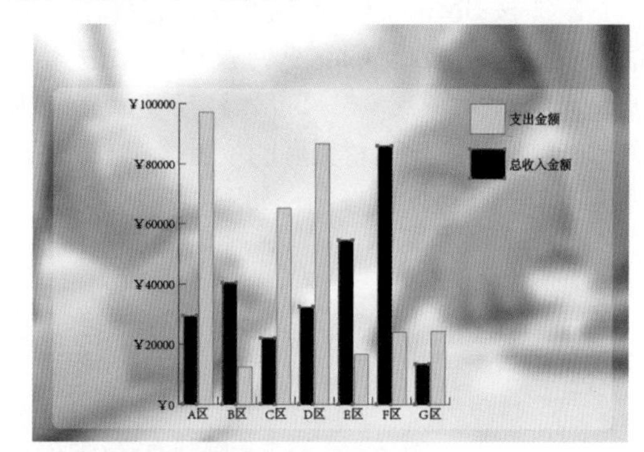

图4-178　选择对象

12 在菜单栏中选择【对象】|【图表】|【类型】命令。在弹出的【图表类型】对话框中单击【折线图】按钮，如图 4-179 所示。

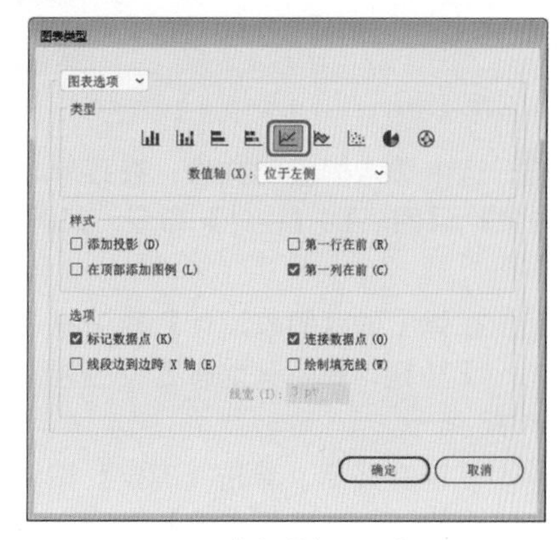

图4-179　单击【折线图】按钮

13 设置完成后，单击【确定】按钮。选择工具箱中的【直接选择工具】，在画板中选择所有的文本，在【字符】面板中将【字体】设置为【微软雅黑】，将【字体大小】设置为20，在【颜色】面板中将【填色】设置为#402c2f，如图4-180所示。

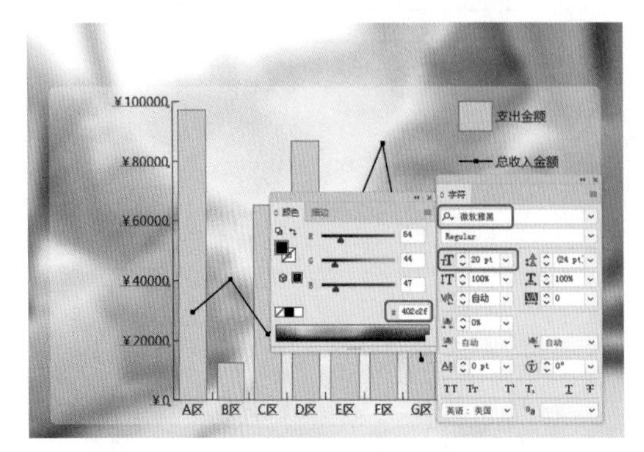

图4-180 设置文字参数

14 按Shift+Ctrl+P组合键，在弹出的对话框中选择“素材\Cha04\月度收支报表素材02.ai”素材文件，单击【置入】按钮。在画板中单击鼠标，指定素材文件的位置，在【属性】面板中单击【嵌入】按钮，如图4-181所示。

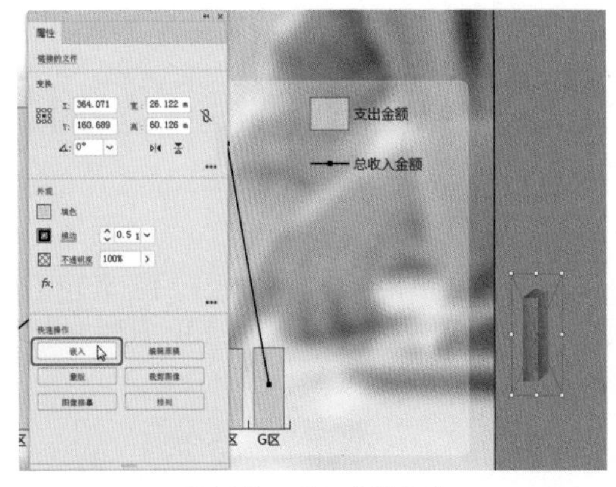

图4-181 置入素材文件

15 选中置入的素材文件，在菜单栏中选择【对象】|【图表】|【设计】命令，如图4-182所示。

16 在弹出的【图表设计】对话框中单击【新建设计】按钮，并将其重命名为“柱形图”，如图4-183所示。

17 设置完成后，单击【确定】按钮。选择工具箱中的【直接选择工具】，在画板中选择如图4-184所示的对象。

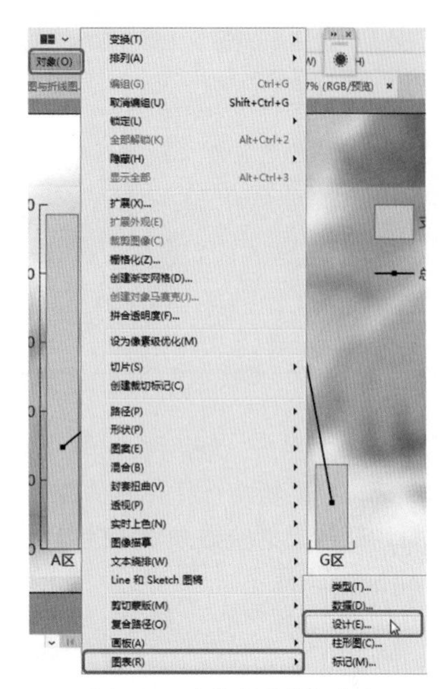

图4-182 选择【设计】命令

图4-183 新建设计

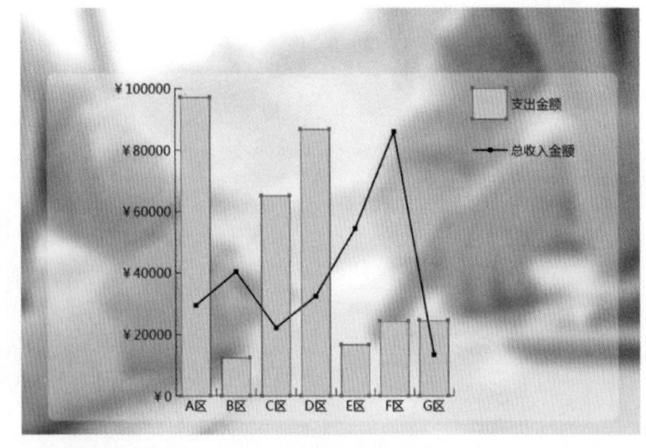

图4-184 选择对象

18 在菜单栏中选择【对象】|【图表】|【柱形图】命令，如图4-185所示。

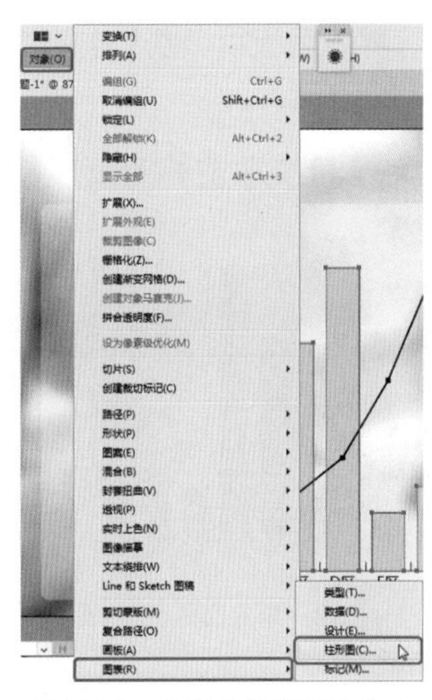

图4-185 选择【柱形图】命令

19 在弹出的【图表列】对话框中选择【柱形图】，将【列类型】设置为【局部缩放】，如图 4-186 所示。

图4-186 设置图表列

20 设置完成后，单击【确定】按钮，即可设置选中的对象，效果如图 4-187 所示。

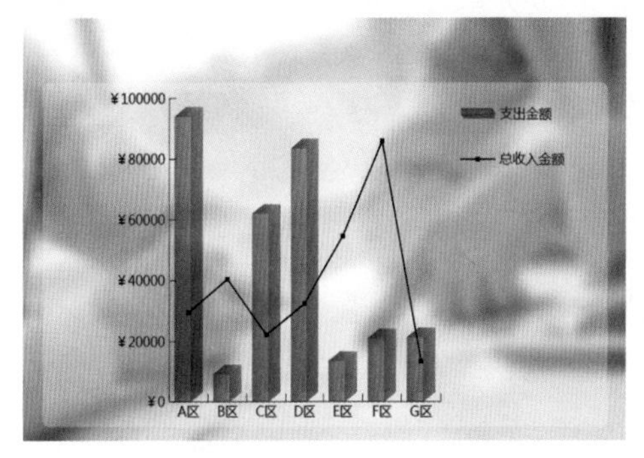

图4-187 设置对象后的效果

21 使用【编组选择工具】，在画板中双击“支出金额”左侧的图例，选中该对象，然后右击鼠标，在弹出的快捷菜单中选择【变换】|【旋转】命令，如图 4-188 所示。

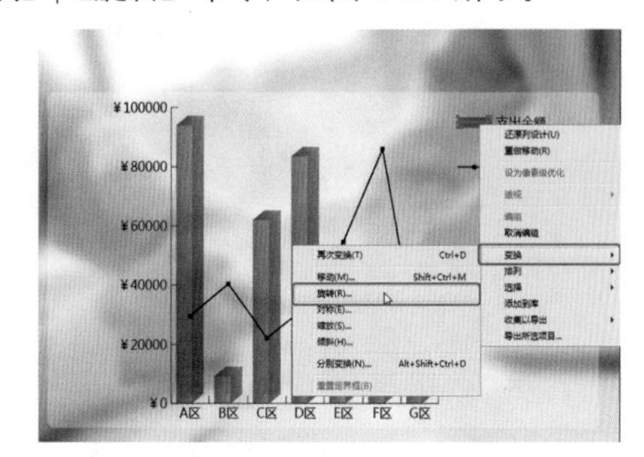

图4-188 选择【旋转】命令

22 在弹出的【旋转】对话框中将【角度】设置为 90°，如图 4-189 所示。

图4-189 设置旋转角度

23 设置完成后，单击【确定】按钮。选择工具箱中的【编组选择工具】，在画板中单击 3 次数据点，选中所有的数据点，在【颜色】面板中将【填色】设置为 #ffffff，将【描边】设置为 #9bbb59，在【描边】面板中将【粗细】设置为 2，如图 4-190 所示。

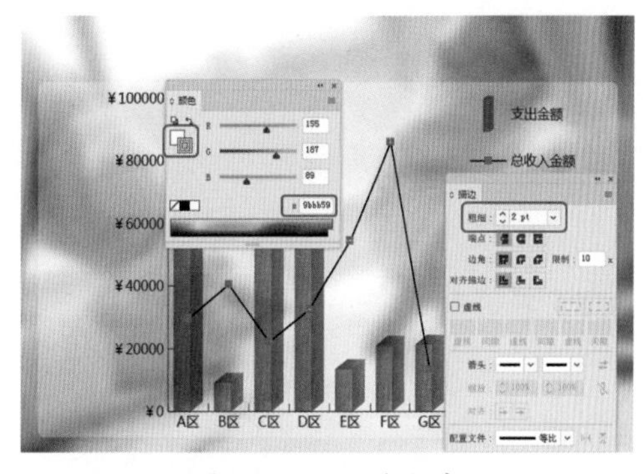

图4-190 设置数据点

24 使用【直接选择工具】在画板中选择黑色线段对象，在【颜色】面板中将【描边】

设置为 #9bbb59，在【描边】面板中将【粗细】设置为 2，如图 4-191 所示。

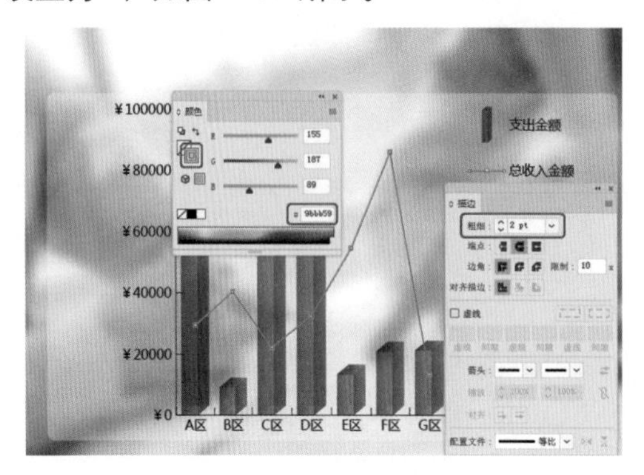

图4-191　设置线段颜色

25 选择工具箱中的【文字工具】T，在画板中单击鼠标，输入文本。选中输入的文本，在【属性】面板中将【字体】设置为【微软雅黑】，将【字体类型】设置为 Bold，将【字体大小】设置为 48，将【字符间距】设置为 200，将【填色】设置为 #3d8789，将【描边】设置为无，并在画板中调整文字的位置，效果如图 4-192 所示。

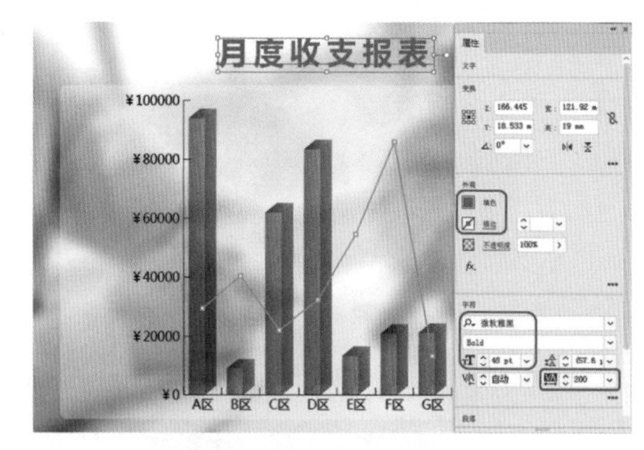

图4-192　输入文本并进行设置

4.4 思考与练习

1. 如何新建符号？
2. 如何修改图表的类型？
3. 如何在同一图表中显示不同类型的图表？

第5章 广告设计——文本的创建与编辑

广告设计是在计算机平面设计技术应用的基础上，随着广告行业发展所形成的一个新职业。广告设计是广告的主题、创意、语言文字、形象、衬托等五个要素的组合安排。广告设计的最终目的就是通过广告来吸引眼球。

平面广告设计在创作上要求表现手段浓缩化和具有象征性，一幅优秀的平面广告设计应充满时代意识的新奇感，并具有设计上独特的表现手法和感情。广告的终极目的在于追求广告效果，而广告效果的优劣，关键在于广告设计的成败。现代广告设计的任务是根据企业营销目标和广告战略的要求，通过引人入胜的艺术表现，清晰准确地传递商品或服务的信息，树立有助于销售的品牌形象与企业形象。

5.1 制作招商广告——文本的基本操作

招商广告，是企业以招商为目的做的广告。本节将介绍如何制作招商广告，实例效果如图 5-1 所示。

图5-1 招商广告

素材	素材\Cha05\招商广告素材01.ai、招商广告素材02.png～招商广告素材04.png、招商广告素材05.ai
场景	场景\Cha05\制作招商广告——文本的基本操作.ai
视频	视频教学\Cha05\制作招商广告——文本的基本操作.mp4

01 启动 Illustrator CC 软件，新建一个文档，在弹出的【新建文档】对话框中将单位设置为【厘米】，将【宽度】、【高度】分别设置为 19、25，如图 5-2 所示。

图5-2 设置新建文档参数

02 设置完成后，单击【创建】按钮。选择工具箱中的【矩形工具】，在画板中绘制一个矩形。选中绘制的矩形，在【属性】面板中将【宽】、【高】分别设置为 19、25，将【填色】设置为 #efefef，将【描边】设置为无，并在画板中调整矩形的位置，如图 5-3 所示。

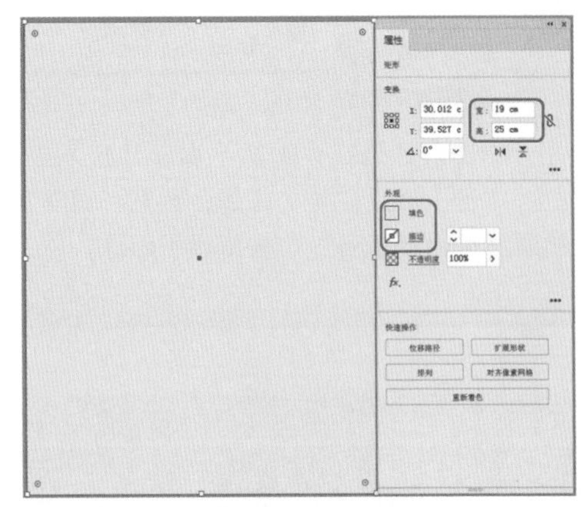

图5-3 绘制矩形

03 按 Shift+Ctrl+P 组合键，在弹出的【置入】对话框中选择“素材 \Cha05\ 招商广告素材 01.ai”素材文件，如图 5-4 所示。

图5-4 选择素材文件

04 在画板中单击鼠标，指定置入位置，并在画板中调整素材的位置，选中该素材文件，在【属性】面板中单击【嵌入】按钮，如图 5-5 所示。

05 使用同样的方法，将“招商广告素材 02.png”“招商广告素材 03.png”素材文件置入画板中，并嵌入图片，效果如图 5-6 所示。

06 选择工具箱中的【钢笔工具】，在画板中绘制一个图形。选中绘制的图形，在【属性】面板中将【填色】设置为 # e73828，将【描边】设置为无，并在画板中调整其位置，效果如

图 5-7 所示。

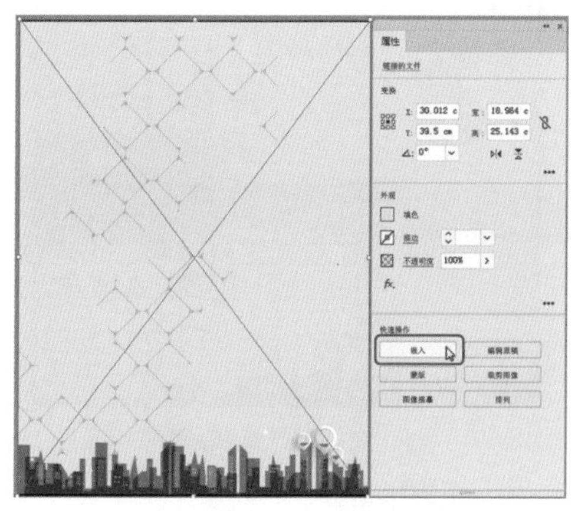

图5-5 置入素材

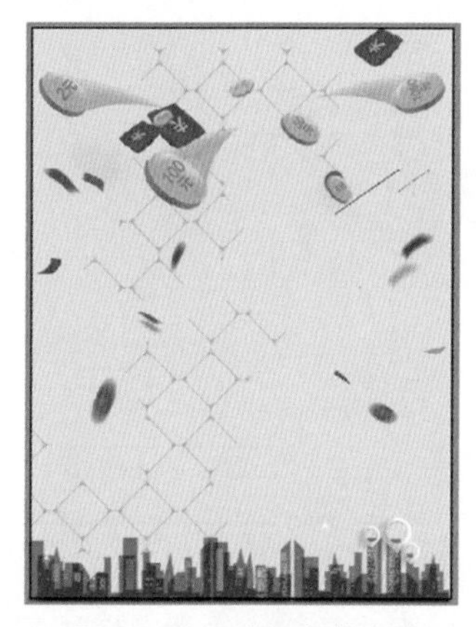

图5-6 置入其他素材文件

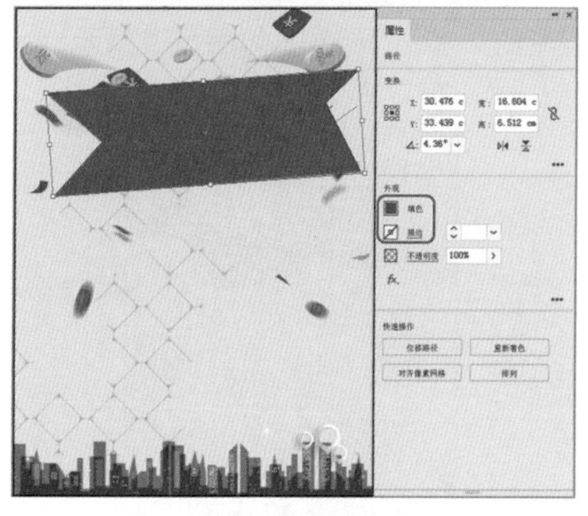

图5-7 绘制图形

07 再次使用【钢笔工具】在画板中绘制一个图形。选中绘制的图形，在【属性】面板中将【填色】设置为#951b0d，将【描边】设置为无，并在画板中调整其位置，效果如图 5-8 所示。

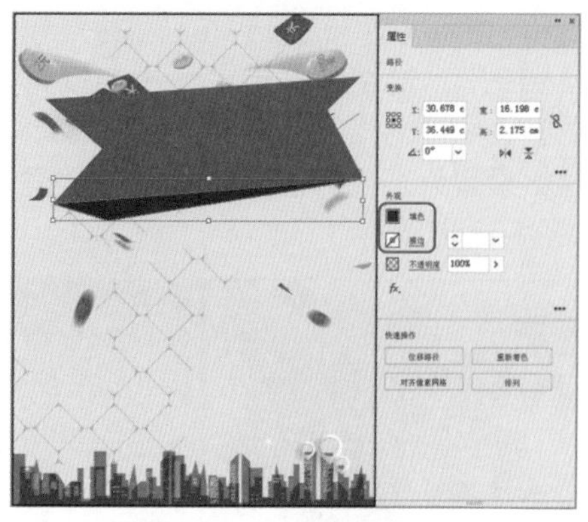

图5-8 绘制图形并进行设置

08 使用【钢笔工具】在画板中绘制一个如图 5-9 所示的图形，在【属性】面板中将【填色】设置为#e73828，将【描边】设置为无。

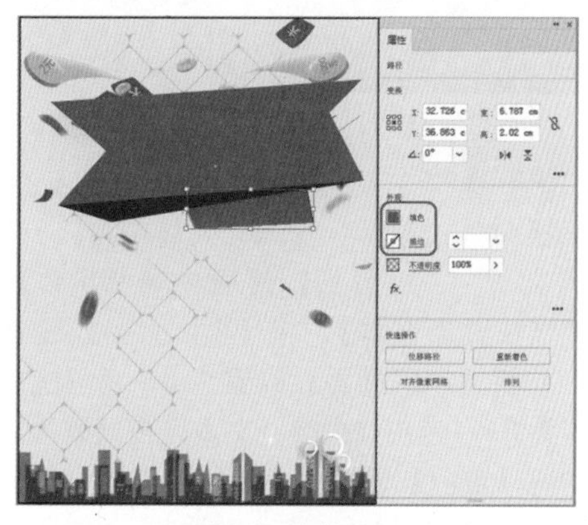

图5-9 绘制图形

09 使用【钢笔工具】在画板中绘制一个图形。选中绘制的图形，在【属性】面板中将【填色】设置为#951b0d，将【描边】设置为无，并在画板中调整其位置，效果如图 5-10 所示。

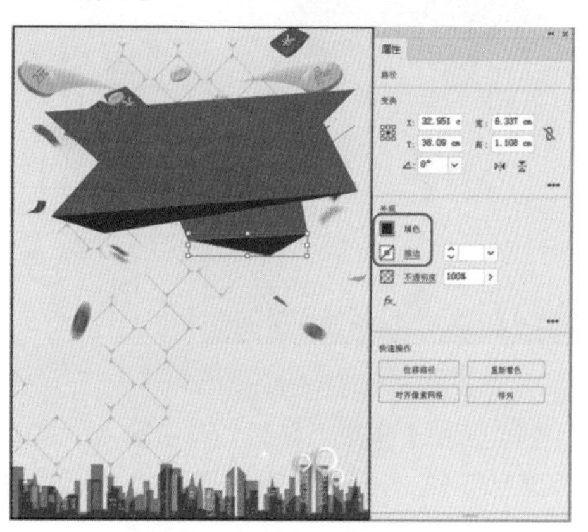

图5-10 绘制图形并进行设置

10 使用【钢笔工具】在画板中绘制两个如图 5-11 所示的图形。选中绘制的图形，在【属性】面板中将【填色】设置为 #e73828，将【描边】设置为无，并在画板中调整其位置，效果如图 5-11 所示。

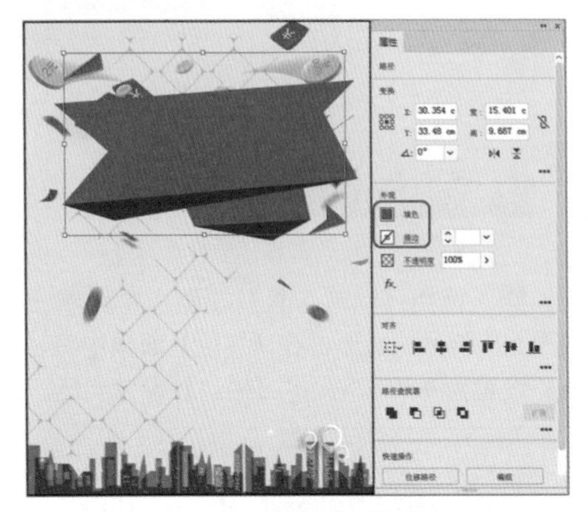

图5-11　绘制其他图形

11 选择工具箱中的【文字工具】T，在画板中单击鼠标，输入“火热招商”。选中所有文本，在【属性】面板中将【字体】设置为【长城新艺体】，将【字体大小】设置为 67.71，将【字符间距】设置为 0，将【旋转】设置为 6.1。选中“火热”文本，在【属性】面板中将【填色】设置为 # ffffff。选中“招商”文本，将【填色】设置为 # ffe400，如图 5-12 所示。

图5-12　输入文本并进行设置

12 使用【选择工具】T选中输入的文本，单击鼠标右键，在弹出的快捷菜单中选择【变换】|【倾斜】命令，如图 5-13 所示。

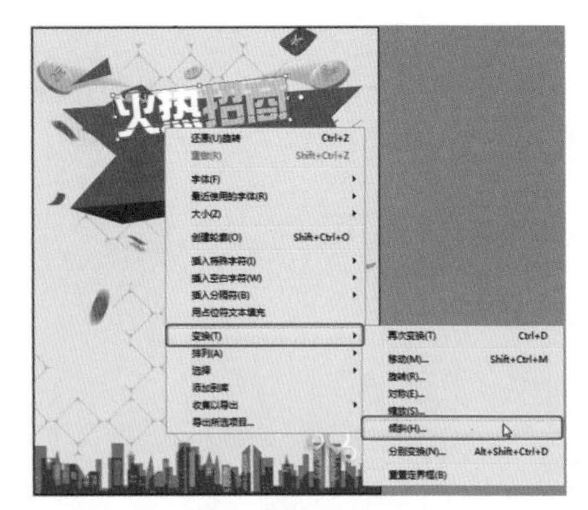

图5-13　选择【倾斜】命令

13 在弹出的【倾斜】对话框中将【倾斜角度】设置为 15°，如图 5-14 所示。

图5-14　设置倾斜角度

14 设置完成后，单击【确定】按钮。按住 Alt 键拖动设置的文本，将其进行复制，并对复制的文本进行修改，如图 5-15 所示。

图5-15　复制文本并进行修改

15 按住 Ctrl 键选中两个文本，按 Ctrl+G 组合键对选中的文本进行编组，按住 Alt 键的同时将编组后的文本进行复制。选中复制后的文本，在【属性】面板中将【填色】设置为

e73828，将【描边】设置为 # e73828，将【描边】粗细设置为 20，如图 5-16 所示。

图5-16　复制文本并进行设置

16 在修改的文本上单击鼠标右键，在弹出的快捷菜单中选择【排列】|【后移一层】命令，如图 5-17 所示。

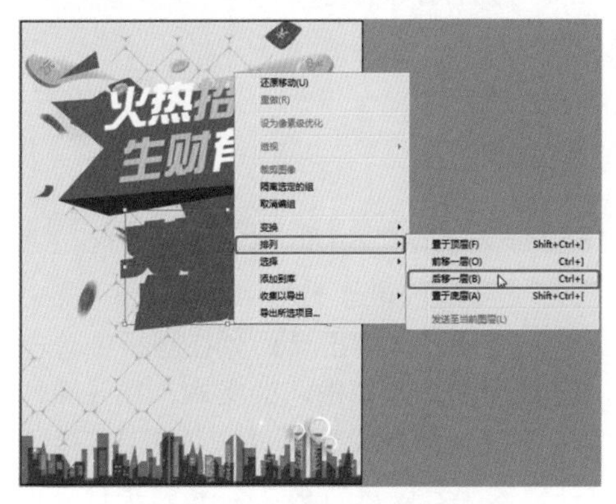

图5-17　选择【后移一层】命令

17 执行该操作后，即可将选中的文本向后移一层，在画板中调整该文本的位置，如图 5-18 所示。

图5-18　调整文本的位置

18 选择工具箱中的【选择工具】，在画板中选择如图 5-19 所示的对象。

图5-19　选择对象

19 按住 Alt 键对选中的对象进行复制。选中复制后的对象，在【属性】面板中将【填色】设置为 # b4b4b5，在【透明度】面板中将【混合模式】设置为【正片叠底】，如图 5-20 所示。

图5-20　设置填色与混合模式

20 继续选中该对象，按 Ctrl+[组合键将选中的对象向后移一层，在画板中调整该对象的位置，如图 5-21 所示。

21 选择工具箱中的【文字工具】T，在画板中绘制一个文本框，输入文本。选中输入的文本。在【属性】面板中将【字体】设置为【汉仪粗黑简】，将【字体大小】设置为 14，将【字符间距】设置为 0，将【填色】设置为

#ffffff，将【旋转】设置为 9.17，如图 5-22 所示。

图5-21　调整对象的位置

图5-22　输入文本并进行设置

22 根据前面介绍的方法将“招商广告素材 04.png”素材文件置入画板中，并调整素材的位置与大小，然后将素材文件嵌入画板中，效果如图 5-23 所示。

图5-23　将素材置入画板中

疑难解答　使用【文字工具】时需要注意什么？

使用【文字工具】和【直排文字工具】时，不要在现有的图形上单击，这样会将文本转换成区域文本或路径文本，在创建文本时，需要在空白位置上单击鼠标，然后再输入文本即可。

23 选择工具箱中的【文字工具】T，在画板中单击鼠标，输入文本。选中输入的文本，在【属性】面板中将【字体】设置为【方正大黑简体】，将【字体大小】设置为 30，将【字符间距】设置为 0，将【填色】设置为 #d81817，如图 5-24 所示。

图5-24　输入文本并进行设置

24 使用【文字工具】T在画板中单击鼠标，输入文字。选中输入的文本，在【属性】面板中将【字体】设置为【方正粗倩简体】，将【字体大小】设置为 41.77，将【字符间距】设置为 50，将【填色】设置为 # 060404，如图 5-25 所示。

图5-25　输入其他文本

知识链接：文字工具

在 Illustrator 中提供了 6 种文字工具，如图 5-26 所示。

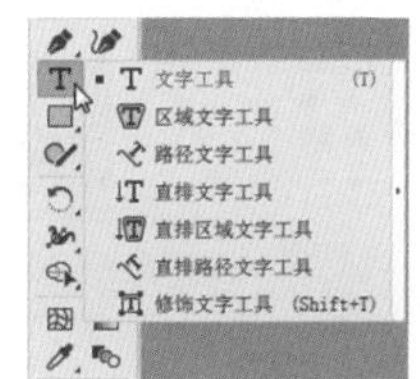

图5-26　文字工具

用户可以用这些文字工具创建或编辑横排或直排的点文字、区域文字或路径文字对象。

- 点文字是指从页面中单击的位置开始，随着字符的输入而扩展的一行或一列横排或直排文本。这种方式适用于在图稿中输入少量的文本，如图 5-27 所示。

图5-27　点文本

- 区域文字是指利用对象的边界来控制字符排列。当文本触及边界时，会自动换行。可以创建包含一个或多个段落的文本，如图 5-28 所示。

图5-28　区域文本

- 路径文字是指沿着开放或封闭的路径排列的文字。水平输入文本时，字符的排列与基线平行；垂直输入文本时，字符的排列与基线垂直，如图 5-29 所示。

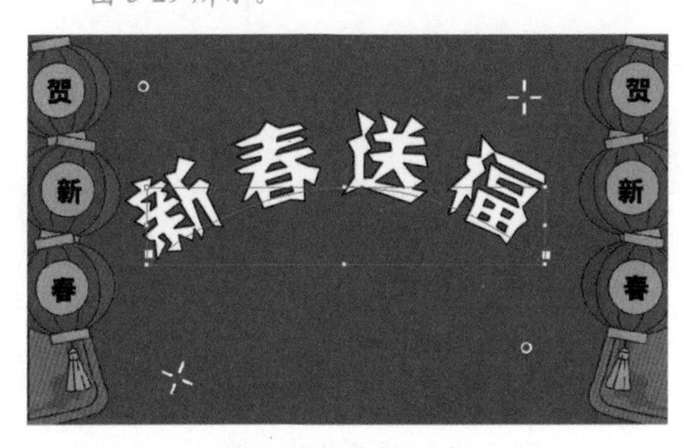

图5-29　路径文本

25 选择工具箱中的【文字工具】T，在画板中单击鼠标，输入文本。选中输入的文本，在【属性】面板中将【字体】设置为【Adobe 黑体 Std R】，将【字体大小】设置为 14.7，将【字符间距】设置为 0，将【填色】设置为 # d81817，在画板中调整其位置，如图 5-30 所示。

图5-30　输入文本并进行设置

26 选择工具箱中的【直线段工具】，在画板中绘制两条直线段，选中绘制的直线段，在【属性】面板中将【填色】设置为 # d81817，将【描边】设置为 2，如图 5-31 所示。

图5-31　绘制直线段

27 根据前面介绍的方法将“招商广告素材 05.ai”素材文件置入画板中，并对其进行调整，效果如图 5-32 所示。

28 根据前面介绍的方法绘制其他图形并输入文本，然后调整图形的排列顺序，效果如

图 5-33 所示。

图5-32　置入素材文件

图5-33　绘制其他图形并输入文本后的效果

5.1.1　点文本

使用【文字工具】T和【直排文字工具】IT可以在某一点输入文本。其中，【文字工具】T创建横排文本，【直排文字工具】IT可创建直排文本。

1. 横排文本

下面介绍创建横排文本的方法，具体的操作步骤如下。

01 启动 Illustrator CC 软件，按 Ctrl+O 组合键，在弹出的【打开】对话框中选择“素材\Cha05\素材 02.ai”素材文件，如图 5-34 所示。

02 单击【打开】按钮，将选中的素材文件打开，效果如图 5-35 所示。

图5-34　选择素材文件

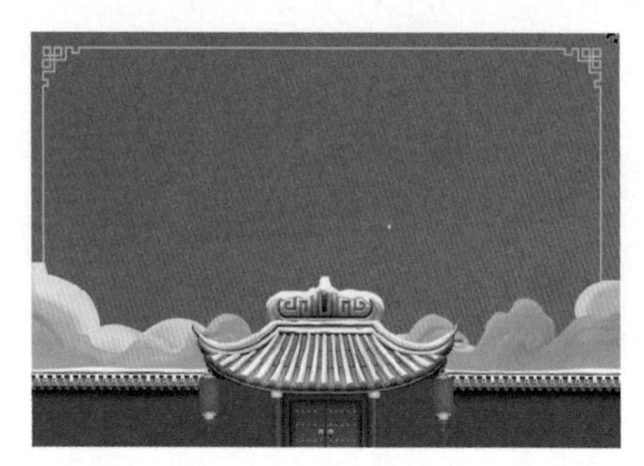

图5-35　打开的素材文件

03 选择工具箱中的【文字工具】，当鼠标指针变为形态时，在画板中单击鼠标，输入文本。选中输入的文本，在【字符】面板中将【字体】设置为【方正粗活意简体】，将【字体大小】设置为 130，将【字符间距】设置为 0，在【属性】面板中将【填色】设置为 # ffe100，如图 5-36 所示。

图5-36　输入文本

04 继续选中输入的文本，在菜单栏中选择【效果】|【风格化】|【投影】命令，在弹出的对话框中将【模式】设置为【正片叠底】，将【不透明度】设置为 75%，将【X 位移】、【Y

位移】、【模糊】分别设置为 0.1、0.1、0.18，将【颜色】设置为 #aa0019，效果如图 5-37 所示。设置完成后，单击【确定】按钮。

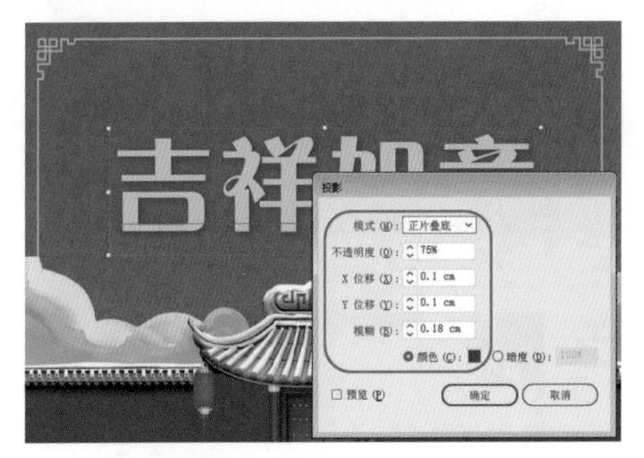

图5-37 添加【投影】效果

2. 竖排文本

输入竖排文本的方法与输入横排文本的方法相同，具体的操作步骤如下。

01 打开“素材\Cha05\素材 02.ai”素材文件，如图 5-38 所示。

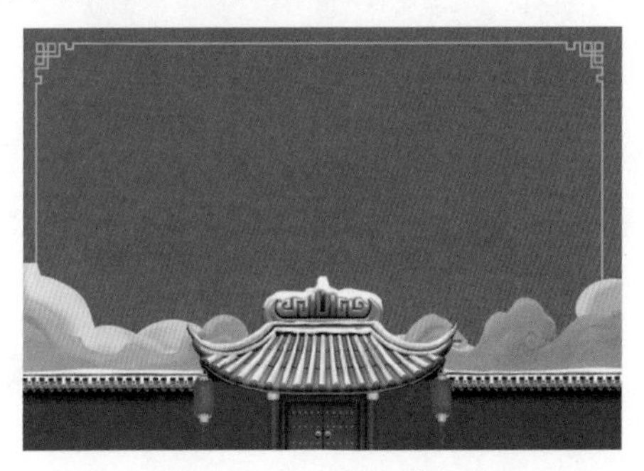

图5-38 打开的素材文件

02 选择工具箱中的【直排文字工具】，在画板中单击鼠标，输入文本。选中输入的文本，在【属性】面板中将【字体】设置为【方正黄草简体】，将【字体大小】设置为 36，将【字符间距】设置为 0，将【填色】设置为 #ffffff，如图 5-39 所示。

03 继续使用【直排文字工具】在画板中单击鼠标，输入文本。选中输入的文本，在【属性】面板中将【字体】设置为【方正黄草简体】，将【字体大小】设置为 18，将【字符间距】设置为 0，将【填色】设置为 # ffffff，如图 5-40 所示。

04 再次使用【直排文字工具】在画板中单击鼠标，输入文本。选中输入的文本，在【属性】面板中将【字体】设置为【方正黄草简体】，将【字体大小】设置为 24，将【行距】设置为 60，将【填色】设置为 # ffffff，如图 5-41 所示。

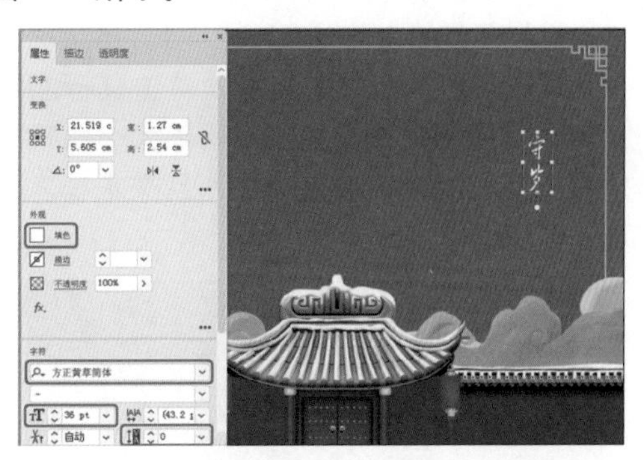

图5-39 输入文本

图5-40 再次输入文本

图5-41 输入文本并进行设置

5.1.2 区域文本

区域文本利用对象边界来控制字符的排列。当文本触及边界时将自动换行以使文本位于所定义的区域内。

1. 创建区域文本

在 Illustrator CC 中，可以通过拖曳文本框来创建文本区域，还可以将现有图形转换为文本区域。

通过拖曳文本框创建文本区域的操作步骤如下。

01 打开“素材\Cha05\素材02.ai”素材文件，选择工具箱中的【文字工具】，当鼠标指针变为形态时，在文本起点处单击鼠标左键并向对角线方向拖曳，拖曳出所需大小的矩形框后释放鼠标，光标会自动插入到文本框内，如图5-42所示。

图5-42　绘制文本框

02 在创建的文本框中输入文本。选中输入的文本，在【属性】面板中将【字体】设置为【方正粗活意简体】，将【字体大小】设置为16，将【填色】设置为#ffffff，如图5-43所示。

图5-43　输入文本并进行设置

除了可以使用【文字工具】绘制文本区域外，用户还可以将绘制的图形转换为文本区域。下面将简单介绍如何将图形转换为文本区域，具体操作步骤如下。

01 选择工具箱中的【椭圆工具】，在画板中绘制一个椭圆形，如图5-44所示。

02 选择工具箱中的【区域文字工具】，将鼠标移至图形框边缘，指针将变为形态，如图5-45所示。

03 单击图形，则完成将图形转换为文本区域的操作，如图5-46所示。

图5-44　绘制椭圆形

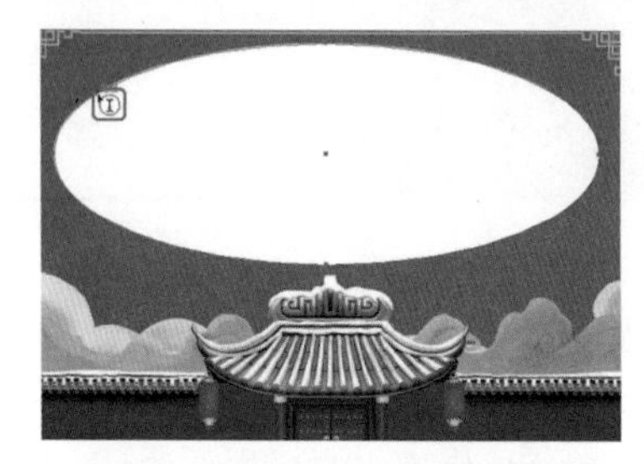

图5-45　将鼠标移至图形框边缘

图5-46　将图形转换为文本区域

04 在转换为文本区域的图形框中输入文本，并对输入的文本进行设置，效果如图5-47所示。

图5-47　输入文本

提　示

将图形转换为文本区域时，Illustrator会自动将该图形的属性删除，例如填充、描边等。

如果用作文本区域的图形为开放路径，则必须使用【区域文字工具】或【直排区域文字工具】来定义文本框。Illustrator可在路径的端点之间绘制一条虚构的直线来定义文本的边界。例如在画板中绘制一条开放路径，如图 5-48 所示。选择【区域文字工具】，在路径上单击鼠标，然后输入文本，效果如图 5-49 所示。

图5-48　绘制开放路径

图5-49　输入文本后的效果

2. 调整文本区域的形状

当输入的文本超出文本框的容量时，在文本框的右下角会出现一个红色加号⊞，表示溢流文本，这时就需要对文本区域的形状进行调整，具体的操作步骤如下。

01 按 Ctrl+O 组合键，在弹出的【打开】对话框中选择“素材 \Cha05\ 素材 03.ai”素材文件，单击【打开】按钮，如图 5-50 所示。

图5-50　打开的素材文件

02 选择工具箱中的【选择工具】，然后单击选择文本框，并将鼠标移至文本框边缘，当指针变为↕形态时，拖曳鼠标，将文本框拉大到溢流文本出现即可，如图 5-51 所示。

图5-51　显示全部文本

3. 文本的串接与中断

当输入的文本超出文本框容量时，还可以将文本串接到另一个文本框中，即串接文本，具体的操作步骤如下。

01 打开“素材 03.ai”素材文件，选择工具箱中的【选择工具】，将鼠标移至溢流文本的位置，单击红色加号⊞，当指针变为形态时，表示已经加载文本。在空白部分单击并沿对角线方向拖曳鼠标，如图 5-52 所示。

图5-52　绘制文本框

02 释放鼠标后可以看到加载的文字自动排入拖曳的文本框中，效果如图 5-53 所示。

图5-53　串接文本

还可以将独立的文本框串接在一起，或者将串接的文本框断开。下面来介绍串接与断开文本框的方法，具体的操作步骤如下。

01 按 Ctrl+O 组合键，在弹出的【打开】对话框中选择“素材 \Cha05\ 素材 04.ai”素材文件，单击【打开】按钮，如图 5-54 所示。

图5-54　打开的素材文件

02 在素材文件中有两个独立的文本框，下面将这两个文本框串接起来。首先使用【选择工具】选择第一个文本框，将鼠标放置在文本框右下角文字的出口处，如图 5-55 所示。

图5-55　将鼠标放置在文本框的右下角

03 单击鼠标左键，然后将鼠标移至第二个文本框中，此时鼠标指针会变成形态，如图 5-56 所示。

04 单击鼠标左键，即可将文本框串接起来，文本框串接起来之后，如果第一个文本框中有空余的地方，则第二个文本框中的内容会自动流入第一个文本框中，如图 5-57 所示。

同样，在 Illustrator 中也可将串接的两个文本框断开，具体操作步骤如下。

01 使用【选择工具】选择需要断开串接的文本框，将鼠标移至文本框的左上角，即文字的入口处，单击鼠标左键，如图 5-58 所示。

图5-56　将鼠标放置在第二个文本框上

图5-57　串接文本

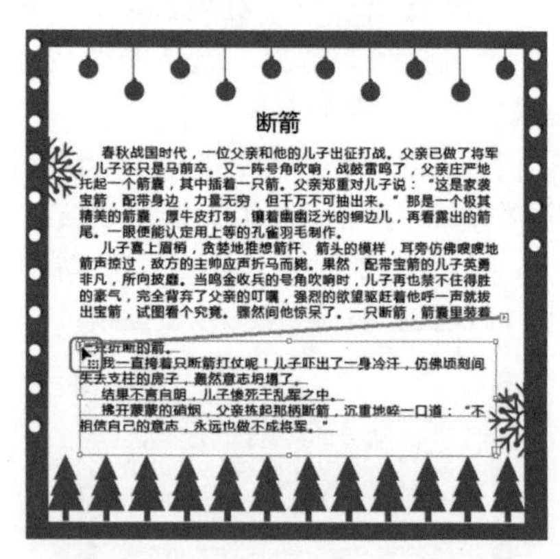

图5-58　在第二个文本框中单击鼠标

02 再将鼠标移至上一个文本框的右下角，即文字的出口处，此时鼠标指针会变为形态，如图 5-59 所示。

03 单击鼠标左键，则完成断开文本框串接的操作，被断开串接的文本将排入上一个文本框中，如图 5-60 所示。

图5-59　鼠标指针变为断开形态

图5-60　断开文本串接

4. 设置区域文本

创建区域文本后，还可以根据需要对文本区域的宽度和高度、文本的间距等进行设置，具体操作步骤如下。

01 使用【选择工具】选择一个带有文本的文本框，在菜单栏中选择【文字】|【区域文字选项】命令，如图 5-61 所示。

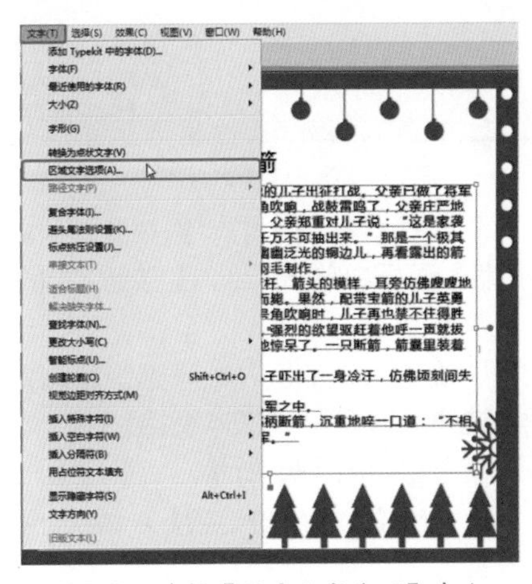

图5-61　选择【区域文字选项】命令

02 执行该操作后，将会弹出【区域文字选项】对话框，如图 5-62 所示。

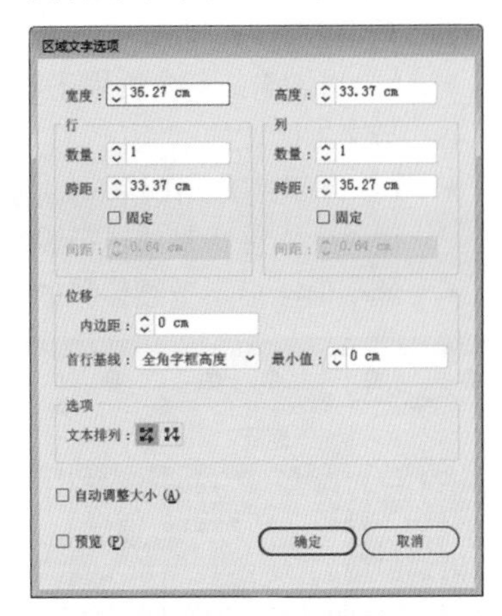

图5-62　【区域文字选项】对话框

该对话框中各选项的功能介绍如下。

- 【宽度】和【高度】：分别表示文本区域的宽度和高度，如图 5-63 所示为设置完宽度后的效果。

图5-63　设置宽度后的效果

- 【行】和【列】选项组中的各参数介绍如下。
  - 【数量】：指定对象要包含的行数、列数(即通常所说的【栏数】)，设置列数量后的效果如图 5-64 所示。
  - 【跨距】：指定单行高度和单栏宽度。
  - 【固定】：确定调整文本区域大小时行高和栏宽的变化情况。
  - 【间距】：用于指定行间距或列

间距。

- 【位移】：用于升高或降低文本区域中的首行基线。
    - 【内边距】：该选项用于设置文本与文本区域的间距。
    - 【首行基线】：在该下拉列表中可以对文本首行基线进行设置。
    - 最小值：指定基线偏移的最小值。

图5-64　设置列数后的效果

- 【文本排列】选项：确定文本在行和列间的排列方式，有【按行，从左到右】和【按列，从左到右】两种。

03 在该对话框中将【内边距】设置为 1，如图 5-65 所示。

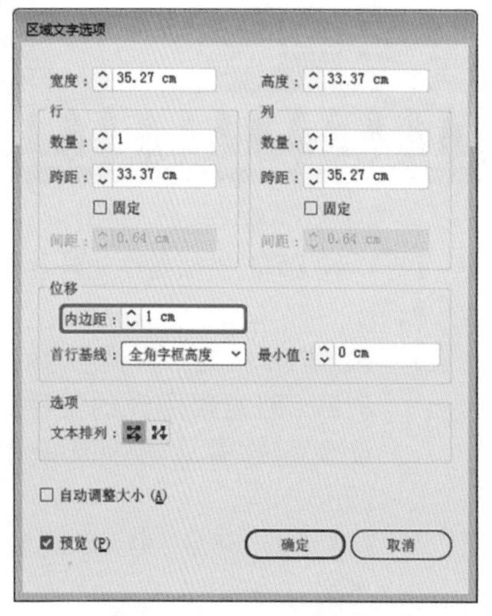

图5-65　设置内边距

04 设置完成后，单击【确定】按钮，区域文本的设置效果如图 5-66 所示。

图5-66　设置内边距后的效果

5. 文本绕排

可以将文本绕排在任何对象的周围，包括文本对象、导入的图像和绘制的对象，设置文本绕排的操作步骤如下。

01 按 Shift+Ctrl+P 组合键，在弹出的【置入】对话框中选择“素材 \Cha05\ 素材 05.png”素材文件，如图 5-67 所示。

图5-67　选择素材文件

02 单击【置入】按钮，选中置入的对象，在【属性】面板中单击【嵌入】按钮，如图 5-68 所示。

03 确定置入的图片处于选择状态，在菜单栏中选择【对象】|【文本绕排】|【文本绕排选项】命令，如图 5-69 所示。

04 弹出【文本绕排选项】对话框，将【位移】设置为 12，如图 5-70 所示。

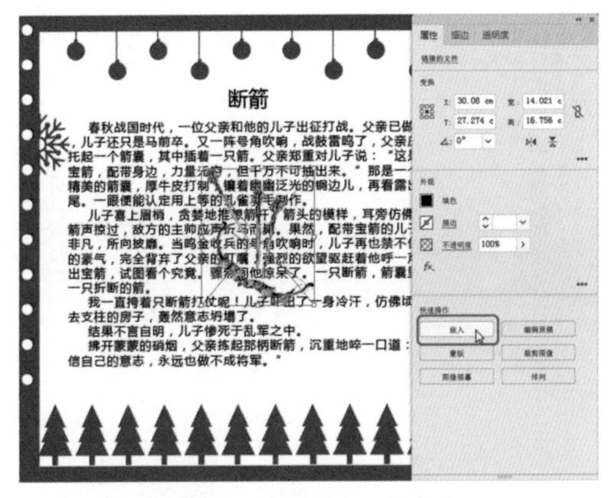

图5-68 单击【嵌入】按钮

图5-69 选择【文本绕排选项】命令

图5-70 设置【位移】参数

- 【位移】：指定文本和绕排对象之间的间距，可以输入正值或负值。
- 【反向绕排】复选框：勾选该复选框，可围绕对象反向绕排文本。

05 设置完成后，单击【确定】按钮。在菜单栏中选择【对象】|【文本绕排】|【建立】命令，如图 5-71 所示。

06 选择【建立】命令后，即可创建文本绕排，效果如图 5-72 所示。

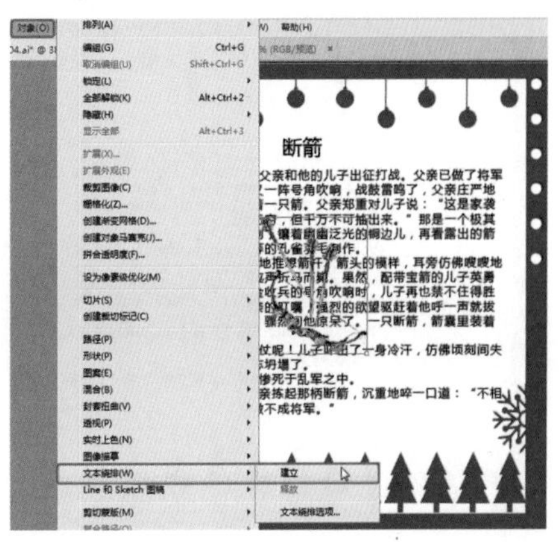

图5-71 选择【建立】命令

图5-72 文本绕排效果

若要删除对象周围的文字绕排，可以先选择该对象，然后在菜单栏中选择【对象】|【文本绕排】|【释放】命令，如图 5-73 所示。即可释放文本绕排效果，如图 5-74 所示。

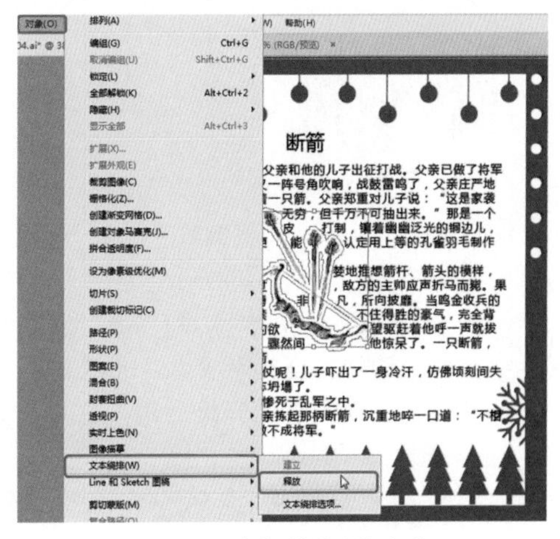

图5-73 选择【释放】命令

图5-74　释放文本绕排

5.1.3　创建并调整路径文本

路径文本是指沿着开放或封闭的路径排列的文本。下面来介绍创建路径文本的方法，以及沿路径移动、翻转文字和调整路径文字对齐的方法。

1. 创建路径文本

下面来介绍创建路径文本的方法，具体的操作步骤如下。

01 按 Ctrl+O 组合键，在弹出的【打开】对话框中选择“素材\Cha05\素材 06.ai”素材文件，单击【打开】按钮，如图 5-75 所示。

图5-75　打开的素材文件

02 选择工具箱中的【钢笔工具】，然后在画板中绘制路径，如图 5-76 所示。

03 选择【路径文字工具】，然后将鼠标移至曲线边缘，当指针变为形态时，单击鼠标左键，出现闪烁的光标后输入文本，如图 5-77 所示。

提　示

如果路径为封闭路径而不是开放路径，则必须使用【路径文字工具】或【直排路径文字工具】。

图5-76　绘制路径

图5-77　输入文字

04 选中输入的文本，在【属性】面板中将【字体】设置为【方正大黑简体】，将【字体大小】设置为 120，将【字符间距】设置为 200，将【填色】设置为 #ff0055，设置后的效果如图 5-78 所示。

图5-78　设置文本后的效果

2. 沿路径移动和翻转文本

下面来介绍沿路径移动和翻转文本的方法，具体的操作步骤如下。

01 继续上一小节的操作。使用【选择工具】选中路径文本，可以看到在路径的起点、中点及终点处，都会出现标记，如图 5-79 所示。

02 将鼠标移至文本的起点标记上，此时鼠标指针变成形态，如图 5-80 所示。

图5-79 选择文本

图5-80 将鼠标放置在路径文本的开始处

03 沿路径拖动文本的起点标记，可以将文本沿路径移动，如图 5-81 所示。

图5-81 移动文本后的效果

04 将鼠标移至文本的中点标记上，当鼠标指针变成形态时，向下拖动中间的标记，越过路径，即可沿路径翻转文本的方向，如图 5-82 所示。

图5-82 翻转文本

3. 应用路径文本效果

下面来介绍应用路径文本效果的方法，具体的操作步骤如下。

01 选择工具箱中的【选择工具】，选择路径文字，如图 5-83 所示。

图5-83 选择路径文本

02 在菜单栏中选择【文字】|【路径文字】|【路径文字选项】命令，如图 5-84 所示。

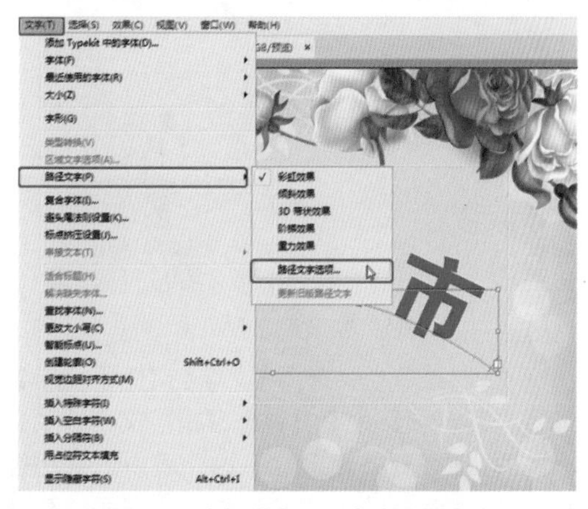

图5-84 选择【路径文字选项】命令

03 弹出【路径文字选项】对话框，在【效果】下拉列表中选择一个选项，在这里选择【倾斜】选项，如图 5-85 所示。

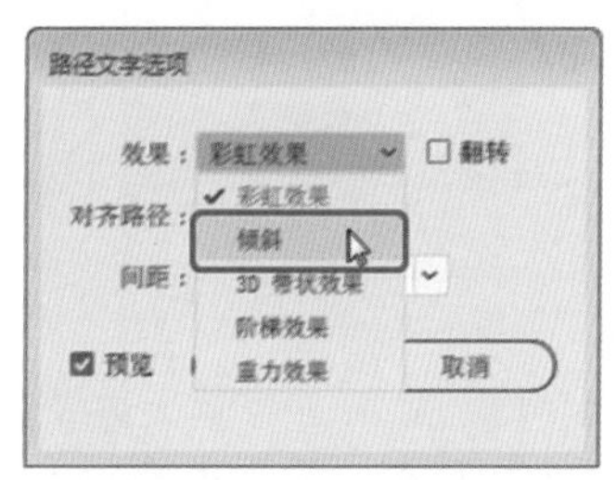

图5-85 选择【倾斜】选项

04 单击【确定】按钮，即可为路径文本应用【倾斜】效果，如图 5-86 所示。

4. 调整路径文本的垂直对齐方式

下面来介绍如何调整路径文本的垂直对齐方式，具体的操作步骤如下。

01 继续上一小节的操作。使用【选择工具】选择路径文本，如图 5-87 所示。

图5-86　倾斜效果

图5-87　选择路径文本

02 在菜单栏中选择【文字】|【路径文字】|【路径文字选项】命令，弹出【路径文字选项】对话框，在【对齐路径】下拉列表中选择路径文本的垂直对齐方式，在这里选择【居中】选项，如图 5-88 所示。

图5-88　设置对齐路径

- 【字母上缘】：沿字体上边缘对齐。
- 【字母下缘】：沿字体下边缘对齐。
- 【居中】：沿字体上、下边缘间的中心点对齐。
- 【基线】：沿基线对齐，默认设置。

03 设置完成后，单击【确定】按钮，设置路径文本垂直对齐方式后的效果如图 5-89 所示。

图5-89　设置路径文本垂直对齐方式

5.1.4 导入和导出文本

1. 导入文本

在 Illustrator CC 中，可以将纯文本或 Microsoft Word 文档导入图稿中或已创建的文本中，具体的操作步骤如下。

01 按 Ctrl+O 组合键，在弹出的【打开】对话框中选择“素材\Cha05\素材 06.ai”素材文件，单击【打开】按钮，如图 5-90 所示。

图5-90　打开的素材文件

02 在菜单栏中选择【文件】|【置入】命令，弹出【置入】对话框，选择“素材\Cha05\素材 07.doc”素材文件，如图 5-91 所示。

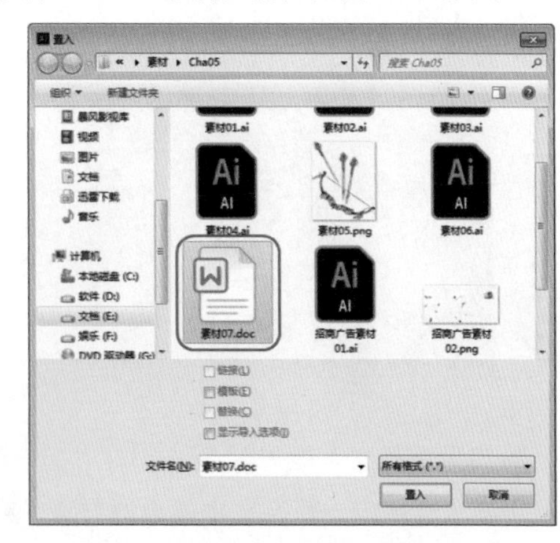

图5-91　选择素材文件

03 单击【置入】按钮，弹出【Microsoft Word 选项】对话框，使用默认设置，如图 5-92 所示。

图5-92 【Microsoft Word选项】对话框

04 在画板中单击鼠标左键指定文本的位置，选中置入的文本，在【属性】面板中将【字体】设置为【汉仪中楷简】，将【字体大小】设置为 18，将【行距】设置为 48，并调整文本框的大小，如图 5-93 所示。

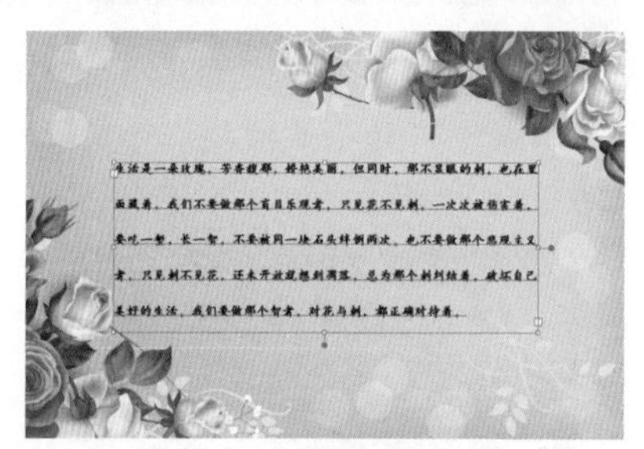

图5-93 置入文本并进行设置

05 在菜单栏中选择【文件】|【置入】命令，弹出【置入】对话框，选择“素材 \Cha05\素材 08.txt”素材文件，如图 5-94 所示。

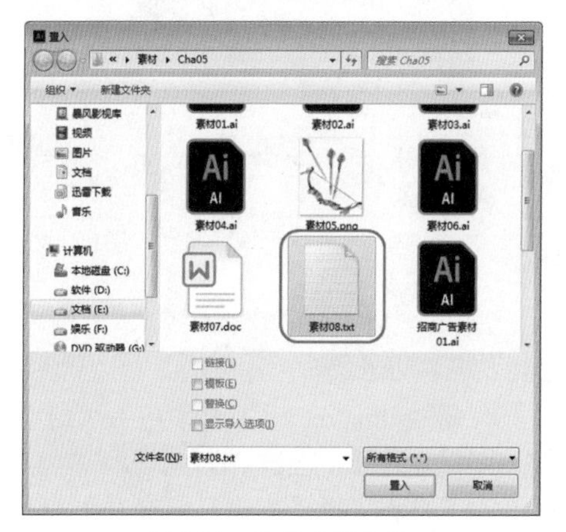

图5-94 选择素材文件

06 单击【置入】按钮，弹出【文本导入选项】对话框，在【字符集】下拉列表框中选择 GB18030 选项，然后勾选【在每行结尾删除】和【在段落之间删除】复选框，如图 5-95 所示。

图5-95 【文本导入选项】对话框

07 在画板中单击鼠标左键指定文本的位置，选中置入的文本，在【属性】面板中将【字体】设置为【汉仪中楷简】，将【字体大小】设置为 36，将【字符间距】设置为 200，如图 5-96 所示。

图5-96 置入文本

2. 导出文本

在 Illustrator CC 中，可以将创建的文档导出为纯文本格式，具体的操作步骤如下。

01 继续上一小节的操作。使用【选择工具】在画板中选择要导出的文本，如图 5-97 所示。

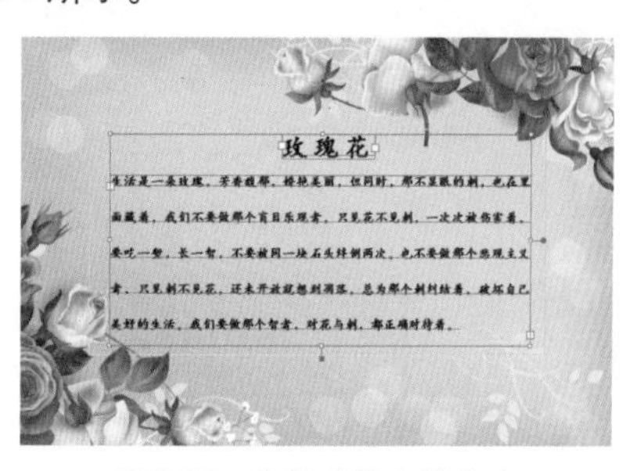

图5-97 选择要导出的文本

02 选择完成后，在菜单栏中选择【文件】|【导出】|【导出为】命令，如图 5-98 所示。

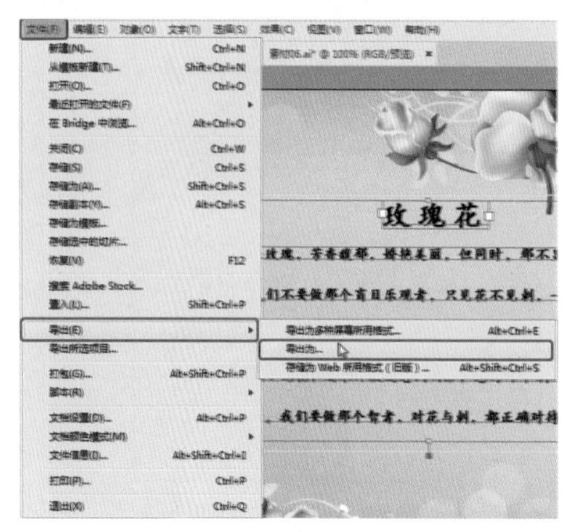

图5-98 选择【导出为】命令

03 弹出【导出】对话框，选择导出路径，然后输入文件名，并在【保存类型】下拉列表中选择【文本格式 (*. TXT)】选项，如图 5-99 所示。

图5-99 【导出】对话框

04 单击【导出】按钮，弹出【文本导出选项】对话框，使用默认设置，如图 5-100 所示。

图5-100 【文本导出选项】对话框

05 单击【导出】按钮，即可导出文档。然后在本地计算机中打开导出的文档，效果如图 5-101 所示。

提 示

如果只想导出文档中的部分文本，可以先选择要导出的文本，然后执行【导出】命令即可。

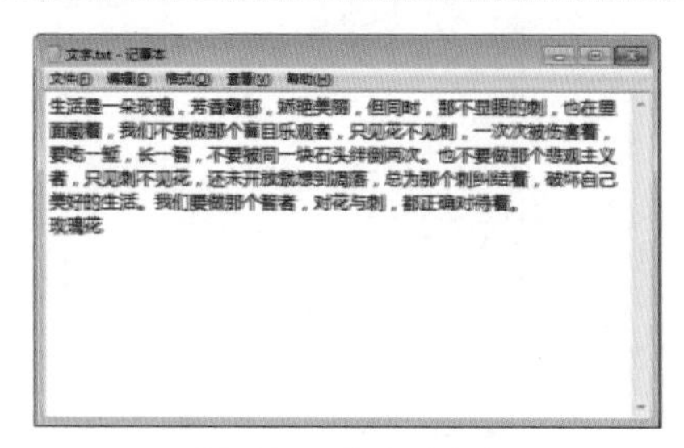

图5-101 导出的文档

5.2 制作年货节宣传广告——设置文本格式

置办年货是中国寻常百姓家不可或缺的头等大事，本案例将介绍如何制作年货节宣传广告，效果如图 5-102 所示。

图5-102 年货节宣传广告

素材	素材\Cha05\年货节素材01.png、年货节素材02.ai
场景	场景\Cha05\制作年货节宣传广告——设置文字格式.ai
视频	视频教学\Cha05\制作年货节宣传广告——设置文本格式.mp4

01 启动 Illustrator CC 软件，按 Ctrl+N 组合键，在弹出的【新建文档】对话框中将单位设置为【毫米】，将【宽度】、【高度】分别设置为 600、608，如图 5-103 所示。

02 设置完成后，单击【创建】按钮。选择工具箱中的【矩形工具】，在画板中绘制一个矩形。选中绘制的矩形，在【属性】面板中将【宽】、【高】分别设置为600、608，将【填色】设置为#cf211f，将【描边】设置为无，并在画板中调整矩形的位置，如图5-104所示。

图5-103 设置新建文档参数

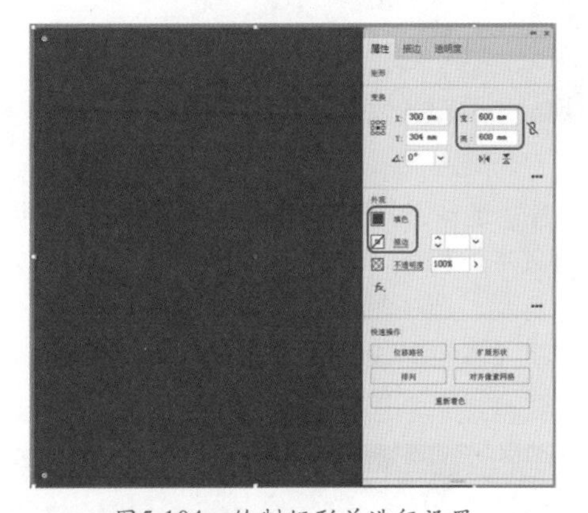

图5-104 绘制矩形并进行设置

03 选择工具箱中的【钢笔工具】，在画板中绘制一个开放路径，在【属性】面板中将【填色】设置为#b7dfdf，将【描边】的设置为#4a060f，将【描边】粗细设置为5，在画板中调整其位置，如图5-105所示。

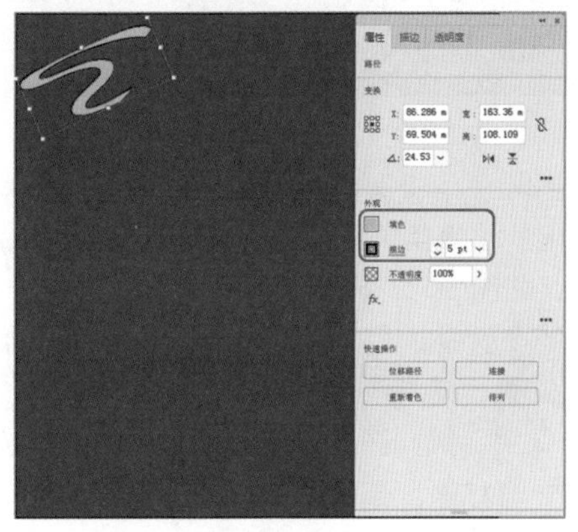

图5-105 绘制路径并进行设置

04 选择工具箱中的【钢笔工具】，在画板中绘制一个开放路径，在【属性】面板中将【填色】设置为#b7dfdf，将【描边】的颜色设置为#4a060f，将【描边】的粗细设置为5，在画板中调整其位置，如图5-106所示。

疑难解答 用什么快捷方式可以绘制两个相似的图形?

若要绘制两个相似的图形，首先可以使用【钢笔工具】绘制其中一个图形，然后使用【选择工具】选中绘制的图形，按住Alt键拖动选中的图形进行复制，最后使用【直接选择工具】对复制的图形进行调整，即可快速绘制两个相似的图形。

图5-106 绘制路径并进行设置

05 选择工具箱中的【钢笔工具】，在画板中绘制一个图形。选中绘制的图形，在【属性】面板中将【填色】设置为#FFFFFF，将【描边】设置为无，在画板中调整该图形的位置，效果如图5-107所示。

图5-107 绘制图形并设置

06 选中绘制的图形，在【外观】面板中单击【添加新效果】按钮fx，在弹出的下拉菜单中选择【风格化】|【投影】命令，如图5-108所示。

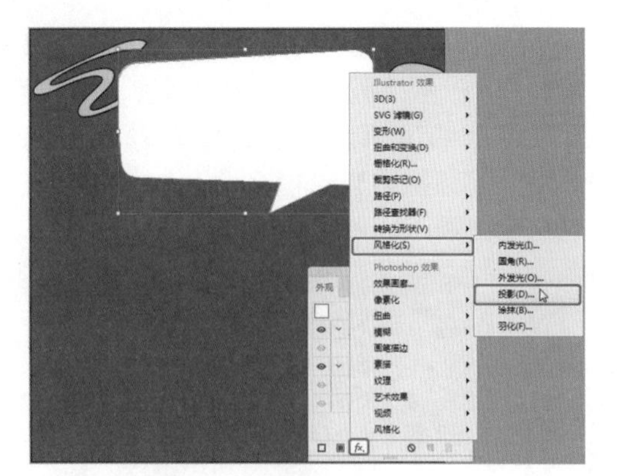

图5-108　选择【投影】命令

07 在弹出的【投影】对话框中将【模式】设置为【正片叠底】，将【不透明度】、【X 位移】、【Y 位移】、【模糊】分别设置为 75%、3、4、0，将颜色设置为 #a93b3f，如图 5-109 所示。

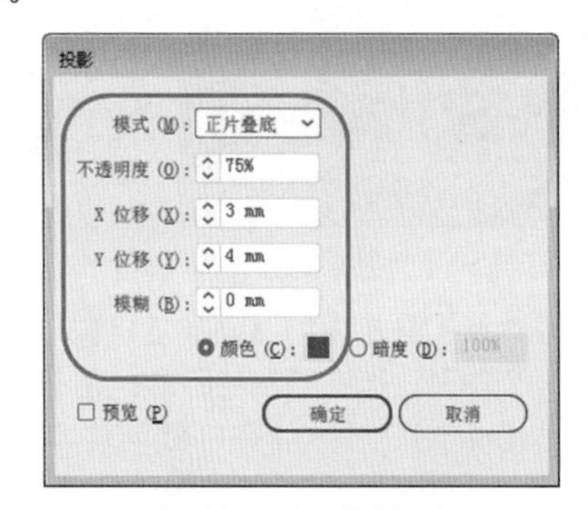

图5-109　设置投影参数

08 设置完成后，单击【确定】按钮。选择工具箱中的【钢笔工具】，在画板中绘制一个图形。选中绘制的图形，在【属性】面板中将【填色】设置为 #fbc800，将【描边】设置为无，如图 5-110 所示。

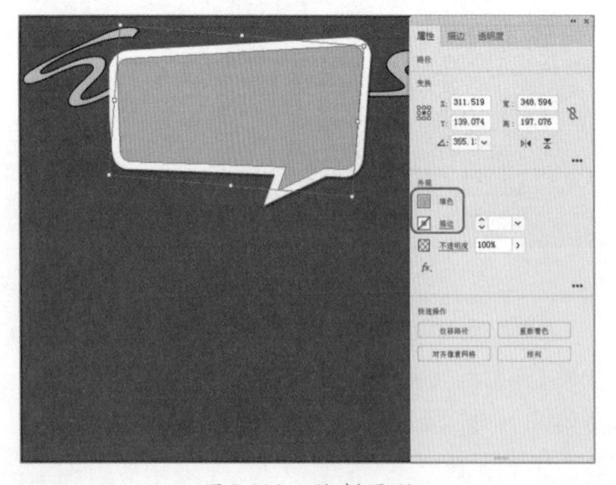

图5-110　绘制图形

09 选择工具箱中的【文字工具】，在画板中单击鼠标左键，输入文本。选中输入的文本，在【属性】面板中将【字体】设置为【方正超粗黑简体】，将【字体大小】设置为 172，将【字符间距】设置为 200，将【填色】设置为 # e50012，将【描边】设置为无，如图 5-111 所示。

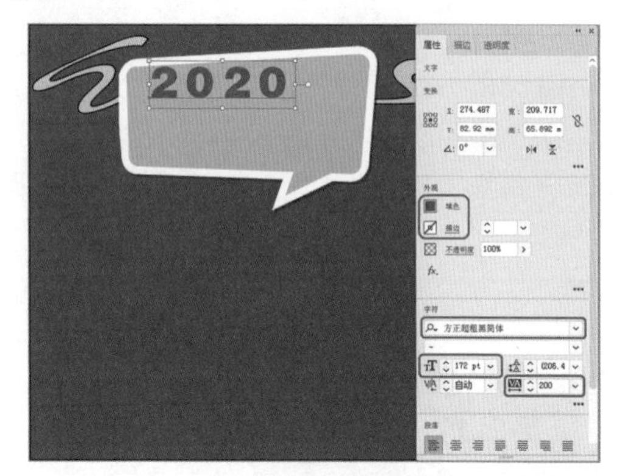

图5-111　输入文本

10 选择工具箱中的【选择工具】，选中设置的文本，按住 Alt 键拖动选中的文本，对其进行复制。选中复制后的对象，在【属性】面板中将【填色】设置为 # ffffff，将【描边】粗细设置为 30，如图 5-112 所示。

图5-112　复制文本并进行设置

11 选中设置后的文本，单击鼠标右键，在弹出的快捷菜单中选择【排列】|【后移一层】命令，如图 5-113 所示。

12 选择调整顺序后的对象，在画板中调整其位置，选中画板中的两个文本对象，按 Ctrl+G 组合键，将选中的对象进行编组，选择编组后的对象，在【属性】面板中将【旋转】设置为 3.58，如图 5-114 所示。

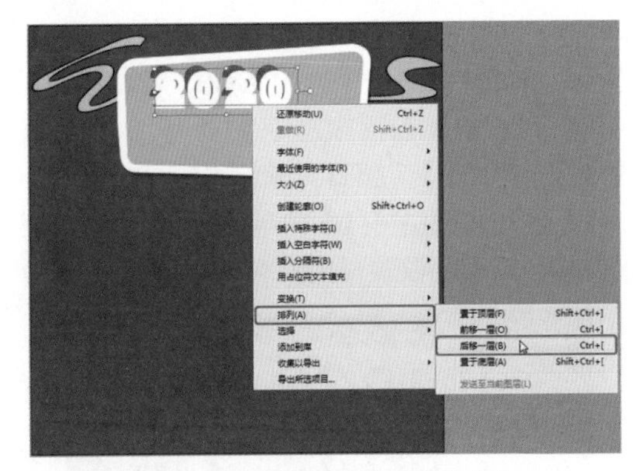

图5-113 选择【后移一层】命令

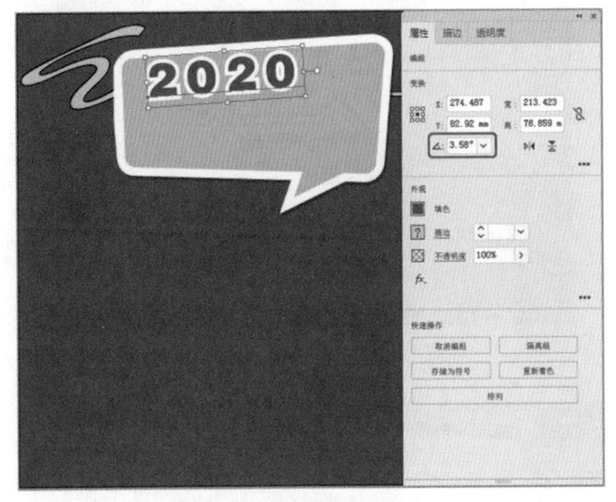

图5-114 编组对象并进行旋转

13 选择工具箱中的【文字工具】，在画板中单击鼠标左键，输入文本。选中输入的文字，在【属性】面板中将【字体】设置为【汉真广标】，将【字体大小】设置为230，将【字符间距】设置为0，将【填色】设置为#e50012，将【描边】设置为无，如图5-115所示。

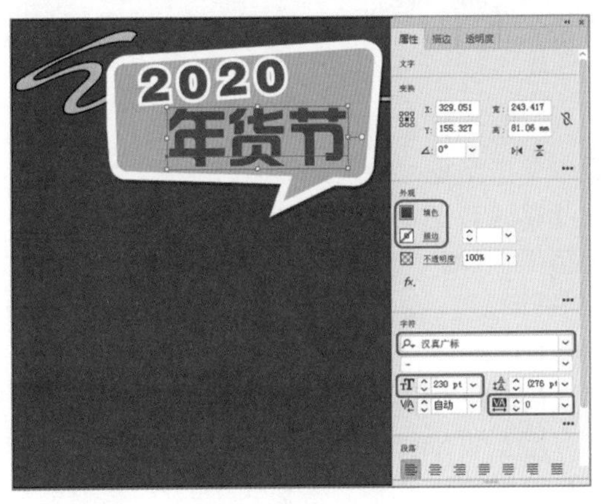

图5-115 输入文本

14 选择工具箱中的【选择工具】，选中设置的文本，按住Alt键拖动选中的文本，对其进行复制。选中复制后的对象，在【属性】面板中将【描边】设置为# ffffff，将【描边】粗细设置为40，如图5-116所示。

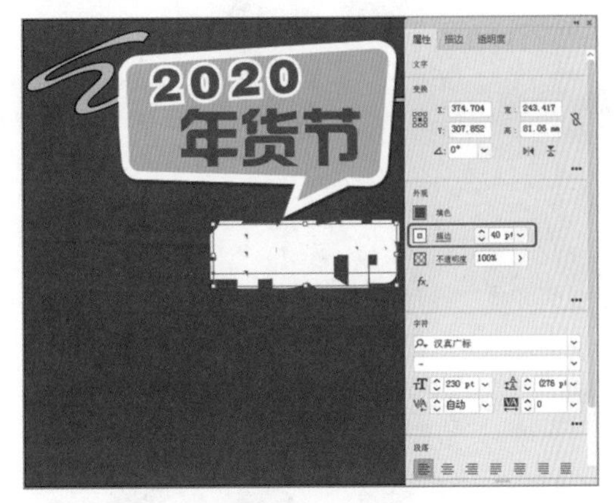

图5-116 复制文字并进行设置

15 选中设置后的文本，按Ctrl+[组合键，将选中的对象后移一层，在画板中调整其位置，并选中两个文本，按Ctrl+G组合键，将其进行编组，选中编组后的对象，在【属性】面板中将【旋转】设置为2.37，如图5-117所示。

图5-117 调整文本并进行设置

16 使用【直排文字工具】根据前面所介绍的方法创建如图5-118所示的文本。

17 按Shift+Ctrl+P组合键，在弹出的【置入】对话框中选择“素材\Cha05\年货节素材01.png”素材文件，如图5-119所示。

18 在画板中单击鼠标，指定素材文件的位置，在画板中调整素材文件的大小与位置，并将素材文件嵌入，效果如图5-120所示。

图5-118　创建文本

图5-119　选择素材文件

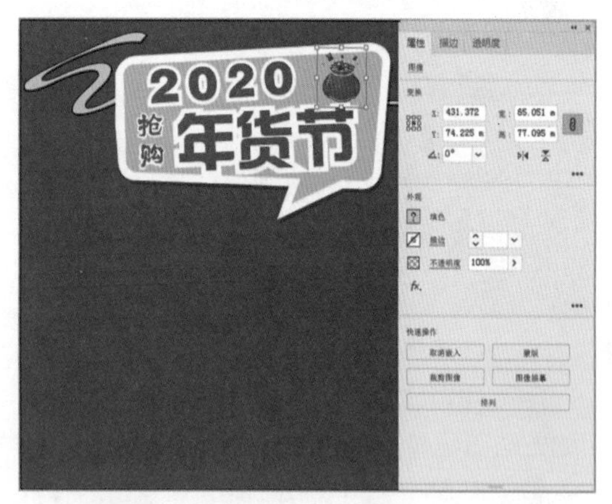

图5-120　置入素材文件并进行调整

19 使用【选择工具】选择置入的素材文件，按住 Alt 键对其进行复制，并进行调整，效果如图 5-121 所示。

20 选择工具箱中的【矩形工具】，在画板中绘制一个矩形。选中绘制的矩形，在【属性】面板中将【填色】设置为 #ffb000，将【描边】的颜色设置为 # 3e1919，将【描边】的粗细设置为 5，将【宽】、【高】分别设置为 305、29，在【变换】面板中将【圆角半径】都设置为 3，并调整该矩形的位置，如图 5-122 所示。

图5-121　复制素材文件

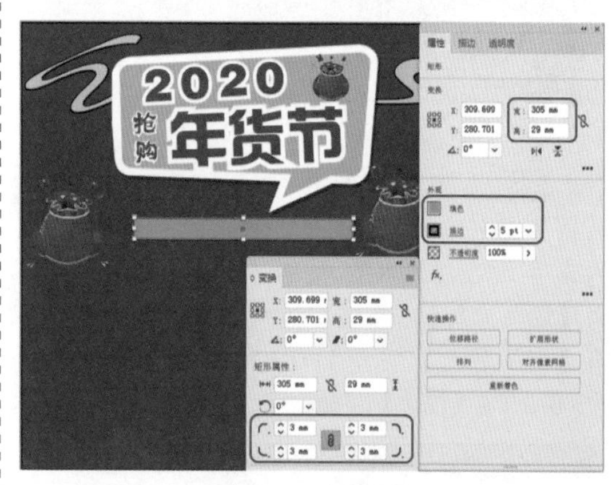

图5-122　绘制矩形

21 选择工具箱中的【文字工具】，在画板中单击鼠标，输入文本。选中输入的文本，在【属性】面板中将【字体】设置为【方正超粗黑简体】，将【字体大小】设置为 49，将【字符间距】设置为 100，将【填色】设置为 #ffcc00，将【描边】的颜色设置为 # 70151b，将【描边】的粗细设置为 3，如图 5-123 所示。

22 按 Shift+Ctrl+P 组合键，在弹出的【置入】对话框中选择“素材 \Cha05\ 年货节素材 02.ai”素材文件，如图 5-124 所示。

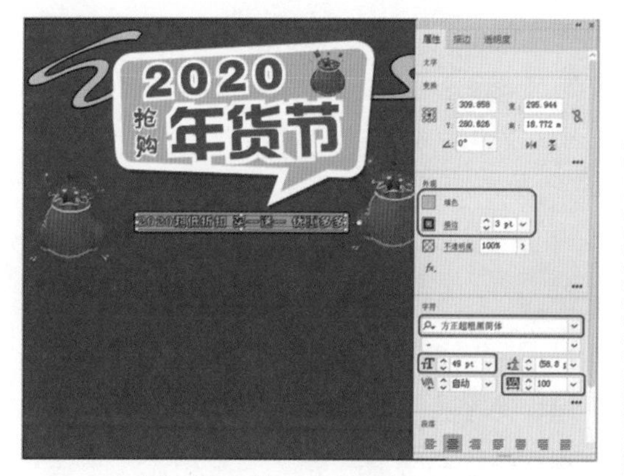

图5-123 输入文本并进行设置

图5-124 选择素材文件

23 在画板中指定素材文件的位置，选中该素材文件，单击【嵌入】按钮，如图5-125所示。

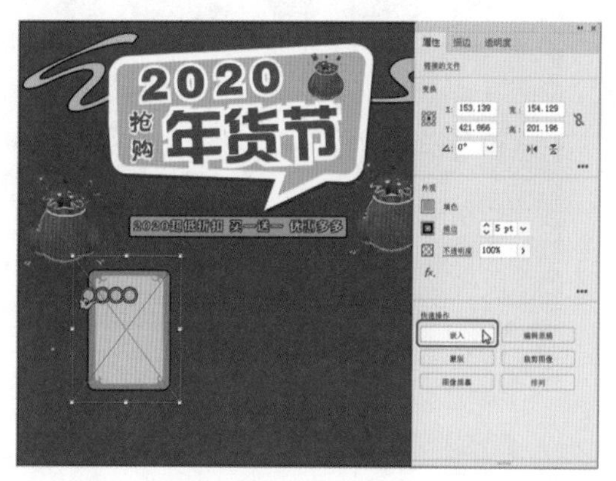

图5-125 置入素材文件

24 选择工具箱中的【文字工具】，在画板中单击鼠标，输入文本。选中输入的文本，在【属性】面板中将【字体】设置为【微软雅黑】，将【字体大小】设置为34.37，将【字符间距】设置为640，将【填色】设置为#4a060f，将【描边】设置为无，如图5-126所示。

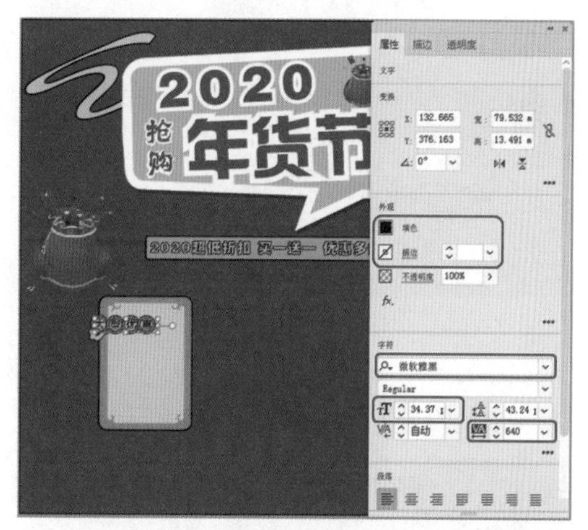

图5-126 输入文本并进行设置

25 使用【文字工具】在画板中单击鼠标，输入文本。选中输入的文本，在【属性】面板中将【字体】设置为【微软雅黑】，将【字体大小】设置为34.37，将【字符间距】设置为0，将【填色】设置为# 4a060f，将【描边】设置为无，如图5-127所示。

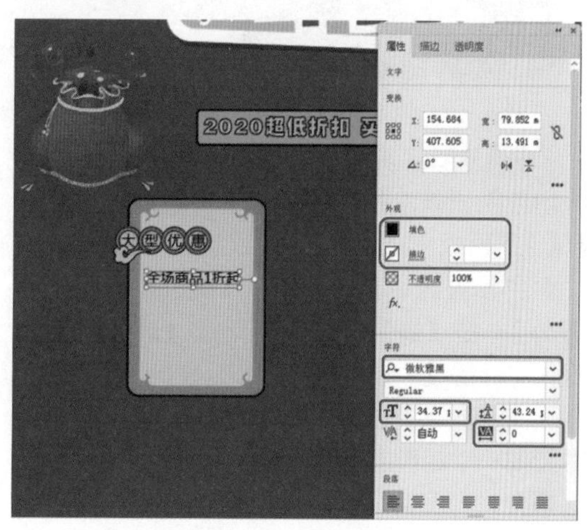

图5-127 输入文本并进行设置

26 使用【文字工具】选择“1折”文本，在【属性】面板中将【填色】设置为#e3243e，将【字体大小】设置为48，如图5-128所示。

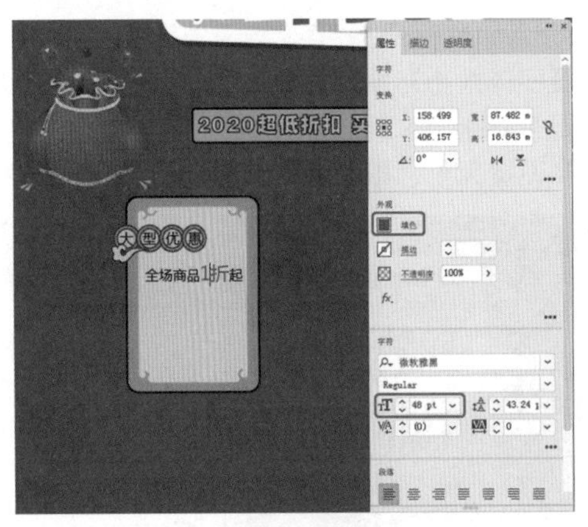

图5-128　修改填色与字体大小

27 使用同样的方法，继续输入文本，并进行相应的设置，效果如图 5-129 所示。

图5-129　输入其他文本

28 选择工具箱中的【直线段工具】，在画板中绘制一条水平线段。选中绘制的线段，在【属性】面板中将【宽】设置为 84，将【描边】的颜色设置为 # 3e1919，将【描边】的粗细设置为 3；在【描边】面板中勾选【虚线】复选框，将【虚线】设置为 4，如图 5-130 所示。

29 选择工具箱中的【矩形工具】，在画板中绘制一个矩形。选中绘制的矩形，在【属性】面板中将【宽】、【高】分别设置为 83、20，将【填色】设置为 # f1c61d，将【描边】的颜色设置为 # 3e1919，将【描边】的粗细设置为 5，在【变换】面板中将【圆角半径】都设置为 10，如图 5-131 所示。

30 根据前面所介绍的方法输入其他文本，并绘制相应的图形，添加素材文件进行相应的设置，效果如图 5-132 所示。

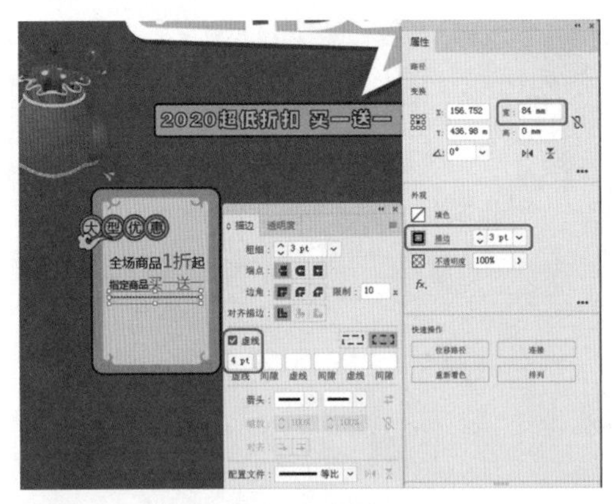

图5-130　绘制直线段

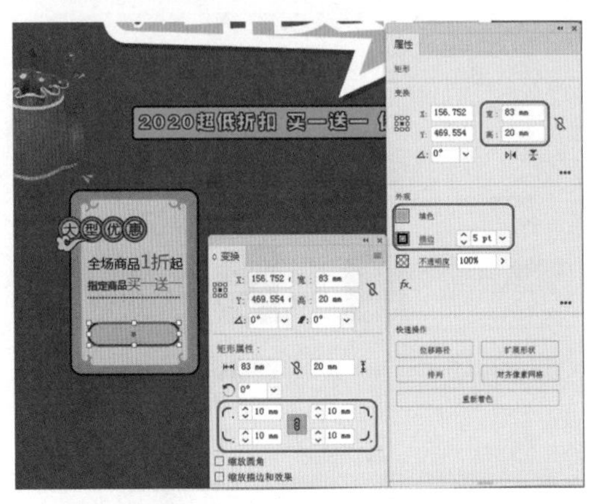

图5-131　绘制矩形并进行设置

图5-132　创建其他文本与图形后的效果

5.2.1　设置字体

字体是具有同样粗细、宽度和样式的一组字符的完整集合，如 Times New Roman、宋体等。字体系列也称为字体家族，是具有相同整体外观的字体所形成的集合。设置文本字体的操作步骤如下。

01 按 Ctrl+O 组合键，在弹出的【打开】对话框中选择“素材 \Cha05\ 素材 09.ai”素材文件，单击【打开】按钮，如图 5-133 所示。

图5-133 打开的素材文件

02 使用【文字工具】在画板中选择文本，如图 5-134 所示。

图5-134 选择文本

03 按 Ctrl+T 组合键打开【字符】面板，在【字体】下拉列表中选择一种字体，在这里选择【汉真广标】，如图 5-135 所示。

图5-135 选择字体

04 执行该操作后，即可为选中的文本设置字体，效果如图 5-136 所示。

图5-136 设置字体后的效果

还可以使用下面的方法设置文本字体。

- 在菜单栏中选择【文字】|【字体】命令，在弹出的子菜单中可以对文本字体进行设置，如图 5-137 所示。

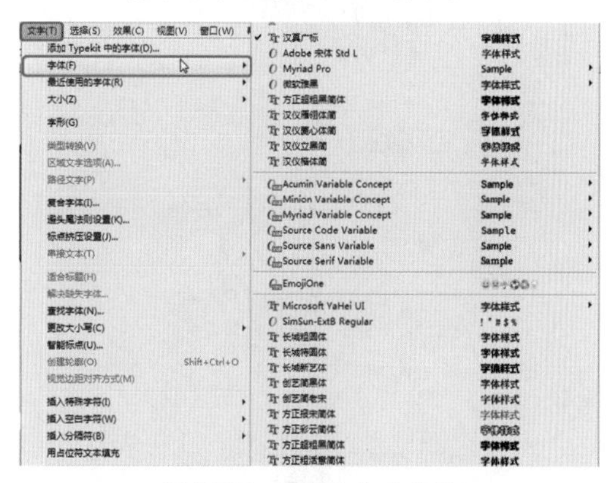

图5-137 【字体】子菜单

- 在【属性】面板中的【字符】选项组设置文本的字体，如图 5-138 所示。

图5-138 在【属性】面板设置字体

知识链接：【字符】面板

在编辑图稿时，设置字符格式包括设置字体、字号、字体颜色、字符间距、文本边框等。设置好文档中的字符格式可以使版面赏心悦目。使用【控制】面板或【字符】面板可以方便地进行字符格式设置，也可以选用【文字】菜单中的命令进行字符格式设置。

选中文本后，在菜单栏中选择【窗口】|【文字】|【字符】命令，如图5-139所示，即可打开【字符】面板，如图5-140所示。

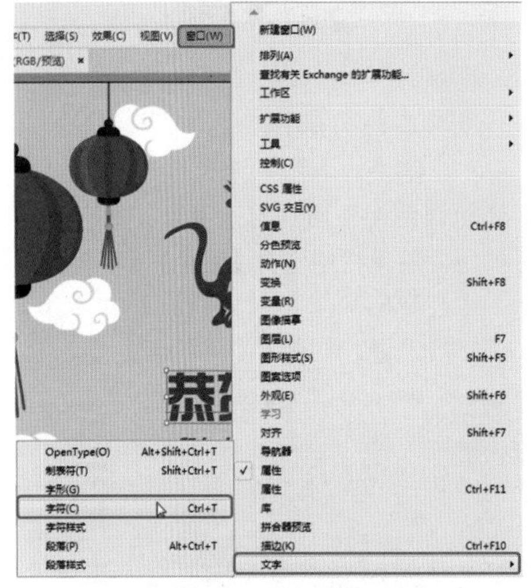

图5-139　选择【字符】命令

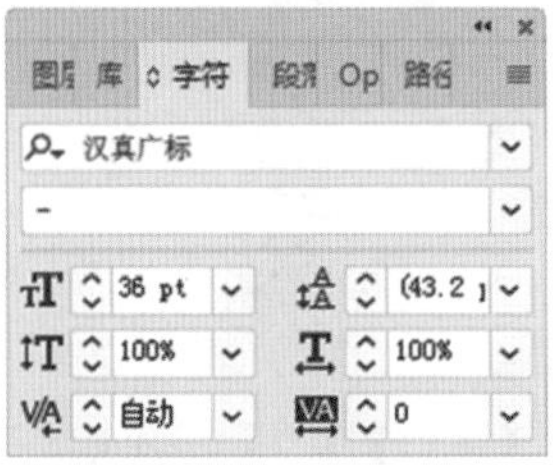

图5-140　【字符】面板

单击【字符】面板右上角的☰按钮，在弹出的下拉菜单中可以显示选择其他命令，如图5-141所示。默认情况下，【字符】面板中只显示最为常用的选项，在面板下拉菜单中选择【显示选项】命令，可以显示所有选项，如图5-142所示。

图5-141　【字符】面板下拉菜单

图5-142　显示所有选项

5.2.2　设置文本大小

字号就是指字体的大小。在文档中，正文一般使用五号字或小五号字。设置文本大小的具体操作步骤如下。

01 继续上一节的操作。使用【文字工具】在画板中选择需要设置大小的文本，如图5-143所示。

图5-143　选择文本

02 打开【字符】面板，在【字体大小】下拉列表中选择字号，在这里选择72，如图5-144所示。

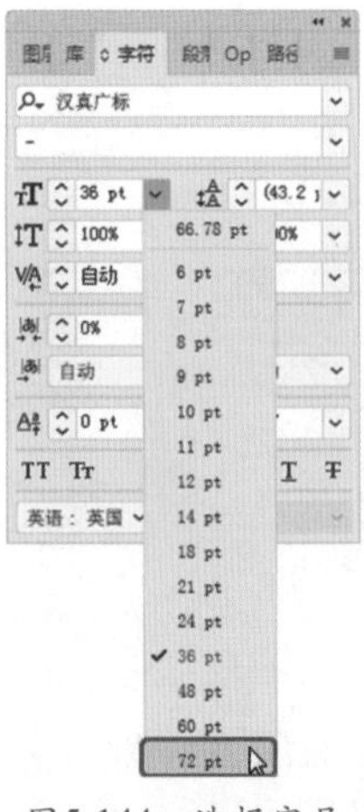

图5-144　选择字号

03 执行该操作后，即可为选中的文本设置字体大小，效果如图 5-145 所示。

图5-145 设置字体大小后的效果

还可以使用下面的方法设置文本大小。

- 在【属性】面板中的【字体大小】文本框中输入字体大小，如图 5-146 所示。

图5-146 在【属性】面板中设置字体大小

- 在菜单栏中选择【文字】|【大小】命令，在弹出的子菜单中可以对文字的大小进行设置，如图 5-147 所示。

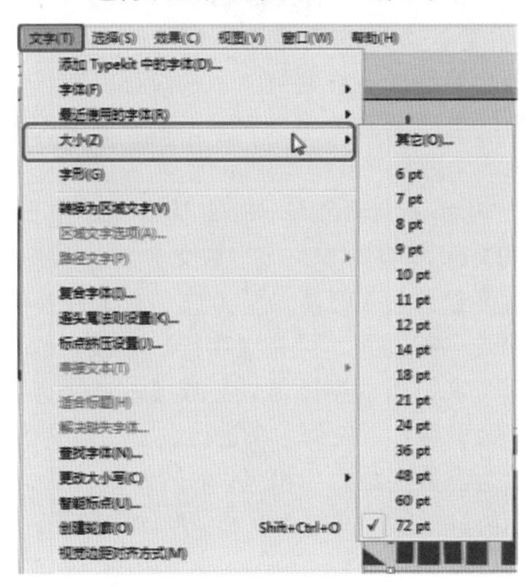

图5-147 【大小】子菜单

5.2.3 改变行距

行距，也就是相邻行文本间的垂直间距。测量行距时是以一行文本的基线到上一行文本基线的距离。基线是一条无形的线，多数字母的底部均以其为准对齐，改变行距的具体操作步骤如下。

01 继续上一小节的操作。使用【选择工具】选择需要设置行距的文本对象，如图 5-148 所示。

图5-148 选择文本对象

02 打开【字符】面板，在【设置行距】下拉列表中选择数值，在这里选择 14，如图 5-149 所示。

03 执行上述操作后，即可为选中的文字对象设置行距，效果如图 5-150 所示。

图5-149 选择行距

图5-150　设置行距后的效果

5.2.4　垂直/水平缩放

在【字符】面板中，可以通过设置【垂直缩放】和【水平缩放】来改变文字的原始宽度和高度。图 5-151 所示为【水平缩放】分别设置为 100 和 125 时的效果。

图5-151　设置水平缩放

图 5-152 所示为【垂直缩放】分别设置为 100 和 110 时的效果。

图5-152　设置垂直缩放

5.2.5　字距微调和字符间距

字距微调调整的是特定字符之间的间隙，多数字体都包含内部字距表格，如 LA、T0、Tr、Ta、Tu、Te、Ty、Wa、WA、We、Wo、Ya 和 Y0 等，其中的间距是不相同的。字符间距的调整就是加宽或紧缩文本的过程。字符间距调整的值也会影响中文文本，但一般情况下，该选项主要用于调整英文间距。

字距微调和字符间距的调整均以 1/1000em(全角字宽，以当前文字大小为基础的相对度量单位)度量。要为选定文本设置字距微调或字符间距，可在【字符】面板中的【设置两个字符间的字距微调】或【设置所选字符的字距调整】下拉列表中进行设置。如图 5-153 所示为设置字距为 0 和 600 时的效果；图 5-154 所示为设置字符间距为 0 和 200 时的效果。

图5-153 设置字距

图5-154 设置字符间距

5.2.6 旋转文本

在 Illustrator CC 中，还可以对字符的旋转角度进行设置，具体操作步骤如下。

01 继续上一小节的操作。使用【文字工具】选择需要进行旋转的文本，如图 5-155 所示。

图5-155 选择文本

02 打开【字符】面板，在【字符旋转】文本框中输入旋转角度，在此输入 5，如图 5-156 所示。

图5-156 设置旋转角度

5.2.7 下划线与删除线

单击【字符】面板中的【下划线】按钮或【删除线】按钮，可为文本添加下划线或删除线，效果如图 5-157、图 5-158 所示。

图5-157 下划线效果

图5-158 删除线效果

5.3 制作影院宣传广告——设置段落格式

现如今，随着电影事业的逐渐发展，影院也逐渐增多，而影院大多处于高档商圈内，可与产品销售终端展开联合营销活动、促进销售。目标受众在高度放松的心境下，更乐于参与品牌产品体验活动，深度接受信息。本案例将介绍如何制作影院宣传广告，效果如图5-159所示。

图5-159 影院宣传广告

素材	素材\Cha05\影院广告素材01.jpg、影院广告素材02.ai、影院广告素材03.png、影院广告素材04.ai
场景	场景\Cha05\制作影院宣传广告——设置段落格式.ai
视频	视频教学\Cha05\制作影院宣传广告——设置段落格式.mp4

01 启动Illustrator CC软件，按Ctrl+N组合键，在弹出的【新建文档】对话框中将单位设置为【厘米】，将【宽度】、【高度】分别设置为76、36，将【颜色模式】设置为【CMYK颜色】，如图5-160所示。

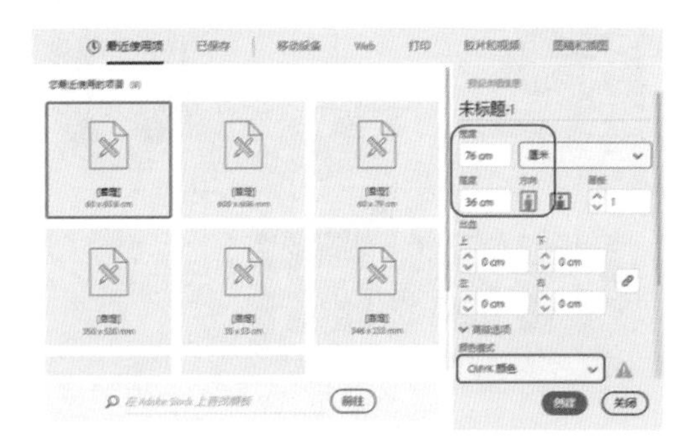

图5-160 设置新建文档参数

02 设置完成后，单击【创建】按钮。选择工具箱中的【矩形工具】，在画板中绘制一个矩形。选中绘制的矩形，在【属性】面板中将【宽】、【高】分别设置为76、36，将【填色】设置为# ffe55f，将【描边】设置为无，并在画板中调整矩形的位置，效果如图5-161所示。

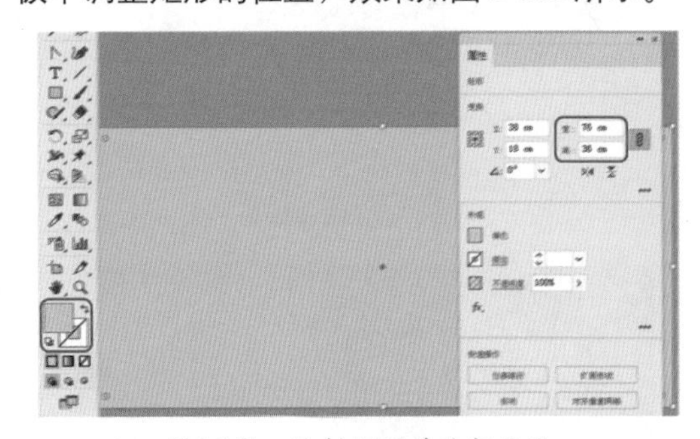

图5-161 绘制矩形并进行设置

03 选择工具箱中的【钢笔工具】，在画板中绘制一个如图5-162所示的图形。选中绘制的图形，在【属性】面板中将【填色】的CMYK值设置为15、100、90、10，将【描边】设置为无。

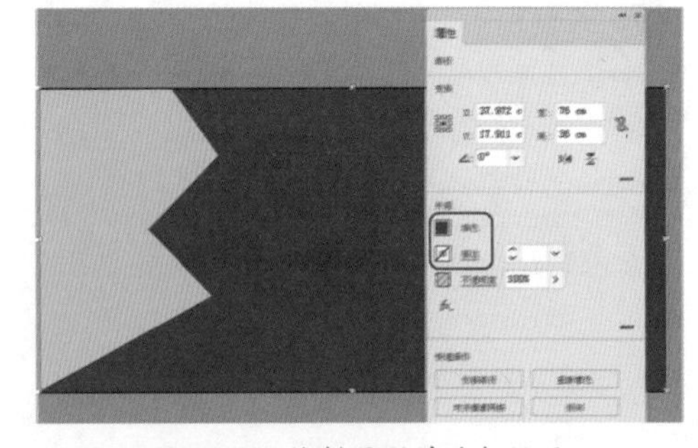

图5-162 绘制图形并进行设置

04 按Shift+Ctrl+P组合键，在弹出的【置入】对话框中选择“素材\Cha05\影院广告素材01.jpg”素材文件，如图5-163所示。

图5-163 选择素材文件

05 在画板中单击鼠标左键，指定素材文件的位置，选中该素材文件，在画板中调整素材文件的位置，在【属性】面板中单击【嵌入】按钮，如图5-164所示。

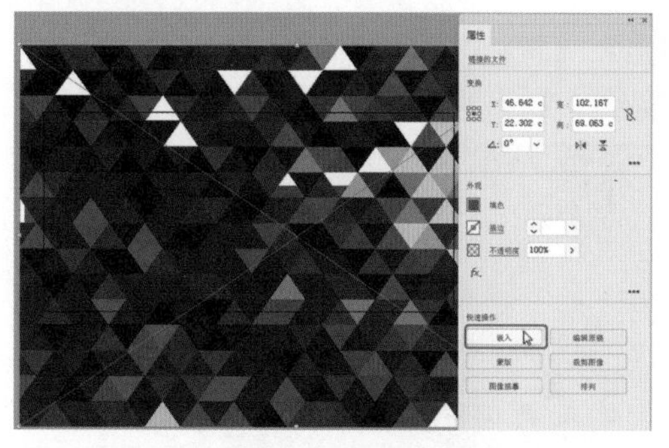
图5-164 置入素材文件

06 选择工具箱中的【钢笔工具】，在画板中绘制一个图形。选中绘制的图形，在【属性】面板中将【填色】的CMYK值设置为0、0、0、0，将【描边】设置为无，如图5-165所示。

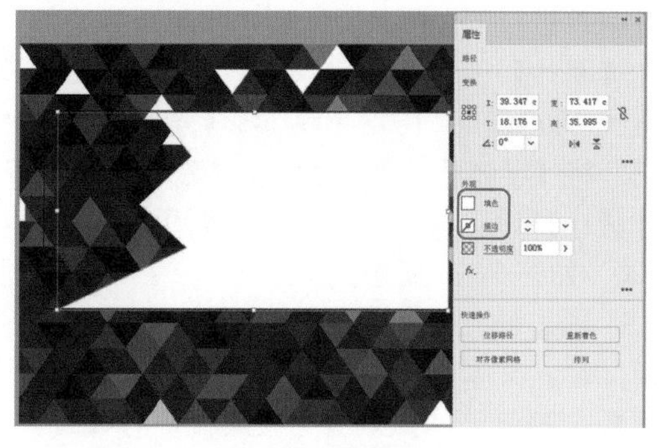
图5-165 绘制图形

07 选中新绘制的图形与前面所置入的素材文件，单击鼠标右键，在弹出的快捷菜单中选择【建立剪切蒙版】命令，如图5-166所示。

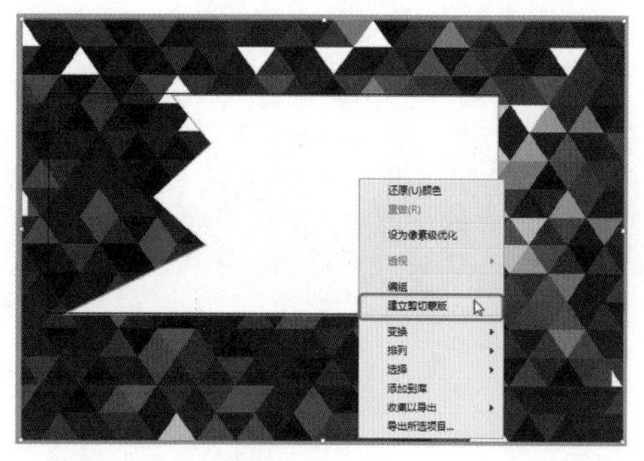
图5-166 选择【建立剪切蒙版】命令

08 选中剪切后的对象，在【透明度】面板中将【混合模式】设置为【正片叠底】，将【不透明度】设置为10%，如图5-167所示。

图5-167 设置混合模式与不透明度

09 按Shift+Ctrl+P组合键，在弹出的【置入】对话框中选择"素材\Cha05\影院广告素材02.ai"素材文件，如图5-168所示。

图5-168 选择素材文件

10 在画板中指定素材文件的位置，选中置入的素材文件，调整其位置，在【属性】面板中单击【嵌入】按钮，如图5-169所示。

图5-169　置入素材文件并进行调整

11 选择工具箱中的【钢笔工具】，在画板中绘制一个图形。选中绘制的图形，在【属性】面板中将【填色】设置为 94、100、69、61，将【描边】设置为无，并在画板中调整该图形的位置，效果如图 5-170 所示。

图5-170　绘制图形并进行设置

12 继续选中该图形，单击鼠标右键，在弹出的快捷菜单中选择【排列】|【后移一层】命令，如图 5-171 所示。

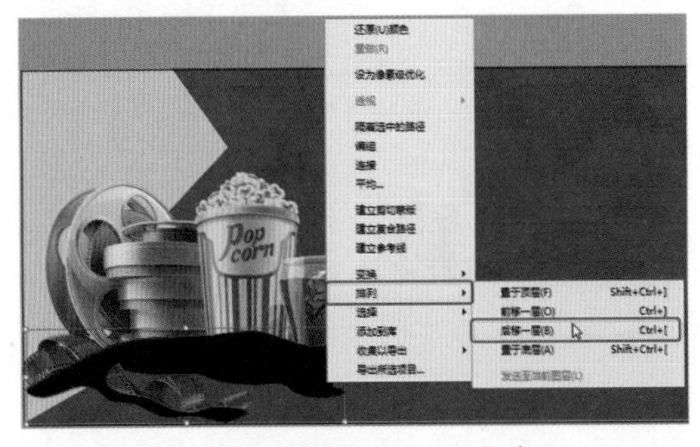

图5-171　选择【后移一层】命令

13 选择工具箱中的【矩形工具】，在画板中绘制一个矩形。选中绘制的矩形，在【属性】面板中将【宽】、【高】均设置为 5.8，将 X、Y 分别设置为 5.4、4.6，将【填色】的 CMYK 值设置为 0、0、0、0，将【描边】的 CMYK 值设置为 100、100、100、100，将【描边】的粗细设置为 4，在【变换】面板中将【圆角半径】均设置为 0.76，如图 5-172 所示。

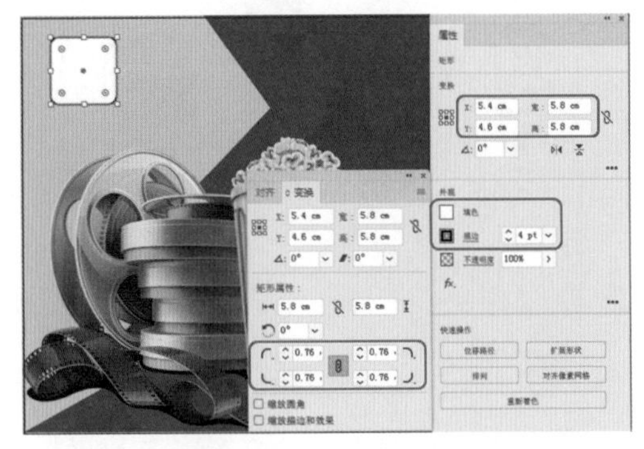

图5-172　绘制矩形并进行设置

14 根据前面所介绍的方法将“影院广告素材 03.png”素材文件置入画板中，并将其嵌入。选中该素材文件，在【属性】面板中将【宽】、【高】均设置为 4.9，将 X、Y 分别设置为 5.4、4.6，如图 5-173 所示。

图5-173　置入素材文件

15 选择工具箱中的【文字工具】，在画板中单击鼠标，输入文本。选中输入的文本，在【属性】面板中将【填色】的 CMYK 值设置为 100、100、100、100，将【描边】设置为无，将【字体】设置为【汉仪中黑简】，将【字体大小】设置为 17.3，将【字符间距】设置为 200，如图 5-174 所示。

16 使用【文字工具】在画板中单击鼠标，输入文本。选中输入的文本，在【字符】面板中将【字体】设置为【汉仪菱心体简】，将【字体大小】设置为 223，将【字符间距】设置为 0；在【颜色】面板中将【填色】的 CMYK 值设置为 100、100、100、80，将【描边】设置为无，并在画板中调整其位置，如图 5-175 所示。

图5-174 输入文本并进行设置

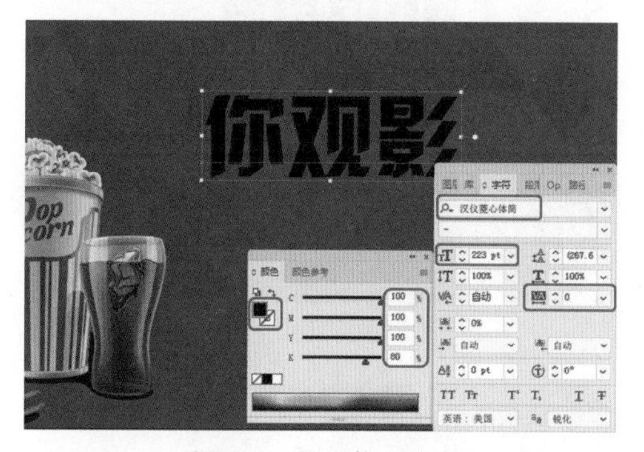

图5-175 再次输入文本

17 使用【文字工具】在画板中单击鼠标，输入文本。选中输入的文本，在【字符】面板中将【字体】设置为【汉仪菱心体简】，将【字体大小】设置为 223，将【字符间距】设置为 0；在【颜色】面板中将【填色】的 CMYK 值设置为 16、99、99、0，将【描边】设置为无，并在画板中调整其位置，如图 5-176 所示。

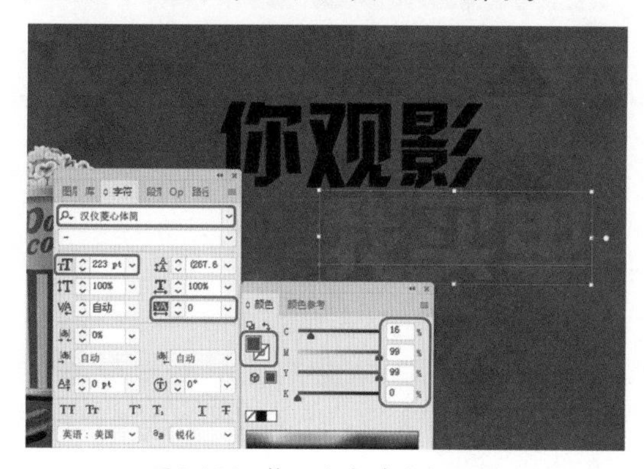

图5-176 输入文本并进行设置

18 在画板中选中“你观影”和“我买单”两个文本，单击鼠标右键，在弹出的快捷菜单中选择【创建轮廓】命令，如图 5-177 所示。

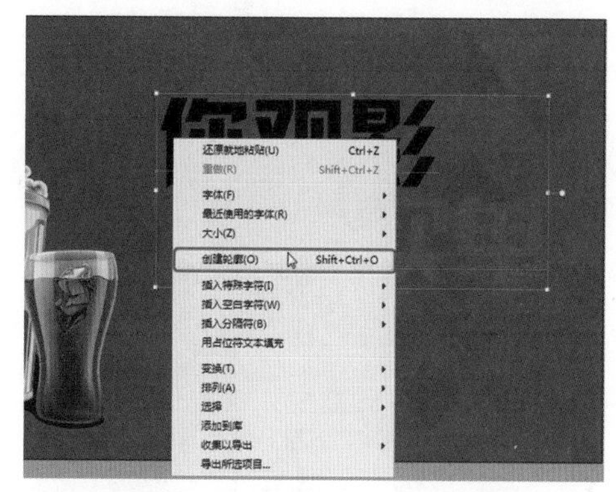

图5-177 选择【创建轮廓】命令

19 继续选中创建的轮廓，按 Ctrl+G 组合键将选中的对象进行编组。选择工具箱中的【直接选择工具】，在画板中对编组后的对象进行调整，效果如图 5-178 所示。

图5-178 调整对象后的效果

20 继续选中调整后的对象，在【描边】面板中将【粗细】设置为 60，单击【圆角连接】按钮，在【颜色】面板中将【描边】的 CMYK 值设置为 0、0、0、0，如图 5-179 所示。

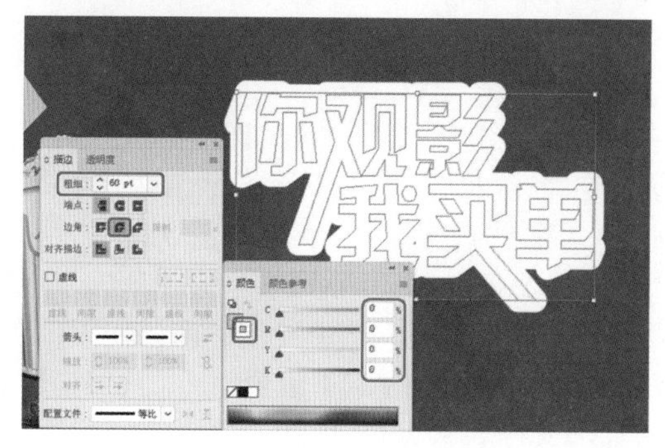

图5-179 设置描边参数

21 按 Ctrl+C 组合键对选中对象进行复制，按 Shift+Ctrl+V 组合键进行粘贴，选择粘贴后的对象，在【描边】面板中将【粗细】设置为 45，在【颜色】面板中将【描边】的 CMYK 值设置为 0、0、0、100，如图 5-180 所示。

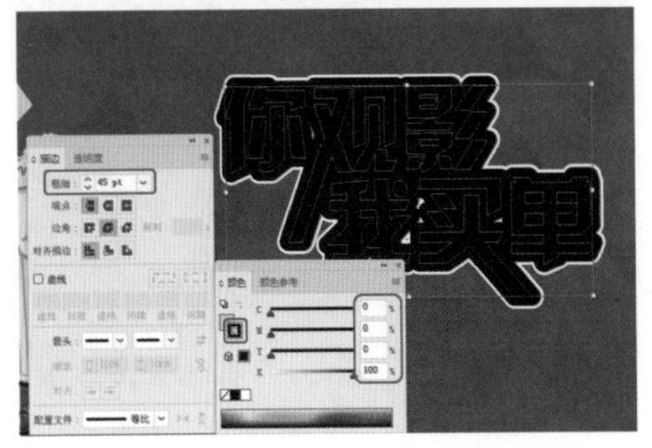

图5-180 粘贴对象并进行设置

22 再次按 Ctrl+C 组合键对选中的对象进行复制，按 Shift+Ctrl+V 组合键进行粘贴。选择粘贴后的对象，在【描边】面板中将【粗细】设置为 30，在【颜色】面板中将【描边】的 CMYK 值设置为 0、0、0、0，如图 5-181 所示。

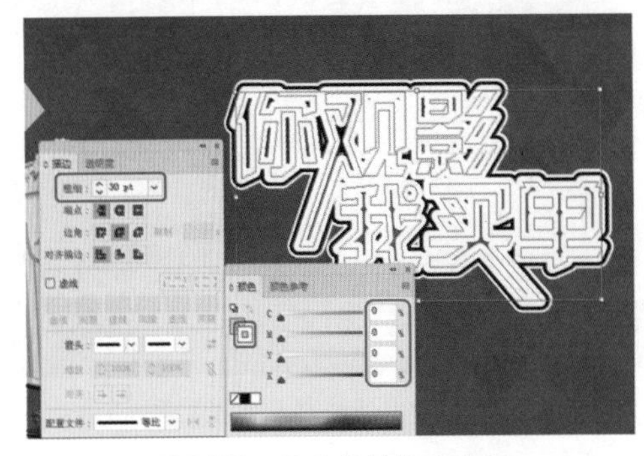

图5-181 再次复制粘贴对象

23 按 Ctrl+C 组合键对选中对象进行复制，按 Shift+Ctrl+V 组合键进行粘贴。选择粘贴后的对象，在【颜色】面板中将【描边】设置无，如图 5-182 所示。

24 选择工具箱中的【钢笔工具】，在画板中绘制一个图形。选中绘制的图形，在【属性】面板中将【填色】的 CMYK 值设置为 6、13、87、0，将【描边】设置为无，如图 5-183 所示。

25 选择工具箱中的【直线段工具】，在画板中绘制两条线段。选中绘制的两条线段，在【属性】面板中将【填色】设置为无，将【描边】的 CMYK 值设置为 0、0、0、100，将【描边】的粗细设置为 4，如图 5-184 所示。

图5-182 复制对象并将描边设置为无

图5-183 绘制图形并进行设置

图5-184 绘制线段并进行设置

26 选择工具箱中的【椭圆工具】，按住 Shift 键绘制一个正圆形。选中绘制的正圆形，在【属性】面板中将【宽】、【高】均设置为 0.9，将【填色】的 CMYK 值设置为 0、0.9、4、0，将【描边】的 CMYK 值设置为 0、0、0、100，将【描边】的粗细设置为 4，如图 5-185 所示。

27 使用同样的方法，再次绘制如图 5-186 所示的图形，并对绘制的图形进行相应的设置。

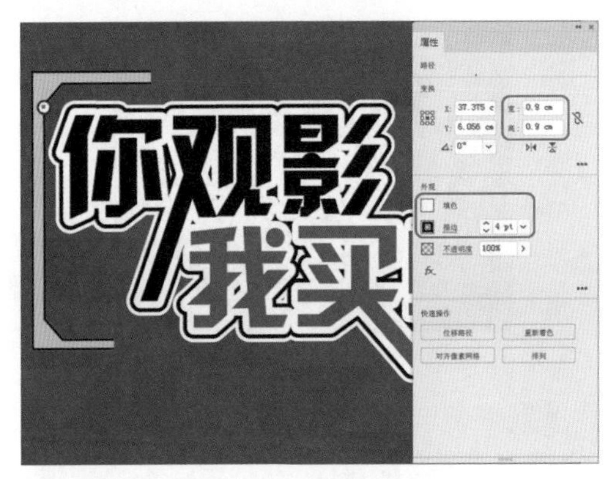

图5-185　绘制正圆形并进行设置

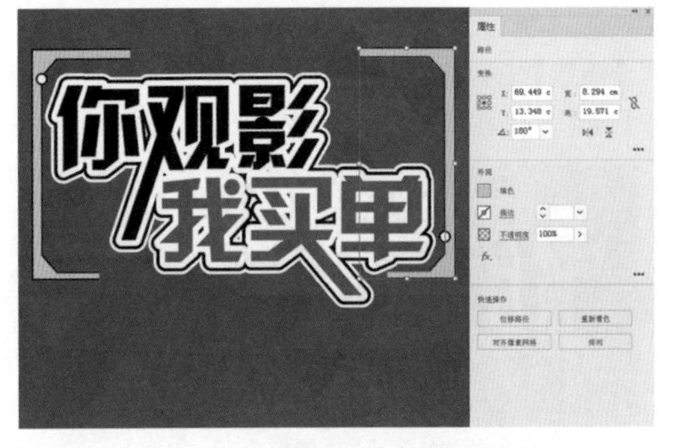

图5-186　绘制图形并进行设置

28 选择工具箱中的【椭圆工具】，在画板中按住Shift键绘制一个正圆形。选中绘制的正圆形，在【属性】面板中将【宽】、【高】均设置为3，将【填色】的CMYK值设置为0、0、0、0，将【描边】的CMYK值设置为0、0、0、100，将【描边】的粗细设置为4，如图5-187所示。

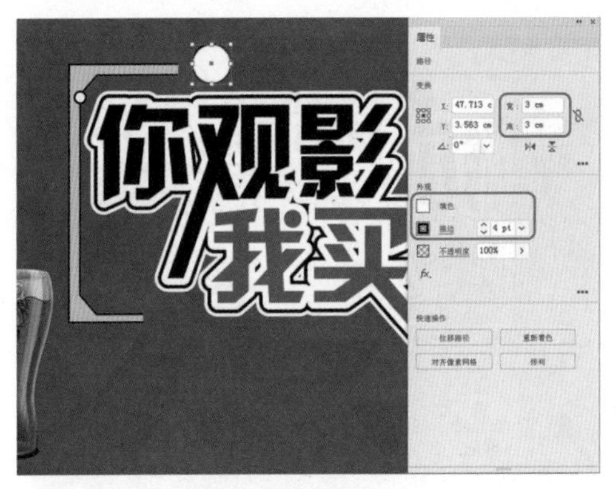

图5-187　绘制图形并进行设置

29 选择工具箱中的【文字工具】，在画板中单击鼠标，输入文本。选中输入的文本，在【字体】面板中将【字体】设置为【汉仪中楷简】，将【字体大小】设置为69，在【颜色】面板中将【填色】的CMYK值设置为0、0、0、100，将【描边】设置为无，并在画板中调整其位置，效果如图5-188所示。

图5-188　输入文本并进行设置

30 使用同样的方法在画板中绘制其他正圆形并输入相应的文本，效果如图5-189所示。

图5-189　绘制其他图形并输入文本

31 选择工具箱中的【选择工具】，在画板中选择前面所绘制的5个小正圆形，按Ctrl+G组合键，将选中的对象进行编组。继续选中编组后的对象，在【外观】面板中单击【添加新效果】按钮，在弹出的菜单中选择【风格化】|【投影】命令，如图5-190所示。

32 在弹出的【投影】对话框中将【模式】设置为【正常】，将【不透明度】设置为100%，将【X位移】、【Y位移】、【模糊】分别设置为-0.3、0.15、0，将【颜色】的CMYK值设置为0、0、0、100，如图5-191所示。

图5-190　选择【投影】命令

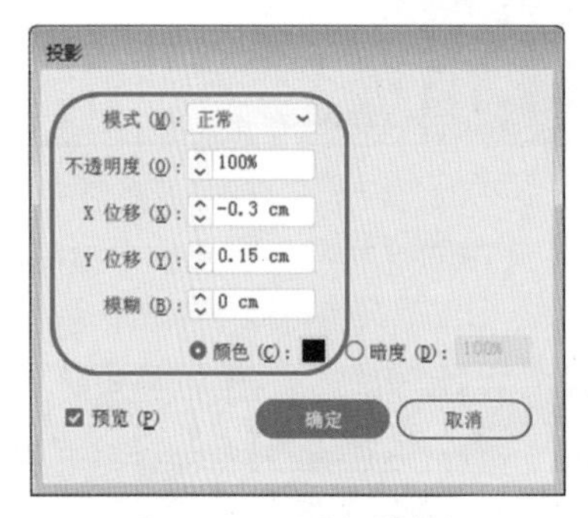

图5-191　设置投影参数

33 设置完成后，单击【确定】按钮，为选中的对象添加投影效果。根据前面所介绍的方法将“影院广告素材04.ai”素材文件置入画板中，并调整其位置，选中置入的素材，在【属性】面板中单击【嵌入】按钮，如图5-192所示。

图5-192　置入素材并进行调整

34 在画板中选择添加的素材文件，按住Alt键对其进行复制，并在画板中调整复制后的对象的位置，效果如图5-193所示。

图5-193　复制素材文件并进行调整

35 将复制后的3个素材选中，按Ctrl+G组合键将其编组。选择工具箱中的【钢笔工具】，在画板中绘制一条线段。选中绘制的线段。在【属性】面板中将【填色】设置为无，将【描边】的CMYK值设置为0、0、0、100，将【描边】的粗细设置为6.5，如图5-194所示。

图5-194　绘制线段并进行设置

36 在绘制的线段上单击鼠标右键，在弹出的快捷菜单中选择【排列】|【后移一层】命令，如图5-195所示。

图5-195　选择【后移一层】命令

37 选择工具箱中的【文字工具】，在画板中绘制一个文本框，并输入文本。选中输入的文本，在【字符】面板中将【字体】设置为【微软雅黑】，将【字体大小】设置为46，将【字符间距】设置为-50；在【段落】面板中单击【居中对齐】按钮；在【颜色】面板中将【填色】的CMYK值设置为0、0、0、0，将【描边】设置为无，并在画板中调整其位置，效果如图5-196所示。

图5-196　输入文本并进行设置

38 使用同样的方法绘制其他图形并输入文本，创建后的效果如图5-197所示。

图5-197　创建其他对象后的效果

知识链接：【段落】面板

段落是基本的文字排版单元。在创建文本时，每次按Enter键就会产生新的段落，并自动应用前面的段落格式，段落格式包括段落文本对齐、段落缩进、段间距等，设置好文档中的段落格式，同样可以美化图稿。使用【控制】面板或【段落】面板可以方便地进行段落格式设置，也可以使用【文字】菜单中的命令进行段落格式设置。

在菜单栏中选择【窗口】|【文字】|【段落】命令，如图5-198所示，即可打开【段落】面板，如图5-199所示。

单击面板右上角的按钮，在弹出的下拉菜单中可以显示【段落】面板中的一些命令和选项，如图5-200所示。

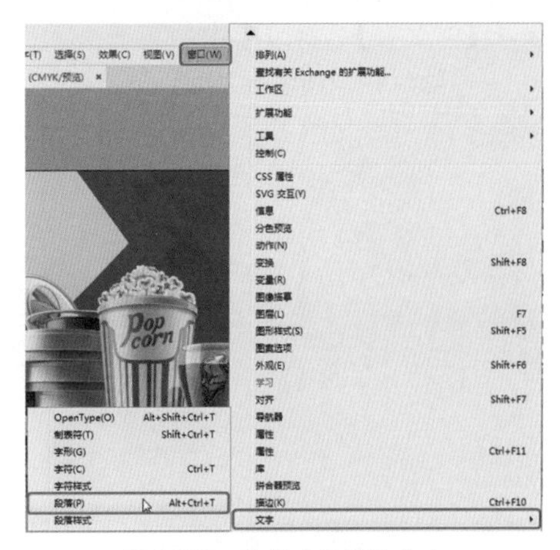

图5-198　选择【段落】命令

图5-199　【段落】面板

图5-200　【段落】其他命令

5.3.1 文本对齐

在Illustrator CC中提供了多种文本对齐方式，包括左对齐、右对齐、居中对齐、两端对齐，末行左对齐、两端对齐，末行居中对齐、两端对齐，末行右对齐和全部两端对齐，从而可以满足多种多样的排版需要。要设置文本对齐，首先要选择文本段或将光标定位到要设置的文本段中，然后在【段落】面板中执行下列操作之一。

- 【左对齐】：将段落中的每行文本以左边界对齐，如图5-201所示。

图5-201　左对齐

- 【居中对齐】：将段落中的每行文本以中间对齐，如图5-202所示。

图5-202　居中对齐

- 【右对齐】：将段落中的每行文本以右边界对齐，如图5-203所示。

图5-203　右对齐

- 【两端对齐，末行左对齐】：将段落中最后一行文本左对齐，其余文本行左右两端分别对齐，如图5-204所示。
- 【两端对齐，末行居中对齐】：将段落中最后一行文本右对齐，其余文本行左右两端分别对齐，如图5-205所示。
- 【两端对齐，末行右对齐】：将段落中最后一行文本右对齐，其余文本行左右两端分别对齐，如图5-206所示。

图5-204　两端对齐，末行左对齐

图5-205　两端对齐，末行居中对齐

图5-206　两端对齐，末行右对齐

- 【全部两端对齐】：将段落中的所有文本行左右两端分别对齐，如图5-207所示。

图5-207　全部两端对齐

5.3.2 段落缩进

段落缩进包括左缩进、右缩进和首行左缩进。使用【段落】面板来设置缩进的操作步骤如下。

01 打开“素材\Cha05\素材10.ai”素材文件，使用【选择工具】选中文字，或使用【文字工具】在要更改的段落中单击鼠标左键插入光标，如图5-208所示。

图5-208　选择文本对象

02 在【段落】面板中设置适当的缩进值，可以执行下列操作之一。

- 在【左缩进】文本框中输入20，效果如图5-209所示。

图5-209　设置左缩进

- 在【右缩进】文本框中输入15，效果如图5-210所示。

图5-210　设置右缩进

- 在【首行左缩进】文本框中输入16，效果如图5-211所示。

图5-211　设置首行左缩进

5.3.3 段前与段后间距

段间距是指段落前面和段落后面的距离。如果要在【段落】面板中设置选定文本所在段落的段前或段后间距，可以执行下列操作之一。

- 在【段前间距】文本框中输入一个值，例如输入12，即可产生段落前间距，如图5-212所示。

图5-212　设置段落前间距

- 在【段后间距】文本框中输入一个值，例如输入8，即可产生段落后间距，如图5-213所示。

图5-213　设置段后间距

5.3.4 使用【制表符】面板设置段落缩进

在菜单栏中选择【窗口】|【文字】|【制表符】命令，如图5-214所示。即可弹出【制表符】面板，如图5-215所示。

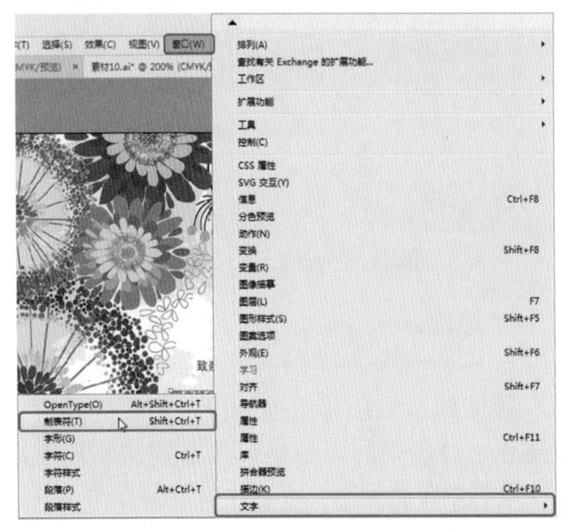

图5-214 选择【制表符】命令

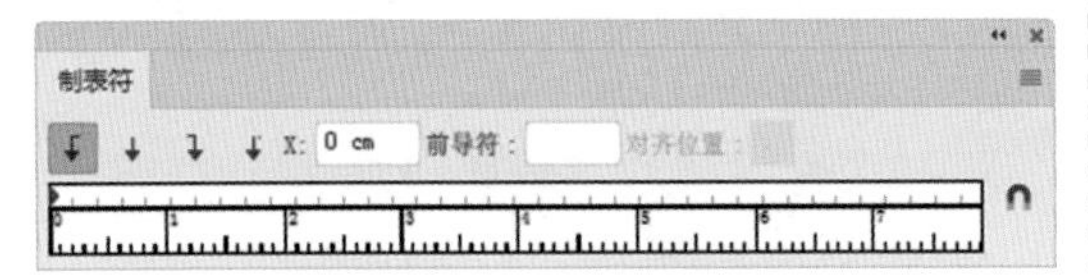

图5-215 【制表符】面板

要使用【制表符】面板设置段落缩进，可以执行下列操作之一。

- 拖动左侧上方的标识符，可缩进文本的首行，如图5-216所示。

图5-216 拖动左侧上方的标识符

- 拖动左侧下方的标识符，可以缩进整个段落，但是不会缩进每个段落的第一行文本，如图5-217所示。
- 选中左侧上方的标识符，然后在X文本框中输入数值，即可缩进文本的第一行。图5-218所示为输入1.2时的效果。

图5-217 拖动左侧下方的标识符

图5-218 左缩进1.2时的效果

- 选中左侧下方的标识符，然后在X文本框中输入数值，即可缩进整个段落，但是不会缩进每个段落的第一行文本。图5-219所示为输入2时的效果。

图5-219 左缩进2时的效果

5.3.5 使用【吸管工具】复制文本属性

使用【吸管工具】可以复制文本的属性，包括字符、段落、填色及描边属性，然后对其他文本应用这些属性。默认情况下，使用【吸管工具】可以复制所有的文字属性。

如果要更改【吸管工具】的复制属性，可以在工具箱中双击【吸管工具】，弹出【吸管选项】对话框，如图 5-220 所示。在该对话框中对复制属性进行设置。

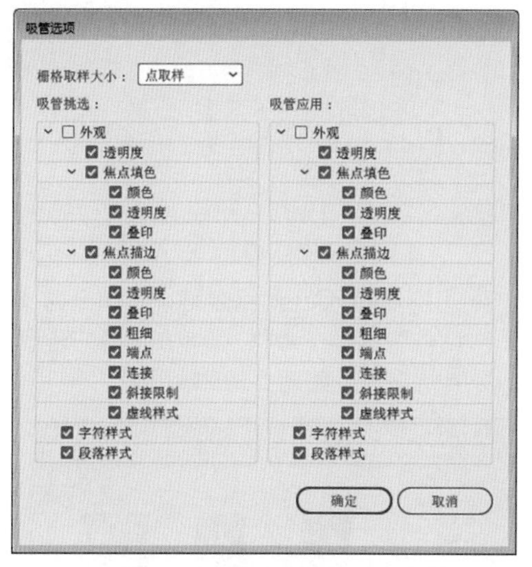

图5-220 【吸管选项】对话框

使用【吸管工具】复制文字属性的操作步骤如下。

01 按 Ctrl+O 组合键，弹出【打开】对话框，选择“素材 \Cha05\ 素材 10.ai”素材文件，单击【打开】按钮，效果如图 5-221 所示。

图5-221 打开的素材文件

02 使用【文字工具】选择需要复制属性的目标文本，如图 5-222 所示。

03 选择工具箱中的【吸管工具】，然后将鼠标移至要复制的对象上，此时鼠标会变为 形态，如图 5-223 所示。

图5-222 选择文本

图5-223 使用吸管工具

04 单击鼠标左键，即可自动将吸取的属性复制到目标文本上，如图 5-224 所示。

图5-224 将吸取属性复制到目标文本上

5.4 上机练习——制作招聘宣传广告

招聘也叫“找人”“招人”“招新”。就字面含义而言，就是某主体为实现或完成某个目标或任务，而进行的择人活动。招聘，一般由主体、载体及对象构成，主体就是用人者，载体是信息的传播体，对象则是符合标准的候选人。三者缺一不可。本案例将介绍如何制作招聘宣传广告，效果如图 5-225 所示。

图5-225　招聘宣传广告

素材	素材\Cha05\招聘广告素材01.ai、招聘广告素材02.ai、招聘广告素材03.png
场景	场景\Cha05\上机练习——制作招聘宣传广告.ai
视频	视频教学\Cha05\上机练习——制作招聘宣传广告.mp4

01 启动 Illustrator CC 软件，按 Ctrl+N 组合键，在弹出的【新建文档】对话框中将单位设置为【厘米】，将【宽度】、【高度】分别设置为 21、29.7，将【颜色模式】设置为 CMYK 颜色，如图 5-226 所示。设置完成后单击【创建】按钮。

图5-226　设置新建文档参数

02 选择工具箱中的【矩形工具】，在画板中绘制一个矩形。选中绘制的矩形，在【属性】面板中将【宽】、【高】分别设置为 21、29.7，将【填色】的 CMYK 值设置为 0、10、75、0，将【描边】设置为无，并在画板中调整其位置，效果如图 5-227 所示。

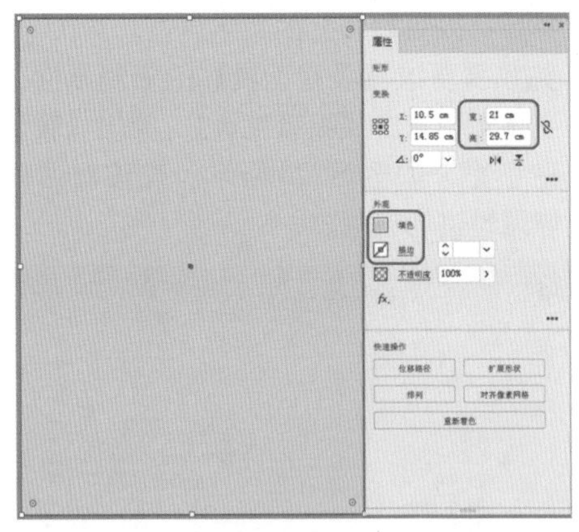

图5-227　绘制矩形并进行设置

03 按 Shift+Ctrl+P 组合键，在弹出的【置入】对话框中选择“素材\Cha05\招聘广告素材01.ai”素材文件，如图 5-228 所示。

图5-228　选择素材文件

04 在画板中指定素材文件的位置，并在画板中调整素材的位置，在【属性】面板中单击【嵌入】按钮，如图 5-229 所示。

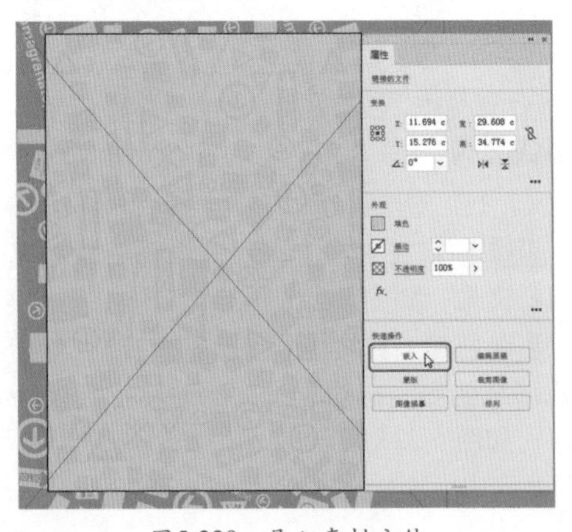

图5-229　导入素材文件

05 选择工具箱中的【矩形工具】，在画板中绘制一个矩形。选中绘制的矩形，在【属性】面板中将【宽】、【高】分别设置为21、29.7，将【填色】的CMYK值设置为0、10、75、0，将【描边】设置为无，并在画板中调整其位置，效果如图5-230所示。

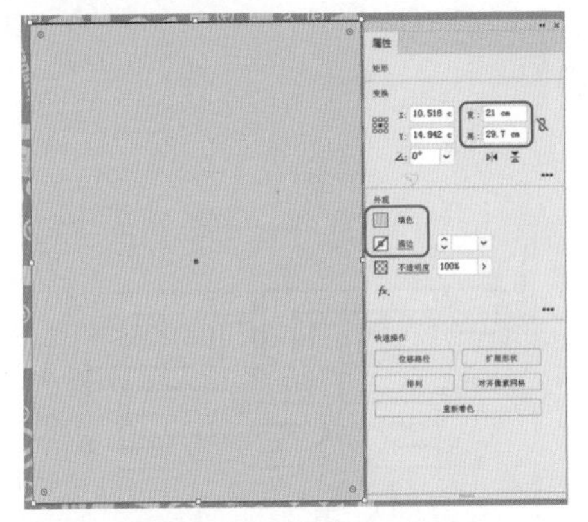

图5-230 绘制矩形并进行设置

06 选择工具箱中的【选择工具】，在画板中选择新绘制的矩形与前面导入的素材文件，单击鼠标右键，在弹出的快捷菜单中选择【建立剪切蒙版】命令，如图5-231所示。

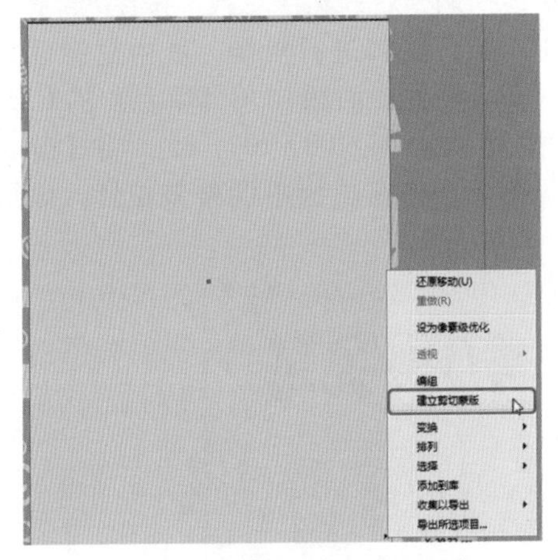

图5-231 选择【建立剪切蒙版】命令

07 选择工具箱中的【文字工具】，在画板中单击鼠标，输入文本。选中输入的文本，在【属性】面板中将【填色】的CMYK值设置为0、0、0、0，将【描边】的CMYK值设置为48.4、100、100、25，将【描边】的粗细设置为2，将【字体】设置为【汉仪菱心体简】，将字体大小设置为110，将【字符间距】设置为-75，如图5-232所示。

图5-232 输入文本并进行设置

08 使用【文字工具】在画板中选择“兵”，在【属性】面板中将【填色】设置为7、6、75.4、0，如图5-233所示。

图5-233 设置文本填色

09 使用【选择工具】选择文本，单击鼠标右键，在弹出的快捷菜单中选择【创建轮廓】命令，如图5-234所示。

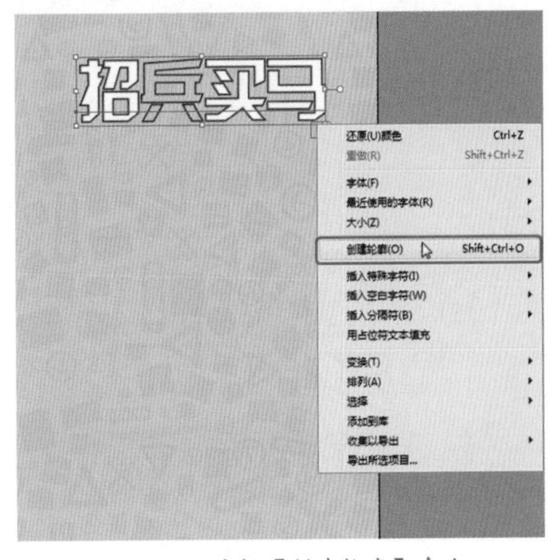

图5-234 选择【创建轮廓】命令

10 选择工具箱中的【直接选择工具】，在画板中对创建轮廓的文本进行调整，调整后的效果如图 5-235 所示。

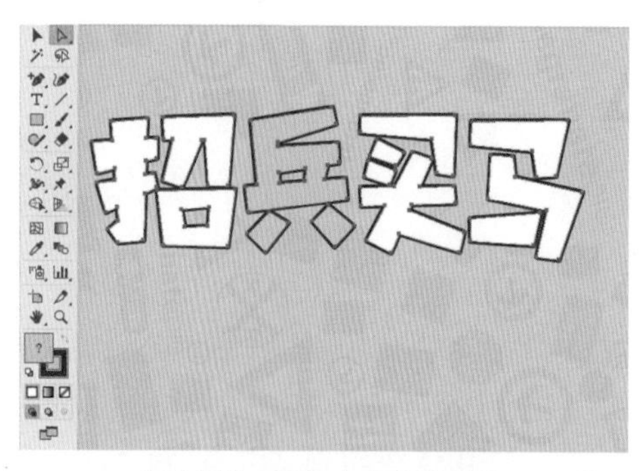

图5-235　调整文本后的效果

提　示

调整完文字轮廓后，选择该对象，在【描边】面板中单击【圆角连接】按钮，即可将边角变为圆角。

疑难解答　在对文字轮廓进行调整时，怎么将连接在一起的路径分开？

在对文字轮廓进行调整时，若需要将连接在一起的路径分开，首先需要使用【直接选择工具】选择要断开的锚点，如图5-236所示，按Delete键将选中的锚点删除。选择工具箱中的【钢笔工具】，将鼠标移至断开的锚点上，当鼠标指针变为形状时，如图5-237所示，单击该锚点，然后将鼠标移至要进行闭合的锚点上，当鼠标指针变为形状时，如图5-238所示，单击鼠标，即可将开放的路径进行闭合，效果如图5-239所示。

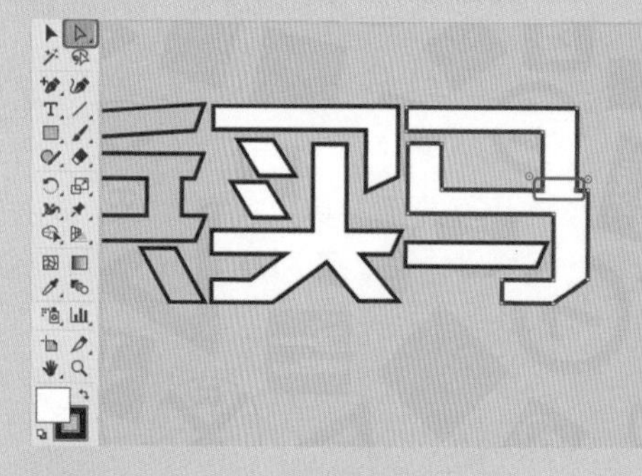

图5-236　选择要断开的锚点

图5-237　将鼠标移至断开的锚点上

图5-238　将鼠标移至要进行闭合的锚点上

图5-239　闭合路径

11 选择工具箱中的【选择工具】，在画板中选择调整后的文字对象，按住 Alt 键拖动选中对象，将其进行复制。选中复制后的对象，在【属性】面板中将【填色】的 CMYK 值设置为 48.4、100、100、25，将【描边】设置为无，并在画板中调整其位置，效果如图 5-240 所示。

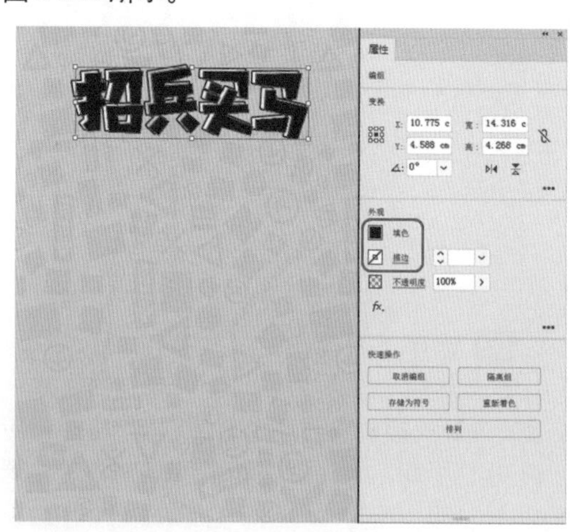

图5-240　选择对象并进行复制

12 选中复制后的对象，右击鼠标，在弹出的快捷菜单中选择【排列】|【后移一层】命

令，如图 5-241 所示。

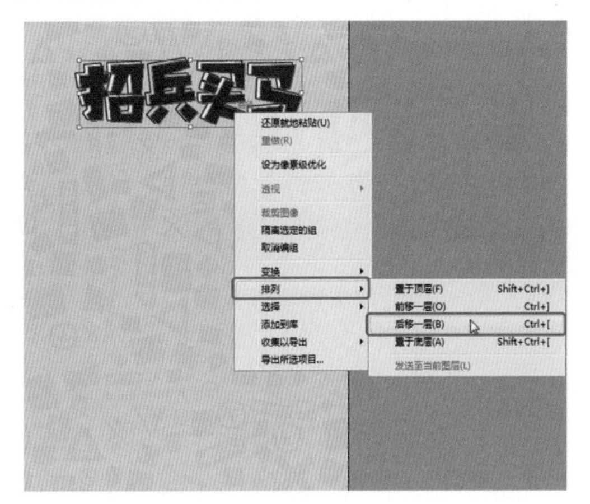

图5-241　选择【后移一层】命令

13 在画板中选中两个文字对象，按 Ctrl+G 组合键，将其进行编组，选择工具箱中的【钢笔工具】，在画板中绘制一个如图 5-242 所示的图形。选中绘制的图形，在【属性】面板中将【填色】的 CMYK 值设置为 22、98.5、81、0，将【描边】设置为无。

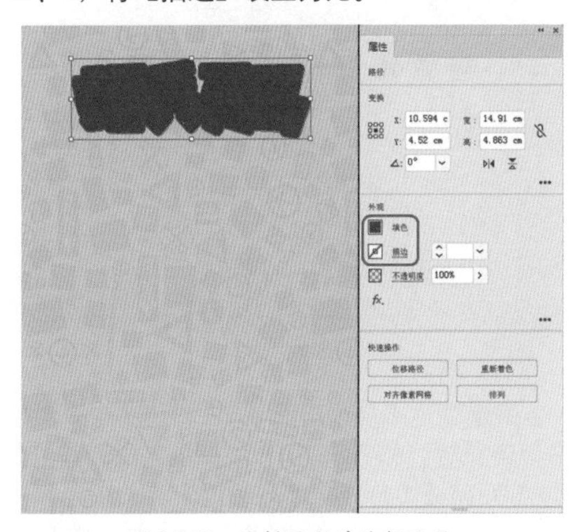

图5-242　绘制图形并进行设置

14 继续选中该图形，按 Ctrl+[组合键，将其后移一层，继续选中后移一层的对象，按住 Alt 键对其进行复制。选中复制后的对象，在【属性】面板中将【填色】的 CMYK 值设置为 0、71、36、0，将【描边】的 CMYK 值设置为 7、90、52、0，将【描边】的粗细设置为 6，按 Ctrl+[组合键将其后移一层，并调整该对象的大小与位置，效果如图 5-243 所示。

15 选择工具箱中的【钢笔工具】，在画板中绘制 3 个如图 5-244 所示的图形。选中绘制的图形，在【属性】面板中将【填色】的 CMYK 值设置为 0、0、0、0，将【描边】的 CMYK 值设置为 48.5、100、100、25，将【描边】的粗细设置为 2。

图5-243　复制对象并调整摆放顺序

图5-244　绘制3个图形并进行设置

16 使用【钢笔工具】在画板中绘制如图 5-245 所示的三个图形。选中绘制的图形，在【属性】面板中将【填色】的 CMYK 值设置为 7、6、75、0，将【描边】的 CMYK 值设置为 48.5、100、100、25，将【描边】的粗细设置为 2。

17 使用同样的方法在文字的右侧绘制相同的图形，并进行相应的设置，效果如图 5-246 所示。

18 选择工具箱中的【椭圆工具】，在画板中按住 Shift 键绘制一个正圆形。选中绘制的正圆形，在【属性】面板中将【填色】的 CMYK

值设置为0、0、0、100，将【描边】设置为无，将【宽】、【高】均设置为1.25，如图5-247所示。

图5-245　继续绘制图形

图5-246　绘制其他图形后的效果

图5-247　绘制正圆形

19 选中绘制的正圆形，按住Alt键拖动鼠标，对选中的对象进行复制。选中复制的对象，在【属性】面板中将【填色】设置为无，将【描边】的CMYK值设置为0、0、0、100，将【描边】的粗细设置为2.9，将【宽】、【高】均设置为1.54，并调整其位置，效果如图5-248所示。

图5-248　复制图形并进行调整

20 使用【选择工具】绘制两个正圆形，按住Alt键对其进行复制，复制后的效果如图5-249所示。

图5-249　复制正圆形

21 选择工具箱中的【文字工具】，在画板中单击鼠标，输入文本。选中输入的文本，在【字符】面板中将【字体】设置为【方正大黑简体】，将【字体大小】设置为26，将【字符间距】设置为1060，在【颜色】面板中将【填色】的CMYK值设置为0、0、0、0，将【描边】设置为无，如图5-250所示。

22 选择工具箱中的【矩形工具】，在画板中绘制一个矩形。选中绘制的矩形，在【属性】面板中将【宽】、【高】分别设置为9.8、1.08，将【填色】的CMYK值设置为4、28、88、0，将【描边】设置为无，在【变换】面板中将【圆角半径】均设置为0.1，如图5-251所示。

图5-250 输入文本并进行设置

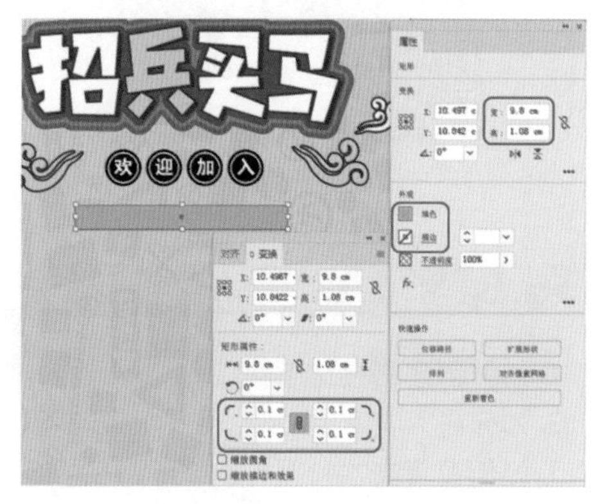

图5-251 绘制矩形

23 选择工具箱中的【文字工具】，在画板中单击鼠标，输入文本。选中输入的文本，在【字符】面板中将【字体】设置为【方正大黑简体】，将【字体大小】设置为21.95，将【字符间距】设置为100，在【颜色】面板中将【填色】的CMYK值设置为0、0、0、0，将【描边】设置为无，如图5-252所示。

图5-252 输入文本并进行设置

24 选择工具箱中的【直线段工具】，在画板中按住鼠标绘制一条直线段。选中绘制的线段，在【属性】面板中将【宽】设置为9.8，将【填色】设置为无，将【描边】的CMYK值设置为7、58.6、88、0，将【描边】的粗细设置为8，如图5-253所示。

图5-253 绘制直线段

25 根据前面介绍的方法输入其他文字并绘制其他图形，效果如图5-254所示。

图5-254 输入其他文本并绘制图形后的效果

26 根据前面介绍的方法将“招聘广告素材02.ai”素材文件置入画板中，并将其嵌入场景文件中，如图5-255所示。

图5-255 置入素材文件

27 选择工具箱中的【矩形工具】，在画板中绘制一个矩形。选中绘制的矩形，在【属性】面板中将【宽】、【高】分别设置为4.3、4.8，将【填色】的CMYK值设置为0、0、0、0，将【描边】的CMYK值设置为54、100、95、43，如图5-256所示。

图5-256　绘制矩形并进行设置

28 根据前面介绍的方法输入其他文字，并绘制相应的图形，将“招聘广告素材03.png”素材文件置入画板中，并进行调整，效果如图5-257所示。

图5-257　创建其他对象后的效果

5.5 思考与练习

1. 如何创建路径文字？
2. 如何导入文本？
3. 如何设置文本行距？

第6章 海报设计——效果和滤镜

在现实生活当中，海报是一种最为常见的宣传方式，海报大多用于影视剧和新品、商业活动等宣传中，主要是结合运用图片、文字、色彩、空间等要素，以恰当的形式向人们展示宣传信息。本章将利用效果与滤镜来制作海报效果，在Illustrator中，滤镜不但可以为图像的外观添加一些特殊效果，还可以模拟素描、水彩和油画等绘画效果。通过为某个对象、组或图层添加滤镜，能够创造出炫酷的图像作品。

基础知识

- 扭曲和变换
- 路径查找器

重点知识

- 风格化
- 【模糊】滤镜组

提高知识

- 【纹理】滤镜组
- 【艺术效果】滤镜组

海报设计是视觉传达的表现形式之一，要想通过版面的构成在第一时间吸引人们的目光，要求设计者将图片、文字、色彩、空间等要素完美结合，以恰当的形式向人们展示宣传信息。

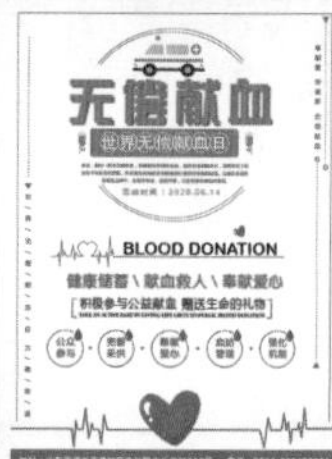

6.1 制作汽车宣传海报——Illustrator 效果

汽车是现代工业的结晶，随着时代的飞速发展，汽车在人们的生活中越来越常见。很多汽车销售部门为了对汽车进行宣传，都会制作汽车宣传海报，在制作汽车宣传海报时，需要注意建立海报与汽车产品本身之间的紧密联系，突出产品的专业化与个性化特点。本节将介绍如何制作汽车宣传海报，效果如图 6-1 所示。

图6-1　汽车宣传海报

素材	素材\Cha06\汽车背景.jpg
场景	场景\Cha06\制作汽车宣传海报——Illustrator 效果.ai
视频	视频教学\Cha06\制作汽车宣传海报——Illustrator 效果.mp4

01 启动 Illustrator CC 软件，按 Ctrl+N 组合键，在弹出的【新建文档】对话框中将单位设置为【毫米】，将【宽度】、【高度】分别设置为 346、233，如图 6-2 所示。

图6-2　设置新建文档参数

02 设置完成后，单击【创建】按钮。按 Shift+Ctrl+P 组合键，在弹出的对话框中选择"素材\Cha06\汽车背景.jpg"素材文件，如图 6-3 所示，单击【置入】按钮。

图6-3　选择素材文件

03 选中置入的素材文件，在【属性】面板中将【宽】、【高】分别设置为 346、233，单击【嵌入】按钮，在画板中调整其位置，如图 6-4 所示。

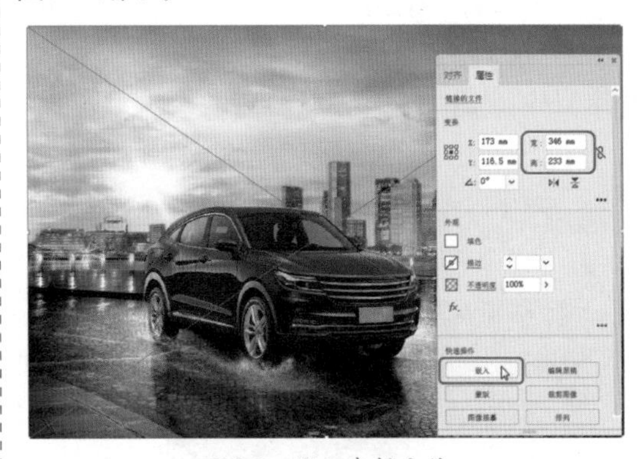

图6-4　嵌入素材文件

04 选择工具箱中的【文字工具】T，在画板中单击鼠标，输入文本。选中输入的文本，在【属性】面板中将【填色】设置为 #000000，将【字体】设置为【微软简综艺】，将【字体大小】设置为 86，如图 6-5 所示。

图6-5　输入文本并进行设置

05 继续选中文本，单击鼠标右键，在弹出的快捷菜单中选择【变换】|【倾斜】命令，如图 6-6 所示。

图6-6 选择【倾斜】命令

06 执行该操作后，即可弹出【倾斜】对话框，将【倾斜角度】设置为 20，如图 6-7 所示。

图6-7 设置倾斜角度

07 设置完成后，单击【确定】按钮。再次选中该文本，单击鼠标右键，在弹出的快捷菜单中选择【创建轮廓】命令，如图 6-8 所示。

图6-8 选择【创建轮廓】命令

08 继续选中该文本，单击鼠标右键，在弹出的快捷菜单中选择【取消编组】命令，如图 6-9 所示。

图6-9 选择【取消编组】命令

09 选择工具箱中的【直接选择工具】，在画板中对文本进行调整，调整后的效果如图 6-10 所示。

图6-10 对文本进行调整后的效果

10 选择工具箱中的【钢笔工具】，在画板中绘制一个如图 6-11 所示的图形，在【属性】面板中将【填色】设置为 #1c1c1b，将【描边】设置为无。

图6-11 绘制图形

11 选择工具箱中的【矩形工具】，在

画板中绘制一个矩形，并在【属性】面板中将【填色】设置为 #fff800，在画板中调整矩形的角度与位置，如图 6-12 所示。

图6-12 绘制矩形并进行调整

12 选择工具箱中的【选择工具】，在画板中选择前面所绘制的两个图形，单击鼠标右键，在弹出的快捷菜单中选择【编组】命令，如图 6-13 所示。

图6-13 选择图形并进行编组

13 选中成组后的对象，在菜单栏中选择【效果】|【路径查找器】|【相减】命令，如图 6-14 所示。

疑难解答 为什么在使用【路径查找器】效果时需要将对象编组?

路径查找器效果通常应用于组、图层或文字对象，所以只有将绘制的图形进行成组，才可以对选中的图形执行【相减】效果。

14 选择工具箱中的【文字工具】，在画板中单击鼠标，输入文本。选中输入的文本，在【属性】面板中将【填色】设置为 #1c1c1b，将【字体】设置为【Adobe 黑体 Std R】，将【字体大小】设置为 33，在【变换】面板中将【倾斜】设置为 13，如图 6-15 所示。

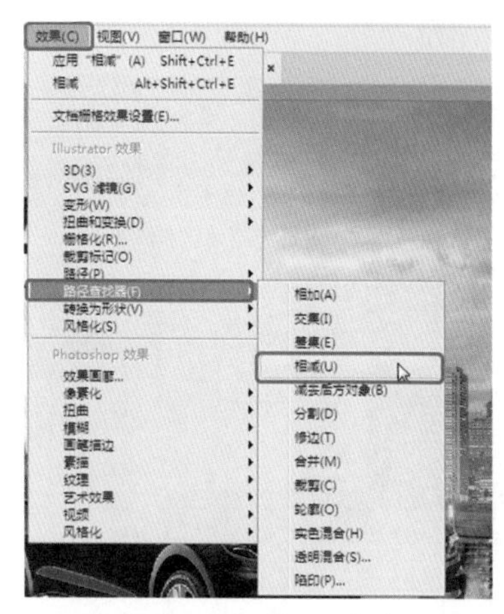

图6-14 选择【相减】命令

图6-15 输入文本并进行设置

15 选择工具箱中的【文字工具】，在画板中单击鼠标，输入文本。选中输入的文本，在【属性】面板中将【字体】设置为【汉仪综艺体简】，将【字体大小】设置为 36，将【填色】设置为 # 000000，然后将“6”、的【填色】设置为 #e50000，在【变换】面板中将【倾斜】设置为 15，如图 6-16 所示。

图6-16 输入文本并进行设置

16 选择工具箱中的【矩形工具】，在画板中绘制一个矩形。选中绘制的矩形，在【属性】面板中将【填色】设置为# e20413，在【变换】面板中将【宽】、【高】分别设置为56、13.7，将【圆角半径】分别设置为7、0、0、7，将【倾斜】设置为10，如图6-17所示。

图6-17 绘制矩形并进行设置

提 示

在对矩形进行设置时，需要先对圆角半径进行设置，若先设置【倾斜】，则无法再设置圆角半径。

17 选择工具箱中的【文字工具】，在画板中单击鼠标，输入文本。选中输入的文本，在【属性】面板中将【填色】设置为#ffffff，将【字体】设置为【微软简综艺】，将【字体大小】设置为35.8，在【变换】面板中将【倾斜】设置为15，并在画板中调整文字的位置，如图6-18所示。

图6-18 输入文本并进行设置

18 至此，汽车宣传海报就制作完成了，完成后的效果如图6-19所示，对完成的场景进行保存即可。

图6-19 汽车宣传海报效果

6.1.1 3D效果

3D效果可以用二维图稿创建三维对象，可以通过高光、阴影、旋转及其他属性来控制3D对象的外观，还可以将图稿贴到3D对象中的每一个表面上。

1. 凸出和斜角

Illustrator中的3D凸出和斜角效果命令，可以通过挤压平面对象的方法，为平面对象增加厚度来创建立体对象。在【3D凸出和斜角选项】对话框中，用户可以通过设置位置、透视、凸出厚度、端点、斜角/高度等选项，来创建具有凸出和斜角效果的逼真立体图形。

在场景中绘制一个图形后并将其填充颜色与背景色区分开，在菜单栏中选择【效果】3D(3) |【凸出和斜角选项】命令，打开【3D凸出和斜角选项】对话框，单击对话框中的【更多选项】按钮，可以查看完整的选项列表，如图6-20所示。

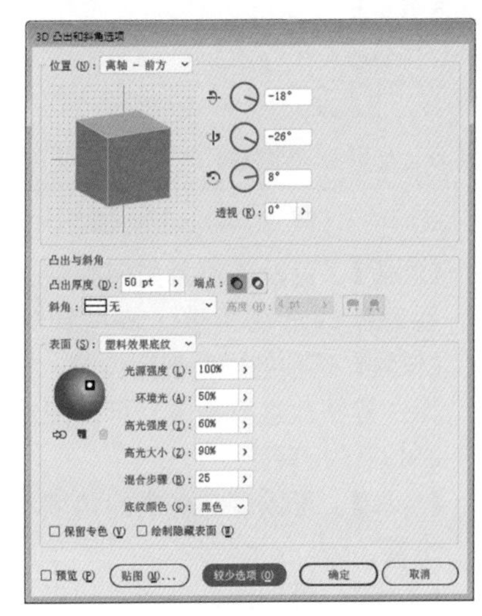

图6-20 【3D凸出和斜角选项】对话框

- 【位置】：设置对象如何旋转以及观看对象的透视角度。将指针放置在【位置】选项的预览视图位置，按住鼠标左键不放进行拖曳，可使图案进行360度的旋转。
- 【凸出与斜角】：确定对象的深度以及向对象添加或从对象剪切的任何斜角的延伸。
- 【表面】：创建各种形式的表面，从黯淡、不加底纹的不光滑表面到平滑、光亮、看起来类似塑料的表面。

2. 绕转

围绕全局Y轴（绕转轴）绕转一条路径或剖面，使其做圆周运动。在工具箱中选择【效果】|3D(3)|【绕转】命令，打开【3D绕转选项】对话框，单击对话框中的【更多选项】按钮，可以查看完整的选项列表，如图6-21所示。

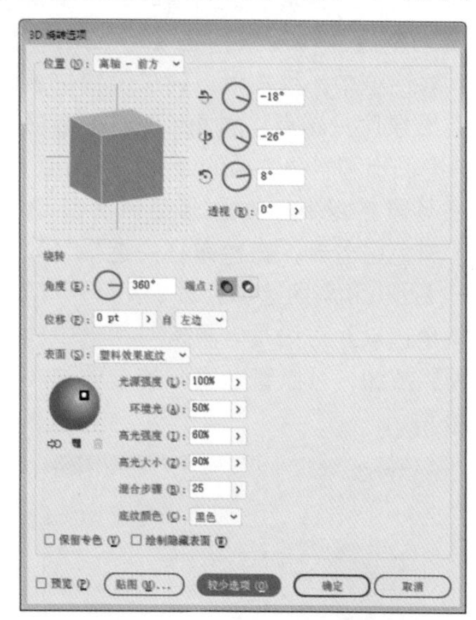

图6-21 【3D绕转选项】对话框

- 【位置】：可设置对象如何旋转以及观看对象的透视角度。将指针放置在【位置】选项的预览视图位置，按住鼠标左键不放进行拖曳，可使图案进行360度的旋转。
- 【绕转】：可以设定对象的角度和偏移位置。
- 【表面】：可创建各种形式的表面，从黯淡、不加底纹的不光滑表面到平滑、光亮、看起来类似塑料的表面。

6.1.2 SVG滤镜

SVG滤镜是Scalable Vector Graphics的首字母缩写。它是一种开放标准的矢量图形语言，用于为Web提供非栅格的图像标准，是将图像描述为形状、路径、文本和滤镜效果的矢量格式。

1. 应用SVG滤镜

在菜单栏中选择【效果】|【SVG滤镜】|【应用SVG滤镜】命令，打开【应用SVG滤镜】对话框，如图6-22所示。在对话框中选择需要的SVG滤镜效果，其中的滤镜与【SVG滤镜】下拉菜单中的滤镜相同，如图6-23所示。

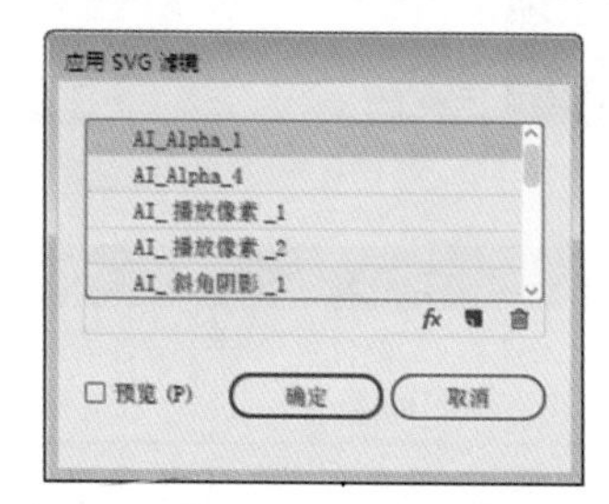

图6-22 【应用SVG滤镜】对话框

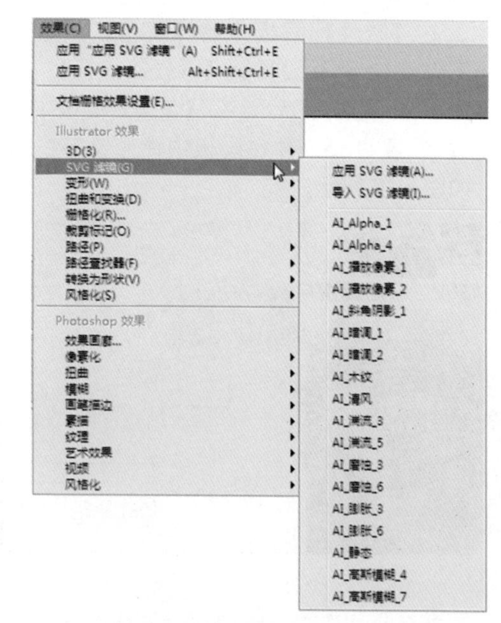

图6-23 【SVG滤镜】下拉菜单

2. 导入SVG滤镜

在菜单栏中选择【效果】|【SVG滤镜】|【导

入 SVG 滤镜】命令，弹出【选择 SVG 文件】对话框，在弹出的对话框中用户可以选择自己下载的 SVG 滤镜。

6.1.3　变形

通过【变形】命令可以改变矢量图形的内容，但是其基本形状不会改变。在菜单栏中选择【效果】|【变形】命令，在打开的菜单中查看变形方式，选择任意一种方式都可打开【变形选项】对话框，如图 6-24 所示。

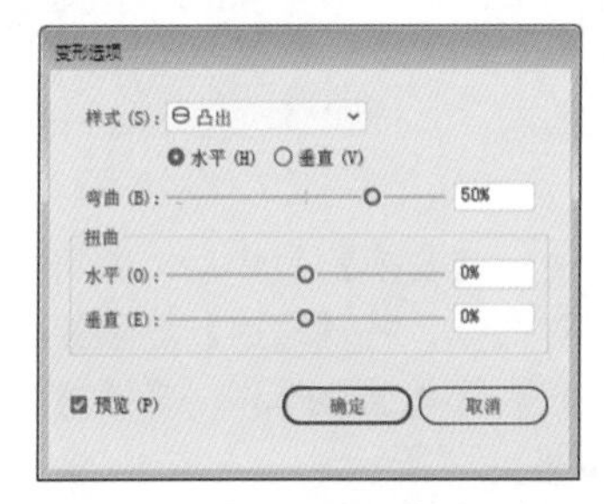

图6-24　【变形选项】对话框

- 【样式】：设置图形变形的样式，其中包含弧形、下弧形、上弧形等 15 种变形方式。
- 【弯曲】：设置图形的弯曲程度，滑块越往两端，图形的弯曲程度就越大。
- 【扭曲】：设置图形水平、垂直方向的扭曲程度，滑块越往两端，图形的扭曲程度就越大。

下面将介绍如何使用变形效果，其操作步骤如下。

01 启动 Illustrator CC 软件，按 Ctrl+O 组合键，在弹出的【打开】对话框中选择“素材\Cha06\素材 01.ai”素材文件，单击【打开】按钮，如图 6-25 所示。

图6-25　打开的素材文件

02 在画板中选择文字与矩形对象，在菜单栏中选择【效果】|【变形】|【弧形】命令，如图 6-26 所示。

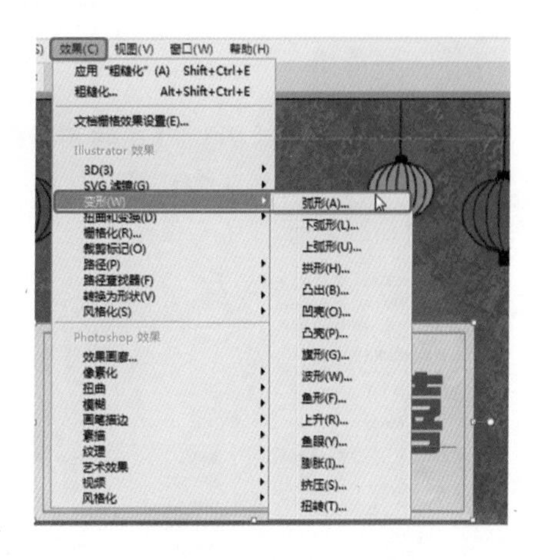

图6-26　选择【弧形】命令

03 执行上述操作后，将会弹出【变形选项】对话框，选中【水平】单选按钮，将【弯曲】设置为 25，将【水平】、【垂直】均设置为 0，如图 6-27 所示。

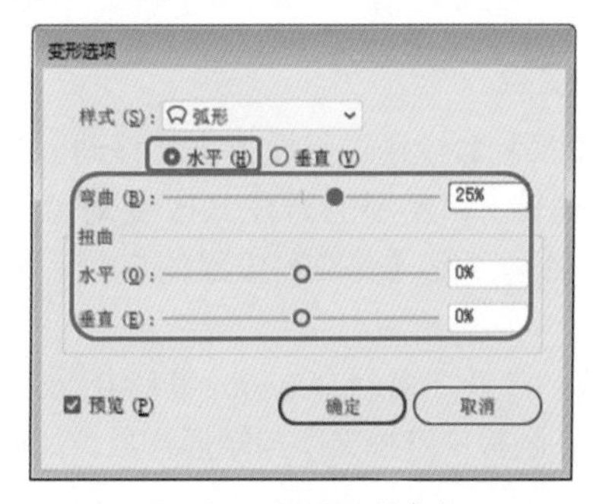

图6-27　设置弧形参数

04 设置完成后，单击【确定】按钮，即可为选中的对象应用【弧形】效果，效果如图 6-28 所示。

图6-28　应用弧形效果

提 示

在【变形】子菜单中提供了多种效果，使用方法与【弧形】效果相同，在此就不一一进行介绍了。

6.1.4 扭曲和变换

在菜单栏中选择【效果】|【扭曲和变换】命令，可以查看【扭曲和变换】子菜单中包含的命令，如图6-29所示。

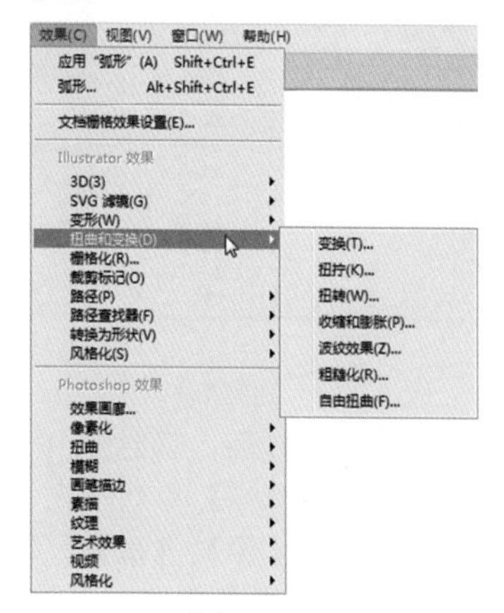

图6-29 【扭曲和变换】命令

1. 变换

【变换】命令通过重设大小、移动、旋转、镜像（翻转）和复制的方法来改变对象形状。下面将简单介绍【变换】效果的应用，操作步骤如下。

01 打开“素材\Cha06\素材01.ai”素材文件，在画板中选择文字与矩形对象，如图6-30所示。

图6-30 选择要应用效果的对象

02 选择完成后，在菜单栏中选择【效果】|【扭曲和变换】|【变换】命令，如图6-31所示。

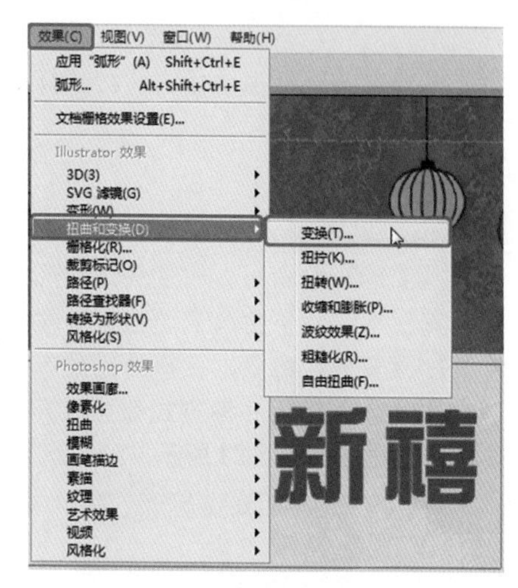

图6-31 选择【变换】命令

03 执行【变换】命令后，即可弹出【变换效果】对话框，将【缩放】选项组中的【水平】、【垂直】都设置为138，将【角度】设置为20，如图6-32所示。

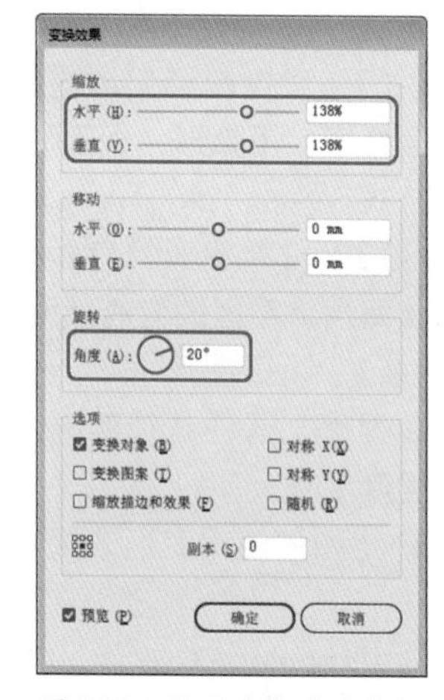

图6-32 设置变换效果参数

04 设置完成后，单击【确定】按钮，完成后的效果如图6-33所示。

图6-33 应用变换效果

2. 扭拧

【扭拧】命令可以随机地向内或向外弯曲和扭曲路径段。使用绝对量或相对量设置垂直和水平扭曲的操作步骤如下。

01 打开“素材\Cha06\素材 01.ai”素材文件，在画板中选择文字与矩形对象，在菜单栏中选择【效果】|【扭曲和变换】|【扭拧】命令，如图 6-34 所示。

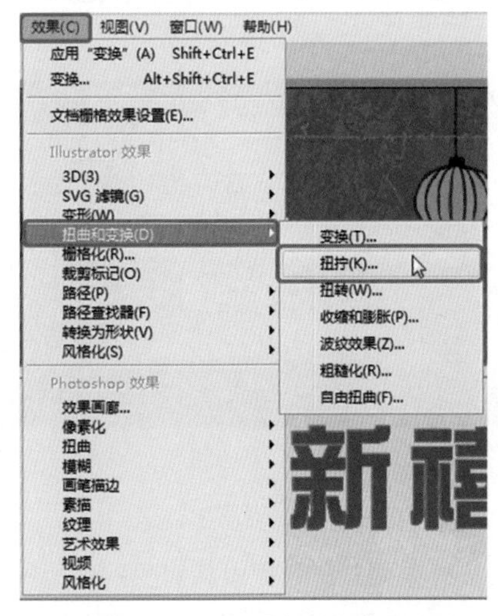

图6-34　选择【扭拧】命令

02 执行上述操作后，即可弹出【扭拧】对话框，将【水平】、【垂直】分别设置为 7、10，选中【相对】单选按钮，勾选【锚点】、【“导入”控制点】、【“导出”控制点】复选框，如图 6-35 所示。

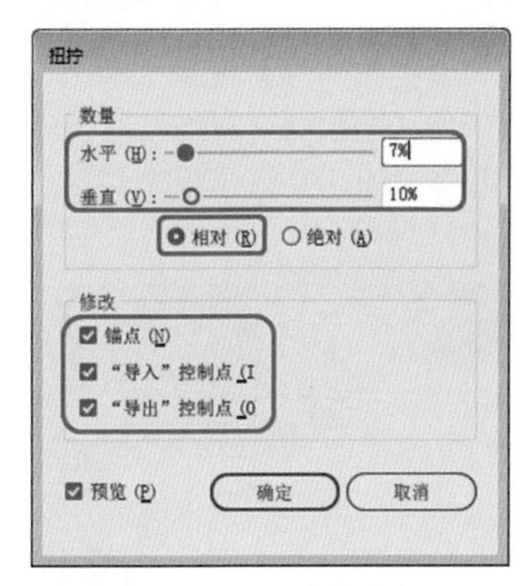

图6-35　设置扭拧参数

03 设置完成后，单击【确定】按钮，调整后的效果如图 6-36 所示。

图6-36　添加扭拧效果

3. 扭转

【扭转】命令可以旋转一个对象，中心的旋转程度比边缘的旋转程度大。输入一个正值将顺时针扭转，输入一个负值将逆时针扭转，应用该效果的操作步骤如下。

01 打开“素材\Cha06\素材 01.ai”素材文件，在画板中选择文字与矩形对象，在菜单栏中选择【效果】|【扭曲和变换】|【扭转】命令，如图 6-37 所示。

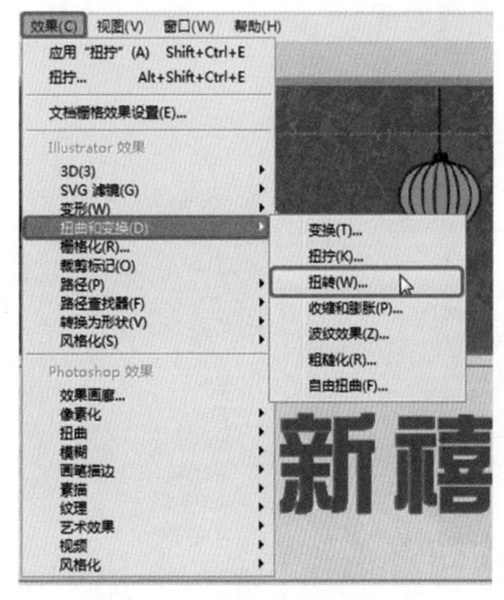

图6-37　选择【扭转】命令

02 执行上述操作后，即可弹出【扭转】对话框，将【角度】设置为 20，如图 6-38 所示。

图6-38　设置扭转参数

03 设置完成后，单击【确定】按钮，即可对选中的对象应用该效果，如图 6-39 所示。

图6-39　应用扭转效果

4. 收缩和膨胀

【收缩和膨胀】命令是在将线段向内弯曲(收缩)时，向外拉出矢量对象的锚点；或在将线段向外弯曲(膨胀)时，向内拉入锚点。下面将介绍如何应用【收缩和膨胀】效果，操作步骤如下。

01 打开“素材\Cha06\素材01.ai”素材文件，在画板中选择文字与矩形对象，在菜单栏中选择【效果】|【扭曲和变换】|【收缩和膨胀】命令，如图6-40所示。

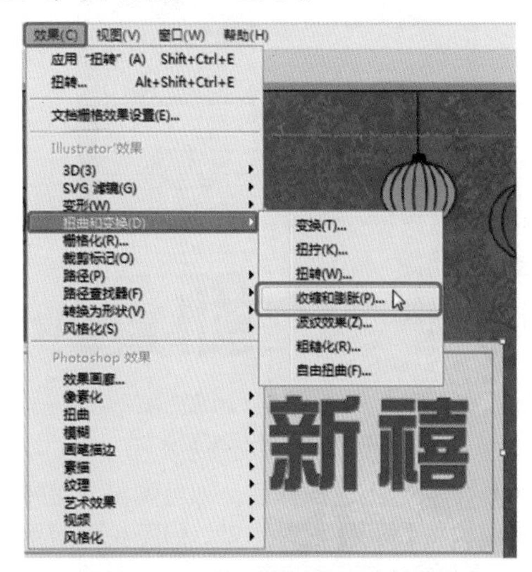

图6-40　选择【收缩和膨胀】命令

02 在弹出的【收缩和膨胀】对话框中将参数设置为40，即可将选中对象改为膨胀效果，如图6-41所示。

03 再在该对话框中将参数设置为-25，即可将选中的对象改为收缩效果，如图6-42所示。

04 设置完成后，单击【确定】按钮，即可完成对选中对象的设置。

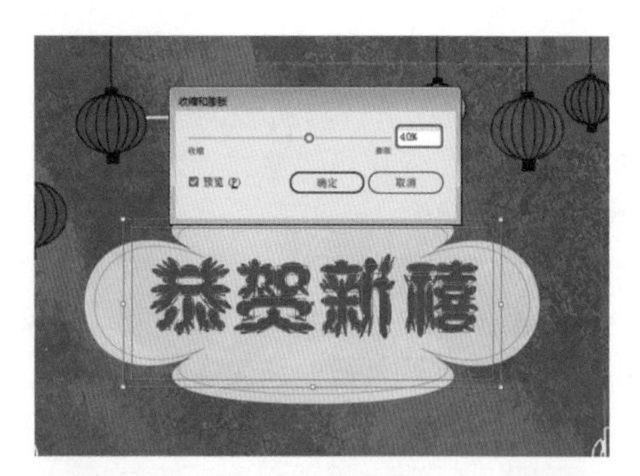

图6-41　膨胀效果

图6-42　缩放效果

5. 波纹效果

【波纹效果】命令可以将对象的路径段变换为由同样大小的尖峰和凹谷形成的锯齿和波形数组。使用绝对大小或相对大小设置尖峰与凹谷之间的长度。应用波纹效果的操作步骤如下。

01 打开“素材\Cha06\素材01.ai”素材文件，选择工具箱中的矩形工具，在画板中绘制一个矩形。选中绘制的矩形，在【属性】面板中将【填色】设置为#ffffff，将【描边】设置为无，将【不透明度】设置为84%，在【变换】面板中将【宽】、【高】均设置为35，将圆角半径均设置为9，并在画板中调整其位置，效果如图6-43所示。

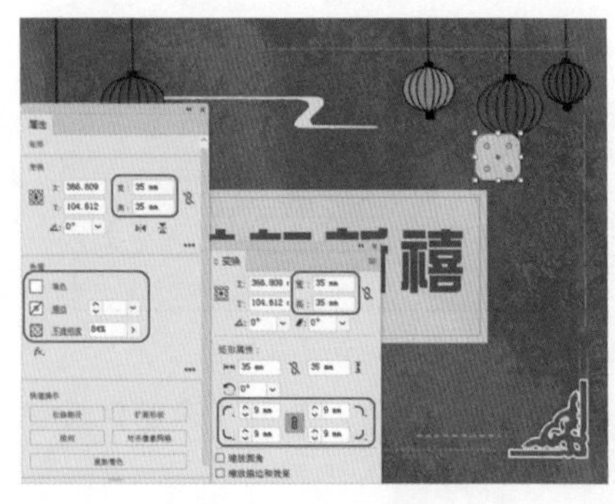

图6-43　绘制矩形

02 在画板中选择矩形对象，在菜单栏中选择【效果】|【扭曲和变换】|【波纹效果】命令，如图6-44所示。

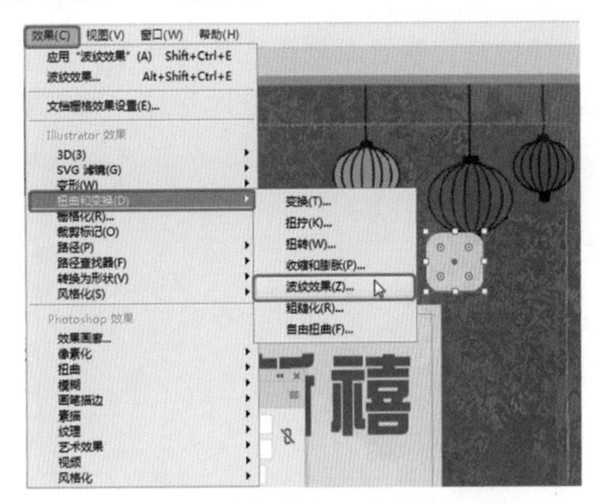

图6-44 选择【波纹效果】命令

03 执行上述操作后，即可弹出【波纹效果】对话框，将【大小】设置为19，选中【绝对】单选按钮，将【每段的隆起数】设置为3，选中【平滑】单选按钮，如图6-45所示。

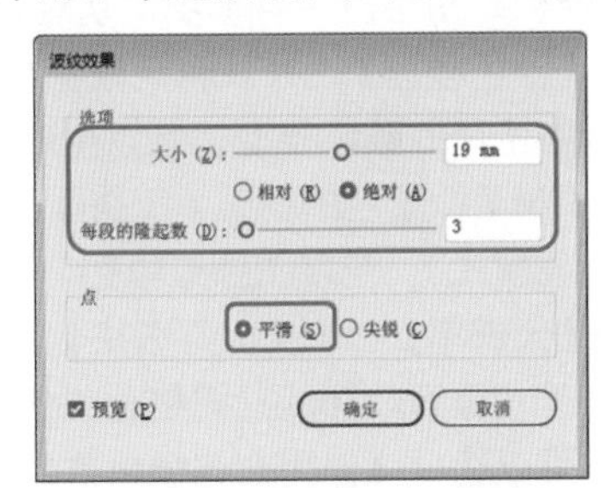

图6-45 设置波纹效果参数

04 设置完成后，单击【确定】按钮，完成后的效果如图6-46所示。

图6-46 应用波纹效果

6. 粗糙化

【粗糙化】命令可将矢量对象的路径段变形为各种大小的尖峰和凹谷的锯齿数组。该效果的使用操作步骤如下。

01 打开“素材\Cha06\素材01.ai”素材文件，在画板中选择文字与矩形对象，在菜单栏中选择【效果】|【扭曲和变换】|【粗糙化】命令，如图6-47所示。

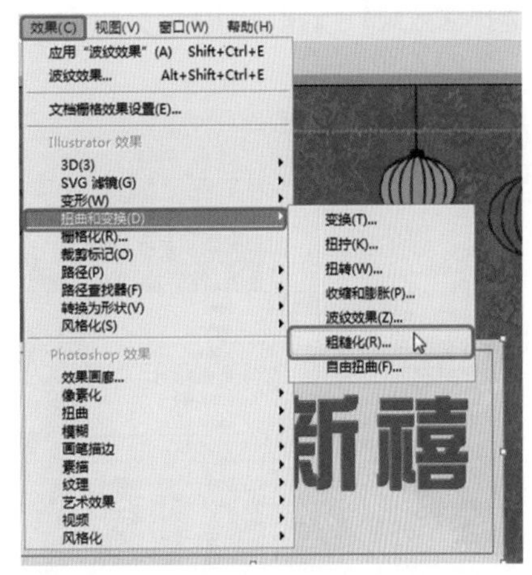

图6-47 选择【粗糙化】命令

02 执行上述操作后，在弹出的【粗糙化】对话框中将【大小】设置为5，选中【相对】单选按钮，将【细节】设置为9，选中【尖锐】单选按钮，如图6-48所示。

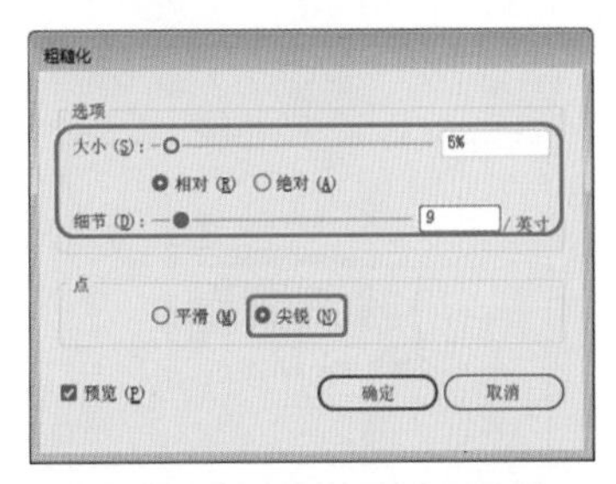

图6-48 设置粗糙化效果参数

03 设置完成后，单击【确定】按钮，即可完成粗糙化效果的应用，效果如图6-49所示。

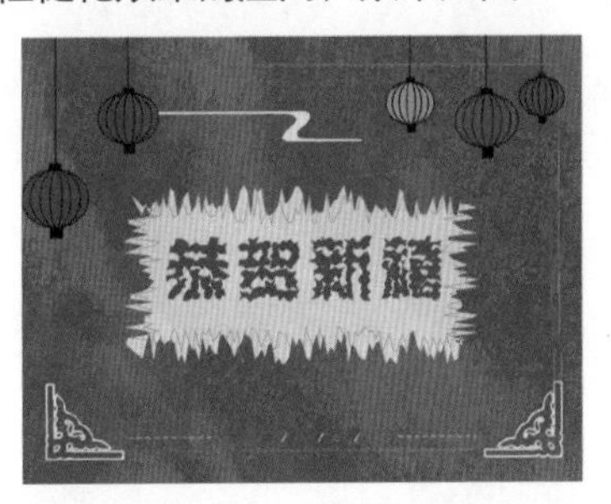

图6-49 应用粗糙化效果

7. 自由扭曲

【自由扭曲】命令可以通过拖动4个角任

意控制点的方式来改变矢量对象的形状。使用该效果的操作步骤如下。

01 打开“素材\Cha06\素材01.ai”素材文件，在画板中选择文字与矩形对象，在菜单栏中选择【效果】|【扭曲和变换】|【自由扭曲】命令，如图6-50所示。

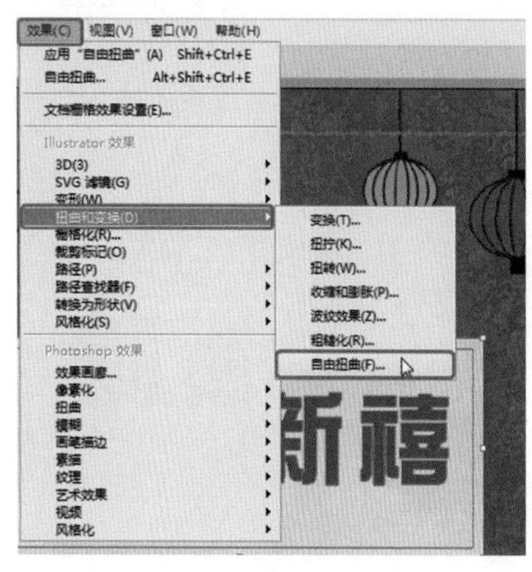

图6-50 选择【自由扭曲】命令

02 执行上述操作后，在弹出的【自由扭曲】对话框中调整控制点，改变选中对象的形状，效果如图6-51所示。

图6-51 调整选中对象的控制点

03 调整完成后，单击【确定】按钮，即可完成自由扭曲效果的应用，如图6-52所示。

图6-52 应用自由扭曲效果

6.1.5 栅格化

栅格化是将矢量图形转换为位图图像的过程，执行栅格化后，Illustrator会将图形和路径转换为像素。在菜单栏中选择【效果】|【栅格化】命令，弹出【栅格化】对话框，如图6-53所示。

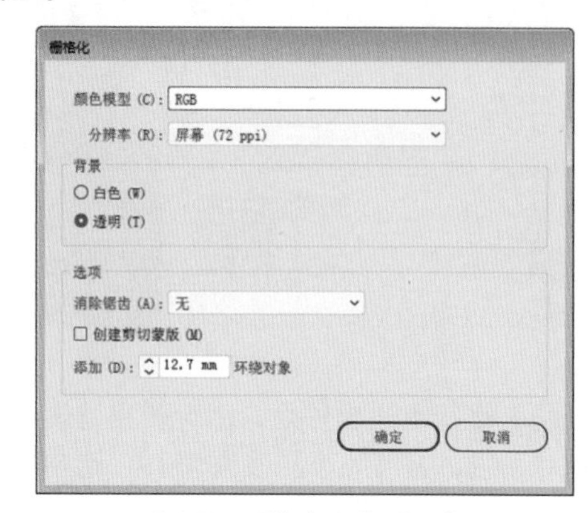

图6-53 【栅格化】对话框

【栅格化】对话框中各选项的功能如下。

- 【颜色模型】：用于确定在栅格化过程中所用的颜色模型。可以生成RGB或CMYK颜色的图像(取决于文档的颜色模式)、灰度图像或位图。
- 【分辨率】：可以设置栅格化图像的每英寸像素数(ppi)。栅格化矢量对象时，可以选择【使用文档栅格效果分辨率】选项来设置全局分辨率。
- 【背景】：可以设置矢量图形栅格化后是否为透明底色。当选择【白色】选项时，可以用白色像素填充透明区域；当选择【透明】选项时，可以创建一个Alpha通道(除1位图像以外的所有图像)。如果图稿被导出到Photoshop中，Alpha通道将会保留。
- 【消除锯齿】：可以改善栅格化图像的锯齿边缘。设置文档的栅格化选项时，如果取消选择此选项，将保留细小线条和细小文本的尖锐边缘。
- 【创建剪切蒙版】：可以创建一个使栅格化图像的背景显示为透明的蒙版。
- 【添加环绕对象】：可以在栅格化图像的周围添加指定数量的像素。

应用【栅格化】命令的操作步骤如下。

01 按 Ctrl+O 组合键，在弹出的【打开】对话框中选择“素材\Cha06\素材 02.ai”素材文件，单击【打开】按钮，如图 6-54 所示。

图6-54　打开的素材文件

02 打开文件后，选择工具箱中的【选择工具】，在场景中选择太阳对象，然后在菜单栏中选择【效果】|【栅格化】命令，如图 6-55 所示。

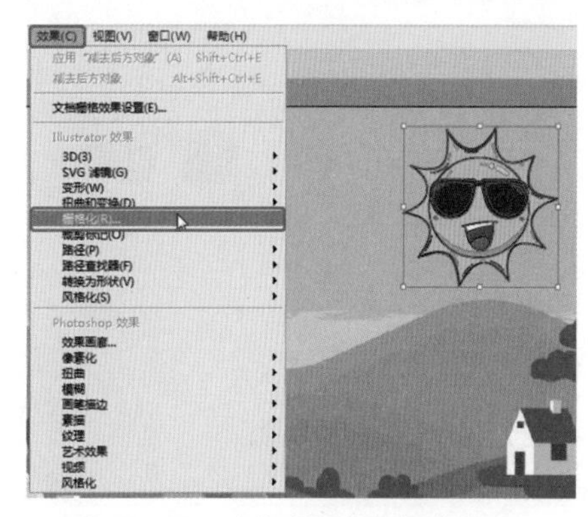

图6-55　选择【栅格化】命令

03 弹出【栅格化】对话框，将【分辨率】设置为【中 (150ppi)】，如图 6-56 所示。

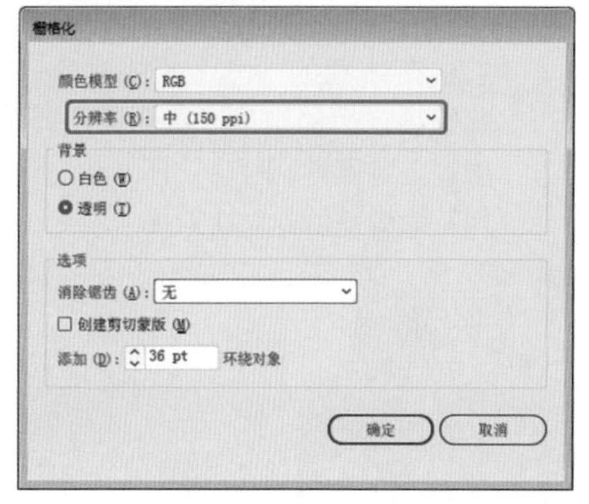

图6-56　设置栅格化参数

04 设置完成后，单击【确定】按钮，栅格化后的效果如图 6-57 所示。

图6-57　栅格化后的效果

6.1.6 裁切标记

裁切标记除了可以指定其他工作区以裁切要输出的图稿外，也可以在图稿中建立并使用多组裁切标记。裁切标记指出要裁切列印纸张的位置。若要在页面上绕着几个物件建立标记，裁切标记就很有用。

裁切标记与工作区有以下几点不同。

- 工作区指定可列印边界，而裁切标记则完全不影响列印区域。
- 一次只能启用一个工作区，但是可以同时建立并显示多个裁切标记。
- 工作区由可见但不会列印的标记来显示，而裁切标记则是使用黑色拼版标示色列印。

提　示

裁切标记并不会取代在【列印】对话框中【标记与出血】选项中建立的剪裁标记。

1. 建立裁切标记

01 打开“素材\Cha06\素材 02.ai”素材文件，在画板中选择太阳图形，然后在菜单栏中选择【效果】|【裁切标记】命令，如图 6-58 所示。

02 选择【裁切标记】命令后，即可创建裁切标记，如图 6-59 所示。

2. 删除裁切标记

选择添加裁切标记的图形后，打开【外观】面板，选择【裁切标记】，单击【删除所选项目】按钮，即可删除所选的裁切标记。

图6-58　选择【裁切标记】命令

图6-59　裁切标记后的效果

6.1.7 路径

在菜单栏中选择【效果】|【路径】命令，在弹出的子菜单中包含 3 种用于处理路径的命令，分别是【位移路径】、【轮廓化对象】和【轮廓化描边】，如图 6-60 所示。其中各个命令的功能如下。

图6-60　【路径】子菜单

- 【位移路径】：可以将图形扩展或收缩。
- 【轮廓化对象】：可以将对象创建为轮廓。该菜单命令通常用于处理文字，将文字创建为轮廓。
- 【轮廓化描边】：可以将对象的描边创建为轮廓，创建为轮廓后，还可以继续对描边的粗细进行调整。

6.1.8 路径查找器

在菜单栏中选择【效果】|【路径查找器】命令，在弹出的子菜单中包含 13 种命令，如图 6-61 所示。这些效果与【路径查找器】面板中的命令作用相同，都可以在重叠的路径中创建新的形状。但是在【效果】菜单中的路径查找器效果仅可应用于组、图层与文本对象，应用后仍可以在【外观】面板中对应用的效果进行修改。而【路径查找器】面板中的命令可以应用于任何对象，但是应用后无法修改。

图6-61　【路径查找器】子菜单

【路径查找器】子菜单中的各个命令的功能如下。

- 【相加】：描摹所有对象的轮廓，就像它们是单独的、已合并的对象一样。此选项产生的结果形状会采用顶层对象的上色属性。图 6-62 所示为应用【相加】命令前后的对比效果。

图6-62　【相加】效果

- 【交集】：描摹所有对象重叠的区域轮廓。
- 【差集】：描摹对象所有未被重叠的区域，并使重叠区域透明。若有偶数个对象重叠，则重叠处会变成透明。而有奇数个对象重叠时，重叠的地方则会填充颜色。图 6-63 所示为应用【差集】命令前后的对比效果。

图6-63 【差集】效果

- 【相减】：从最后面的对象中减去最前面的对象。应用此命令，用户可以通过调整堆栈顺序来删除插图中的某些区域。图 6-64 所示为应用【相减】命令前后的对比效果。

图6-64 【相减】效果

- 【减去后方对象】：从最前面的对象中减去后面的对象。应用此命令，可以通过调整堆栈顺序来删除插图中的某些区域。
- 【分割】：将一份图稿分割成由组件填充的表面（表面是未被线段分割的区域）。图 6-65 所示为应用【分割】命令前后的对比效果。

图6-65 【分割】效果

- 【修边】：删除已填充对象被隐藏的部分。删除所有描边，且不合并相同颜色的对象。
- 【合并】：删除已填充对象被隐藏的部分。删除所有描边，且合并具有相同颜色的相邻或重叠的对象。
- 【裁剪】：将图稿分割成由组件填充的表面，然后删除图稿中所有落在最上方对象边界之外的部分。除此之外，还会删除所有描边。图 6-66 所示为应用【裁剪】命令前后的对比效果。

图6-66 【裁剪】效果

- 【轮廓】：将对象分割为组件线段或边缘。图 6-67 所示为应用【轮廓】命令前后的对比效果。

图6-67 【轮廓】效果

- 【实色混合】：通过选择每个颜色组件的最高值来组合颜色。例如，如果颜色 1 为 20% 青色、66% 洋红色、40% 黄色和 0% 黑色；而颜色 2 为 40% 青色、20% 洋红色、30% 黄色和 10% 黑色，则产生的实色混合色为 40% 青色、66% 洋红色、40% 黄色和 10% 黑色。
- 【透明混合】：使底层颜色透过重叠的图稿可见，然后将图像划分为其构成部分的表面。用户可以指定重叠颜色中的可视性百分比。
- 【陷印】：通过在两个相邻颜色之间创建一个小重叠区域（称为陷印）来补偿图稿中各颜色之间的潜在间隙。

6.1.9 转换为形状

在菜单栏中选择【效果】|【转换为形状】命令，在弹出的子菜单中包含3种命令，使用这些命令可以将矢量对象的形状转换为矩形、圆角矩形与椭圆形，如图6-68所示。

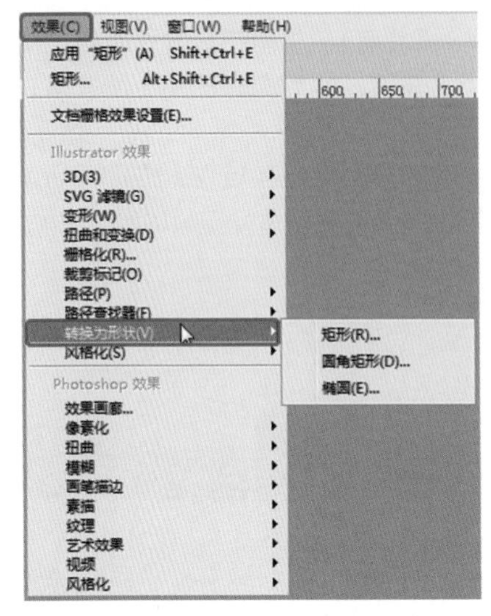

图6-68 【转换为形状】子菜单

01 按Ctrl+O组合键，在弹出的【打开】对话框中选择“素材\Cha06\素材03.ai”素材文件，单击【打开】按钮，如图6-69所示。

图6-69 打开的素材文件

02 选择工具箱中的选择工具，在画板中选择如图6-70所示的对象。

03 在菜单栏中选择【效果】|【转换为形状】|【矩形】命令，在弹出的【形状选项】对话框中选中【相对】单选按钮，将【额外宽度】、【额外高度】分别设置为-12、-7，如图6-71所示。

图6-70 选择对象

图6-71 设置形状参数

在【形状选项】对话框中，用户可以在【形状】下拉列表框中选择【圆角矩形】或【椭圆】形状，其功能介绍如下。

- 【圆角矩形】：使用该选项可以将选择对象的形状转换为圆角矩形，如图6-72所示。

图6-72 【圆角矩形】效果

- 【椭圆】：使用该选项可以将选择对象的形状转换为椭圆形，如图6-73所示。

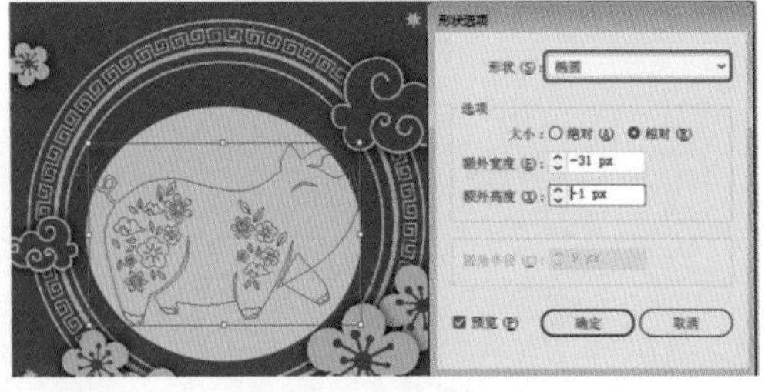

图6-73 【椭圆】效果

6.1.10 风格化

在菜单栏中选择【效果】|【风格化】命令，在弹出的子菜单中包含 6 种命令，使用这些命令可以为对象添加外观样式，如图 6-74 所示。

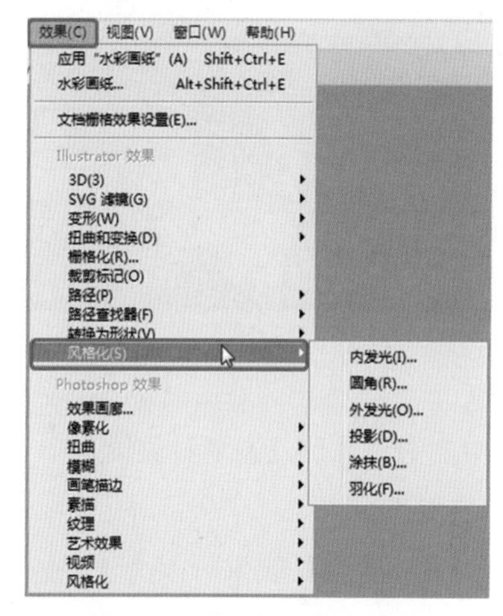

图6-74 【风格化】子菜单

1. 内发光

使用【内发光】效果可以在选中的对象内部创建发光效果。

01 按 Ctrl+O 组合键，在弹出的【打开】对话框中选择“素材\Cha06\素材 03.ai”素材文件，单击【打开】按钮，如图 6-75 所示。

图6-75 打开的素材文件

02 使用选择工具在画板中选择小猪对象，如图 6-76 所示。

03 在菜单栏中选择【效果】|【风格化】|【内发光】命令，如图 6-77 所示。

04 在弹出的【内发光】对话框中将【模式】设置为【正常】，将【发光颜色】设置为 #FF0000，将【不透明度】、【模糊】分别设置为 75%、25，选中【中心】单选按钮，如图 6-78 所示。

图6-76 选择小猪对象

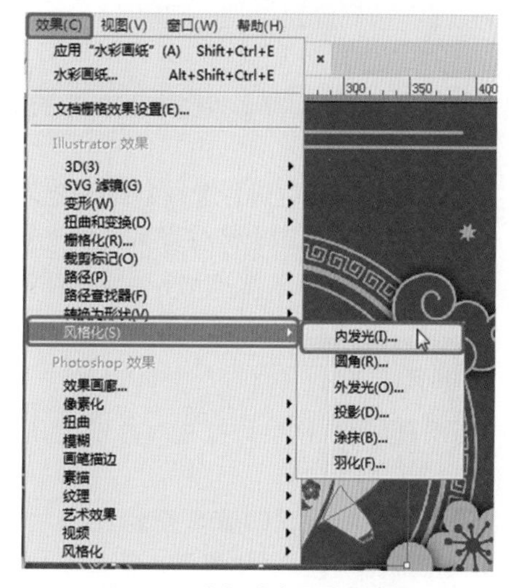

图6-77 选择【内发光】命令

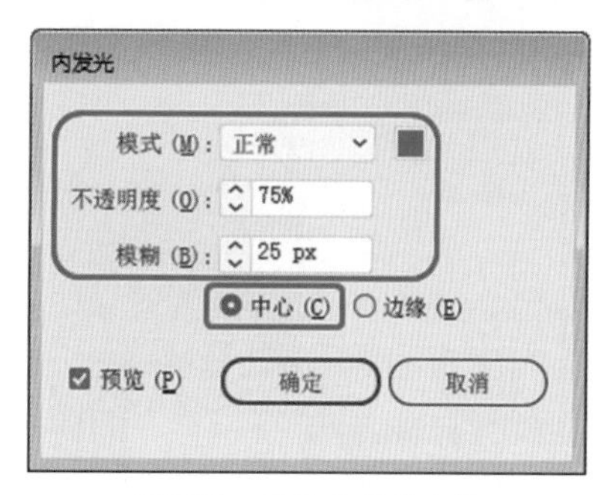

图6-78 设置内发光参数

05 设置完成后，单击【确定】按钮，即可为选中对象添加内发光效果，如图 6-79 所示。

图6-79　应用内发光效果

【内发光】对话框中各选项的功能介绍如下。

- 【模式】：在该下拉列表框中可以选择内发光的混合模式，单击下拉列表框右侧的颜色框，弹出【拾色器】对话框，可以设置内发光的颜色。
- 【不透明度】：用来设置发光颜色的不透明度。
- 【模糊】：用来设置发光效果的模糊范围。
- 【中心】/【边缘】：选择【中心】选项时，可以从对象中心产生发散的发光效果；选择【边缘】选项时，可以从对象边缘产生发散的发光效果。

2. 圆角

使用【圆角】效果可以将对象的尖角转换为圆角。

01 打开“素材\Cha06\素材03.ai”素材文件，在画板中选择小猪图形。在菜单栏中选择【效果】|【风格化】|【圆角】命令，如图6-80所示。

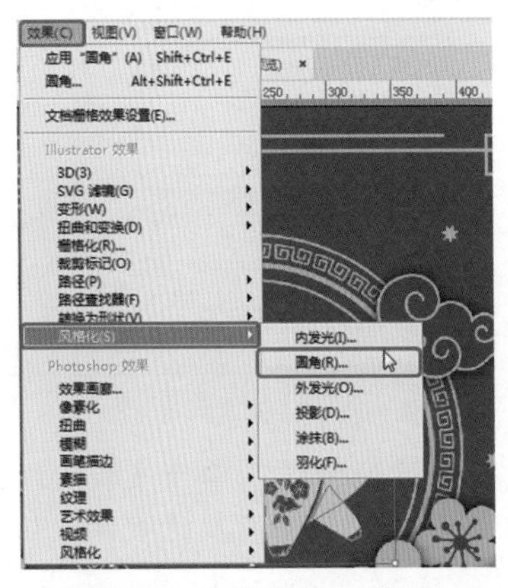

图6-80　选择【圆角】命令

02 执行上述操作后，即可弹出【圆角】对话框，将【半径】设置为10，如图6-81所示。

图6-81　设置圆角半径

03 设置完成后，单击【确定】按钮，即可为选中的对象添加【圆角】效果。

3. 外发光

使用【外发光】效果可以为选择的对象添加外发光。

01 打开“素材\Cha06\素材03.ai”素材文件，在画板中选择小猪图形，在菜单栏中选择【效果】|【风格化】|【外发光】命令，如图6-82所示。

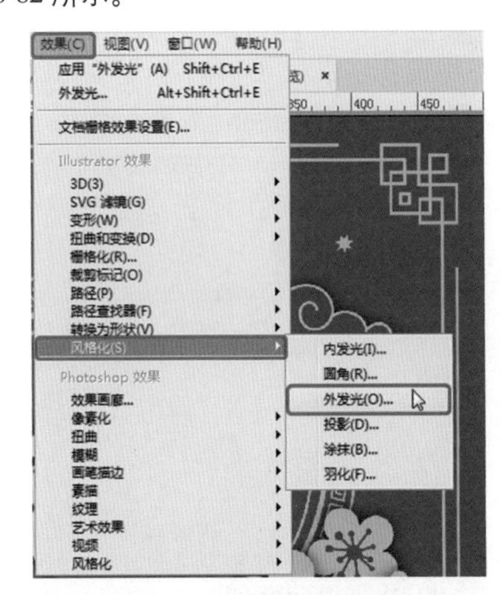

图6-82　选择【外发光】命令

02 弹出【外发光】对话框，将【模式】设置为【正常】，将外发光颜色设置为#000000，将【不透明度】、【模糊】分别设置为75%、4，如图6-83所示。

03 设置完成后，单击【确定】按钮，添加外发光后的效果如图6-84所示。

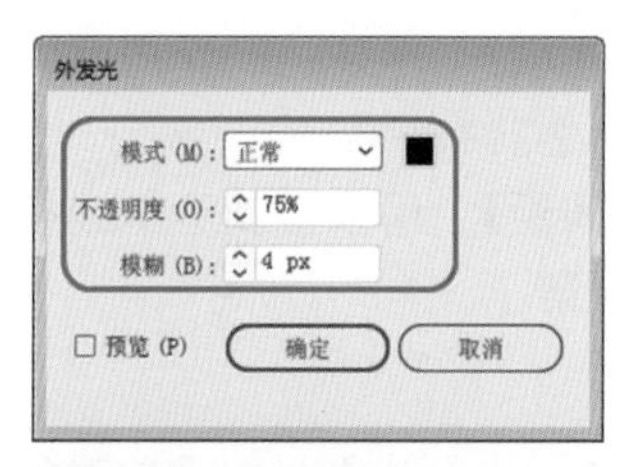

图6-83 设置外发光参数

图6-84 应用外发光效果

4. 投影

使用【投影】效果可以为选择的对象添加投影。

01 打开“素材\Cha06\素材03.ai”素材文件，在画板中选择小猪图形。在菜单栏中选择【效果】|【风格化】|【投影】命令，如图6-85所示。

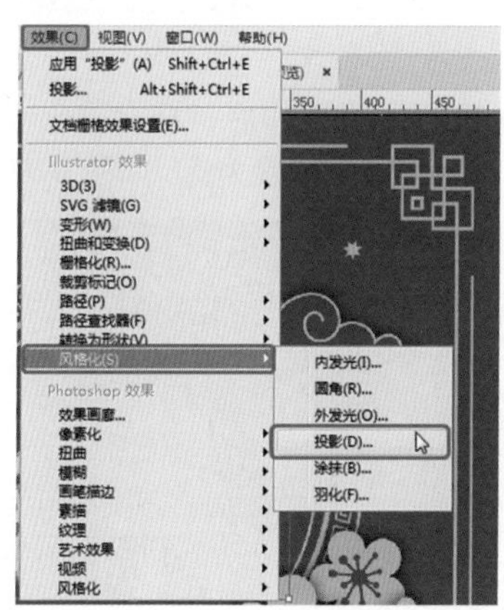

图6-85 选择【投影】命令

02 执行上述操作后，即可弹出【投影】对话框，将【模式】设置为【正片叠底】，将【不透明度】、【X位移】、【Y位移】、【模糊】分别设置为75%、6、6、1，将【颜色】值设置为#a80000，如图6-86所示。

03 设置完成后，单击【确定】按钮，即可为选中图形添加投影效果，如图6-87所示。

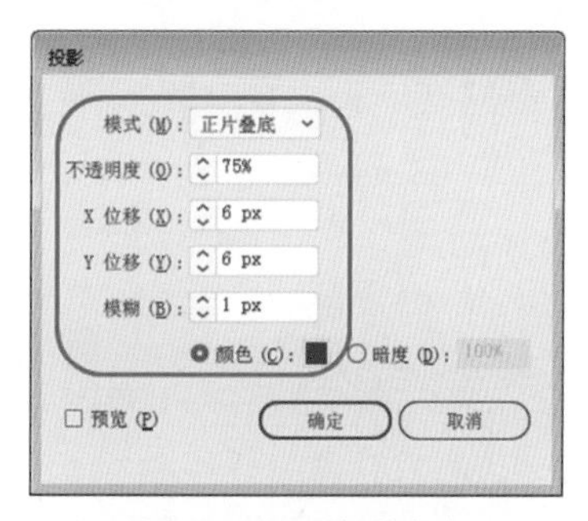

图6-86 设置投影参数

图6-87 添加投影效果

5. 涂抹

使用【涂抹】效果可以将选中的对象转换为素描效果。

01 打开“素材\Cha06\素材03.ai”素材文件，在画板中选择小猪图形，在菜单栏中选择【效果】|【风格化】|【涂抹】命令，如图6-88所示。

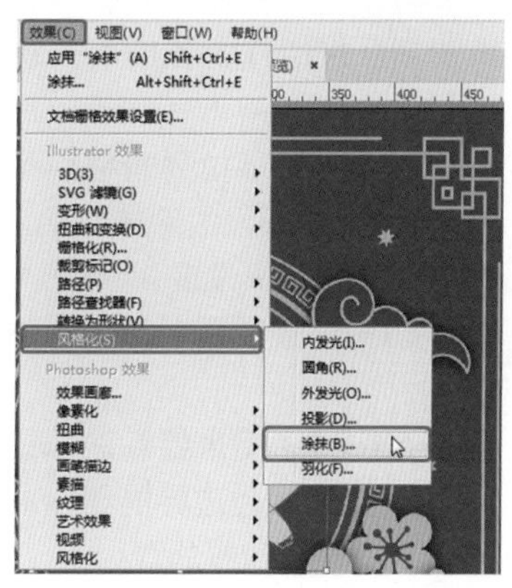

图6-88 选择【涂抹】命令

02 执行上述操作后，即可弹出【涂抹选项】对话框，将【角度】设置为30，将【路径重叠】、【变化】、【描边宽度】、【曲度】、

【变化】、【间距】、【变化】分别设置为 0、0、0.35、0、0、0.8、0.18，如图 6-89 所示。

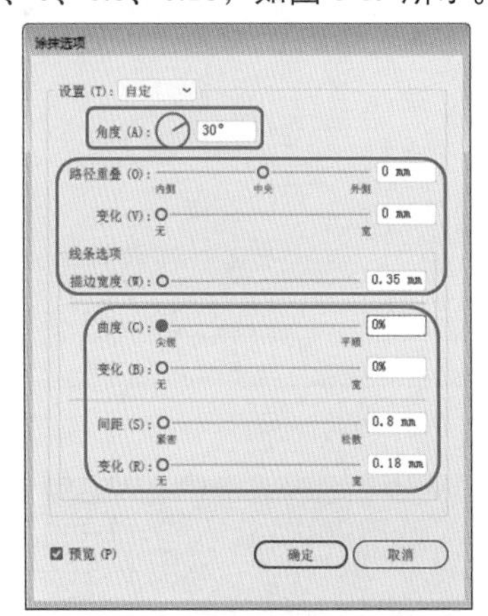

图6-89　设置【涂抹选项】参数

03 设置完成后，单击【确定】按钮，即可为选中的图形添加涂抹效果，如图 6-90 所示。

图6-90　添加涂抹效果

【涂抹选项】对话框中各选项的功能介绍如下。

- 【设置】：在该下拉列表框中可以选择 Illustrator 中预设的涂抹效果，也可以根据需要自定义设置。
- 【角度】：该选项用来控制涂抹线条的方向。
- 【路径重叠】：用来控制涂抹线条在路径边界内距路径边界的量，或在路径边界外距路径边界的量。
- 【变化】：该选项用于控制涂抹线条彼此之间相对的长度差异。
- 【描边宽度】：用来控制涂抹线条的宽度。
- 【曲度】：用来控制涂抹曲线在改变方向之前的曲度。
- 【间距】：用来控制涂抹线条之间的间距量。

6. 羽化

使用【羽化】效果可以柔化对象的边缘，使其产生从内部到边缘逐渐透明的效果。

01 打开“素材\Cha06\素材 03.ai”素材文件，在画板中选择小猪图形，在菜单栏中选择【效果】|【风格化】|【羽化】命令，如图 6-91 所示。

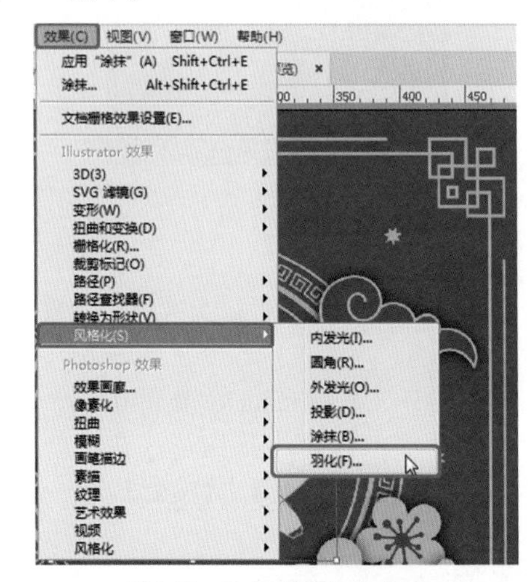

图6-91　选择【羽化】命令

02 执行上述操作后，将会弹出【羽化】对话框，将【半径】设置为 5，如图 6-92 所示。

图6-92　添加羽化效果

6.2 制作新店开业宣传海报——滤镜

开业一般是指涉及经济领域的某项经济活动的开始。开业普遍用于取得工商行政管理部门许可后，经过一番筹备，具备经营活动场所等必备条件后，开始从事生产、经营的第一个工作日。或者把择日举行开业典礼的那一天，定为正式开业（之前的生产经营活动，或叫试业）。往往在一个新店开业前，会制作相应的海报效果为新店进行宣传，本节介绍如何制作新店开业宣传海报，效果如图 6-93 所示。本节介绍如何制作新店开业宣传海报，实例效果如图 6-93 所示。

图6-93　新店开业宣传海报

素材	素材\Cha06\新店开业素材01.psd、新店开业素材02.png
场景	场景\Cha06\制作新店开业宣传海报——滤镜.ai
视频	视频教学\Cha06\制作新店开业宣传海报——滤镜.mp4

01 启动 Illustrator CC 软件，按 Ctrl+N 组合键，在弹出的【新建文档】对话框中将单位设置为【厘米】，将【宽度】、【高度】分别设置为 35、53，如图 6-94 所示。

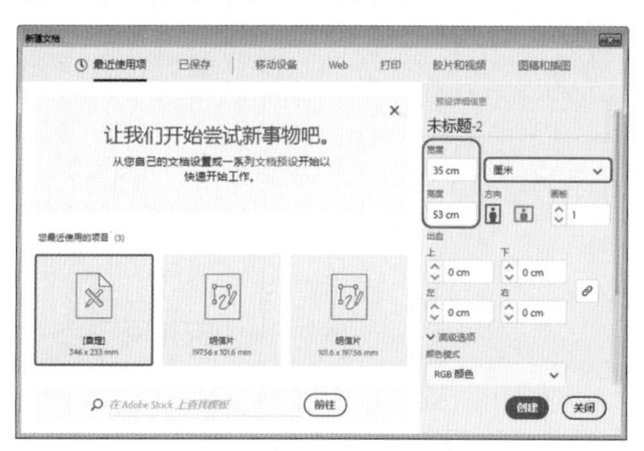

图6-94　设置新建文档参数

02 设置完成后，单击【创建】按钮。选择工具箱中的【矩形工具】，在画板中绘制一个矩形。选中绘制的矩形，在【属性】面板中将【宽】、【高】分别设置为 35、53，将 X、Y 分别设置为 17.5、26.5，将【填色】设置为 # fff3f6，将【描边】设置为无，如图 6-95 所示。

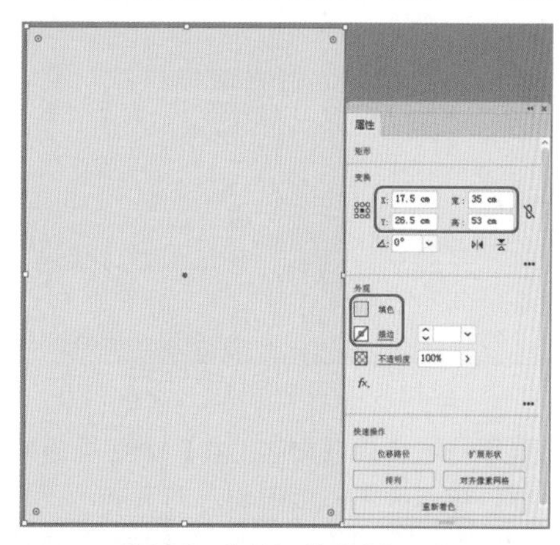

图6-95　绘制矩形并进行设置

03 选择工具箱中的【钢笔工具】，在画板中绘制多个路径。选中绘制的路径，在【属性】面板中将【描边】的颜色设置为 #c22424，将【描边】的粗细设置为 14，将【填色】设置为无，并在画板中调整其位置，如图 6-96 所示。

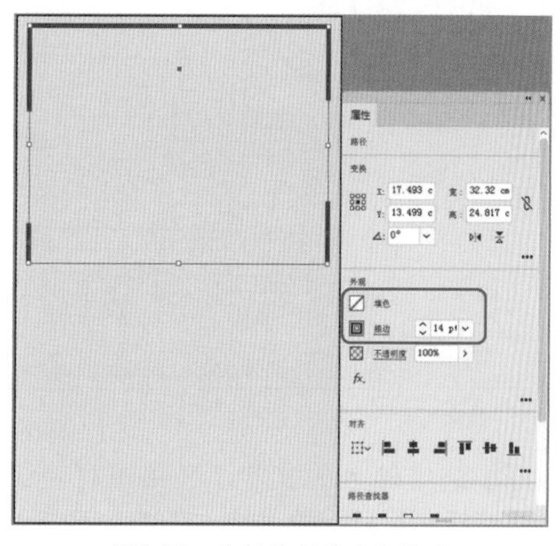

图6-96　绘制路径并进行设置

04 选择工具箱中的【文字工具】，在画板中单击鼠标，输入文本。选中输入的文本，在【属性】面板中将【填色】设置为 #c22424，将【描边】设置为无，将【字体】设置为【微软雅黑】，将【字体类型】设置为

Regular，将【字体大小】设置为23，将【字符间距】设置为300，将X、Y分别设置为17.5、2.9，如图6-97所示。

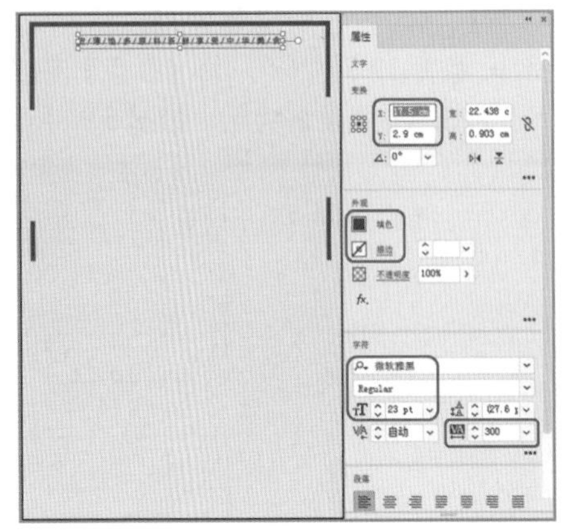

图6-97 输入文本并进行设置

05 再次使用【文字工具】在画板中单击鼠标，输入文本。选中输入的文本，在【属性】面板中将【字体】设置为【苏新诗卵石体】，将【字体大小】设置为160.4，将【字符间距】设置为0，将X、Y分别设置为17、9，将【填色】设置为#d3141e，将【描边】设置为无，如图6-98所示。

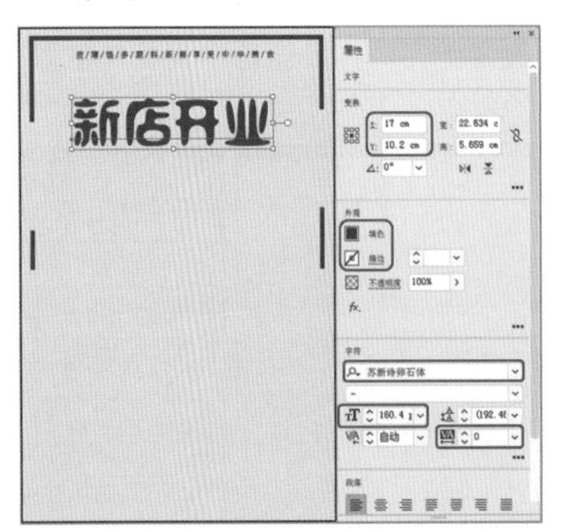

图6-98 再次输入文本并进行设置

06 选中输入的文字，在菜单栏中选择【效果】|【扭曲】|【玻璃】命令，如图6-99所示。

07 在弹出的【玻璃】对话框中将【扭曲度】、【平滑度】分别设置为1、2，将【纹理】设置为【磨砂】，将【缩放】设置为100，如图6-100所示。

08 设置完成后，单击【确定】按钮。选择工具箱中的【文字工具】，在画板中单击鼠标，输入文本。选中输入的文本，在【属性】面板中将【字体】设置为【创艺简黑体】，将【字体大小】设置为35.4，将【字符间距】设置为300，将X、Y分别设置为17.14、13，将【填色】设置为#c22424，将【描边】设置为无，如图6-101所示。

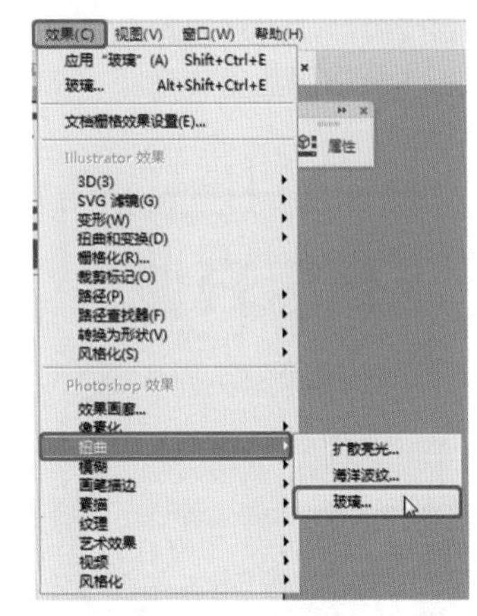

图6-99 选择【玻璃】命令

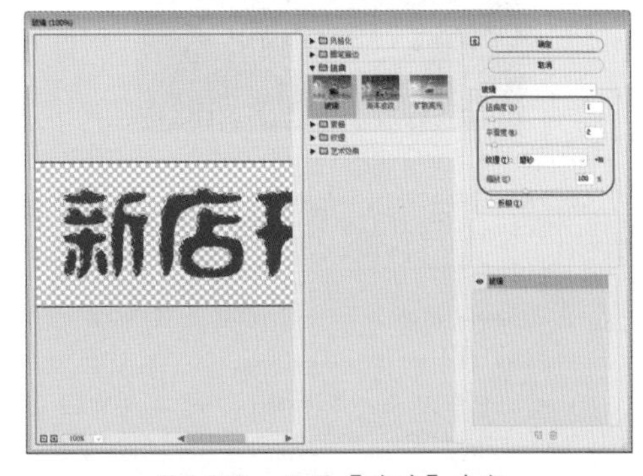

图6-100 设置【玻璃】参数

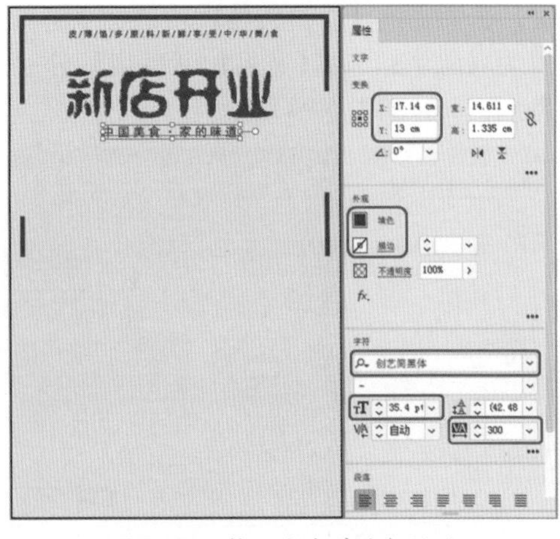

图6-101 输入文本并进行设置

09 选择工具箱中的【直线段工具】，在画板中绘制两条直线段。选中绘制的直线，在【属性】面板中将【填色】设置为无，将【描边】的颜色设置为 #c22424，将【描边】的粗细设置为 4，如图 6-102 所示。

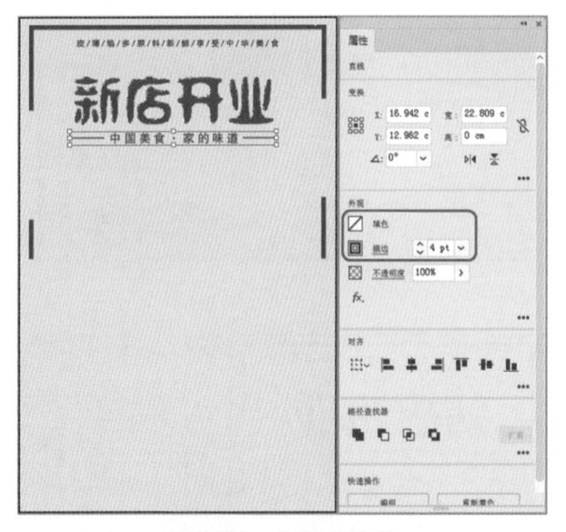

图6-102　绘制直线段

10 使用同样的方法在画板中输入其他文本，并绘制相应的图形，创建后的效果如图 6-103 所示。

图6-103　输入其他文本并绘制图形

11 按 Ctrl+O 组合键，在弹出的【打开】对话框中选择“素材\Cha06\新店开业素材 01.psd”素材文件，如图 6-104 所示。

12 单击【打开】按钮，在弹出的对话框中使用默认设置，单击【确定】按钮，在打开的素材文件中选择所有的对象，按 Ctrl+C 组合键进行复制，切换至前面所制作的文档中，按 Ctrl+V 组合键，并在画板中调整粘贴对象的大小、位置与角度，如图 6-105 所示。

图6-104　选择素材文件

图6-105　粘贴素材文件

13 选中调整后的两个对象，在菜单栏中选择【效果】|【素描】|【水彩画纸】命令，如图 6-106 所示。

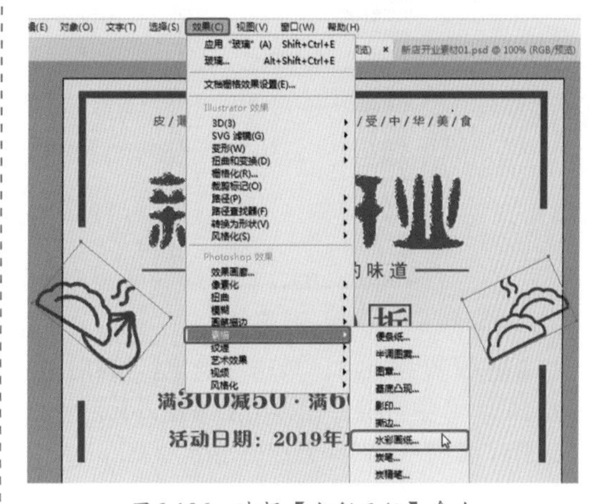

图6-106　选择【水彩画纸】命令

14 在弹出的【水彩画纸】对话框中将【纤维长度】、【亮度】、【对比度】分别设置为 3、100、72，如图 6-107 所示。

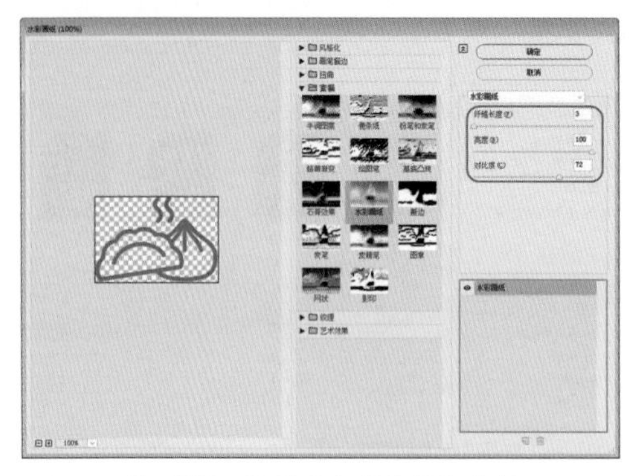

图6-107　设置【水彩画纸】参数

知识链接：滤镜的工作原理

由于位图图像是由像素构成的，其中每一个像素都有各自固定的位置和颜色值，滤镜可以按照一定规律调整像素的位置或者颜色值，因此便可以为图像添加各种特殊的效果。Illustrator 中的滤镜是一种插件模块，与 Photoshop 中的滤镜效果大致相同，能够操作图像中的像素。

在【效果】下拉菜单中可以查看滤镜命令，如图 6-108 所示。

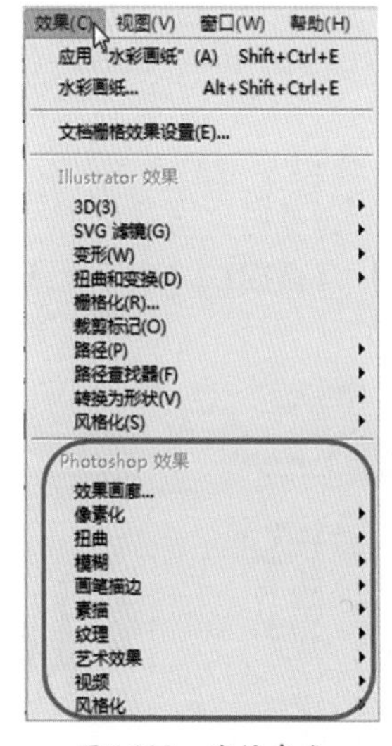

图6-108　滤镜命令

15 设置完成后，单击【确定】按钮。按 Shift+Ctrl+P 组合键，在弹出的【置入】对话框中选择“素材 \Cha06\ 新店开业素材 02.png”，如图 6-109 所示。

16 在画板中单击鼠标，置入选中的素材文件。在【属性】面板中将【宽】、【高】分别设置为 31.2、25.7，将 X、Y 分别设置为 17.3、36.5，单击【嵌入】按钮，如图 6-110 所示。

图6-109　选择素材文件

图6-110　设置素材文件参数

17 选择工具箱中的【钢笔工具】，在画板中绘制一个如图 6-111 所示的图形，并为其设置任意一种颜色。

图6-111　绘制图形

18 选择工具箱中的【矩形工具】，在画板中绘制一个矩形，并调整其大小及位置，在【属性】面板中将【填色】设置为#cb1c1c，将【描边】设置为无，如图6-112所示。

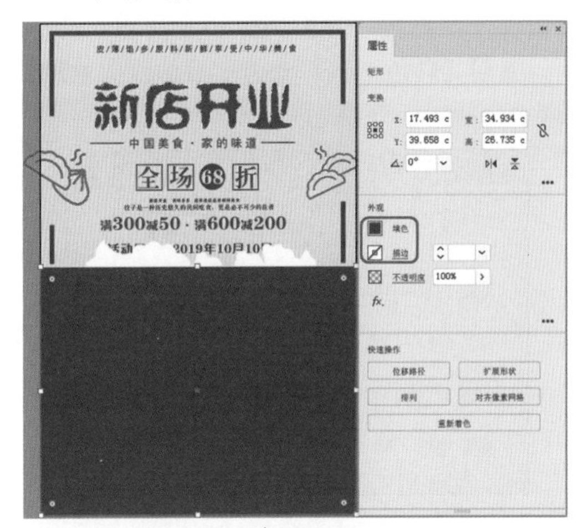

图6-112 绘制矩形并进行调整

19 选择工具箱中的【选择工具】，在画板中按住Ctrl键选择前面绘制的图形与矩形，单击鼠标右键，在弹出的快捷菜单中选择【编组】命令，如图6-113所示。

图6-113 选择【编组】命令

20 继续选中编组后的对象，在菜单栏中选择【效果】|【路径查找器】|【减去后方对象】命令，如图6-114所示。

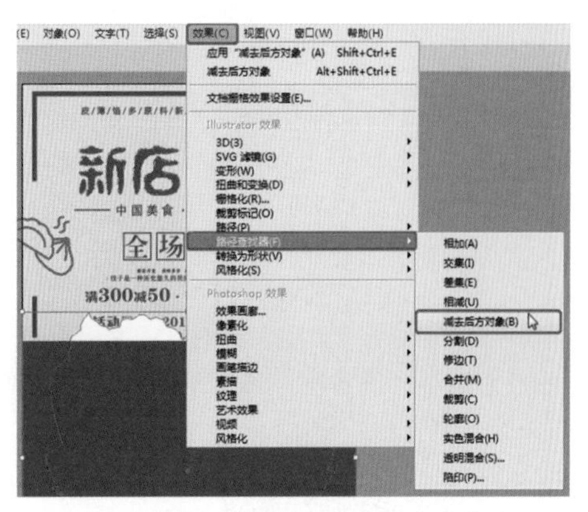

图6-114 选择【减去后方对象】命令

21 执行上一步操作后，即可将选中对象后方的对象减去，效果如图6-115所示。

图6-115 减去后方对象的效果

22 根据前面介绍的方法输入其他文本并创建相应的图形，效果如图6-116所示。

图6-116 输入其他文本并创建图形后的效果

23 选择工具箱中的【矩形工具】，在画板中绘制一个与画板大小相同的矩形，然后选择画板中的所有对象，单击鼠标右键，在弹出的快捷菜单中选择【建立剪切蒙版】命令，如图 6-117 所示。

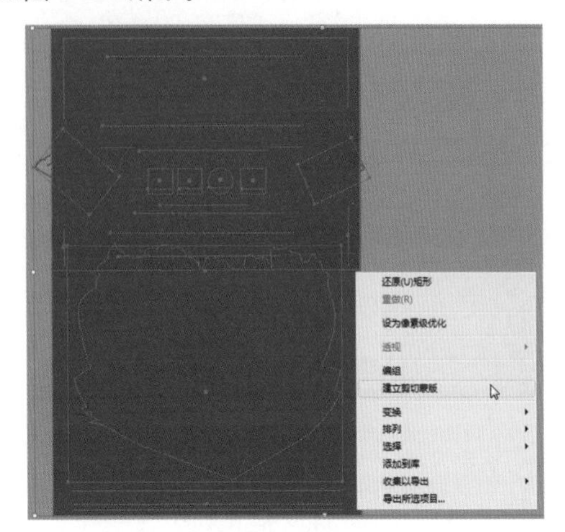

图6-117　选择【建立剪切蒙版】命令

24 执行上一步操作后，即可为选中的对象建立剪切蒙版，效果如图 6-118 所示。

图6-118　建立剪切蒙版后的效果

6.2.1 【像素化】滤镜组

【像素化】滤镜组中的滤镜是通过将单元格中颜色值相近的像素结成块来产生变化的，它们可以将图像分块或平面化，然后重新组合，创建类似像素艺术的效果。【像素化】滤镜组中包含 4 种滤镜，下面介绍滤镜的使用方法。

1.【彩色半调】滤镜

【彩色半调】滤镜模拟在图像的每个通道上使用放大的半调网屏效果，对每个通道，滤镜将划分为矩形，再以和矩形区域亮度成比例的圆形替代这些矩形，从而使图像产生一种点构成的艺术效果。选择对象后，在菜单栏中选择【效果】|【像素化】|【彩色半调】命令，可以弹出【彩色半调】对话框，如图 6-119 所示。使用【彩色半调】滤镜前后的对比效果如图 6-120 所示。

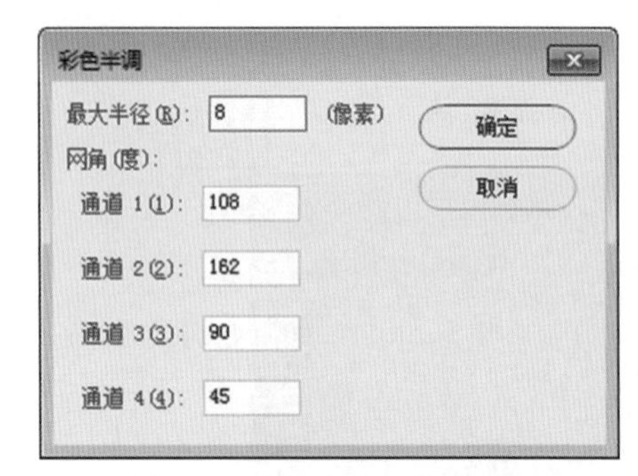

图6-119　【彩色半调】对话框

图6-120　【彩色半调】效果对比

- 【最大半径】：用来设置生成的网点的大小。
- 【网角(度)】：用来设置图像各个原色通道的网点角度。如果图像为灰度模式，则只能使用【通道 1】；如果图像为 RGB 模式，可以使用 3 个通道；如果图像为 CMYK 模式，则可以使用所有通道。当各个通道中的网角设置的数值相同时，生成的网点会重叠显示。

2.【晶格化】滤镜

【晶格化】滤镜可以使相近的像素集中到一个像素的多角形的网格中，使图像明朗化，其对话框中的【单元格大小】文本框用于控制多边形的网格大小。选择对象后，在菜单栏中选择【效果】|【像素化】|【晶格化】菜单命令，弹出【晶格化】对话框，如图 6-121 所示。使用【晶格化】滤镜前后的对比效果如图 6-122 所示。

图6-121 【晶格化】对话框

图6-122 【晶格化】效果对比

3.【点状化】滤镜

【点状化】滤镜可以将图像中的颜色分散为随机分布的网点，如同点状化绘画的效果，并使用背景色作为网点之间的画布区域。使用该滤镜时，可通过【单元格大小】选项来控制网点的大小。选择对象后，在菜单栏中选择【效果】|【像素化】|【点状化】命令，弹出【点状化】对话框，如图 6-123 所示。使用【点状化】滤镜前后的对比效果如图 6-124 所示。

图6-123 【点状化】对话框

图6-124 【点状化】效果对比

4.【铜版雕刻】滤镜

【铜版雕刻】滤镜可以将图像转换为黑白区域的随机图案或彩色图像中完全饱和颜色的随机图案。选择对象后，在菜单栏中选择【效果】|【像素化】|【铜版雕刻】命令，弹出【铜版雕刻】对话框，如图 6-125 所示，可以在对话框的【类型】下拉列表框中选择一种网点图案，包括【精细点】、【中等点】、【粒状点】、【粗网点】，【短线】、【中长直线】、【长线】，【短描边】、【中长描边】和【长边】。使用【铜版雕刻】滤镜前后的对比效果如图 6-126 所示。

图6-125 【铜版雕刻】对话框

图6-126 【铜版雕刻】效果对比

6.2.2 【扭曲】滤镜组

【扭曲】滤镜组中的滤镜可以将图像进行几何形状的扭曲及改变对象形状。【扭曲】滤镜组包括【扩散亮光】、【海洋波纹】和【玻璃】3 个滤镜。

1.【扩散亮光】滤镜

【扩散亮光】滤镜可以将图像渲染成像是透过一个柔和的扩散滤镜来观看的效果。此效果将透明的白杂色添加到图像中，并从选区的中心向外渐隐亮光。使用该滤镜可以将照片处理为柔光照效果。选择对象后，在菜单栏中选择【效果】|【扭曲】|【扩散亮光】命令，弹出

【扩散亮光】对话框，如图 6-127 所示。设置完成后，单击【确定】按钮，使用【扩散亮光】滤镜效果，如图 6-128 所示。

图6-127　【扩散亮光】对话框

图6-128　【扩散亮光】效果对比

- 【粒度】：设置在图像中添加的颗粒的密度。
- 【发光量】：设置图像中辉光的强度。
- 【清除数量】：设置图像中受滤镜影响的范围，数值越高，滤镜影响的范围就越小。

2.【海洋波纹】滤镜

【海洋波纹】滤镜可以将随机分隔的波纹添加到对象中，它产生的波纹细小，边缘有较多抖动，使图像看起来像是在其中。选择对象后，在菜单栏中选择【效果】|【扭曲】|【海洋波纹】命令，弹出【海洋波纹】对话框，如图 6-129 所示。设置完成后，单击【确定】按钮，使用【海洋波纹】滤镜效果，如图 6-130 所示。

- 【波纹大小】：可以控制图像中生成的波纹大小。
- 【波纹幅度】：可以控制波纹的变形程度。

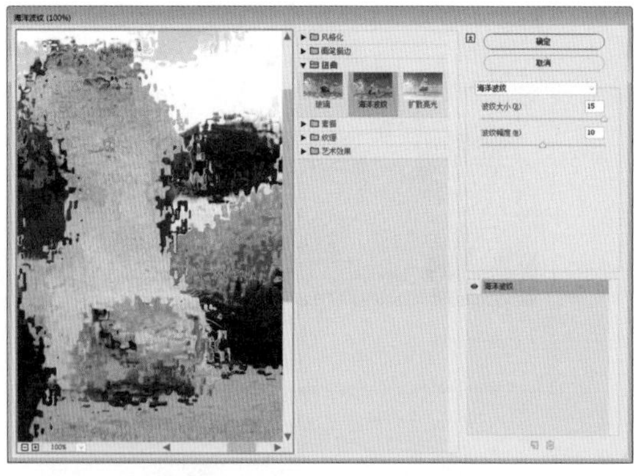

图6-129　【海洋波纹】对话框

图6-130　【海洋波纹】效果对比

3.【玻璃】滤镜

【玻璃】滤镜可以使图像产生看起来像是透过不同类型的玻璃来观看的效果。选择对象后，在菜单栏中选择【效果】|【扭曲】|【玻璃】命令，弹出【玻璃】对话框，如图 6-131 所示。设置完成后，单击【确定】按钮，使用【玻璃】滤镜效果，如图 6-132 所示。

- 【扭曲度】：用来设置扭曲效果的强度，数值越高，图像的扭曲效果越强烈。
- 【平滑度】：用来设置扭曲效果的平滑程度，数值越低，扭曲的纹理越细小。
- 【纹理】：在下拉列表框中可以选择扭曲时产生的纹理，包括【块状】、【画布】、【磨砂】和【小镜头】等选项。单击【纹理】右侧的按钮，选择【载入纹理】选项，可以载入一个用 Photoshop 创建的 PSD 格式的文件，并使用它来扭曲当前的图像。
- 【缩放】：用来设置纹理的缩放程度。
- 【反相】：选择该选项，可以反转纹理的效果。

图6-131 【玻璃】对话框

图6-132 【玻璃】效果对比

6.2.3 【模糊】滤镜组

【模糊】滤镜组可以在图像中对指定线条和阴影区域的轮廓边线旁的像素进行平衡，从而润色图像，使过渡显得更柔和。【效果】菜单中的【模糊】子菜单中的命令是基于栅格的，无论何时对矢量对象应用这些效果，都将使用文档的栅格效果设置。

1.【径向模糊】滤镜

【径向模糊】滤镜可以模拟相机缩放或旋转而产生的柔和模糊效果。选择对象后，在菜单栏中选择【效果】|【模糊】|【径向模糊】命令，弹出【径向模糊】对话框，如图 6-133 所示，在对话框中可以选择使用【旋转】和【缩放】两种模糊方法模糊图像。

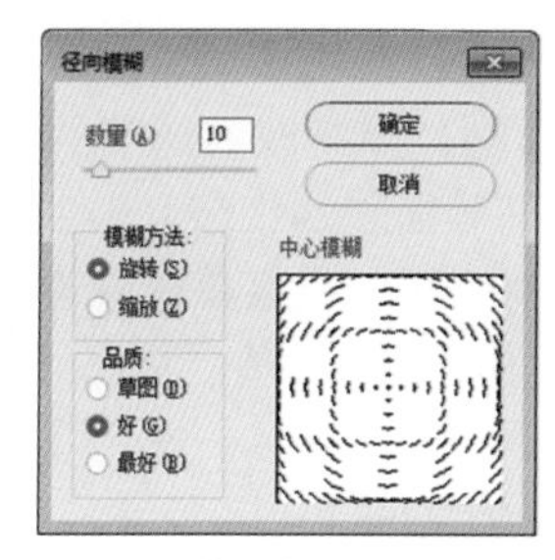

图6-133 【径向模糊】对话框

- 【数量】：用来设置模糊的强度，数值越高，模糊效果越强烈。
- 【模糊方法】：选中【旋转】单选按钮时，图像会沿同心圆环线产生旋转的模糊效果。应用旋转模糊方法的图像效果如图 6-134 所示。选中【缩放】单选按钮时，图像会产生放射状的模糊效果，就像对图像进行放大或缩小。应用缩放模糊方法的图像效果如图 6-135 所示。

图6-134 旋转效果

图6-135 缩放效果

- 【中心模糊】：在该设置框内单击时，可以将单击点设置为模糊的原点，原点的位置不同，模糊的效果也不相同，如图 6-136 所示。

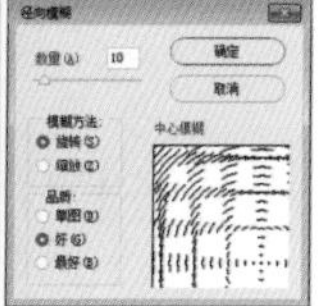

图6-136 调整中心模糊点

- 【品质】：用来设置应用模糊效果后图像的显示品质。选中【草图】单选按钮时，处理的速度最快，会产生颗粒状的效果，选中【好】和【最好】单选按钮时都可以产生较为平滑的效果，在较大的图像上应用才可以看出两者的区别。

提 示

在使用【径向模糊】滤镜处理图像时，需要进行大量的计算，如果图像的尺寸较大，可以先设置较低的【品质】来观察效果，在确认最终效果后，再提高【品质】来处理。

2.【特殊模糊】滤镜

【特殊模糊】滤镜提供了半径、阈值和模糊品质设置选项，可以精确地模糊图像。选择对象后，在菜单栏中选择【效果】|【模糊】|【特殊模糊】命令，弹出【特殊模糊】对话框，如图 6-137 所示。

图6-137 【特殊模糊】对话框

- 【半径】：用来设置模糊的范围，数值越高，模糊效果越明显。
- 【阈值】：用来确定像素应具备多大差异时，才会被模糊处理。
- 【品质】：用来设置图像的品质，包括【低】、【中等】和【高】三种品质。
- 【模式】：在此下拉列表框中可以选择产生模糊效果的模式。在【正常】模式下，不会添加特殊的效果，如图 6-138 所示。在【仅限边缘】模式下会以黑色显示图像。以白色描出图像边缘像素亮度值变化强烈的区域，如图 6-139 所示。在【叠加边缘】模式下则以白色描出图像边缘像素亮度值变化强烈的区域，如图 6-140 所示。

图6-138 【正常】模式下的效果

图6-139 【仅限边缘】模式下的效果

图6-140 【叠加边缘】模式下的效果

3.【高斯模糊】滤镜

【高斯模糊】滤镜以可调节的量快速模糊对象，移去高频出现的细节，产生一种朦胧的效果。选择对象后，在菜单栏中选择【效果】|【模糊】|【高斯模糊】命令，弹出【高斯模糊】对话框，如图 6-141 所示。使用【高斯模糊】滤镜的效果对比如图 6-142 所示。

调整【半径】值可以设置模糊的范围，它

以像素为单位，数值越高，模糊效果越强烈。

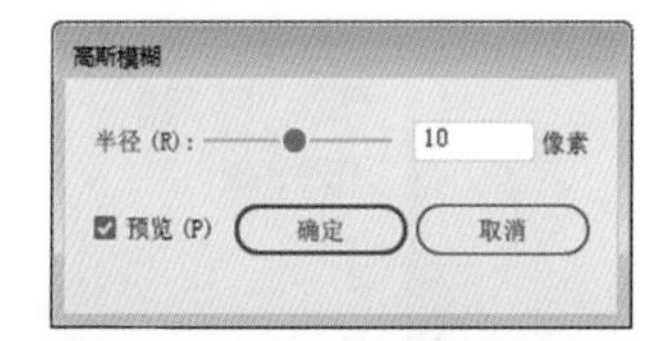

图6-141 【高斯模糊】对话框

图6-142 【高斯模糊】效果对比

6.2.4 【画笔描边】滤镜组

【画笔描边】滤镜组中包含 8 种滤镜，它们当中的一部分滤镜通过不同的油墨和画笔勾画图像产生绘画效果，有些滤镜可以添加颗粒、绘画、杂色、边缘细节或纹理。这些滤镜不能用于 Lab 和 CMYK 模式的图像。

1.【喷溅】滤镜

【喷溅】滤镜能够模拟喷枪的效果，使图像产生笔墨喷溅的艺术效果。选择对象后，在菜单栏中选择【效果】|【画笔描边】|【喷溅】命令，弹出【喷溅】对话框，如图 6-143 所示。使用【喷溅】滤镜后的效果如图 6-144 所示。

图6-143 【喷溅】对话框

- 【喷色半径】：用来处理不同颜色的区域，数值越高颜色越分散，图像越简化。
- 【平滑度】：用来确定喷射效果的平滑程度。

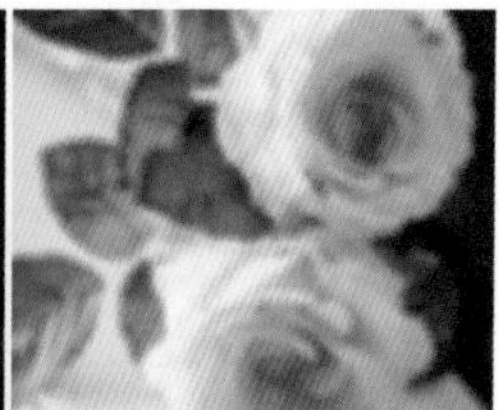

图6-144 添加喷溅效果

2.【喷色描边】滤镜

【喷色描边】滤镜可以使用图像的主导色，用成角的、喷溅的颜色线条重绘图像产生斜纹飞溅的效果。选择对象后，在菜单栏中选择【效果】|【画笔描边】|【喷色描边】命令，弹出【喷色描边】对话框，如图 6-145 所示。使用【喷色描边】滤镜后的效果如图 6-146 所示。

图6-145 【喷色描边】对话框

图6-146 添加喷色描边效果

- 【描边长度】：用来设置笔触的长度。
- 【喷色半径】：用来控制喷洒的范围。
- 【描边方向】：用来控制线条的描边方向。

3.【墨水轮廓】滤镜

【墨水轮廓】滤镜能够以钢笔画的风格，用纤细的线条在原细节上重绘图像。选择对象后，在菜单栏中选择【效果】|【画笔描边】|【墨

水轮廓】命令，弹出【墨水轮廓】对话框，如图 6-147 所示。使用【墨水轮廓】滤镜后的效果如图 6-148 所示。

图6-147　【墨水轮廓】对话框

图6-148　添加墨水轮廓效果

- 【描边长度】：用来设置图像中产生线条的长度。
- 【深色强度】：用来设置线条阴影的强度。数值越高，图像越暗。
- 【光照强度】：用来设置线条高光的强度。数值越高，图像越亮。

4.【强化的边缘】滤镜

【强化的边缘】滤镜可以强化图像的边缘。在菜单栏中选择【效果】|【画笔描边】|【强化的边缘】命令，弹出【强化的边缘】对话框，如图 6-149 所示。

- 【边缘宽度】：用来设置需要强化的宽度。
- 【边缘亮度】：用来设置边缘的亮度。设置低的边缘亮度值时，强化效果类似黑色油墨，如图 6-150 所示。设置高的边缘高亮值时，强化效果类似白色粉笔，如图 6-151 所示。
- 【平滑度】：用来设置边缘的平滑程度，数值越高，画面越柔和。

图6-149　【强化的边缘】对话框

图6-150　【边缘亮度】低时的效果

图6-151　【边缘亮度】高时的效果

5.【成角的线条】滤镜

【成角的线条】滤镜可以使用对角描边重新绘制图像，用一个方向的线条绘制亮部区域，再用相反方向的线条绘制暗部区域。在菜单栏中选择【效果】|【画笔描边】|【成角的线条】命令，弹出【成角的线条】对话框，如图 6-152 所示。使用【成角的线条】滤镜后的效果如图 6-153 所示。

- 【方向平衡】：用来设置对角线条的倾斜角度。
- 【描边长度】：用来设置对角线条的长度。
- 【锐化程度】：用来设置对角线条的清晰程度。

图6-152 【成角的线条】对话框

图6-153 添加成角的线条效果

6.【深色线条】滤镜

【深色线条】滤镜用短而紧密的深色线条绘制暗部区域，用长的白色线条绘制亮部区域。选择对象后，在菜单栏中选择【效果】|【画笔描边】|【深色线条】命令，弹出【深色线条】对话框，如图6-154所示。使用【深色线条】滤镜后的效果如图6-155所示。

- 【平衡】：用来控制绘制的黑白色调的比例。
- 【黑色强度】：用来设置绘制的黑色调的强度。
- 【白色强度】：用来设置绘制的白色调的强度。

图6-154 【深色线条】对话框

图6-155 添加深色线条效果

7.【烟灰墨】滤镜

【烟灰墨】滤镜能够以日本画的风格绘制图像，它使用非常黑的油墨在图像中创建柔和的模糊边缘，使图像看起来像是用蘸满油墨的画笔在宣纸上绘画。选择对象后，执行【效果】|【画笔描边】|【烟灰墨】命令，弹出【烟灰墨】对话框，如图6-156所示。使用【烟灰墨】滤镜后的效果如图6-157所示。

图6-156 【烟灰墨】对话框

图6-157 添加烟灰墨效果

- 【描边宽度】：用来设置笔触的宽度。
- 【描边压力】：用来设置笔触的压力。
- 【对比度】：用来设置颜色的对比程度。

8.【阴影线】滤镜

【阴影线】滤镜可以保留原始图像的细节和特征，同时使用模拟的钢笔阴影线添加纹理，并使彩色区域的边缘变得粗糙。选择对象后，在菜单栏中选择【效果】|【画笔描边】

【阴影线】命令，弹出【阴影线】对话框，如图 6-158 所示。使用【阴影线】滤镜后的效果如图 6-159 所示。

- 【描边长度】：用来设置线条的长度。
- 【锐化程度】：用来设置线条的清晰程度。
- 【强度】：用来设置生成的线条的数量和清晰程度。

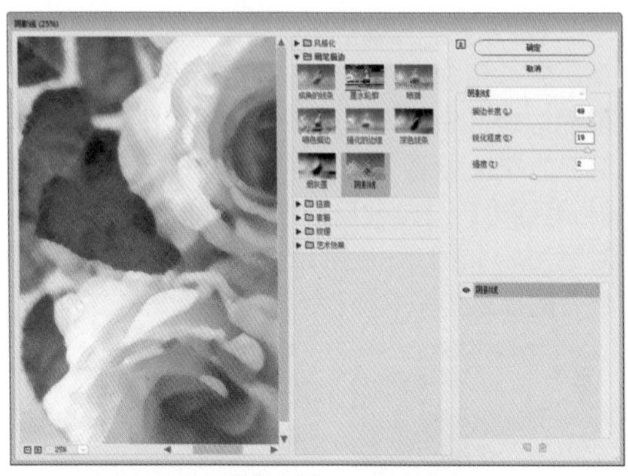

图6-158 【阴影线】对话框

图6-159 添加阴影线效果

6.2.5 【素描】滤镜组

【素描】滤镜组中的滤镜可以将纹理添加到图像上，常用来模拟素描和速写等艺术效果或手绘外观，其中大部分滤镜都使用黑白颜色来重绘图像。

1.【便条纸】滤镜

【便条纸】滤镜可以产生浮雕状的颗粒，使图像呈现出带有凹凸感的压印效果，就像是用手工制作的纸张图像一样。选择对象后，在菜单栏中选择【效果】|【素描】|【便条纸】命令，弹出【便条纸】对话框，如图 6-160 所示。使用【便条纸】滤镜后的效果如图 6-161 所示。

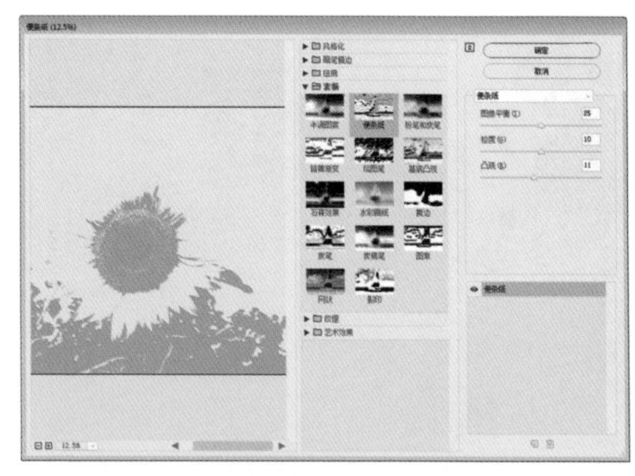

图6-160 【便条纸】对话框

图6-161 添加【便条纸】滤镜后的效果

- 【图像平衡】：用来设置高光区域和阴影区域面积的划分。
- 【粒度】：用来设置图像中产生颗粒的数量。
- 【凸现】：用来设置颗粒的显示程度。

2.【半调图案】滤镜

【半调图案】滤镜可以在保持连续色调范围的同时，模拟半调用屏的效果。选择图像后，在菜单栏中选择【效果】|【素描】|【半调图案】命令，弹出【半调图案】对话框，如图 6-162 所示。

图6-162 【半调图案】对话框

- 【大小】：用来设置生成网状图案的

大小。

- 【对比度】：用来设置图像的对比度，即清晰程度。
- 【图案类型】：在下拉列表框中可以选择图案的类型，包括【圆形】、【网点】和【直线】。如图6-163所示为选择【圆形】选项的效果。如图6-164所示为选择【网点】选项的效果。如图6-165所示为选择【直线】选项的效果。

图6-163 选择【圆形】选项的效果

图6-164 选择【网点】选项的效果

图6-165 选择【直线】选项的效果

3.【图章】滤镜

【图章】滤镜可以简化图像，使之看起来就像是用橡皮或木制图章创建的一样，该滤镜用于处理黑白图像时效果最佳。选择对象后，在菜单栏中选择【效果】|【素描】|【图章】命令，弹出【图章】对话框，如图6-166所示。使用【图章】滤镜后的效果如图6-167所示。

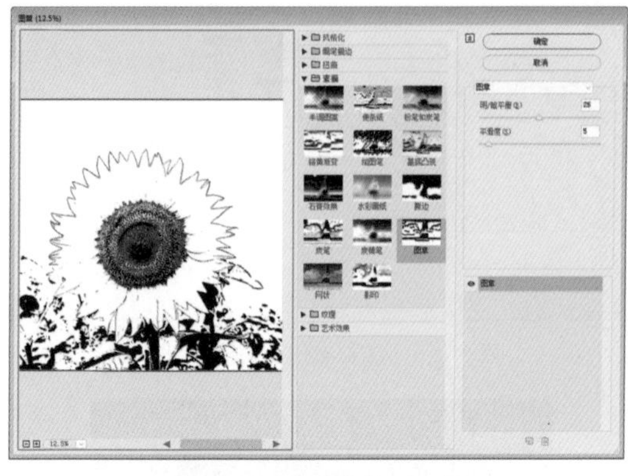

图6-166 【图章】对话框

图6-167 添加【图章】滤镜后的效果

- 【明/暗平衡】：用来设置图像中亮调与暗调区域的平衡。
- 【平滑度】：用来设置图像的平滑程度。

4.【基底凸现】滤镜

【基底凸现】滤镜能够变换图像，使之呈现浮雕的雕刻状和突出光照下变化各异的表面。图像中的深色区域将被处理为黑色，而较亮的颜色则被处理为白色，选择对象后，在菜单栏中选择【效果】|【素描】|【基底凸现】命令，弹出【基底凸现】对话框，如图6-168所示。使用【基底凸现】滤镜后的效果如图6-169所示。

- 【细节】：用来设置图像细节的保留程度。
- 【平滑度】：用来设置浮雕效果的平滑程度。
- 【光照】：在下拉列表框中可以选择光

照方向，包括【下】、【左下】、【左】、【左上】、【上】、【右上】、【右】和【右下】。

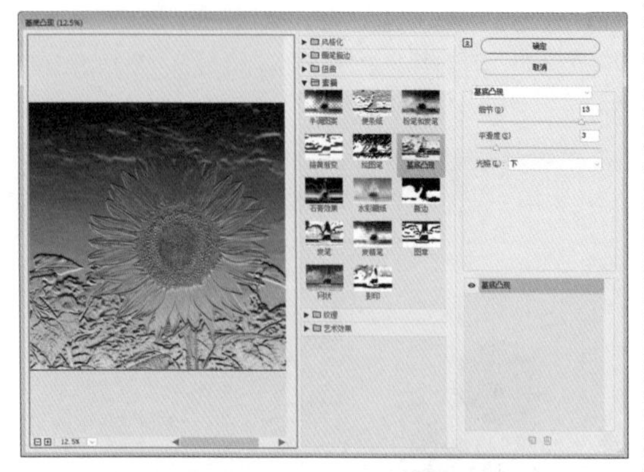

图6-168 【基底凸现】对话框

图6-169 添加【基底凸现】滤镜后的效果

5.【影印】滤镜

【影印】滤镜可以模拟影印图像的效果。大的暗区趋向于只复制边缘四周，而中间色调不是纯黑色就是纯白色。选择对象后，在菜单栏中选择【效果】|【素描】|【影印】命令，弹出【影印】对话框，如图 6-170 所示，使用【影印】滤镜后的效果如图 6-171 所示。

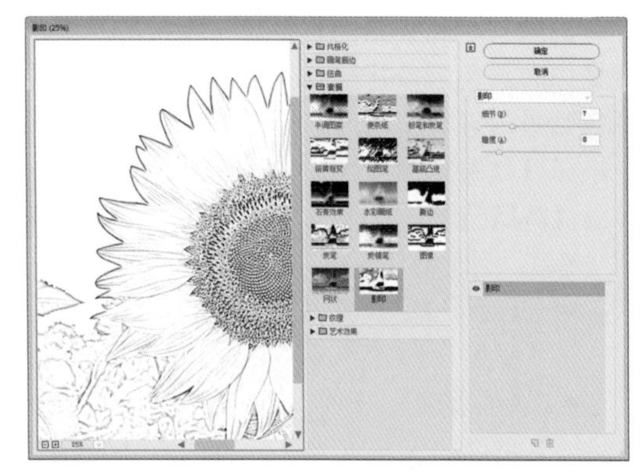

图6-170 【影印】对话框

图6-171 添加【影印】滤镜后的效果

- 【细节】：用来设置图像细节的保留程度。
- 【暗度】：用来设置图像暗部区域的强度。

6.【撕边】滤镜

【撕边】滤镜可以重建图像，使之由粗糙、撕破的纸片状组成，然后使用黑色和白色为图像上色。此命令对于由文字或对比度高的对象所组成的图像尤其有用。在菜单栏中选择【效果】|【素描】|【撕边】命令，弹出【撕边】对话框，如图 6-172 所示。使用【撕边】滤镜后的效果如图 6-173 所示。

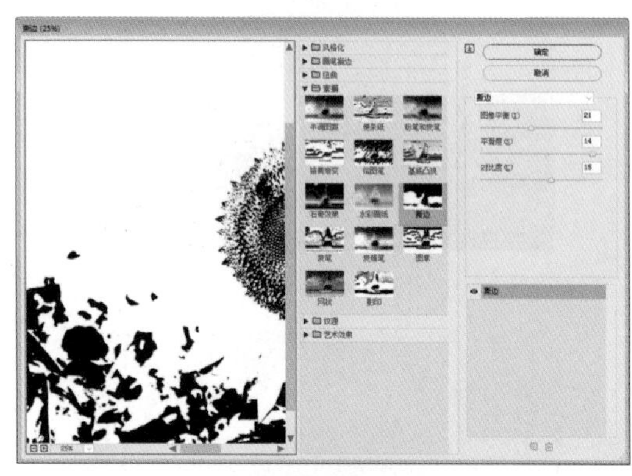

图6-172 【撕边】对话框

图6-173 添加【撕边】滤镜后的效果

- 【图像平衡】：用来设置图像前景色和背景色的平衡比例。
- 【平滑度】：用来设置图像边界的平滑程度。
- 【对比度】：用来设置图像画面效果的对比程度。

7.【水彩画纸】滤镜

【水彩画纸】滤镜可以画成图像是在湿润而有纹的纸上的涂抹方式，使颜色渗出并混合，图像会产生浸湿颜色扩散的水彩效果。选择对象后，在菜单栏中选择【效果】|【素描】|【水彩画纸】命令，弹出【水彩画纸】对话框，如图 6-174 所示。使用【水彩画纸】滤镜后的效果如图 6-175 所示。

图6-174 【水彩画纸】对话框

图6-175 添加【水彩画纸】滤镜后的效果

- 【纤维长度】：用来设置图像中生成的纤维的长度。
- 【亮度】：用来设置图像的亮度。
- 【对比度】：用来设置图像的对比度。

8.【炭笔】滤镜

【炭笔】滤镜可以重绘图像，产生色调分离的、涂抹的效果，主要边缘以粗线条绘制，而中间色调用对角描边进行素描，炭笔被处理为黑色，纸张被处理为白色。在菜单栏中选择【效果】|【素描】|【炭笔】命令，弹出【炭笔】对话框，如图 6-176 所示。使用【炭笔】滤镜后的效果如图 6-177 所示。

- 【炭笔粗细】：用来设置炭笔笔画的宽度。
- 【细节】：用来设置图像细节的保留程度。
- 【明 / 暗平衡】：用来设置图像中亮调与暗调的平衡。

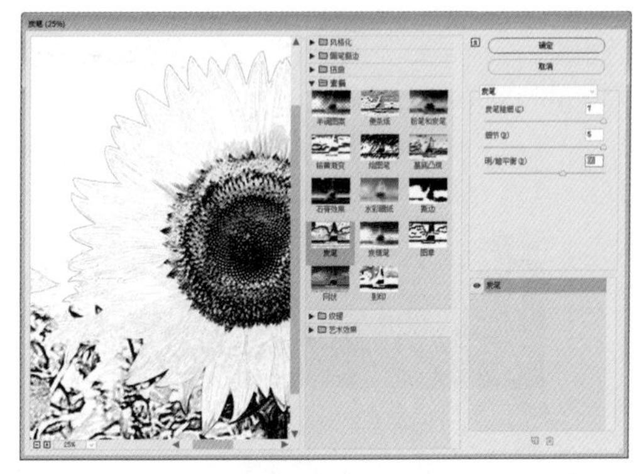

图6-176 【炭笔】对话框

图6-177 添加【炭笔】滤镜后的效果

9.【炭精笔】滤镜

【炭精笔】滤镜可以对暗色区域使用黑色，对亮色区域使用白色，在图像上模拟浓黑和纯白的炭精笔纹理。选择对象后，在菜单栏中选择【效果】|【素描】|【炭精笔】命令，弹出【炭精笔】对话框，如图 6-178 所示。使用【炭精笔】滤镜后的效果如图 6-179 所示。

- 【前景色阶】：用来调节前景色的平衡，数值越高前景色越突出。
- 【背景色阶】：用来调节背景色的平衡，数值越高背景色越突出。

图6-178 【炭精笔】对话框

图6-179 添加【炭精笔】滤镜后的效果

- 【纹理】：在下拉列表框中可以选择纹理格式，如砖形、粗麻布、画布和砂岩。
- 【缩放】：用来设置纹理的大小，变化范围为 50% ~ 200%，数值越高纹理越粗糙。
- 【凸现】：用来设置纹理的凹凸程度。
- 【光照】：在下拉列表框中可以选择光照的方向。
- 【反相】：可反转纹理的凹凸方向。

10.【石膏效果】滤镜

【石膏效果】滤镜可以使图像由石膏板所模拟而出，然后将结果使用黑白色彩加以彩色化，深色区域上升凸出，浅色区域下沉。在菜单栏中选择【效果】|【素描】|【石膏效果】命令，弹出【石膏效果】对话框，如图 6-180 所示。使用【石膏效果】滤镜后的效果如图 6-181 所示。

11.【粉笔和炭笔】滤镜

【粉笔和炭笔】滤镜可以重绘图像的高光和中间调，其背景为粗糙粉笔绘制的纯中间调。阴影区城用对角炭笔线条替换，炭笔用黑色绘制，粉笔用白色绘制。在菜单栏中选择【效果】|【素描】|【粉笔和炭笔】命令，弹出【粉笔和炭笔】对话框，如图 6-182 所示。使用【粉笔和炭笔】滤镜后的效果如图 6-183 所示。

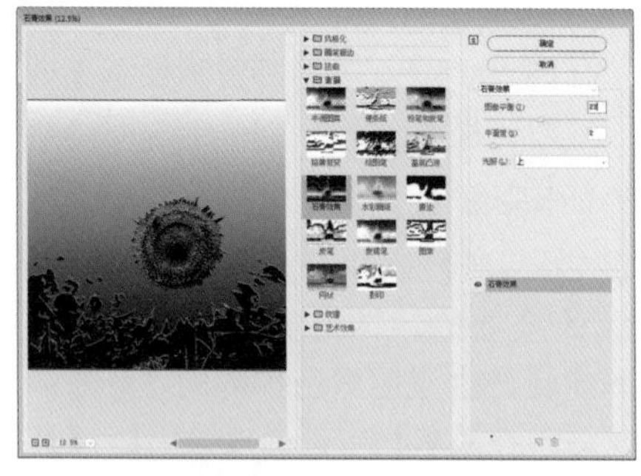
图6-180 【石膏效果】对话框

图6-181 添加【石膏效果】滤镜后的效果

图6-182 【粉笔和炭笔】对话框

图6-183 添加【粉笔和炭笔】滤镜后的效果

- 【炭笔区】：用来设置炭笔区域的范围。
- 【粉笔区】：用来设置粉笔区域的范围。
- 【描边压力】：用来设置画笔的压力。

12.【绘图笔】滤镜

【绘图笔】滤镜可以用纤细的线性油墨线条捕获原始图像的细节，此滤镜使用黑色代表油墨，用白色代表纸张来替换原始图像中的颜色，在处理扫描图像时的效果十分出色。在菜单栏中选择【效果】|【素描】|【绘图笔】命令，弹出【绘图笔】对话框，如图 6-184 所示。使用【绘图笔】滤镜后的效果如图 6-185 所示。

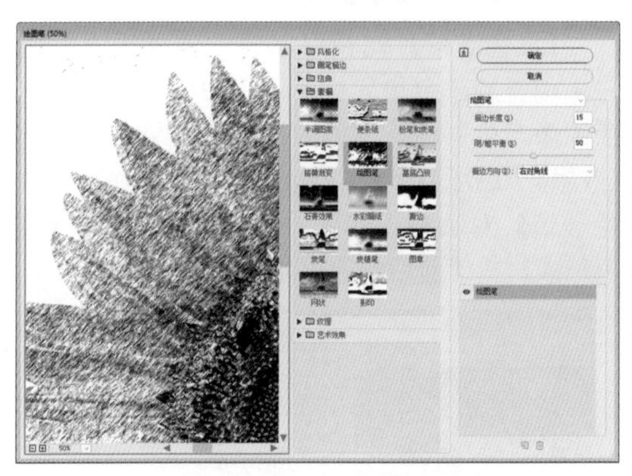

图6-184 【绘图笔】对话框

图6-185 添加【绘图笔】滤镜后的效果

- 【描边长度】：设置图像中产生的线条的长度。
- 【明 / 暗平衡】：设置图像的亮调与暗调的平衡。
- 【描边方向】：在下拉列表框中可以选择线条的方向，包括右对角线、水平、左对角线和垂直。

13.【网状】滤镜

【网状】滤镜可以模拟胶片乳胶的可控收缩和扭曲来创建图像，使之在阴影处呈结块状，在高光处呈轻微的颗粒化。在菜单栏中选择【效果】|【素描】|【网状】命令，弹出【网状】对话框，如图 6-186 所示。使用【网状】滤镜的效果如图 6-187 所示。

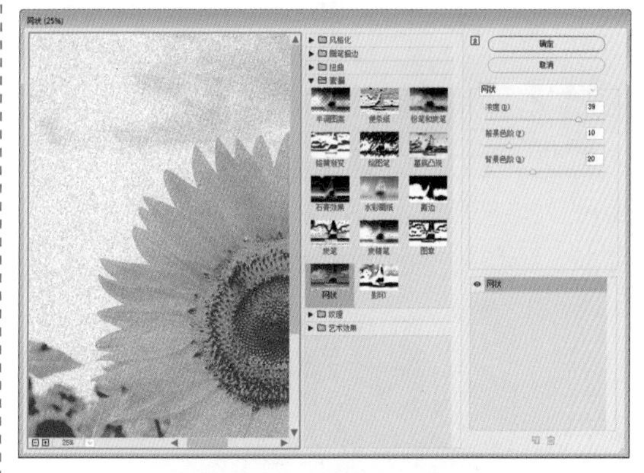

图6-186 【网状】对话框

图6-187 添加【网状】滤镜后的效果

- 【浓度】：设置图像中产生的网纹的密度。
- 【前景色阶】：设置图像中使用的前景色的色阶数。
- 【背景色阶】：设置图像中使用的背景色的色阶数。

14.【铬黄渐变】滤镜

【铬黄渐变】滤镜可以渲染图像，使之具有擦亮的铬黄表面般的效果，高光在反射表面上是高点，暗调是低点。在菜单栏中执行【效果】|【素描】|【铬黄渐变】命令，弹出【铬黄渐变】对话框，如图 6-188 所示。使用【铬黄渐变】滤镜后的效果如图 6-189 所示。

- 【细节】：用来设置图像细节的保留程度。
- 【平滑度】：用来设置效果的光滑程度。

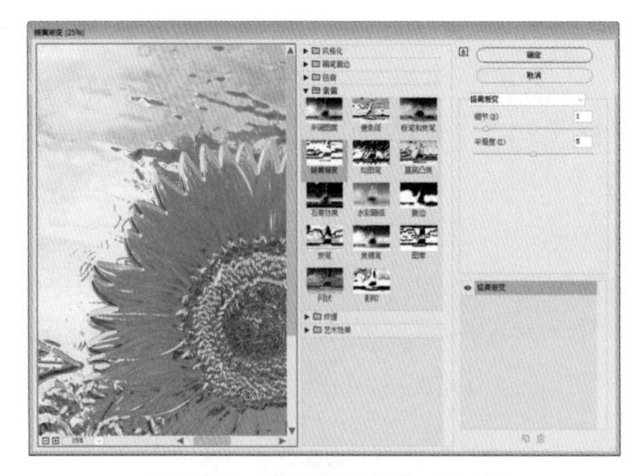

图6-188 【铬黄渐变】对话框

图6-189 【铬黄渐变】滤镜效果

6.2.6 【纹理】滤镜组

【纹理】滤镜组中的滤镜可以在图像中加入各种纹理，使图像具有深度感或物质感的外观。

1.【拼缀图】滤镜

【拼缀图】滤镜可以将图像分解为由若干方形图块组成的效果。图块的颜色由该区域的主色决定。此滤镜可随机减小或增大拼贴的深度，以复现高光和暗调。在菜单栏中选择【效果】|【纹理】|【拼缀图】命令，弹出【拼缀图】对话框，如图 6-190 所示。使用【拼缀图】滤镜前后的效果对比，如图 6-191 所示。

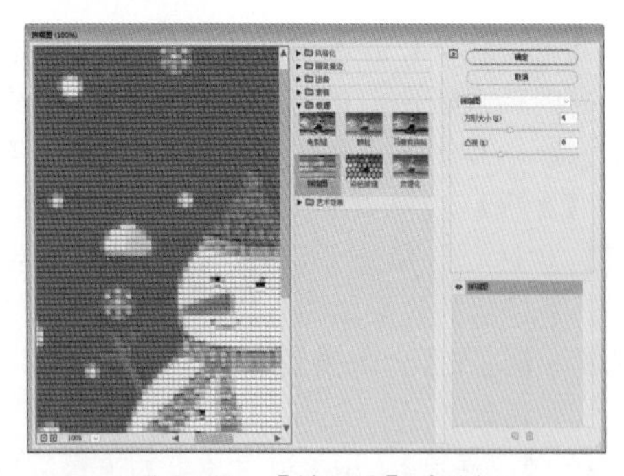

图6-190 【拼缀图】对话框

图6-191 添加【拼缀图】滤镜前后的效果

- 【方形大小】：设置生成的方块的大小。
- 【凸现】：设置方块的凸出程度。

2.【染色玻璃】滤镜

【染色玻璃】滤镜可以将图像重新绘制成许多相邻的单色单元格，边框由前景色填充，使图像产生彩色玻璃的效果。在菜单栏中选择【效果】|【纹理】|【染色玻璃】命令，弹出【染色玻璃】对话框，如图 6-192 所示。使用【染色玻璃】滤镜前后的效果如图 6-193 所示。

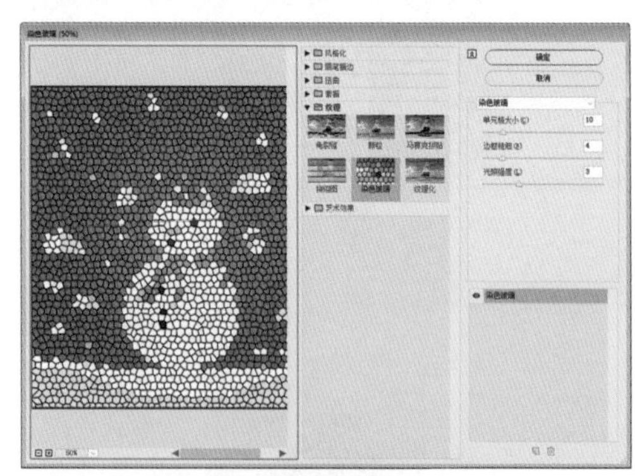

图6-192 【染色玻璃】对话框

图6-193 添加【染色玻璃】滤镜前后的效果

- 【单元格大小】：用来设置图像中生成的色块的大小。
- 【边框粗细】：设置色块边界的宽度。
- 【光照强度】：设置图像中心的光照强度。

3.【纹理化】滤镜

【纹理化】滤镜可以在图像中加入各种纹理，使图像呈现纹理质感。在菜单栏中选择【效果】|【纹理】|【纹理化】命令，弹出【纹理化】对话框，如图 6-194 所示。使用【纹理化】滤镜前后的效果如图 6-195 所示。

图6-194 【纹理化】对话框

图6-195 添加【纹理化】滤镜前后的效果

- 【纹理】：可在下拉列表中选择一种纹理，将其添加到图像中。可选择的纹理包括砖形、粗麻布、画布和砂岩 4 种。
- 【缩放】：设置纹理的凸出程度。
- 【光照】：在下拉列表框中可以选择光线照射的方向。
- 【反相】：可反转光线照射的方向。

4.【颗粒】滤镜

【颗粒】滤镜可通过模拟不同种类的颗粒在图像中添加纹理。在菜单栏中选择【效果】|【纹理】|【颗粒】命令，弹出【颗粒】对话框，如图 6-196 所示。使用【颗粒】滤镜前后的效果如图 6-197 所示。

- 【强度】：用来设置图像中加入的颗粒的强度。
- 【对比度】：用来设置颗粒的对比度。
- 【颗粒类型】：在下拉列表框中可以选择颗粒的类型，包括常规、柔和、喷洒、结块、强反差、扩大、点刻、水平、垂直和斑点。

图6-196 【颗粒】对话框

图6-197 添加【颗粒】滤镜前后的效果

5.【马赛克拼贴】滤镜

【马赛克拼贴】滤镜可以绘制图像，使图像看起来像是由小的碎片拼贴组成，然后在拼贴之间添加缝隙。在菜单栏中选择【效果】|【纹理】|【马赛克拼贴】命令，弹出【马赛克拼贴】对话框，如图 6-198 所示。使用【马赛克拼贴】滤镜前后的效果对比如图 6-199 所示。

图6-198 【马赛克拼贴】对话框

图6-199　添加【马赛克拼贴】滤镜前后的效果

- 【拼贴大小】：用来设置图像中生成的块状图形的大小。
- 【缝隙宽度】：用来设置块状图形单元间的裂缝宽度。
- 【加亮缝隙】：用来设置块状图形缝隙的亮度。

6.【龟裂缝】滤镜

【龟裂缝】滤镜可以将图像绘制在一个高凸显的石膏表面上，以循着图像等高线生成细的网状裂缝。使用该滤镜可以对包含多种颜色值或灰度值的图像创建浮雕效果。在菜单栏中选择【效果】|【纹理】|【龟裂缝】命令，弹出【龟裂缝】对话框，如图 6-200 所示。使用【龟裂缝】滤镜前后的效果对比如图 6-201 所示。

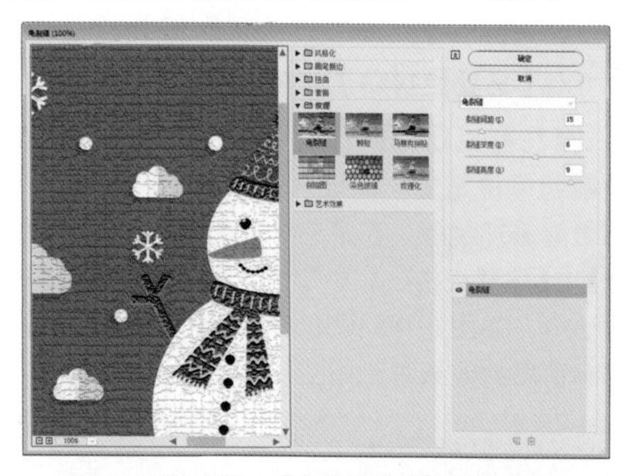

图6-200　【龟裂缝】对话框

图6-201　添加【龟裂缝】滤镜前后的效果

- 【裂缝间距】：设置图像中生成的裂缝的间距，数值越小，生成的裂缝越细密。
- 【裂缝深度】：设置裂缝的深度。
- 【裂缝亮度】：设置裂缝的亮度。

6.2.7　【艺术效果】滤镜组

【艺术效果】滤镜组中的滤镜可以模仿自然或传统介质，使图像看起来更贴近绘画或艺术效果。

1.【塑料包装】滤镜

【塑料包装】滤镜产生的效果类似于为图像罩上了一层光亮的塑料，可以强调图像的表面细节。选择对象后，在菜单栏中选择【效果】|【艺术效果】|【塑料包装】命令，弹出【塑料包装】对话框，在该对话框中可以对相关属性进行设置，如图 6-202 所示。使用【塑料包装】滤镜前后的效果如图 6-203 所示。

- 【高光强度】：设置高光区域的亮度。
- 【细节】：设置高光区域细节的保留程度。
- 【平滑度】：设置塑料效果的平滑程度，数值越高，滤镜产生的效果越明显。

图6-202　【塑料包装】对话框

图6-203　添加【塑料包装】滤镜前后的效果

2.【壁画】滤镜

【壁画】滤镜能够以一种粗糙的方式，使用

短而圆的描边绘制图像，使图像看上去像是草草绘制的。选择对象后，在菜单栏中选择【效果】|【艺术效果】|【壁画】命令，弹出【壁画】对话框，在该对话框中可以对相关属性进行设置，如图6-204所示。使用【壁画】滤镜前后的效果如图6-205所示。

图6-204 【壁画】对话框

图6-205 添加【壁画】滤镜前后的效果

- 【画笔大小】：设置画笔的大小。
- 【画笔细节】：设置图像细节的保留程度。
- 【纹理】：设置添加的纹理数量，数值越高，绘制的效果越粗犷。

3.【干画笔】滤镜

【干画笔】滤镜可使用介于油彩和水彩之间的干画笔绘制图像边缘，使图像产生一种不饱和的干枯油画效果。选择对象后，在菜单栏中选择【效果】|【艺术效果】|【干画笔】命令，弹出【干画笔】对话框，在该对话框中可以对相关属性进行设置，如图6-206所示。使用【干画笔】滤镜前后的效果如图6-207所示。

- 【画笔大小】：设置画笔的大小，数值越小，绘制的效果越细腻。
- 【画笔细节】：设置画笔的细腻程度，数值越高，效果与原图像越接近。

图6-206 【干画笔】对话框

图6-207 添加【干画笔】滤镜前后的效果

- 【纹理】：设置画笔纹理的清晰程度，数值越高，画笔的纹理越明显。

4.【底纹效果】滤镜

【底纹效果】滤镜可以在图像上添加纹理效果。选择对象后，在菜单栏中选择【效果】|【艺术效果】|【底纹效果】命令，弹出【底纹效果】对话框，在该对话框中可以对相关属性进行设置，如图6-208所示。使用【底纹效果】滤镜前后的效果如图6-209所示。

- 【画笔大小】：设置产生底纹的画笔的大小，数值越高，绘画效果越强烈。
- 【纹理覆盖】：设置纹理覆盖范围。

图6-208 【底纹效果】对话框

图6-209　添加【底纹效果】滤镜前后的效果

- 【纹理】：在下拉列表框中可以选择纹理样式，包括【砖形】、【粗麻布】、【画布】和【砂岩】，单击选项右侧的按钮，可以选择【载入纹理】命令，载入一个 PSD 格式的文件作为纹理文件。
- 【缩放】：设置纹理的大小。
- 【凸现】：设置纹理的凸出程度。
- 【光照】：在下拉列表框中可以选择光照的方向。
- 【反相】：可以反转光照方向。

5.【彩色铅笔】滤镜

【彩色铅笔】滤镜类似于使用彩色铅笔在纯色背景上绘制图像。该滤镜可以保留重要的边缘，外观呈粗糙的阴影线，纯色背景色透过比较平滑的区域显示出来。选择对象后，在菜单栏中选择【效果】|【艺术效果】|【彩色铅笔】命令，弹出【彩色铅笔】对话框，在该对话框中可以对相关属性进行设置，如图 6-210 所示。使用【彩色铅笔】滤镜前后的效果如图 6-211 所示。

- 【铅笔宽度】：用来设置铅笔线条的宽度，数值越高，铅笔线条越粗。
- 【描边压力】：用来设置铅笔的压力效果，数值越高，线条越粗犷。

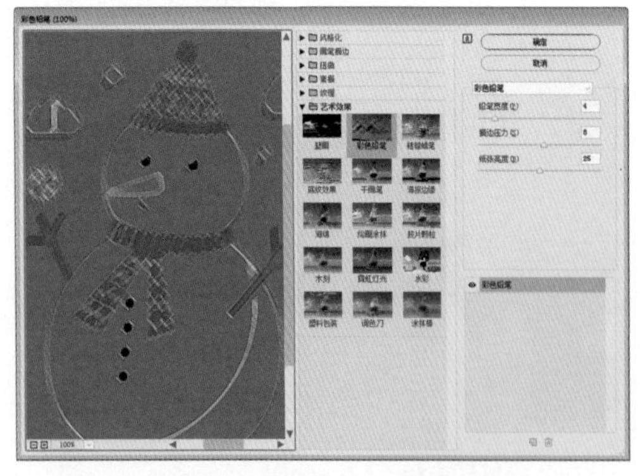

图6-210　【彩色铅笔】对话框

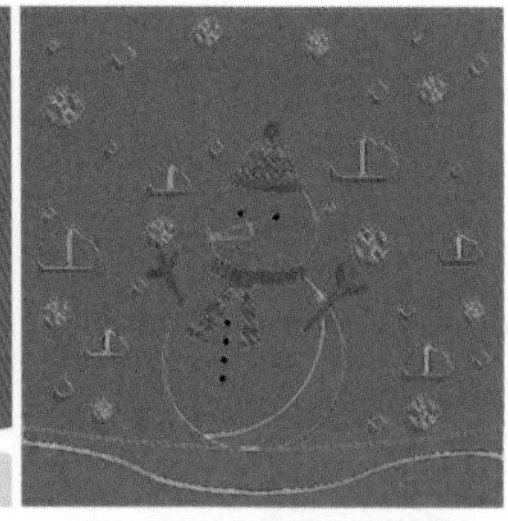

图6-211　添加【彩色铅笔】滤镜前后的效果

- 【纸张亮度】：用来设置画纸纸色的明暗程度。

6.【木刻】滤镜

【木刻】滤镜可以将图像中的颜色进行分色处理，并简化颜色，使图像看上去像是从彩纸上剪下的边缘粗糙的纸片组成的。选择对象后，在菜单栏中选择【效果】|【艺术效果】|【木刻】命令，弹出【木刻】对话框，在该对话框中可以对相关属性进行设置，如图 6-212 所示。使用【木刻】滤镜前后的效果如图 6-213 所示。

图6-212　【木刻】对话框

图6-213　添加【木刻】滤镜前后的效果

- 【色阶数】：设置简化后的图像的色阶数量。数值越大，图像的颜色层次越丰富。数值越小，图像的简化效果越明显。

- 【边缘简化度】：设置图像边缘的简化程度，该值越大，图像的简化程度越明显。
- 【边缘逼真度】：设置图像边缘的精确程度。

7.【水彩】滤镜

【水彩】滤镜可以简化图像的细节，改变图像边界的色调和饱和度，使图像产生水彩画的效果，当边缘有显著的色调变化时，此滤镜会使颜色更加饱满。选择对象后，在菜单栏中选择【效果】|【艺术效果】|【水彩】命令，弹出【水彩】对话框，在该对话框中可以对相关属性进行设置，如图6-214所示。使用【水彩】滤镜后的效果如图6-215所示。

图6-214 【水彩】对话框

图6-215 添加【水彩】滤镜前后的效果

- 【画笔细节】：设置画笔的精确程度，数值越大，画面越精细。
- 【阴影强度】：设置暗调区域的范围，数值越大，暗调范围越广。
- 【纹理】：设置图像边界的纹理效果，数值越大，纹理效果越明显。

8.【海报边缘】滤镜

【海报边缘】滤镜可根据设置的海报画选项值减少图像中的颜色数，然后找到图像的边缘，并在边缘上绘制黑色线条。选择对象后，在菜单栏中选择【效果】|【艺术效果】|【海报边缘】命令，弹出【海报边缘】对话框，在该对话框中可以对相关属性进行设置，如图6-216所示。使用【海报边缘】滤镜前后的效果如图6-217所示。

- 【边缘厚度】：设置图像边缘像素的宽度，数值越高，轮廓越宽。
- 【边缘强度】：设置图像边缘的强化程度。
- 【海报化】：设置颜色的浓度。

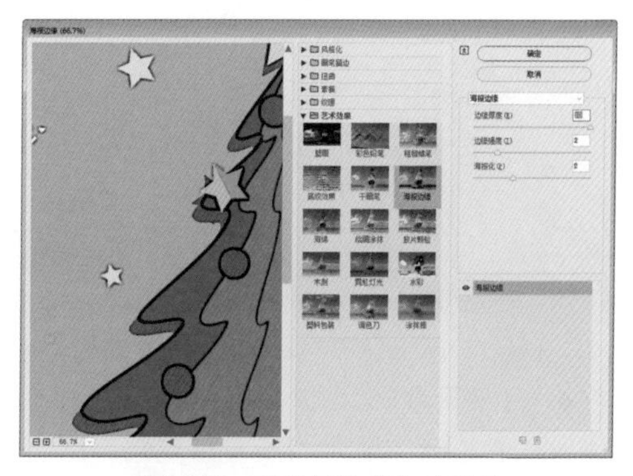

图6-216 【海报边缘】对话框

图6-217 添加【海报边缘】滤镜前后的效果

9.【海绵】滤镜

【海绵】滤镜使用颜色对比强烈、纹理较重的区域创建图像，使图像看起来像是用海绵绘制的。选择对象后，在菜单栏中选择【效果】|【艺术效果】|【海绵】命令，弹出【海绵】对话框，在该对话框中可以对相关属性进行设置，如图6-218所示。使用【海绵】滤镜前后的效果如图6-219所示。

- 【画笔大小】：用来设置海绵的大小。
- 【清晰度】：可调整海绵上气孔的大小，数值越大，气孔的印记越清晰。

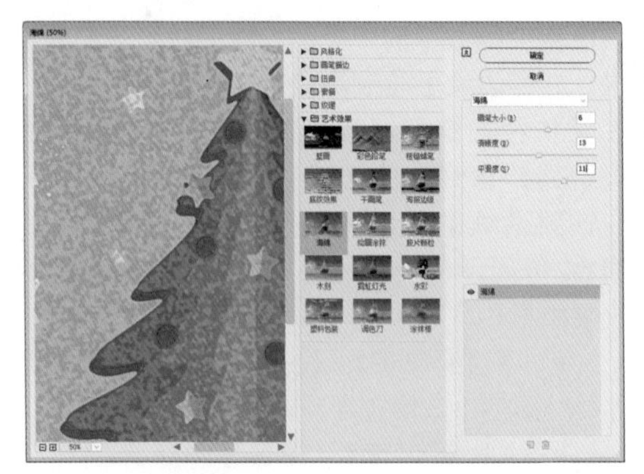

图6-218　【海绵】对话框

图6-219　添加【海绵】滤镜前后的效果

- 【平滑度】：用来模拟海绵的压力，数值越大，画面的浸湿感越强，图像越柔和。

10.【涂抹棒】滤镜

【涂抹棒】滤镜使用较短的对角线条涂抹图像中暗部的区域，从而柔化图像，亮部区域会因变亮而丢失细节。选择对象后，在菜单栏中选择【效果】|【艺术效果】|【涂抹棒】命令，弹出【涂抹棒】对话框，在该对话框中可以对相关属性进行设置，如图 6-220 所示。使用【涂抹棒】滤镜前后的效果如图 6-221 所示。

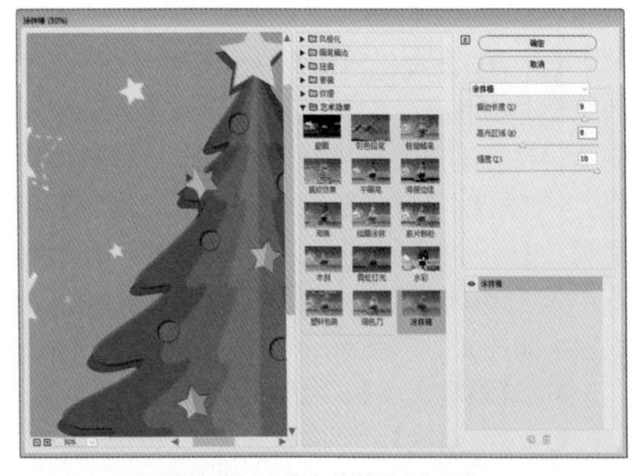

图6-220　【涂抹棒】对话框

图6-221　添加【涂抹棒】滤镜前后的效果

- 【描边长度】：设置图像中产生的线条的长度。
- 【高光区域】：设置图像中高光范围的大小，该值越大，被视为高光区域的范围就越广。
- 【强度】：设置高光的强度。

11.【粗糙蜡笔】滤镜

【粗糙蜡笔】滤镜可以使图像看上去好像是用彩色蜡笔在带纹理的背景上描绘出来的一样。选择对象后，在菜单栏中选择【效果】|【艺术效果】|【粗糙蜡笔】命令，弹出【粗糙蜡笔】对话框，在该对话框中可以对相关属性进行设置，如图 6-222 所示。使用【粗糙蜡笔】滤镜前后的效果如图 6-223 所示。

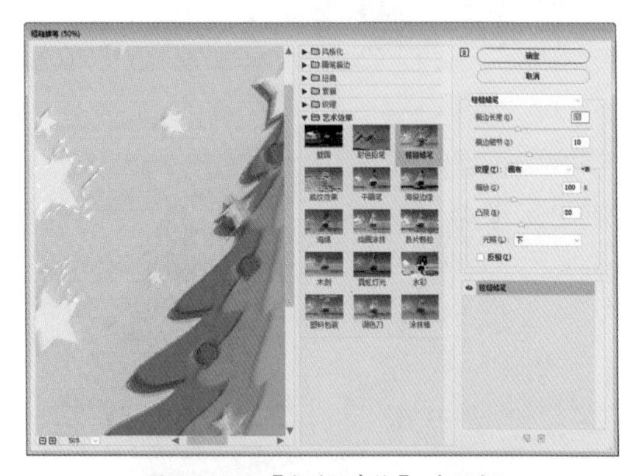

图6-222　【粗糙蜡笔】对话框

图6-223　添加【粗糙蜡笔】滤镜前后的效果

- 【描边长度】：设置画笔线条的长度。
- 【描边细节】：设置线条的细腻程度。

12.【绘画涂抹】滤镜

【绘画涂抹】滤镜可以使用不同大小和不同类型的画笔来创建绘画效果。选择对象后，在菜单栏中选择【效果】|【艺术效果】|【绘画涂抹】命令，弹出【绘画涂抹】对话框，在该对话框中可以对相关属性进行设置，如图6-224所示。使用【绘画涂抹】滤镜前后的效果如图6-225所示。

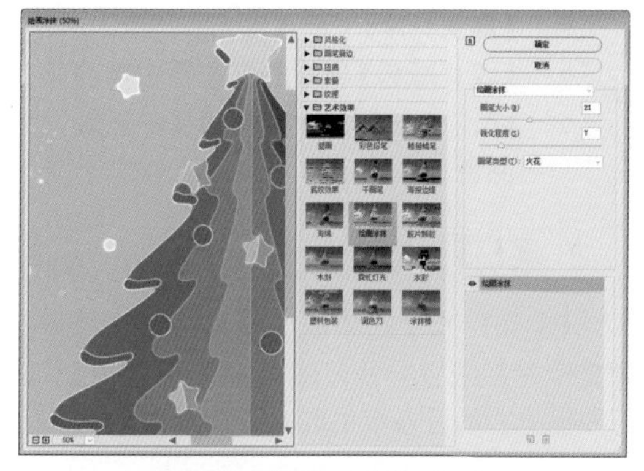

图6-224 【绘画涂抹】对话框

图6-225 添加【绘画涂抹】滤镜前后的效果

- 【画笔大小】：设置画笔的大小，数值越大，涂抹的范围越广。
- 【锐化程度】：设置图像的锐化程度，数值越大，效果越锐利。
- 【画笔类型】：在下拉列表框中可以选择画笔的类型，包括【简单】、【未处理光照】、【未处理深色】、【宽锐化】、【宽模糊】和【火花】。

13.【胶片颗粒】滤镜

【胶片颗粒】滤镜可将平滑的图案应用于阴影和中间色调，将一种更平滑、饱和度更高的图案添加到亮区，产生类似胶片颗粒状的纹理效果。选择对象后，在菜单栏中选择【效果】|【艺术效果】|【胶片颗粒】命令，弹出【胶片颗粒】对话框，在该对话框中可以对相关属性进行设置，如图6-226所示。使用【胶片颗粒】滤镜前后的效果如图6-227所示。

图6-226 【胶片颗粒】对话框

图6-227 添加【胶片颗粒】滤镜前后的效果

- 【颗粒】：设置产生的颗粒的密度，数值越大，颗粒越多。
- 【高光区域】：设置图像中高光的范围。
- 【强度】：设置颗粒的强度。当该值较小时，会在整个图像上显示颗粒；数值较大时，只在图像的阴影部分显示颗粒。

14.【调色刀】滤镜

【调色刀】滤镜可以减少图像中的细节以生成描绘得很淡的画布效果，并显示出下面的纹理。选择对象后，在菜单栏中选择【效果】|【艺术效果】|【调色刀】命令，弹出【调色刀】对话框，在该对话框中可以对相关属性进行设置，如图6-228所示。使用【调色刀】滤镜前后的效果如图6-229所示。

- 【描边大小】：设置图像颜色混合的程度。数值越大，图像越模糊；数值越小，图像越清晰。

- 【描边细节】：设置图像细节的保留程度，数值越大，图像的边缘越明确。
- 【软化度】：设置图像的柔化程度，数值越大，图像越模糊。

图6-228　【调色刀】对话框

图6-229　添加【调色刀】滤镜前后的效果

15.【霓虹灯光】滤镜

【霓虹灯光】滤镜可以为图像中的对象添加各种颜色的灯光效果。选择对象后，在菜单栏中选择【效果】|【艺术效果】|【霓虹灯光】命令，弹出【霓虹灯光】对话框，在该对话框中可以对相关属性进行设置，如图 6-230 所示。使用【霓虹灯光】滤镜前后的效果如图 6-231 所示。

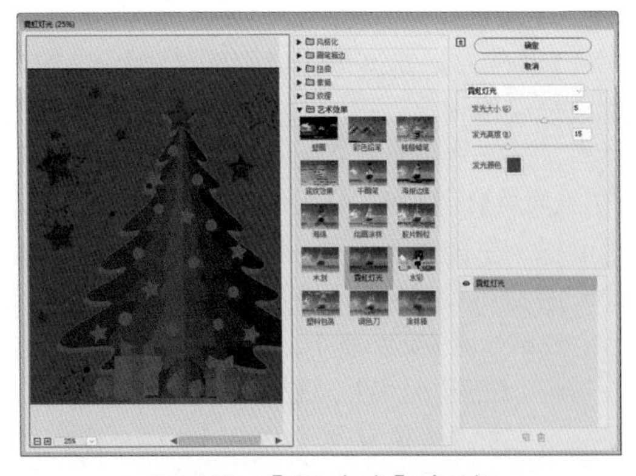
图6-230　【霓虹灯光】对话框

图6-231　添加【霓虹灯光】滤镜前后的效果

- 【发光大小】：设置发光范围的大小。数值为正值时，光线向外发射；为负值时，光线向内发射。
- 【发光亮度】：设置发光的亮度。
- 【发光颜色】：单击该选项右侧的颜色块，可以在弹出的对话框中设置发光颜色。

6.2.8 【视频】滤镜组

【视频】滤镜组中的滤镜用来解决视频图像交换时系统差异的问题，它们可以处理从隔行扫描方式的设备中提取的图像。

1.【NTSC 颜色】滤镜

【NTSC 颜色】滤镜会将色域限制在电视机重显可接受的范围，防止过饱和的颜色渗透到电视扫描行中。

2.【逐行】滤镜

通过隔行扫描方式显示画面的电视，以及从视频设备中捕捉的图像都会出现扫描线。【逐行】滤镜可以去除视频图像中的奇数或偶数隔行线，使在视频上捕捉的运动图像变得平滑。应用该滤镜时会弹出【逐行】对话框，如图 6-232 所示。

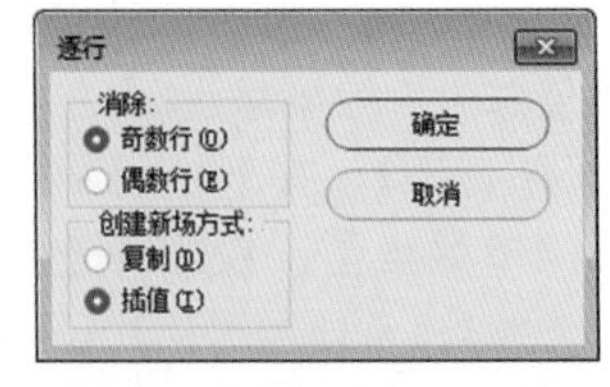

图6-232　【逐行】对话框

- 【消除】：用来设置需要消除的扫描线。选择【奇数行】单选按钮可删除奇数扫描线；选择【偶数行】单选按钮可删除偶数扫描线。

- 【创建新场方式】：用来设置消除扫描线后以何种方式填充空白区域。选择【复制】单选按钮可复制被删除部分周围的像素来填充空白区域，选择【插值】单选按钮则利用被删除部分周围的像素，通过插值的方法进行填充。

6.2.9　【风格化】滤镜组

在【风格化】滤镜组中包含一个【照亮边缘】滤镜，使用该滤镜可以标识颜色的边缘，并向其添加类似霓虹灯的光亮。选择对象后，在菜单栏中选择【效果】|【风格化】|【照亮边缘】命令，弹出【照亮边缘】对话框，在该对话框中可以对相关属性进行设置，如图 6-233 所示。使用【照亮边缘】滤镜前后的效果如图 6-234 所示。

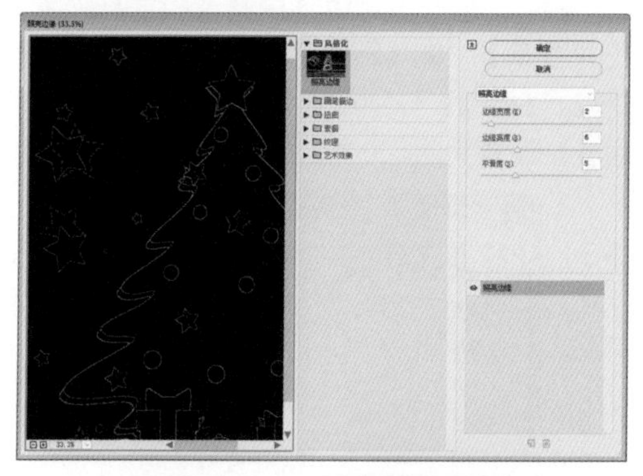

图6-233　【照亮边缘】对话框

图6-234　添加【照亮边缘】滤镜前后的效果

- 【边缘宽度】：设置发光边缘的宽度。
- 【边缘亮度】：设置发光边缘的亮度。
- 【平滑度】：设置发光边缘的平滑程度。

6.3　上机练习

下面通过实例来巩固本章所学习的基础知识，使读者对本章的内容有进一步的了解和加深。

6.3.1　制作公益海报

随着信息技术在传播媒体领域的广泛渗透，公益海报中的图形设计形式也随着现代广告活动步入国际化潮流，逐渐成为超越国度的具有共识基础的图形语言。为了适应信息传播时代对设计的文化需要，为了在激烈的媒体竞争之中获得更多的注目率，传达文化概念指向的符号化图形已成为信息时代，公益海报艺术又一个显著的文化特征。本节将介绍如何制作公益海报，效果如图 6-235 所示。

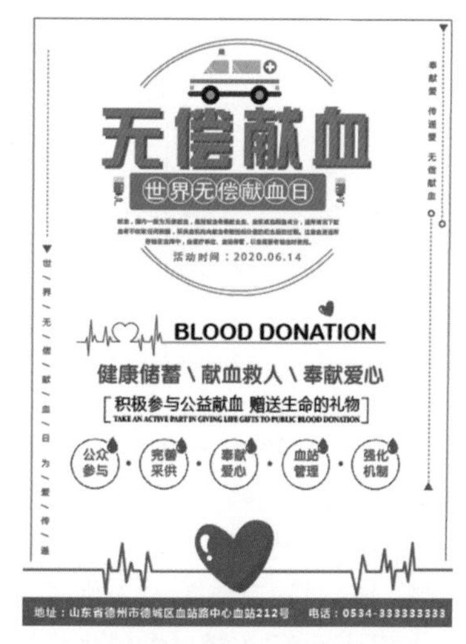

图6-235　公益海报

素材	素材\Cha06\公益海报素材01.png、公益海报素材02.png、公益海报素材03.png
场景	场景\Cha06\制作公益海报.ai
视频	视频教学\Cha06\制作公益海报.mp4

01 按 Ctrl+N 组合键，在弹出的【新建文档】对话框中将【宽度】、【高度】分别设置为 144、197.6，如图 6-236 所示。

02 设置完成后，单击【创建】按钮，选择工具箱中的【钢笔工具】，在画板中绘制一条路径。选中绘制的路径，在【属性】面板中将【宽】、【高】分别设置为 139、175，将 X、Y 分别设置为 72.3、89.4，将【填色】设置为无，将【描边】设置为 #cb1a18，将【描边】的粗细设置为 1，如图 6-237 所示。

图6-236 设置新建文档参数

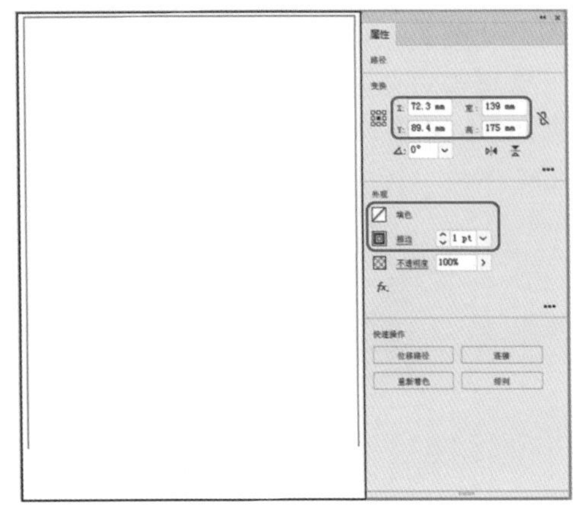

图6-237 绘制路径并进行设置

03 选择工具箱中的【文字工具】T，在画板中单击鼠标，输入文本。选中输入的文本，在【属性】面板中将【填色】设置为#ff3b3b，将【描边】设置为无，将【字体】设置为【方正综艺简体】，将【字体大小】设置为60，将【字符间距】设置为100，将X、Y分别设置为70.8、40.7，如图6-238所示。

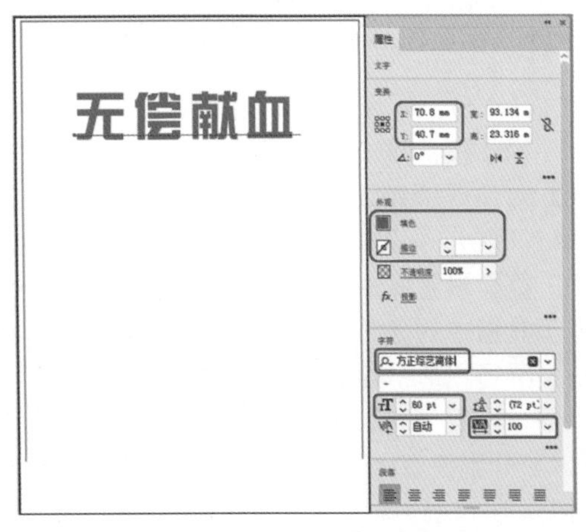

图6-238 输入文本并进行设置

04 选中输入的文本，在菜单栏中选择【效果】|【风格化】|【投影】命令，如图6-239所示。

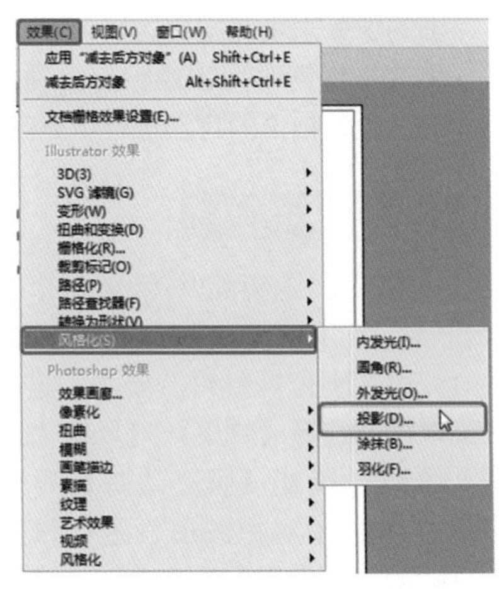

图6-239 选择【投影】命令

05 在弹出的对话框中将【模式】设置为【正片叠底】，将【不透明度】、【X位移】、【Y位移】、【模糊】分别设置为75%、1、1、0，将【颜色】设置为#aa0000，如图6-240所示。

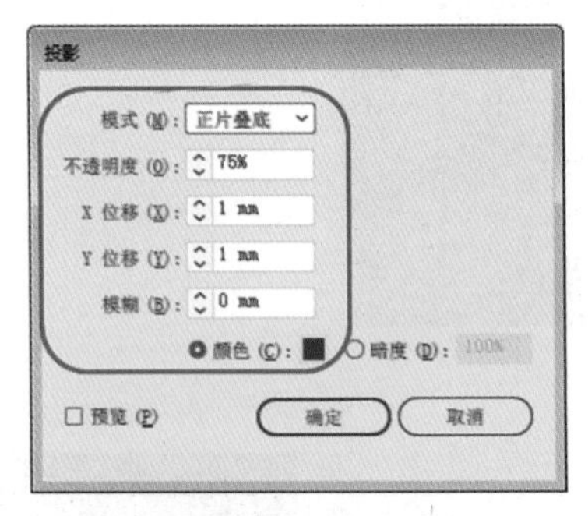

图6-240 设置投影参数

疑难解答 【投影】对话框中的各个选项有什么功能?

- 【模式】：在下拉列表中可以选择投影的混合模式。
- 【不透明度】：用来指定所需的投影不透明度。当该值为0时，投影完全透明，为100%时，投影完全不透明。
- 【X位移】/【Y位移】：用来指定投影偏离对象的距离。
- 【模糊】：用来指定投影的模糊范围。Illustrator会创建一个透明栅格对象来模拟模糊效果。
- 【颜色】：用来指定投影的颜色，默认为黑色。如果要修改颜色，可以单击选项右侧的颜色框，在打开的【拾色器】对话框中进行设置。
- 【暗度】：用来设置应用投影效果后阴影的深度，选择该选项后，将以对象自身的颜色与黑色混合。

06 设置完成后，单击【确定】按钮。选择工具箱中的【圆角矩形工具】，在画板中绘制一个圆角矩形。选中绘制的圆角矩形，在

【属性】面板中将【填色】设置为 #ff3030，将【描边】设置为无，在【变换】面板中将【宽】、【高】分别设置为 65、12，将 X、Y 分别设置为 67.2、57.5，将【圆角半径】都设置为 1，如图 6-241 所示。

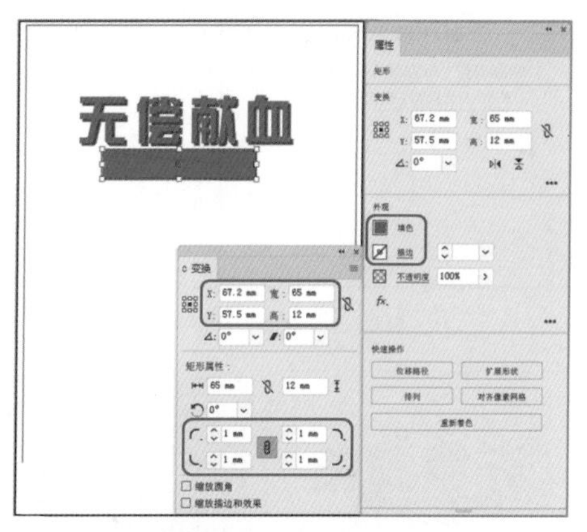

图6-241 绘制圆角矩形

07 选择工具箱中的【文字工具】，在画板中单击鼠标，输入文本。选中输入的文本，在【属性】面板中将【字体】设置为【Adobe 黑体 Std R】，将【字体大小】设置为 18.73，将【字符间距】设置为 100，将【填色】设置为 #ffffff，将 X、Y 分别设置为 67.4、57.7，如图 6-242 所示。

08 选择工具箱中的【椭圆工具】，在舞台中按住 Shift 键绘制一个正圆形。选中绘制的正圆形，在【属性】面板中将【宽】、【高】都设置为 8.3，将【填色】设置为无，将【描边】设置为 # ffffff，将【描边】的粗细设置为 1，并在画板中调整其位置，效果如图 6-243 所示。

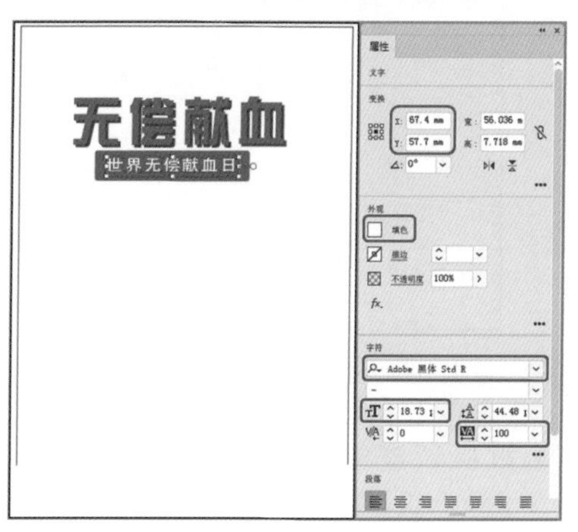

图6-242 输入文本并进行设置

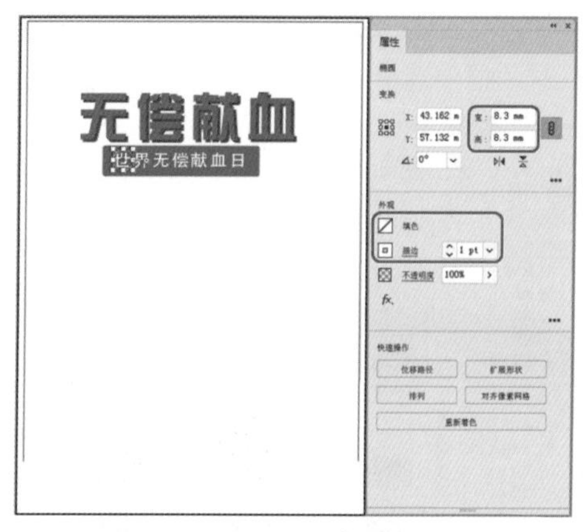

图6-243 绘制圆形并进行设置

09 选择工具箱中的【选择工具】，选中绘制的正圆形，按住 Alt 键对其进行复制，并调整复制对象的位置，效果如图 6-244 所示。

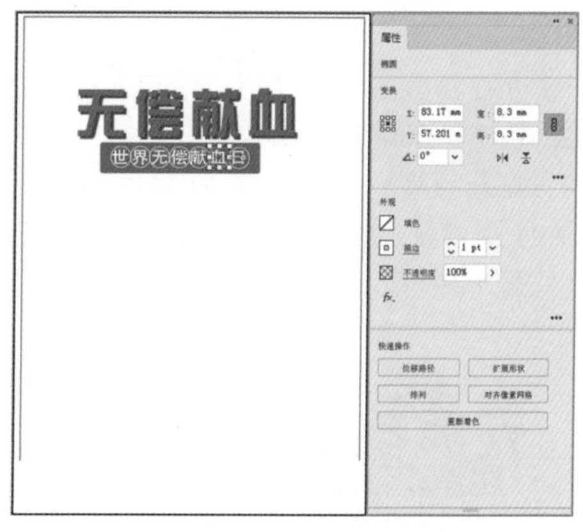

图6-244 复制圆形后的效果

10 使用同样的方法输入其他文本，并对输入的文字进行相应的设置，效果如图 6-245 所示。

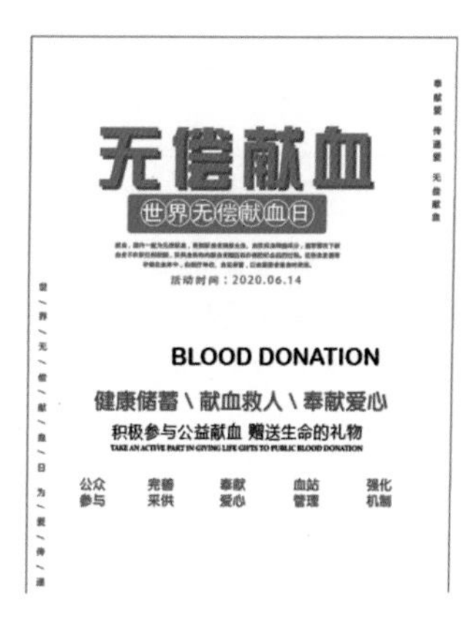

图6-245 输入其他文本后的效果

11 按 Shift+Ctrl+P 组合键，在弹出的【置入】对话框中选择“素材\Cha06\公益海报素材01.png”素材文件，如图 6-246 所示。

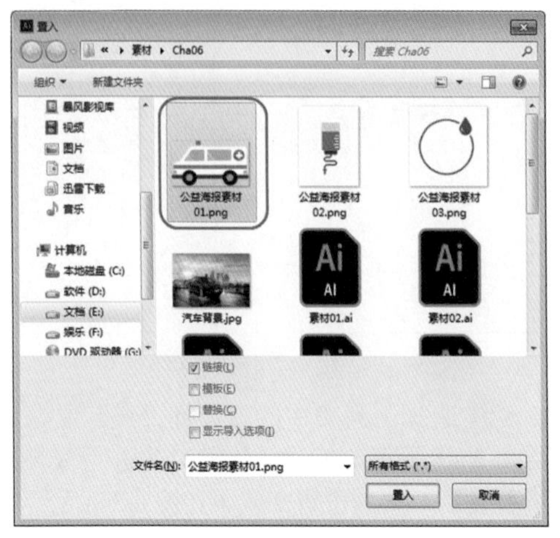

图6-246　选择素材文件

12 在画板中单击鼠标，指定素材文件的位置。选中添加的素材文件，在【属性】面板中将【宽】、【高】分别设置为 31.2、17.7，将 X、Y 分别设置为 69、20.4，单击【嵌入】按钮，如图 6-247 所示。

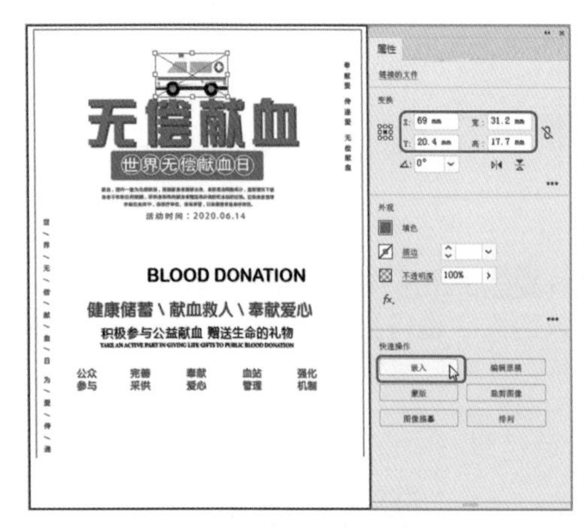

图6-247　设置素材文件参数

13 选择工具箱中的【钢笔工具】，在画板中绘制两条如图 6-248 所示的线条。选中绘制的线条，在【属性】面板中将【填色】设置为无，将【描边】设置为 #ff3030，将【描边】的粗细设置为 1。

14 继续选中两条线条，对其进行复制，单击鼠标右键，在弹出的快捷菜单中选择【变换】|【对称】命令，如图 6-249 所示。

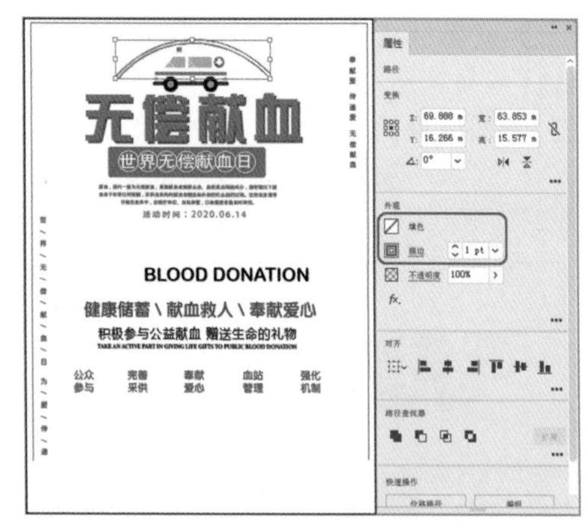

图6-248　绘制线条

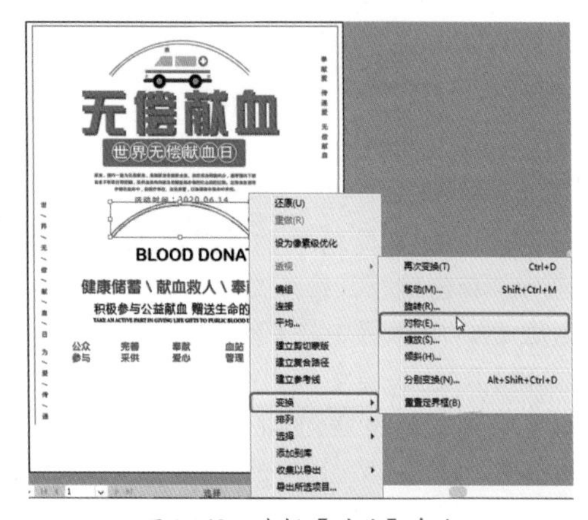

图6-249　选择【对称】命令

15 在弹出的【镜像】对话框中选中【水平】单选按钮，如图 6-250 所示。

图6-250　【镜像】对话框

16 设置完成后，单击【复制】按钮。在画板中调整镜像后的对象的位置，按 Shift+Ctrl+P 组合键，在弹出的【置入】对话框中选择“素材\Cha06\公益海报素材02.png”素材文件，如图 6-251 所示。

图6-251 选择素材文件

17 在画板中指定素材文件的位置。选中添加的素材文件，在【属性】面板中将【宽】、【高】分别设置为 3.5、9.6，将 X、Y 分别设置为 31、57.6，单击【嵌入】按钮，如图 6-252 所示。

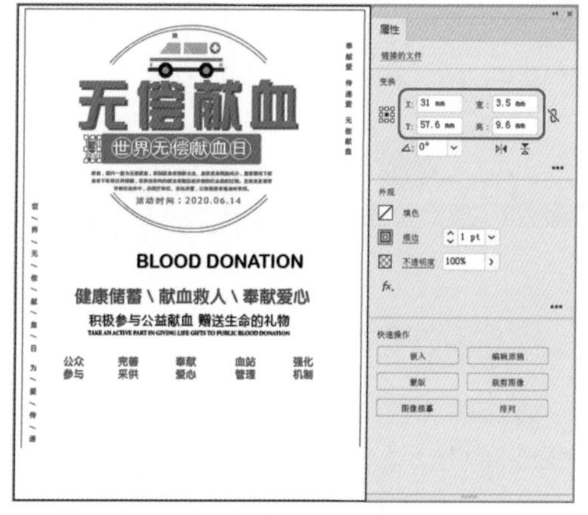

图6-252 添加素材文件并设置大小与位置

18 继续在画板中选中该素材文件，单击鼠标右键，在弹出的快捷菜单中选择【变换】|【对称】命令，如图 6-253 所示。

19 在弹出的【镜像】对话框中选中【垂直】单选按钮，单击【复制】按钮，如图 6-254 所示。

20 在画板中调整复制后的对象的位置，将两个素材文件进行嵌入，使用相同的方法将其他素材文件导入画板中，并在画板中调整其位置，效果如图 6-255 所示。

图6-253 选择【对称】命令

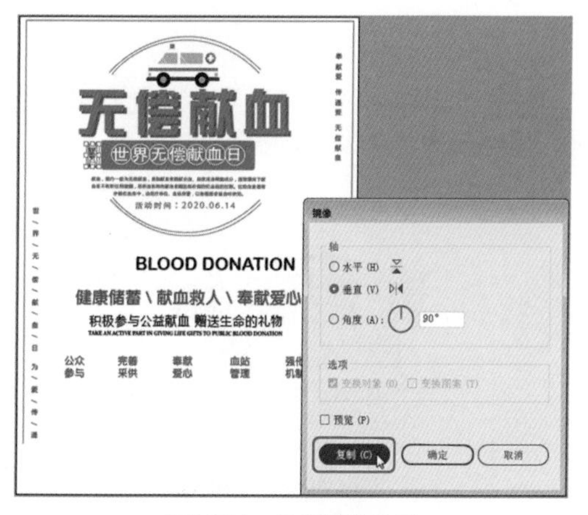

图6-254 设置镜像参数

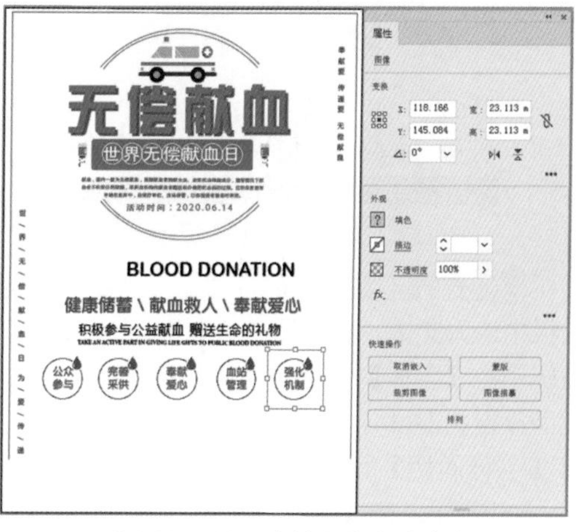

图6-255 添加素材文件后的效果

21 选择工具箱中的【钢笔工具】，在画板中绘制一条线条。选中绘制的线条，在

【属性】面板中将【填色】设置为无，将【描边】设置为 #d4181b，将【描边】的粗细设置为 1，如图 6-256 所示。

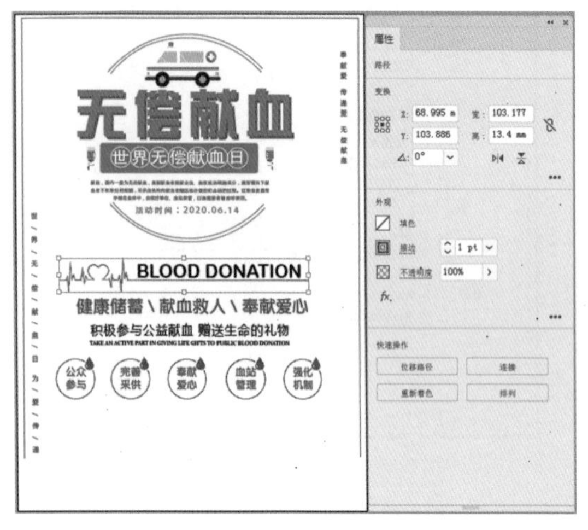

图6-256　绘制线条

22 根据前面所介绍的方法绘制其他图形，绘制后的效果如图 6-257 所示。

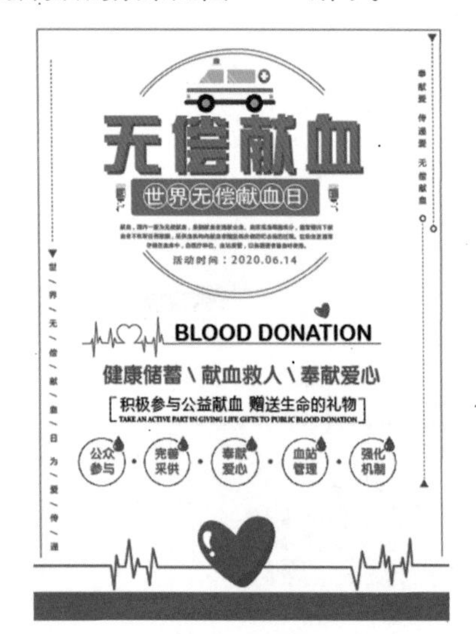

图6-257　绘制其他图形后的效果

23 选择工具箱中的【文字工具】T，在画板中输入文本。选中输入的文本，在【属性】面板中将【字体】设置为【微软雅黑】，将字体类型设置为 Bold，将【字体大小】设置为 10，将【字符间距】设置为 100，将【填色】设置为 #FFFFFF，将【描边】设置为无，并在画板中调整文字的位置，如图 6-258 所示。

24 使用相同的方法再次输入文本，并调整该文本的位置，效果如图 6-259 所示。

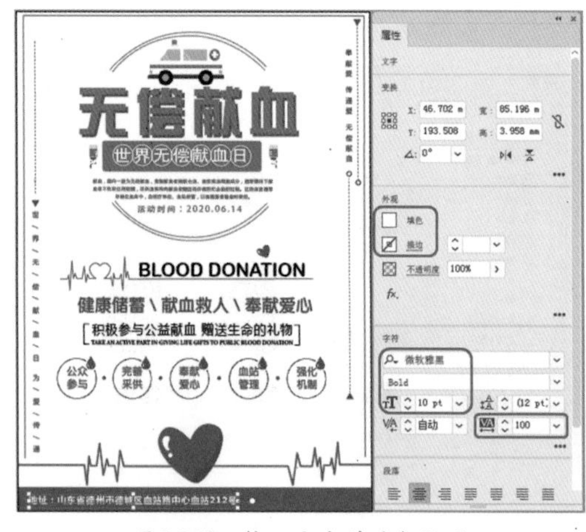

图6-258　输入文本并进行设置

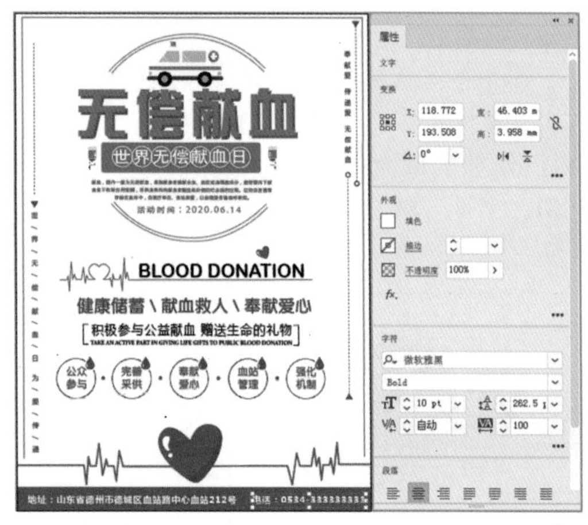

图6-259　再次输入文本

6.3.2　制作元旦宣传海报

本节将介绍如何制作元旦宣传海报，效果如图 6-260 所示。

图6-260　元旦宣传海报

素材	素材\Cha06\元旦海报背景.jpg、元旦海报素材01.png、元旦海报素材02.ai、元旦海报素材03.png
场景	场景\Cha06\制作元旦宣传海报.ai
视频	视频教学\Cha06\制作元旦宣传海报.mp4

01 启动 Illustrator CC 软件，按 Ctrl+N 组合键，在弹出的【新建文档】对话框中将【单位】设置为【像素】，将【宽度】、【高度】分别设置为 500、687.5，如图 6-261 所示。

图6-261 设置新建文档参数

02 设置完成后，单击【创建】按钮。按 Shift+Ctrl+P 组合键，在弹出的【置入】对话框中选择“素材 \Cha06\ 元旦海报背景 .jpg”素材文件，如图 6-262 所示。

图6-262 选择素材文件

03 单击【置入】按钮，选中置入的素材文件，在【属性】面板中将【宽】、【高】分别设置为 500、687.5，将 X、Y 分别设置为 250、343.75，单击【嵌入】按钮，如图 6-263 所示。

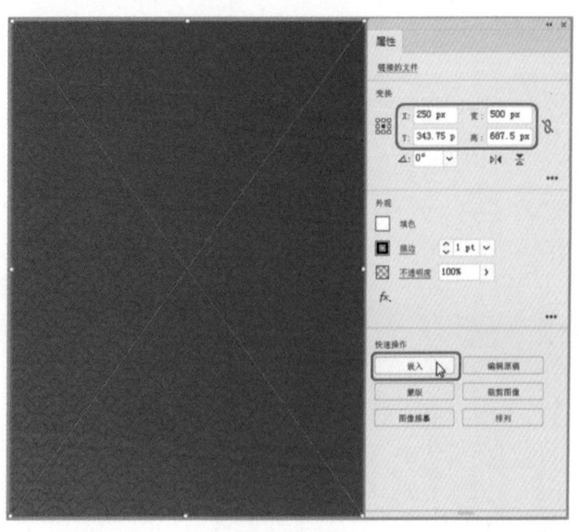

图6-263 添加素材文件并进行设置

04 按 Ctrl+O 组合键，在弹出的对话框中选择“素材 \Cha06\ 元旦海报素材 02.ai”素材文件，如图 6-264 所示。

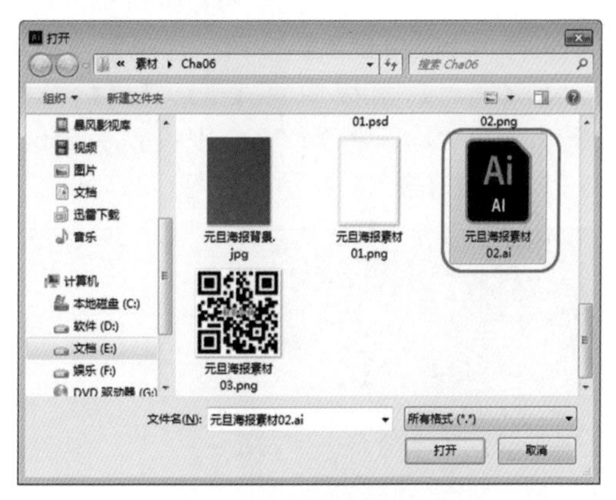

图6-264 选择素材文件

05 选择工具箱中的【选择工具】，在画板中选择所有对象，如图 6-265 所示。

图6-265 选择所有对象

06 按 Ctrl+C 组合键对选中对象进行复制，切换至前面所制作的场景中，按 Ctrl+V 组合键进行粘贴，选中粘贴后的对象，在【属性】面板中将 X、Y 分别设置为 250、138，如

图 6-266 所示。

图6-266　粘贴素材文件并进行调整

07 按 Shift+Ctrl+P 组合键，在弹出的对话框中选择“素材\Cha06\ 元旦海报素材 01.png”素材文件，单击【置入】按钮，选中置入的素材，在【属性】面板中将【宽】、【高】分别设置为 489、680，将 X、Y 分别设置为 250、344.75，单击【嵌入】按钮，如图 6-267 所示。

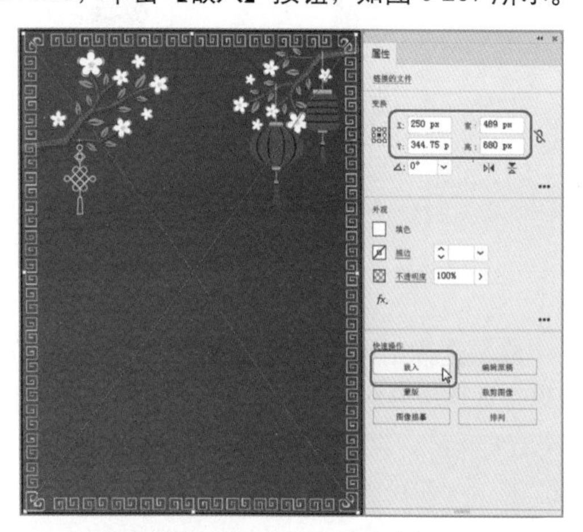

图6-267　添加素材文件并进行设置

08 选择工具箱中的【钢笔工具】，在画板中绘制一个如图 6-268 所示的图形，在【属性】面板中将【填色】设置为 #f30000，将【描边】设置为无。

09 使用【钢笔工具】在画板中绘制多个如图 6-269 所示的图形，在【属性】面板中将【填色】设置为 #f6de76，将【描边】设置为无。

10 选择工具箱中的【选择工具】，在画板中选择如图 6-270 所示的图形，单击鼠标右键，在弹出的快捷菜单中选择【编组】命令。

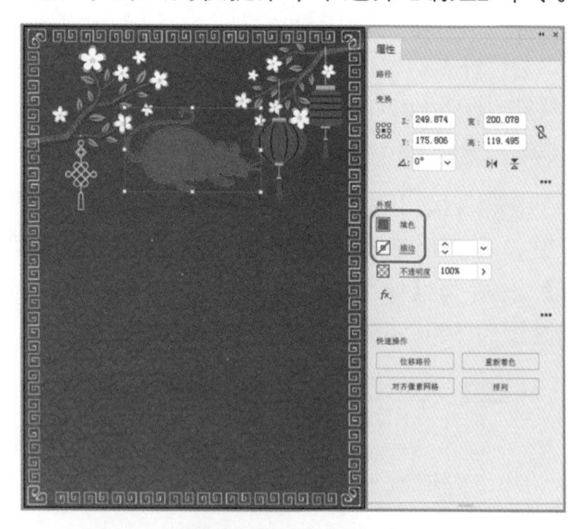

图6-268　绘制图形

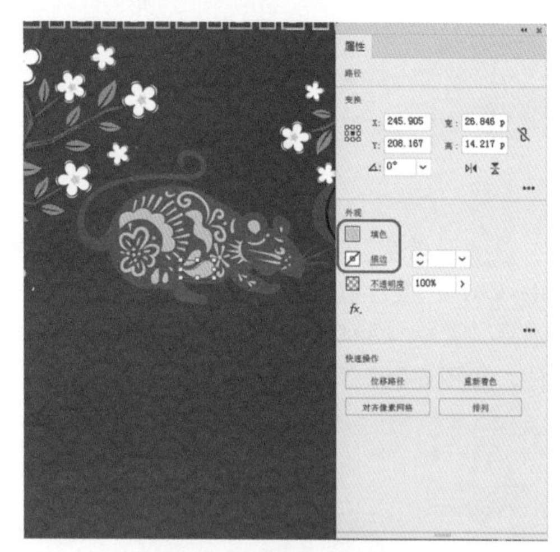

图6-269　绘制多个图形

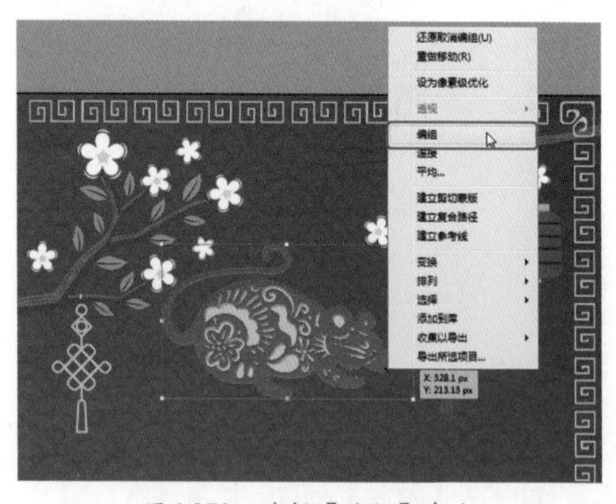

图6-270　选择【编组】命令

11 在画板中选择编组后的对象，在菜单栏中选择【效果】|【路径查找器】|【差集】命令，如图 6-271 所示。

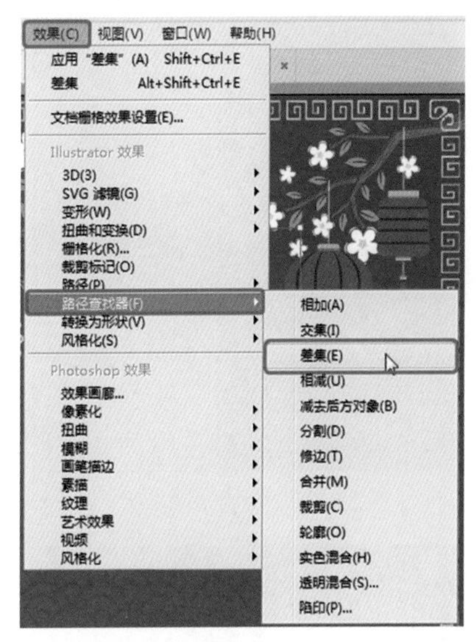

图6-271 选择【差集】命令

12 选择差集后的对象，按Alt键拖动选中的对象，对其进行复制。选择复制后的对象，在【属性】面板中将【填色】设置为# 5e0016，将【不透明度】设置为30%，如图 6-272 所示。

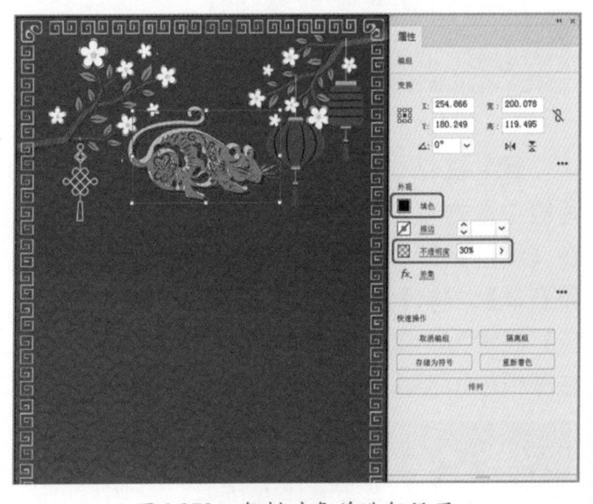

图6-272 复制对象并进行设置

13 继续选中该对象，在菜单栏中选择【效果】|【模糊】|【高斯模糊】命令，如图 6-273 所示。

14 在弹出的【高斯模糊】对话框中将【半径】设置为 5.5，如图 6-274 所示。

15 设置完成后，单击【确定】按钮。继续选中模糊后的对象，单击鼠标右键，在弹出的快捷菜单中选择【排列】|【后移一层】命令，如图 6-275 所示。

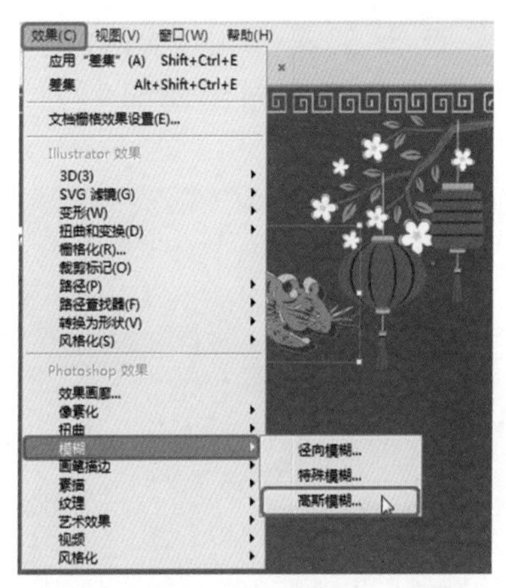

图6-273 选择【高斯模糊】命令

图6-274 设置模糊半径

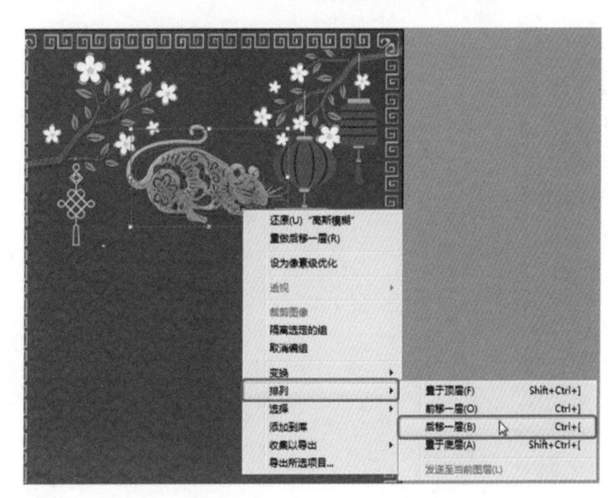

图6-275 选择【后移一层】命令

16 执行该操作后，即可将选中的对象向后移一层，在画板中调整该对象的位置，调整后的效果如图 6-276 所示。

图6-276 调整对象的位置

17 选择工具箱中的【钢笔工具】，在画板中绘制两个如图6-277所示的图形。

图6-277 绘制图形

18 选中绘制的两个图形，按Ctrl+G组合键，将选中的对象进行编组。选中编组后的对象，在菜单栏中选择【效果】|【路径查找器】|【差集】命令，如图6-278所示。

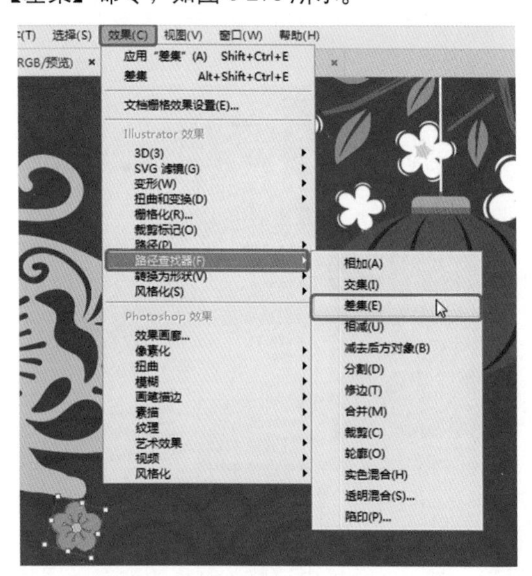

图6-278 选择【差集】命令

19 选择差集后的对象，在【属性】面板中将【填色】设置为#f6de76，将【不透明度】设置为100%，将【描边】设置为无，如图6-279所示。

20 选择工具箱中的【直线段工具】，在画板中绘制两条如图6-280所示的线段，选中绘制的线段，在【属性】面板中将【填色】设置为无，将【描边】设置为#f6de76，将【描边】的粗细设置0.5。

图6-279 设置填充颜色

图6-280 绘制两条直线段

21 选择工具箱中的【文字工具】，在画板中单击鼠标输入文本。选中输入的文本，在【属性】面板中将【字体】设置为【苏新诗卵石体】，将【字体大小】设置为100，将【填色】设置为#f6de76，将【描边】设置为无，并在画板中调整其位置，效果如图6-281所示。

图6-281 输入文本并进行设置

22 使用【选择工具】选中输入的文本，按住Alt键对选中的文字进行复制，将复制后的对象的【填色】设置为#5e0016，将【不透明度】设置为50%，如图6-282所示。

图6-282 复制文字并设置填色

23 继续选中该文字，在菜单栏中选择【效果】|【模糊】|【高斯模糊】命令，如图6-283所示。

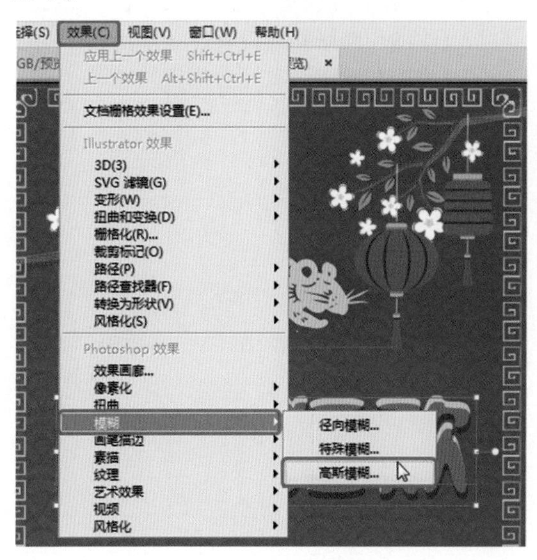

图6-283 选择【高斯模糊】命令

24 在弹出的对话框中将【半径】设置为10，设置完成后，单击【确定】按钮。选中模糊后的对象，单击鼠标右键，在弹出的快捷菜单中选择【排列】|【后移一层】命令，如图6-284所示。

25 选择工具箱中的【文字工具】，在画板中单击鼠标，输入文本。选中输入的文本，在【属性】面板中将【字体】设置为【方正大黑简体】，将【字体大小】设置为36，将【字符间距】设置为75，将【填色】设置为#ffffff，将【描边】设置为无，并在画板中调整文本的位置，如图6-285所示。

图6-284 选择【后移一层】命令

图6-285 输入文本并进行调整

26 使用同样的方法输入其他文本并绘制图形，并进行相应的设置，效果如图6-286所示。

图6-286 输入其他文本后的效果

27 选中前面绘制的花朵图形，对其进行复制，并调整复制对象的位置，效果如图 6-287 所示。

图6-287　复制图形并进行设置

28 根据前面介绍的方法将“元旦海报素材 03.png”素材文件导入画板中，并调整素材文件的大小与位置，调整后的效果如图 6-288 所示。

图6-288　置入素材文件

6.4 思考与练习

1. Illustrator 效果中的【风格化】滤镜组中包括几种滤镜，分别是什么？

2.【收缩和膨胀】效果有什么作用？

3.【模糊】滤镜组有什么作用？

第7章 杂志设计——外观、图形样式和图层

杂志(Magazine)，有固定刊名，是以期、卷、号或年、月为序，定期或不定期连续出版的印刷读物。它根据一定的编辑方针，将众多作者的作品汇集成册定期出版，又称期刊。在本章的学习中，将介绍如何制作杂志封面。

基础知识

- 编辑图形的外观属性
- 新建图形样式

重点知识

- 新建图层
- 调整图层排列顺序

提高知识

- 复制、删除和合并图层
- 管理图层

杂志设计是视觉传达的表现形式之一，通过版面的构成在第一时间内将人们的目光吸引，并获得瞬间的刺激，这要求设计者要将图片、文字、色彩、空间等要素进行完整的结合，以恰当的形式向人们展示出宣传信息。

7.1 制作美食杂志——外观与图形样式

最近几年，全球生活方式刊物兴起，在这些生活方式类刊物中，美食领域尤为突出，每年都有不少新刊出现。新兴的美食杂志往往都是照片堪比时装大片，每一页都让读者春心荡漾，而添加了文化作料后的美食杂志，更是让人流连忘返。本节将介绍如何制作美食杂志，效果如图 7-1 所示。

图7-1 美食杂志

素材	素材\Cha07\美食杂志素材01.jpg、美食杂志素材01.png
场景	场景\Cha07\制作美食杂志——外观与图形样式.ai
视频	视频教学\Cha07\制作美食杂志——外观与图形样式.mp4

01 启动 Illustrator CC 软件，按 Ctrl+N 组合键，在弹出的【新建文档】对话框中将单位设置为【毫米】，将【宽度】、【高度】分别设置位于 211.5、297，将【颜色模式】设置为【RGB 颜色】，如图 7-2 所示。

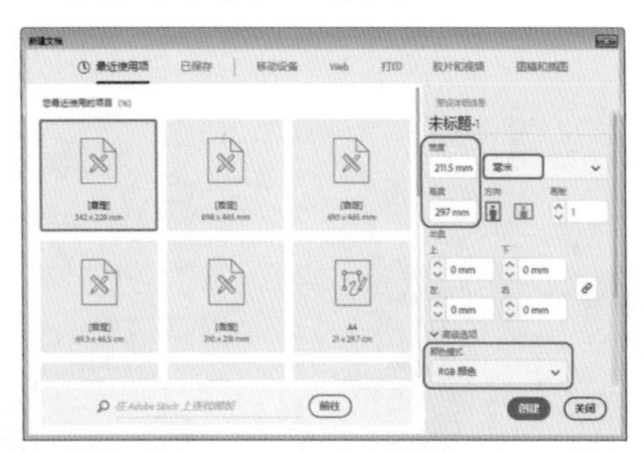

图7-2 设置新建文档参数

02 设置完成后，单击【创建】按钮。按 Shift+Ctrl+P 组合键，在弹出的【置入】对话框中选择“素材\Cha07\美食杂志素材 01.jpg”素材文件，如图 7-3 所示。

图7-3 选择素材文件

03 在画板中单击鼠标左键，指定素材文件的位置。选中导入的素材文件，在【属性】面板中单击【嵌入】按钮，如图 7-4 所示。

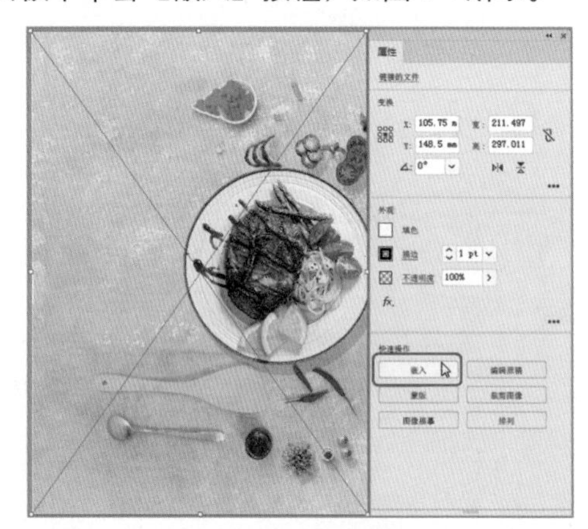

图7-4 置入素材文件

04 选择工具箱中的【矩形工具】，在画板中绘制一个矩形。选中绘制的矩形，在【属性】面板中将【宽】、【高】分别设置为 77、269，将【填色】设置为 #ffffff，将【描边】设置为无，如图 7-5 所示。

05 选择工具箱中的【直排文字工具】，在画板中单击鼠标，输入文本。选中输入的文本，在【属性】面板中将【字体】设置为【微软雅黑】，将字体类型设置为 Bold，将【字体大小】设置为 106，将【字符间距】设置为 0，将【填色】设置为 #eb646c，将【描边】设置为无，如图 7-6 所示。

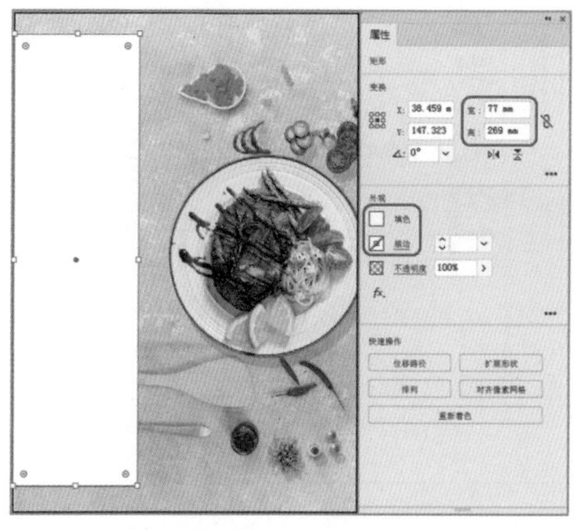

图7-5 绘制矩形并进行设置

图7-6 输入文本并进行设置

06 使用【选择工具】选中输入的文本，在【外观】面板中单击【添加新效果】按钮，在弹出的下拉菜单中选择【风格化】|【投影】命令，如图 7-7 所示。

图7-7 选择【投影】命令

知识链接：【外观】面板

外观属性可以在不改变对象基础结构的前提下影响对象的外观。外观属性包括填色、描边、透明度和效果。

【外观】面板是使用外观属性的入口，因为可以把外观属性应用于层、组和对象，所以图稿中的属性层次可能会变得十分复杂。如果对整个图层应用了一种效果，而对该图层中的某个对象应用了另一种效果，就可能很难分清到底是哪种效果导致图稿发生更改。【外观】面板可显示已应用于对象、组或图层的填充、描边、图形样式和效果。

在菜单栏中选择【窗口】|【外观】命令或按 Shift+F6 组合键，打开【外观】面板，如图 7-8 所示，通过该面板来查看和调整对象、组或图层的外观属性，各种效果会按其在图稿中的应用顺序从上到下排列。

图7-8 【外观】面板

【外观】面板可以显示层、组或对象（包括文字）的描边、填充、透明度、效果等。在【外观】面板中，上方所示为对象的名称，下方列出对象属性的序列，如描边、填充、圆角矩形等效果。若单击项目左侧的⌄和›按钮，可以展开或折叠项目。

- 【对象缩览图】：【外观】面板顶部的缩览图为当前选择对象的缩览图，其右侧的名称为选择对象的类别，如路径、文字、群组、位图图像等。
- 【描边】：显示对象的描边属性。
- 【填色】：显示对象的填充属性。
- 【不透明度】：显示对象整体的不透明度和混合模式。设置【不透明度】，如图 7-9 所示。显示在【外观】面板中的效果，如图 7-10 所示。

图7-9 设置【不透明度】　图7-10 设置透明度后效果

【外观】面板中各个按钮的应用。

- 【添加新描边】：可以新添加一个描边颜色。
- 【添加新填色】：可以新添加一个填色颜色。
- 【添加效果图】：若要设置效果，如投影，将打开相应的对话框，如图 7-11 所示，设置选项后，单击【确定】按钮。图 7-12 所示为设置投影后的【外观】面板。

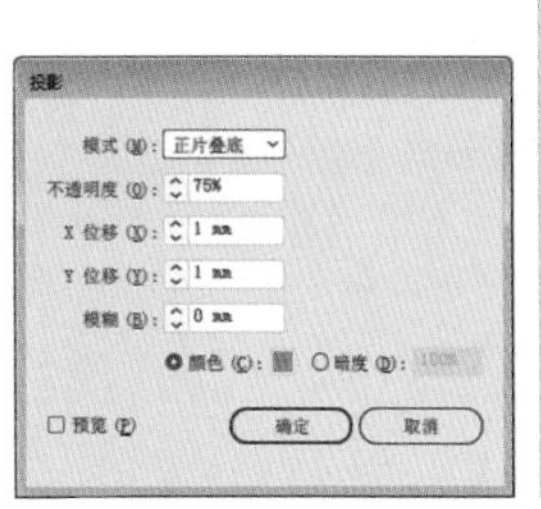

图7-11 【投影】对话框

图7-12 【外观】面板

- 【清除外观】按钮：单击该按钮，可清除当前对象的效果，使对象无填充、无描边。
- 【复制所选项目】按钮：用来复制外观属性。
- 【删除所选项目】按钮：用来删除外观属性。

07 在弹出的【投影】对话框中将【模式】设置为【正片叠底】，将【不透明度】、【X 位移】、【Y 位移】、【模糊】分别设置为 75%、1、1、0，将【颜色】设置为 #ff80b4，如图 7-13 所示。

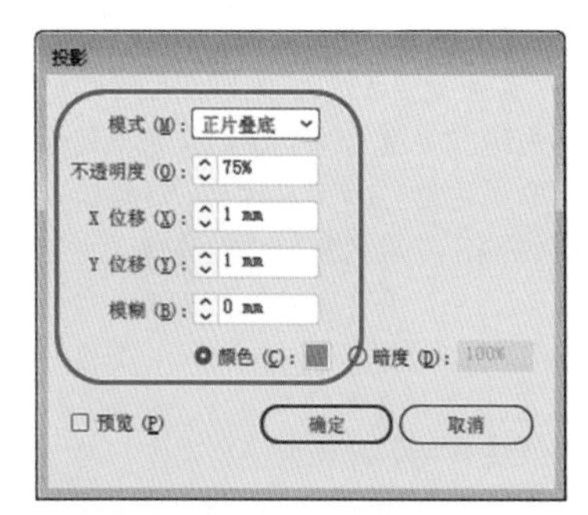

图7-13 设置投影参数

08 设置完成后，单击【确定】按钮，选择工具箱中的【直排文字工具】，在画板中绘制一个文本框，输入文本。选中输入的文本，在【属性】面板中将【字体】设置为【微软雅黑】，将字体类型设置为 Regular，将【字体大小】设置为 9.3，将【字符间距】设置为 0，将【填色】设置为 #9f9f9f，将【描边】设置为无，如图 7-14 所示。

09 使用同样的方法在画板中创建其他直排文本，并对其进行设置，效果如图 7-15 所示。

图7-14 输入文本并设置参数

图7-15 输入其他文本后的效果

10 按 Shift+Ctrl+P 组合键，在弹出的【置入】对话框中选择“素材\Cha07\美食杂志素材01.png”素材文件，单击【置入】按钮，在画板中单击鼠标指定素材位置选中置入的素材文件，在画板中调整其大小与位置，在【属性】面板中单击【嵌入】按钮，如图 7-16 所示。

图7-16 置入素材文件

11 选择工具箱中的【文字工具】，在画板中单击鼠标，输入文本。选中输入的文本，在【属性】面板中将【字体】设置为【微软雅黑】，将字体类型设置为 Bold，将【字体大小】设置为 21，将【字符间距】设置为 40，将【填色】设置为 #ffffff，将【描边】设置为无，如图 7-17 所示。

图7-17　输入文字

12 在【图形样式】面板中单击【图形样式库菜单】按钮，在弹出的下拉菜单中选择【附属品】命令，如图 7-18 所示。

图7-18　选择【附属品】命令

疑难解答　如何打开【图形样式】面板?

可以在菜单栏中选择【窗口】|【图形样式】命令或按 Shift+F5组合键打开【图形样式】面板。

13 在打开的【附属品】面板中单击【投影】图形样式效果，为选中的文本添加投影，如图 7-19 所示。

14 继续选中该文本，在【外观】面板中双击【投影】效果，在弹出的【投影】对话框中将【模糊】设置为 0，如图 7-20 所示。

图7-19　添加【投影】效果

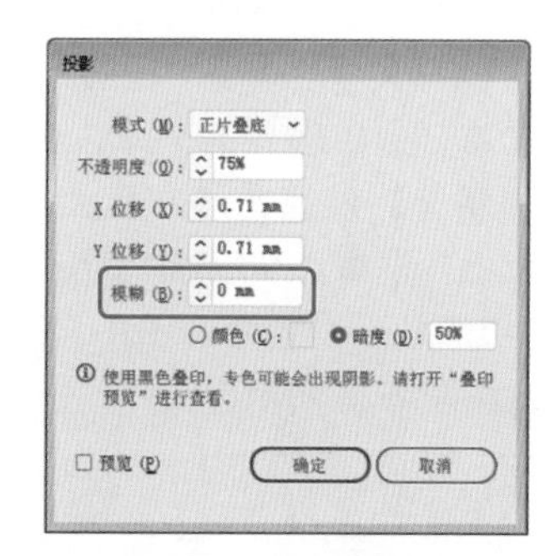

图7-20　设置模糊参数

15 设置完成后，单击【确定】按钮。选择工具箱中的【文字工具】，在画板中单击鼠标，输入文本。选中输入的文本，在【属性】面板中将【字体】设置为【微软雅黑】，将字体类型设置为 Regular，将【字体大小】设置为 21，将【字符间距】设置为 40，将【填色】设置为 #ffffff，将【描边】设置为无，如图 7-21 所示。

图7-21　输入文本并进行设置

16 在【附属品】面板中单击【投影】图形样式效果，在【外观】面板中双击【投影】

效果，在弹出的【投影】对话框中将【模糊】设置为 0.5，如图 7-22 所示。

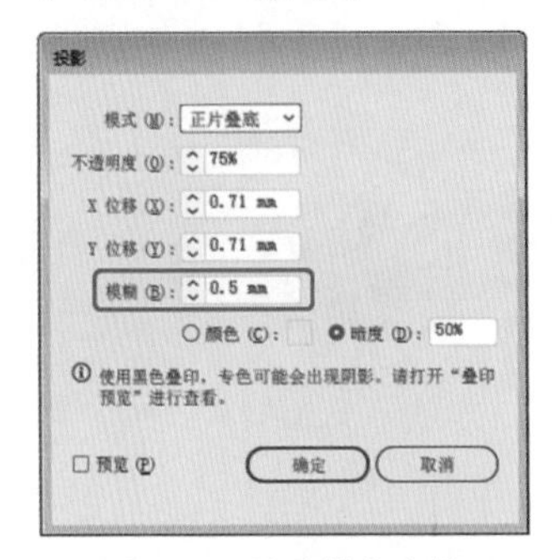

图7-22　设置模糊参数

17 设置完成后，单击【确定】按钮。选择工具箱中的【文字工具】，在画板中单击鼠标，输入文本。选中输入的文本，在【属性】面板中将【字体】设置为【方正大黑简体】，将【字体大小】设置为 90，将【字符间距】设置为 0，将【填色】设置为 #ffffff，将【描边】设置为无，如图 7-23 所示。

图7-23　输入文本并进行设置

18 使用前面介绍的方法为该文本添加投影效果，效果如图 7-24 所示。

图7-24　添加投影后的效果

7.1.1　编辑图形的外观属性

新建对象后，若要将新对象只应用单一的【填充】和【描边】效果，可以单击【外观】面板右上方的≡按钮，在打开的快捷菜单中选择【新建图稿具有基本外观】命令，如图 7-25 所示。

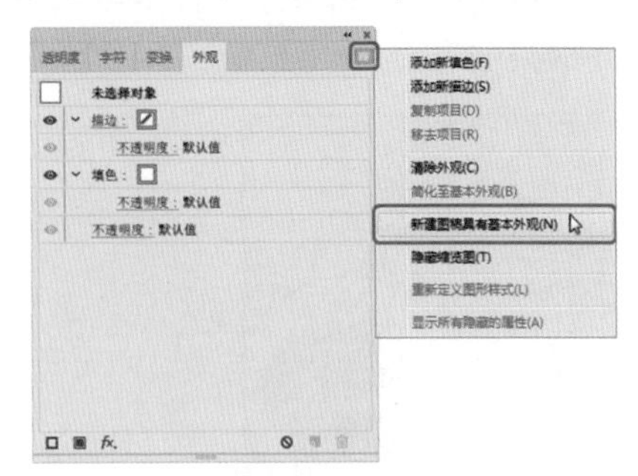

图7-25　选择【新建图稿具有基本外观】命令

如果要通过拖动来复制或移动外观属性，可以在【外观】面板中，选择要复制其外观的对象或组，也可以在【图层】面板中定位到相应的图层，使用下列操作。

01 将【外观】面板顶部的缩览图拖曳到要复制外观属性的对象上。若没有显示缩览图，可单击【外观】面板右上方的≡按钮，在打开的下拉菜单中选择【显示缩览图】命令，如图 7-26 所示。

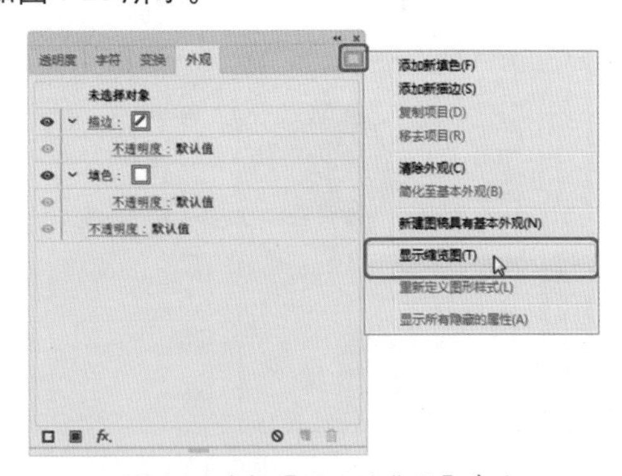

图7-26　选择【显示缩览图】命令

02 在【图层】面板中选择要复制外观属性的对象的定位图标○或●，按住 Alt 键，拖动到要复制的项目按钮○或●上，即可复制外观属性。

03 若要移动外观属性，在【图层】面板中选择要复制外观属性的对象的定位图标○或●拖动到要复制的项目按钮○或●上，如图 7-27 所示。

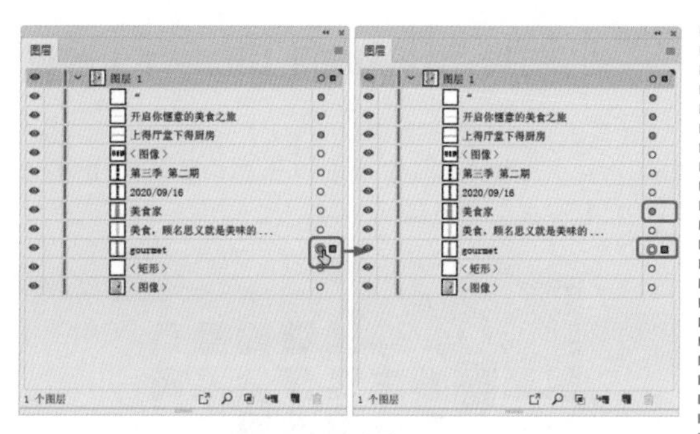

图7-27 移动外观属性

7.1.2 从其他文档中导入图形样式

将其他文档的图形样式导入当前文档中的操作步骤如下。

01 在菜单栏中选择【窗口】|【图形样式库】|【其他库】命令，或单击【图形样式】面板中的【图形样式库菜单】按钮，在弹出的下拉菜单中选择【其他库】菜单命令，在弹出的【选择要打开的库】对话框中选择要从中导入图形样式的文件，如图7-28所示。

图7-28 【选择要打开的库】对话框

02 单击【打开】按钮，该文件的图形样式将导入当前文档中，并出现在一个单独的面板中，如图7-29所示。

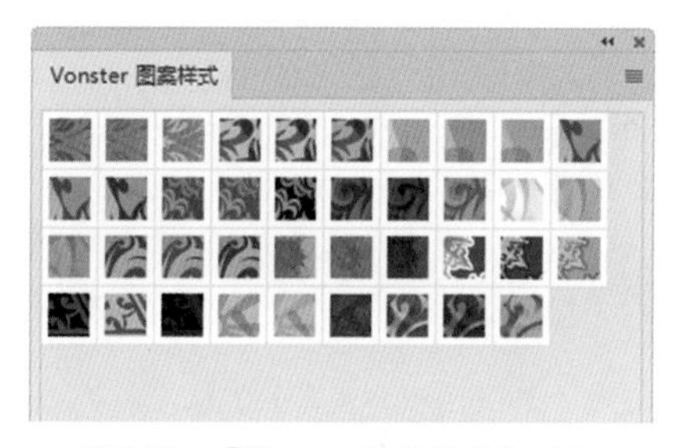

图7-29 【Vonster图案样式】面板

7.1.3 新建图形样式

使用图形样式可以快速更改对象的外观，包括填色、描边、透明度与效果。可以将图形样式应用于对象、组和图层，将图形样式应用于组和图层时，组和图层内的所有对象都具有图形样式的属性，但若将对象移出该图层，将恢复其原有的对象外观。

在图形样式面板中，提供了一些默认的图形样式，用户也可以自己创建图形样式。

创建图形样式，可以选择一个对象并对其应用任意外观属性组合，包括填色、描边、不透明度或效果。可以在【外观】面板中调整和排列外观属性，并创建多种填充和描边。例如，在一种图形样式中包含多种填充，每种填充均带有不同的不透明度和混合模式，可以进行下列操作：

选择绘制的图形，单击【图形样式】面板中的【新建图形样式】按钮，如图7-30所示，将该样式存储到【图形样式】面板中，如图7-31所示。

图7-30 需要存储的外观样式

图7-31 将外观样式存储到【图形样式】面板中

单击【图形样式】面板右上方的按钮，在打开的下拉菜单中选择【新建图形样式】命令，如图7-32所示；或按住Alt键单击【图形样式】面板中的【新建图形样式按钮】，打开【图形样式选项】对话框，如图 7-33 所示，单击【确定】按钮，即可将该样式添加到【图形样式】面板中。

图7-32　选择【新建图层样式】命令

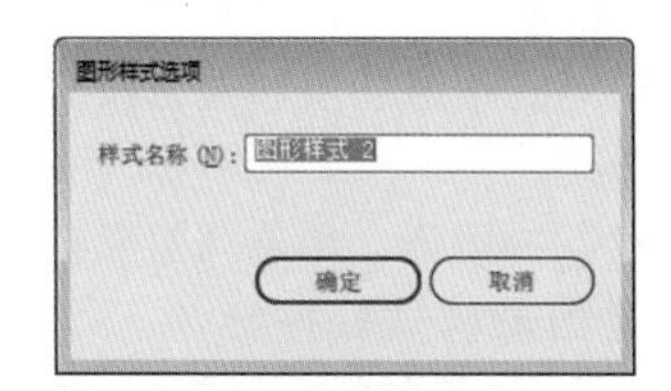

图7-33　【图形样式选项】对话框

将【外观】面板中的对象缩览图拖动到【图形样式】面板中，如图 7-34 所示，即可将该样式存储到【图形样式】面板中，如图 7-35 所示。

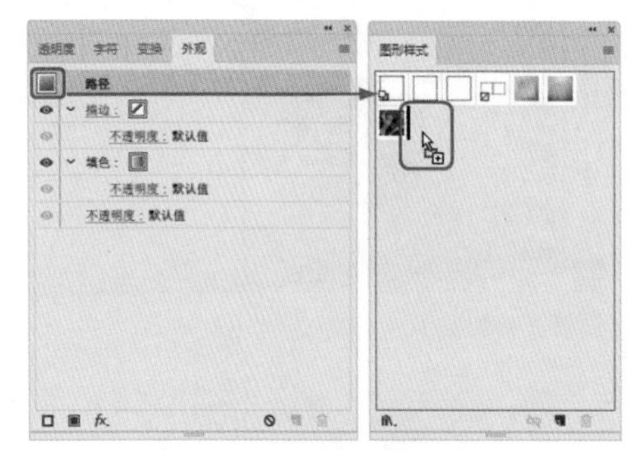

图7-34　拖动外观样式

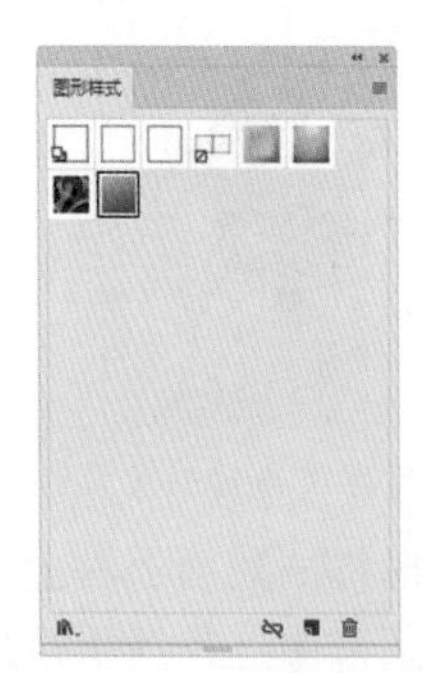

图7-35　将外观样式存储到【图形样式】面板中

知识链接：认识与应用【图形样式】面板

【图形样式】面板用来创建、命名和应用外观属性。在菜单栏中选择【窗口】|【图形样式】命令，打开【图形样式】面板，如图 7-36 所示。

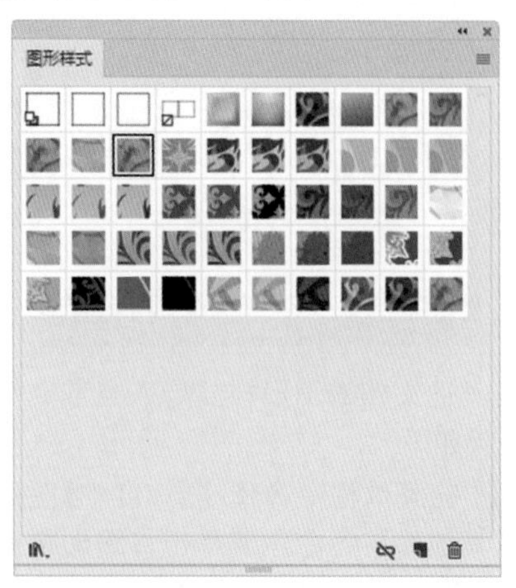

图7-36　【图形样式】面板

- 【默认图形样式】：单击该样式，可以将当前选择的对象设置为默认的基本样式，即黑色描边和白色填充。
- 【投影】：单击该样式并设置填色，可以将当前选择的对象以该样式显示，并为其添加阴影。
- 【圆角 10pt】：单击该样式后，可以将当前选择的对象的边角圆滑 10 像素。
- 【实时对称 X】：单击该样式并设置填色，可以将当前选择对象以 Y 轴为轴进行复制；使用该样式后，单击两个对象中的一个，只有原始对象显示选中状态；修改原始对象，复制出的对象也会做出相应的变化。
- 【图形样式库菜单】：单击该按钮，可在打开的下拉列表中选择一个图形样式库。
- 【断开图形样式链接】：用来断开当前对象使用的样式与面板中样式的链接。断开链接后，可单独修改应用于对象的样式，而不会影响面板中的样式。
- 【新建图形样式】：可以将当前对象的样式保存到【图形样式】面板中。
- 【删除图形样式】：选择面板中的图形样式后，单击该按钮，可将选中的图形样式删除。

【图形样式】库是一组预设的图形样式集合。Illustrator 提供了一定数量的样式库。读者可以使用预设的样式库，也可以将多个图形样式创建为自定义的样式库。

在【窗口】|【图形样式库】下拉菜单中，选择一个菜单命令，即可打开选择的库，如图 7-37 所示。当

打开一个图形样式库时，这个库将打开在一个新的面板中，如图 7-38 所示。

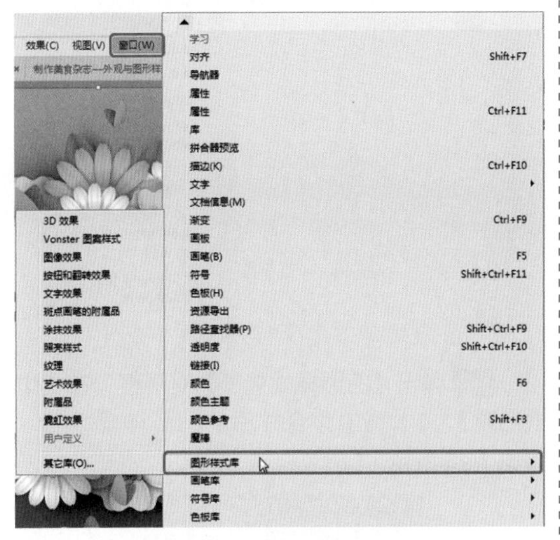

图7-37 打开图形样式库

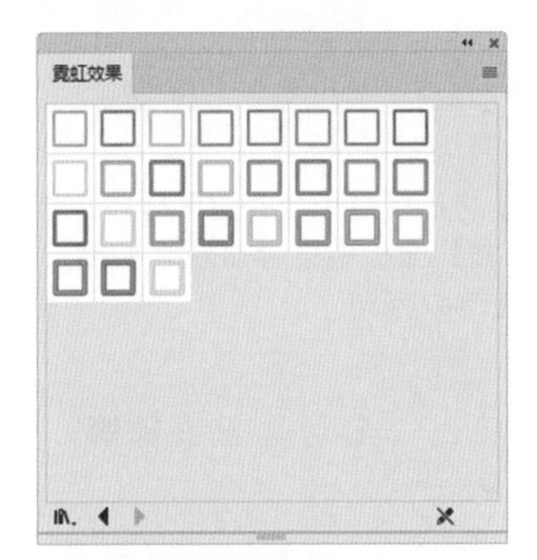

图7-38 【霓虹效果】面板

7.1.4 复制和删除样式

下面介绍如何复制和删除图形样式。

1. 复制图形样式

在【图形样式】面板中选择需要复制的图形样式，并将其拖曳到【新建图形样式】按钮处，如图 7-39 所示。复制出的图形样式如图 7-40 所示。

在【图形样式】面板中选择需要复制的图形样式，在面板的右上角单击按钮，在弹出的下拉菜单中选择【复制图形样式】命令，如图 7-41 所示。复制出的图形样式如图 7-42 所示。

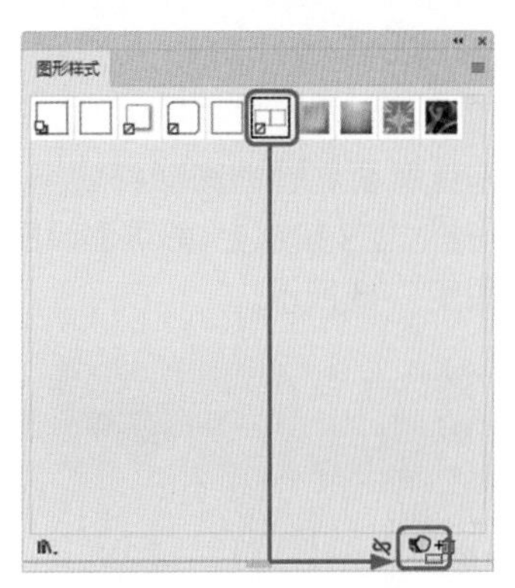

图7-39 拖动图形样式

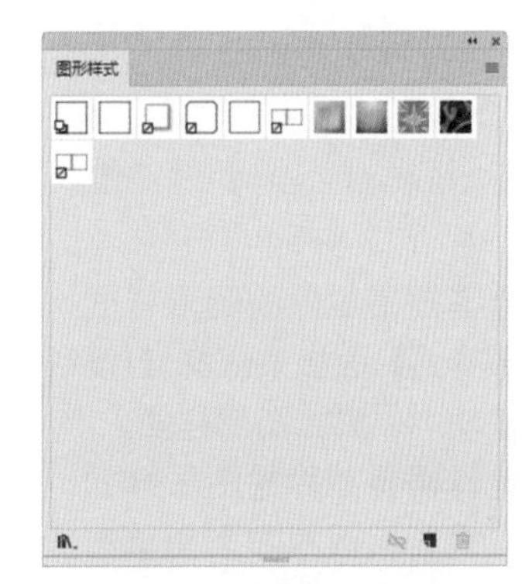

图7-40 复制图形样式

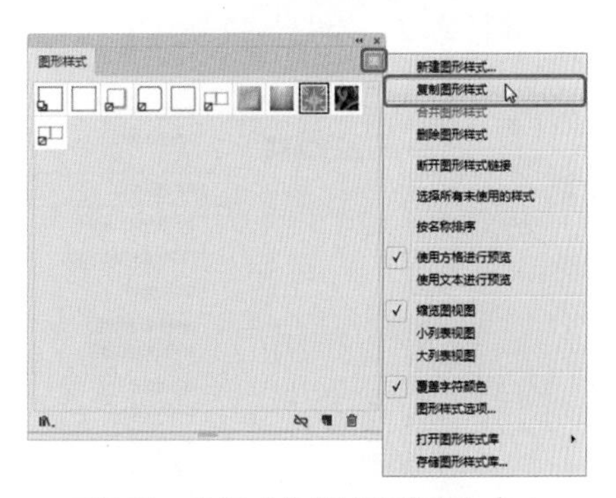

图7-41 选择【复制图形样式】命令

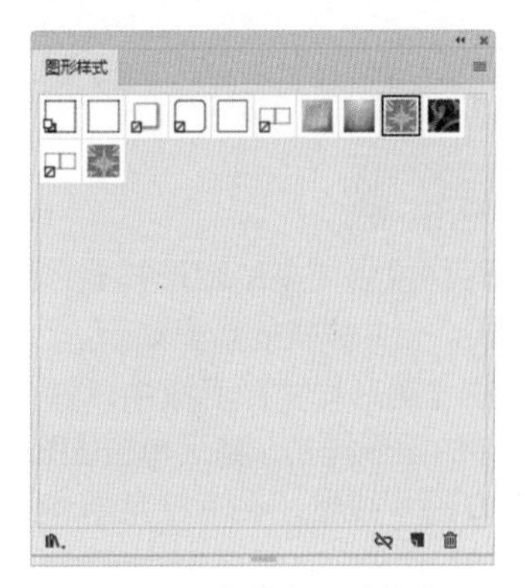

图7-42 复制出图形样式

2. 删除图形样式

删除图形样式有以下三种方法。

- 拖曳需要删除的图形样式至【删除图形样式】按钮上，即可删除图形样式，如图7-43所示。

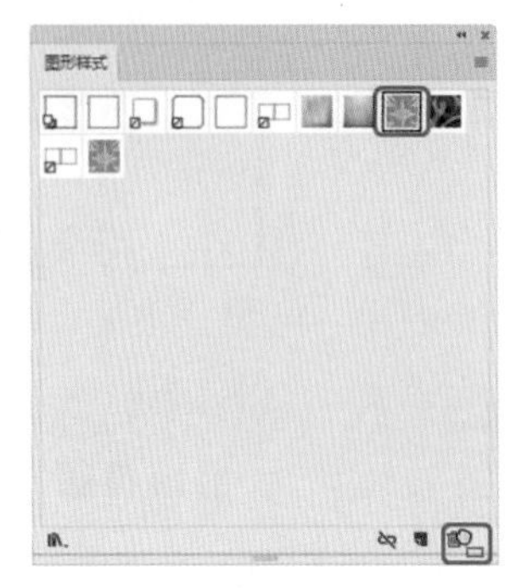

图7-43　拖曳图形样式删除

- 选择需要删除的图形样式，单击【图形样式】面板底部的【删除图形样式】按钮，删除图形样式。
- 选择需要删除的图形样式，在【图形样式】面板的右上角单击按钮，在弹出的下拉菜单中选择【删除图形样式】命令，如图7-44所示。

图7-44　选择【删除图形样式】命令

7.1.5　合并样式

合并两种或者更多的图形样式，创建出新的图形样式，合并样式的步骤如下。

01 在【图形样式】面板中，按住Ctrl键选择要合并的图形样式，然后单击【图形样式】面板右上方的按钮，在下拉菜单中选择【合并图形样式】命令，如图7-45所示。

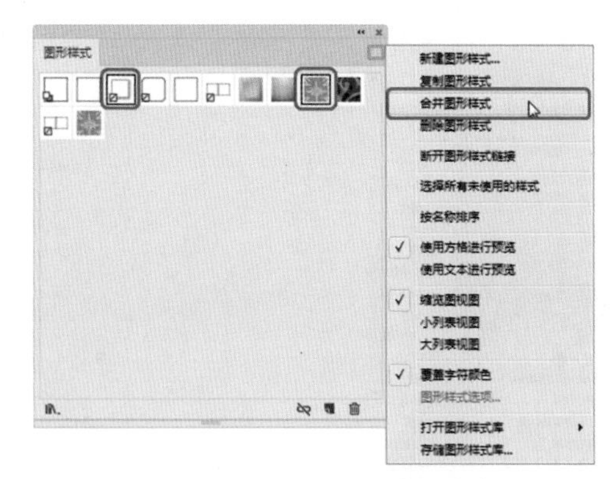

图7-45　选择【合并图形样式】命令

02 弹出【图形样式选项】对话框，在【样式名称】文本框中为合并后的图形样式命名，如图7-46所示。

图7-46　【图形样式选项】对话框

03 将形状应用合并图形样式命令后，在【图形样式】面板中就会出现合并后的图形样式，如图7-47所示。

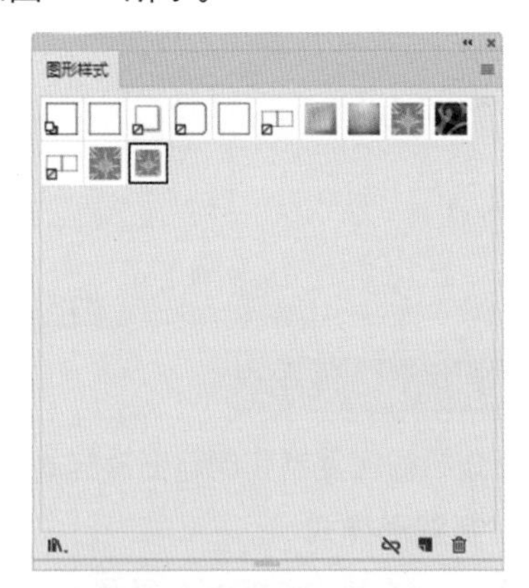

图7-47【图形样式】面板

7.2 制作戏曲杂志——图层的创建与管理

中国戏曲主要包含民间歌舞、说唱和滑稽戏三种不同艺术形式。它起源于原始歌舞，是一种历史悠久的综合舞台艺术样式。本节将介绍如何制作戏曲杂志，效果如图7-48所示。

图7-48 戏曲杂志

素材	素材\Cha07\戏曲杂志素材01.jpg、戏曲杂志素材02.png、戏曲杂志素材03.png、戏曲杂志素材04.png
场景	场景\Cha07\制作戏曲杂志——图层的创建与管理.ai
视频	视频教学\Cha07\制作戏曲杂志——图层的创建与管理.mp4

01 启动 Illustrator CC 软件，按 Ctrl+N 组合键，在弹出的【新建文档】对话框中将单位设置为【厘米】，将【宽度】、【高度】分别设置为 60、90，将【颜色模式】设置为【RGB 颜色】，如图 7-49 所示。

图7-49 设置新建文档参数

02 按 Shift+Ctrl+P 组合键，在弹出的【置入】对话框中选择“素材\Cha07\戏曲杂志素材01.jpg”素材文件，如图 7-50 所示。

03 在画板中单击鼠标指定素材文件的位置，选中置入的素材文件，在【属性】面板中将【宽】、【高】分别设置为 105.6、90，将 X、Y 分别设置为 7.2、45，单击【嵌入】按钮，如图 7-51 所示。

图7-50 选择素材文件

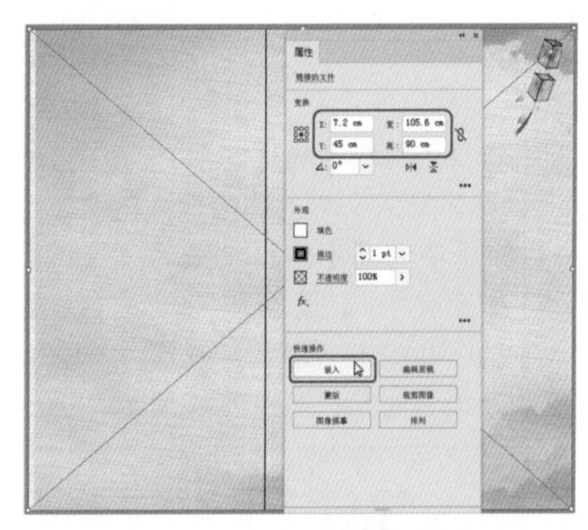

图7-51 置入素材文件

04 选择工具箱中的【矩形工具】，在画板中绘制一个矩形。选中绘制的矩形，在【属性】面板中将【宽】、【高】分别设置为 60、90，将 X、Y 分别设置为 30、45，如图 7-52 所示。

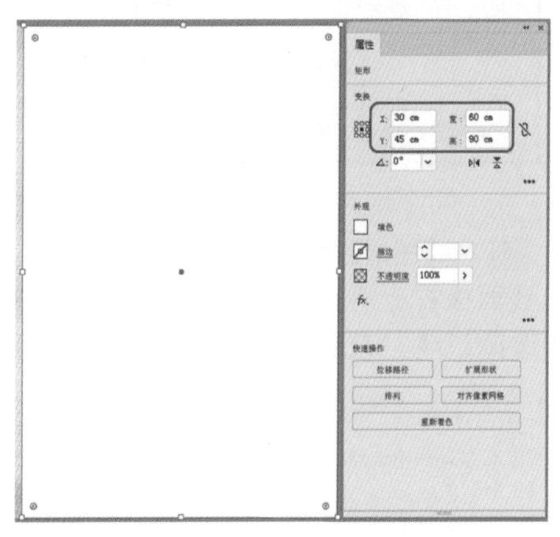

图7-52 绘制矩形并设置参数

05 选择工具箱中的【选择工具】，在画板中选择绘制的矩形与置入的素材文件，单击鼠标右键，在弹出的快捷菜单中选择【建立剪切蒙版】命令，如图 7-53 所示。

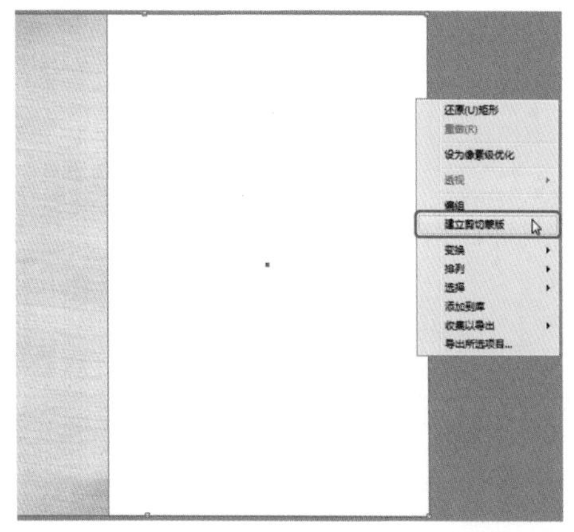

图7-53　选择【建立剪切蒙版】命令

06 选择工具箱中的【文字工具】，在画板中单击鼠标，输入文本。选中输入的文本，在【属性】面板中将【字体】设置为【汉仪行楷简】，将【字体大小】设置为 500，将【字符间距】设置为 -300，将【填色】设置为 # 50012，将【描边】设置为无，如图 7-54 所示。

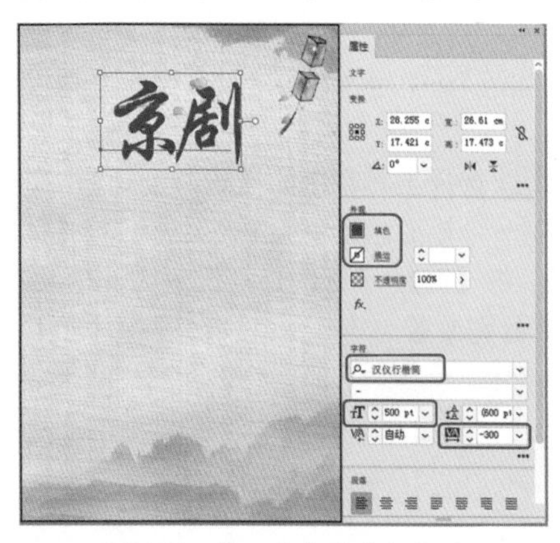

图7-54　输入文本并进行设置

07 在【图层】面板中选择【京剧】图层，单击该面板右上角的≡按钮，在弹出的下拉菜单中选择【复制“京剧”】命令，如图 7-55 所示。

疑难解答　如何打开【图层】面板?

可以在菜单栏中选择【窗口】|【图层】命令；或按F7键，打开【图层】面板。

08 在【图层】面板中将复制的图层命名为“京剧 - 描边与投影”，然后单击该图层右侧的○按钮，将该图层中的对象选中，如图 7-56 所示。

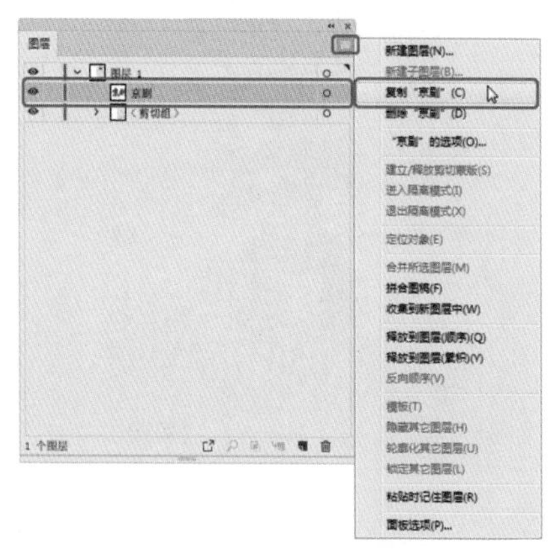

图7-55　选择【复制“京剧”】命令

图7-56　设置图层名称并选中图层中的对象

09 在【属性】面板中将【填色】设置为 #ffffff，将【描边】设置为 #ffffff，将【描边】的粗细设置为 20，如图 7-57 所示。

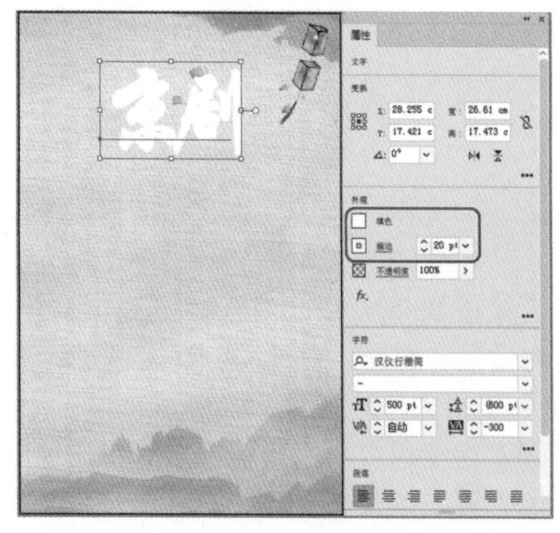

图7-57　设置填色与描边

10 在【图层】面板中选择【京剧 - 描边与投影】图层，按住鼠标左键将其调整至【京剧】图层的下方，如图 7-58 所示。

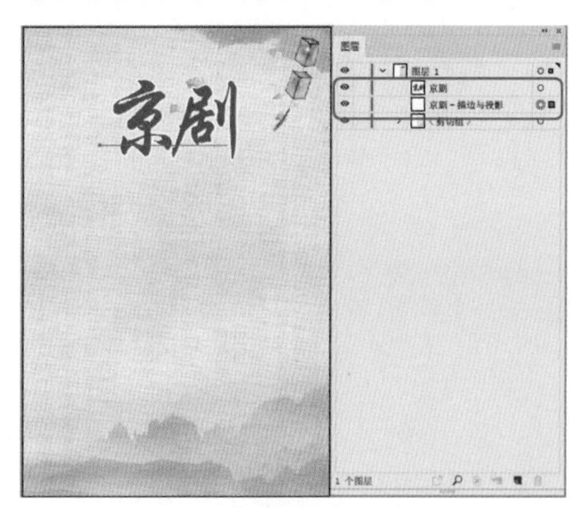

图7-58 调整图层排列顺序

知识链接：【图层】面板

在【图层】面板中可以创建新的图层，然后将图形的各个部分放置在不同的图层上，每个图层上的对象都可以单独编辑和修改，所有的图层相互堆叠。如图 7-59 所示为图稿效果，如图 7-60 所示为【图层】面板。

图7-59 原图稿

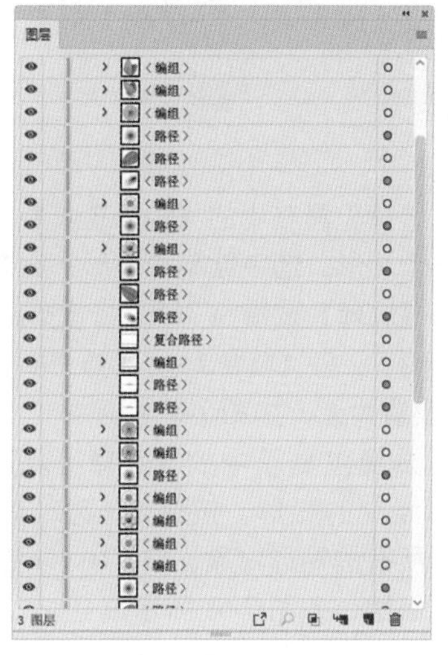

图7-60 【图层】面板

在【图层】面板中可以选择、隐藏、锁定对象，以及修改图稿的外观，通过【图层】面板可以有效地管理复杂的图形对象，简化制作流程，提高工作效率。在菜单栏中选择【窗口】|【图层】命令，可以打开【图层】面板，面板中列出了当前文档中所有的图层，如图 7-61 所示。

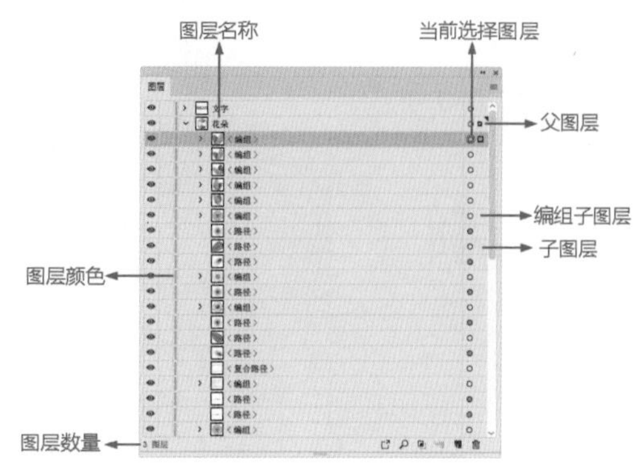

图7-61 【图层】面板

- 【图层颜色】：默认情况下，Illustrator 会为每一个图层指定一个颜色，最多可指定 9 种颜色。此颜色会显示在图层名称的旁边，当选择一个对象后，它的定界框、路径、锚点及中心点也会显示这种颜色。如图 7-62 所示为选择的图形效果和【图层】面板。

图7-62 选择的图形效果与【图层】面板

- 【图层名称】：显示图层的名称，当图层中包含子图层或者其他项目时，图层名称的左侧会出现一个 › 三角形，单击三角形可展开列表，显示出图层中包含的项目，再次单击三角形可隐藏项目。如果没有出现三角形，则表示图层中不包含任何项目。
- 【建立 / 释放剪切蒙版】：单击该按钮，可以创建剪切蒙版。
- 【创建新子图层】：单击该按钮，可以新建一个子图层。
- 【创建新图层】：单击该按钮，可以新建一个图层。

- 【删除所选图层】: 用来删除当前选择的图层，如果当前图层中包含子图层，则子图层也会被同时删除。

11 继续选择【京剧 - 描边与投影】图层，在【外观】面板中单击【添加新效果】按钮 fx.，在弹出的下拉菜单中选择【风格化】|【投影】命令，如图 7-63 所示。

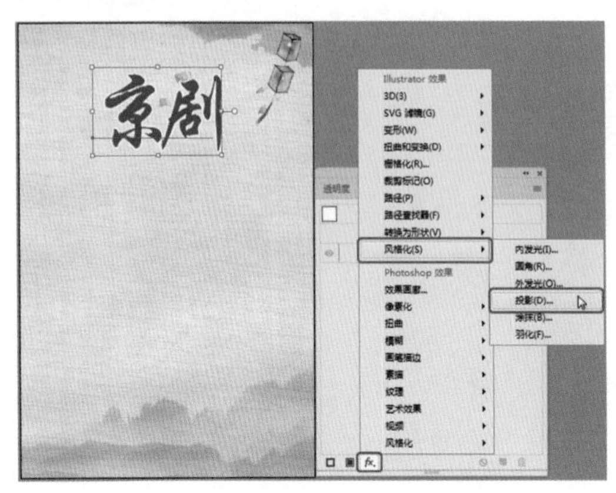

图7-63　选择【投影】命令

12 在弹出的【投影】对话框中将【模式】设置为【正片叠底】，将【不透明度】、【X 位移】、【Y 位移】、【模糊】分别设置为 75%、0.6、0.6、0，选中【颜色】单选按钮，将颜色设置为 #858586，如图 7-64 所示。

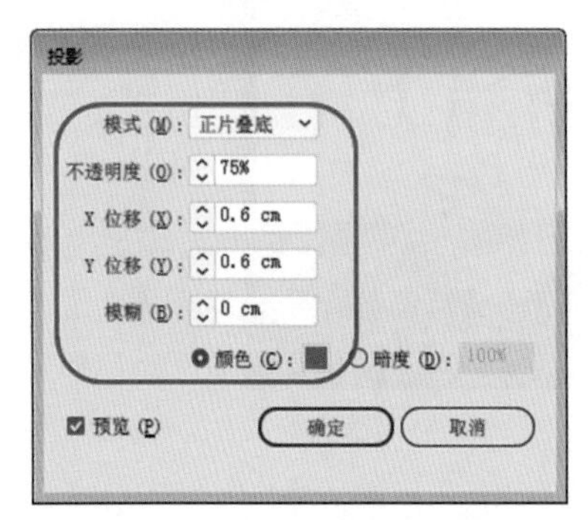

图7-64　设置【投影】参数

13 设置完成后，单击【确定】按钮，选择工具箱中的【直排文字工具】，在画板中单击鼠标，输入文本。选中输入的文本，在【属性】面板中将【字体】设置为【汉仪行楷简】，将【字体大小】设置为 150，将【字符间距】设置为 -300，将【填色】设置为 #231815，将【描边】设置为无，如图 7-65 所示。

图7-65　输入文本并进行设置

14 使用【直排文字工具】在画板中单击鼠标，输入文本。选中输入的文本，在【属性】面板中将【字体】设置为【方正黑体简体】，将【字体大小】设置为 74.8，将【字符间距】设置为 380，将【填色】设置为 #b28146，将【描边】设置为无，如图 7-66 所示。

图7-66　输入文本并进行设置

15 选择工具箱中的【矩形工具】，在画板中绘制一个矩形。选中绘制的矩形，在【属性】面板中将【旋转】设置为 315，将【宽】、【高】都设置为 4.5，将【填色】设置为 #961e23，将【描边】设置为无，如图 7-67 所示。

16 选择工具箱中的【选择工具】，在画板中选择绘制的矩形，按住 Alt 键对其进行复制。选择所有的矩形对象，按 Ctrl+G 组合键，将其进行编组，如图 7-68 所示。

17 在【图层】面板中选择编组的对象，按住鼠标左键将其拖曳至【中国戏曲艺术】图层的下方，调整后的效果如图 7-69 所示。

图7-67 绘制矩形并进行设置

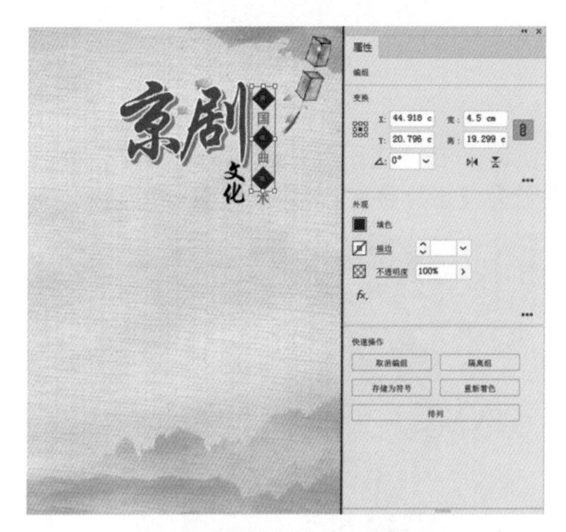

图7-68 复制矩形并进行编组

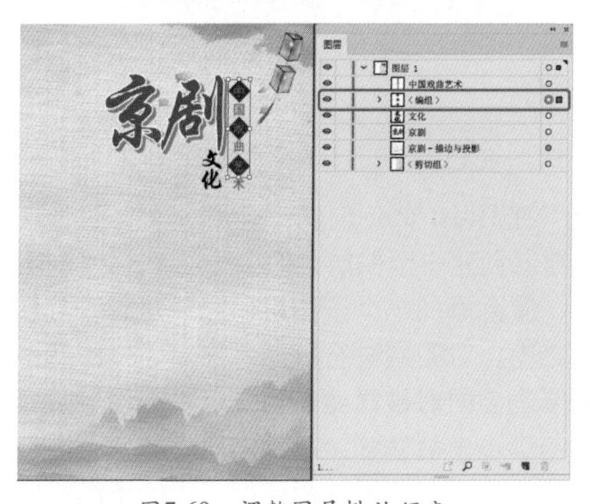

图7-69 调整图层排放顺序

18 选择工具箱中的【矩形工具】，在画板中绘制一个矩形。选中绘制的矩形，在【属性】面板中将【宽】、【高】分别设置为 18.2、2，将【填色】设置为 #b28146，将【描边】设置为无，如图 7-70 所示。

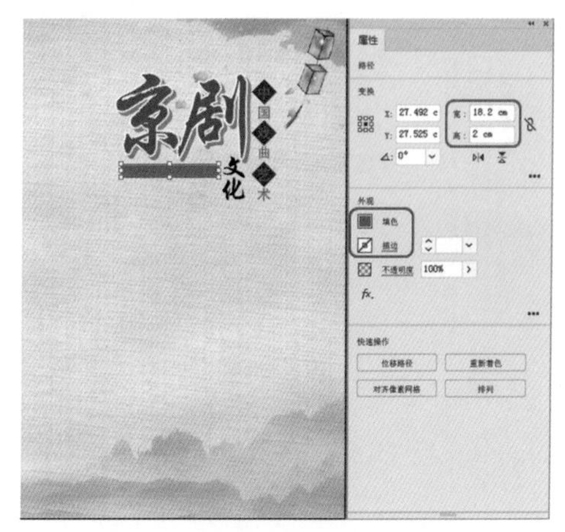

图7-70 绘制矩形并进行设置

19 选择工具箱中的【文字工具】，在画板中单击鼠标，输入文本。选中输入的文本，在【属性】面板中将【字体】设置为【方正黑体简体】，将【字体大小】设置为 34，将【字符间距】设置为 380，将【填色】设置为 #ffffff，将【描边】设置为无，如图 7-71 所示。

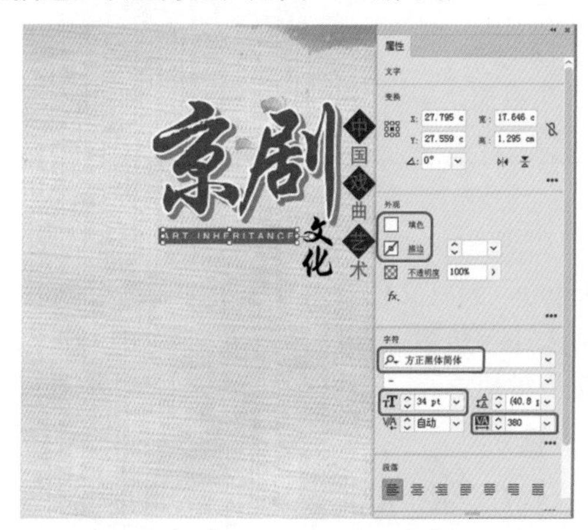

图7-71 输入文本并进行设置

20 根据前面介绍的方法创建其他对象，创建后的效果如图 7-72 所示。

21 按 Shift+Ctrl+P 组合键，在弹出的【置入】对话框中选择“素材 \Cha07\ 戏曲杂志素材 02.png”素材文件，单击【置入】按钮，在画板中单击鼠标左键，指定素材文件的位置。在画板中调整该素材文件的大小与位置，在【属性】面板中单击【嵌入】按钮，如图 7-73 所示。

图7-72 创建其他对象后的效果

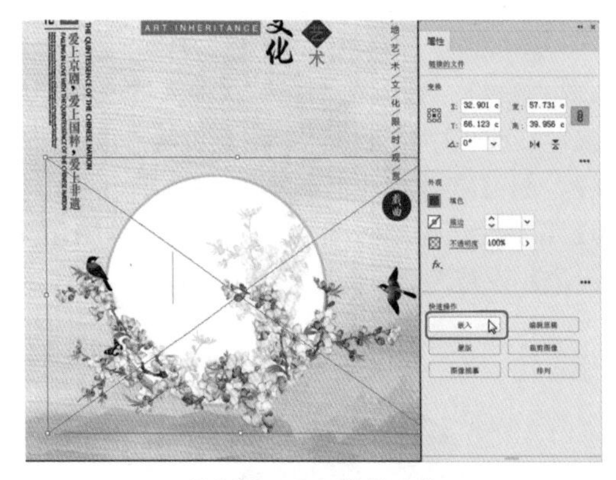

图7-73 置入素材文件

22 使用同样的方法将“戏曲杂志素材03.png”素材文件置入画板中，在画板中调整其大小与位置，并将其嵌入文档中，效果如图 7-74 所示。

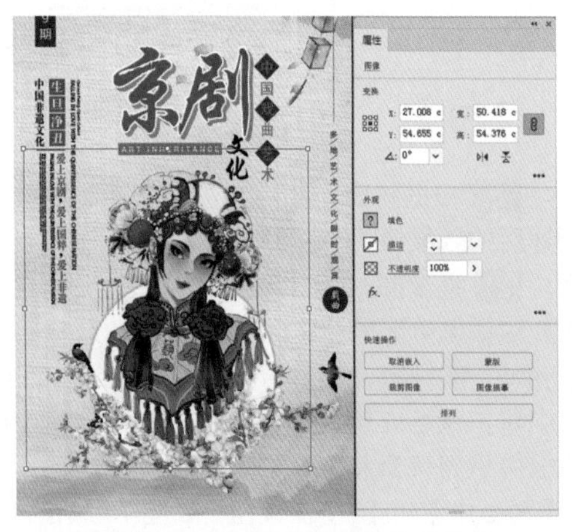

图7-74 嵌入其他素材文件后的效果

23 使用同样的方法将“戏曲杂志素材04.png”素材文件置入画板中，在画板中调整其大小与位置，并将其嵌入文档中，效果如图 7-75 所示。

图7-75 置入素材文件

24 在【透明度】面板中将【混合模式】设置为【正片叠底】，效果如图 7-76 所示。

图7-76 设置混合模式

7.2.1 新建图层

在 Illustrator 创建一个新的文件后，系统会自动创建一个图层，即“图层 1”。绘制图形后，便会添加一个子图层，即子图层包含在图层之内。对图层进行隐藏、锁定等操作时，子图层也会同时被隐藏和锁定，将图层删除时，子图层也会被删除。单击图层前面的 › 图标可以展开图层，查看该图层所包含的子图层以及子图层的内容。

01 按 Ctrl+O 组合键，在弹出的【打开】对话框中选择“素材\Cha07\素材 01.ai”素材文件，单击【打开】按钮，如图 7-77 所示。

图7-77 打开的素材文件

02 在菜单栏中选择【窗口】|【图层】命令，打开【图层】面板，如图 7-78 所示。

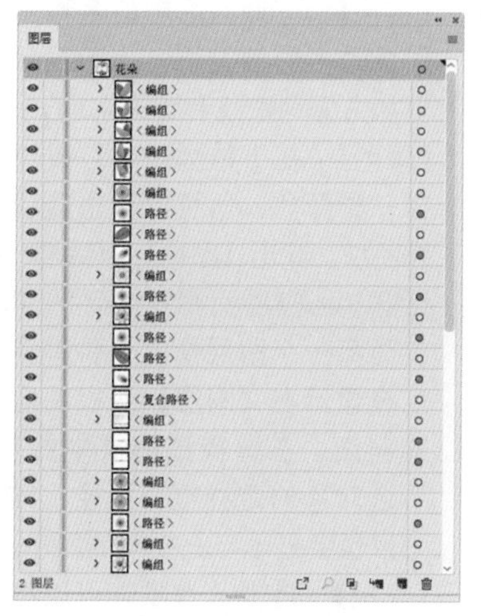

图7-78 【图层】面板

03 如果要在当前选择的图层之上添加新图层，单击【图层】面板上的【创建新图层】按钮，并将其命名为“文字”，如图 7-79 所示。

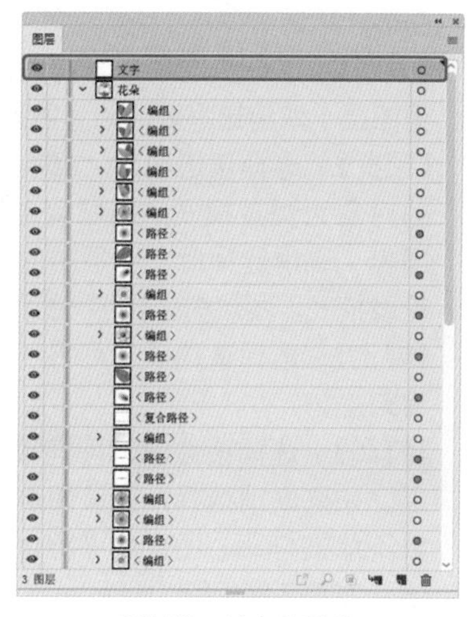

图7-79 创建新图层

04 如果要在当前选择的图层内创建新的子图层。可以单击【图层】面板上的【创建新子图层】按钮，完成后的【图层】面板如图 7-80 所示。

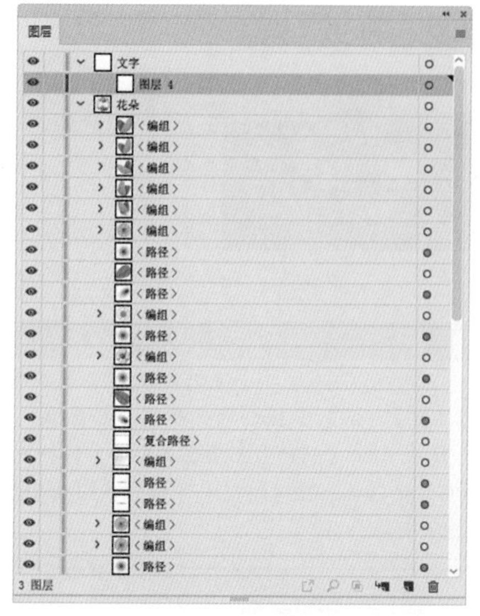

图7-80 创建新子图层

05 选择工具箱中的【文字工具】，在画板中单击鼠标，输入文本。选中输入的文本，在【属性】面板中将【字体】设置为【微软雅黑】，将字体类型设置为 Bold，将【字体大小】设置为 45.32，将【字符间距】设置为 0，将【填色】设置为 #eb646c，将【描边】设置为无，如图 7-81 所示。

图7-81 输入文字并进行设置

06 在【图层】面板中双击【图层 4】图层，将其重新命名为“新品上市”，如图 7-82 所示。

图7-82　重命名图层

提　示

如果按住 Ctrl 键单击【创建新图层】按钮，则可以在【图层】面板的顶部新建一个图层。如果按住 Alt 键单击【创建新图层】按钮，将弹出【图层选项】对话框，在对话框中可以修改图层的名称、设置图层的颜色等。

7.2.2　设置图层选项

在输出打印时，可以通过设置【图层选项】对话框，只打印需要的图层。

01 继续上面的操作，在【图层】面板中选择【文字】图层，在菜单中选择【窗口】|【图层】命令，打开【图层】面板，单击该面板右上角的按钮，在下拉菜单中选择【“文字”的选项】命令，如图 7-83 所示。

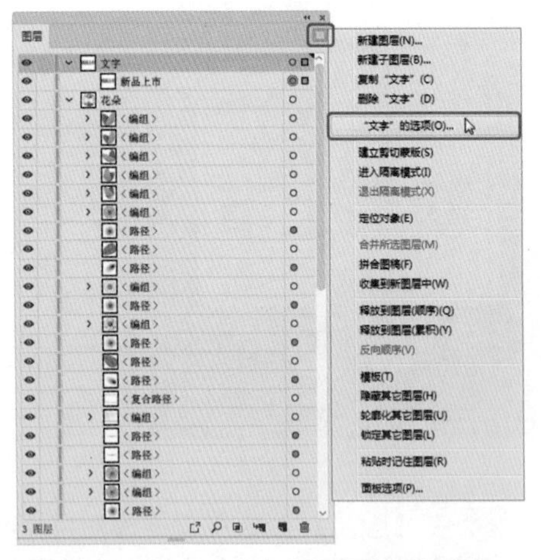

图7-83　选择【“文字”的选项】命令

02 执行该操作后，即可弹出【图层选项】对话框，如图 7-84 所示。

图7-84　【图层选项】对话框

在【图层选项】对话框中，可以修改图层的名称、颜色和其他选项，各选项介绍如下。

- 【名称】：可输入图层的名称。在图层数量较多的情况下，为图层命名可以更加方便地查找和管理它们。
- 【颜色】：在下拉列表中可以为图层选择一种颜色，也可以双击选项右侧的颜色块，弹出【颜色】对话框，在该对话框中设置颜色。默认情况下，Illustrator 会为每一个图层指定一种颜色，该颜色将显示在【图层】面板图层缩览图的前面，在选择该图层中的对象时。所选对象的定界框、路径、锚点及中心点也会显示与此相同的颜色。
- 【模板】：选择该选项，可以将当前图层创建为模板图层。模板图层前会显示图标，图层的名称为倾斜的字体，并自动处于锁定状态，如图 7-85 所示，模板能被打印和导出。取消该选项的选择时，可以将模板图层转换为普通图层。
- 【显示】：选择该选项，当前图层为可见图层；取消选择时，则隐藏图层。
- 【预览】：选择该选项时，当前图层中的对象为预览模式，图层前会显示图标；取消选择时，图层中的对象为轮廓模式，图层前会显示图标。
- 【锁定】：选择该选项，可将当前图层锁定。
- 【打印】：选择该选项，可打印当前图层。如果取消选择，则该图层中的对象不能被打印，图层的名称也会变斜体，如图 7-86 所示。

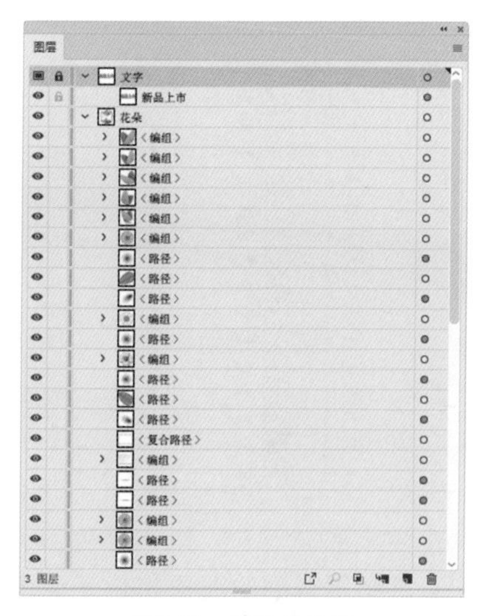

图7-85 模版效果图

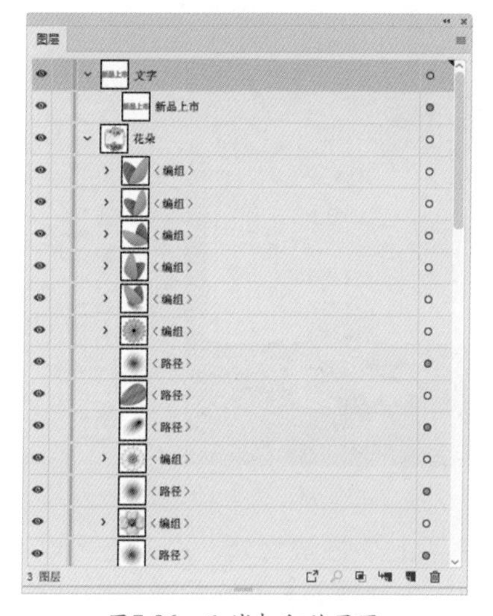

图7-86 取消打印效果图

- 【变暗图像至】：选择该选项，然后再输入一个百分比值，可以淡化当前图层中图像和链接图像的显示效果。该选项只对位图有效，矢量图形不会发生任何化。这一功能在描摹位图图像时十分有用。

7.2.3 调整图层的排列顺序

【图层】面板中图层的排列顺序与画板中创建图像的排列顺序是一致的。在【图层】面板中位于顶层的对象，在画板中则排列在最上方；【图层】面板中最底层的对象，在画板中则排列在最底层，同一图层中的对象也是按照该结构进行排列的。

01 继续上面的操作，使用【选择工具】在画板中选择文字对象，按住Alt键对其进行复制，选择复制后的对象，在【属性】面板中将【填色】设置为#ffa6af，如图7-87所示。

图7-87 复制文字对象

02 在【图层】面板中选择复制的图层，将其命名为“新品上市 - 浅色”，重命名后，按住鼠标将其拖曳至【新品上市】图层的下方，释放鼠标后，即可调整图层的排列顺序，画板中的效果如图7-88所示。

图7-88 调整图层的排列顺序

03 如果要反转图层的排列顺序，选择需要调整排列顺序的两个图层，单击【图层】面板右上角的≡按钮，在弹出的菜单中选择【反向顺序】命令，如图7-89所示，

04 执行该操作后，即可执行反向顺序，完成后的【图层】面板效果如图7-90所示。

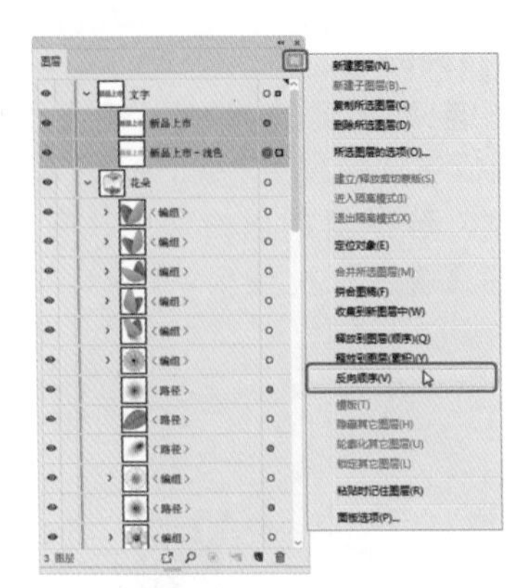

图7-89　选择【反向顺序】命令

图7-90　反转图层顺序的效果

7.2.4　复制、删除和合并图层

1. 复制图层

01 继续上面的操作，在【图层】面板中选择如图 7-91 所示的图层。

图7-91　选择图层

02 在【图层】面板中，将需要复制的图层拖至【创建新图层】按钮上，如图 7-92 所示。

图7-92　拖动需要复制的图层

03 复制后得到的图层将位于原图层之上，在画板中调整该对象的大小与位置，如图 7-93 所示。

图7-93　复制后的效果

除了上述方法之外，用户还可以在【图层】面板中选择要复制的图层，单击【图层】面板右上角的按钮，在弹出的下拉菜单中选择【复制“< 编组 >”】命令，如图 7-94 所示。

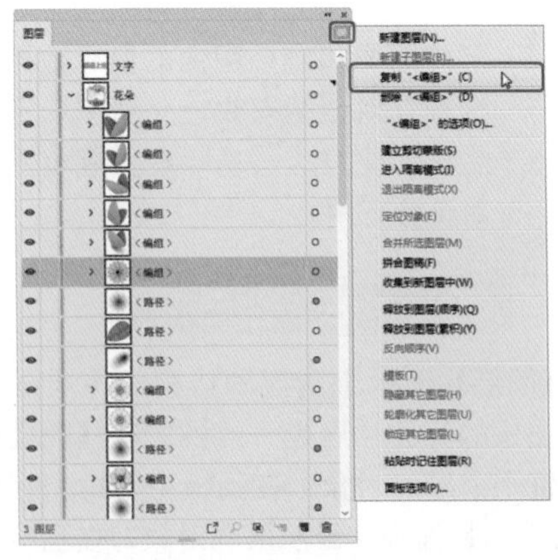

图7-94　选择【复制“<编组>”】命令

> **提 示**
>
> 在拖动调整图层的排列顺序时，按住键盘上的Alt键，光标会显示为形态，如图7-95所示。当光标到达需要的位置后，放开鼠标，可以复制图层并将复制得到的图层调到指定的位置，如图7-96所示。
>
> 
>
> 图7-95 拖动图层
>
> 
>
> 图7-96 复制图层效果

2. 删除图层

在删除图层时，会同时删除图层中所有的对象。例如，如果删除一个包含子图层、组、路径和剪切组的图层，那么，所有这些对象会随图层一起被删除；删除子图层时，不会影响图层和图层中的其他子图层。

如果要删除某个图层或组，应首先在【图层】面板中选择要删除的图层或组，然后单击【删除所选图层】按钮，也可以将图层拖至【删除所选图层】按钮上，如图7-97所示，释放鼠标后，即可将选中的图层删除。

除此之外，用户还可以在【图层】面板中选择要删除的图层，单击【图层】面板右上角的按钮，在弹出的下拉菜单中选择【删除“<编组>”】命令，如图7-98所示。

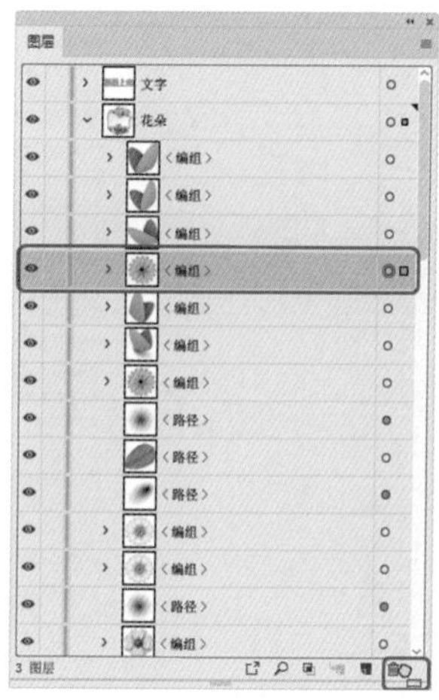

图7-97 删除图层后的效果

图7-98 选择【删除“<编组>”】命令

3. 合并图层

合并图层的功能与拼合图层的功能类似，二者都可以将对象、群组和子图层合并到同一图层或群组中。而使用拼合功能，则只能将图层中的所有可见对象合并到同一图层中。无论使用哪种功能，图层的排列顺序都保持不变，但其他的图层级属性将不会保留，例如，剪切蒙版。

在合并图层时，图层只能与【图层】面板中相同层级上的其他图层合并，同样子图层也只能与相同层级的其他子图层合并。

01 继续上面的操作，在【图层】面板中选择要合并的图层，单击【图层】面板右上角

的≡按钮，在弹出的下拉菜单中选择【合并所选图层】命令，如图 7-99 所示，

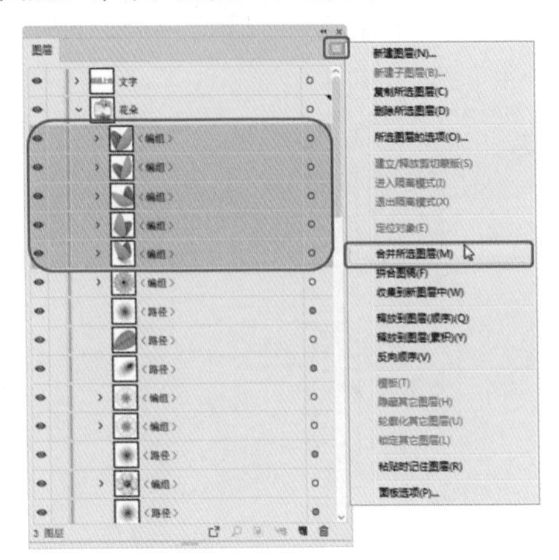

图7-99　选择【合并所选图层】命令

02 执行该操作后，即可将选中的图层进行合并，合并后的效果如图 7-100 所示。

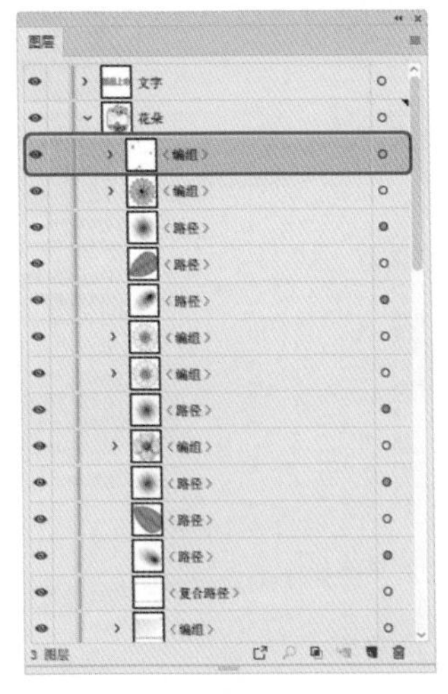

图7-100　合并图层后的效果

03 拼合图层是将所有的图层全部拼合成一个图层。首先选择图层，然后单击【图层】面板右上角的≡按钮，在弹出的下拉菜单中选择【拼合图稿】命令，如图 7-101 所示。

04 执行该操作后，即可完成拼合图稿，【图层】面板效果如图 7-102 所示。

提　示

在【图层】面板中单击一个图层即可选择该图层，在选择图层时，按住 Ctrl 键单击可以添加或取消不连续的图层，按住 Shift 健单击两个不连续的图层，可以选择这两个图层及之间的所有图层。

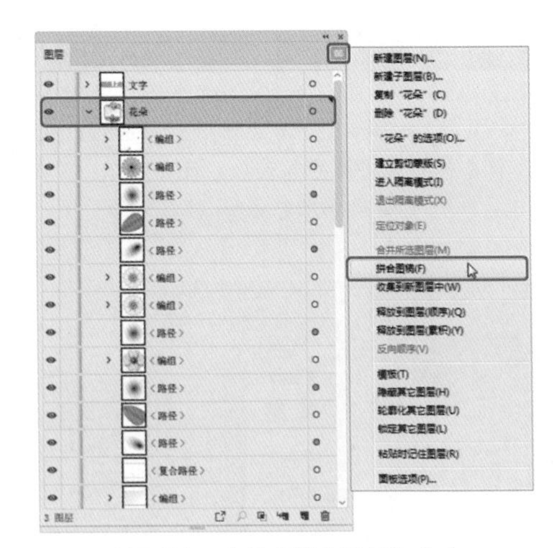

图7-101　选择【拼合图稿】命令

图7-102　拼合图稿后的效果

7.2.5　管理图层

图层用来管理组成图稿的所有对象，图层就像是结构清晰的文件夹，在这个文件夹中，包含所有的图稿内容，可以在图层间移动对象，也可以在图层中创建子图层，如果重新调整了图层的顺序，就会改变对象的排列顺序，调整图层排列顺序后就会影响对象的最终显示效果。

1. 选择图层及图层中的对象

通过图层可以快速、准确地选择比较难选择的对象，减少了选择对象的难度。

01 如果要选择单一的对象，可在【图层】面板中单击○图标，当该图标变为◎时，表示该图层被选中，如图 7-103 所示。

02 按住 Shift 键并单击其他子图层，可以添加选择或取消选择对象，如果要取消选择图

层或群组中的所有对象，在画板的空白处单击鼠标，则所有的对象都不被选中，如图7-104所示。

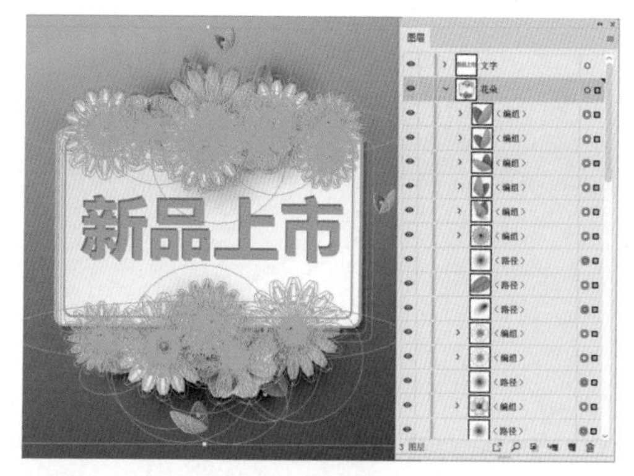

图7-103 选中整个图层

图7-104 未选中对象

如果要在当前所选择对象的基础上，再选择其所在图层中的所有对象，可以在菜单栏中选择【选择】|【对象】|【同一图层上的所有对象】命令，如图7-105所示。执行该操作后，即可选择该图层上的所有对象，如图7-106所示。

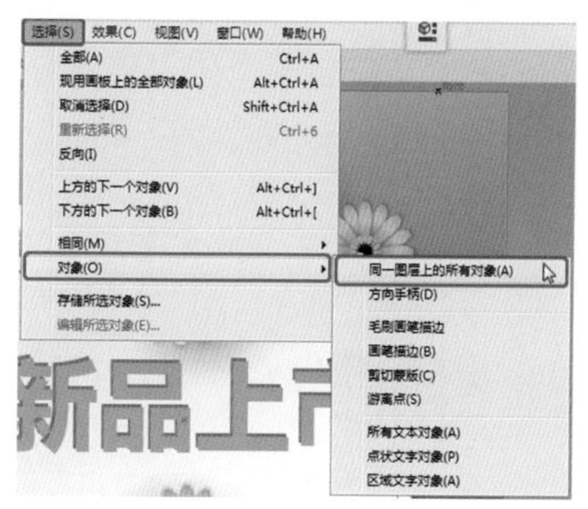

图7-105 选择【同一图层上的所有对象】命令

图7-106 选择所有对象

2. 显示、隐藏与锁定图层

在【图层】面板中通过对图层进行显示、隐藏与锁定，可以更加快速地绘制复杂图形以及选取某个对象。

1) 显示图层

当对象呈显示状态时，【图层】面板中该对象所在的图层缩览图前面会显示一个眼睛图标，如图7-107所示。

图7-107 【图层】面板

2) 藏图层

单击眼睛图标，可以隐藏图层；如果隐藏了图层或者群组，则图层或群组中所有的对象都会被隐藏，并且这些对象的缩览图前面的眼睛图标会显示为灰色，如图7-108所示。

在处理复杂的图像时，将暂时不用的对象隐藏，可以减少一些图像的干扰，同时还可以加快屏幕的刷新速度；如果要显示图层，在原图标的位置再次单击即可。

图7-108　隐藏图层后的效果

提　示

隐藏所选对象：选择对象后，选择【对象】|【隐藏】|【所选对象】菜单命令，可以隐藏当前选择的对象。隐藏上方所有图稿：选择一个对象后，选择【对象】|【上方所有图稿】菜单命令，可以隐藏图层中位于该对象上方的所有对象。隐藏其他图层：选择【对象】|【隐藏】|【其他对象】菜单命令，可以隐藏所有未选择的图层。显示全部：隐藏对象后，选择【对象】|【显示全部】菜单命令，可以显示所有被隐藏的对象。

3）锁定图层

在【图层】面板中，单击一个图层的●图标右侧的方块，可以锁定图层。锁定图层后，该方块中会显示一个🔒状图标。锁定父图层时，可同时锁定其中的路径、群组和子图层，如图 7-109 所示为未锁定的【图层】面板效果，如图 7-110 所示为锁定后的【图层】面板效果。如果要解除锁定，单击🔒状图标即可。

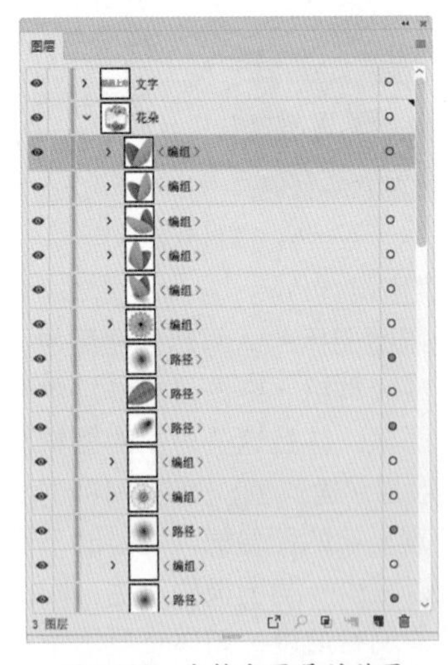
图7-109　未锁定图层的效果

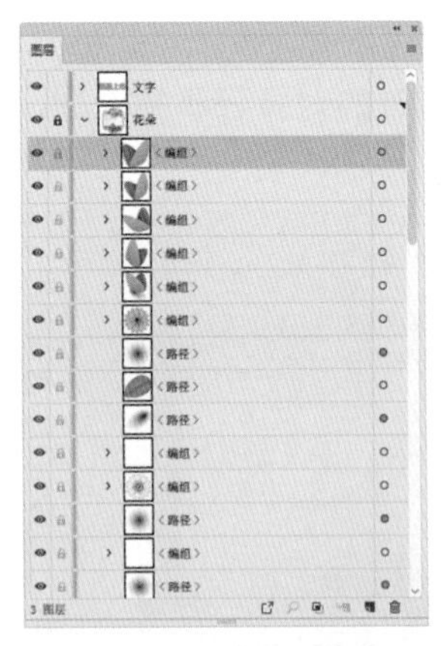
图7-110　锁定图层的效果

提　示

锁定所选对象：如果要锁定选择的对象，可以选择【对象】|【锁定】|【所选对象】菜单命令。锁定上方所有图稿：如果要锁定与所选对象重叠且位于同一图层中的所有对象，可以选择【打开】|【锁定】|【其他图层】菜单命令。锁定所有图层：如果要锁定所有图层，可在【图层】面板中选择所有的图层，单击【图层】面板右上角的三角形按钮，在弹出的下拉菜单中选择【锁定所有图层】命令。

在 Illustrator CC 中，锁定的对象不能被选择和修改，但锁定的图层是可见的，并且能被打印出来。

3. 更改【图层】面板的显示模式

更改【图层】面板中的显示模式，便于在处理复杂图像时，更加方便地选择对象。

更改图层显示模式的操作步骤如下。

01 打开【图层】面板，选择要进行操作的图层，如图 7-111 所示。

图7-111　选择图层

02 单击【图层】面板右上角的≡按钮，在弹出的下拉菜单中选择【轮廓化其他图层】命令，如图7-112所示。

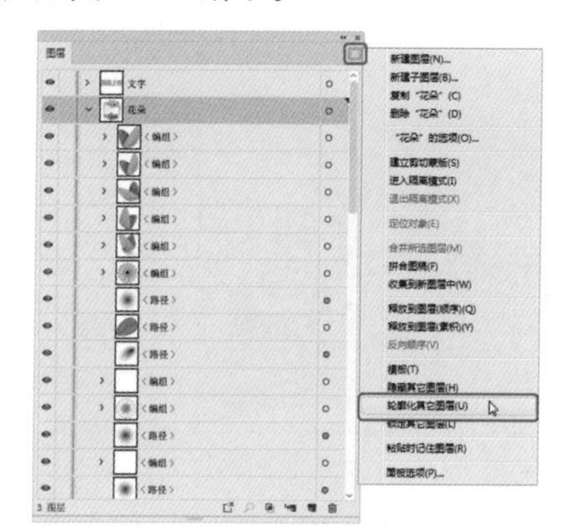

图7-112 选择【轮廓化其他图层】命令

03 切换为轮廓模式的图层前的眼睛图标将变为⊙形态，切换为轮廓模式的【图层】面板效果如图7-113所示。

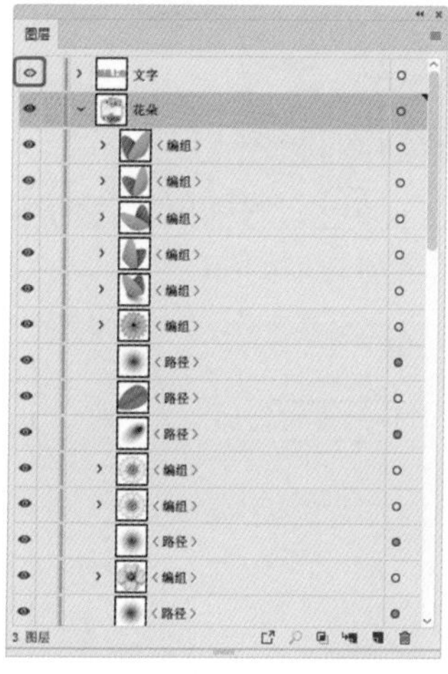

图7-113 切换为轮廓模式的【图层】面板效果

04 将图层转换为轮廓模式的效果如图7-114所示。按住Ctrl键单击眼睛图标⊙可将对象切换为预览模式。

图7-114 将图层转换为轮廓模式

7.3 上机练习——制作旅游杂志

新颖独特视角观点、专业实用的文章内容是杂志成功的基石，但杂志的包装设计同样非常重要。说到包装，杂志的封面是影响读者取阅至关重要的一方面，本节将学习制作杂志封面。旅游杂志制作完成后的效果如图7-115所示。

图7-115 旅游杂志

素材	素材\Cha07\旅游杂志素材01.jpg、旅游杂志素材02.png～旅游杂志素材05.png、旅游杂志素材06.ai
场景	场景\Cha07\上机练习——制作旅游杂志.ai
视频	视频教学\Cha07\上机练习——制作旅游杂志.mp4

01 启动Illustrator CC软件，按Ctrl+N组合键，在弹出的【新建文档】对话框中将单位设置为【厘米】，将【宽度】、【高度】分别设置为60、80，将【颜色模式】设置为【RGB颜色】，如图7-116所示。

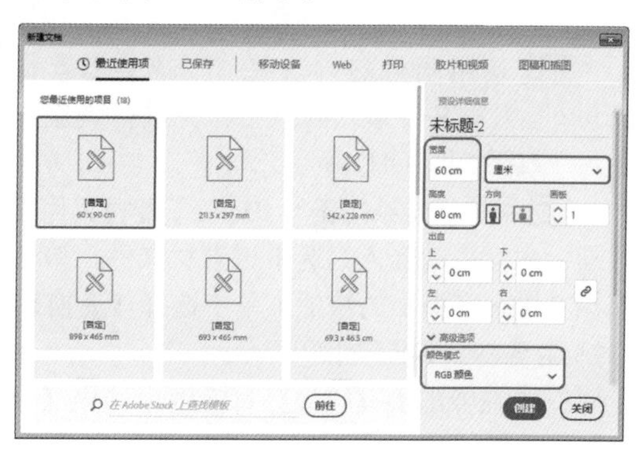

图7-116 设置新建文档参数

02 设置完成后，单击【创建】按钮。按 Shift+Ctrl+P 组合键，在弹出的对话框中选择“素材 \Cha07\ 旅游杂志素材 01.jpg”素材文件，如图 7-117 所示。

图7-117　选择素材文件

03 在画板中单击鼠标指定素材位置，在画板中调整该素材文件的位置与大小，在【属性】面板中单击【嵌入】按钮，如图 7-118 所示。

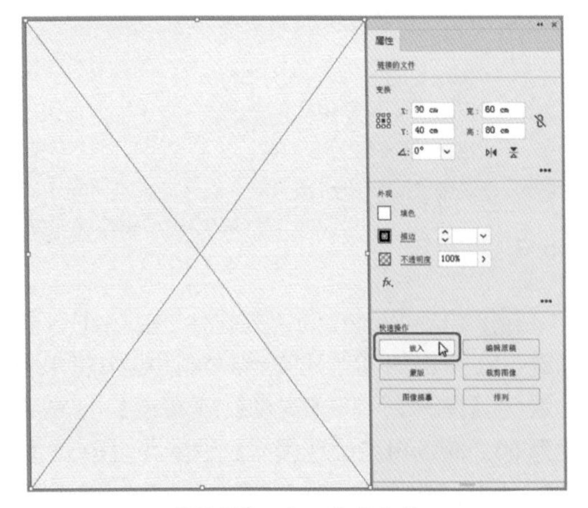

图7-118　置入素材文件

04 使用同样的方法将“旅游杂志素材 02.png”素材文件置入画板中，并进行调整与嵌入，效果如图 7-119 所示。

05 将“旅游杂志素材 03.png”素材文件置入画板中，将其嵌入，选中该素材文件，单击鼠标右键，在弹出的快捷菜单中选择【变换】|【对称】命令，如图 7-120 所示。

06 在弹出的【镜像】对话框中选中【水平】单选按钮，如图 7-121 所示。

图7-119　将素材文件置入画板中

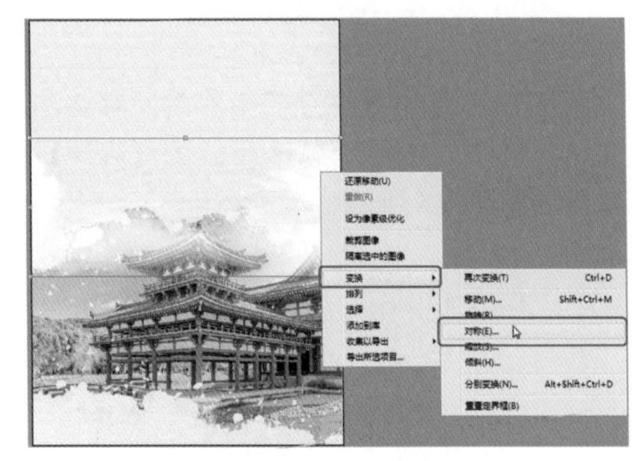

图7-120　选择【对称】命令

图7-121　设置对称参数

07 设置完成后，单击【确定】按钮。在画板中调整该素材文件的位置，调整后的效果如图 7-122 所示。

08 使用同样的方法将其他素材文件置入画板中，并对其进行相应的设置，效果如图 7-123 所示。

09 选择工具箱中的【矩形工具】，在画板中绘制一个与画板大小相同的矩形，按 Ctrl+A 组合键，单击鼠标右键，在弹出的快捷菜单中选择【建立剪切蒙版】命令，如图 7-124 所示。

图7-122 调整素材文件的位置

图7-123 置入素材文件

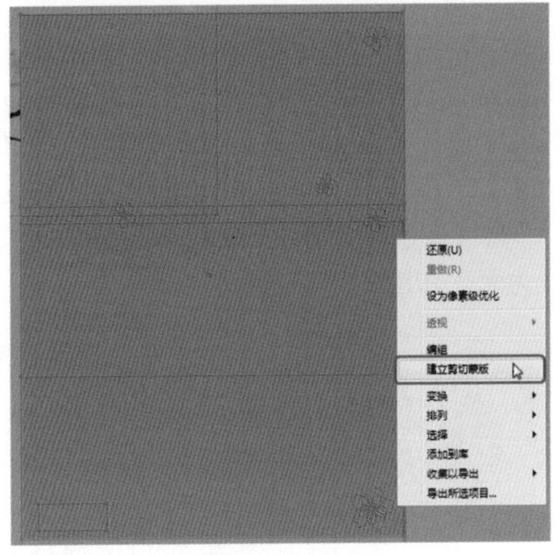

图7-124 选择【建立剪切蒙版】命令

10 在【图层】面板中单击【创建新图层】按钮，新建一个图层，将其命名为“文字”，如图 7-125 所示。

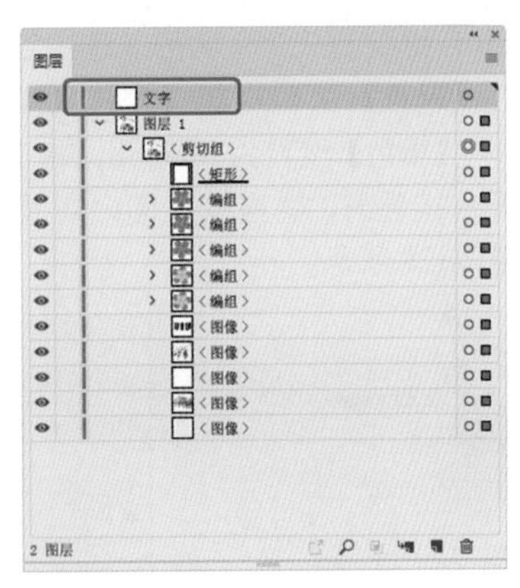

图7-125 新建图层

11 选择工具箱中的【文字工具】，在画板中单击鼠标，输入文本。选中输入的文本，在【属性】面板中将【字体】设置为【创艺简黑体】，将【字体大小】设置为 45，将【字符间距】设置为 0，将【填色】设置为 #ff2e7e，将【描边】设置为无，如图 7-126 所示。

图7-126 输入文本并进行设置

12 使用【文字工具】在画板中单击鼠标，输入文本。选中输入的文本，在【属性】面板中将【字体】设置为【方正黑体简体】，将【字体大小】设置为 57.8，将【字符间距】设置为 0，将【填色】设置为 #000000，将【描边】设置为无，如图 7-127 所示。

13 使用【文字工具】在画板中单击鼠标，输入文本。选中输入的文本，在【属性】面板中将【字体】设置为【黑体】，将【字体大小】设置为 66.85，将【字符间距】设置为 0，将【填色】设置为 #f8d2df，将【描边】设置为无，如图 7-128 所示。

14 选择工具箱中的【椭圆工具】，在画板中按住 Shift 键绘制一个正圆形。选中绘制的正圆形，在【属性】面板中将【宽】、【高】都设置为 3，将【填色】设置为 #ff4d88，将【描边】设置为无，按住 Alt 键拖曳正圆，对其进行复制，如图 7-129 所示。

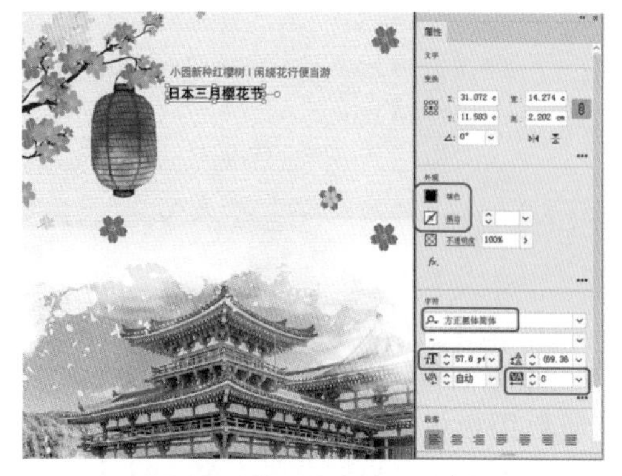

图7-127　输入文本并设置参数

图7-128　输入文本并进行设置

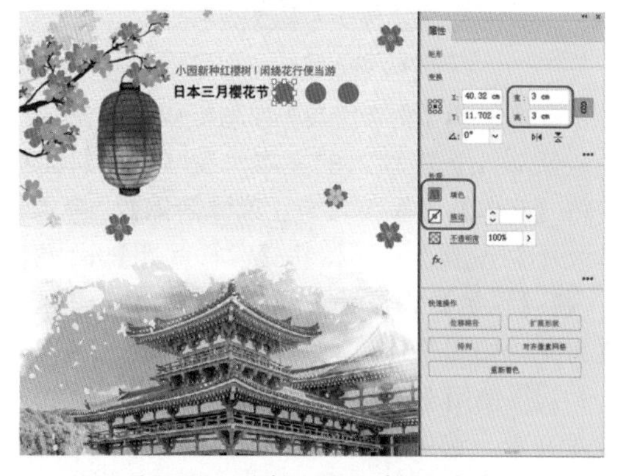

图7-129　绘制正圆形并进行复制

15 在【图层】面板中选择【十日游】图层，按住鼠标将其调整至【椭圆】图层的上方，如图 7-130 所示。

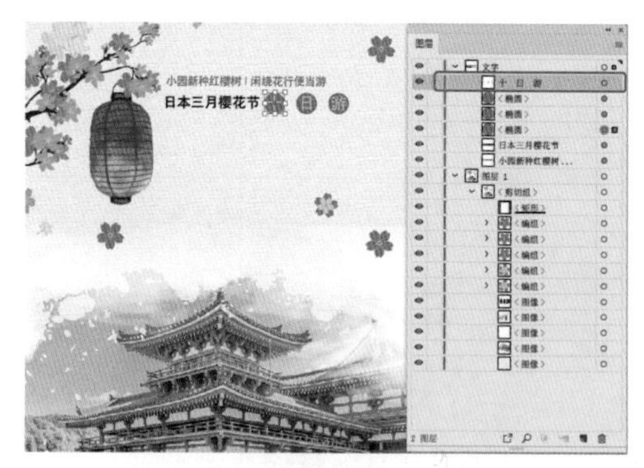

图7-130　调整图层的排列顺序

16 选择工具箱中的【文字工具】，在画板中单击鼠标，输入文本。选中输入的文本，在【属性】面板中将【字体】设置为【微软雅黑】，将【字体大小】设置为 44.6，将【字符间距】设置为 0，将【填色】设置为 # 000000，将【描边】设置为无，如图 7-131 所示。

图7-131　输入文本并进行设置

17 使用【文字工具】在画板中单击鼠标，输入文本。选中输入的文本，在【属性】面板中将【字体】设置为【方正隶二简体】，将【字体大小】设置为 265.72，将【字符间距】设置为 0，将【填色】设置为 # ff2e7e，将【描边】设置为无，如图 7-132 所示。

图7-132　输入文本并设置参数

18 在【图形样式】面板中单击≡按钮，在弹出的下拉菜单中选择【打开图形样式库】|【附属品】命令，如图 7-133 所示。

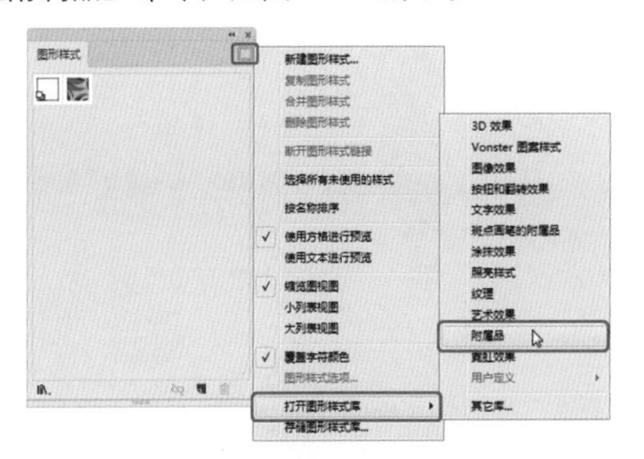

图7-133　选择【附属品】命令

19 在【附属品】面板中单击【投影】图形样式，为选中的文字添加投影效果，如图 7-134 所示。

图7-134　添加投影效果

20 在【外观】面板中双击【投影】效果，在弹出的【投影】对话框中将【模式】设置为【正片叠底】，将【不透明度】、【X 位移】、【Y 位移】、【模糊】分别设置为 75%、0.25、0.25、0.1，选中【颜色】单选按钮，将颜色设置为 # fc7cb6，如图 7-135 所示。

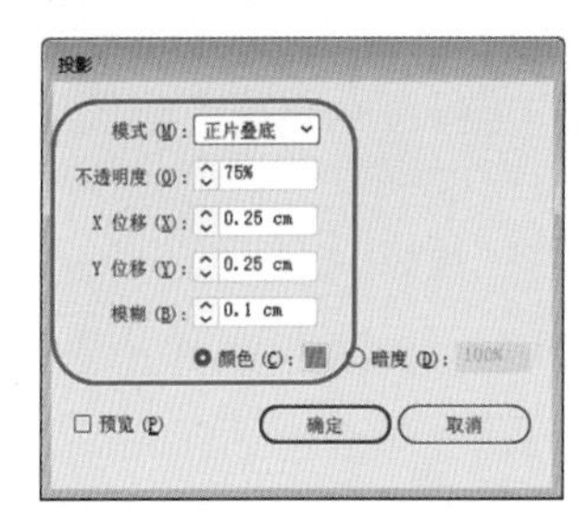

图7-135　设置投影参数

21 设置完成后，单击【确定】按钮。使用前面介绍的方法输入其他文本，并对输入的文本进行设置，效果如图 7-136 所示。

图7-136　输入其他文本后的效果

22 选择工具箱中的【椭圆工具】，在画板中绘制一个椭圆形。选中绘制的椭圆形，在【属性】面板中将【宽】、【高】分别设置为 9.7、7，将【填色】设置为 # ff2e7e，将【描边】设置为无，如图 7-137 所示。

图7-137　绘制椭圆形

23 选中绘制的椭圆，打开【按钮和翻转效果】面板，在该面板中选择【气泡 - 按下鼠标】图形效果，如图 7-138 所示。

图7-138　添加图形效果

24 继续选中该图形，在【属性】面板中将【填色】设置为＃ff2e7e，在【透明度】面板中将【不透明度】设置为100%，如图7-139所示。

图7-139　设置填色与不透明度

25 在【外观】面板中双击【收缩和膨胀】效果，在弹出的对话框中将参数设置为10，如图7-140所示。

图7-140　设置收缩和膨胀参数

26 设置完成后，单击【确定】按钮，根据前面介绍的方法输入其他文字，效果如图7-141所示。

图7-141　输入其他文字后的效果

7.4 思考与练习

1. 如何从其他文档中导入图形样式?
2. 如何合并图形样式?
3. 如何新建图层?

第8章 DM单设计——图像的打印与导出

在Illustrator中，精心设计的作品完成后，可以根据具体的需要将作品打印输出。本章将介绍打印设置、设置打印机以及输出文件等内容。

DM是区别于传统的广告刊载媒体(报纸、电视、广播、互联网等)的新型广告发布载体。传统广告刊载媒体贩卖的是内容，然后再把发行量二次贩卖给广告主，而DM 则是贩卖直达目标消费者的广告通道。

8.1 制作旅游宣传DM单——打印设置

本例制作的旅游宣传 DM 单效果如图 8-1 所示。

图8-1　旅游宣传DM单

素材	素材\Cha08\旅游1.jpg~旅游4.jpg、二维码.png、蝴蝶.png
场景	场景\Cha08\制作旅游宣传DM单——打印设置.fla
视频	视频教学\Cha08\制作旅游宣传DM单——打印设置.mp4

01 按 Ctrl+N 组合键，弹出【新建文档】对话框，将单位设置为【像素】，【宽度】和【高度】分别设置为 596 px、846 px，【画板】设置为 2，单击【创建】按钮，如图 8-2 所示。

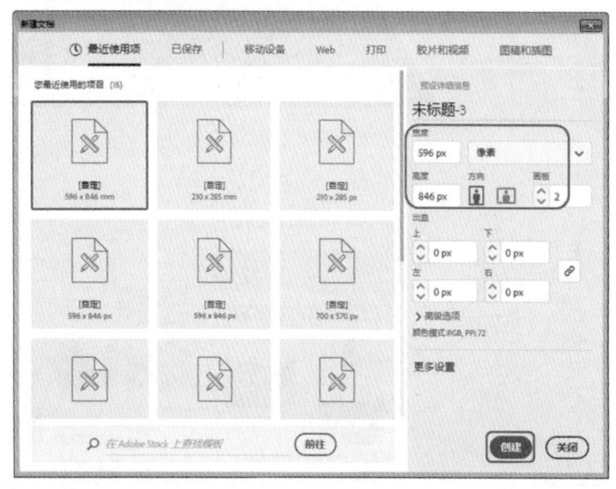

图8-2　新建文档

02 在菜单栏中选择【文件】|【置入】命令，弹出【置入】对话框，选择“素材\Cha08\旅游 1.jpg”素材文件，单击【置入】按钮，如图 8-3 所示。

图8-3　置入素材文件

03 将素材图片置入当前文档中，在【属性】面板中将【宽】和【高】分别设置为 596、846，单击【嵌入】按钮，如图 8-4 所示。

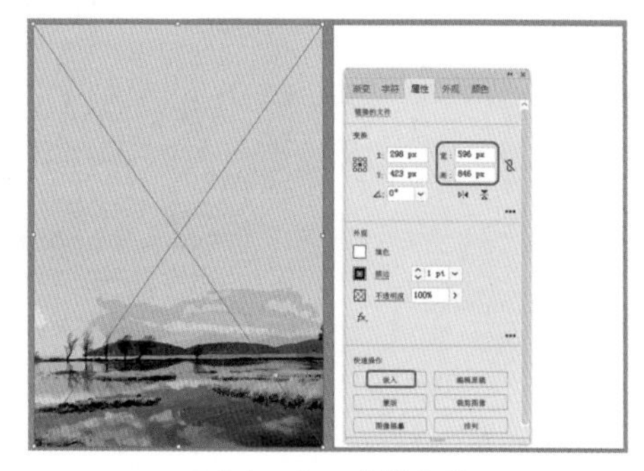

图8-4　嵌入素材文件

04 使用【直线段工具】绘制如图 8-5 所示的线段，将【填色】设置为无，【描边】设置为白色，【描边】的粗细设置为 3。

图8-5　设置线段参数

05 使用【圆角矩形工具】绘制图形，在【属性】面板中将【宽】、【高】分别设置为 197.8、27.8，【填色】设置为无，【描边】设置为白色，【描边】的粗细设置为 2。打开【变换】面板，将【圆角半径】设置为 13，如图 8-6 所示。

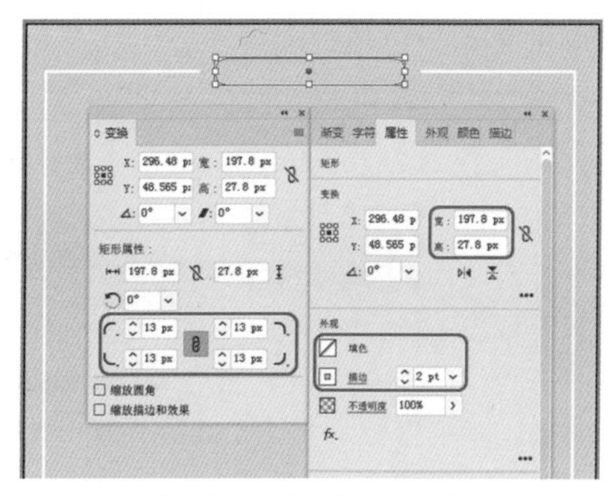

图8-6 设置圆角矩形参数

06 使用【圆角矩形工具】绘制图形，在【属性】面板中将【宽】、【高】分别设置为127.5、27.8，【填色】设置为白色，【描边】设置为无，打开【变换】面板，将【圆角半径】设置为13，如图8-7所示。

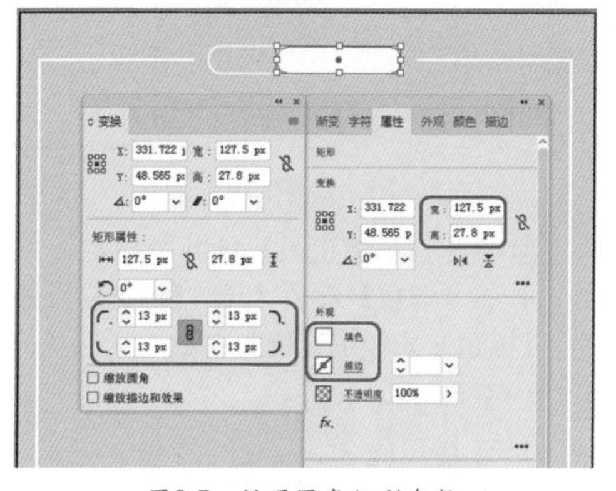

图8-7 设置圆角矩形参数

07 使用【文字工具】输入文本T，将【字体】设置为【方正综艺简体】，【字体大小】设置为15，【文本颜色】的RGB值设置为0、113、188，如图8-8所示。

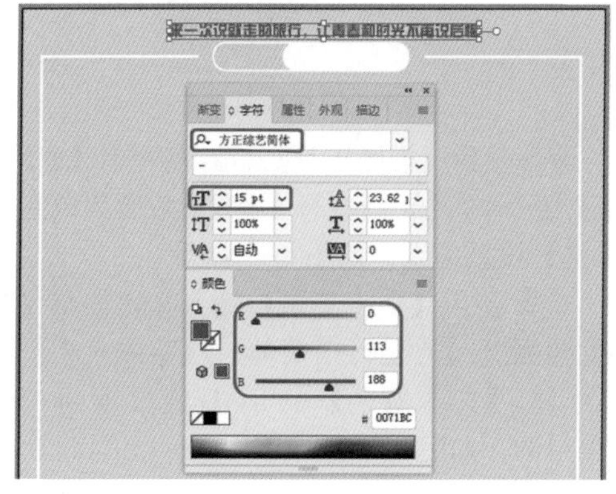

图8-8 设置文本参数

08 使用【文字工具】输入文本，将【字体】设置为【方正综艺简体】，【字体大小】设置为17，【文本颜色】的RGB值设置为0、113、188，如图8-9所示。

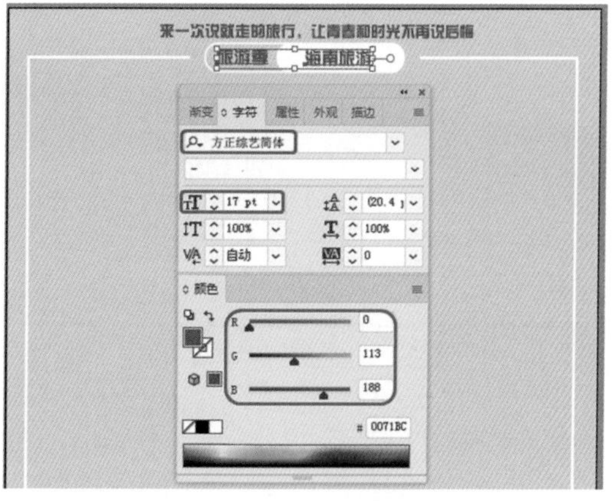

图8-9 设置文本参数

09 使用【文字工具】输入文本，将【字体】设置为【方正综艺简体】，【字体大小】设置为12，【文本颜色】的RGB值设置为0、113、188，如图8-10所示。

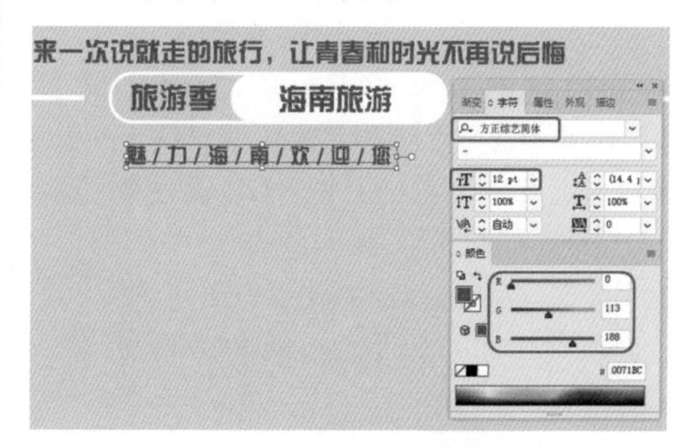

图8-10 设置文本参数

10 使用【矩形工具】绘制【宽】和【高】分别为355、372的矩形，将【填充颜色】的RGB值设置为白色，【描边颜色】设置为无，打开【透明度】面板，将【混合模式】设置为柔光，如图8-11所示。

11 对绘制的矩形进行复制，按Shift+Ctrl+V组合键，进行原位粘贴。打开【描边】面板，将【粗细】设置为2，勾选【虚线】复选框，将【虚线】设置为12，选择选项，将【填充颜色】设置为无，【描边颜色】的RGB值设置为0、113、188，如图8-12所示。

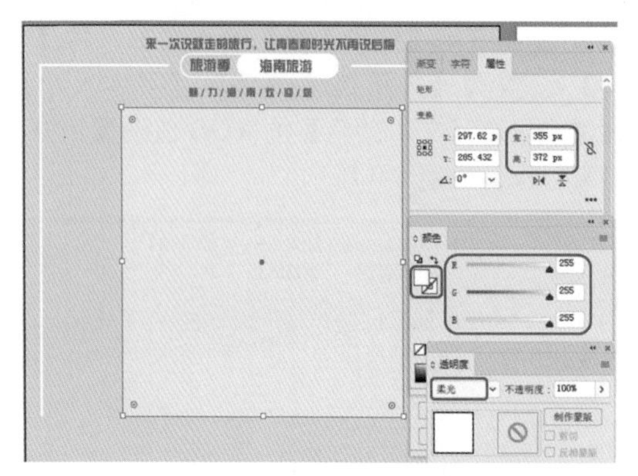

图8-11　设置矩形参数

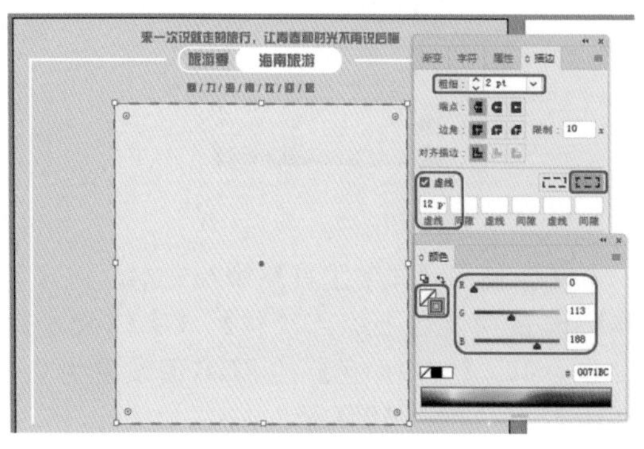

图8-12　设置矩形参数

12 使用【文字工具】输入文本，将【字体】设置为【方正综艺简体】，【字体大小】设置为130，【文本颜色】的RGB值设置为0、113、188，如图8-13所示。

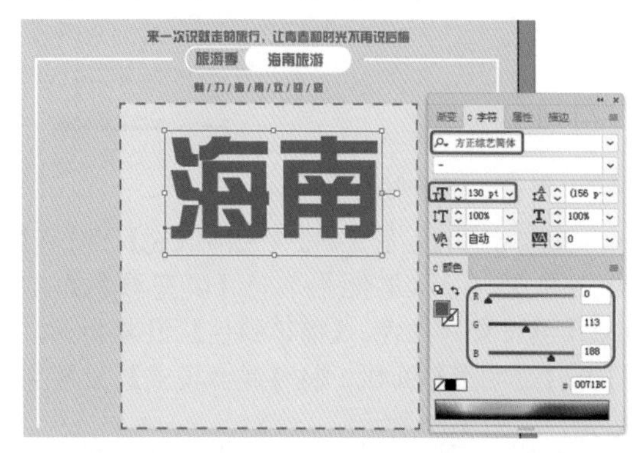

图8-13　设置文本参数

13 使用【钢笔工具】绘制三角图形，将【填充颜色】的RGB值设置为0、113、188，【描边颜色】设置为无，如图8-14所示。

14 使用【矩形工具】绘制【宽】、【高】分别为401、79的矩形，将【填充颜色】的RGB值设置为67、120、189，【描边颜色】设置为无，如图8-15所示。

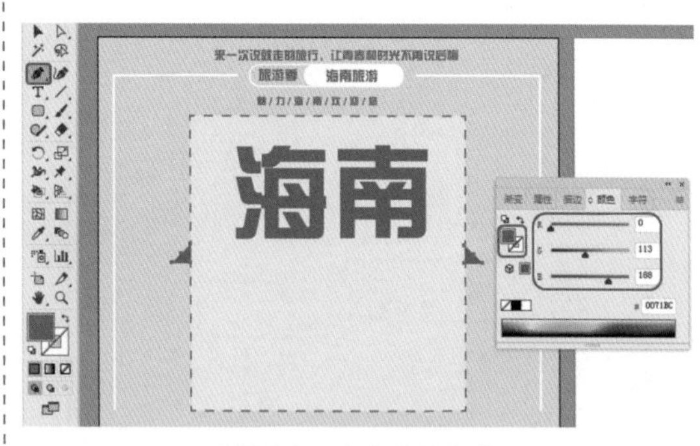

图8-14　设置图形颜色

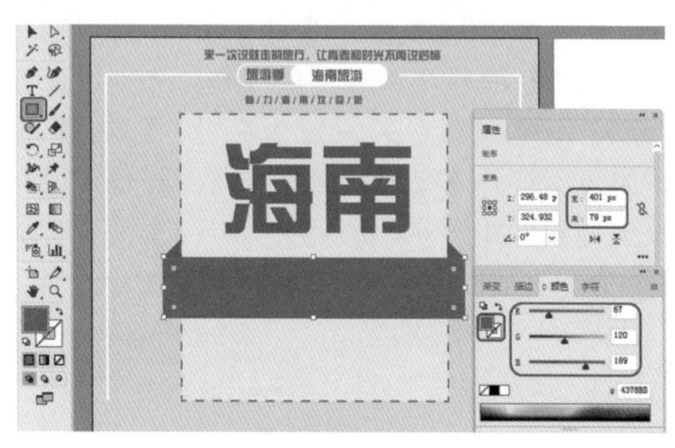

图8-15　设置矩形参数

15 使用【钢笔工具】绘制如图8-16所示的线条，将【填色】设置为无，【描边】设置为白色，【描边】的粗细设置为0.75。

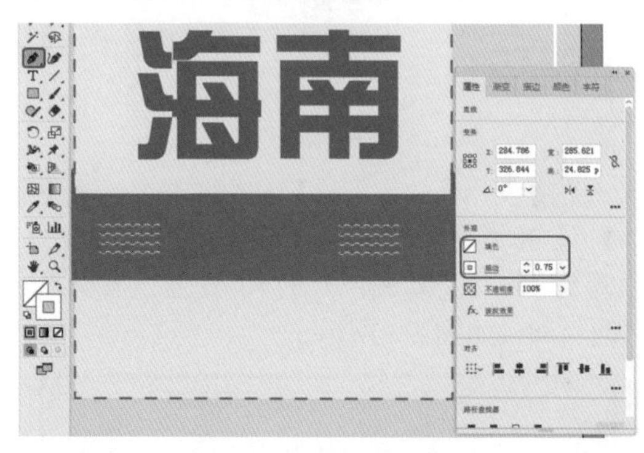

图8-16　设置线条参数

16 使用【椭圆工具】绘制两个【宽】、【高】为69px的正圆，将【填色】设置为白色，【描边】设置为无，如图8-17所示。

17 使用【文字工具】输入文本，将【字体】设置为【方正行楷简体】，【字体大小】设置为58，【文本颜色】的RGB值设置为67、120、189，如图8-18所示。

18 使用【圆角矩形工具】和【文字工具】

制作如图 8-19 所示的内容。

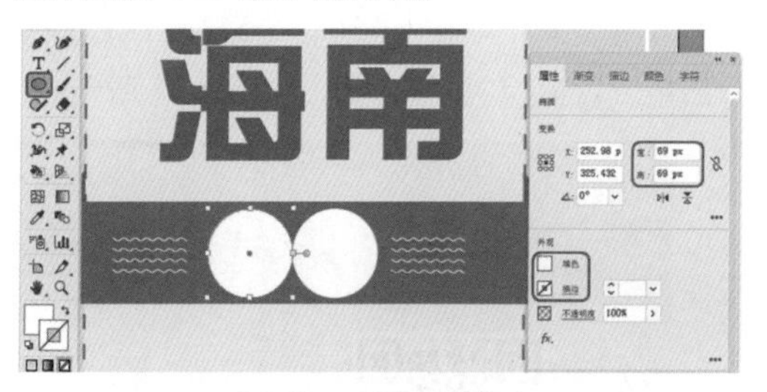

图8-17 设置圆的颜色

图8-18 设置文本参数

图8-19 制作完成后的效果

19 在菜单栏中选择【文件】|【置入】命令，弹出【置入】对话框，选择“素材\Cha08\蝴蝶.png”素材文件，单击【置入】按钮，如图 8-20 所示。

图8-20 置入素材文件

20 将图片置入当前文档中，将图片的【宽】、【高】均设置为 51，单击【嵌入】按钮，如图 8-21 所示。

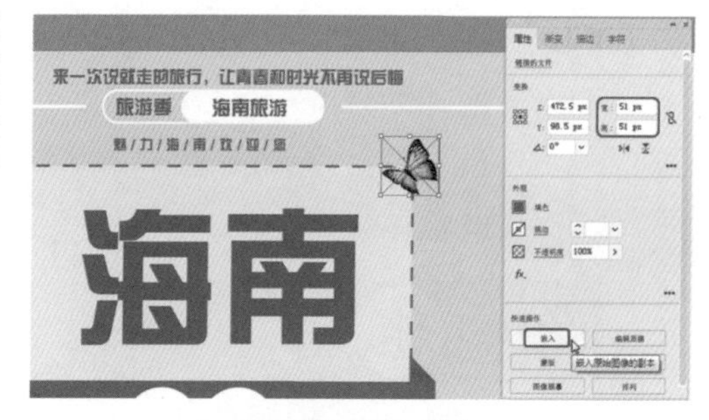

图8-21 嵌入图片

疑难解答 嵌入图片的作用?

为了便于场景文件的移动，在置入图片文件后，在属性栏中单击【嵌入】按钮，就可以不用链接源图片了。

21 在蝴蝶上单击鼠标右键，在弹出的快捷菜单中选择【变换】|【对称】命令，如图 8-22 所示。

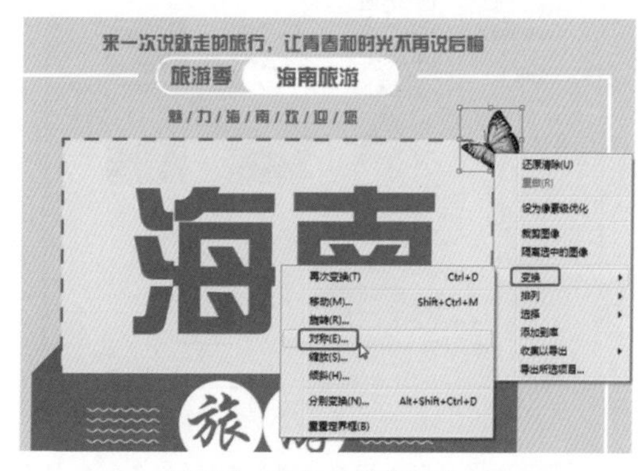

图8-22 选择【对称】命令

22 弹出【镜像】对话框，选择【垂直】单选按钮，单击【复制】按钮，如图 8-23 所示。

图8-23 设置【镜像】参数

23 复制完成后调整蝴蝶的位置，效果如

图 8-24 所示。

图8-24　调整蝴蝶的位置

24 在菜单栏中选择【文件】|【置入】命令，弹出【置入】对话框，选择“素材\Cha08\二维码 .png”素材文件，单击【置入】按钮，如图 8-25 所示。

图8-25　置入素材文件

25 置入素材图片，将【宽】、【高】均设置为 53，单击【嵌入】按钮，如图 8-26 所示。

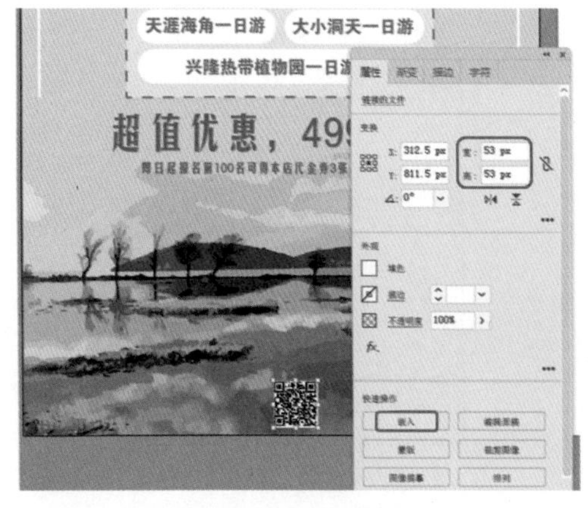

图8-26　嵌入图片

26 使用【矩形工具】绘制【宽】、【高】分别为 1.8px、51px 的矩形，将【填色】设置为白色，【描边】设置为无，如图 8-27 所示。

图8-27　设置矩形参数

27 使用【文字工具】输入文本，将【字体】设置为【黑体】，【字体大小】设置为 10，【文本颜色】设置为白色，如图 8-28 所示。

图8-28　设置文本参数

28 使用【文字工具】输入文本，将【字体】设置为【黑体】，【字体大小】设置为 19，【文本颜色】设置为白色，如图 8-29 所示。

图8-29　设置文本参数

29 使用【文字工具】输入文本，将【字体】设置为【方正行楷简体】，【字体大小】设置为 33，【文本颜色】的 RGB 值设置为 0、113、188，如图 8-30 所示。

图8-30 设置文本参数

30 使用【文字工具】输入文本，将【字体】设置为【方正行楷简体】，【字体大小】设置为23，【文本颜色】的RGB值设置为0、113、188，如图8-31所示。

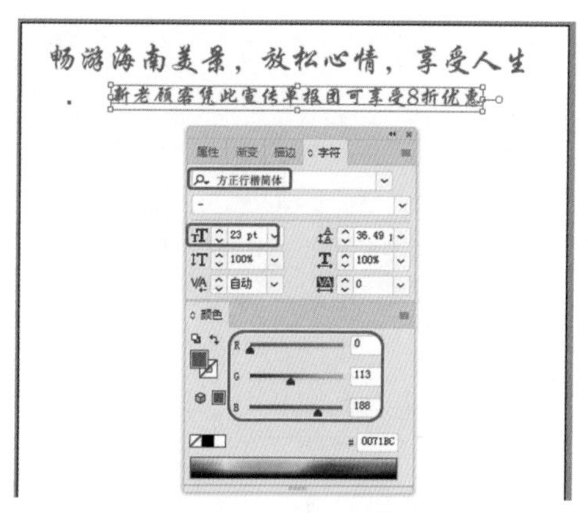

图8-31 设置文本参数

31 使用【圆角矩形工具】绘制矩形，在【变换】面板中将【宽】、【高】分别设置为560、121，将【左上角】和【左下角】的半径设置为0，将【右上角】和【右下角】的半径设置为24，将【填充颜色】的RGB值设置为0、113、188，将【描边颜色】设置为无，如图8-32所示。

32 使用【圆角矩形工具】绘制矩形，打开【变换】面板，将【宽】、【高】分别设置为85、158，将【圆角半径】设置为42.5，将【填充颜色】的RGB值设置为0、113、188，将【描边颜色】设置为无，如图8-33所示。

33 弹出【投影】对话框，将【模式】设置为正片叠底，将【不透明度】、【X位移】、【Y位移】、【模糊】设置为75%、5.6、2.8、5.6，单击【确定】按钮，如图8-34所示。

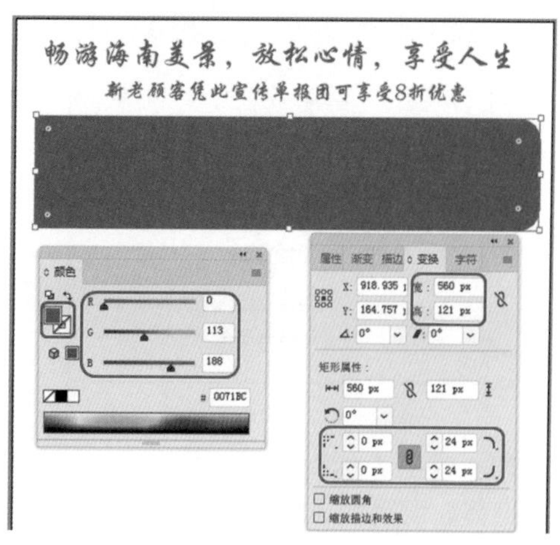

图8-32 设置圆角矩形参数

34 打开【外观】面板，单击【添加新效果】按钮，在弹出的快捷菜单中选择【风格化】|【投影】命令，如图8-35所示。

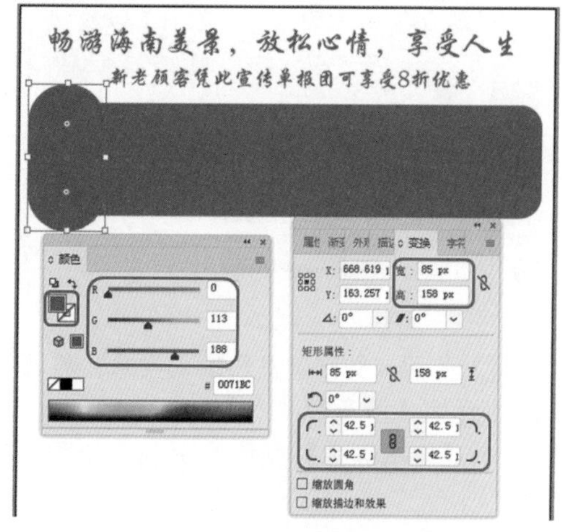

图8-33 设置圆角矩形参数

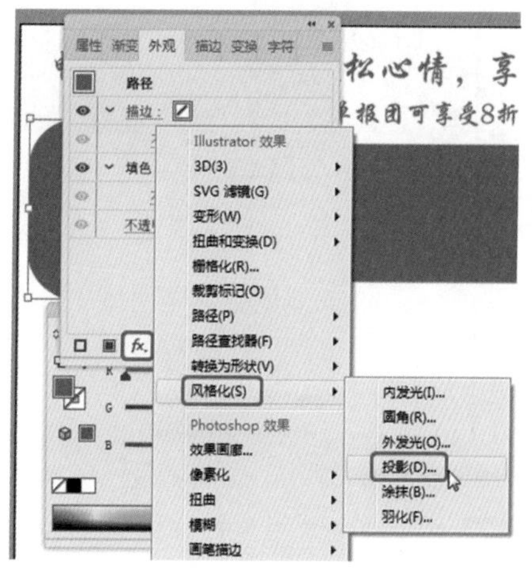

图8-34 选择【投影】命令

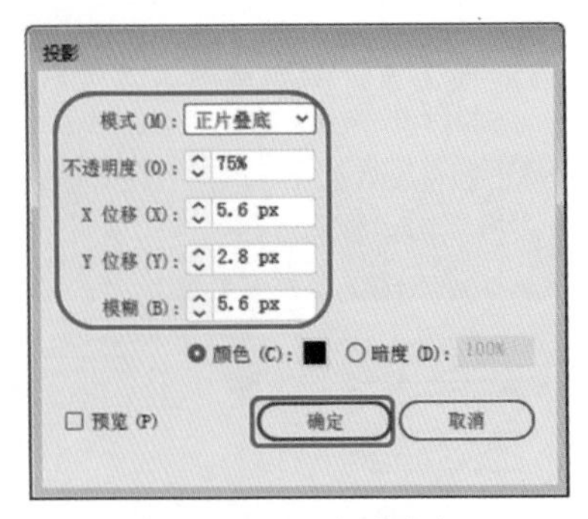

图8-35　设置投影参数

35 使用【直排文字工具】输入文本，将【字体】设置为【方正华隶简体】，【字体大小】设置为30，【文本颜色】的RGB值设置为白色，如图8-36所示。

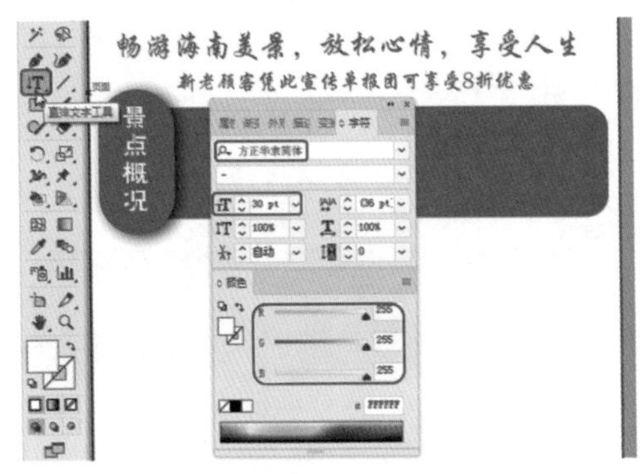

图8-36　设置文本参数

36 使用【文字工具】输入文本，将【字体】设置为【创意简黑体】，【字体大小】设置为14，【文本颜色】设置为白色，如图8-37所示。

图8-37　设置文本参数

37 使用【钢笔工具】和【文字工具】制作如图8-38所示的内容。

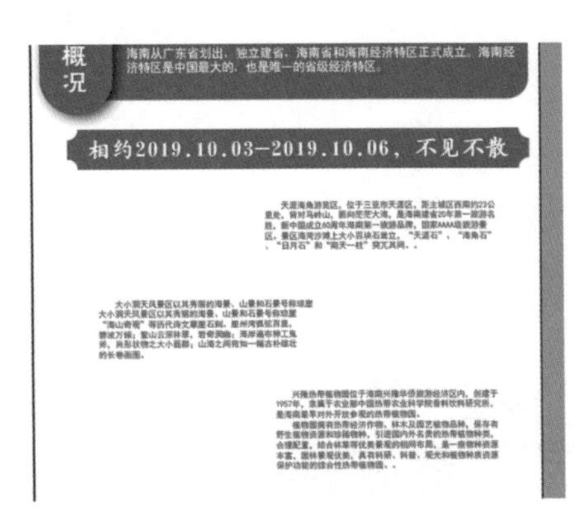

图8-38　制作完成后的效果

38 在菜单栏中选择【文件】|【置入】命令，弹出【置入】对话框，选择“素材\Cha08\旅游2.jpg~旅游4.jpg”素材文件，单击【置入】按钮，如图8-39所示。

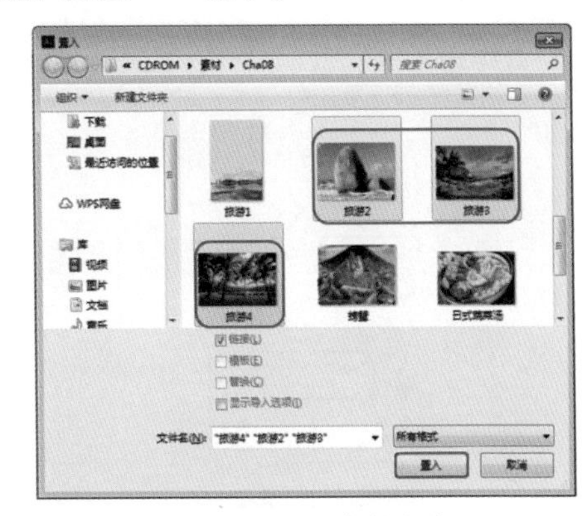

图8-39　置入素材文件

39 分别置入3个素材文件，然后在【属性】面板中单击【嵌入】按钮，使用【钢笔工具】绘制图形，将【填充颜色】的RGB值设置为0、113、188，【描边颜色】设置为无，如图8-40所示。

图8-40　绘制图形并设置颜色

40 使用【文字工具】输入文本，将【字体】设置为【方正行楷简体】，【字体大小】设置为22，【文本颜色】设置为白色，如图8-41所示。

图8-41 设置文本参数

41 使用上述同样的方法制作如图8-42所示的内容。

图8-42 制作完成后的效果

42 在菜单栏中选择【文件】|【置入】命令，弹出【置入】对话框，选择“素材\Cha08\二维码.png”素材文件，单击【置入】按钮，如图8-43所示。

图8-43 选择素材文件

43 将素材文件置入新建文档中，将【宽】、【高】均设置为119，单击【嵌入】按钮，如图8-44所示。

图8-44 嵌入素材文件

44 在菜单栏中选择【文件】|【打印】命令，如图8-45所示。

图8-45 选择【打印】命令

45 在弹出的【打印】对话框中保持默认设置，单击【打印】按钮，如图8-46所示。

图8-46 设置打印参数

46 在弹出的对话框中设置文件名和保存类型，单击【保存】按钮，如图 8-47 所示。

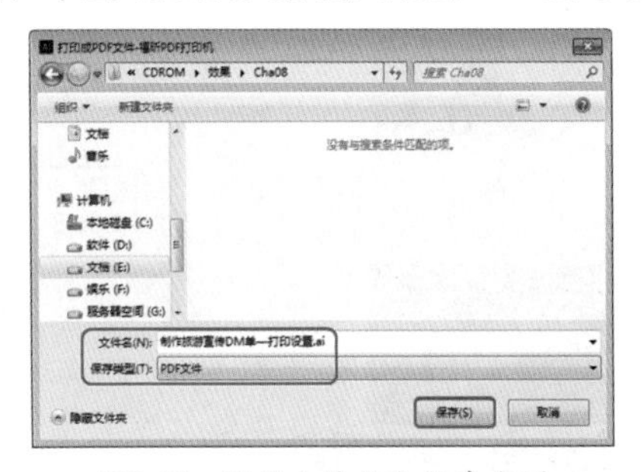

图8-47 设置文件名和保存类型

47 打印 PDF 文件后的效果如图 8-48 所示。

图8-48 打印PDF文件

8.1.1 常规

在 Illustrator 中创建完成后，需要对完成后的文件进行打印，不管是为外部服务提供商提供彩色文档，还是只将文档的快速草图发送到喷墨打印机或激光打印机上，了解与掌握基本的打印知识都将使打印更加顺利，并有助于确保文档的最终效果与预期效果一致。

在菜单栏中选择【文件】|【打印】命令，如图 8-49 所示。或按 Ctrl+P 组合键，执行该操作后，即可打开【打印】对话框，如图 8-50 所示。

下面将对常用的参数选项进行介绍。

- 【打印预设】：在下拉列表中选择一种打印预设。
- 【打印机】：在下拉列表中选择可以使用的打印机。
- PPD：在下拉列表中选择可用的 PPD。当在该下拉列表中选择【其他】命令时，将会弹出【打开 PPD】对话框，如图 8-51 所示。

图8-49 选择【打印】命令

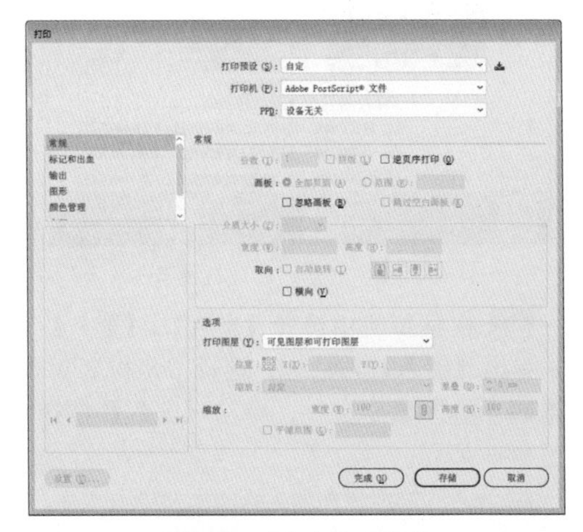

图8-50 【打印】对话框

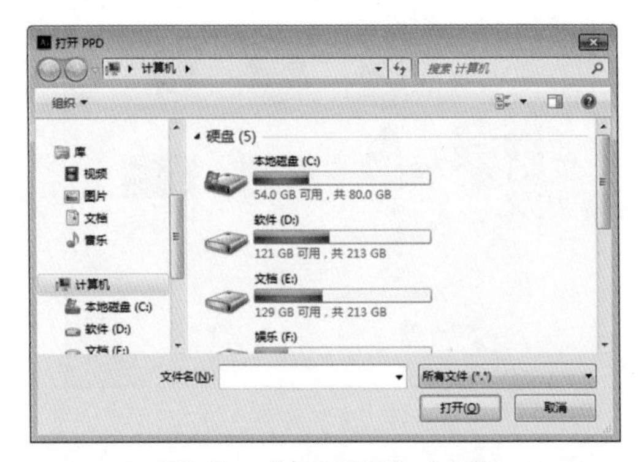

图8-51 【打开PPD】对话框

- 【份数】：用来设置打印的份数。
- 【拼版】：该选项可以将文件拼版至多个页面。该选项只有在将【份数】设置为 2 或 2 以上时才可用。
- 【逆页序打印】：勾选该复选框时，可将文件按照由后向前的顺序打印。
- 【画板】：选择【全部页面】选项时。可打印所有页面；选择【范围】选项时，可输入页面的范围，可以用连字符分隔的数字 (_) 指示相邻的页面范围，或者使用一个逗号 (，)，区分相邻的页面或范围。
- 【忽略画板】：勾选该复选框，可以忽略画板。
- 【跳过空白画板】：勾选该复选框时，可跳过空白的画板。
- 【介质大小】：在该选项下拉列表中可以选择一种页面大小。用户还可以选择【自定】选项，然后在【宽度】和【高度】文本框中指定一个自定义的页面大小。
- 【取向】：勾选该复选框时，页面将自动进行旋转。
- ：单击该按钮后可纵向打印，正面朝上。
- ：单击该按钮后可横向打印，向左旋转。
- ：单击该按钮后可纵向打印，正面朝下。
- ：单击该按钮后可横向打印，向右旋转。
- 【横向】：如果使用支持横向打印和自定页面大小 PPD，则【横向】选项才可用，使用该选项可以将文件横向打印。
- 【打印图层】：在下拉列表中选择打印图层的类型。
- 【位置】：通过单击其右侧的参考点来移动页面的位置，例如单击中间的参考点，选中的参考点将以黑色显示，如图 8-52 所示。即可将页面移至中间，在打印时只打印所显示的部分。

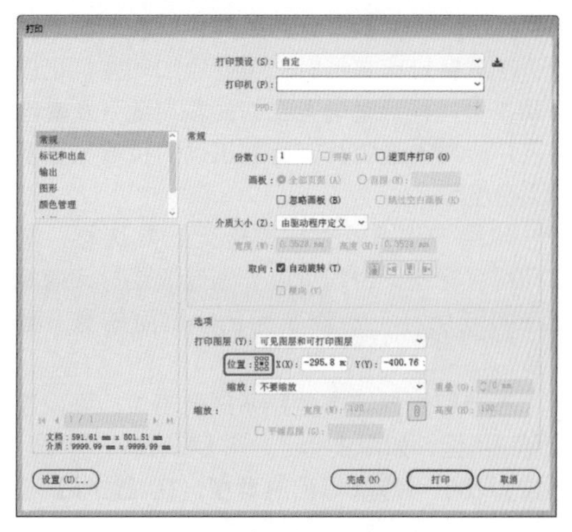

图8-52　单击中间的参考点

- 【缩放】：在下拉列表中选择不同的缩放类型。

8.1.2　标记和出血

当要打印时，用户可以在页面中添加不同的标记，例如裁剪标记、套准标记等，除此之外，用户还可以根据需要设置出血等。

在【打印】对话框中，单击左侧列表中的【标记和出血】选项卡，如图 8-53 所示。

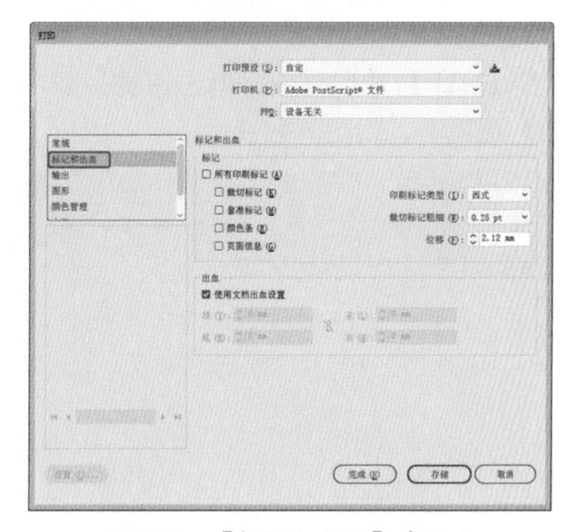

图8-53　【标记和出血】选项卡

在【标记】选项组中，裁切标记为水平和垂直的细标线，用以划定对页面进行修边的位置，且有助于各分色相互对齐。套准标记为页面范围外的小靶标，用于对齐彩色文档中的各分色。颜色条所表示的是彩色小方块，表示 CMYK 油墨和色调灰度，用以调整印刷机中的油墨密度。页面信息包括文件名、输出时间和日期、所用线网数、分色线角度以及版面的颜色。在准备打印文档时，需要添加一些标记以帮助在生成样稿时确定在何处裁切纸张及套准分色片，或测量胶片以得到正确的校准数据及网点密度等。

如果勾选【所有印刷标记】复选框，将打印所有标记，否则可以分别选取要打印的标记，如裁切标记、套准标记，页面信息、颜色条。

在【印刷标记类型】下拉列表中，可以选取标记类型，如西式标记。在【裁切标记粗细】下拉列表中可选取标记的宽度，在【位移】框中设置标记距页面边缘的宽度。

在【出血】选项组中，可在【顶】、【底】、【左】和【右】文本框中设置出血参数，如果勾选【使用文档出血设置】复选框，则【顶】、【底】、【左】和【右】选项都不可用。

8.1.3 输出

在输出设置中，可以确定如何将文档中的复合颜色发送到打印机中。启用颜色管理时，颜色设置默认值将使输出颜色得到校准。在颜色转换中的专色信息将被保留；只有印刷色将根据指定的颜色空间转换为等效值。

在【打印】对话框中，单击左侧列表中的【输出】选项卡，如图 8-54 所示。

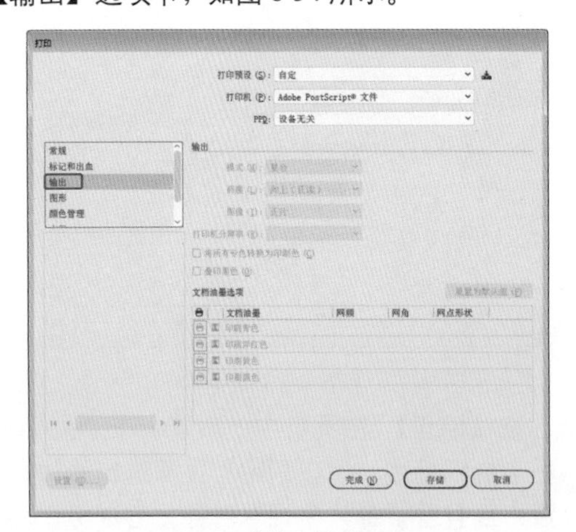

图8-54【输出】选项卡

在【模式】下拉列表中将显示复合选项。在【药膜】下拉列表中，可以选取【向上(正读)】或【向下(正读)】。

8.1.4 设置图形

打印包含复杂图形的文档时，通常需要更改分辨率或栅格化设置，以获得最佳的输出效果。在 Illustrator 中，将根据需要下载字体。

在【打印】对话框中，单击左侧列表中的【图形】选项卡，如图 8-55 所示。

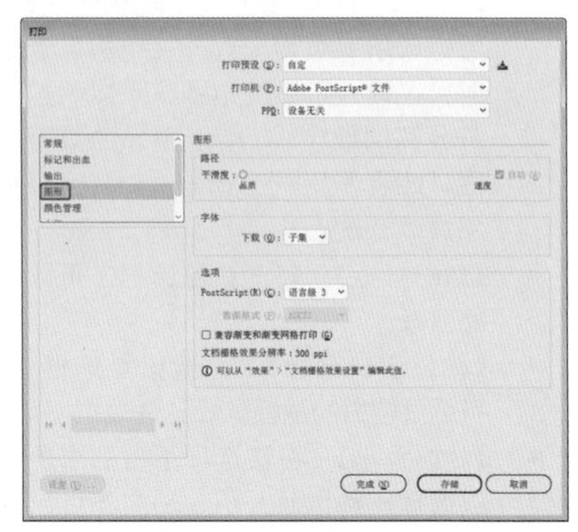

图8-55 【图形】选项卡

- 【路径】：若选择【自动】复选框，将自动选取设备的最佳平滑度，否则可以自行设置平滑度。
- 【字体】：在【下载】下拉列表中，若选择【完整】选项，在打印开始时将下载文档所需的所有字体；若选择【子集】选项，将只下载文档中使用的字符。
- PostScript(R)：在 PostScript(R) 下拉列表中，若选择【语言级 2】选项，将提高打印速度和输出质量；若选择【语言级 3】选项，将提供最高速度和输出质量。
- 【数据格式】：在【数据格式】下拉列表中，若选择【二进制】选项，图像数据将导出为二进制代码，这要比 ASCII 代码更紧凑，但却不一定与所有系统都兼容。若选择 ASCII 选项，图像数据将导出为 ASCII 文本，并与较老式的网络和并行打印机兼容，对于在多平台上使用的图形来说，这往往是最佳选择。
- 【兼容渐变和渐变网格打印】：如果勾选【兼容渐变和渐变网格打印】复选

框，将兼容 Illustrator 的渐变和渐变网格。但应用该选项会降低无渐变时的打印速度，所以只有遇到打印问题时才选取该选项。

8.1.5 颜色管理

当使用色彩管理进行打印时，可以让 Illustrator 来管理色彩，或让打印机来管理色彩。若使用 PostScript 打印机时，可以选择使用 PostScript 颜色管理选项，以便进行与设备无关的输出。

在【打印】对话框中，单击左侧列表中的【颜色管理】选项卡，如图 8-56 所示。

- 【颜色处理】：在【颜色处理】下拉列表中，若选择【让 Illustrator 确定颜色】选项，将由应用程序 Illustrator 确定颜色。若选择【让 PostScript 打印机确定颜色】选项，将由打印机确定颜色。
- 【打印机配置文件】：若有可用于输出设备的配置文件。可在【打印机配置文件】下拉列表中选择输出设备的配置文件。
- 【渲染方法】：在下拉列表中，可指定应用程序将颜色转换为目标色彩空间的方式，如相对比色等。

图8-56 【颜色管理】选项卡

8.1.6 高级

在高级设置中可以设置透明度和拼合预设。在【打印】对话框中，单击左侧列表中的【高级】选项卡，如图 8-57 所示。

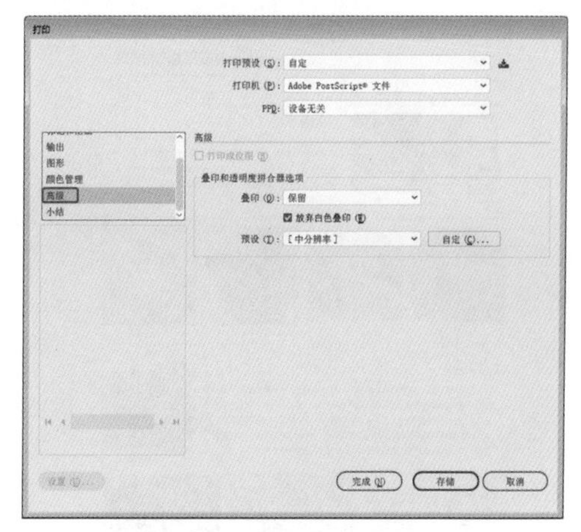

图8-57 【高级】选项卡

- 【打印成位图】：如果勾选该复选框，图稿将被打印成位图。
- 【叠印】：可以在下拉列表中选取一种叠印方式，如放弃、模拟等。
- 【预设】：在下拉列表中，若选择【低分辨率】选项，可在打印机中打印快速校样；若选择【中分辨率】选项，可在 PostScript 彩色打印机中打印文档。若选择【高分辨率】选项，可用于最终出版，或打印高品质校样。
- 【自定】：如果单击【自定】按钮，可打开如图 8-58 所示的【自定透明度拼合器选项】对话框，用户可以在其中设置特定的拼合选项。

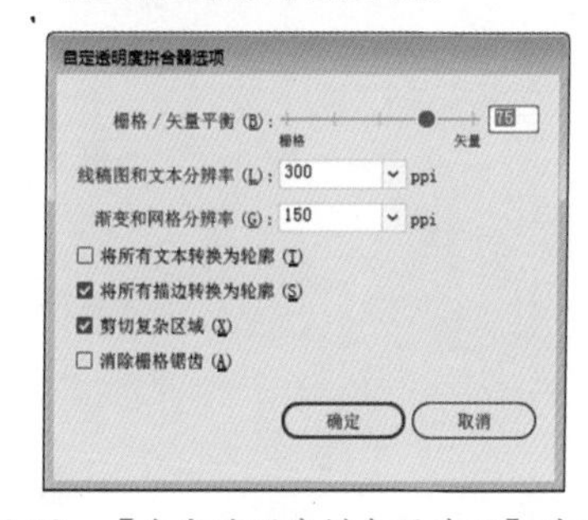

图8-58 【自定透明度拼合器选项】对话框

8.2 制作酒店宣传单页——输出文件

本例制作的酒店宣传单页效果如图 8-59

所示。

图8-59 酒店宣传单页

素材	素材\Cha08\酒店1.jpg~酒店4.jpg、佛跳墙.jpg、红烧海参.jpg、螃蟹.jpg、日式蔬菜汤.jpg、糖醋里脊.jpg、LOGO.ai
场景	场景\Cha08\制作酒店宣传单页——输出文件.fla
视频	视频教学\Cha08\制作酒店宣传单页——输出文件.mp4

01 按 Ctrl+N 组合键，弹出【新建文档】对话框，将单位设置为【像素】，【宽度】和【高度】设置为 596 、846 ，【画板】设置为 1，单击【创建】按钮，如图 8-60 所示。

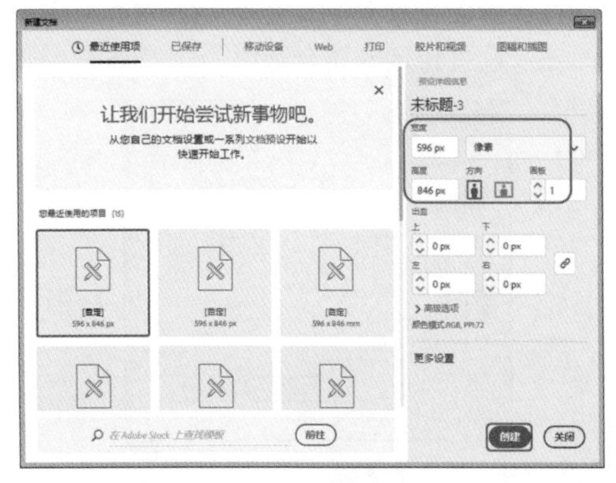

图8-60 新建文档

02 使用【钢笔工具】绘制三角图形，打开【渐变】面板，将【类型】设置为线性，将【填充颜色】左侧色标的 RGB 值设置为 218、223、201，右侧色标的 RGB 值设置为 149、153、123，【角度】设置为 -24.2，【描边颜色】设置为无，如图 8-61 所示。

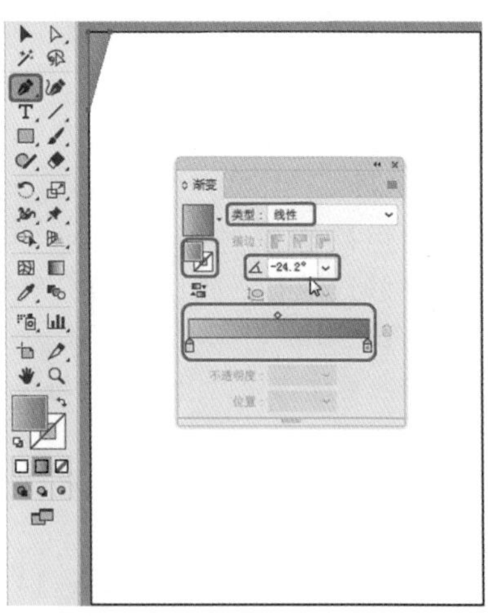

图8-61 设置三角形渐变颜色

03 使用【钢笔工具】绘制三角图形，将【类型】设置为线性，将【填充颜色】左侧色标的 RGB 值设置为 218、223、201，右侧色标的 RGB 值设置为 195、198、171，【角度】设置为 -24.2，【描边颜色】设置为无，如图 8-62 所示。

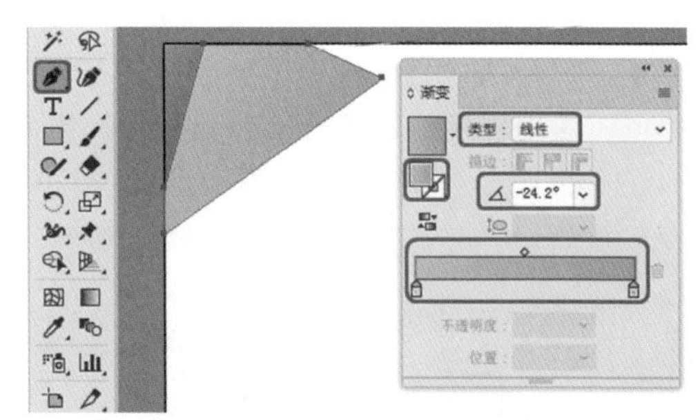

图8-62 设置三角形渐变颜色

04 使用【钢笔工具】绘制三角图形，将【类型】设置为线性，将【填充颜色】左侧色标的 RGB 值设置为 218、223、201，右侧色标的 RGB 值设置为 255、255、250，【角度】设置为 95.8，【描边颜色】设置为无，如图 8-63 所示。

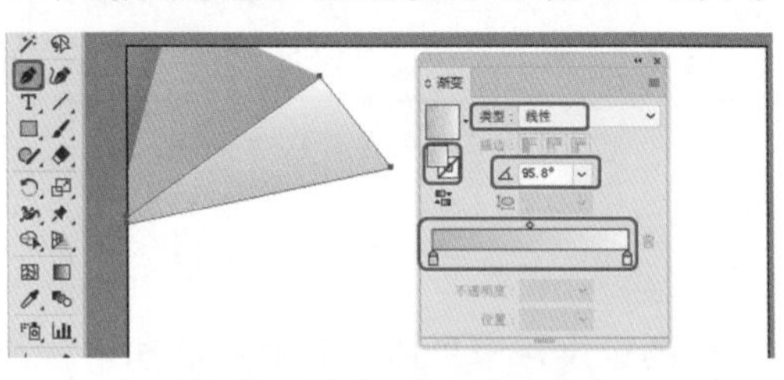

图8-63 设置三角形渐变颜色

05 使用【钢笔工具】绘制其他三角形，并设置渐变颜色，如图 8-64 所示。

图8-64 制作完成后的效果

06 打开“素材\Cha08\LOGO.ai”素材文件，如图 8-65 所示。

图8-65 打开素材文件

提 示

按 Shift+Ctrl+P 组合键，可快速打开【置入】对话框。

07 将标志进行复制，然后粘贴至当前场景中，使用【文字工具】输入文本，将【字体】设置为【汉仪综艺体简】，【字体大小】设置为 23，【字符间距】设置为 -15，【文本颜色】的 RGB 值设置为 181、0、5，如图 8-66 所示。

图8-66 设置文本参数

08 使用【文字工具】输入文本，将【字体】设置为【汉仪综艺体简】，【字体大小】设置为 11.7，【字符间距】设置为 150，【文本颜色】的 RGB 值设置为 181、0、5，如图 8-67 所示。

图8-67 设置文本参数

09 使用【圆角矩形工具】绘制【宽】、【高】为 230、3.3 的矩形，将【填充颜色】的 RGB 值设置为 91、90、87，【描边颜色】设置为无，如图 8-68 所示。

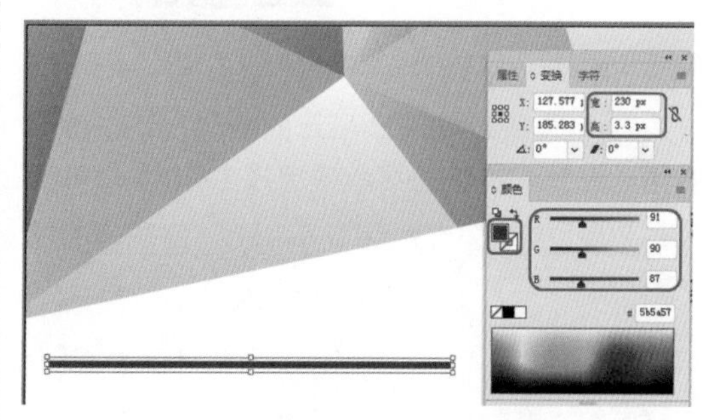

图8-68 设置圆角矩形参数

10 使用【椭圆工具】绘制【宽】、【高】为 12.9 的正圆形，将【填充颜色】设置为白色，【描边颜色】设置为无，如图 8-69 所示。

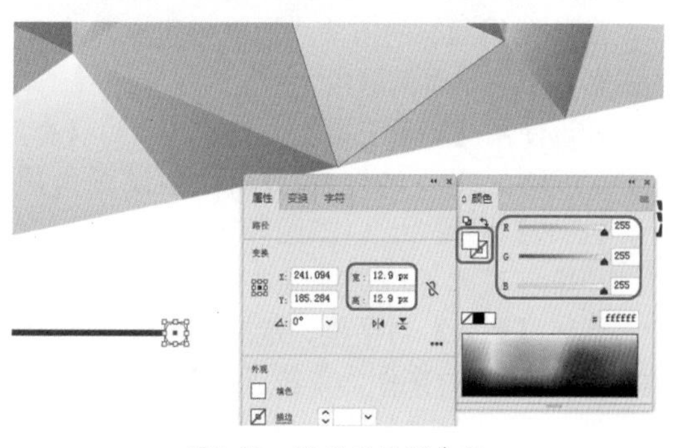

图8-69 设置正圆形参数

11 使用【椭圆工具】分别绘制【宽】、【高】为16、9.7的两个正圆形，分别填充不同的颜色，如图8-70所示。

图8-70　绘制两个圆

12 选择绘制的两个图形，打开【路径查找器】面板，单击【减去顶层】按钮，将【填充颜色】的RGB值设置为91、90、87，如图8-71所示。

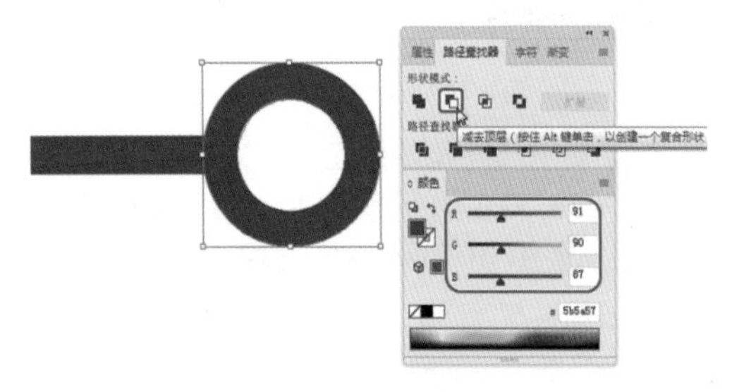

图8-71　减去顶层

13 选择如图8-72所示的图形，单击鼠标右键，在弹出的快捷菜单中选择【编组】命令。

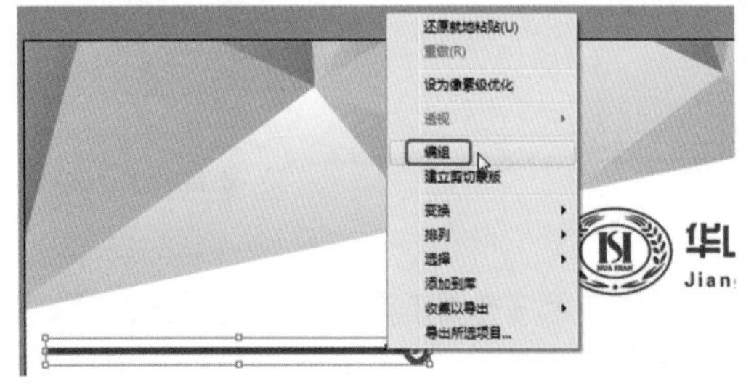

图8-72　选择【编组】命令

14 使用同样的方法，绘制如图8-73所示的图形，然后设置其颜色。

15 使用【矩形工具】绘制【宽】、【高】分别为208、113.5的矩形，【填色】设置为黑色，【描边】设置为无，如图8-74所示。

16 在菜单栏中选择【文件】|【置入】命令，弹出【置入】对话框，选择"素材\Cha08\酒店1.jpg"素材文件，单击【置入】按钮，如图8-75所示。

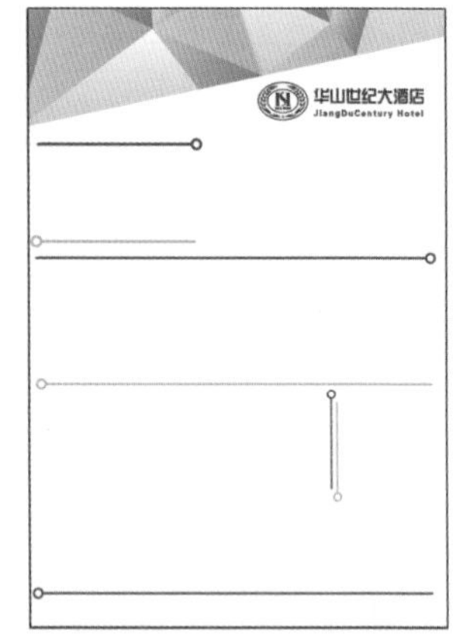

图8-73　制作完成后的效果

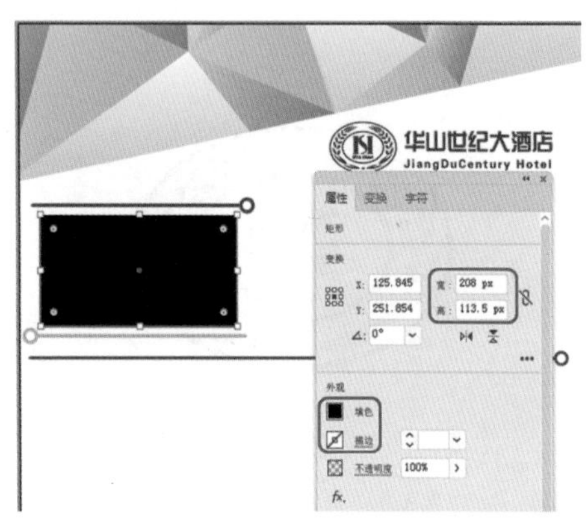

图8-74　设置矩形参数

图8-75　选择置入的素材文件

17 将图片置入当前文档中，将【宽】、【高】分别设置为271、181，单击【嵌入】按钮，如图8-76所示。

18 选择素材图片，单击鼠标右键，在弹出的快捷菜单中选择【排列】|【置于底层】命令。选择绘制的矩形和素材图片，单击鼠标右

键，在弹出的快捷菜单中选择【建立剪切蒙版】命令，如图 8-77 所示。

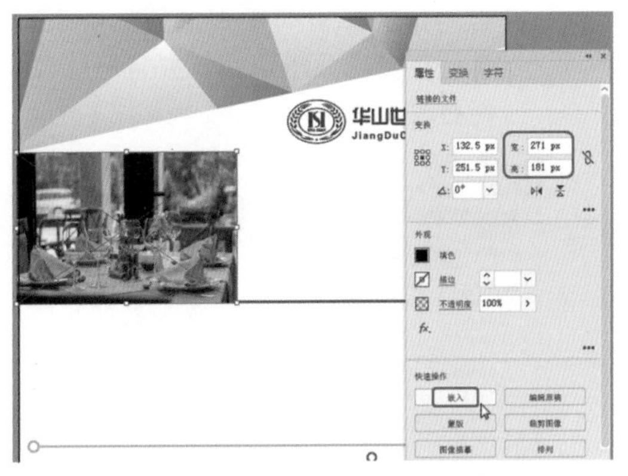

图8-76　嵌入图片

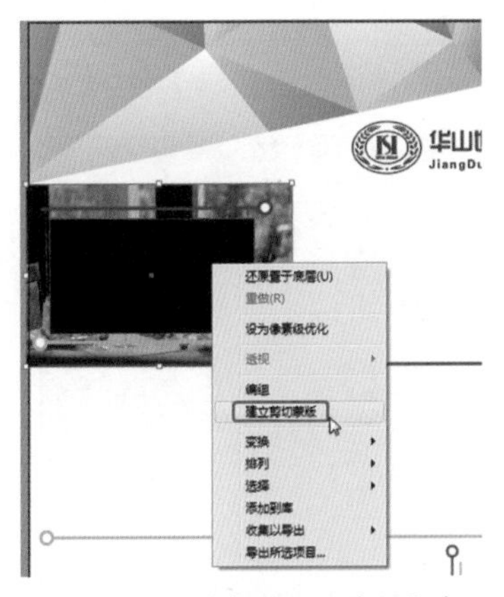

图8-77　选择【建立剪切蒙版】命令

19 使用【文字工具】输入文本，将【字体】设置为【黑体】，【字体大小】设置为 18，【文本颜色】的 RGB 值设置为 35、24、21，如图 8-78 所示。

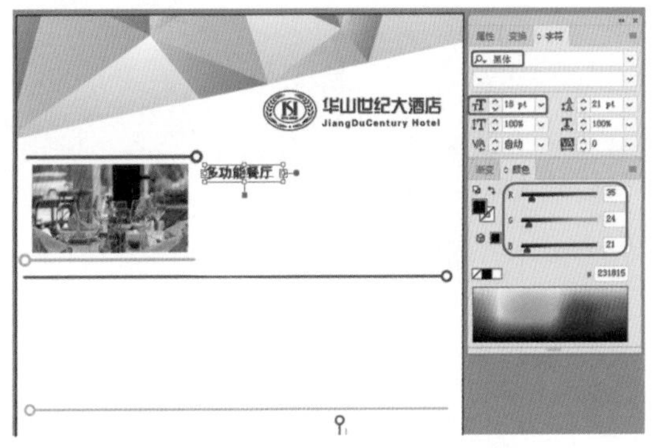

图8-78　设置文本参数

20 使用【文字工具】输入文本，将【字体】设置为【华文细黑】，【字体大小】设置为 12，【行距】设置为 21，【字符间距】设置为 0，【文本颜色】的 RGB 值设置为 35、24、21，如图 8-79 所示。

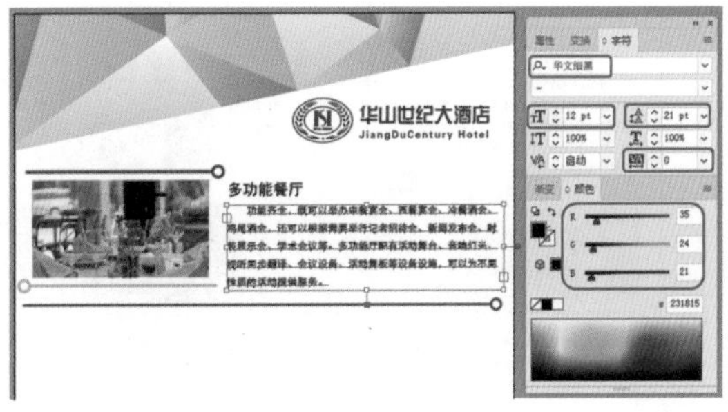

图8-79　设置文本参数

21 使用同样的方法将素材图片置入当前文档中，然后使用【文字工具】输入其他文本，效果如图 8-80 所示。

图8-80　制作完成后的效果

22 使用【矩形工具】绘制【宽】、【高】为 595、38 矩形，将【渐变】面板中的【类型】设置为线性，将【填充颜色】左侧色标的 RGB 值设置为 218、223、201，右侧色标的 RGB 值设置为 255、255、250，【角度】设置为 0，【描边颜色】设置为无，如图 8-81 所示。

图8-81　设置矩形参数

23 使用【文字工具】输入文本，将【字体】设置为【微软雅黑】，【字体大小】设置为12，【字符间距】设置为100，如图8-82所示。

图8-82 设置文本参数

24 按Ctrl+ S组合键，弹出【存储为】对话框，设置保存路径、文件名以及保存类型，单击【保存】按钮，如图8-83所示。在弹出的【Illustrator选项】对话框中保持默认设置，单击【确定】按钮，即可保存该场景。

图8-83 保存文件

8.2.1 将文件存储为AI格式

下面将介绍如何将文件存储为AI格式，具体操作步骤如下。

01 在菜单栏中选择【文件】|【存储】命令，在弹出的对话框中为文件指定存储路径，输入相应的文件名，将【保存类型】设置为Adobe Illustrator(*.AI)，如图8-84所示。

02 设置完成后，单击【确定】按钮即可，在如图8-85所示的对话框中选择Illustrator的保存版本。

【Illustrator选项】对话框中各个选项的功能如下。

- 【版本】：用于设置保存的版本。用户可以在该下拉列表中选择不同的版本，如图8-86所示。旧版格式不支持当前版本Illustrator中的所有功能。因此，当用户选择当前版本以外的版本时，某些存储选项不可用，并且一些数据将更改。

图8-84 【存储为】对话框

图8-85 【Illustrator选项】对话框

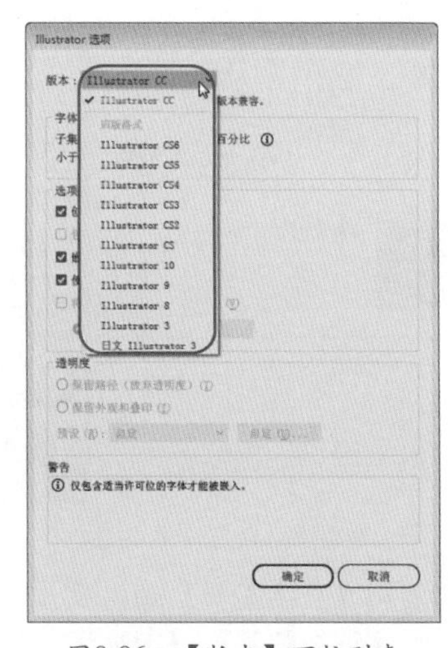

图8-86 【版本】下拉列表

- 【小于】：该文本框主要用于设置字符的百分比。
- 【创建 PDF 兼容文件】：勾选该复选框后，Illustrator 文件可以与其他 Adobe 应用程序兼容。
- 【包含链接文件】：勾选该复选框后，可以嵌入与图稿链接的文件。
- 【嵌入 ICC 配置文件】：用于创建色彩受管理的文档。
- 【使用压缩】：勾选该复选框后，可以在存储时对文件进行压缩。
- 【将每个画板存储为单独的文件】：勾选该复选框后，程序会将每个画板存储为单独的文件，同时还会单独创建一个包含所有画板的主文件。涉及某个画板的所有内容都会包括在与该画板对应的文件中。如果不勾选此复选框，则画板会合并到一个文档中。

8.2.2 将文件存储为EPS格式

EPS 格式文件保留了许多使用 Adobe Illustrator 创建的图形元素，这意味着可以重新打开 EPS 文件并作为 Illustrator 文件编辑。因为 EPS 文件基于 PostScript 语言，所以它们可以包含矢量和位图图形。如果图稿包含多个画板，则将其存储为 EPS 格式时，会保留这些画板，下面将对其进行简单介绍。

01 在菜单栏中选择【文件】|【存储】命令，如图 8-87 所示。

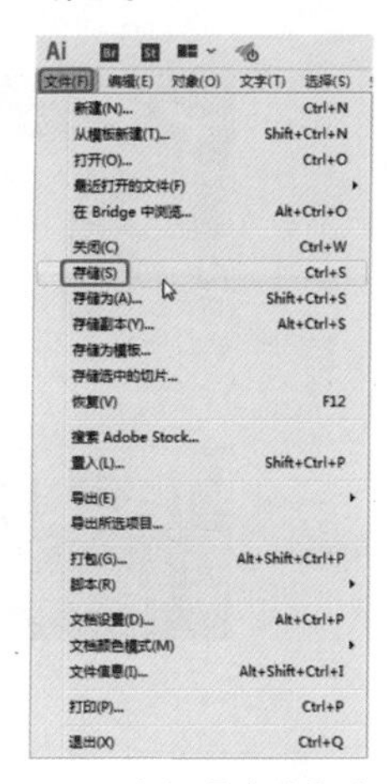

图8-87 选择【存储】命令

02 在弹出的对话框中为文件指定存储路径，输入相应的文件名，将【保存类型】设置为 Illustrator EPS(*.EPS)，如图 8-88 所示。

图8-88 设置存储名称及类型

03 设置完成后，单击【保存】按钮，即可弹出如图 8-89 所示的对话框。设置完成后，单击【确定】按钮即可。

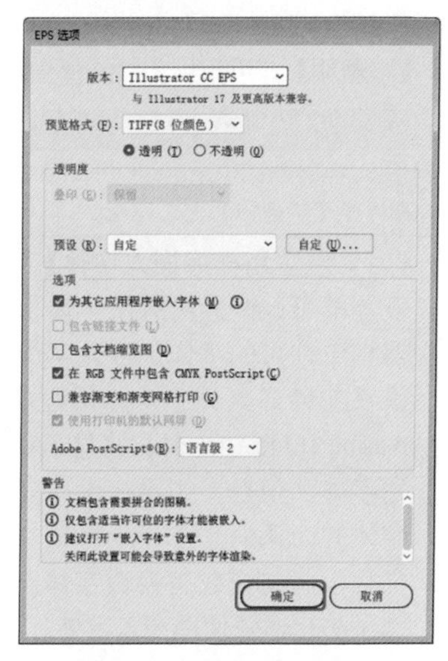

图8-89 【EPS选项】对话框

该对话框中各个选项的功能如下。

- 【版本】：用于设置存储 EPS 的版本，可以在该下拉列表中选择不同的版本，如图 8-90 所示。
- 【预览格式】：确定文件中存储的预览图像的特性。如果不希望创建预览图像，可以在该下拉列表中选择【无】选项，相反，则可以选择【TIIF(黑白)】

或【TIIF(8 位颜色)】选项。

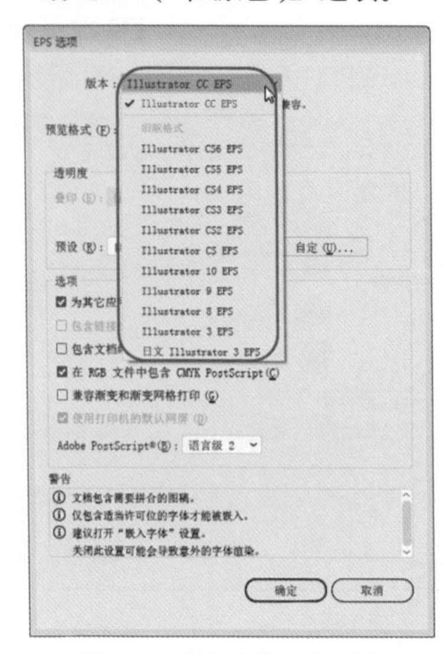

图8-90 【版本】下拉列表

- 【透明】：用于生成透明背景，该单选按钮只有在将【格式】设置为 TIIF(8 位颜色) 时才可用。
- 【不透明】：用于生成实色背景。

> **提 示**
>
> 如果 EPS 文档将在 Microsoft Office 应用程序中使用，需要选择【不透明】单选按钮。

- 【为其他应用程序嵌入字体】：勾选该复选框可以嵌入所有从字体供应商获得相应许可的字体。嵌入字体可以确保在文件置入另一个应用程序 (例如 Adobe InDesign) 时，将显示和打印原始字体。但是，如果在没有安装相应字体的计算机上的 Illustrator 中打开该文件，将仿造或替换该字体。这样是为了防止非法使用嵌入字体。

> **提 示**
>
> 选择【嵌入字体】选项会增加存储文件的大小。

- 【包含链接文件】：勾选该复选框后，可以嵌入与图稿链接的文件。
- 【包含文档缩览图】：勾选该复选框后，可以创建图稿的缩览图图像。
- 【在 RGB 文件中包括 CMYK PostScript】：勾选该复选框后，可以允许从不支持 RGB 输出的应用程序打印 RGB 颜色文档。在 Illustrator 中重新打开 EPS 文件时，将会保留 RGB 颜色。
- 【兼容渐变和渐变网格打印】：使旧的打印机和 PostScript 设备可以通过将渐变对象转换为 JPEG 格式来打印渐变和渐变网格。
- Adobe PostScript：确定用于存储图稿的 PostScript 级别。PostScript 语言级别为 2 时，表示彩色以及灰度矢量和位图图像，并支持用于矢量和位图图形的 RGB、CMYK 和基于 CIE 的颜色模型。PostScript 语言级别为 3 时，将会提供语言级别 2 没有的功能，包括打印到 PostScript 3 打印机时打印网格对象的功能。由于打印到 PostScript 语言级别 2 设备，将渐变网格对象转换为位图图像，因此建议将包含渐变网格对象的图稿打印到 PostScript 3 打印机。

用户可以使用同样的方法将文件存储为其他类型，在此不再赘述。

8.2.3 导出JPEG格式

在 Illustrator 中，用户可以将完成后的文件导出为多种格式。本节将介绍如何将文件导出为 JPEG 格式，具体操作步骤如下。

01 在菜单栏中选择【文件】|【导出】|【导出为】命令，如图 8-91 所示。

图8-91 选择【导出为】命令

02 在弹出的对话框中为文件指定存储路径，输入相应的文件名，将【保存类型】设置为 JPEG(*.JPG)，如图 8-92 所示。

图8-92　设置导出名称及类型

03 设置完成后，单击【导出】按钮，即可弹出如图 8-93 所示的对话框。设置完成后，单击【确定】按钮即可。

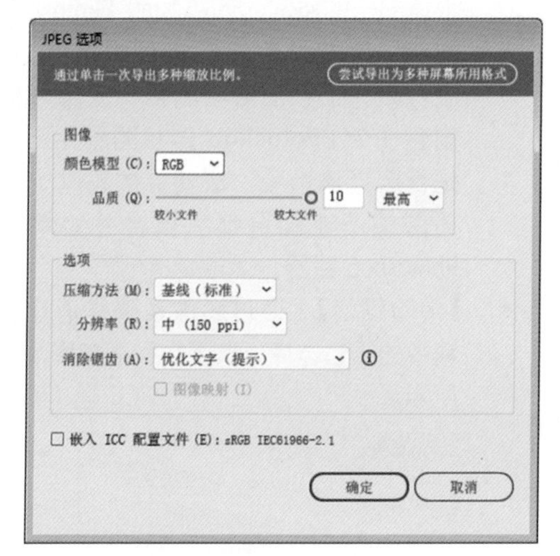

图8-93　【JPEG 选项】对话框

【JPEG 选项】对话框中各个选项的功能如下。

- 【颜色模型】：用于指定 JPEG 文件的颜色模型。
- 【品质】：决定 JPEG 文件的品质和大小。从【品质】菜单选择一个选项，或在【品质】文本框中输入 0 ~ 10 的数值。
- 【压缩方法】：用于设置压缩的方法，其中包括【基线（标准）】、【基线（优化）】、【连续】三个选项，如图 8-94 所示。

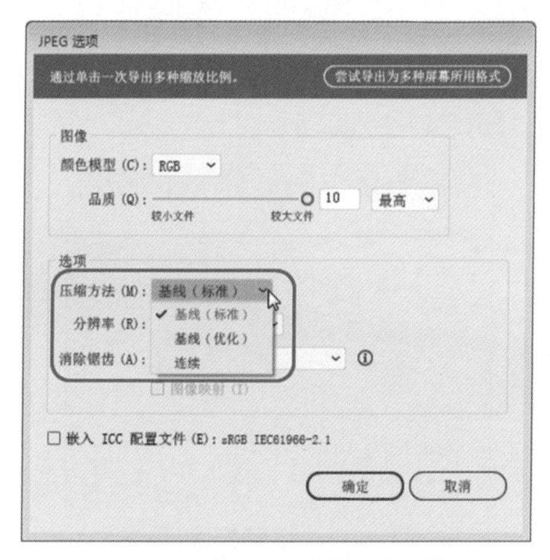

图8-94　【压缩方法】下拉列表

- 【分辨率】：用于设置 JPEG 文件的分辨率。当在该下拉列表中选择【其他】选项后，用户可以自定义分辨率。
- 【消除锯齿】：通过超像素采样消除图稿中的锯齿边缘。
- 【图像映射】：为图像映射生成代码。
- 【嵌入 ICC 配置文件】：在 JPEG 文件中存储 ICC 配置文件。

8.2.4 导出Photoshop格式

在 Illustrator 中，用户可以根据需要将文件导出为 Photoshop 格式，具体操作步骤如下：

01 在菜单栏中选择【文件】|【导出】|【导出为】命令，在弹出的【导出】对话框中为文件指定存储路径，输入相应的文件名，将【保存类型】设置为 Photoshop(*.PSD)，如图 8-95 所示。

图8-95　【导出】对话框

02 设置完成后，单击【导出】按钮，即可弹出如图 8-96 所示的对话框。设置完成后，单击【确定】按钮即可。

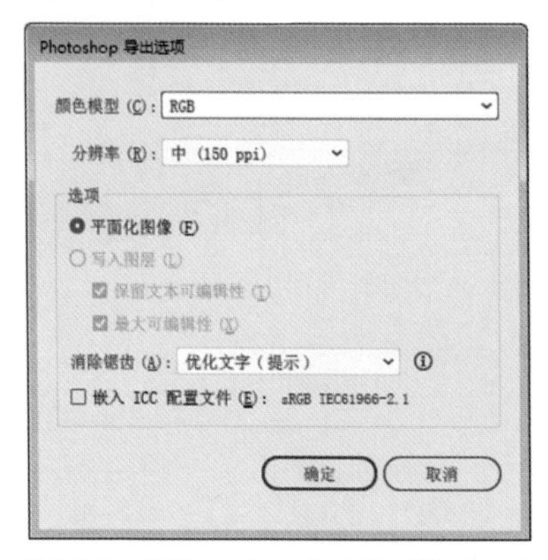

图8-96 【Photoshop 导出选项】对话框

提 示

如果文档包含多个画板，而用户想将每个画板导出为独立的 PSD 文件，则可以在【导出】对话框中勾选【使用画板】复选框。如果只想导出某一范围内的画板，可以在该对话框中指定范围。

- 【颜色模型】：用于设置导出文件的颜色模型。用户可以在该下拉列表中选择 RGB、CMYK、灰度三个选项，如图 8-97 所示。

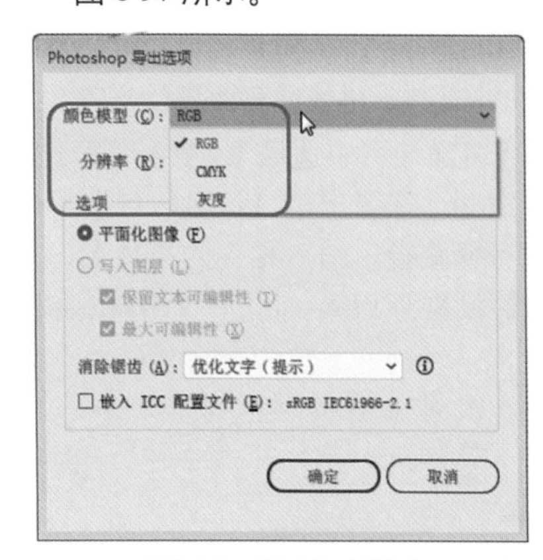

图8-97 设置颜色模式

- 【分辨率】：在该下拉列表中选择导出文件的分辨率，选择【其他】命令后，可自定义文件的分辨率。
- 【平面化图像】：合并所有图层并将 Illustrator 图稿导出为栅格化图像。选择此选项可保留图稿的视觉外观。
- 【写入图层】：将组、复合形状、嵌套图层和切片导出为单独的、可编辑的 Photoshop 图层。嵌套层数超过五层的图层将被合并为单个 Photoshop 图层。选择【最大可编辑性】可将透明对象（即带有不透明蒙版的对象、恒定不透明度低于 100% 的对象或处于非【常规】混合模式的对象）导出为实时的、可编辑的 Photoshop 图层。
- 【保留文本可编辑性】：将图层（包括层数不超过五层的嵌套图层）中的水平和垂直点文字导出为可编辑的 Photoshop 文字。如果执行此操作，则会影响图稿的外观，可以取消选择此选项以改为栅格化文本。
- 【最大可编辑性】：该选项可以将顶部图层导出为 Photoshop 图层组，并将每个顶部子图层写入到单独的 Photoshop 图层；透明对象将保留可编辑状态。还可以为顶部图层中的每个复合形状创建一个 Photoshop 形状图层。无论是否选择该选项，嵌套层数超过 5 个图层的所有图层都将被合并为单个 Photoshop 图层。
- 【消除锯齿】：通过超像素采样消除图稿中的锯齿边缘，该下拉列表如图 8-98 所示。

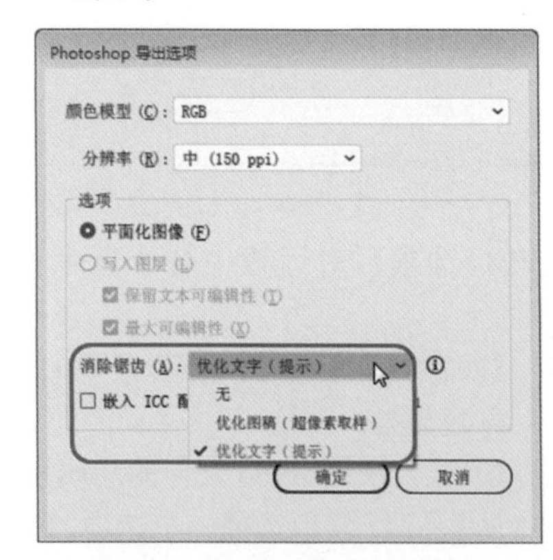

图8-98 【消除锯齿】下拉列表

提 示

Illustrator 无法导出应用了图形样式、虚线描边或画笔的复合形状。导出的复合形状将成为栅格化形状。

- 【嵌入 ICC 配置文件】：创建色彩受管理的文档。

8.2.5 导出PNG格式

导出 PNG 格式文件的具体操作步骤如下：

01 在菜单栏中选择【文件】|【导出】|【导出为】命令，在弹出的对话框中为文件指定存储路径，输入相应的文件名，将【保存类型】设置为 PNG(*.PNG)，如图 8-99 所示。

图8-99 设置导出选项

02 设置完成后，单击【导出】按钮，即可弹出如图 8-100 所示的对话框。设置完成后，单击【确定】按钮即可。

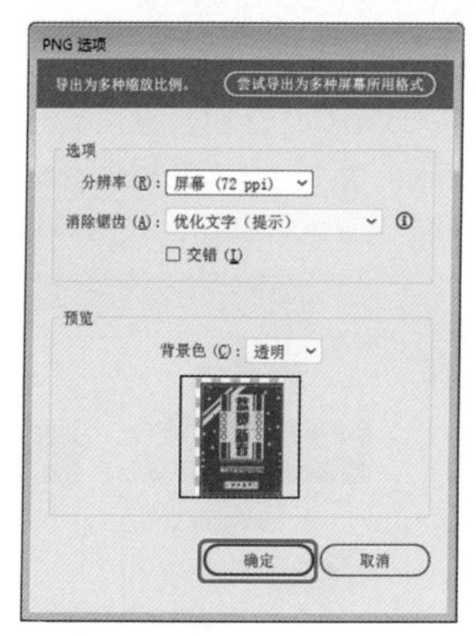

图8-100 【PNG 选项】对话框

- 【分辨率】：决定栅格化图像的分辨率。分辨率值越大，图像品质越好，但文件也越大。
- 【消除锯齿】：该选项通过像素采样消除图稿中的锯齿边缘。
- 【交错】：勾选该复选框，在文件下载过程中，在浏览器中显示图像的低分辨率版本。选中【交错】复选框使下载时间显得较短，但也会增大文件大小。
- 【背景色】：用于指定导出文件的背景颜色。选择【透明度】选项保留透明度，选择【白色】选项以白色填充透明度，选择【黑色】选项以黑色填充透明度，选择【其他】选项将选择另一种颜色填充透明度。

8.2.6 导出TIFF格式

导出 TIFF 格式文件的具体操作步骤如下。

01 在菜单栏中选择【文件】|【导出】|【导出为】命令，在弹出的【导出】对话框中为文件指定存储路径，输入相应的文件名，将【保存类型】设置为 TIFF(*.TIF)，如图 8-101 所示。

图8-101 设置导出选项

02 设置完成后，单击【导出】按钮，即可弹出如图 8-102 所示的对话框。设置完成后，单击【确定】按钮即可。

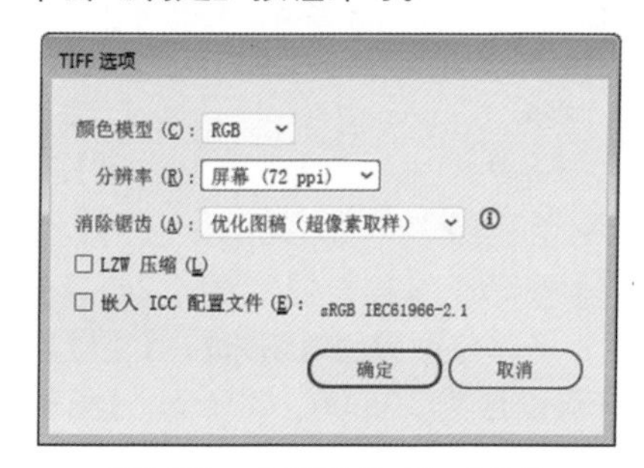

图8-102 【TIFF 选项】对话框

- 【颜色模型】：用于设置导出文件的颜色模型。
- 【分辨率】：决定栅格化图像的分辨率。分辨率值越大，图像品质越好，但文件也越大。
- 【消除锯齿】：该选项通过像素采样消除图稿中的锯齿边缘。
- 【LZW 压缩】：这是一种不会丢弃图像细节的无损压缩方法。
- 【嵌入 ICC 配置文件】：创建色彩受管理的文档。

8.3 上机练习——制作打印招生DM单

DM 单有两种表述，但其本质上的意思相似，强调的都是直接投递或是邮寄。第一种，DM 是英文 direct mail advertising 的省略表述，译为“直接邮寄广告”，就是通过邮寄、赠送等其他形式，将宣传品送到消费者手中。第二种，表述为 direct magazine advertising，译为“直投杂志广告”，效果如图 8-103 所示。

图8-103　打印招生DM单

素材	素材\Cha08\招生素材.png
场景	场景\Cha08\上机练习——制作打印招生DM单.fla
视频	视频教学\Cha08\上机练习——制作打印招生DM单.mp4

01 按 Ctrl+N 组合键，弹出【新建文档】对话框，将单位设置为【毫米】，【宽度】、【高度】分别设置为 210mm、285mm，【画板】设置为 2，单击【创建】按钮，如图 8-104 所示。

图8-104　新建文档

02 使用【矩形工具】绘制【宽】和【高】分别为 210、285 的矩形，将【填充颜色】的 RGB 值设置为 188、13、35，【描边颜色】设置为无，如图 8-105 所示。

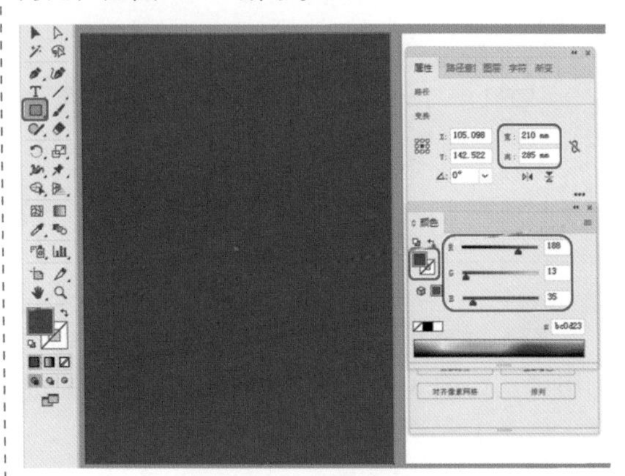

图8-105　设置矩形颜色

03 按 Shift+Ctrl+P 组合键，弹出【置入】对话框，选择“素材\Cha08\招生素材.png”素材文件，单击【置入】按钮，如图 8-106 所示。

图8-106　选择置入的素材

04 将素材置入文档中，打开【属性】面板，将【不透明度】设置为30%，单击【嵌入】按钮，如图8-107所示。

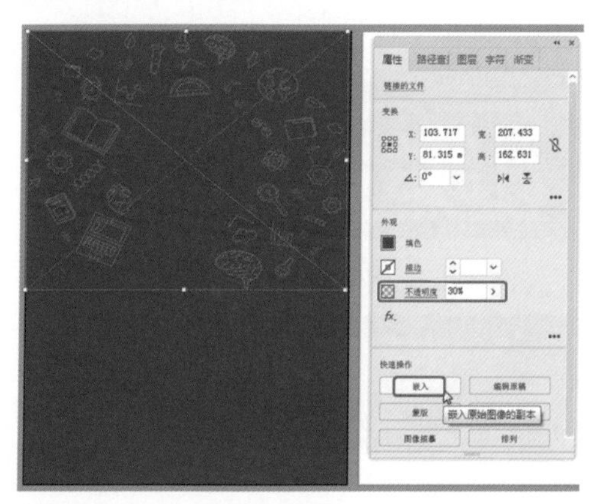

图8-107 嵌入素材图片

05 使用【文字工具】T.输入文本“招生啦!”，在【属性】面板中将【填色】设置为白色，【描边】设置为白色，【描边】的粗细设置为16，将【字体】设置为【汉仪菱心体简】，【字体大小】设置为105，如图8-108所示。

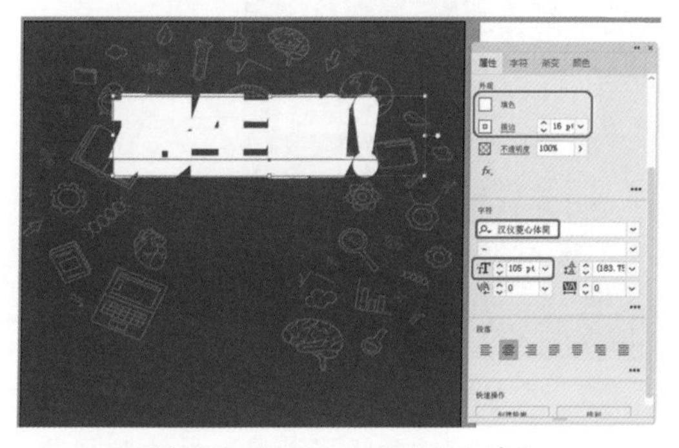

图8-108 设置文本的描边和填充

06 继续使用【文字工具】输入文本【招生啦!】，将【字体】设置为【汉仪菱心体简】，【字体大小】设置为105，【文本颜色】RGB设置为231、56、40，如图8-109所示。

图8-109 设置文本参数

07 使用【矩形工具】绘制【宽】、【高】分别为140、25的矩形，将【填色】设置为白色，【描边】设置为无，如图8-110所示。

图8-110 设置矩形参数

08 使用【直线段工具】绘制【宽】、【高】分别为53、0的直线，将【填色】设置为无，【描边】的RGB值设置为128、79、33，【描边】的粗细设置为0.5，如图8-111所示。

图8-111 设置线段参数

09 使用【文字工具】输入文本，将【字体】设置为【长城特圆体】，【字体大小】设置为13，【字符间距】设置为60，【文本颜色】的RGB值设置为218、56、42，如图8-112所示。

图8-112 设置文本参数

10 使用【文字工具】制作如图8-113所示的文本。

11 使用【钢笔工具】绘制图形，将【填充颜色】的RGB值设置为241、90、36，【描边颜色】设置为无，如图8-114所示。

图8-113　制作完成后的效果

图8-114　设置图形的填充颜色

12 使用【钢笔工具】绘制图形，将【填充颜色】的RGB值设置为237、28、36，【描边颜色】设置为无，如图8-115所示。

图8-115　设置图形的填充颜色

13 使用【矩形工具】绘制矩形，将【填充颜色】的RGB值设置为247、147、30，【描边颜色】设置为无，如图8-116所示。

图8-116　绘制矩形并设置颜色

14 使用【文字工具】输入文本，将【字体】设置为【方正大黑简体】，【字体大小】设置为21，【字符间距】设置为0，【填色】设置为白色，如图8-117所示。

图8-117　设置文本参数

15 使用【文字工具】输入文本，将【字体】设置为【创艺简老宋】，【字体大小】设置为11，【字符间距】设置为25，【填色】设置为白色，如图8-118所示。

图8-118　设置文本参数

16 使用【圆角矩形工具】绘制圆角矩形，将【填充颜色】的RGB值设置为159、196、58，【描边颜色】设置为无，如图8-119所示。

图8-119　设置圆角矩形参数

17 使用【文字工具】输入文本，将【字

体】设置为【方正大黑简体】，【字体大小】设置为 26，【字符间距】设置为 0，【文本颜色】设置为白色，如图 8-120 所示。

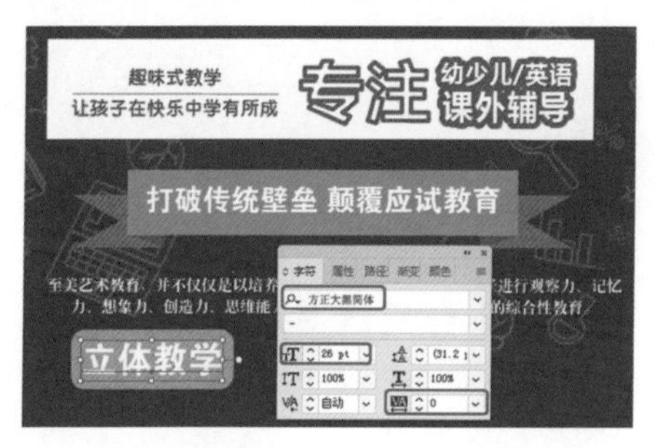

图8-120　设置文本参数

18 使用【圆角矩形工具】和【文字工具】制作如图 8-121 所示的内容。

图8-121　制作完成后的效果

19 使用【文字工具】输入文本，将【字体】设置为【创艺简老宋】，【字体大小】设置为 15，【行距】设置为 22，【字符间距】设置为 50，【文本颜色】设置为白色，如图 8-122 所示。

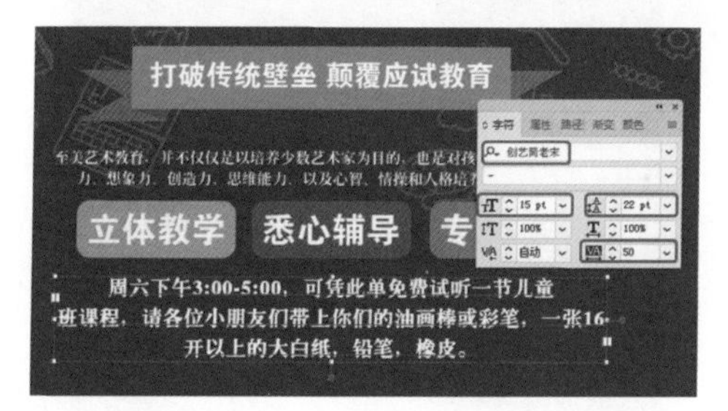

图8-122　设置文本参数

20 使用同样的方法，制作如图 8-123 所示内容。

21 使用【钢笔工具】绘制图形，将【填充颜色】的 RGB 值设置为 163、195、50，【描边颜色】设置为无，如图 8-124 所示。

22 使用【文字工具】输入文本，将【字体】设置为【方正大黑简体】，【字体大小】设置为 21，【字符间距】设置为 0，【填色】设置为白色，【旋转】设置为 13.5，如图 8-125 所示。

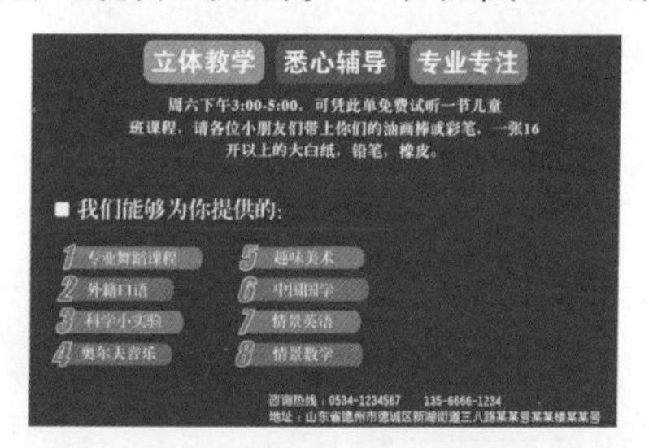

图8-123　制作完成后的效果

图8-124　设置填充和描边

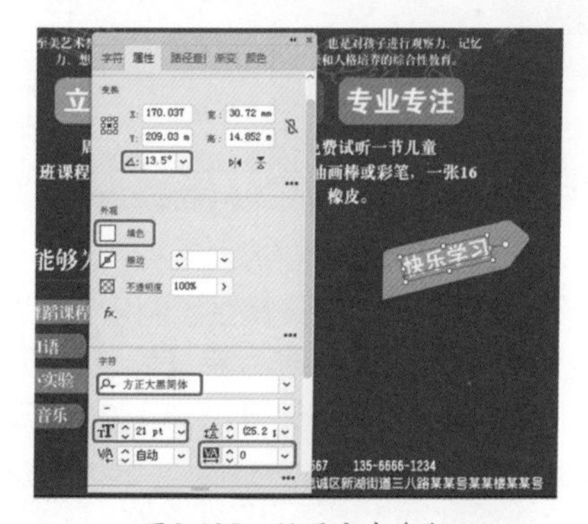

图8-125　设置文本参数

23 使用同样的方法，制作如图 8-126 所示的内容。

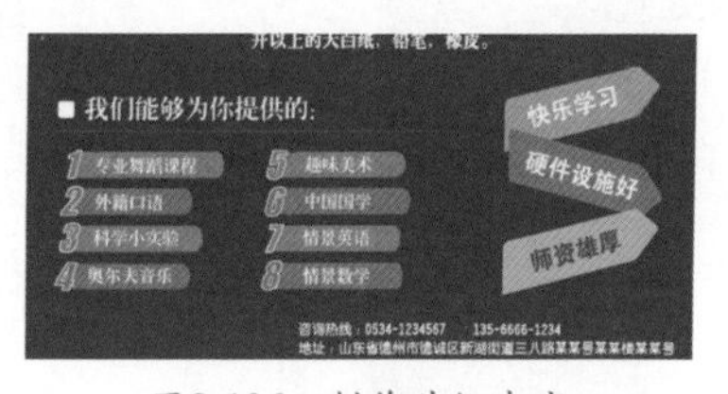

图8-126　制作其他内容

24 使用【矩形工具】绘制一个与画板大小相同的矩形，将【填充颜色】的 RGB 值设置为 195、13、35，【描边颜色】设置为无，如图 8-127 所示。

图8-127 绘制矩形

25 使用【矩形工具】绘制【宽】、【高】分别为188、268的矩形，将【填色】设置为无，【描边颜色】的RGB值设置为231、142、31，【描边粗细】设置为8，如图8-128所示。

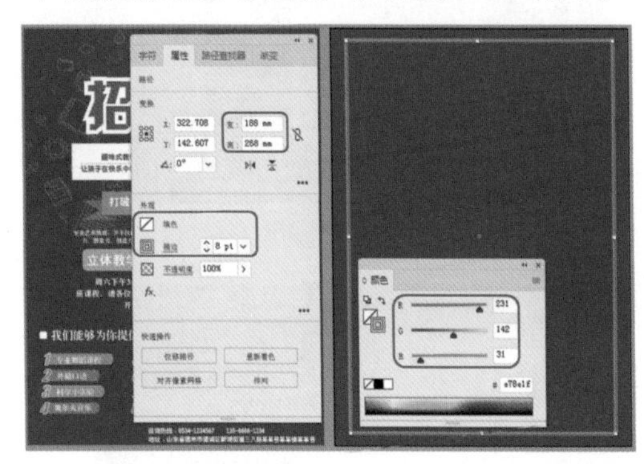

图8-128 设置矩形参数

26 使用【椭圆工具】绘制多个【宽】、【高】均为24.8的正圆形，将【填色】设置为白色，【描边】设置为无，如图8-129所示。

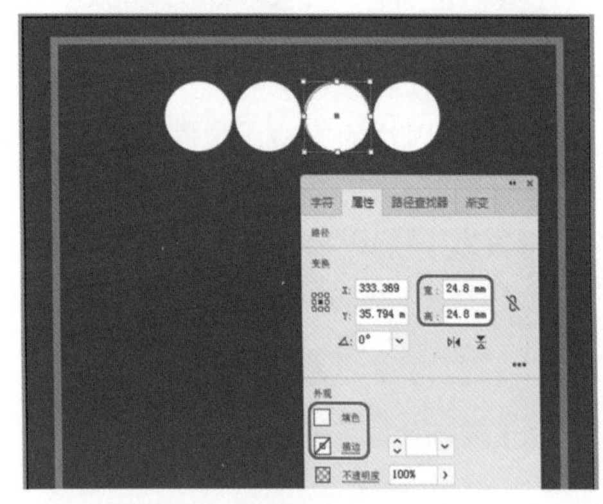

图8-129 绘制多个正圆形

27 使用【直线段工具】绘制白色线段，将【填色】设置为无，【描边】设置为白色，【描边】的粗细设置为2，如图8-130所示。

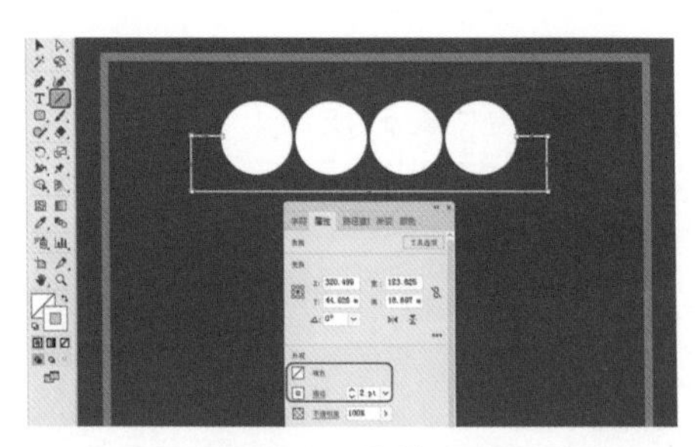

图8-130 绘制线段

28 使用【文字工具】输入文本，将【字体】设置为【黑体】，【字体大小】设置为58，【字符间距】设置为252，【文本颜色】的RGB值设置为234、92、1，如图8-131所示。

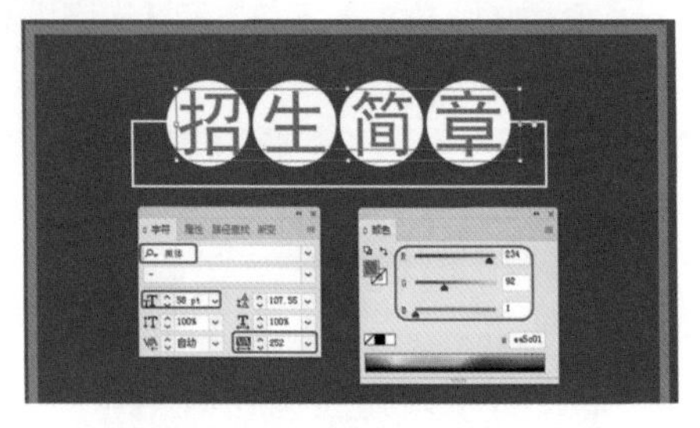

图8-131 设置文本参数

29 使用【矩形工具】绘制【宽】、【高】均为55.119的矩形，将【填充颜色】的RGB值设置为234、215、177，【描边颜色】设置为无，如图8-132所示。

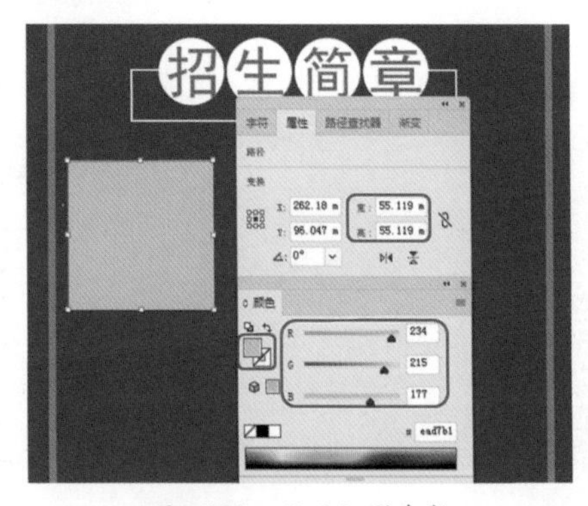

图8-132 设置矩形参数

30 使用【矩形工具】绘制【宽】、【高】均为55.117的矩形，将【填充颜色】的RGB值设置为255、255、255，【描边颜色】设置为无，如图8-133所示。

31 使用【椭圆工具】绘制【宽】、【高】均为6的正圆形，将【填充颜色】的RGB值设置为184、88、74，【描边颜色】设置为无，如

图 8-134 所示。

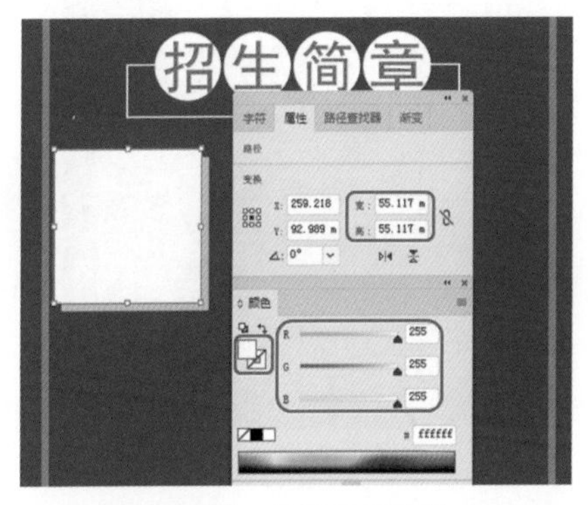

图8-133 设置矩形参数

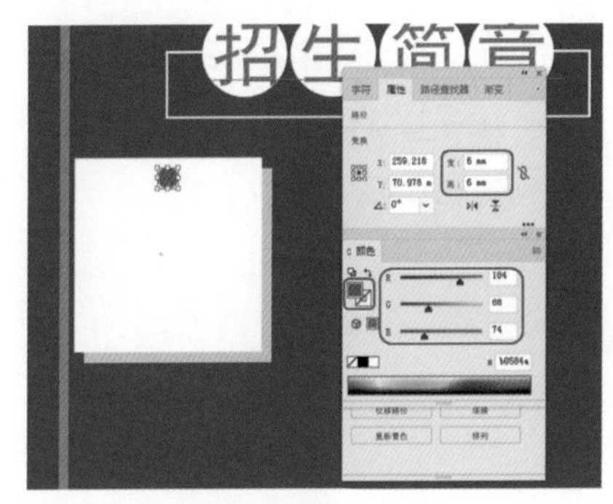

图8-134 设置圆参数

32 使用【椭圆工具】绘制【宽】、【高】均为 6 的正圆形，将【填充颜色】的 RGB 值设置为 149、65、64，【描边颜色】设置为无，如图 8-135 所示。

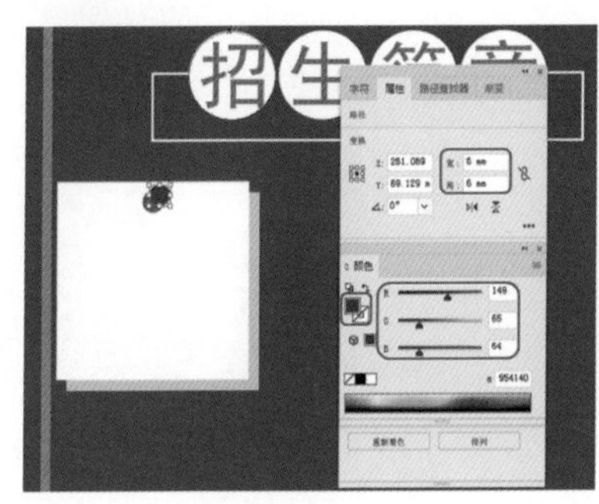
图8-135 设置圆参数

33 使用【文字工具】输入文本，将【字体】设置为【黑体】，【字体大小】设置为 13.7，【行距】设置为 20，【字符间距】设置为 25，【文本颜色】的 RGB 值设置为 64、35、17，如图 8-136 所示。

34 选择“创意型教学：”文本，将【字体大小】设置为 16.5，如图 8-137 所示。

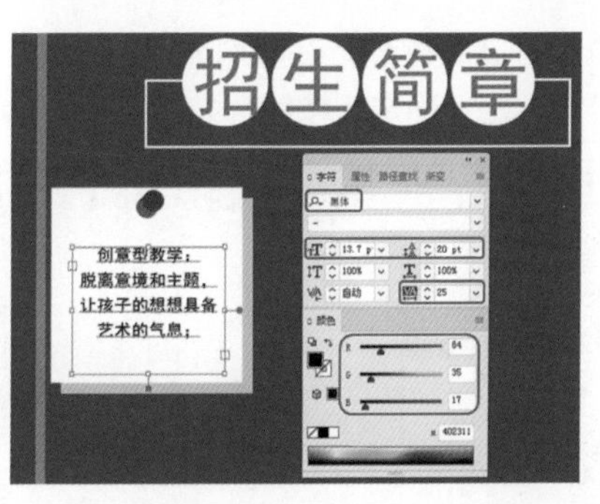

图8-136 设置文本参数

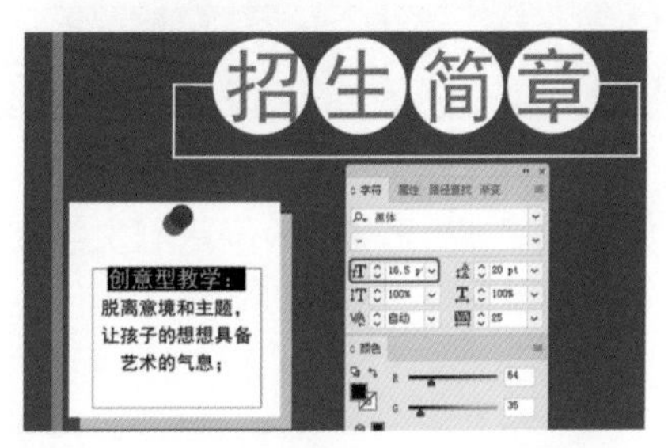

图8-137 设置文本参数

35 使用同样的方法，制作如图 8-138 所示的内容。

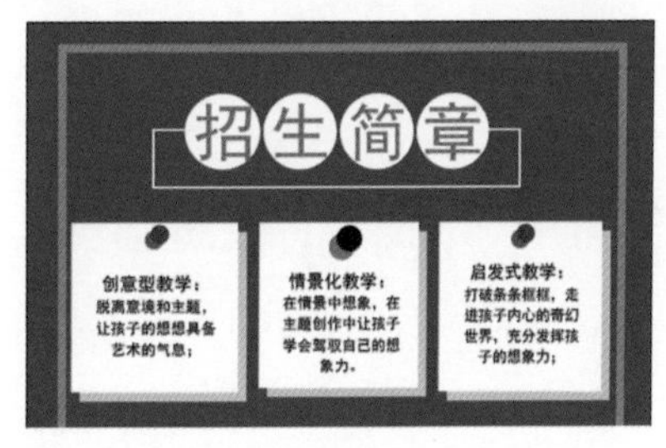

图8-138 制作完成后的效果

36 使用【文字工具】输入文本，将【字体】设置为【创艺简老宋】，【字体大小】设置为 43，【字符间距】设置为 750，【文本颜色】设置为白色，如图 8-139 所示。

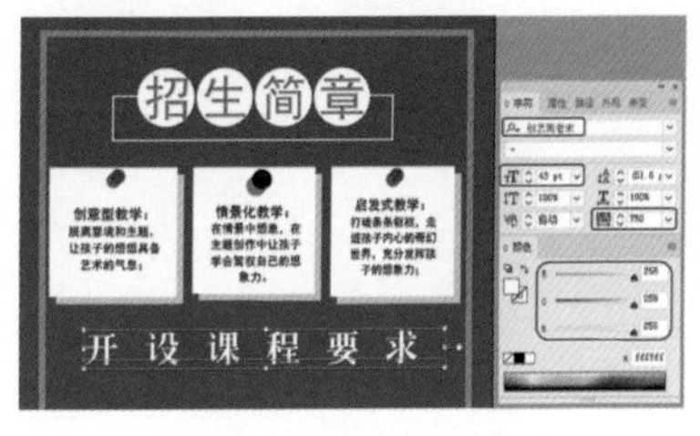

图8-139 设置文本参数

37 在菜单栏中选择【效果】|【风格化】|【投影】命令，弹出【投影】对话框，将【模式】设置为【正片叠底】，【不透明度】设置为 60%，

【X 位移】、【Y 位移】设置均为 1，【模糊】设置为 0.5，单击【确定】按钮，如图 8-140 所示。

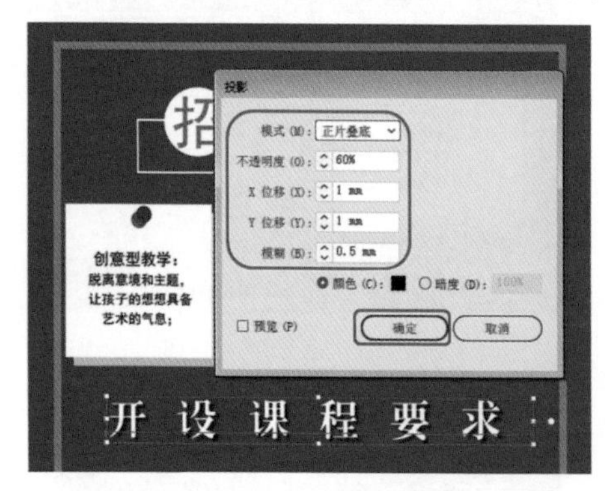

图8-140　设置投影参数

38 使用【矩形工具】和【文字工具】，制作如图 8-141 所示的内容。

图8-141　最终效果

8.4 思考与练习

1. EPS 格式与 AI 格式有何不同？
2. 如何导出 TIFF 格式？

附录1　Illustrator CC 常用快捷键

工具箱		
移动工具　V	直接选取工具　A	钢笔工具　P
添加锚点工具　+	删除锚点工具　-	文字工具　T
椭圆工具　L	矩形工具　M	画笔工具　B
斑点画笔工具 Shift+B	直线段工具　\	铅笔工具　N
旋转工具　R	比例缩放工具　S	镜像工具　O
自由变换工具　E	混合工具　W	柱形图工具　J
网格工具　U	渐变工具　G	吸管工具　I
实时上色工具　K	剪刀工具　C	抓手工具　H
缩放工具　Z	默认前景色和背景色　D	切换填充和描边　X
标准屏幕模式、带有菜单栏的全屏模式、全屏模式　F	切换为颜色填充　<	切换为渐变填充　>
切换为无填充或无描边　/	临时使用抓手工具　空格	魔棒工具　Y
套索工具　Q	锚点工具　Shift+C	曲率工具　Shift+~
修饰文字工具　Shift+T	橡皮擦工具　Shift+E	宽度工具　Shift+W
变形工具　Shift+R	形状生成器工具　Shift+M	实时上色选择工具　Shift+L
透视网格工具　Shift+P	透视选区工具　Shift+V	符号喷枪工具　Shift+S
画板工具　Shift+O	切片工具　Shift+K	
文件操作		
新建文档　Ctrl+N	打开文件　Ctrl+O	关闭当前文档　Ctrl+W
保存当前图像　Ctrl+S	另存为　Ctrl+Shift+S	存储副本　Ctrl+Alt+S
置入　Ctrl+Shift+P	文档设置　Ctrl+Alt+P	打印　Ctrl+P
打开“首选项”对话框 Ctrl+K	恢复到上次存盘之前的状态　F12	
编辑操作		
还原上一步操作　Ctrl+Z	重做　Ctrl+Shift+Z	将选取的内容剪切放到剪贴板 Ctrl+X 或 F2
将选取的内容拷贝放到剪贴板　Ctrl+C	将剪贴板的内容粘到当前图形中　Ctrl+V 或 F4	将剪贴板的内容粘到最前面　Ctrl+F
将剪贴板的内容粘到最后面　Ctrl+B	删除所选对象　DEL	选取全部对象　Ctrl+A
取消选择　Ctrl+Shift+A	再次转换　Ctrl+D	发送到最前面　Ctrl+Shift+]
向前发送　Ctrl+]	发送到最后面　Ctrl+Shift+[	向后发送　Ctrl+[
群组所选物体　Ctrl+G	取消所选物体的群组　Ctrl+Shift+G	锁定所选的物体　Ctrl+2
锁定没有选择的物体 Ctrl+ Alt+Shift+2	全部解除锁定　Ctrl+Alt+2	隐藏所选物体　Ctrl+3
隐藏没有选择的物体 Ctrl+ Alt+Shift+3	显示所有已隐藏的物体　Ctrl+Alt+3	连接断开的路径　Ctrl+J
对齐路径点　Ctrl+Alt+J	调合两个物体　Ctrl+Alt+B	取消调合　Ctrl+Alt+Shift+B
调合选项　W+Enter	新建一个图像遮罩　Ctrl+7	取消图像遮罩　Ctrl+Alt+7

续表

联合路径　Ctrl+8	取消联合　Ctrl+Alt+8	图表类型　J+Enter
再次应用最后一次使用的滤镜　Ctrl+E	应用最后使用的滤镜并调节参数　Ctrl+Alt+E	
文字处理		
文字左对齐或顶对齐 Ctrl+Shift+L	文字居中对齐　Ctrl+Shift+C	文字右对齐或底对齐　Ctrl+Shift+R
文字分散对齐　Ctrl+Shift+J	插入一个软回车　Shift+Enter	精确输入字距调整值　Ctrl+Alt+K
将字距设置为 0　Ctrl+Shift+Q	将字体宽高比还原为 1 比 1 Ctrl+Shift+X	左 / 右选择 1 个字符　Shift+←/→
下 / 上选择 1 行　Shift+↑/↓	选择所有字符　Ctrl+A	选择从插入点到鼠标点的字符按 Shift 单击加选 左 / 右移动 1 个字符　← /　→ 下 / 上移动 1 行　↑ /　↓ 左 / 右移动 1 个字 Ctrl+←/→
将所选文本的文字大小减小 2 像素　Ctrl+Shift+<	将所选文本的文字大小增大 2 像素　Ctrl+Shift+>	将所选文本的文字大小减小 10 点像素　Ctrl+Alt+Shift+<
将所选文本的文字大小增大 10 像素　Ctrl+Alt+Shift+>	将行距减小 2 像素　Alt+↓	将行距增大 2 像素　Alt+↑
将基线位移减小 2 像素 Shift+Alt+↓	将基线位移增加 2 像素　Shift+Alt+↑	减小字符间距　Alt+←
增大字符间距　Alt+→	将字距微调或字距调整减小 Ctrl+Alt+←	将字距微调或字距调整增加 Ctrl+Alt+→
光标移到最前面　HOME	光标移到最后面　END	选择到最前面　Shift+HOME
选择到最后面　Shift+END	将文字转换成路径　Ctrl+Shift+O	
视图操作		
将图像显示为边框模式（切换）　Ctrl+Y	对所选对象生成预览（在边框模式中）　Ctrl+Shift+Y	放大视图　Ctrl++
缩小视图　Ctrl+–	放大到页面大小　Ctrl+0	实际像素显示　Ctrl+1
显示 / 隐藏所有路径的控制点　Ctrl+H	隐藏模板　Ctrl+Shift+W	显示 / 隐藏标尺　Ctrl+R
显示 / 隐藏参考线　Ctrl+;	锁定 / 解锁参考线　Ctrl+Alt+;	将所选对象变成参考线　Ctrl+5
将变成参考线的物体还原 Ctrl+Alt+5	贴紧参考线　Ctrl+Shift+;	显示 / 隐藏网格　Ctrl+”
贴紧网格　Ctrl+Shift+”	捕捉到点　Ctrl+Alt+”	应用敏捷参照　Ctrl+U
显示 / 隐藏“字体”面板 Ctrl+T	显示 / 隐藏“段落”面板 Ctrl+M	显示 / 隐藏“制表”面板 Ctrl+Shift+T
显示 / 隐藏“画笔”面板 F5	显示 / 隐藏“颜色”面板　F6/ Ctrl+I	显示 / 隐藏“图层”面板　F7
显示 / 隐藏“信息”面板 F8	显示 / 隐藏“渐变”面板　F9	显示 / 隐藏“描边”面板　F10
显示 / 隐藏“属性”面板 F11	显示 / 隐藏所有命令面板　TAB	显示或隐藏工具箱以外的所有调板 Shift+TAB
选择最后一次使用过的面板　Ctrl+~		

附录2　参考答案

第1章

1. 选择工具、直接选择工具、编组选择工具、套索工具、魔棒工具

2. 图形的显示模式主要包括轮廓模式、预览模式和像素预览模式

第2章

1. 11种，包括【直线段工具】、【弧线工具】、【螺旋线工具】、【矩形网格工具】、【极坐标网格工具】、【矩形工具】、【圆角矩形工具】、【椭圆工具】、【多边形工具】、【星形工具】和【光晕工具】。

2. 有4种画笔，即书法画笔、散布画笔、图案画笔和艺术画笔。

(1) 书法画笔是一种可变化粗细和角度的画笔，它可以模拟书法效果。

(2) 散点画笔是一种将矢量图形沿路径分布的画笔。

(3) 图案画笔是一种将图案沿路径重复拼贴的画笔。

(4) 艺术画笔是一种可以模拟水彩、画笔等艺术效果的画笔，使用艺术画笔可绘制头发、眉毛等。

第3章

1.【复合路径】包含两个或多个已经填充完颜色的开放或闭合路径，在路径重叠处将呈现孔洞。将对象定义为复合路径后，复合路径中的所有对象都将使用堆栈顺序中最下层对象的填充颜色和样式属性。

2. 在画板中选择创建好的复合路径，在菜单栏中选择【对象】|【复合路径】|【释放】命令，可以取消已经创建的复合路径。

3. 包括【联集】、【减去顶层】、【交集】、【差集】、【分割】、【修边】、【合并】、【裁剪】、【轮廓】和【减去后方对象】10种按钮。

第4章

1. 打开【符号】面板，单击【符号】面板右上角的按钮，在弹出的下拉菜单中选择【新建符号】命令，在弹出的对话框中设置符号名称与类型，设置完成后，单击【确定】按钮，即可新建符号。

2. 在画板中选择要进行修改的图表，在菜单栏中选择【对象】|【图表】|【类型】命令，在弹出的对话框中选择要修改的图表类型，单击【确定】按钮，即可修改图表的类型。

3. 使用【直接选择工具】在画板中选择要修改的数据条对象，在菜单栏中选择【对象】|【图表】|【类型】命令，在弹出的对话框中单击要修改的类型，设置完成后，单击【确定】按钮，即可为同一图表设置两种不同类型的图表。

第5章

1. 在工具箱中选择【钢笔工具】，然后在画板中绘制路径，选择【路径文字工具】，将鼠标移至曲线边缘，当指针变为样式时，单击鼠标左键，出现闪烁的光标后输入文字，即可创建路径文字。

2. 在菜单栏中选择【文件】|【置入】命令，弹出【置入】对话框，在弹出的对话框中选择要置入的文本，单击【置入】按钮，再在弹出的对话框中设置导入选项，单击【确定】按钮，即可完成文本的导入。

3. 使用【选择工具】选择需要设置行距的文字对象，然后打开【字符】面板，在【设置行距】下拉列表中选择数值，或直接输入行距数值即可。

第6章

1.【风格化】滤镜组包括6种滤镜效果，分别为：内发光、圆角、外发光、投影、涂

抹、羽化滤镜效果。

2.【收缩和膨胀】效果是在将线段向内弯曲(收缩)时，向外拉出矢量对象的锚点；或在将线段向外弯曲(膨胀)时，向内拉入锚点。

3.【模糊】滤镜组可以在图像中对指定线条和阴影区域的轮廓边线旁的像素进行平衡，从而润色图像，使过渡显得更柔和。

第7章

1. 在菜单栏中选择【窗口】|【图形样式库】|【其他库】命令，或单击【图形样式】面板中的【图形样式库菜单】按钮，在弹出的下拉菜单中选择【其他库】菜单命令，在弹出的【选择要打开的库】对话框中选择要从中导入图形样式的文件，单击【打开】按钮，即可导入图形样式。

2. 在【图形样式】面板中，按住 Ctrl 键选择要合并的图形样式，然后单击【图形样式】面板右上方的按钮，在下拉菜单中选择【合并图形样式】命令，弹出【图形样式选项】对话框，在【样式名称】文本框中为合并后的图形样式命名，设置完成后，单击【确定】按钮，即可完成合并图形样式。

3. 单击【图层】面板上的【创建新图层】按钮，可创建一个新的图层，单击【图层】面板上的【创建新子图层】按钮，可以创建子图层。

第8章

1. AI 格式是 Illustrator 特有的格式，而 EPS 格式是排版领域中经常使用的格式。AI 格式中的位图图像是用链接的方式存储的，而 EPS 格式则是将位图图像包含于文件中。对于含有相同图像信息的文件而言，AI 格式会比 EPS 格式小很多。

2. (1) 在菜单栏中选择【文件】|【导出】命令，在弹出的对话框中为文件指定存储路径，输入相应的文件名，将【保存类型】设置为 TIFF(*.TIF)。

(2) 设置完成后，单击【保存】按钮，在弹出的对话框中设置参数，然后单击【确定】按钮。